高等职业教育"互联网+"创新型系列教材

# 机械图样的绘制与识读

主 编　赵 猛　杨丽艳
副主编　郭继爽　唐迎春　王旭晖
参 编　邓宗岳　盖 鑫　黄大勇　孙政邦

机械工业出版社

本书以培养学生绘制、识读机械图样能力为核心，以"国家双高"建设为依托，以校企合作"双元制"人才培养模式为基础，引入企业典型工作过程为知识载体，将理论与实践、知识与技能、任务与驱动有机地融为一体，对应职业岗位核心能力培养设置了6个项目，分别是吊钩平面图绘制、顶尖三视图绘制、支座三视图绘制、齿轮泵拆装与零件图绘制、架轮装配图绘制、带轮传动部件装配图识读与拆画。本书具有两大主线，①内容主线：由制图标准（规范）、平面图抄绘开始，再到组合体绘制、零件图绘制，直至装配图识读、拆画，体现了教学内容深度的逐层递进；②结构主线：每个项目拆分成若干个任务，学生完成任务的过程就是企业真实的工作流程，体现了职业教育的类型特色，校企深度融合。

本书可作为高等职业院校、职业本科院校机电类相关专业师生教学用书，也可供机械设计、制造类的相关技术人员参考学习。

**为方便教学，本书配有电子课件、课后习题答案、模拟试卷及答案等教学资源，凡选用本书作为授课教材的教师，均可通过电话（010-88379564）或QQ（2314073523）咨询。同时，相关动画、视频资源以二维码的形式嵌入书中，读者可扫描书中二维码查看相应资源。**

**图书在版编目（CIP）数据**

机械图样的绘制与识读/赵猛，杨丽艳主编. —北京：机械工业出版社，2023.10

高等职业教育"互联网+"创新型系列教材

ISBN 978-7-111-74025-4

Ⅰ.①机… Ⅱ.①赵… ②杨… Ⅲ.①机械制图-高等职业教育-教材②机械图-识图-高等职业教育-教材 Ⅳ.①TH126

中国国家版本馆 CIP 数据核字（2023）第 192053 号

机械工业出版社（北京市百万庄大街 22 号　邮政编码 100037）

策划编辑：曲世海　　　　　　责任编辑：曲世海　赵晓峰
责任校对：李　思　王　延　　封面设计：马若濛
责任印制：郜　敏

北京富资园科技发展有限公司印刷

2024 年 1 月第 1 版第 1 次印刷

184mm×260mm · 14.75 印张 · 362 千字

标准书号：ISBN 978-7-111-74025-4

定价：49.00 元

电话服务　　　　　　　　　　网络服务

客服电话：010-88361066　　机 工 官 网：www.cmpbook.com
　　　　　010-88379833　　机 工 官 博：weibo.com/cmp1952
　　　　　010-68326294　　金 书 网：www.golden-book.com
**封底无防伪标均为盗版**　机工教育服务网：www.cmpedu.com

# 前　言

"机械图样的绘制与识读"是以机械图样为研究对象，研究如何运用投影理论和方法，学习识读和绘制机械图样的一门课程。本课程是机械制造及其自动化、机电一体化技术、工业机器人技术、模具设计与制造等机电类专业的专业基础课，具有严谨的理论性、较强的实践性和广泛的应用性。通过本课程学习，学生能够熟悉机械制图国家标准，掌握机械制图基础知识，具备绘制与识读中等难度的零件图和装配图的能力。

本书按照高等职业院校的人才培养目标，依据华晨宝马汽车有限公司、德科斯米尔（沈阳）汽车配件有限公司以及欧福科技等企业用人需求，以校企合作人才培养模式为基础，借鉴德国"双元制"教育的先进经验，采用六步教学法，将理论与实践、知识与技能、任务与驱动有机地融为一体。本书共包含 6 个项目，内容包括吊钩平面图绘制、顶尖三视图绘制、支座三视图绘制、齿轮泵拆装与零件图绘制、架轮装配图绘制和带轮传动部件装配图识读与拆画。项目设置过程中，考虑到制图课程知识点较为零散，因此，将每个项目又拆分成若干个任务，学生在完成每个任务后，即可掌握相关知识和技能。

为深入贯彻落实党的二十大精神，更好地将党的二十大精神融入高校课程一体化建设，本书设置了课堂故事、课堂讨论等环节，学生在学习知识的同时，会更方便地了解本课程所涉及的优秀文化、先进技术、行业标准以及创新发明等，培养学生真正实现学以致用，报效祖国。

鉴于书中内容包含大量的知识点，推荐教师可以根据提纲内容选择性地进行讲解，也可参考以下推荐学时分配进行教学。

| 项　目 | 任　务 | 建议学时 |
|---|---|---|
| 项目 1　吊钩平面图绘制（8 学时） | 任务 1　认识机械图样、使用绘图工具 | 4 学时 |
| | 任务 2　标注平面图形尺寸 | 2 学时 |
| | 任务 3　抄绘吊钩平面图 | 2 学时 |
| 项目 2　顶尖三视图绘制（6 学时） | 任务 1　绘制 V 形铁三视图 | 2 学时 |
| | 任务 2　绘制螺栓三视图 | 2 学时 |
| | 任务 3　绘制顶尖三视图 | 2 学时 |
| 项目 3　支座三视图绘制（6 学时） | 任务 1　绘制三通相贯线 | 2 学时 |
| | 任务 2　绘制支座三视图 | 4 学时 |

（续）

| 项　目 | 任　务 | 建议学时 |
|---|---|---|
| 项目 4　齿轮泵拆装与零件图绘制<br>（20 学时） | 任务 1　识读齿轮轴零件图 | 4 学时 |
| | 任务 2　绘制齿轮轴零件图 | 2 学时 |
| | 任务 3　绘制端盖零件图 | 4 学时 |
| | 任务 4　绘制泵体零件图 | 4 学时 |
| | 任务 5　绘制螺纹连接件图 | 4 学时 |
| | 任务 6　绘制圆柱齿轮零件图 | 2 学时 |
| 项目 5　架轮装配图绘制<br>（8 学时） | 任务 1　绘制架轮非标件零件图 | 4 学时 |
| | 任务 2　绘制架轮装配图 | 4 学时 |
| 项目 6　带轮传动部件装配图识读与拆画<br>（8 学时） | 任务 1　识读带轮传动部件装配图 | 4 学时 |
| | 任务 2　拆画轴零件图 | 2 学时 |
| | 任务 3　拆画 V 带轮零件图 | 2 学时 |
| 合　计 | | 56 学时 |

　　本书由赵猛、杨丽艳任主编，郭继爽、唐迎春、王旭晖任副主编，参加编写的还有邓宗岳、盖鑫、黄大勇和孙政邦。具体编写分工为：项目 1 由杨丽艳、邓宗岳编写，项目 2 由郭继爽、孙政邦编写，项目 3 由王旭辉、黄大勇编写，项目 4 由赵猛编写，项目 5 由郭继爽、邓宗岳编写，项目 6 由唐迎春、盖鑫编写。本书在编写过程中得到了沈阳锦达集团有限公司技术部李晖工程师的大力支持和帮助，在此表示衷心的感谢。

　　由于编者水平和能力有限，书中难免存在疏漏和不妥之处，恳请专家和读者批评指正，以便进一步修改完善。

编　者

# 二维码索引

| 序号 | 二维码 | 页码 | 序号 | 二维码 | 页码 |
|:---:|:---:|:---:|:---:|:---:|:---:|
| 1 | | 7 | 8 | | 38 |
| 2 | | 9 | 9 | | 38 |
| 3 | | 12 | 10 | | 40 |
| 4 | | 22 | 11 | | 46 |
| 5 | | 22 | 12 | | 47 |
| 6 | | 28 | 13 | | 48 |
| 7 | | 38 | 14 | | 53 |

（续）

| 序号 | 二维码 | 页码 | 序号 | 二维码 | 页码 |
|---|---|---|---|---|---|
| 15 | | 67 | 25 | | 101 |
| 16 | | 73 | 26 | | 102 |
| 17 | | 74 | 27 | | 102 |
| 18 | | 75 | 28 | | 121 |
| 19 | | 77 | 29 | | 124 |
| 20 | | 77 | 30 | | 125 |
| 21 | | 77 | 31 | | 128 |
| 22 | | 87 | 32 | | 134 |
| 23 | | 90 | 33 | | 138 |
| 24 | | 93 | 34 | | 148 |

（续）

| 序号 | 二维码 | 页码 | 序号 | 二维码 | 页码 |
|---|---|---|---|---|---|
| 35 | | 150 | 38 | | 182 |
| 36 | | 157 | 39 | | 198 |
| 37 | | 157 | 40 | | 201 |

# 目　录

项目 **1**

# 吊钩平面图绘制

📄》【项目描述】

学习"机械图样的绘制与识读"前提是熟悉国家标准《技术制图》和《机械制图》中有关图纸幅面、格式、比例、线条、用途、文字和标注等相关内容。会使用制图工具，能根据制图工具特点绘制平面图形。图 1-1 所示为吊钩平面图，从总体来看，该平面图由若干段线段（直线和圆弧）连接而成；从细节来看，直线与圆弧、圆弧与圆弧之间的连接处均为相切关系。

绘制吊钩平面图形：首先，要根据图形及尺寸选好图纸幅面、布局和绘图比例；其次，要分析图形中线段的类型、尺寸及相互之间的连接关系，进而确定平面图形的画图顺序；再次，根据图样上的尺寸正确使用绘图工具绘制吊钩平面图，注意相切原理在绘图中的应用；

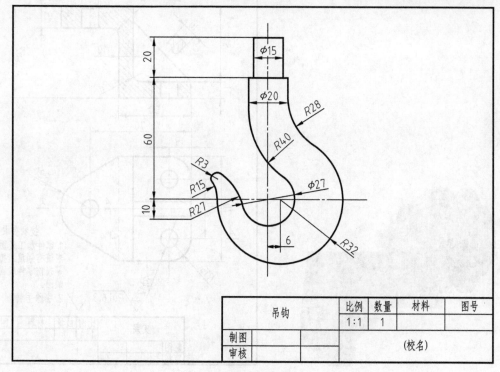

图 1-1　吊钩平面图

最后，要清晰标注图样中各条线段的尺寸。

【学习目标】

- 熟悉《机械制图》与《技术制图》相关国家标准。
- 学会常用绘图工具的使用方法。
- 掌握平面图形的绘图步骤、绘图方法及尺寸标注。
- 熟悉 6S 管理规定，并按照 6S 管理规定进行实践操作。

【能力目标】

- 能够独立使用绘图工具。
- 能够根据所给平面图形，抄绘其图样。

# 任务1　认识机械图样、使用绘图工具

任务布置

1）通过对图 1-1-1~图 1-1-3 三种图样的观察，每小组派出一名代表，说出三种图样名称及区别是什么，作用分别有哪些？

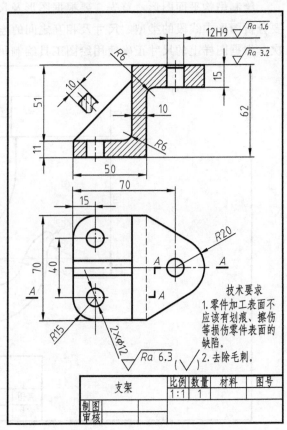

技术要求
1. 零件加工表面不应该有划痕、擦伤等损伤零件表面的缺陷。
2. 去除毛刺。

图 1-1-2　支架零件图

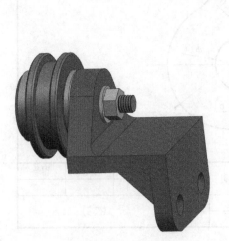

图 1-1-1　架轮立体图

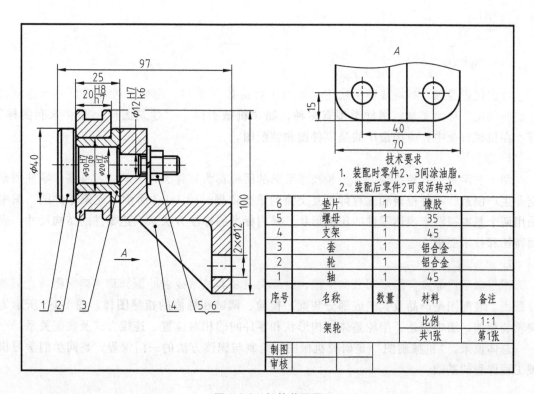

图 1-1-3 架轮装配图

技术要求

1. 装配时零件2、3间涂油脂。
2. 装配后零件2可灵活转动。

| 6 | 垫片 | 1 | 橡胶 | |
|---|---|---|---|---|
| 5 | 螺母 | 1 | 35 | |
| 4 | 支架 | 1 | 45 | |
| 3 | 套 | 1 | 铝合金 | |
| 2 | 轮 | 1 | 铝合金 | |
| 1 | 轴 | 1 | 45 | |
| 序号 | 名称 | 数量 | 材料 | 备注 |

| 架轮 | | 比例 | 1:1 |
|---|---|---|---|
| | | 共1张 | 第1张 |
| 制图 | | | |
| 审核 | | | |

2）通过对图 1-1-4 的观察，每小组派出一名代表，说出绘图工具包中工具的名称、用途及使用注意事项。

3）根据铅笔的不同用途，各位同学请使用小刀、砂纸等工具削铅笔。

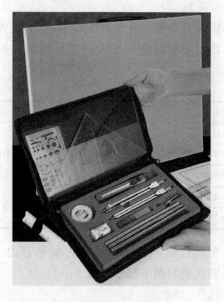

图 1-1-4 绘图工具包

预备知识

## 一、图样

根据投影原理、标准或有关规定，表示工程对象（零件、部件、机器等）并有必要技术说明的图，称为图样。图样类型有多种，如"机械图样""建筑图样"和"水利图样"等。在机械行业中，应用最广的是零件图和装配图。

**1. 零件图**

用于表示单个零件结构、大小和技术要求的图样称为零件图样，简称零件图。零件图是企业生产制造、零件检验和工程师相互交流的重要依据。图 1-1-2 所示为支架零件图。图中采用两个基本视图来表达零件的轮廓形状，采用标准的标注方法来表达零件的结构尺寸、表面特征和技术要求。

**2. 装配图**

用于表示产品及其组成部分的连接、装配关系及其技术要求的图样称为装配图样，简称装配图。装配图是产品及其组成部分装配、检验、调试和维修的指导图样。图 1-1-3 所示为架轮装配图，图中表达了架轮整体结构形状和零件间的相对位置、连接方式及装配关系。

总体说来，"机械制图"是研究机械图样绘制与识读方法的一门课程，是同学们学习机械工程课程的基础。

## 二、国家标准

《机械制图》和《技术制图》国家标准是重要的工程技术标准，是绘图和阅读机械图样的准则和依据。在标准代号"GB/T 14689—2008"中，"GB/T"称为"推荐性国家标准"，简称"国标"。"14689"表示标准顺序号，"2008"是标准批准的年份。

**1. 图纸幅面和格式**（GB/T 14689—2008）

国家标准中规定的基本幅面有 5 种，分别为 A0、A1、A2、A3 和 A4，见表 1-1-1。绘制图样时，应优先采用基本幅面，必要时也可以采用加长幅面（即在基本幅面的短边成整数倍增加后得出的幅面）。

表 1-1-1　基本幅面及图框尺寸　　　　　　　　　　　（单位：mm）

| 代号 | B×L | a | c | e |
|------|------|------|------|------|
| A0 | 841×1189 | 25 | 10 | 20 |
| A1 | 594×841 | | | |
| A2 | 420×594 | | | |
| A3 | 297×420 | | 5 | 10 |
| A4 | 210×297 | | | |

图框中框线都必须用粗实线绘出。图框样式分为留装订边（图 1-1-5）和不留装订边（图 1-1-6）两种，图中字母所代表的图框尺寸见表 1-1-1。

**2. 标题栏**（GB/T 10609.1—2008）

为了方便管理和查阅，每张图样中都必须绘有标题栏，用来填写图样的综合信息。标题

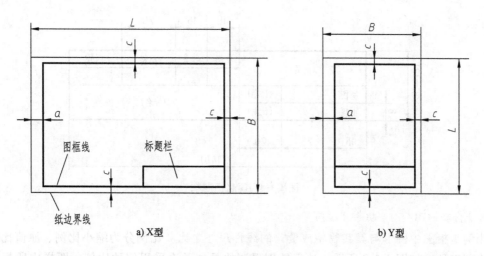

a) X型　　　　　　　　　　　　b) Y型

**图 1-1-5　留装订边图框**

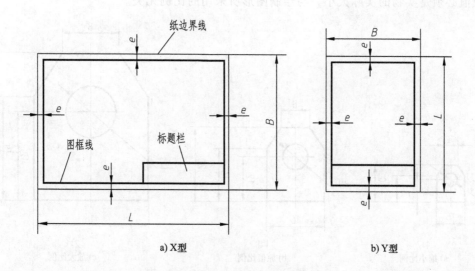

a) X型　　　　　　　　　　　　b) Y型

**图 1-1-6　不留装订边图框**

栏的位置一般位于图样的右下角，如图 1-1-7 所示。标题栏中文字方向为识图方向，特别强调的是：高校教学时通常使用简化标题栏，如图 1-1-8 所示。

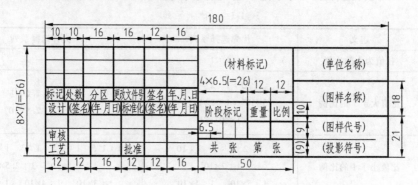

**图 1-1-7　标题栏**

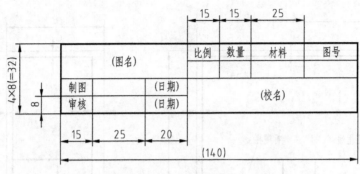

图 1-1-8 简化标题栏

### 3. 比例 （GB/T 14690—1993）

比例是指图中图形与其实物相应要素的线性尺寸之比。比例分为缩小比例、原值比例和放大比例三种，如图 1-1-9 所示。这里特别强调的是：无论采用何种比例，图样中所标注的尺寸数值必须是实物的实际大小，与绘制图形所采用的比例无关。

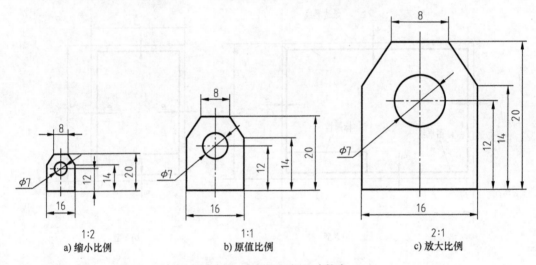

图 1-1-9 图形比例与尺寸数字

绘制图样时，应优先从表 1-1-2 "优先选择系列" 中选取适当的绘图比例。必要时，也允许从表 1-1-2 "允许选择系列" 中选取适当的绘图比例。

表 1-1-2 比例系列

| 种类 | 定义 | 优先选择系列 | 允许选择系列 |
|---|---|---|---|
| 原值比例 | 比值为 1 的比例 | 1 : 1 | — |
| 放大比例 | 比值大于 1 的比例 | 5 : 1 　2 : 1<br>$5 \times 10^n : 1$ 　$2 \times 10^n : 1$<br>$1 \times 10^n : 1$ | 4 : 1 　2.5 : 1<br>$4 \times 10^n : 1$ 　$2.5 \times 10^n : 1$ |
| 缩小比例 | 比值小于 1 的比例 | 1 : 2 　1 : 5 　1 : 10<br>$1 : 2 \times 10^n$<br>$1 : 5 \times 10^n$ 　$1 : 1 \times 10^n$ | 1 : 1.5 　1 : 2.5 　1 : 3 　1 : 4 　1 : 6<br>$1 : 1.5 \times 10^n$ 　$1 : 2.5 \times 10^n$<br>$1 : 3 \times 10^n$ 　$1 : 4 \times 10^n$ 　$1 : 6 \times 10^n$ |

**4. 字体**（GB/T 14691—1993）

图样中常用汉字、字母、数字等来标注尺寸和技术要求。国家标准规定在图样中书写字体时必须做到：字体工整，笔画清楚，间隔均匀，排列整齐。字体高度（用 $h$ 表示）的公称尺寸系列分别为 1.8mm、2.5mm、3.5mm、5mm、7mm、10mm、14mm 和 20mm。

（1）汉字　图样上的汉字应写成长仿宋体，并采用我国正式公布推行的简化字，汉字的高度 $h$ 应不小于 3.5mm，其字宽一般为 $h/\sqrt{2}$。

（2）字母和数字　字母和数字按笔画宽度分 A 型和 B 型两种字体。A 型字体的笔画宽度 $d$ 为字高 $h$ 的 1/14，B 型字体的笔画宽度 $d$ 为字高 $h$ 的 1/10。特别强调的是：在同一图样上，只允许选用一种型式的字体。

字母和数字可写成斜体或直体。斜体字字头向右倾斜，与水平基准线成 75°。字体示例见表 1-1-3。

表 1-1-3　字体示例

| 字体 | | 示例 |
|---|---|---|
| 长仿宋体汉字 | 5 号 | 字体工整　笔画清楚　间隔均匀　排列整齐 |
| | 3.5 号 | 学好机械制图，培养和发展空间想象能力 |
| 拉丁字母 | 大写斜体 | *ABCDEFGHIJKLMNOPQRSTUVWXYZ* |
| | 小写斜体 | *abcdefghijklmnopqrstuvwxyz* |
| 阿拉伯数字 | 斜体 | *1234567890* |
| | 直体 | 1234567890 |
| 字体应用示例 | | 10JS5(±0.003)　M24-6H　$R8$　$10^3$　5%　$D_1$ |
| | | 380kPa m/kg　$\phi 20^{+0.010}_{-0.023}$　$\phi 25\dfrac{\text{H6}}{\text{f5}}$　$\dfrac{\text{II}}{1:2}$　$\dfrac{A}{5:1}$　460r/min　220V |

**5. 图线**（GB/T 4457.4—2002）

图中所采用的各种型式的线，称为图线。国家标准 GB/T 4457.4—2002规定的基本线型共有 9 种，线型及应用见表 1-1-4，图线的应用示例如图 1-1-10 所示。

表 1-1-4　机械制图的线型及应用

| 序号 | 图线名称 | 线型 | 图线宽度 | 一般应用 |
|---|---|---|---|---|
| 1 | 细实线 | ——————— | $d/2$ | 过渡线、尺寸线、尺寸界线、指引线、基准线、剖面线、重合断面的轮廓线、短中心线、螺纹牙底线、尺寸线的起止线、表示平面的对角线、零件成形前的弯折线、范围线及分界线、重复要素表示线(例如齿轮的齿根线)、锥形结构的基面位置线、叠片结构位置线(例如变压器叠钢片)、辅助线、不连续同一表面连线、成规律分布的相同要素连线、投影线、网格线 |
| 2 | 粗实线 | ——————— | $d$ | 可见棱边线、可见轮廓线、相贯线、螺纹牙顶线、螺纹长度终止线、齿顶圆(线)、表格图和流程图中的主要表示线、系统结构线(金属结构工程)、模样分型线、剖切符号用线 |
| 3 | 细点画线 | –·–·–·– | $d/2$ | 轴线、对称中心线、分度圆(线)、孔系分布的中心线、剖切线 |
| 4 | 细虚线 | – – – – | $d/2$ | 不可见棱边线、不可见轮廓线 |
| 5 | 双折线 | ——/\—— | $d/2$ | 断裂处边界线、视图与剖视图的分界线 |
| 6 | 波浪线 | ～～～ | $d/2$ | 断裂处边界、视图与剖视图的分界线 |
| 7 | 粗虚线 | ▬ ▬ ▬ ▬ | $d$ | 允许表面处理的表示线 |
| 8 | 粗点画线 | ▬·▬·▬ | $d$ | 限定范围表示线 |
| 9 | 细双点画线 | –··–··– | $d/2$ | 相邻辅助零件的轮廓线、可动零件的极限位置的轮廓线、重心线、成形前轮廓线、剖切面前的结构轮廓线、轨迹线、毛坯图中制成品的轮廓线、特定区域线、延伸公差带表示线、工艺用结构的轮廓线、中断线 |

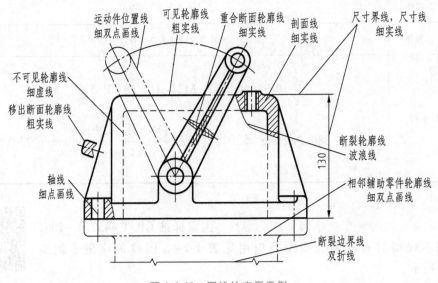

图 1-1-10　图线的应用示例

机械图样中采用粗、细两种线宽，它们之间的比例为 2∶1（粗线为 $d$，细线为 $d/2$）。图线宽度应根据图样幅面的大小和所表达对象的复杂程度，在 0.25mm、0.35mm、0.5mm、0.7mm、1mm、1.4mm、2mm 中选取（常用的线宽为 0.5mm 和 0.7mm）。同一图样中，同类图线的图线宽度应一致。

图线的正确画法如图 1-1-11 所示。

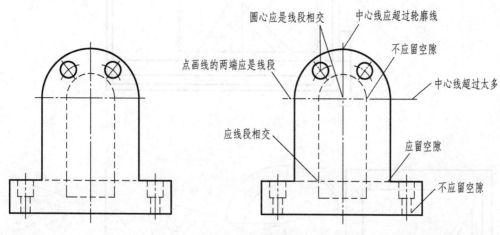

图 1-1-11　图线的正确画法

绘制图样时，应遵循以下规定和要求：

1）同一张图样中，同类图线的宽度基本一致。虚线、点画线和双点画线的线段长度和间隔，应大致相等。

2）两条平行线（包括剖面线）之间的距离，应不小于粗实线的两倍宽度，其最小距离不得小于 0.7mm。

3）轴线、对称中心线、双点画线应超出轮廓线 2~5mm。点画线和双点画线的末端应是线段，而不是点或空隙。若圆的直径较小，两条点画线可用细实线代替。

4）虚线、点画线与其他图线相交时，应在线段处相交，不应在点或空隙处相交。当虚线是粗实线的延长线时，粗实线应画到分界点，而虚线与分界点之间应留有空隙。当虚线圆弧与虚线直线相切时，虚线圆弧的线段应画到切点处，虚线直线至切点之间应留有空隙。

## 三、绘图仪器及工具使用

### 1. 图板、丁字尺、三角板

传统绘图"三件套"主要是指图板、丁字尺和三角板，如图 1-1-12 所示。图板又称绘图板，主要用来铺放和固定图样，其表面光滑平坦，材质细腻。图板下侧为丁字尺，主要用来绘制水平和垂直的长线。绘图用的三角板一般有两块：一块是 45° 的等腰直角三角板，另一块是 30°（60°）直角三角板。三角板与丁字尺配合使用，可绘制垂直线，也可绘制 30°、45°、60° 以及 15°、75°、105° 和 165° 的斜线，如图 1-1-13 所示。

### 2. 圆规和分规

圆规是用来绘制圆和圆弧的工具。圆规在使用前应先调整针脚，使针尖略长于铅芯，同时，铅芯应削成楔形，以便绘制出粗细均匀的圆弧。画图时，应尽量使钢针和铅芯都垂直于

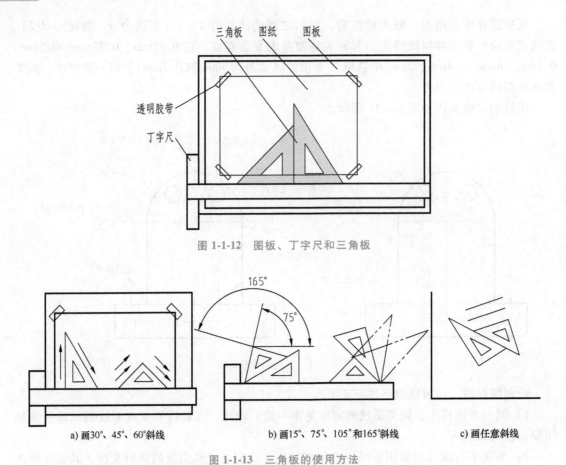

图 1-1-12 图板、丁字尺和三角板

a) 画30°、45°、60°斜线　　　　b) 画15°、75°、105°和165°斜线　　　　c) 画任意斜线

图 1-1-13 三角板的使用方法

纸面，且钢针的台阶与铅芯尖应平齐。圆规的使用方法如图 1-1-14 所示。

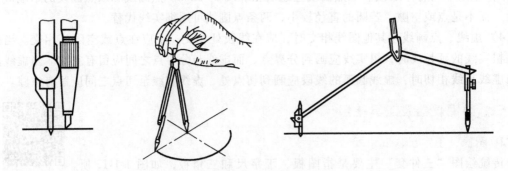

图 1-1-14 圆规的使用方法

分规是用来量取线段长度和等分线段的工具。分规的两腿端部均为钢针，当两腿合拢时，两针尖应对齐。分规的使用方法如图 1-1-15 所示。

### 3. 曲线板

曲线板主要用来光滑连接系列点的自由曲线。绘制前，首先要定出曲线上足够多的点，再徒手用铅笔轻轻地将各点光滑地连接起来；然后从一端开始，找出曲线板上与所画曲线曲率大致相同的一段，沿曲线板描出这段曲线；如此重复，直至最后一段。特别强调的是：前

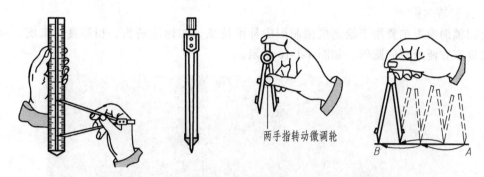

图 1-1-15　分规的使用方法

后相邻的两段曲线至少要有三个点是重合的，这样描绘的曲线才光滑。曲线板及其使用方法如图 1-1-16 所示。

图 1-1-16　曲线板及其使用方法

### 4. 铅笔

铅笔是绘图的重要工具，按铅芯软硬程度不同可将铅笔分为 B 型（软性）、HB 型（中性）和 H 型（硬性）。字母 B 前面的数字越大表示铅芯越软，绘出的线越黑，字母 H 前面的数字越大表示铅芯越硬，画出的线越淡，字母 HB 表示铅芯软硬适中。绘图时，通常使用 H 或 2H 型铅笔画底稿（草图），用 B 或 HB 型铅笔加粗加深全图线条，写字使用 HB 型铅笔。

绘图时，铅笔笔尖可根据用途的不同削成锥形和铲形两种，如图 1-1-17 所示。锥形铅笔用来绘制细线和书写文字，铲形铅笔（断面为矩形）用来加深、加粗图线，加深的图线宽度一般为 0.6~0.8mm。

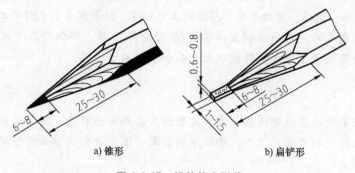

a) 锥形　　　　b) 扁铲形

图 1-1-17　铅笔笔尖形状

**5. 绘图辅助模板**

绘图辅助模板主要用于绘制机械制图中标准特征，如标注箭头、粗糙度、锥度、斜度，以及圆规不方便绘制的圆等，如图 1-1-18 所示。

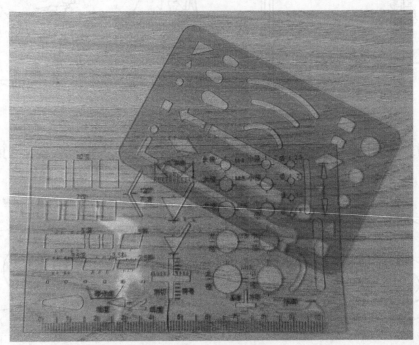

图 1-1-18　绘图辅助模板

**6. 其他用品**

除上述工具和用品，使用尺规绘图时还应准备白色软橡皮、刀片、砂纸、量角器、胶带纸及扫灰屑的小毛刷等。

**【课堂故事】**

6S 即整理（SEIRI）、整顿（SEITON）、清扫（SEISO）、清洁（SEIKETSU）、素养（SHITSUKE）、安全（SECURITY）六个名词的缩写。制图课程是理实一体化课程的典范，多数时间同学们会在制图桌旁绘图，如何摆放图纸最舒服？如何高效率地使用制图工具？如何清扫绘图产生的"小垃圾"？这些都是 6S 的内容。也就是说：制图实训室实施 6S 管理目的是通过规范现场、现物，营造干净、整洁的工作环境，培养同学们良好的工作习惯。

通过整理制图工具，打扫实训室，学习 6S 管理等活动，不但有益于培养学生的劳动意识，更重要的是让学生形成良好的职业素养和做事的"章法"。

**【课堂讨论】**

由于同学们第一次走进制图实训室，对制图工具都有些好奇，使用之余，千万要爱护制图工具，并保持实训室室内卫生。请同学们思考一下，我们应该如何整理制图工具，如何打扫制图实训室？

## 任务计划与决策 　（表 1-1-5）

表 1-1-5　工作任务计划与决策单

| 班级 | | 姓名 | | 学号 | |
|---|---|---|---|---|---|
| 组别 | | 任务名称 | | 1.1　认识机械图样、使用绘图工具 | |
| 任务计划 | | | | | |
| 任务决策 | | | | | |

**任务实施**　（表 1-1-6）

表 1-1-6　工作任务实施单

| 班级 | | 姓名 | | 学号 | |
|---|---|---|---|---|---|
| 组别 | | 任务名称 | | 1.1　认识机械图样、使用绘图工具 | |

任务实施如下：

1. 通过对下列 A、B、C 三种图样的观察，每小组派出一名代表，说出三种图样名称及区别是什么，作用分别有哪些？

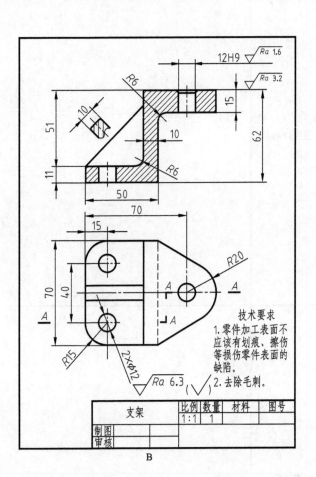

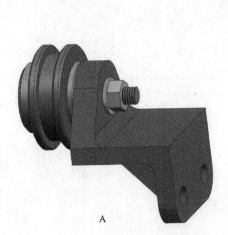

（续）

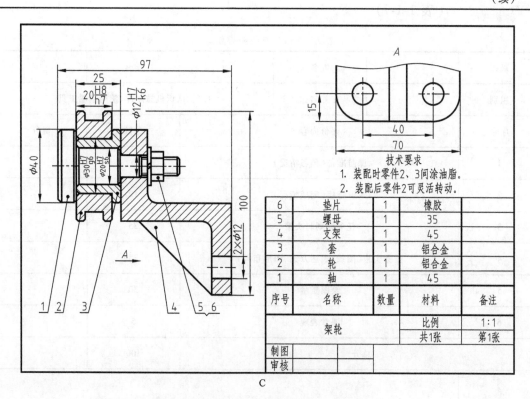

技术要求
1. 装配时零件2、3间涂油脂。
2. 装配后零件2可灵活转动。

| 6 | 垫片 | 1 | 橡胶 | |
| 5 | 螺母 | 1 | 35 | |
| 4 | 支架 | 1 | 45 | |
| 3 | 套 | 1 | 铝合金 | |
| 2 | 轮 | 1 | 铝合金 | |
| 1 | 轴 | 1 | 45 | |
| 序号 | 名称 | 数量 | 材料 | 备注 |
| 架轮 | | | 比例 | 1:1 |
| | | | 共1张 | 第1张 |
| 制图 | | | | |
| 审核 | | | | |

C

2. 每小组派出一名代表,说出绘图工具包中工具的名称、用途及使用注意事项。

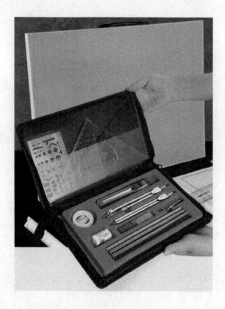

3. 根据铅笔的不同用途,各位同学请使用小刀、砂纸等工具削铅笔。

**任务评价** （表 1-1-7）

表 1-1-7　工作任务评价单

| 班级 | | 姓名 | | 学号 | |
|------|------|------|------|------|------|
| 组别 | | 任务名称 | | 1.1　认识机械图样、使用绘图工具 | |
| 序号 | 评价内容 | | | 分数 | 得分 |
| 1 | 课前准备（预习情况） | | | 5 | |
| 2 | 知识链接（完成情况） | | | 10 | |
| 3 | 任务计划与决策 | | | 25 | |
| 4 | 任务实施（图线、表达方案、图形布局） | | | 25 | |
| 5 | 绘图质量 | | | 30 | |
| 6 | 课堂表现 | | | 5 | |
| | 总分 | | | 100 | |

学习体会

# 任务2 标注平面图形尺寸

**任务布置**

按照机械制图国家标准中尺寸标注的规定，标注如图 1-2-1 所示平面图形的尺寸。

**预备知识**

零件的形状特征可通过图形来表达，而零件的大小则是通过尺寸标注来体现的。倘若设计人员将零件尺寸标注错误，会直接导致加工零件报废，产生不可估量的损失。

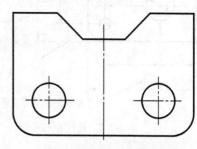

图 1-2-1 平面图形

## 一、尺寸标注的基本规则（GB/T 4458.4—2003）

尺寸是指以特定单位（长度或角度）表示线性尺寸的数值。体现在技术图样中，则是图线、符号和技术要求。特别强调的是：

1）零件的真实大小应以图样上所注的尺寸数值为依据，与图形的大小和绘图的准确度无关。

2）零件的每一尺寸，一般只标注一次，且应标注在反映该结构最清晰的图形上。

3）图样中（包括技术要求和其他说明）的尺寸，以毫米为单位时，不需标注单位符号（或名称），如采用其他单位，则应注明相应的单位符号。

4）图样中所标注的尺寸，为该图样所示机件的最后完工尺寸，否则应另加说明。

5）标注尺寸时应尽可能使用符号和缩写词。尺寸数字前后常用的特征符号和缩写词见表 1-2-1。

表 1-2-1 常用的特征符号和缩写词

| 名称 | 符号和缩写词 | 名称 | 符号和缩写词 | 名称 | 符号和缩写词 |
|---|---|---|---|---|---|
| 直径 | $\phi$ | 厚度 | $t$ | 沉孔或锪平 | ⊔ |
| 半径 | $R$ | 正方形 | □ | 埋头孔 | ⌄ |
| 球直径 | $S\phi$ | 45°倒角 | $C$ | 弧长 | ⌒ |
| 球半径 | $SR$ | 深度 | ↓ | 均布 | EQS |

## 二、尺寸的组成

每个完整的尺寸，一般应包括尺寸界线、尺寸线（含尺寸箭头）和尺寸数字三个部分，也称为尺寸"三要素"，尺寸标注示例图如图 1-2-2 所示。在图样中，尺寸线终端一般采用箭头形式，箭头的形式和画法如图 1-2-3 所示。

1）尺寸数字表示尺寸度量的大小。尺寸数字一般标注在尺寸线上方或左方（也称为向上、向左原则），如图 1-2-2 所示。尺寸数字的方向：水平方向字头朝上，竖直方向字头朝左，倾斜方向字头保持朝上趋势，并尽量避免在图 1-2-4a 所示的 30°范围内标注。当无法避免时，可按照图 1-2-4b 所示的样式标注。

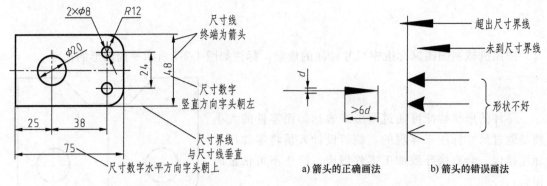

图 1-2-2　尺寸标注示例　　　　　　　　　图 1-2-3　箭头的形式和画法

尺寸数字不可被任何图线通过，其为第一优先级，当不可避免时（即尺寸数字与图线相交），则图线必须断开，如图 1-2-5 所示。标注角度的数字一律水平方向书写，角度数字写在尺寸线的中断处，必要时允许注写在尺寸线的上方或外面，如图 1-2-6 所示。

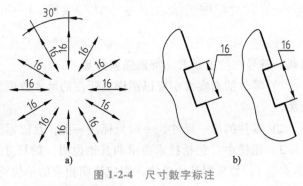

图 1-2-4　尺寸数字标注

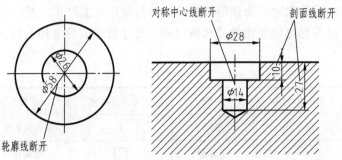

图 1-2-5　尺寸数字不可被图线通过

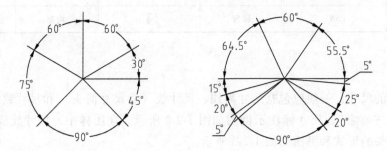

图 1-2-6　角度尺寸的注写

2）尺寸线表示尺寸度量的方向。绘制尺寸线时，必须与所标注的线段平行，且该线型为细实线，如图1-2-2所示。

3）尺寸界线表示尺寸度量的范围。绘制尺寸界线时，应自图形的轮廓线、轴线、对称中心线引出，且该线型为细实线。尺寸界线一般应与尺寸线垂直，必要时允许倾斜，如图1-2-7所示。

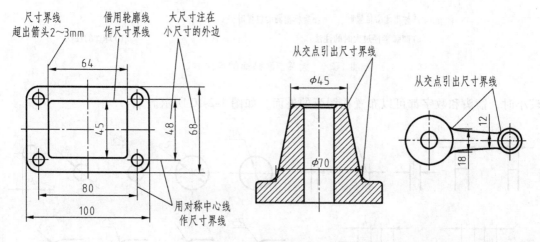

图1-2-7　尺寸界线的画法

## 三、常见尺寸的标注方法

### 1. 圆、圆弧及球面尺寸标注方法

圆的直径和圆弧半径的尺寸线终端应画成箭头。标注直径时，应在尺寸数字前加注符号"$\phi$"，标注半径时，应在尺寸数字前加注符号"$R$"，且尺寸线必须通过圆心和圆心方向，如图1-2-8所示。

a) 圆的正常注法　　　　b) 大半圆的注法　　　　c) 圆弧的正常注法

图1-2-8　直径、半径标注法

当圆弧的半径过大，图样范围内无法标注圆心位置（或不需要标出圆心位置）时，可采用折线的形式标注。标注球面直径或半径时，应在直径符号或半径符号前加注"S"，如图1-2-9所示。

### 2. 小尺寸标注法

在标注距离较小，且没有足够的空间绘制箭头或注写数字时，允许使用圆点或斜线代替箭头。特别强调的是：任何情况下，尺寸界线最外端两侧箭头必须画出。当直径或半径尺寸

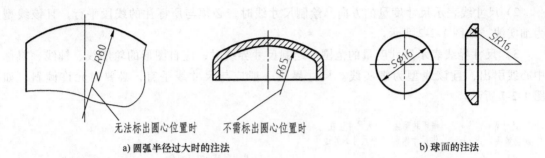

a) 圆弧半径过大时的注法　　　　　　　　　b) 球面的注法

图 1-2-9　大圆弧和球面的标注方法

较小时，箭头和数字都可以布置在圆弧的外面，如图 1-2-10 所示。

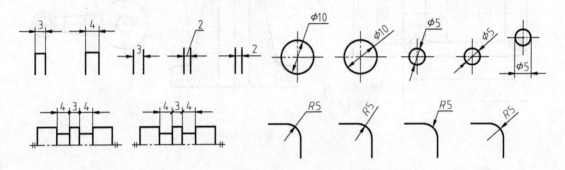

图 1-2-10　小尺寸的注法

### 3. 对称图形尺寸标注法

对于对称图形，尺寸标注应"对称分布"，以体现图形的对称性。当对称图形只画出一半或略大于一半时，尺寸线应略超过对称线或断裂处的边界线，此时，仅在尺寸线的一端画出箭头即可，如图 1-2-11 所示。

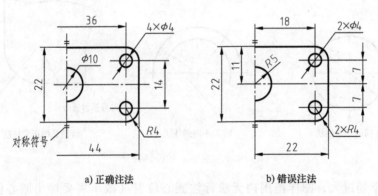

a) 正确注法　　　　　　　　　　b) 错误注法

图 1-2-11　对称图形的尺寸注法

### 4. 弦长或弧长的尺寸注法

标注弦长或弧长时，其尺寸界线应平行于该弦的垂直平分线，且弧长的尺寸线画圆弧。当弧度较大时，也可沿径向引出标注，如图 1-2-12 所示。

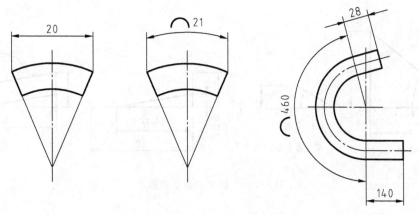

图 1-2-12 弦长或弧长的尺寸注法

## 四、简化注法

在同一图形中，对于特征尺寸相同的孔、槽等要素，可仅在一个要素上注出其尺寸和数量，并用缩写词"EQS"（均匀分布）表示。当图形中特征要素的定位和分布情况明确时，可不标注其角度值，并省略"EQS"，如图 1-2-13 所示。

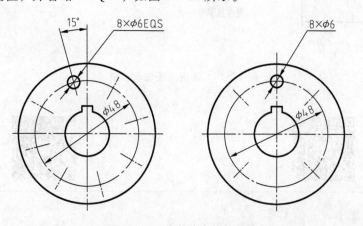

图 1-2-13 均匀分布简化画法

## 五、斜度和锥度

### 1. 斜度

斜度是指一直线（或平面）对另一直线（或平面）的倾斜程度，其大小以两直线（或两平面）间夹角 $\alpha$ 的正切值来表示。标注斜度时，以 $1:n$ 的形式标注，并在 $1:n$ 前加注斜度符号"∠"，符号的方向要与图中斜度的方向一致，如图 1-2-14 所示。

### 2. 锥度

锥度是指正圆锥的底圆直径与锥高之比，对于圆锥台，则为两底圆的直径差与圆锥台的高度之比。标注锥度时，以 $1:n$ 的形式标注，并在 $1:n$ 前加注锥度符号"▷"，符号的方向要与图中的锥度的方向一致，并对称地配置在基准线上，如图 1-2-15 所示。

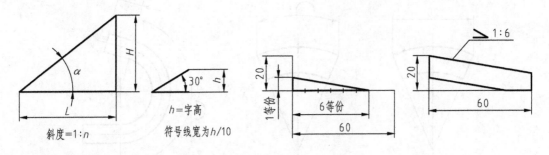

图 1-2-14　斜度的画法及标注

$$斜度=1:n$$

h=字高

符号线宽为h/10

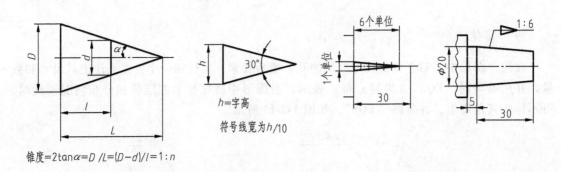

图 1-2-15　锥度的画法及标注

$$锥度=2\tan\alpha=D/L=(D-d)/l=1:n$$

h=字高

符号线宽为h/10

**【课堂故事】**

　　商鞅变法前，秦国各地度量衡不统一。为了保证国家的赋税收入，商鞅制造了标准的度量衡器，如今传世之"基鞅量"上有铭文记有秦孝公监造，"爰积十六尊（寸）五分尊（寸）之一为升"。由量器及其铭文可知，当时统一度量衡一事是十分严肃认真的。商鞅还统一了斗、桶、权、衡、丈、尺等度量衡，要求秦国人必须严格执行。因此全国上下有了标准的度量准则，为人们从事经济、文化的交流活动提供了便利条件。

**【课堂讨论】**

　　孟子《离娄章句》中"离娄之明、公输子之巧，不以规矩，不能成方圆"。请同学们列举生活中不遵守规范、标准所产生严重后果的案例。

**任务计划与决策**　（表 1-2-2）

表 1-2-2　工作任务计划与决策单

| 班级 | | 姓名 | | 学号 | |
|---|---|---|---|---|---|
| 组别 | | 任务名称 | | 1.2　标注平面图形尺寸 | |
| 任务计划 | | | | | |
| 任务决策 | | | | | |

任务实施 （表 1-2-3）

表 1-2-3　工作任务实施单

| 班级 | | 姓名 | | 学号 | |
|---|---|---|---|---|---|
| 组别 | | 任务名称 | | 1.2　标注平面图形尺寸 | |

任务实施如下：

按照机械制图国家标准中尺寸标注的规定,标注下图所示平面图形的尺寸(量尺取整标注即可)。

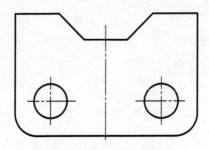

任务评价 （表 1-2-4）

表 1-2-4 工作任务评价单

| 班级 | | 姓名 | | 学号 | |
|---|---|---|---|---|---|
| 组别 | | 任务名称 | | 1.2 标注平面图形尺寸 | |
| 序号 | 评价内容 | | | 分数 | 得分 |
| 1 | 课前准备（预习情况） | | | 5 | |
| 2 | 知识链接（完成情况） | | | 10 | |
| 3 | 任务计划与决策 | | | 25 | |
| 4 | 任务实施（图线、表达方案、图形布局） | | | 25 | |
| 5 | 绘图质量 | | | 30 | |
| 6 | 课堂表现 | | | 5 | |
| | 总分 | | | 100 | |

学习体会

# 任务3　抄绘吊钩平面图

**任务布置**

按1∶1比例，抄绘如图1-3-1所示吊钩的平面图形，并标注尺寸。

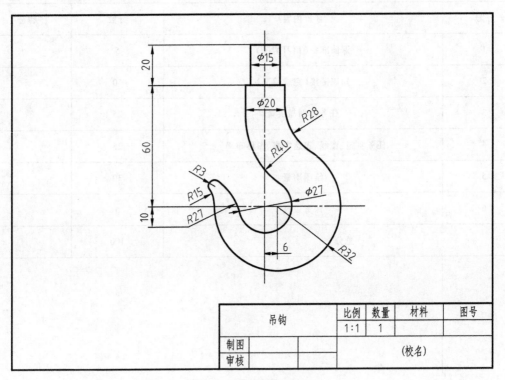

| 吊钩 | 比例 | 数量 | 材料 | 图号 |
|---|---|---|---|---|
| | 1∶1 | 1 | | |
| 制图 | | | (校名) | |
| 审核 | | | | |

图1-3-1　吊钩平面图形

**预备知识**

## 一、几何作图

用一段圆弧光滑地连接相邻两已知线段（直线或圆弧）的作图方法，称为圆弧连接。圆弧连接在绘制平面图过程中非常常见，如图1-3-2所示，从图中可以看出，圆弧连接实质

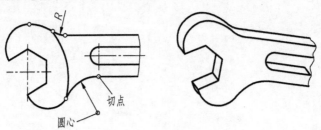

图1-3-2　圆弧连接示意图

上就是圆弧与直线、圆弧与圆弧相切。因此，作图时必须先求出连接圆弧的圆心，确定切点（连接点）的位置，再用适当的圆弧曲线光滑地连接两切点。

**1. 圆弧连接两直线**

如图 1-3-3 所示，作与直线 $MN$ 和 $EF$ 相切且半径为 $R$ 的连接圆弧，作图步骤如图 1-3-3b、c、d 所示。

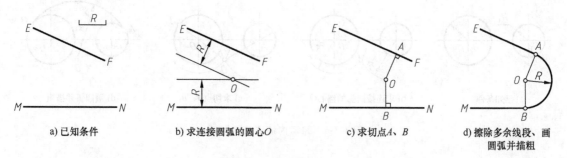

a) 已知条件　　b) 求连接圆弧的圆心$O$　　c) 求切点$A$、$B$　　d) 擦除多余线段、画
圆弧并描粗

图 1-3-3　圆弧连接两直线

**2. 圆弧连接直线和圆弧**

如图 1-3-4 所示，用半径为 $R$ 的圆弧，光滑连接半径为 $R_1$ 的圆（内切）和直线 $MN$，其作图步骤如图 1-3-4b、c、d 所示。

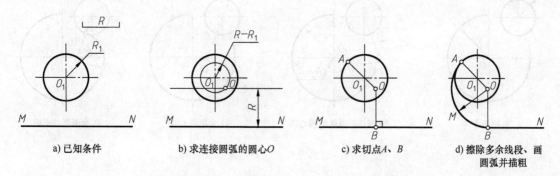

a) 已知条件　　b) 求连接圆弧的圆心$O$　　c) 求切点$A$、$B$　　d) 擦除多余线段、画
圆弧并描粗

图 1-3-4　圆弧连接直线和圆弧

**3. 圆弧外切连接两圆弧**

如图 1-3-5 所示，作半径为 $R$ 的圆弧，分别与半径为 $R_1$、$R_2$ 的两圆相外切，其作图步骤如图 1-3-5b、c、d 所示。

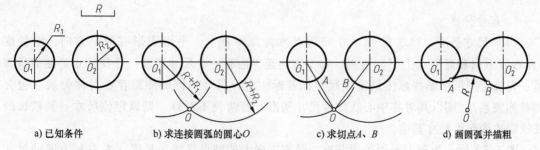

a) 已知条件　　b) 求连接圆弧的圆心$O$　　c) 求切点$A$、$B$　　d) 画圆弧并描粗

图 1-3-5　圆弧外切连接两圆弧

**4. 圆弧内切连接两圆弧**

如图 1-3-6 所示，作半径为 R 的圆弧，分别与半径为 $R_1$、$R_2$ 的两圆相内切，其作图步骤如图 1-3-6b、c、d 所示。

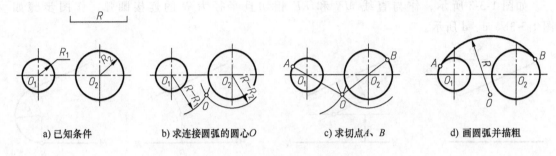

a) 已知条件　　　b) 求连接圆弧的圆心 O　　　c) 求切点 A、B　　　d) 画圆弧并描粗

图 1-3-6　圆弧内切连接两圆弧

**5. 圆弧分别内、外切连接两圆弧**

如图 1-3-7 所示，作半径为 R 的连接圆弧，与半径为 $R_1$ 的圆弧相外切，与半径为 $R_2$ 的圆弧相内切，其作图步骤如图 1-3-7b、c、d 所示。

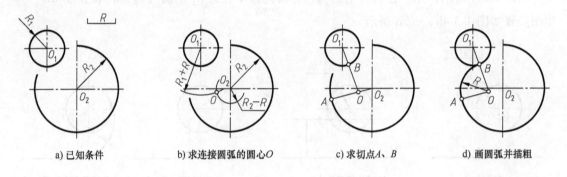

a) 已知条件　　　b) 求连接圆弧的圆心 O　　　c) 求切点 A、B　　　d) 画圆弧并描粗

图 1-3-7　圆弧分别内、外切连接两圆弧

## 二、图形分析

在绘制平面图形之前，应该对该图形进行尺寸分析和线段分析，其目的是保证绘图者在绘图前充分了解平面图形的特征，以便确定正确的绘图步骤（思路）。

**1. 尺寸分析**

（1）尺寸基准　标注定位尺寸的起点称为尺寸基准。平面图形有两个方向，即长度（左右）方向和高度（上下）方向。每个方向至少应有一个尺寸基准。寻找尺寸基准的步骤是：先确定图形中哪些标注是定位尺寸；若标注定位尺寸两侧的图形存在对称关系（包含类对称关系），则以其对称中心线作为尺寸基准；若两侧不对称，则以定位尺寸一侧较长的底线或边线作为尺寸基准。

图 1-3-8 所示为确定平面图形基准，竖直方向上的细点画线为长度（左右）方向的尺寸基准，而较长的底线则作为高度（上下）方向的尺寸基准。

（2）定形尺寸 确定平面图形上几何元素形状大小的尺寸称为定形尺寸。例如，线段长度、圆及圆弧的直径和半径、角度大小等都属于定形尺寸。如图 1-3-1 所示，$\phi15$、$\phi20$、$R28$、$R32$ 等均为定形尺寸。

（3）定位尺寸 确定平面图形上几何元素位置的尺寸称为定位尺寸。如确定圆弧圆心的长度与高度两个方向位置的尺寸，直线段位置的尺寸等。如图 1-3-1 所示，10、60、6 等均为定位尺寸。

**2. 线段分析**

平面图形中，广义的线段主要有两种：一种是具有完整的定形和定位尺寸的线段，绘图时，可根据标注的尺寸直接绘出该线段；另一种是线段有完整的定形尺寸，而定位尺寸并未完全注出，要根据已注出的尺寸及该线段与相邻线段的连接关系，通过几何作图绘出。

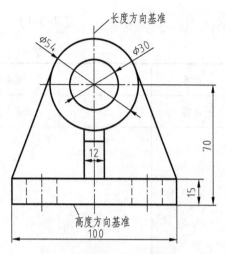

图 1-3-8　确定平面图形基准

绘制平面图形时，遇到的大多数直线和圆都是第一种情况（即已知线段）。而绘制圆弧则多为两者的综合体，因此，这里主要介绍圆弧连接的作图问题。

（1）已知弧（已知线段） 给出半径大小及圆心在两个方向定位尺寸的圆弧，称为已知弧。如图 1-3-1 中的圆弧 $R32$、$\phi27$ 为已知弧，此类圆弧（圆）可以直接绘出。

（2）中间弧（中间线段） 给出半径大小及圆心一个方向定位尺寸的圆弧，称为中间弧。如图 1-3-1 中的圆弧 $R27$、$R15$ 为中间弧。中间弧在作图时，需根据图中给出的定形尺寸、定位尺寸及与相邻线段的连接要求才能绘出。

（3）连接弧（连接线段） 已知圆弧半径，而缺少两个方向定位尺寸的圆弧，称为连接弧。如图 1-3-1 中的圆弧 $R3$、$R28$、$R40$ 都为连接弧。连接弧在画图时，需根据图中给出的定形尺寸及与两端相邻线段的连接要求才能画出。

作图时，应先绘制已知弧，再绘制中间弧，最后绘制连接弧。

**【课堂故事】**

鲁班是我国古代土木建筑的鼻祖。鲁班锁结构奇巧，蕴含了我国古代建筑中榫卯结构的精华，是中国古代工匠的技术结晶，体现了精益求精的工匠精神。同学们应该以精益求精的工作态度去绘制图样，才能够保证零件的精度要求，从而培养自己的敬业精神。

**【课堂讨论】**

图样在机械加工中起到极其重要的作用，我们应该严肃认真地对待图样，一线一字都不能马虎，请同学们思考：为了保证图样严谨性，抄绘图样时要注意哪些问题？

## 任务计划与决策 （表 1-3-1）

表 1-3-1　工作任务计划与决策单

| 班级 | | 姓名 | | 学号 | |
|---|---|---|---|---|---|
| 组别 | | 任务名称 | 1.3　抄绘吊钩平面图 | | |
| 任务计划 | | | | | |
| 任务决策 | | | | | |

**任务实施**　（表 1-3-2）

表 1-3-2　工作任务实施单

| 班级 | | 姓名 | | 学号 | |
|---|---|---|---|---|---|
| 组别 | | 任务名称 | | 1.3　抄绘吊钩平面图 | |

任务实施如下：

按 1∶1 比例，抄绘如图所示吊钩的平面图形，并标注尺寸。

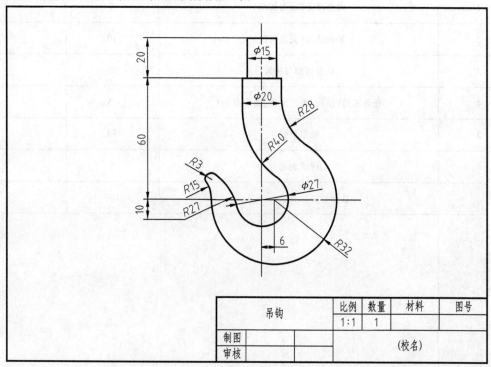

| 吊钩 | 比例 | 数量 | 材料 | 图号 |
|---|---|---|---|---|
| | 1∶1 | 1 | | |
| 制图 | | | (校名) | |
| 审核 | | | | |

（请准备 A4 图纸）

**任务评价** （表 1-3-3）

表 1-3-3　工作任务评价单

| 班级 | | | 姓名 | | 学号 | |
|---|---|---|---|---|---|---|
| 组别 | | | 任务名称 | | 1.3　抄绘吊钩平面图 | |
| 序号 | | 评价内容 | | | 分数 | 得分 |
| 1 | | 课前准备(预习情况) | | | 5 | |
| 2 | | 知识链接(完成情况) | | | 10 | |
| 3 | | 任务计划与决策 | | | 25 | |
| 4 | | 任务实施(图线、表达方案、图形布局) | | | 25 | |
| 5 | | 绘图质量 | | | 30 | |
| 6 | | 课堂表现 | | | 5 | |
| | | 总分 | | | 100 | |

| 学习体会 | |
|---|---|
| | |

# 课 后 习 题

一、选择题

1. 机械制图图样中，机件的可见轮廓线用（　　）画出，不可见轮廓线用（　　）画出，对称中心线和轴线用（　　）画出。

A. 粗实线　　　　　B. 虚线　　　　　C. 细实线　　　　　D. 细点画线

2. 机械制图中，A2 图纸的幅面是 A3 图纸幅面的（　　）倍。

A. 4　　　　　B. 2　　　　　C. 0.5　　　　　D. 0.25

3. 一零件真实长为 50mm，宽为 30mm，若采用 2：1 的比例绘制到大图上，标注时其长、宽分别应标注为（　　）。

A. 100，30　　　　B. 50，30　　　　C. 25，15　　　　D. 100，60

4. 标题栏一般应位于图样的（　　）方位。

A. 正上方　　　　B. 右上方　　　　C. 左下方　　　　D. 右下方

5. 在画图时应尽量采用原值的比例，需要时也可采用放大或缩小的比例，无论采用哪种比例，图样上标注的应是机件的（　　）。

A. 下料尺寸　　　B. 图样尺寸　　　C. 实际尺寸　　　D. 中间尺寸

6. 画图时，通常使用（　　）铅笔画底稿（草图），用（　　）或 HB 型铅笔加粗加深全图线条，写字（或写技术要求）使用（　　）铅笔。

A. B 型　　　　　B. H 型　　　　　C. HB 型　　　　　D. G 型

7. 角度尺寸在标注时，文字一律（　　）书写。

A. 水平　　　　　B. 垂直　　　　　C. 倾斜　　　　　D. 以上都可以

8. 机械制图中，尺寸标注中的符号 $R$ 表示（　　）。

A. 长度　　　　　B. 半径　　　　　C. 直径　　　　　D. 宽度

9. 机械制图图样中，机件的尺寸线和尺寸界线用（　　）画出。

A. 粗实线　　　　B. 虚线　　　　　C. 细实线　　　　D. 细点画线

10. 图样中标注尺寸默认单位为（　　），此时不需要标注单位符号，如采用其他单位，则需另行说明。

A. m　　　　　　B. cm　　　　　　C. mm　　　　　　D. μm

11. 尺寸标注中的符号 $SR$ 表示（　　）。

A. 长度　　　　　B. 半径　　　　　C. 球面半径　　　　D. 直径

12. 下列哪个选项不是尺寸三要素中的内容？（　　）

A. 尺寸界线　　　B. 尺寸线　　　　C. 尺寸数字　　　　D. 箭头

13. 标注尺寸数字时，需遵循一个原则，即（　　）原则，尺寸数字的方向：水平方向字头朝上，竖直方向字头朝左，倾斜方向字头保持朝上趋势。

A. 向上向左　　　B. 向上向右　　　C. 向下向左　　　　D. 向下向右

14. 由习题图 1-1 中的已知尺寸和其锥度可知 $X$ 应为（　　）。

A. $\phi 14$　　　　B. $\phi 12$　　　　C. $\phi 10$　　　　D. $\phi 8$

15. 已知习题图 1-2 中的尺寸，若要标出它的斜度，则 $X$ 值应为（　　）。

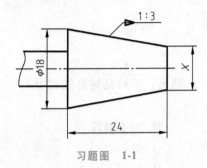

习题图　1-1

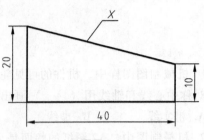

习题图　1-2

A. 1 : 4　　　　　　B. 4 : 1

C. 1 : 2　　　　　　D. 1 : 1

**二、改错题**

分析习题图 1-3 中尺寸标注的错误，并按 1 : 1 重新绘制该图，并标注。

**三、绘图题**

在 A4 图纸中，按照 1 : 1 比例，抄绘习题图 1-4 和习题图 1-5 所示平面图形。

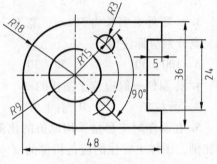

习题图　1-3

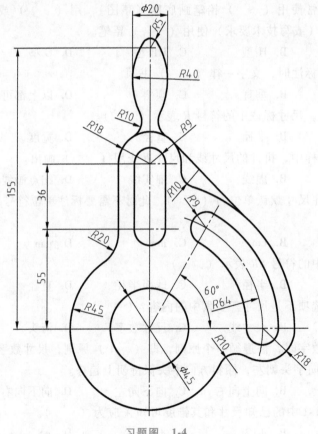

习题图　1-4

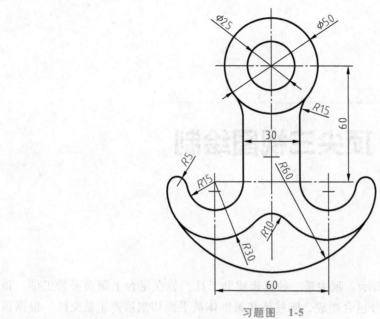

习题图　1-5

# 项目 2

# 顶尖三视图绘制

**【项目描述】**

顶尖的立体图如图 2-1 所示。顶尖是一种机床辅助工具，装在尾台上帮助夹紧工件。顶尖是由圆柱体和圆锥体两部分组合而成，圆柱体和圆锥体被平面切割后产生截交线。根据顶尖的立体图，分析界面的切割位置及界面的空间位置，利用截交线的相关知识，结合线面投影规律，求作顶尖的三视图。

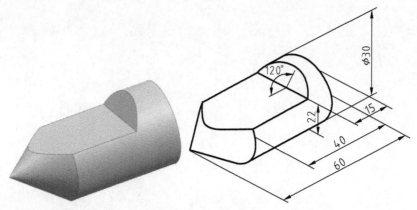

图 2-1　顶尖的立体图

**【学习目标】**

- 掌握正投影法的基本原理和投影特征。
- 掌握三视图的形成及"三等"规律。
- 掌握基本体的形体特点、投影特征及投影图的绘制。
- 掌握在直线、平面上取点以及在平面上取直线的作图方法。

**【能力目标】**

- 能够独立绘制基本体。
- 能够熟练掌握截面体的作图方法。

# 任务1 绘制 V 形铁三视图

**任务布置**

V 形铁立体图如图 2-1-1 所示，根据投影原理，按照 1∶1 比例，绘制 V 形铁三视图，并标注。

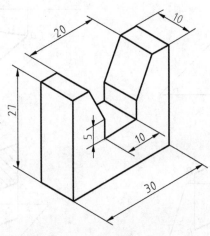

图 2-1-1 V 形铁立体图

**预备知识**

## 一、投影及投影法

### 1. 投影法及其分类

用投射线通过物体，向选定的面投射，并在该面上得到图形的方法，称为投影法。根据投影法所得到的图形，称为投影，如图 2-1-2 所示。

根据投射线之间的相互位置关系不同，可将投影法分为两类：中心投影法（图 2-1-3）和平行投影法。其中平行投影法又可分为正投影法（投射线与投影面垂直）和斜投影法（投射线与投影面倾斜）。正投影法如图 2-1-4 所示。

在工程上应用最广的是正投影法，因为它作图简便，度量性好，可以很容易表达空间物体的形状和大

图 2-1-2 投影的形成

小。机械工程图样中也多采用正投影法，可以说正投影法是机械制图的理论基础。

### 2. 正投影的基本性质

（1）真实性 平面（直线）平行于投影面，投影反映实形（实长），这种性质称为真实性，如图 2-1-5 所示。

（2）积聚性 平面（直线）垂直于投影面，投影积聚成直线（一点），这种性质称为积聚性，如图 2-1-6 所示。

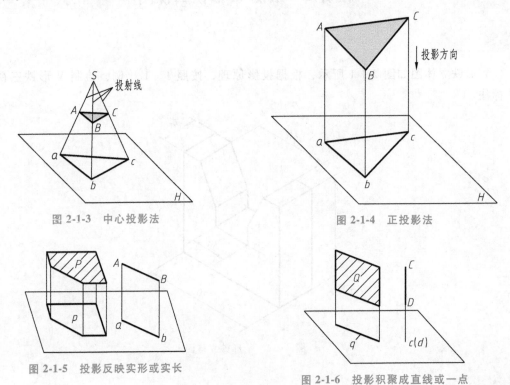

图 2-1-3 中心投影法

图 2-1-4 正投影法

图 2-1-5 投影反映实形或实长

图 2-1-6 投影积聚成直线或一点

（3）类似性 平面（直线）倾斜于投影面，投影变小（短），这种性质称为类似性，如图 2-1-7 所示。

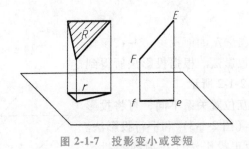

图 2-1-7 投影变小或变短

## 二、三视图

物体在投影面上的投影，称为视图。绘制视图时，粗实线用于绘制可见的棱线和轮廓线，细虚线用于绘制不可见的棱线和轮廓线。

一个视图不能确定物体的形状，如图2-1-8所示，形状不同的两个物体在该投影面的投影却是相同的。这说明，用一个视图表达物体的形状特点是不准确的，所以为了清楚、完整地表达物体的形状和大小，可以增加几个视图。这些视图由不同投射方向所得到，互为补充，其中最常采用的就是三视图。

### 1. 三视图的形成

三投影面体系由正投影面（简称正面或$V$面）、水平投影面（简称水平面或$H$面）和侧立投影面（简称侧面或$W$面）组成，三者相互垂直，如图2-1-9所示。

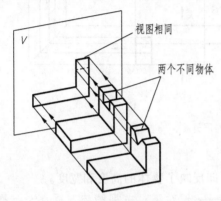

图 2-1-8　一个视图不能确定物体的形状

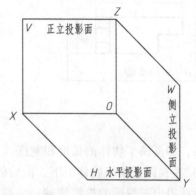

图 2-1-9　三投影面体系

相互垂直的投影面之间的交线，称为投影轴。它们分别是：$V$面与$H$面的交线，称为$OX$轴（$X$轴），代表左右（长度方向）；$H$面与$W$面的交线称为$OY$轴（$Y$轴），代表前后（宽度方向）；$V$面与$W$面的交线称为$OZ$轴（$Z$轴），代表上下（高度方向）。三条投影轴的特点是相互垂直，交点称为原点，用$O$表示。

如图2-1-10所示，将物体置于三投影面体系中，分别向三个投影面进行投射，就可以得到物体的三视图：

1）从物体的前面向后投影，在$V$面上得到的视图称为主视图。

2）从物体的上面向下投影，在$H$面上得到的视图称为俯视图。

3）从物体的左面向右投影，在$W$面上得到的视图称为左视图。

为了便于读图和绘图，需将三个相交的投影面展开在同一平面内，展开后的三视图如2-1-11a所示。

### 2. 三视图的规律

由三视图的形成可知，每个视图都表示物体两个方向的尺寸（四个方位），如图2-1-11b所示。

1）主视图反映了物体上下、左右的位置关系，即反映了物体的高度和长度。

2）俯视图反映了物体左右、前后的位

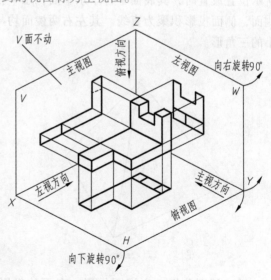

图 2-1-10　三视图的形成

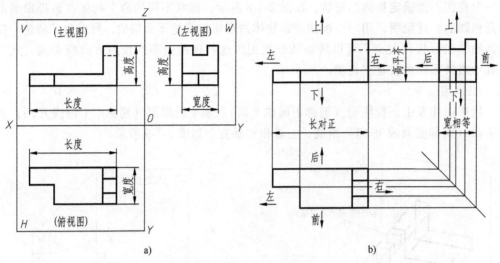

图 2-1-11　三视图的展开

置关系，即反映了物体的长度和宽度。

3）左视图反映了物体上下、前后的位置关系，即反映了物体的高度和宽度。

由此得出三视图的投影规律：主视图与俯视图——长对正；主视图与左视图——高平齐；俯视图与左视图——宽相等。

这是三视图必须遵循的最基本的投影规律，物体的整体或局部也都应遵循"长对正、高平齐、宽相等"的投影规律。

例1：绘制图 2-1-12 所示三棱锥的三视图。

三棱锥是由一个底面（正三角形）和三个侧面（具有公共顶点、全等的等腰三角形）所围成的平面立体。

（1）形体分析　三棱锥投影过程如图 2-1-13 所示，当三棱锥按图 2-1-13 所示位置放置时，其底面平行于水平面，水平投影反映实形。三棱锥的底面和后棱面垂直于侧面，侧面投影积聚为直线。其左右两棱面均与三个投影面倾斜，它们的投影都是比原棱面小的三角形。

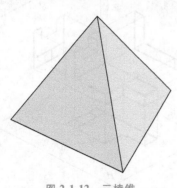

图 2-1-12　三棱锥

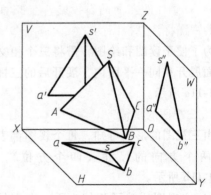

图 2-1-13　三棱锥投影过程

（2）视图分析　主视图投影：底面的投影为一直线，三条侧棱线投影为缩短的直线，且构成两个三角形线框。

俯视图投影：底面平行于水平面，可以反映出底面的实形，三条侧棱线投影为缩短的直线，且交于锥顶的水平投影。

左视图投影：底面及后侧面垂直于侧面，投影均为直线，位于最前面的侧棱线的投影反映实长。

（3）绘制三棱锥三视图（图 2-1-14）　绘制过程如下：

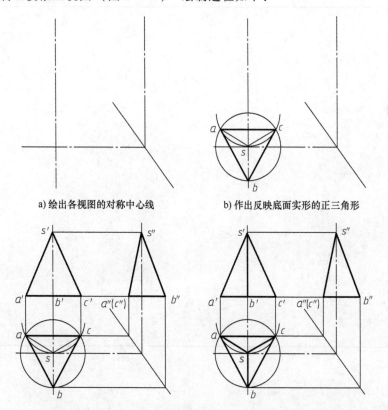

a) 绘出各视图的对称中心线　　　　　　b) 作出反映底面实形的正三角形

c) 按三等规律结合视图分析作出另两个视图　d) 擦去多余线，描深图线，完成三棱锥三视图

图 2-1-14　三棱锥三视图绘制过程

【课堂故事】

　　提到诺贝尔奖获得者——屠呦呦，相信同学们都不会陌生。屠呦呦和她的团队，通过对上百种中药的筛选、提取、测试，最终发现了青蒿素，进而获得了 2015 年世界诺贝尔生理学或医学奖。如此傲人的成绩，是屠呦呦和团队成员上下一心、团结协作的结果。在集体生活中，每个人都有自己对应的角色，只有团结一心，精诚合作，才能发挥出集体的力量。

【课堂讨论】

　　三视图之间，各有侧重又相互联系，组成一个"团体"。通过识读产品的单个视图是否一定能确定空间物体的形状？绘制三视图的步骤是什么？

**任务计划与决策**（表 2-1-1）

表 2-1-1　工作任务计划与决策单

| 班级 | | 姓名 | | 学号 | |
|---|---|---|---|---|---|
| 组别 | | 任务名称 | | 2.1　绘制 V 形铁三视图 | |
| 任务计划 | | | | | |
| 任务决策 | | | | | |

**任务实施**　（表 2-1-2）

表 2-1-2　工作任务实施单

| 班级 | | 姓名 | | 学号 | |
|---|---|---|---|---|---|
| 组别 | | 任务名称 | 2.1　绘制 V 形铁三视图 | | |

任务实施如下：

根据投影原理，按照 1∶1 比例，绘制 V 形铁三视图，并标注。

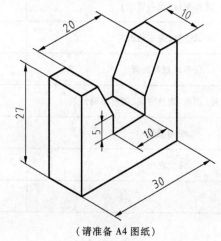

（请准备 A4 图纸）

**任务评价** （表 2-1-3）

表 2-1-3　工作任务评价单

| 班级 | | 姓名 | | 学号 | |
|---|---|---|---|---|---|
| 组别 | | 任务名称 | | 2.1　绘制 V 形铁三视图 | |
| 序号 | 评价内容 | | | 分数 | 得分 |
| 1 | 课前准备（预习情况） | | | 5 | |
| 2 | 知识链接（完成情况） | | | 10 | |
| 3 | 任务计划与决策 | | | 25 | |
| 4 | 任务实施（图线、表达方案、图形布局） | | | 25 | |
| 5 | 绘图质量 | | | 30 | |
| 6 | 课堂表现 | | | 5 | |
| 总分 | | | | 100 | |
| 学习体会 | | | | | |

# 任务2 绘制螺栓三视图

**任务布置**

螺栓坯是用于制作螺栓的毛坯件。螺栓坯示意图如图 2-2-1 所示，分析螺栓坯的结构形状，按照 1：1 比例，绘制螺栓坯三视图，并标注尺寸。

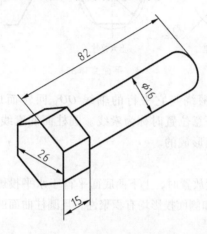

图 2-2-1　螺栓坯示意图

**预备知识**

## 一、基本体的分类

零件的形状是千变万化的，不论零件的结构简单还是复杂，都是由一些基本体演变而来的。基本体分为两大类：平面立体（如棱柱、棱锥）和曲面立体（如圆柱、圆锥、球、圆环），如图 2-2-2 所示。

## 二、平面立体的尺寸标注

给平面立体标注尺寸时，应标注长、宽、高三个方向。且尺寸最好标注在反映其实形的视图上，更加便于读图，并确定顶面和底面形状大小，平面立体的标注如图 2-2-3 所示。在正方形边长尺寸数字前加注正方形符号"□"，表示标注的图形为正方形。

## 三、圆柱

圆柱的形成如图 2-2-4 所示，圆柱

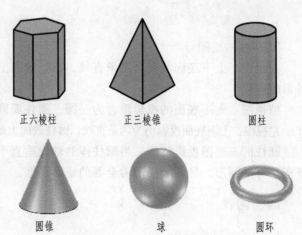

正六棱柱　　　　正三棱锥　　　　圆柱

圆锥　　　　球　　　　圆环

图 2-2-2　常见基本体

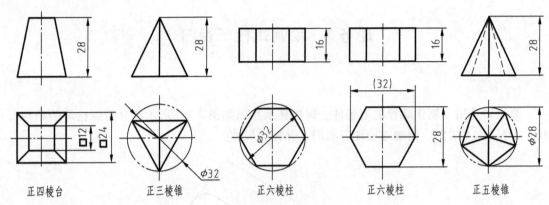

图 2-2-3 平面立体的标注

正四棱台　　　正三棱锥　　　正六棱柱　　　正六棱柱　　　正五棱锥

面可看作是由一条直线 $AB$，围绕与它平行的轴线 $OO_1$ 回转而成的。其中，$AB$ 称为母线，$OO_1$ 称为回转轴，母线转至任意位置时称为素线。圆柱面的素线相互平行，因为圆柱面是由母线绕与其平行的轴线旋转而形成的。

### 1. 圆柱的形体分析

圆柱按图 2-2-5 所示的位置放置时，上下两底面平行于水平投影面，水平投影反映实形。轴线垂直于水平投影面，其正面和侧面投影均有积聚性，且圆柱曲面的水平投影也有积聚性。

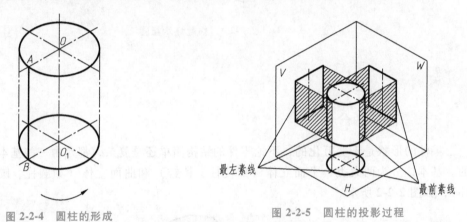

图 2-2-4 圆柱的形成　　　　　图 2-2-5 圆柱的投影过程

### 2. 圆柱的视图分析

主视图：上下底面积聚为两条直线，圆柱表面上最左、最右的两条素线，投影为圆柱的外形轮廓线。

俯视图：上下底面的投影重合为一圆，圆柱面则被积聚于圆周上。

左视图：上下底面投影仍为两条直线，圆柱表面上最前、最后两条素线，投影为外形轮廓线。

圆柱的三视图投影特征：当圆柱体的轴线垂直于某一投影面时，在该面上的投影为与上下底全等的圆形，另两个视图为全等的矩形线框。

## 四、圆锥

### 1. 圆锥的形体分析

圆锥的表面由圆锥面和底圆组成。圆锥面可看作是由一条直母线绕与之相交的轴线回转而形成的，如图 2-2-6 所示。

**2. 圆锥的视图分析**

圆锥按图 2-2-7 所示的位置放置时，正面投影和侧面投影均积聚成直线，圆锥底面平行于水平面，其水平面投影反映实形。

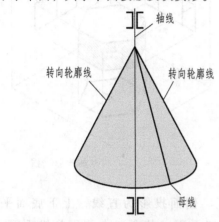 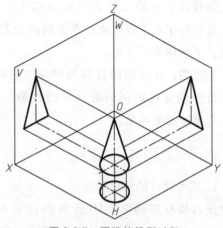

图 2-2-6　圆锥的形成　　　　　　　　图 2-2-7　圆锥的投影过程

主视图：正面投影为一个等腰三角形，由前、后两半圆锥面的投影重合而成，三角形的两腰分别是圆锥面最左、最右素线的投影。

俯视图：圆锥底面平行于水平面，水平面投影反映实形。

左视图：侧面投影为一个等腰三角形，由左、右两半圆锥面的投影重合而成，三角形的两腰分别是圆锥面最前、最后素线的投影。

**五、球**

**1. 球的形体分析**

球由球面围成。球面是以半圆为母线，绕半圆对应直径回转一周所形成的回转面，如图 2-2-8 所示。

**2. 球的视图分析**

如图 2-2-9 所示，球的各面投影均为直径与球直径相等的圆。

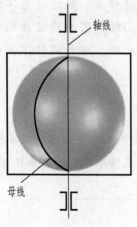 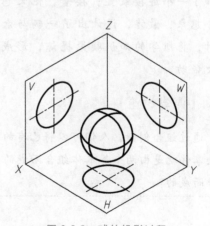

图 2-2-8　球的形成　　　　　　　　　图 2-2-9　球的投影过程

主视图：球的正面投影为球前、后转向轮廓线，是平行于正投影面的最大圆的投影，前半球面可见，后半球面不可见。

俯视图：球的水平面投影为球上、下转向轮廓线，是平行于水平投影面的最大圆的投影，上半球面可见，下半球面不可见。

左视图：球的侧面投影为球左、右转向轮廓线，是平行于侧立投影面的最大圆的投影，左半球面可见，右半球面不可见。

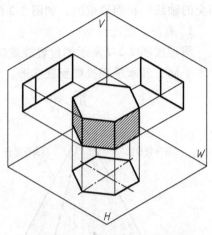

图 2-2-10　正六棱柱的投影过程

## 六、正六棱柱

### 1. 正六棱柱的形体分析

正六棱柱按图 2-2-10 所示的位置放置时，其正、侧面投影为直线，上下底面平行于水平面，底面投影具有真实性。前后两侧面为正平面、其余四个侧面是铅垂面，六个侧面的水平投影都积聚成与六边形的边重合的直线，正、侧面投影为缩小的类似形。

### 2. 正六棱柱的视图分析

主视图：上下底面积聚为两条线，中间的四条棱线围成三个矩形线框。

俯视图：上下底面的投影重合为一个正六边形，六个侧面积聚为正六边形的六条边。

左视图：上下底面投影仍为直线，中间三条线构成两个矩形线框。

**【课堂故事】**

有位儿童商品生产商，偶然看见一位家长一手抱孩子，一手吃力地拿着一辆三轮童车，样子十分吃力。他首先想到的是把坐式推车和三轮童车组合起来；后来，他又加了一个连接装置；接着，他又想到，再加一个摇动部分。经过这些不断创新地组合想象，最终，设计出了一辆与众不同的多用童车。创新思维能使我们在解决问题时，将所学的知识凝聚提炼，形成新颖的、独到的方法，对我们的学习和生活有很大帮助。

**【课堂讨论】**

通过组合创新，人们可以将已有的事物组合成见所未见、闻所未闻的新事物。例如：螺栓零件就是由两个基本体组合而成的。请同学们思考：生活中还有哪些零件是由基本体组合而成的？

**任务计划与决策**　（表 2-2-1）

表 2-2-1　工作任务计划与决策单

| 班级 | | 姓名 | | 学号 | |
|---|---|---|---|---|---|
| 组别 | | 任务名称 | | 2.2　绘制螺栓三视图 | |
| 任务计划 | | | | | |
| 任务决策 | | | | | |

**任务实施** （表 2-2-2）

表 2-2-2　工作任务实施单

| 班级 | | 姓名 | | 学号 | |
|---|---|---|---|---|---|
| 组别 | | 任务名称 | | 2.2　绘制螺栓三视图 | |

任务实施如下：

分析螺栓坯的结构形状，按照 1：1 比例，绘制螺栓坯三视图，并标注尺寸。

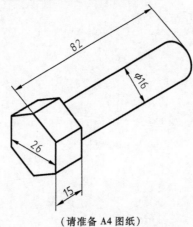

（请准备 A4 图纸）

**任务评价** （表 2-2-3）

表 2-2-3 工作任务评价单

| 班级 | | 姓名 | | 学号 | |
|---|---|---|---|---|---|
| 组别 | | 任务名称 | | 2.2 绘制螺栓三视图 | |
| 序号 | 评价内容 | | | 分数 | 得分 |
| 1 | 课前准备（预习情况） | | | 5 | |
| 2 | 知识链接（完成情况） | | | 10 | |
| 3 | 任务计划与决策 | | | 25 | |
| 4 | 任务实施（图线、表达方案、图形布局） | | | 25 | |
| 5 | 绘图质量 | | | 30 | |
| 6 | 课堂表现 | | | 5 | |
| | 总分 | | | 100 | |

| 学习体会 | |
|---|---|
| | |

# 任务3   绘制顶尖三视图

**任务布置**

　　顶尖立体图如图 2-3-1 所示。顶尖一般用于在车床上顶住回转体零件的端部。分析其结构形状，按照 1∶1 的比例，绘制顶尖的三视图，并标注。

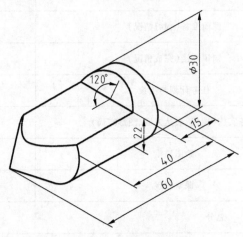

图 2-3-1   顶尖立体图

**预备知识**

## 一、截交线

　　截交线的概念如图 2-3-2 所示，立体被平面截断成两部分，其中任何一部分均称为截断体。用来截切立体的平面称为截平面。截平面与立体表面的交线称为截交线。截交线的形状各异，主要取决于基本体的形状、截平面与基本体的相对位置等，但任何截交线都具有下列两个基本性质。

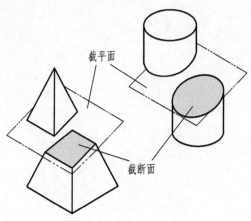

图 2-3-2   截交线的概念

（1）共有性　截交线是截平面与基本体表面共有的线。

（2）封闭性　由于任何立体都有一定的封闭空间，所以截交线一定是封闭的平面图形。

求截交线的投影，可以根据截交线的性质，先求出截平面与截断体表面全部共有点的投影，然后依次光滑地连线，这样就可以得到截交线的投影。

## 二、平面切割曲面立体

平面切割曲面立体时，截交线的形状取决于曲面立体的表面形状，以及截平面与曲面立体的相对位置。

### 1. 圆柱的截交线

圆柱截交线的形状有多种，主要取决于截平面与圆柱轴线的相对位置。当截平面平行于圆柱轴线时，截交线是矩形；当截平面垂直于圆柱轴线时，截交线是一个直径等于圆柱直径的圆；当截交线倾斜于圆柱轴线时，截交线是椭圆。椭圆的大小随截平面与圆柱轴线的倾斜角度不同而变化，但短轴始终与圆柱的直径相等。上述三种情况见表2-3-1。

表 2-3-1　圆柱的截交线

| 截平面的位置 | 与轴线平行 | 与轴线垂直 | 与轴线倾斜 |
|---|---|---|---|
| 截交线的形状 | 矩形 | 圆 | 椭圆 |
| 轴测图 | | | |
| 投影图 | | | |

### 2. 圆锥的截交线

根据平面与圆锥体轴线的不同相对位置，圆锥截交线可分为圆、椭圆、抛物线、三角形和双曲线五种基本情况，见表2-3-2。

表 2-3-2　圆锥的截交线

| 截平面的位置 | 与轴线垂直 | 与轴线倾斜且与所有素线相交 | 与一条素线平行 | 与轴线平行 | 通过锥顶 |
|---|---|---|---|---|---|
| 截交线形状 | 圆 | 椭圆 | 抛物线 | 双曲线 | 三角形 |
| 轴测图 | | | | | |

（续）

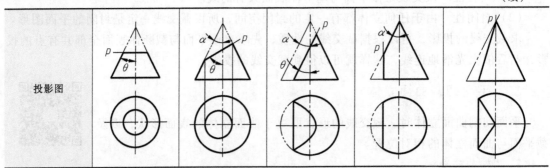

| 投影图 | | | | | |

例2：如图2-3-3a、b所示，圆柱被斜平面切割，已知正面投影与水平面投影，求作侧面投影。

分析：根据已知投影可知，截平面为与圆柱轴线斜交的正垂面，截交线为椭圆。椭圆的正面投影积聚为斜线；水平面投影与圆柱面投影重合；侧面投影仍是椭圆的类似形。

作图步骤如下：

（1）求作特殊位置点投影 特殊位置点一般在实体的转向轮廓上，指截交线上最左、最右、最前、最后、最高、最低位置处的点。这种点，其投影一般也在轮廓上，限定截交线的范围。

由图2-3-3a可知，$A$、$C$、$B$、$D$ 是椭圆长、短轴的端点，也是特殊位置点。求作投影时，先在正面投影上定出 $a'$、$c'$，分别为左、右轮廓上最低点和最高点的投影，再利用点的投影特性在侧面投影上求得 $a''$、$c''$；然后在正面投影上定出 $b'$（$d'$），分别为前、后轮廓线上最前、最后的重影点，再求得侧面投影上的 $b''$、$d''$，如图2-3-3b所示。

（2）求作中间位置点投影 为了精确作图，在特殊位置点之间，作出适当数量的中间位置点，如 $E$、$F$、$G$、$H$。先在水平面投影的圆周上定出对称点投影 $e$、$f$、$g$、$h$，并求得正面投影 $e'$（$f'$）、$g'$（$h'$），再求得侧面投影 $e''$、$f''$、$g''$、$h''$，如图2-3-3c所示。

（3）连成光滑曲线 将 $a''$、$e''$、$b''$、$g''$、$c''$、$h''$、$d''$、$f''$、$a''$ 按顺序连接，连成光滑曲线，判断可见区域，去除辅助线和多余线条，并将可见轮廓线加粗，作图结果如图2-3-3d所示。

例3：如图2-3-4a所示，圆锥被正平面切割，已知水平面投影和侧面投影，求作正面投影。

分析：截平面为正平面，即与圆锥轴线平行，则截交线由双曲线和直线段组成，截交线正面投影反映实形，水平面投影和侧面投影均积聚为直线。

作图步骤如下：

（1）求作特殊位置点投影 先作出圆锥完整的正面投影。确定是截交线最低位置处的点 $A$、$B$，也是最左点和最右点，确定截交线的最高点 $C$，位于圆锥的最前素线上。可利用点的投影特性直接求得 $a'$、$b'$ 和 $c'$，如图2-3-4b所示。

（2）求作中间位置点投影 用纬圆法在特殊位置点之间再作出若干中间位置点，如点 $D$、$E$ 的投影 $d'$、$e'$ 等，如图2-3-4c所示。

（3）连成光滑曲线 将 $a'$、$d'$、$c'$、$e'$、$b'$、$a'$ 按顺序连接，连成光滑曲线，判断可见区域，去除辅助线和多余线条，并将可见轮廓线加粗，作图结果如图2-3-4d所示。

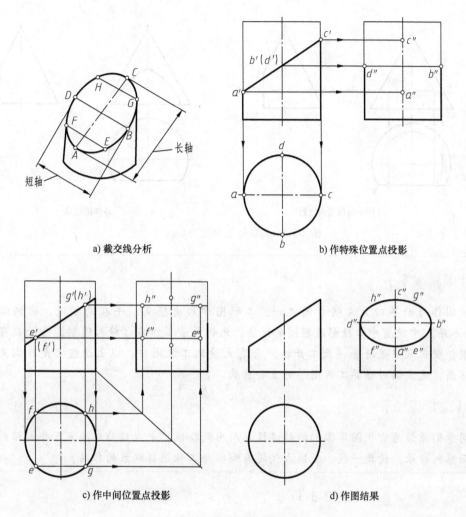

a) 截交线分析

b) 作特殊位置点投影

c) 作中间位置点投影

d) 作图结果

图 2-3-3 圆柱截交线的投影

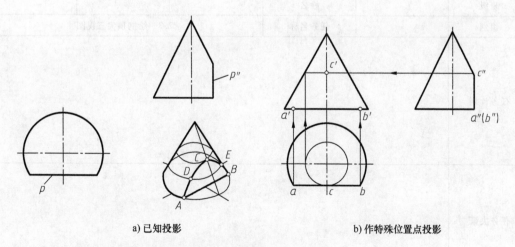

a) 已知投影

b) 作特殊位置点投影

图 2-3-4 圆锥被正平面切割

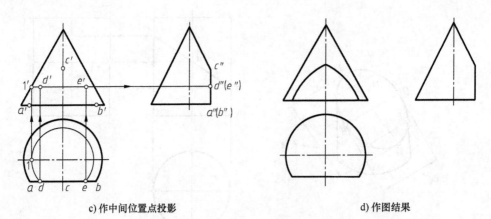

c) 作中间位置点投影                                    d) 作图结果

图 2-3-4    圆锥被正平面切割（续）

【课堂故事】

　　我国作为世界四大文明古国之一，工程图学历史悠久。早在南朝时，宗炳编著的
《画山水序》中就有中心投影原理图的说法，元代薛景石作品《梓人遗制》中出现了纺织
机械图，明代宋应星所著《天工开物》含有大量的工装图样，以上这些都是我们先人智
慧的结晶，是我国对世界工程图学的重要贡献。

【课堂讨论】

　　同学们应该为古代图学家们的精湛技术而感到骄傲，更应该为中华五千年灿烂的历史
文明而感到自豪。请找一找，我国古代还有哪些与工程图样联系的作品？

任务计划与决策    （表 2-3-3）

表 2-3-3    工作任务计划与决策单

| 班级 | | 姓名 | | 学号 | |
|---|---|---|---|---|---|
| 组别 | | 任务名称 | | 2.3    绘制顶尖三视图 | |
| 任务计划 | | | | | |
| 任务决策 | | | | | |

**任务实施** （表 2-3-4）

表 2-3-4　工作任务实施单

| 班级 | | 姓名 | | 学号 | |
|---|---|---|---|---|---|
| 组别 | | 任务名称 | | 2.3　绘制顶尖三视图 | |

任务实施如下：

顶尖一般用于车床上，其作用是顶住回转体零件的端部。分析其结构形状，按照 1：1 的比例，绘制顶尖三视图，并标注。

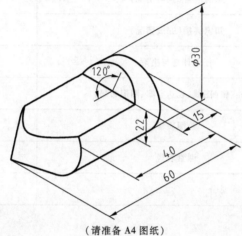

（请准备 A4 图纸）

**任务评价**（表 2-3-5）

表 2-3-5　工作任务评价单

| 班级 | | 姓名 | | 学号 | |
|---|---|---|---|---|---|
| 组别 | | 任务名称 | | 2.3　绘制顶尖三视图 | |
| 序号 | 评价内容 | | | 分数 | 得分 |
| 1 | 课前准备（预习情况） | | | 5 | |
| 2 | 知识链接（完成情况） | | | 10 | |
| 3 | 任务计划与决策 | | | 25 | |
| 4 | 任务实施（图线、表达方案、图形布局） | | | 25 | |
| 5 | 绘图质量 | | | 30 | |
| 6 | 课堂表现 | | | 5 | |
| 总分 | | | | 100 | |
| 学习体会 | | | | | |

## 课 后 习 题

一、选择题

1. 工程上常用的投影法分为两类：中心投影法和（　　　）。

A. 平行投影法　　　B. 斜投影法　　　C. 正投影法　　　D. 点投影法

2. 正投影不具有（　　　）。

A. 真实性　　　　　B. 积聚性　　　　C. 类似性　　　　D. 垂直性

3. "长对正、高平齐、宽相等"是三视图画图和看图必须遵循的最基本的投影规律，其中"高平齐"指的是哪两个视图（　　　）。

A. 主视图，俯视图　　　　　　　　B. 主视图，左视图

C. 俯视图，左视图　　　　　　　　D. 任意两个视图

4. 当直线垂直于投影面时，其投影为一点，这种性质叫（　　　）。

A. 类似性　　　　　B. 真实性　　　　C. 垂直性　　　　D. 积聚性

5. 两立体相交所产生的表面交线称为（　　　）。

A. 相贯线　　　　　B. 截交线　　　　C. 母线　　　　　D. 轮廓线

6. 如习题图 2-1 所示，当截平面倾斜于圆柱轴线时，截交线是（　　　）。

A. 矩形　　　　　　B. 圆

C. 椭圆　　　　　　D. 平行四边形

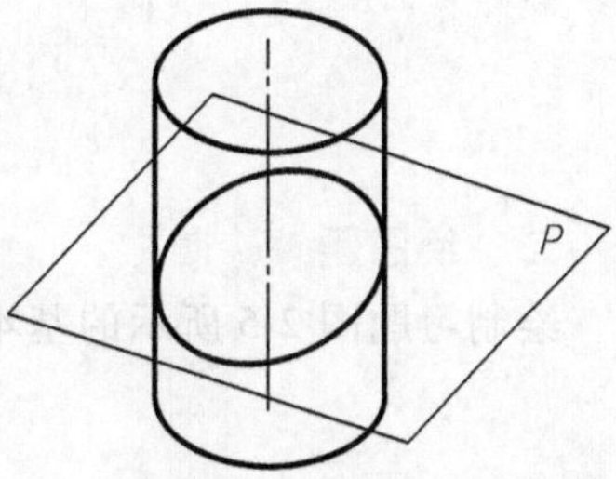

7. 平面切割圆锥，根据平面与圆锥体轴线的不同相对位置，截交线可分为（　　　）。

A. 三角形、圆、椭圆、抛物线、双曲线

B. 三角形、平行四边形、圆

C. 椭圆、抛物线、双曲线

D. 圆、椭圆

习题图　2-1

8. 已知主视图和俯视图，习题图 2-2 中（　　　）为左视图。

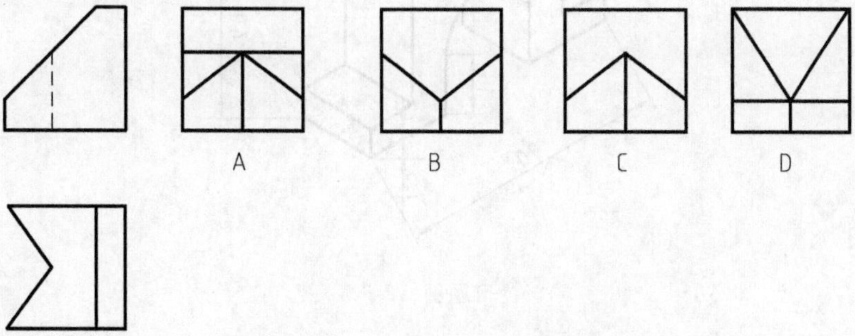

习题图　2-2

9. 如习题图 2-3 所示，已知主视图和俯视图，下列（　　　）为左视图。

10. 如习题图 2-4 所示，正确的左视图为（　　　）。

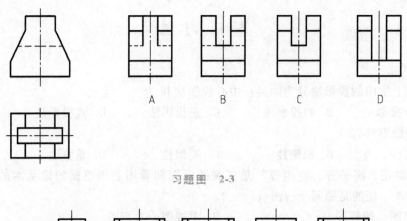

习题图 2-3

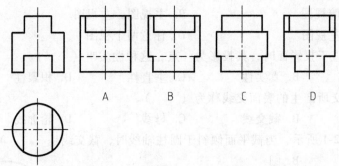

习题图 2-4

## 二、绘图题

绘制习题图 2-5 所示的基本体三视图。

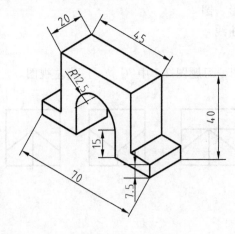

习题图 2-5

## 三、补画简单体三视图

依据其他视图,补画习题图 2-6 中缺少的三视图投影。

## 四、补画截断体三视图

依据其他视图,补画习题图 2-7 中缺少的三视图投影。

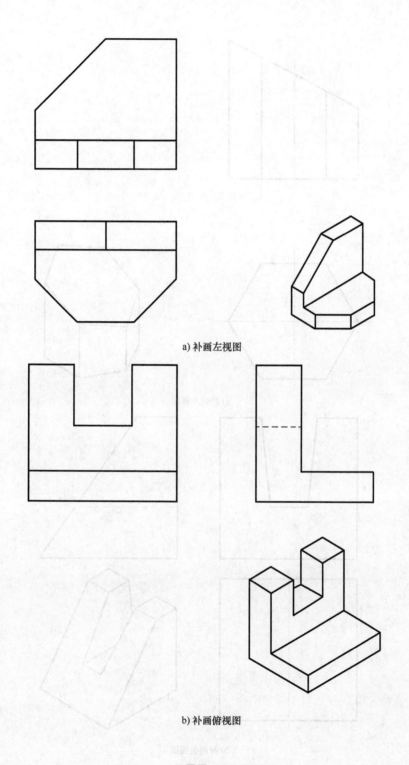

a) 补画左视图

b) 补画俯视图

习题图 2-6

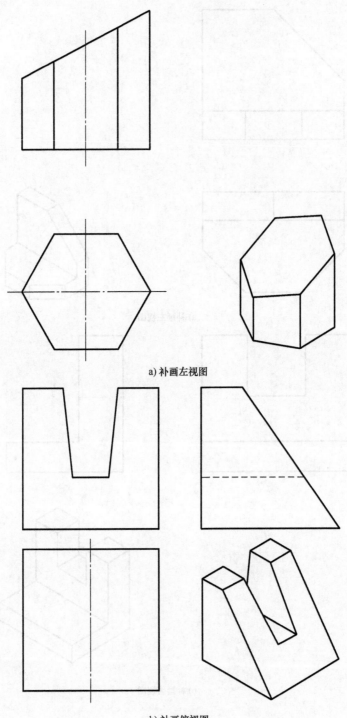

a) 补画左视图

b) 补画俯视图

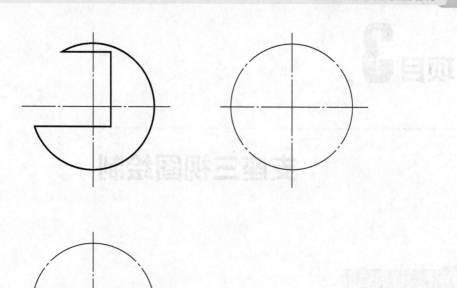

c)补画俯视图及左视图

习题图  **2-7**（续）

# 项目 3

# 支座三视图绘制

⬛【项目描述】

　　图 3-1 所示为支座，它是由两个以上基本体组合而成的整体，即组合体。对支座进行形体分析，确定支座的组合方式并分析组成形体的表面连接关系，对不同方向主视图的投影进行比较，选择合适的摆放位置，运用形体分析法绘制其三视图。

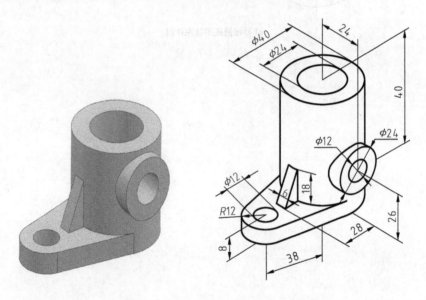

图 3-1　支座

⬛【学习目标】

- 学习相贯线的投影特征，能够画出基本的相贯线。
- 学会组合体的形体分析法和组合体的组合形式。
- 能作出组合体三视图并能够正确进行尺寸标注。
- 学习识读组合体三视图方法并能按步骤识读组合体。

【能力目标】

- 能够正确绘制相贯线。
- 能够熟练掌握支座组合体投影规律，正确绘制、识读组合体。

# 任务1 绘制三通相贯线

任务布置

绘制如图 3-1-1 所示的两个不等径圆柱的正交相贯线。要求：绘图比例 1:1，且先画出物体的三视图，并标注，再画出两圆柱交线的投影。

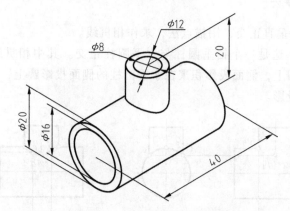

图 3-1-1 两个不等径圆柱相贯

预备知识

## 一、相贯线

### 1. 两立体相交及相贯线的概念

两立体相交按其立体表面性质的不同可分为：两平面立体相交、平面立体与回转体相交、两回转体相交三种情况，分别如图 3-1-2 a、b、c 所示。两立体表面的交线即为相贯线。

a) 两平面立体相交  b) 平面立体与回转体相交  c) 两回转体相交

图 3-1-2 两立体相交

图 3-1-2 a 所示两平面立体的表面均为平面，因而两平面立体相交的实质是平面与平面立体相交的问题。图 3-1-2 b 所示是平面立体与回转体相交，它们的实质是平面与曲面立体

相交问题。图 3-1-2 a、b 中的相贯线作图方法可参考截交线的作图方法，相贯线的形状与切除较小形体后得到的截交线完全相同，在这里不再详述。此处，主要学习曲面立体中的两回转体相交时相贯线的性质和作图方法。

**2. 相贯线的性质**

（1）共有性　相贯线是两立体表面上的共有线，也是两立体表面上的分界线，相贯线上的所有点，都是两立体表面上的共有点。

（2）封闭性　一般情况下，相贯线是闭合的空间曲线或折线，在特殊情况下是平面曲线或直线。

根据以上性质，求作相贯线实质上就是求相交两曲面立体表面的一系列共有点，再将这些点光滑地连接起来，即得相贯线。

## 二、相贯线的画法

**例 1：** 两圆柱轴线垂直正交，用描点法，求作相贯线。

如图 3-1-3a 所示，这是一个铅垂圆柱与水平圆柱正交。其中相贯线的水平投影积聚在铅垂圆柱的水平投影圆上，侧面投影积聚在水平圆柱的侧面投影圆上，根据相贯线的两面投影，即可求出其正面投影。

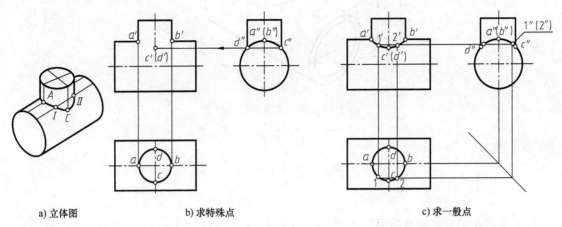

a) 立体图　　　　　　　　b) 求特殊点　　　　　　　　c) 求一般点

图 3-1-3　圆柱与圆柱相贯

作图步骤如下：

1）在水平投影上标注出相贯线的最左、最右、最前、最后四点（即 $a$、$b$、$c$、$d$）的位置，在侧立投影面（即 $W$ 面）投影作出 $a''$、$b''$、$c''$、$d''$，由这四点的两面投影求出正立投影面（即 $V$ 面）的投影 $a'$、$b'$、$c'$、$d'$，也是相贯线上的最高点和最低点，如图 3-1-3b 所示。

2）在水平投影上定出左右对称两点 1、2，求出它们的侧立投影面（即 $W$ 面）的投影 $1''$、$2''$，由这两点的两面投影求出正立投影面（即 $V$ 面）的投影 $1'$、$2'$。

3）判断可见性及光滑连接。由于该相贯线前后两部分对称且形状相同，所以在 $V$ 面投影中可见与不可见部分重合。接下来，顺次光滑连接各点，整理、完成全图，如图 3-1-3c 所示。

**1. 两圆柱正交时相贯线的变化趋势**

两个圆柱正交时，如果它们的相对位置不变，仅改变两圆柱直径大小，则随着直径大小的改变相贯线的形状也会改变。两正交圆柱相贯线的变化趋势如图 3-1-4 所示。

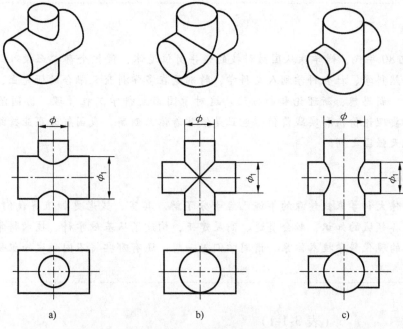

图 3-1-4  两正交圆柱相贯线的变化趋势

当 $\phi_1 > \phi$ 时，相贯线的正面投影为上下对称的两段曲线，开口朝向直径较小的圆柱端部，如图 3-1-4a 所示。

当 $\phi_1 = \phi$ 时，相贯线为两个相交的椭圆，其正面投影为两条相交的直线，如图 3-1-4b 所示。

当 $\phi_1 < \phi$ 时，相贯线的正面投影为左右对称的两段曲线，开口同样朝向直径较小的圆柱端部，如图 3-1-4c 所示。

**2. 相贯线的简化画法**

采用描点法绘制相贯线的方法比较烦琐，在不影响看图效果的情况下，国家标准规定，允许采用简化画法作相贯线的投影，即以圆弧代替非圆曲线。当轴线均平行于正投影面的两个不等径圆柱正交时，相贯线的正面投影以大圆柱的半径为半径画圆弧就可以。相贯线的简化画法如图 3-1-5 所示。

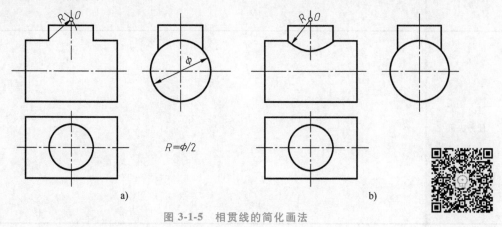

图 3-1-5  相贯线的简化画法

【课堂故事】

20世纪80年代，钱学森从国防科技的领导岗位退休，便把全部心血投入到新的研究领域。从自然科学、社会科学到人文科学，特别是在多学科交叉融合的研究上，他提出了许多新概念、新思想、新理论和新方法。这对于国家大科学工程管理、协同治理体系构建，具有重要理论价值和实践价值。也正是依靠着体系创新，我国航天事业持续发展，已处于世界航天强国之列。

【课堂讨论】

我们对伟大科学家钱学森的事迹已经十分了解。其实，钱老更加值得我们敬佩的是：他广泛吸收各领域的知识，融会贯通、高屋建瓴，构建了从基础学科、技术科学到工程技术三个层次的现代科学技术体系。请同学们想一想：还有哪些将不同领域知识融会贯通的案例？

**任务计划与决策** （表 3-1-1）

表 3-1-1 工作任务计划与决策单

| 班级 | | 姓名 | | 学号 | |
|---|---|---|---|---|---|
| 组别 | | 任务名称 | | 3.1 绘制三通相贯线 | |
| 任务计划 | | | | | |
| 任务决策 | | | | | |

**任务实施**（表 3-1-2）

表 3-1-2　工作任务实施单

| 班级 | | 姓名 | | 学号 | |
|---|---|---|---|---|---|
| 组别 | | 任务名称 | 3.1　绘制三通相贯线 | | |

任务实施如下：

绘制如图所示的两个不等径圆柱的正交相贯线。要求：绘图比例 1∶1，且先画出物体的三视图，并标注，再画出两圆柱交线的投影。

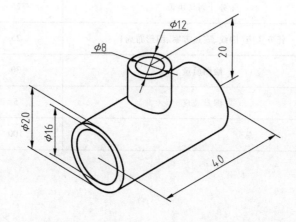

（请准备 A4 图纸）

**任务评价** （表 3-1-3）

表 3-1-3　工作任务评价单

| 班级 | | 姓名 | | 学号 | |
|---|---|---|---|---|---|
| 组别 | | 任务名称 | | 3.1　绘制三通相贯线 | |
| 序号 | 评价内容 | | 分数 | | 得分 |
| 1 | 课前准备（预习情况） | | 5 | | |
| 2 | 知识链接（完成情况） | | 10 | | |
| 3 | 任务计划与决策 | | 25 | | |
| 4 | 任务实施（图线、表达方案、图形布局） | | 25 | | |
| 5 | 绘图质量 | | 30 | | |
| 6 | 课堂表现 | | 5 | | |
| 总分 | | | 100 | | |

| 学习体会 | |
|---|---|
| | |

## 任务2 绘制支座三视图

**任务布置**

　　按照如图 3-2-1 所示支座的结构及尺寸，绘制支座三视图，并标注。要求：绘图比例 1∶1，并绘制图框和标题栏。

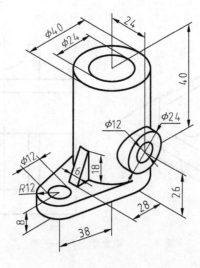

图 3-2-1 支座

**预备知识**

### 一、组合体的组合形式

组合体的组合形式有叠加和切割两种基本形式，常见的是这两种形式的综合。

1）叠加型。由若干个基本体叠加而成的组合体称为叠加型组合体，如图 3-2-2a 所示。

2）切割型。由基本体切割而成的组合体称为切割型组合体，如图 3-2-2b 所示。

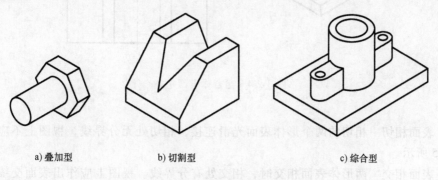

a) 叠加型　　　　　　　b) 切割型　　　　　　　c) 综合型

图 3-2-2 组合体组合形式

3）综合型。既有叠加又有切割的组合体称为综合型组合体，如图 3-2-2c 所示。

## 二、组合体表面的连接形式

分析组合体时，不管是以什么方式构成的组合体，各基本体的相邻表面之间都存在一定的连接关系，按其表面形状和相对位置区分，可分为表面平齐、不平齐、相交和相切四种情况。连接关系不同，连接处投影的画法也不同。

（1）表面不平齐 两形体表面不平齐时，两表面投影的分界处应用粗实线隔开，如图 3-2-3 所示。

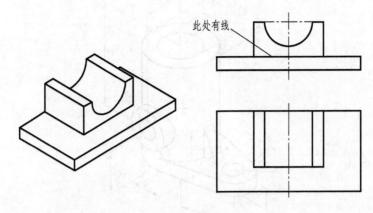

图 3-2-3 组合体表面不平齐

（2）表面平齐 两形体表面平齐时，构成一个完整的平面，画图时不可用线隔开，如图 3-2-4 所示。

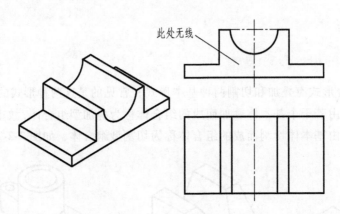

图 3-2-4 组合体表面平齐

（3）表面相切 相切的两个形体表面光滑连接，相切处无分界线，视图上不应该画线，如图 3-2-5 所示。

（4）表面相交 两形体表面相交时，相交处有分界线。视图上应作出表面交线的投影，如图 3-2-6 所示。

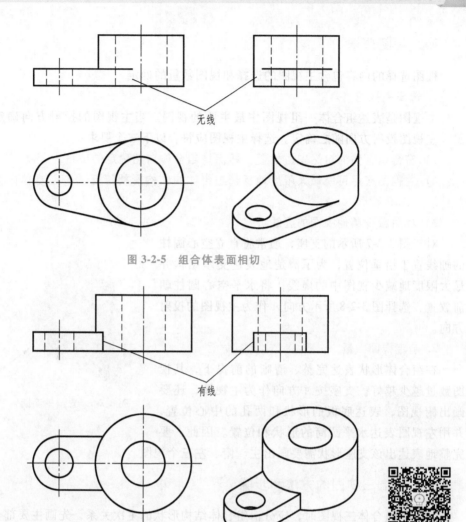

图 3-2-5　组合体表面相切

图 3-2-6　组合体表面相交

## 三、形体分析法

在绘制组合体三视图时，可采用"先分后合"的方法。假想将组合体分解成一些基本形体，然后按相对位置逐个画出各基本形体的投影，综合起来，就能得到整个组合体的视图。通过这种方法可把一个比较复杂的形体分解成几个简单的形体加以解决。

形体分析法就是将复杂形体简单化的一种方法，将组合体分解成若干个基本形体，并搞清它们之间相对位置和组合关系，逐个作出各基本形体的三视图。如支座，可分析为由底板、肋板、直立空心圆柱、水平空心圆柱四个部分经由切割、叠加而成，如图 3-2-7 所示。

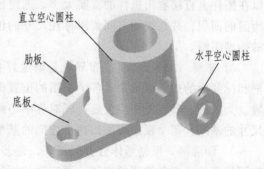

图 3-2-7　形体分析法分析支座

### 四、视图选择

视图选择的内容包含主视图的选择和视图数量的确定。

**1. 选择主视图**

主视图是表达组合体一组视图中最主要的视图。当主视图的投射方向确定之后，俯视图、左视图投射方向随之确定。选择主视图应符合以下三个要求：

**1）** 符合组合体的自然安放位置，即保持组合体自然稳定的位置。

**2）** 主视图应尽可能最大限度地反映组合体的结构形状特征及各基本体之间的相对位置关系。

**3）** 尽量减少其他视图的虚线。

对于图 3-2-7 所示的支座，通常将直立空心圆柱的轴线置于铅垂位置，为了清楚地表达支座结构并最大限度地减少视图中的虚线，将水平空心圆柱朝前放置，选择图 3-2-8 所示方向 A 作为主视图的投射方向。

图 3-2-8　支座轴测图

**2. 确定视图数量**

在组合体形状表达完整、清晰的前提下，其视图数量越少越好。支座按 A 方向作为主视图，还要画出俯视图，表达底板的形状和两孔的中心位置，并用左视图表达水平圆筒的形状和位置。因此，要完整地表达出该支座形状需要画出主、俯、左三个视图。

### 五、绘制三视图的方法和步骤

在绘制组合体三视图时，应分清组合体结构形状的主次关系，先画主要部分，后画次要部分。在绘制每一部分的视图时，要先画反映该部分形状特征的视图，后画其他视图。

特别注意的是：要严格按照投影关系，三个视图配合逐步画出每一组成部分的投影，不要一次性画完一个视图的所有内容，再画另一个视图的所有内容。

具体作图步骤如下：

**1）** 选比例、定图幅。绘图时，应遵照国家标准，尽可能选用 1:1 的比例绘制，这样可以在图样上直接看出机件的真实大小。选定比例后，由机件的长、宽、高尺寸估算三个视图所需的面积，并在视图之间留出标注尺寸的位置和适当的间距。根据估算的结果，选用恰当的标准图幅。

**2）** 布局（布置图面）。布局就是确定好各视图在图样上的位置。布局前先把图样的边框和标题栏的边框画出来。各个视图的位置保持匀称，并为将来的标注尺寸预留出合适的位置。大致确定各视图的位置后，画对称中心线、轴线和作图基准线。基准线也是画图时测量尺寸的基准，每个视图应画出两个方向的基准线。

**3）** 画底稿。根据形体分析的结果，逐步画出组合体的三视图。画图时，要先用细实线轻而清晰地画出各视图的底稿。画底稿的顺序如下：

① 先画主要形体，后画次要形体。

② 先画外形轮廓，后画内部细节。

③ 先画可见部分，后画不可见部分。

特别提示：底稿线一定要用细实线轻轻地画，能看清即可，以便检查时修改。

## 六、尺寸标注

**1. 选择尺寸基准**

标注尺寸时，首先应选定长、宽、高三个方向的尺寸基准，通常选择形体的对称面、底面、重要端面及回转体轴线等作为尺寸基准。

**2. 尺寸标注特点**

标注尺寸必须正确、完整、清晰。

（1）正确性　应确保尺寸数值正确无误，所注的尺寸（包括尺寸数字、符号、箭头、尺寸线和尺寸界线等）要符合国家标准的有关规定。

（2）完整性　为了将尺寸标注得完整，应按形体分析法标注出确定各形体的定形尺寸，再标注确定它们之间相对位置的定位尺寸，最后，根据组合体的结构特点，标注出总体尺寸。

1）定形尺寸。确定组合体中各形体的形状和大小的尺寸，称为定形尺寸。

定形尺寸如图 3-2-9a 所示，直立空心圆柱外径 $\phi40$，内径 $\phi24$，高 40；底板高 8，圆孔直径 $\phi12$，圆角半径 $R12$；肋板高 18，厚度 6；水平空心圆柱外径 $\phi24$，内径 $\phi12$。

2）定位尺寸。确定组合体中各形体之间相对位置的尺寸，称为定位尺寸。

在标注定位尺寸的时候，首先应选择尺寸基准。尺寸基准是标注或测量尺寸的起点。由于组合体具有长、宽、高三个方向的尺寸，所以每个方向都要有尺寸基准，从而由基准出发，确定形体在各个方向上的相对位置。选择尺寸基准必须体现组合体的结构特点，并便于尺寸度量。通常以组合体的底面、端面、对称面、回转体轴线等作为尺寸基准。

如图 3-2-9b 所示，主视图中水平空心圆柱中心与底板相距 26，肋板与直立空心圆柱中心相距 28；俯视图中两圆孔的中心相距 38。

3）总体尺寸。确定组合体外形的总长、总宽、总高的尺寸，称为总体尺寸。

如图 3-2-9c 所示，该组合体总高为 40，即直立空心圆柱的高度；总宽为 24+40/2，即直立空心圆柱的直径+左视图中水平空心圆柱的长度（间接标出）；总长为 38+12+40/2（间接标出）。

（3）尺寸清晰

1）各形体的定形、定位尺寸不要分散，应尽量集中标注在一个或两个视图上，这样便于读图。

2）尺寸应注在表达形体特征最明显的视图上，并尽量避免标注在细虚线上。图 3-2-9a 中，而圆孔直径 $\phi12$、$\phi24$ 标注在俯视图上，就是为了避免在细虚线上标注尺寸。

**3. 尺寸标注的步骤**

尺寸标注的步骤如下：

1）分析支座由哪些形体组成，初步考虑各形体的定形尺寸。

2）选定支座长、宽、高三个方向的主要尺寸基准。

3）逐个标注形体的定形尺寸和定位尺寸。

4）标注支座的总体尺寸。

5）检查、调整尺寸，完成尺寸标注。

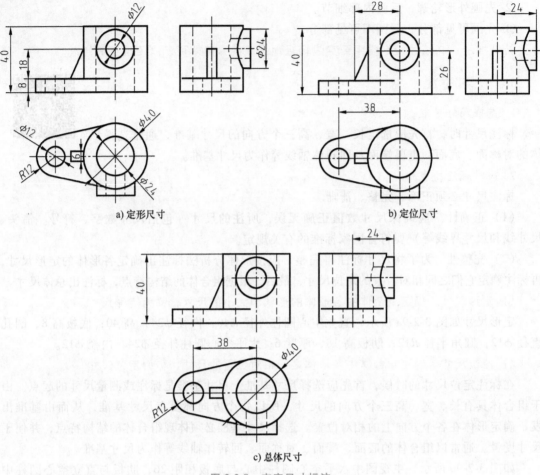

a) 定形尺寸　　　　　　　　　　　　　b) 定位尺寸

c) 总体尺寸

图 3-2-9　支座尺寸标注

### 4. 常见结构的尺寸注法

常见结构的尺寸注法如图 3-2-10 所示。

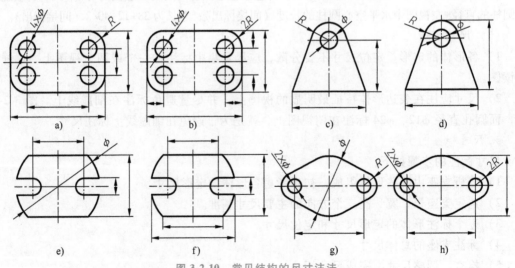

图 3-2-10　常见结构的尺寸注法

【课堂故事】

　　空间思维能力的提高是一个由量变到质变的过程。例如，冬奥会短道速滑冠军武大靖，就喜欢在弯道超越对手，相对于直道而言，弯道的技术难度较大，而武大靖就是抓住每一个弯道的机会，一点一点地超越，从而不失时机促成"质"的飞跃，最终超越对手，拿下冠军。因此，同学们平时应重视"量"的积累，只有通过循序渐进的练习，不断地"照物绘图"和"依图想物"，才会让空间思维能力有"质"的突破。

【课堂讨论】

　　组合体识图，最基本的要领是"将几个视图联系起来看"，以便想象出物体的确切形状。上述观点体现了辩证法普遍"联系"的观点。生活中，我们需要从联系、变化、发展的角度去分析问题，而不是孤立、静止、片面地看待问题，请同学们列举生活中事物普遍"联系"的例子。

### 任务计划与决策　（表 3-2-1）

表 3-2-1　工作任务计划与决策单

| 班级 | | 姓名 | | 学号 | |
|---|---|---|---|---|---|
| 组别 | | 任务名称 | | 3.2　绘制支座三视图 | |
| 任务计划 | | | | | |
| 任务决策 | | | | | |

**任务实施** （表 3-2-2）

表 3-2-2　工作任务实施单

| 班级 | | 姓名 | | 学号 | |
|---|---|---|---|---|---|
| 组别 | | 任务名称 | | 3.2　绘制支座三视图 | |

**任务实施如下：**

按照如图所示的结构及尺寸，绘制支座三视图，并标注。要求：绘图比例 1∶1，并绘制图框和标题栏。

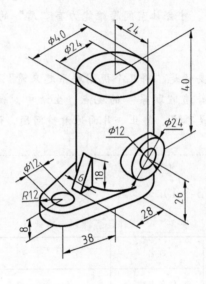

（请准备 A4 图纸）

**任务评价** （表 3-2-3）

表 3-2-3 工作任务评价单

| 班级 | | 姓名 | | 学号 | |
|---|---|---|---|---|---|
| 组别 | | 任务名称 | | 3.2 绘制支座三视图 | |
| 序号 | 评价内容 | | | 分数 | 得分 |
| 1 | 课前准备（预习情况） | | | 5 | |
| 2 | 知识链接（完成情况） | | | 10 | |
| 3 | 任务计划与决策 | | | 25 | |
| 4 | 任务实施（图线、表达方案、图形布局） | | | 25 | |
| 5 | 绘图质量 | | | 30 | |
| 6 | 课堂表现 | | | 5 | |
| | 总分 | | | 100 | |
| 学习体会 | | | | | |

# 课 后 习 题

**一、选择题**

1. 已知主视图和俯视图，习题图 3-1 中（　　）为其左视图。

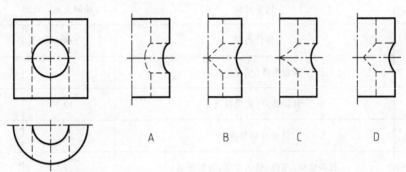

习题图　3-1

2. 已知主视图和俯视图，习题图 3-2 中（　　）为其左视图。

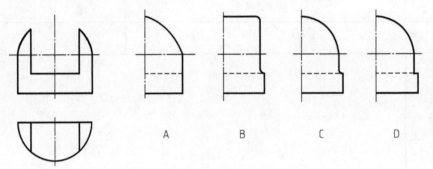

习题图　3-2

3. 已知主视图和俯视图，习题图 3-3 中（　　）为其左视图。

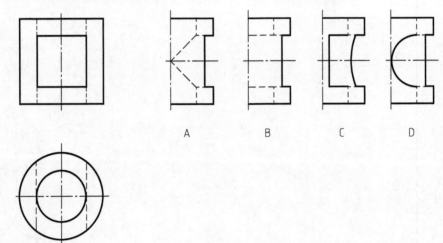

习题图　3-3

## 二、绘图题

根据轴测图（习题图 3-4），绘制组合体三视图并标注尺寸。

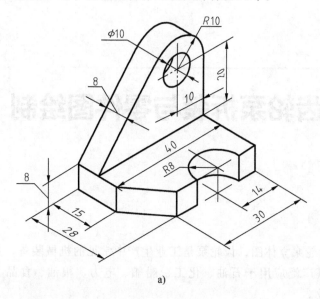

a)

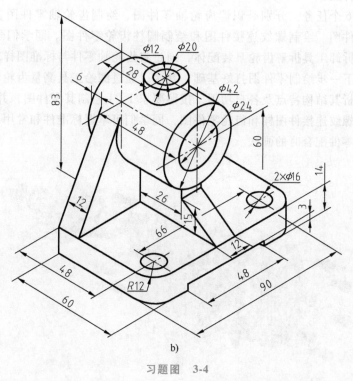

b)

习题图　3-4

# 项目 **4**

# 齿轮泵拆装与零件图绘制

📎》【项目描述】

图 4-1 所示为齿轮泵立体图，齿轮泵是工业生产中常见的机械装备，主要用于输送各种有润滑性的液体。其广泛应用于石油、化工、船舶、电力、粮油、食品、医疗、建材、冶金、国防科研等行业。

本项目共有 6 个任务，分别是识读齿轮轴零件图、绘制齿轮轴零件图、绘制端盖零件图、绘制泵体零件图、绘制螺纹连接件图和绘制圆柱齿轮零件图。同学们学习本项目内容时，首先可通过拆卸工具拆解齿轮泵装配体，通过将齿轮轴零件与标准图样对比观察，来识读其零件图，为下一步绘制零件图打好基础；其次，通过测绘工具测量齿轮轴、泵盖、泵体三个非标件，分析其结构特点及各自功用，按照要求 1∶1 绘制其零件图，并正确标注尺寸；最后，通过绘制螺纹连接件图样和齿轮零件图，同学们可掌握标准件和常用件的选用、标注方法以及与其他零件配合时的画法。

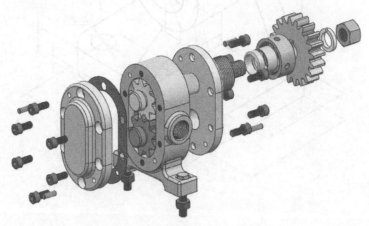

图 4-1　齿轮泵立体图

📎》【学习目标】

● 掌握常用测量工具的选择和使用方法。

- 了解零件图的作用和内容。
- 掌握轴套类、端盖类、箱体类零件的表达方案的选择。
- 掌握剖视图、断面图和局部放大图的画法与标注。
- 掌握零件的表面结构、尺寸极限和配合（尺寸标注）、几何公差的概念及标注方式。

### 【能力目标】

- 能正确使用各种工具拆卸齿轮泵并进行组装，使齿轮泵在组装后能正常工作。
- 能分辨零件的基本类型并能正确选择零件的表达方案。
- 能正确绘制剖视图、断面图与局部放大图。
- 能正确标注轴套类、端盖类、箱体类零件的表面结构、尺寸极限和配合（尺寸标注）、几何公差等。

## 任务1　识读齿轮轴零件图

### 任务布置

图 4-1-1 所示为齿轮泵主动齿轮轴零件图。识读零件图样，并回答下列问题。

1）该零件材料是什么？所使用的绘图比例是多少？

2）该零件采用什么基本视图来表达零件结构？采用什么视图来表达键槽处断面形状？

3）齿轮部分的模数、齿数、压力角分别是多少？齿轮工作表面的表面粗糙度值是多

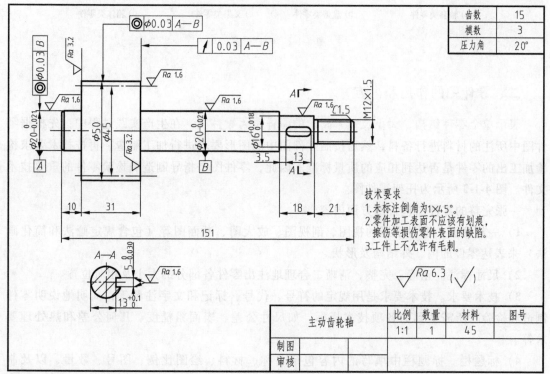

图 4-1-1　主动齿轮轴零件图

少？软齿粗加工后的硬度是多少？最粗糙表面的表面粗糙度值是多少？

4）该零件径向尺寸基准是什么？图中轴向开口环的尺寸是多少？

5）图中有几种几何公差标注？名称分别是什么？

6）图中键槽长度尺寸、宽度尺寸分别为多少？键槽两侧的表面粗糙度值为多少？

7）根据尺寸标准可以判断，哪几个轴段（径向）为配合轴段？请查表确定其公差等级是几级。

**预备知识**

## 一、零件

零件指机械中不可拆分的单个制件，也是机械制造过程中的基本单元。其制造过程一般不需要装配工序，如轴套、螺钉、螺母、曲轴、叶片、齿轮及凸轮等。有时，也将由简单方式构成的部件称为"零件"，如轴承等。

零件的形状虽然千差万别，但根据它们在机器（或部件）中的作用和形状特征，可将它们大体划分为轴套类零件、盘盖类零件、叉架类零件和箱体类零件，如图 4-1-2 所示。

a) 轴套类零件　　b) 盘盖类零件　　c) 叉架类零件　　d) 箱体类零件

图 4-1-2　零件分类

## 二、零件图的作用和内容

表示单个零件结构、大小及技术要求的图样称为零件图。在生产实践过程中：先根据零件图中所注的材料进行备料，然后按照零件图中的图形要求进行加工制造，再按技术要求检验加工出的零件是否达到相应的质量标准。因此，零件图是指导制造和检验零件的重要技术文件。图 4-1-3 所示为托架零件图。

一张完整的零件图包含四方面内容。

1）一组视图。通过适当的视图、剖视图、放大图、断面图等（包含规定画法和简化画法）来表达零件的内、外结构及形状。

2）尺寸标注。正确、完整、清晰、合理地注出零件各部分的大小及相对位置。

3）技术要求。技术要求是用规定的符号、代号、标记和文字注释等，简明地说明零件制造和检验时所需达到的各项技术指标，如尺寸公差、表面粗糙度、几何公差和热处理要求等。

4）标题栏。标题栏中填写的内容包括名称、材料、绘图比例、图号、数量，以及制图、审核人员的签字和日期等。

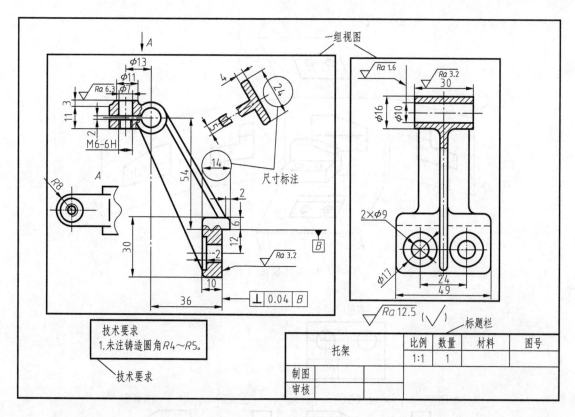

图 4-1-3　托架零件图

## 三、零件图的视图表达

工程实践中，零件的形状是千奇百怪的，如果按照书中项目 2 所讲的，机械零件采用三视图的表达方案：可见轮廓画实线、不可见轮廓画虚线的绘制方法，往往不能清楚且完整地表达零件的全部内容。因此，国家标准规定了视图、剖视图和断面图的基本表示法。

根据有关标准和规定，用正投影法所绘制出物体的图形称为视图。一般用粗实线表达零件的外部结构形状，在必要时采用细虚线画出其不可见部分。

视图通常有基本视图、向视图、局部视图和斜视图四种。为更加完整、清晰地表达零件结构形状，同时可采用剖视图和断面图。

**1. 基本视图**

物体向基本投影面投射所得的视图，称为基本视图。如图 4-1-4 所示，六个基本视图的名称和投射方向为：主视图（由前向后投影得到的视图）、俯视图（由上到下投影得到的视图）、左视图（由左向右投影得到的视图）、右视图（由右向左投影得到的视图）、仰视图（由下向上投影得到的视图）、后视图（由后向前投影得到的视图）。

在机械图样中，六个基本视图的配置关系如图 4-1-5 所示，视图配置符合规定时，各视图一律不标注视图名称。

六个基本视图仍符合"长对正、高平齐、宽相等"的投影特性，即仰视图与俯视图反映物体长、宽方向的尺寸；右视图与左视图反映物体高、宽方向的尺寸；后视图与主视图反

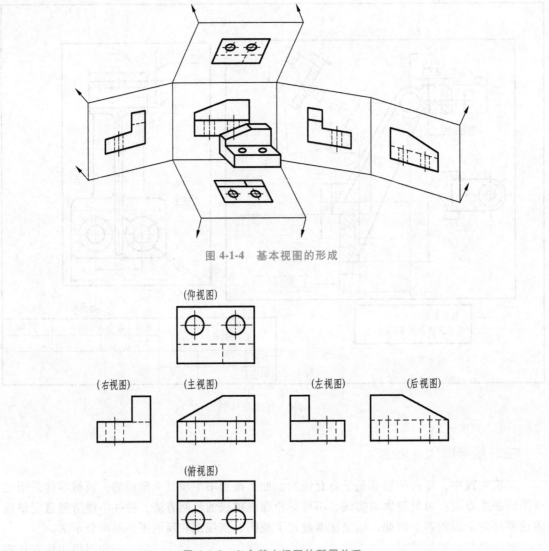

图 4-1-4　基本视图的形成

（仰视图）

（右视图）　　（主视图）　　　　　　（左视图）　　　（后视图）

（俯视图）

图 4-1-5　六个基本视图的配置关系

映物体长、高方向的尺寸。

　　特别强调的是：实际绘图时，无需将六个基本视图全部画出，应根据物体的复杂程度和表达需要，选用必要的基本视图，若无特殊要求，优先选用主视图、俯视图和左视图。

　　**2. 向视图**

　　在实际绘图中，当基本视图不能按规定的关系配置时，为了合理利用图样，国家标准规定了一种可以自由配置的视图——向视图。

　　绘制向视图时，必须在图形上方标注视图名称"×"（"×"为大写英文字母 $A$，$B$，$C$，$D$，$E$，$F$，…），并在相应的视图附近用箭头指明投射方向，注写相同的字母，如图 4-1-6 所示。

　　**3. 断面图**

　　零件的基本视图中，某些局部结构的尺寸和形状不易清晰表达，如轴上的键槽、销孔

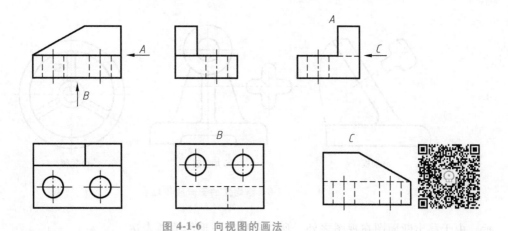

图 4-1-6  向视图的画法

等。此时，可利用断面图作为补充。

（1）**断面图的基本概念**  假想用剖切面将物体的某处切断，仅画出该剖切面与物体接触部分的图形，称为断面图。如图 4-1-7a 所示，为了将轴上的键槽、销孔表达清楚，假想用一个垂直于轴线的剖切面在键槽处将轴切断，只画出断面的图形，并标注剖面符号，所得断面图如图 4-1-7b 所示。

断面图与剖视图的区别是：断面图只画物体被剖切后的断面形状；而剖视图除了画出断面形状之外，还必须画出物体剖切后的可见轮廓线，如图 4-1-7c 所示。

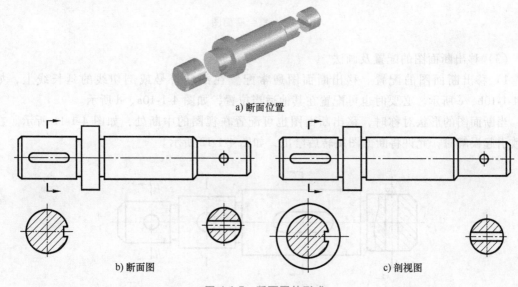

a) 断面位置

b) 断面图                                   c) 剖视图

图 4-1-7  断面图的形成

断面图主要用来表达物体某部分的断面形状，如肋、轮辐、键槽、小孔及各种细长杆件和型材的断面形状，断面图的部分应用场合如图 4-1-8 所示。

（2）**断面图的种类**  根据在图样上位置的不同，断面图可分为移出断面图和重合断面图两种。

1）**移出断面图**。画在视图之外的断面图，称为移出断面图，如图 4-1-7 和图 4-1-8 所

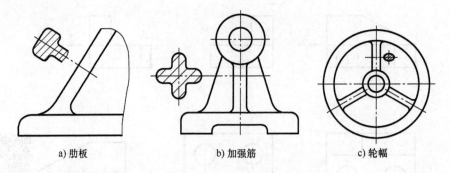

a) 肋板　　　　　　　　b) 加强筋　　　　　　　　c) 轮辐

图 4-1-8　断面图的部分应用场合

示。由于移出断面图在视图之外，所以不影响图形的清晰表达。

2）重合断面图。画在视图之内的断面图，称为重合断面图，如图 4-1-9 所示。重合断面图一般用于断面形状简单且不影响图形清晰表达的情况。

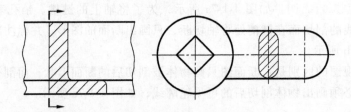

图 4-1-9　重合断面图

（3）移出断面图的配置及画法

1）移出断面图的配置。移出断面图通常配置在剖切符号或剖切线的延长线上，如图 4-1-10b、c 所示。必要时也可配置在其他适当位置，如图 4-1-10a、d 所示。

当断面图的形状对称时，移出断面图也可配置在视图的中断处，如图 4-1-11 所示。在不致引起误解时，允许将断面图旋转后绘出，如图 4-1-12 所示。

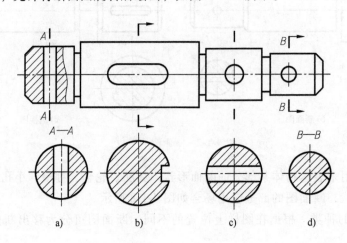

图 4-1-10　移出断面图配置（一）

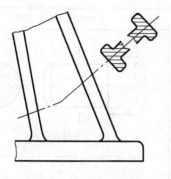

图 4-1-11　移出断面图配置（二）

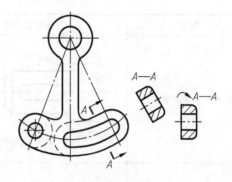

图 4-1-12　移出断面图配置（三）

2）移出断面图的画法。移出断面图的轮廓线用粗实线绘制。**当剖切面通过由回转面形成的孔或凹坑的轴线时，断面图表达画线**，如图 4-1-13a 所示。**当剖切面通过非圆孔，会产生完全分离的两个断面时，断面图表达不画线**，如图 4-1-13b 所示。

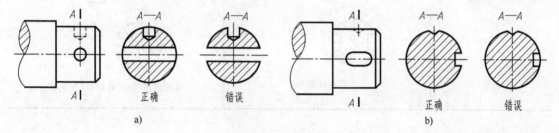

图 4-1-13　移出断面图的画法

3）移出断面图的标注。在断面图上方标注断面图的名称"×—×"（"×"为大写英文字母 $A$，$B$，$C$，$D$，$E$，$F$，…），在相应视图上用剖切符号表示剖切位置，用箭头表示投射方向，并注上相同的字母。但当断面图是对称图形，并配置在剖切线的延长线上时，可省略标注。移出断面图的配置与标注见表 4-1-1。

表 4-1-1　移出断面图的配置与标注

| 配置 | 对称的移出断面图 | 不对称的移出断面图 |
|---|---|---|
| 配置在剖切线或剖切符号延长线上 | 剖切线(细点画线)<br>不需标出字母和剖切符号 | 不需标注字母 |

（续）

| 配置 | 对称的移出断面图 | 不对称的移出断面图 |
|---|---|---|
| 按投影关系配置 | 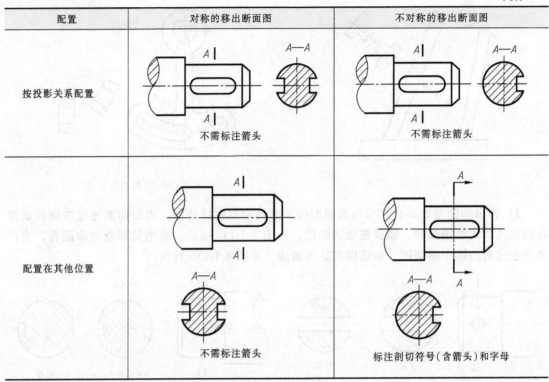不需标注箭头 | 不需标注箭头 |
| 配置在其他位置 | 不需标注箭头 | 标注剖切符号（含箭头）和字母 |

### 4. 局部放大图

将图样中的细小结构，用大于原图比例绘出的图形，称为局部放大图。局部放大图可画成视图、剖视图、断面图的形式，尽量配置在被放大结构的附近，如图 4-1-14 所示。

绘制局部放大图时，需用细实线圆圈出被放大部位。当图样中有几处结构需同时放大时，必须用大写罗马数字依次标明被放大的部位，并在局部放大图的上方标出相应的罗马数字与所采用的放大比例，如图 4-1-14 所示。当图样中的放大部位仅有一处时，则只需在局部放大图的上方标出放大比例即可。

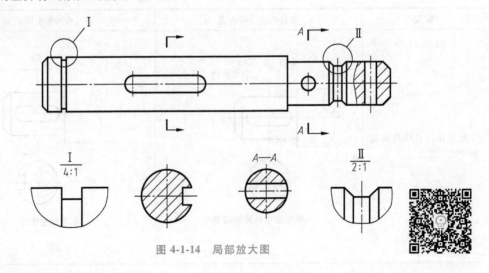

图 4-1-14 局部放大图

### 四、零件图上的技术要求

#### 1. 表面粗糙度

（1）表面粗糙度的基本概念　零件在加工过程中，受机床、刀具震动，以及材料切削变形、刀痕等因素的影响，会在其加工表面形成高低不平的纹理，这种微观几何形状特征称为表面粗糙度。表面粗糙度的概念如图 4-1-15 所示。表面粗糙度是评定零件表面质量的一项重要技术指标，对于零件的配合、耐磨性、耐蚀性和密封性等都有显著影响，是零件图中必不可少的一项技术要求。

零件表面粗糙度的选取，既要满足零件表面功能要求，又要考虑其经济性。一般情况下，凡是零件上有配合要求（或者有相对运动）的表面，其表面粗糙度参数值要小。参数值越小，则表面质量越高，加工成本也越高。因此，在满足使用要求的前提下，应尽量选用较大的参数值，以降低加工成本。

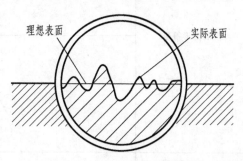

图 4-1-15　表面粗糙度的概念

生产中常用的评定参数 $Ra$（算数平均偏差：在一个取样长度内，纵坐标值 $Z(X)$ 绝对值的算数平均值）和 $Rz$（轮廓最大高度：在同一取样长度内，最大轮廓峰高和最大轮廓谷深之间和的高度）如图 4-1-16 所示。

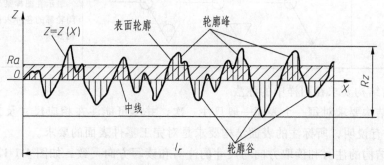

图 4-1-16　算数平均偏差 $Ra$ 和轮廓最大高度 $Rz$

（2）表面粗糙度符号　表面结构图形符号的种类和含义见表 4-1-2。

表 4-1-2　表面结构图形符号和含义

| 图形符号名称 | 图形符号 | 含义 |
| --- | --- | --- |
| 基本图形符号 | 符号线宽=B 型字笔画宽<br>$h$ = 字体高度 | 未指定工艺方法的表面，通过一个注释解释时可单独使用 |

（续）

| 图形符号名称 | 图形符号 | 含义 |
|---|---|---|
| 扩展图形符号 | | 表示用去除材料的方法获得的表面,仅当其含义是"被加工表面"时可单独使用 |
| | | 表示用不去除材料的方法获得表面,也可用于表示保持原供应状况的表面或保持上道工序形成的表面 |
| 完整图形符号 | | 在以上各种图形符号的长边加一横线,以便注写对表面结构的各种要求 |
| | | 表示在图样某个视图上构成封闭轮廓的各种表面有相同表面结构要求 |

（3）表面结构要求在图样中的注法

1）表面结构要求对每一个表面一般只注一次,并尽可能注在相应尺寸及公差的同一视图上,除非另有说明,所标注的表面结构要求是对完工零件表面的要求。

2）表面结构的注写和读取方向与尺寸的注写和读写方向一致,如图 4-1-17 所示。

3）表面结构要求可标注在轮廓线上,其符号应从材料外指向被接触表面,如图 4-1-17 和图 4-1-18 所示。必要时,表面结构也可以用带箭头或黑点的指引线引出标注,如图 4-1-19 所示。

4）在不致引起误解时,表面结构要求可以标注在给定的尺寸线上,如图 4-1-20 所示。

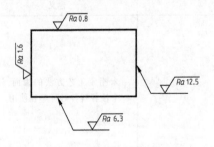

图 4-1-17　表面结构注写方向

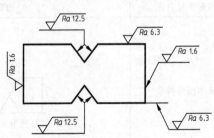

图 4-1-18　表面结构要求在轮廓线上标注

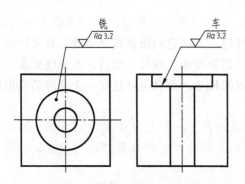

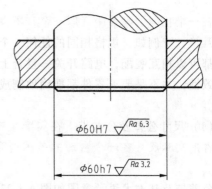

图 4-1-19　用引线引出标注表面结构要求　　　　　　图 4-1-20　表面结构要求标注在尺寸线上

5）圆柱表面的表面结构要求只标注一次，如图 4-1-21 所示。

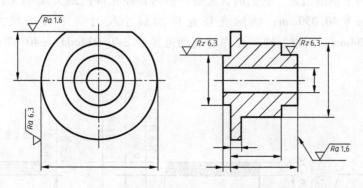

图 4-1-21　表面结构要求标注在圆柱特征的延长线上

6）表面结构要求可以直接标注在延长线上，或用带箭头的指引线引出标注，如图 4-1-21 和图 4-1-22 所示。

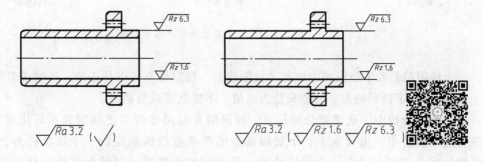

图 4-1-22　表面有相同表面结构要求的简化注法

（4）表面粗糙度代号的识读　在图样中，零件表面粗糙度是用代号标注的，由符号和参数组成。

$\sqrt{\phantom{x}}^{Ra\,3.2}$，读作"表面粗糙度 $Ra$ 的上限值算术平均偏差为 3.2μm"。

$\sqrt{\phantom{x}}^{Rz\,6.3}$，读作"表面粗糙度的最大高度 $Rz$ 为 6.3μm"。

**2. 极限与配合**

在一批相同的零件中任取一个，不需要修配便可装到机器上并能满足使用要求的性质，称为互换性。例如，规格相同的任何一个灯头和灯泡，无论它们出自哪个企业，只要产品合格，都可以相互装配，电路开关一旦合上，灯泡一定会发光。就尺寸而言，互换性要求尺寸的一致性，并不是要求零件都准确地制成一个指定的尺寸，而只是限定在一个合理的范围内变动。

（1）尺寸公差及公差带　在实际生产中，零件的尺寸不可能加工的绝对准确，而是允许零件的实际尺寸在一个合理的范围内变动。这个允许的尺寸变动量就是尺寸公差，简称公差。

公差带及基本术语示意图如图 4-1-23 所示，轴的直径尺寸中 $\phi 40^{+0.050}_{+0.034}$ 的 $\phi 40$ 是设计给定的尺寸，称为公称尺寸。$\phi 40$ 后面的 $^{+0.050}_{+0.034}$ 就是极限偏差，其中，+0.050 称为上极限偏差，+0.034 称为下极限偏差，它们的含义是：轴的直径允许的最大尺寸（上极限尺寸）为 40mm + 0.050mm = 40.050mm；轴的直径允许的最小尺寸（下极限尺寸）为 40mm + 0.034mm = 40.034mm。所以，轴径允许的变动范围为 $\phi 40.034$mm ~ $\phi 40.050$mm，这个变动范围即为公差带。

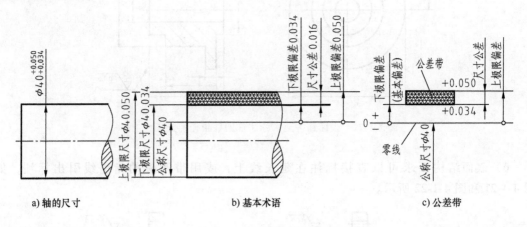

a) 轴的尺寸　　　　b) 基本术语　　　　c) 公差带

图 4-1-23　公差带及基本术语示意图

上极限偏差和下极限偏差统称为极限偏差，极限偏差可以是正值、负值或者零。公差 = 上极限偏差 - 下极限偏差。公差只能为正值，不能是零或负值。

在公差分析中，通常把公称尺寸、极限偏差和尺寸公差之间的关系简化成公差带图。在公差带图解中，由代表上、下极限偏差的两条直线所限定的一个区域称为公差带。在极限与配合图解中，表示公称尺寸的一条直线称为零线，以其为基准来确定极限偏差和尺寸公差。

（2）标准公差与基本偏差

1）标准公差。公差带大小由标准公差来确定，标准公差分为 20 个等级，即 IT01、IT0、IT1 ~ IT18。IT 表示标准公差，数字表示公差等级，它是反映尺寸精度的等级。IT01 公差数值最小，精度等级最高；IT18 公差数值最大，精度等级最低。标准公差数值见表 4-1-3。

表 4-1-3　标准公差数值

| 公称尺寸/mm | | 标准公差等级 | | | | | | | | | | | | | | | | | | |
|---|---|---|---|---|---|---|---|---|---|---|---|---|---|---|---|---|---|---|---|---|
| | | IT01 | IT0 | IT1 | IT2 | IT3 | IT4 | IT5 | IT6 | IT7 | IT8 | IT9 | IT10 | IT11 | IT12 | IT13 | IT14 | IT15 | IT16 | IT17 | IT18 |
| 大于 | 至 | 标准公差数值 | | | | | | | | | | | | | | | | | | | |
| | | μm | | | | | | | | | | | | mm | | | | | | |
| — | 3 | 0.3 | 0.5 | 0.8 | 1.2 | 2 | 3 | 4 | 6 | 10 | 14 | 25 | 40 | 60 | 0.1 | 0.14 | 0.25 | 0.4 | 0.6 | 1 | 1.4 |
| 3 | 6 | 0.4 | 0.6 | 1 | 1.5 | 2.5 | 4 | 5 | 8 | 12 | 18 | 30 | 48 | 75 | 0.12 | 0.18 | 0.3 | 0.48 | 0.75 | 1.2 | 1.8 |
| 6 | 10 | 0.4 | 0.6 | 1 | 1.5 | 2.5 | 4 | 6 | 9 | 15 | 22 | 36 | 58 | 90 | 0.15 | 0.22 | 0.36 | 0.58 | 0.9 | 1.5 | 2.2 |
| 10 | 18 | 0.5 | 0.8 | 1.2 | 2 | 3 | 5 | 8 | 11 | 18 | 27 | 43 | 70 | 110 | 0.18 | 0.27 | 0.43 | 0.7 | 1.1 | 1.8 | 2.7 |
| 18 | 30 | 0.6 | 1 | 1.5 | 2.5 | 4 | 6 | 9 | 13 | 21 | 33 | 52 | 84 | 130 | 0.21 | 0.33 | 0.52 | 0.84 | 1.3 | 2.1 | 3.3 |
| 30 | 50 | 0.6 | 1 | 1.5 | 2.5 | 4 | 7 | 11 | 16 | 25 | 39 | 62 | 100 | 160 | 0.25 | 0.39 | 0.62 | 1 | 1.6 | 2.5 | 3.9 |
| 50 | 80 | 0.8 | 1.2 | 2 | 3 | 5 | 8 | 13 | 19 | 30 | 46 | 74 | 120 | 190 | 0.3 | 0.46 | 0.74 | 1.2 | 1.9 | 3 | 4.6 |
| 80 | 120 | 1 | 1.5 | 2.5 | 4 | 6 | 10 | 15 | 22 | 35 | 54 | 87 | 140 | 220 | 0.35 | 0.54 | 0.87 | 1.4 | 2.2 | 3.5 | 5.4 |
| 120 | 180 | 1.2 | 2 | 3.5 | 5 | 8 | 12 | 18 | 25 | 40 | 63 | 100 | 160 | 250 | 0.4 | 0.63 | 1 | 1.6 | 2.5 | 4 | 6.3 |
| 180 | 250 | 2 | 3 | 4.5 | 7 | 10 | 14 | 20 | 29 | 46 | 72 | 115 | 185 | 290 | 0.46 | 0.72 | 1.15 | 1.85 | 2.9 | 4.6 | 7.2 |
| 250 | 315 | 2.5 | 4 | 6 | 8 | 12 | 16 | 23 | 32 | 52 | 81 | 130 | 210 | 320 | 0.52 | 0.81 | 1.3 | 2.1 | 3.2 | 5.2 | 8.1 |
| 315 | 400 | 3 | 5 | 7 | 9 | 13 | 18 | 25 | 36 | 57 | 89 | 140 | 230 | 360 | 0.57 | 0.89 | 1.4 | 2.3 | 3.6 | 5.7 | 8.9 |
| 400 | 500 | 4 | 6 | 8 | 10 | 15 | 20 | 27 | 40 | 63 | 97 | 155 | 250 | 400 | 0.63 | 0.97 | 1.55 | 2.5 | 4 | 6.3 | 9.7 |

2）基本偏差。公差带相对零线的位置由基本偏差来确定。基本偏差通常是指靠近零线的那个极限偏差，它可以是上极限偏差或下极限偏差。当公差带在零线上方，基本偏差为下极限偏差；当公差带在零线下方时，基本偏差为上极限偏差。

孔和轴的基本偏差各有 28 个，它的代号用拉丁字母表示，大写为孔，小写为轴。图 4-1-24 所示为基本偏差系列，由图可知：孔的基本偏差 A~H 为下极限偏差，J~ZC 为上

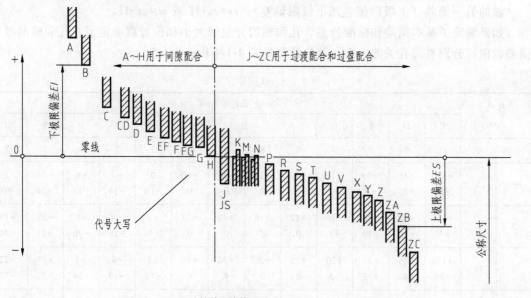

a) 孔的基本偏差系列

图 4-1-24　基本偏差系列

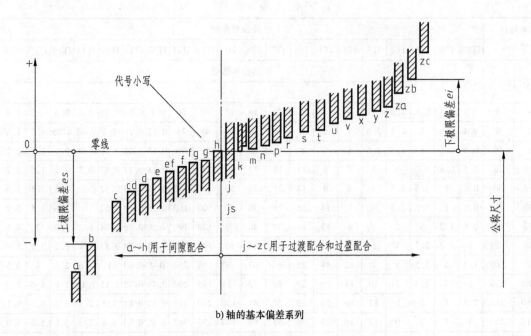

b) 轴的基本偏差系列

图 4-1-24　基本偏差系列（续）

极限偏差；轴的基本偏差 a～h 为上极限偏差，j～zc 为下极限偏差。JS 和 js 的公差带对称分布于零线两边，孔和轴的上、下极限偏差分别都是+IT/2 和-IT/2。

由图 4-1-24 可以看出，各公差带只表示了公差带的位置，即基本偏差，另一端开口，由相应的标准公差按下面方式计算确定：

孔的另一偏差（上极限偏差或下极限偏差）：$ES=EI+IT$ 或 $EI=ES-IT$。

轴的另一偏差（上极限偏差或下极限偏差）：$es=ei+IT$ 或 $ei=es-IT$。

如果确定了基本偏差和标准公差，孔和轴的公差带大小和位置就确定了。孔和轴的极限偏差数值可分别查阅有关的标准，部分数值见表 4-1-4 和表 4-1-5。

表 4-1-4　孔的极限偏差

| 公称尺寸 /mm | | 公差带/μm | | | | | | | | | | | | |
|---|---|---|---|---|---|---|---|---|---|---|---|---|---|
| | | C | D | F | G | H | | | | K | N | P | S | U |
| 大于 | 至 | 11 | 9 | 8 | 7 | 7 | 8 | 9 | 11 | 7 | 7 | 7 | 7 | 7 |
| — | 3 | +120 +60 | +45 +20 | +20 +6 | +12 +2 | +10 0 | +14 0 | +25 0 | +60 0 | 0 -10 | -4 -14 | -6 -16 | -14 -24 | -18 -28 |
| 3 | 6 | +145 +70 | +60 +30 | +28 +10 | +16 +4 | +12 0 | +18 0 | +30 0 | +75 0 | +3 -9 | -4 -16 | -8 -20 | -15 -27 | -19 -31 |
| 6 | 10 | +170 +80 | +76 +40 | +35 +13 | +20 +5 | +15 0 | +22 0 | +36 0 | +90 0 | +5 -10 | -4 -19 | -9 -24 | -17 -32 | -22 -37 |
| 10 | 14 | +205 +95 | +93 +50 | +43 +16 | +24 +6 | +18 0 | +27 0 | +43 0 | +110 0 | +6 -12 | -5 -23 | -11 -29 | -21 -29 | -26 -44 |
| 14 | 18 | | | | | | | | | | | | | |

（续）

| 公称尺寸/mm 大于 | 至 | 公差带/μm C 11 | D 9 | F 8 | G 7 | H 7 | H 8 | H 9 | H 11 | K 7 | N 7 | P 7 | S 7 | U 7 |
|---|---|---|---|---|---|---|---|---|---|---|---|---|---|---|
| 18 | 24 | +240/+110 | +117/+65 | +53/+20 | +28/+7 | +21/0 | +33/0 | +52/0 | +130/0 | +6/-15 | -7/-28 | -14/-35 | -27/-48 | -33/-54 |
| 24 | 30 | +240/+110 | +117/+65 | +53/+20 | +28/+7 | +21/0 | +33/0 | +52/0 | +130/0 | +6/-15 | -7/-28 | -14/-35 | -27/-48 | -40/-61 |
| 30 | 40 | +280/+120 | +142/+80 | +64/+25 | +34/+9 | +25/0 | +39/0 | +62/0 | +160/0 | +7/-18 | -8/-33 | -17/-42 | -34/-59 | -51/-76 |
| 40 | 50 | +290/+130 | +142/+80 | +64/+25 | +34/+9 | +25/0 | +39/0 | +62/0 | +160/0 | +7/-18 | -8/-33 | -17/-42 | -34/-59 | -61/-86 |
| 50 | 65 | +330/+140 | +174/+100 | +76/+30 | +40/+10 | +30/0 | +46/0 | +74/0 | +190/0 | +9/-21 | -9/-39 | -21/-51 | -42/-72 | -76/-106 |
| 65 | 80 | +340/+150 | +174/+100 | +76/+30 | +40/+10 | +30/0 | +46/0 | +74/0 | +190/0 | +9/-21 | -9/-39 | -21/-51 | -48/-78 | -91/-121 |
| 80 | 100 | +390/+170 | +207/+120 | +90/+36 | +47/+12 | +35/0 | +54/0 | +87/0 | +220/0 | +10/-25 | -10/-45 | -24/-59 | -58/-93 | -111/-146 |
| 100 | 120 | +400/+180 | +207/+120 | +90/+36 | +47/+12 | +35/0 | +54/0 | +87/0 | +220/0 | +10/-25 | -10/-45 | -24/-59 | -66/-101 | -131/-166 |

表 4-1-5　轴的极限偏差

| 公称尺寸/mm 大于 | 至 | 公差带/μm c 11 | d 9 | f 7 | g 6 | h 6 | h 7 | h 9 | h 11 | k 6 | n 6 | p 6 | s 6 | u 6 |
|---|---|---|---|---|---|---|---|---|---|---|---|---|---|---|
| — | 3 | -60/-120 | -20/-45 | -6/-16 | -2/-8 | 0/-6 | 0/-10 | 0/-25 | 0/-60 | +6/0 | +10/+4 | +12/+6 | +20/+14 | +24/+18 |
| 3 | 6 | -70/-145 | -30/-60 | -10/-22 | -4/-12 | 0/-8 | 0/-12 | 0/-30 | 0/-75 | +9/+1 | +16/+8 | +20/+12 | +27/+19 | +31/+23 |
| 6 | 10 | -80/-170 | -40/-76 | -13/-28 | -5/-14 | 0/-9 | 0/-15 | 0/-36 | 0/-90 | +10/+1 | +19/+10 | +24/+15 | +32/+23 | +37/+28 |
| 10 | 14 | -95/-205 | -50/-93 | -16/-34 | -6/-17 | 0/-11 | 0/-18 | 0/-43 | 0/-110 | +12/+1 | +23/+12 | +29/+18 | +39/+28 | +44/+33 |
| 14 | 18 | -95/-205 | -50/-93 | -16/-34 | -6/-17 | 0/-11 | 0/-18 | 0/-43 | 0/-110 | +12/+1 | +23/+12 | +29/+18 | +39/+28 | +44/+33 |
| 18 | 24 | -110/-240 | -65/-117 | -20/-41 | -7/-20 | 0/-13 | 0/-21 | 0/-52 | 0/-130 | +15/+2 | +28/+15 | +35/+22 | +48/+35 | +54/+41 |
| 24 | 30 | -110/-240 | -65/-117 | -20/-41 | -7/-20 | 0/-13 | 0/-21 | 0/-52 | 0/-130 | +15/+2 | +28/+15 | +35/+22 | +48/+35 | +61/+48 |
| 30 | 40 | -120/-280 | -80/-142 | -25/-50 | -9/-25 | 0/-16 | 0/-25 | 0/-62 | 0/-160 | +18/+2 | +33/+17 | +42/+26 | +59/+43 | +76/+60 |
| 40 | 50 | -130/-290 | -80/-142 | -25/-50 | -9/-25 | 0/-16 | 0/-25 | 0/-62 | 0/-160 | +18/+2 | +33/+17 | +42/+26 | +59/+43 | +86/+70 |
| 50 | 65 | -140/-330 | -100/-174 | -30/-60 | -10/-29 | 0/-19 | 0/-30 | 0/-74 | 0/-190 | +21/+2 | +39/+20 | +51/+32 | +72/+53 | +106/+87 |
| 65 | 80 | -150/-340 | -100/-174 | -30/-60 | -10/-29 | 0/-19 | 0/-30 | 0/-74 | 0/-190 | +21/+2 | +39/+20 | +51/+32 | +78/+59 | +121/+102 |
| 80 | 100 | -170/-390 | -120/-207 | -36/-71 | -12/-34 | 0/-22 | 0/-35 | 0/-87 | 0/-220 | +25/+3 | +45/+23 | +59/+37 | +93/+71 | +146/+124 |
| 100 | 120 | -180/-400 | -120/-207 | -36/-71 | -12/-34 | 0/-22 | 0/-35 | 0/-87 | 0/-220 | +25/+3 | +45/+23 | +59/+37 | +101/+79 | +166/+144 |

（3）配合　公称尺寸相同，且相互结合的孔和轴公差带之间的关系称为配合。根据使用要求的不同，配合有松有紧。

1）间隙配合。具有间隙（包括最小间隙为零）的配合，称为间隙配合。在间隙配合中，孔的实际尺寸总比轴的实际尺寸大，装配在一起后，轴与孔之间存在间隙（包括最小间隙为零的情况），轴与孔能相对运动。如图 4-1-25 所示，间隙配合中孔的下极限尺寸大于或等于轴的上极限尺寸，其特点是孔的公差带位于轴的公差带之上。

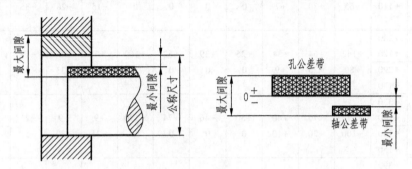

图 4-1-25　间隙配合

2）过盈配合。具有过盈（包括最小过盈等于零）的配合，称为过盈配合。在过盈配合中，孔的实际尺寸总比轴的实际尺寸小，装配时需要一定的外力或将带孔零件加热膨胀后，才能把轴压入孔中，所以轴与孔装配在一起后不能产生相对运动。如图 4-1-26 所示，过盈配合中孔的上极限尺寸小于或等于轴的下极限尺寸，其特点是孔的公差带位于轴的公差带之下。

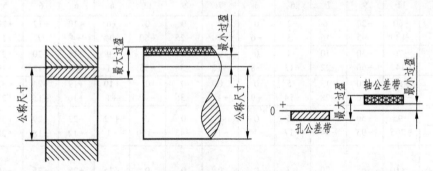

图 4-1-26　过盈配合

3）过渡配合。可能具有间隙或过盈的配合，称为过渡配合。过渡配合是介于间隙配合与过盈配合之间的配合。在过渡配合中，轴的实际尺寸有时比孔的实际尺寸小，有时比孔的实际尺寸大。它们装配在一起后，可能出现间隙，也可能出现过盈，但间隙或过盈都相对较小。过渡配合的特点是孔与轴的公差带相互交叠，如图 4-1-27 所示。

（4）配合制　在加工制造相互配合的零件时，为了满足零件结构和工作要求，取其中一个零件作为基准件，使其基本偏差不变，通过改变另一个零件的基本偏差以达到不同配合性质的要求。国家标准规定了两种配合基准制。

1）基孔制配合。基孔制配合是基本偏差为一定的孔的公差带，与不同基本偏差的轴的公差带形成各种配合的一种制度。国家标准规定，基孔制的基准孔代号为 H，其下极限偏差为

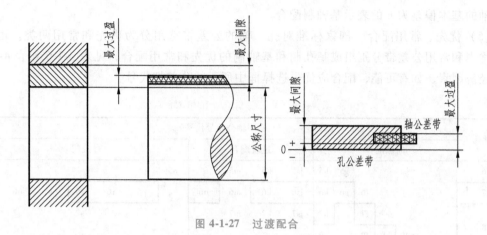

图 4-1-27　过渡配合

零，上极限偏差一定是正值。如图 4-1-28a 所示，由于轴比孔易于加工，应优先选用基孔制配合。

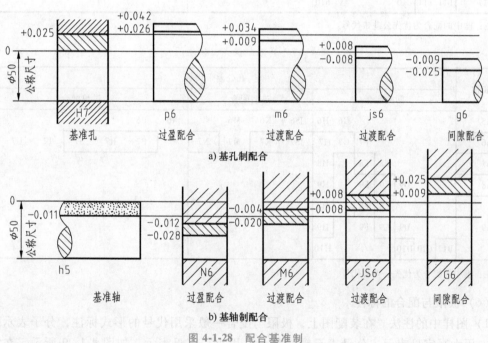

a) 基孔制配合

b) 基轴制配合

图 4-1-28　配合基准制

与基准孔配合的轴，其基本偏差 a~h 用于间隙配合；j~n 一般用于过渡配合；p~zc 一般用于过盈配合。

2）基轴制配合。基轴制配合是基本偏差为一定的轴的公差带，与不同基本偏差的孔的公差带形成各种配合的一种制度。国家标准规定，基轴制的基本偏差代号为 h，其上极限偏差为零，下极限偏差一定是负值，如图 4-1-28b 所示。

与基准轴相配的孔，其基本偏差 A~H 用于间隙配合；J~N 一般用于过渡配合；P~ZC 一般用于过盈配合。孔的基本偏差（上极限偏差）的绝对值大于或等于轴的标准公差时，为过盈配合，反之为过渡配合。在配合代号中，一般孔的基本偏差为 H 的，表示基孔制配合；轴的基本偏差为 h 的表示基轴制配合。

（5）优先、常用配合　国家标准对孔、轴的公差带选用分为优先和常用两类。由孔、轴的优先和常用公差带分别组成基孔制和基轴制的优先和常用配合，见表 4-1-6 和表 4-1-7。基于经济因素，如有可能，配合应优先选择框中所示的公差带代号。

表 4-1-6　基孔制优先、常用配合

| 基准孔 | 轴公差带代号 | | | | | | | | | | | | | | | | |
|---|---|---|---|---|---|---|---|---|---|---|---|---|---|---|---|---|---|
| | 间隙配合 | | | | | | | 过渡配合 | | | | 过盈配合 | | | | | |
| | b | c | d | e | f | g | h | js | k | m | n | p | r | s | t | u | x |
| H6 | | | | | | g5 | h5 | js5 | k5 | m5 | n5 | p5 | | | | | |
| H7 | | | | | f6 | g6 | h6 | js6 | k6 | m6 | n6 | p6 | r6 | s6 | t6 | u6 | x6 |
| H8 | | | | e7 | f7 | | h7 | js7 | k7 | m7 | | | | s7 | | u7 | |
| H8 | | | d8 | e8 | f8 | | h8 | | | | | | | | | | |
| H9 | | | d8 | e8 | f8 | | h8 | | | | | | | | | | |
| H10 | b9 | c9 | d9 | e9 | | | h9 | | | | | | | | | | |
| H11 | b11 | c11 | d10 | | | | h10 | | | | | | | | | | |

注：框中的配合为优先公差带代号。

表 4-1-7　基轴制优先、常用配合

| 基准轴 | 孔公差带代号 | | | | | | | | | | | | | | | | |
|---|---|---|---|---|---|---|---|---|---|---|---|---|---|---|---|---|---|
| | 间隙配合 | | | | | | | 过渡配合 | | | | 过盈配合 | | | | | |
| | B | C | D | E | F | G | H | JS | K | M | N | P | R | S | T | U | X |
| h5 | | | | | | G6 | H6 | JS6 | K6 | M6 | N6 | P6 | | | | | |
| h6 | | | | | F7 | G7 | H7 | JS7 | K7 | M7 | N7 | P7 | R7 | S7 | T7 | U7 | X7 |
| h7 | | | | E8 | F8 | | H8 | | | | | | | | | | |
| h8 | | | D9 | E9 | F9 | | H9 | | | | | | | | | | |
| h9 | | | | E8 | F8 | | H8 | | | | | | | | | | |
| h9 | | | D9 | E9 | F9 | | H9 | | | | | | | | | | |
| h9 | B11 | C10 | D10 | | | | H10 | | | | | | | | | | |

注：框中的配合为优先公差带代号。

（6）极限与配合的标注

1）图样中的注法。在装配图上，极限与配合一般采用代号的形式标注，分子表示孔的代号，用大写字母表示，分母表示轴的代号，用小写字母表示，如图 4-1-29 所示，在零件图上，与其他零件有配合关系的尺寸或其他重要尺寸，一般采用在公称尺寸后面标注极限偏差的形式，也可以采用在公称尺寸后面标注公差代号的形式，或采用两者同时注出的形式。

2）极限偏差数值的写法。标注极限偏差数值时，偏差数值的数字比公称尺寸数字小一号，下极限偏差与公称尺寸注在同一底线，且上、下极限偏差的小数点必须对齐。同时还应注意以下几点。

① 上、下极限偏差符号相反、绝对值相同时，在公称尺寸右边注"±"号，且只写出一个偏差数值，且字体大小与公称尺寸相同，如图 4-1-30a 所示。

② 当某一极限偏差（上极限偏差或下极限偏差）为"0"时，必须标注"0"。数字

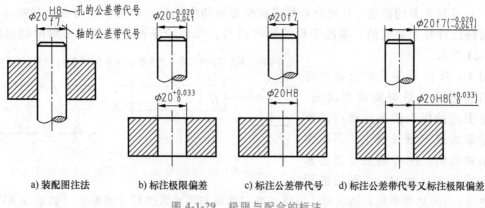

a) 装配图注法　　b) 标注极限偏差　　c) 标注公差带代号　　d) 标注公差带代号又标注极限偏差

图 4-1-29　极限与配合的标注

"0"应与另一偏差的个位数对齐注出，如图 4-1-30b 所示。

③ 上、下极限偏差中的某一项末端数字为"0"时，为了使上、下极限偏差的位数相同，用"0"补齐，如图 4-1-30c 所示。

④ 当上、下极限偏差中小数点后末端数字都为"0"时，上、下极限偏差中小数点后末位的"0"一般不需注出，如图 4-1-30d 所示。

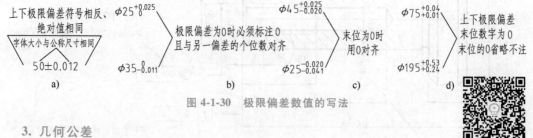

图 4-1-30　极限偏差数值的写法

### 3. 几何公差

几何公差是指零件要素的实际形状、实际位置或实际方向，对于理想形状、理想位置或理想方向的允许变动量，主要包括形状公差、位置公差、方向公差和跳动公差等。

（1）几何特征符号　国家标准将形状公差分为六个几何特征，方向公差分为五个几何特征，位置公差分为六个几何特征，跳动公差分为两个几何特征。其中，形状特征无基准要求，每个几何特征都用规定的专用符号来表示。几何公差的几何特征符号见表 4-1-8。

表 4-1-8　几何特征符号

| 公差 | 几何特征 | 符号 | 公差 | 几何特征 | 符号 | 公差 | 几何特征 | 符号 |
|---|---|---|---|---|---|---|---|---|
| 形状公差 | 直线度 | — | 位置公差 | 位置度 | ⌖ | 方向公差 | 平行度 | // |
| | 平面度 | ▱ | | 同心度（中心圆） | ◎ | | 垂直度 | ⊥ |
| | 圆度 | ○ | | 对称度 | ═ | | 倾斜度 | ∠ |
| | 圆柱度 | ⌭ | | 线轮廓度 | ⌒ | | 线轮廓度 | ⌒ |
| | 线轮廓度 | ⌒ | | 面轮廓度 | ⌓ | | 面轮廓度 | ⌓ |
| | 面轮廓度 | ⌓ | | 同轴度（轴线） | ◎ | 跳动公差 | 圆跳动 | ↗ |
| | | | | | | | 全跳动 | ⌰ |

（2）几何公差的标注　几何公差要求在矩形框格中给出，框格中的内容从左到右依次按几何特征符号、公差值、基准字母的顺序填写。几何特征符号及基准三角形的画法如图 4-1-31 所示。

图 4-1-32 所示是几何公差的标注。当被测要素是表面或素线时，从框格引出的指引箭头应指在该要素的轮廓线或其延长线上；当被测要素是轴线时，应将箭头与该要素的尺寸线对齐（如 M8×1 轴线的同轴度注法）；当基准要素是轴线时，应将基准三角形与该要素的尺寸线对齐（如基准 A）。

指引线　框格　几何特征符号　公差数值　基准字母　基准三角形涂黑或空白

图 4-1-31　几何特征符号及基准三角形的画法

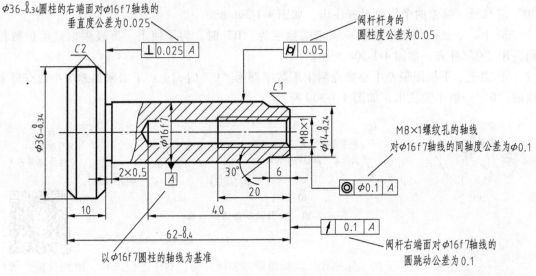

$\phi36^{0}_{-0.34}$圆柱的右端面对$\phi16f7$轴线的垂直度公差为0.025

阀杆杆身的圆柱度公差为0.05

M8×1螺纹孔的轴线对$\phi16f7$轴线的同轴度公差为$\phi0.1$

以$\phi16f7$圆柱的轴线为基准

阀杆右端面对$\phi16f7$轴线的圆跳动公差为0.1

图 4-1-32　几何公差的标注

---

**【课堂故事】**

"庖丁解牛"的故事相信大家都知道，有个厨师替梁惠王宰牛，他宰牛技术十分娴熟，刀子在牛骨缝里灵活地移动，没有一点障碍，而且很有节奏。梁惠王看呆了，一个劲夸他技术高超。厨师说他解牛已经 19 年了，对牛的结构非常了解。识读零件图，也是同样的道理，必须经过反复实践，多看多练，才能得心应手，运用自如。

**【课堂讨论】**

俗语有云：读书破万卷，下笔如有神。这是熟能生巧最好的解释。而谚语有云：熟能生巧，巧能生精。铁棒磨成针中的李白，百步穿杨的养由基就是其中翘楚，你还知道哪些熟能生巧的事例？

**任务计划与决策**（表 4-1-9）

表 4-1-9　工作任务计划与决策单

| 班级 | | 姓名 | | 学号 | |
|---|---|---|---|---|---|
| 组别 | | 任务名称 | | 4.1　识读齿轮轴零件图 | |
| 任务计划 | | | | | |
| 任务决策 | | | | | |

**任务实施** （表 4-1-10）

表 4-1-10 工作任务实施单

| 班级 | | 姓名 | | 学号 | |
|---|---|---|---|---|---|
| 组别 | | 任务名称 | | 4.1 识读齿轮轴零件图 | |

任务实施如下：

图 4-1-1 所示为齿轮泵主动齿轮轴零件图。识读零件图，并回答下列问题。

1）该零件材料是什么？所使用的绘图比例是多少？

2）该零件采用什么基本视图来表达零件结构？采用什么视图来表达键槽处断面形状？

3）齿轮部分的模数、齿数、压力角分别是多少？齿轮工作表面的表面粗糙度值是多少？软齿粗加工后的硬度是多少？最粗糙表面的表面粗糙度值是多少？

4）请说明该零件径向尺寸基准是什么？图中轴向开口环的尺寸是多少？

5）图中有几种几何公差标注？名称分别是什么？

6）图中键槽长度尺寸、宽度尺寸分别为多少？键槽两侧的表面粗糙度值为多少？

7）根据尺寸标准可以判断，哪几个轴段（径向）为配合轴段？请查表确定其标准公差等级是几级？

**任务评价** （表 4-1-11）

表 4-1-11 工作任务评价单

| 班级 | | 姓名 | | 学号 | |
|------|------|------|------|------|------|
| 组别 | | 任务名称 | | 4.1 识读齿轮轴零件图 | |
| 序号 | | 评价内容 | | 分数 | 得分 |
| 1 | | 课前准备（预习情况） | | 5 | |
| 2 | | 知识链接（完成情况） | | 10 | |
| 3 | | 任务计划与决策 | | 25 | |
| 4 | | 任务实施（图线、表达方案、图形布局） | | 25 | |
| 5 | | 绘图质量 | | 30 | |
| 6 | | 课堂表现 | | 5 | |
| | | 总分 | | 100 | |
| 学习体会 | | | | | |

# 任务 2  绘制齿轮轴零件图

**任务布置**

图 4-2-1 所示为齿轮泵中的典型轴类零件——齿轮轴。观察齿轮轴零件，分析其结构特点、测绘尺寸，并选择合理的表达方案，按照 1：1 比例绘制其零件图、标注尺寸并注写技术要求。

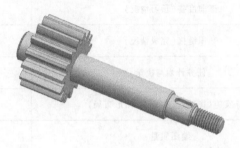

图 4-2-1  齿轮轴

**预备知识**

## 一、轴类零件的特点

轴类零件主体一般由若干个轴径不等的回转体组成，其上常具有倒角、螺纹、键槽、退刀槽及中心孔等特征，如图 4-2-2 所示。

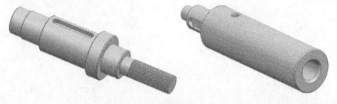

图 4-2-2  轴类零件主体

为了便于轴上各零件的安装，在轴端车有倒角；为了传递动力，在轴上铣有键槽；轴的中心孔主要用于零件加工时的装夹和定位。这些局部特征多数是为了满足设计和工艺的要求。

## 二、零件尺寸的测绘

### 1. 测绘的概念

测绘是对已有零件进行分析，估计图形与实物的比例，徒手画出草图，测量并标注尺寸和技术要求，最后，经整理画成零件图的过程。

测绘零件大多在车间现场进行，由于场地和时间的限制，一般都不用或只用少数简单绘图工具，徒手绘出图形，其线型不可能像用直尺和仪器绘制的那样均匀笔直，但绝不能马虎潦草，而应努力做到线型清晰、内容完整、投影关系正确、比例匀称、字迹工整。

**2. 测绘的步骤与方法**

测绘的步骤与方法如下：

1）分析零件。为了把被测零件准确完整地表达出来，应先对被测零件进行认真的分析，了解零件的类型、在机器中的作用、所使用的材料及大致的加工方法。

2）确定零件的视图表达方案。需要注意的是：一个零件的表达方案并非是唯一的，可多考虑几种方案，对比后选择最佳方案。

**3. 徒手画零件草图**

徒手画零件草图的步骤如下：

1）确定绘图比例并定位布局。根据零件大小、视图数量、现有图纸大小，确定适当的绘图比例。粗略确定各视图应占的图纸面积，在图纸上作出主要视图的作图基准线、中心线。注意留出标注尺寸和画其他补充视图的地方。

2）详细画出零件内外结构和形状，检查、描深有关图线。注意：各部分结构之间的比例应协调。

3）将应该标注尺寸的尺寸界线、尺寸线全部画出，然后集中测量、注写各尺寸。注意：应避免遗漏、重复或注错尺寸。

4）注写技术要求。确定表面粗糙度值，确定零件的材料、尺寸公差、几何公差及热处理等要求，整理后注写在图样上。

5）最后检查、修改全图并填写标题栏，完成草图。

**4. 绘制零件图**

绘制零件草图时，往往受某些条件的限制，有些问题可能处理的不够完善。一般应将零件草图整理、修改后绘制成正式的零件图，经批准后才能投入生产。在绘制零件图时，要对零件草图进行进一步检查和校核，对于标准结构，应查表并正确注出尺寸。最后，用仪器或计算机绘制出零件图。

**5. 认知常用测量工具**

常用的测量工具如图 4-2-3 所示。

**6. 零件测绘的注意事项**

零件测绘的注意事项如下：

1）测量尺寸时，应正确选择测量基准，以减少测量误差。零件上磨损部位的尺寸应参考其配合零件的相关尺寸，或参考有关的技术资料进行确定。

2）零件间相配合结构的公称尺寸必须一致，并应精确测量。之后查阅有关手册，给出恰当的尺寸偏差。

3）零件上的非配合尺寸，如果测得为小数，应圆整为整数标出。

4）零件上的截交线和相贯线不能机械地照实物绘制。因为它们常常由于制造上的缺陷而歪斜。画图时要弄清它们是怎样形成的，然后用学过的相应画法画出。

5）要重视零件上的一些细小结构，如倒角、倒圆、凹坑、凸台、退刀槽和中心孔等。若为标准件，则在测得尺寸后，应参照相应的标准查出其尺寸值，注写在图样上。

6）对于零件上的缺陷，如铸造缩孔、砂眼、毛刺及磨损等，不要在图上画出。

7）技术要求的确定。测绘零件时，可根据实物并结合有关资料分析、确定零件的技术

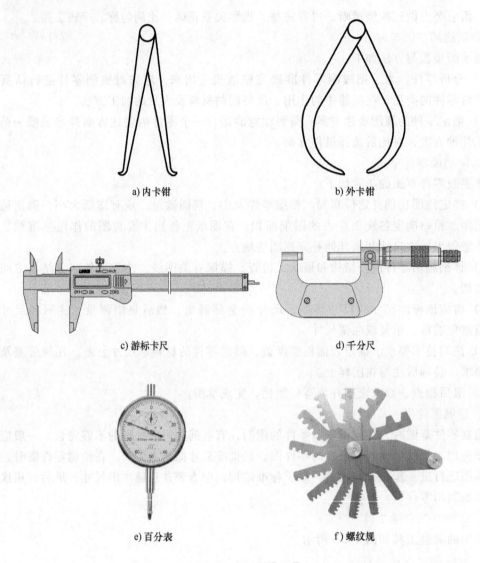

a) 内卡钳                    b) 外卡钳

c) 游标卡尺                  d) 千分尺

e) 百分表                    f) 螺纹规

图 4-2-3　常用测量工具

要求，如尺寸公差、表面粗糙度值、几何公差、热处理和表面处理等。

### 三、轴类零件视图选择

#### 1. 主视图的选择

蜗轮轴零件示意图如图 4-2-4 所示。为了加工人员读图方便，轴类零件的主视图按加工位置选择，通常轴的大端朝左，小端朝右，轴上键槽、孔可朝前或朝上，以明显表示其形状和位置。

形状简单且较长的零件可采用断开的简化画法，实心轴上个别部分的内部结构形状，可用局部剖视兼顾表达，空心套可用剖视图表达，轴端中心孔不作剖视，可用规定的标准代号表示。

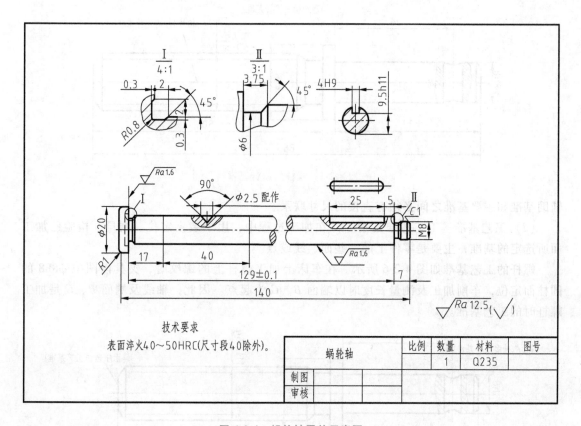

图 4-2-4　蜗轮轴零件示意图

### 2. 其他视图的选择

由于轴类零件的主要结构形状是同轴回转体，在主视图上注出相应的直径符号"φ"，即可清楚表达形状特征，故一般不必再选择其他基本视图。基本视图尚未表达清楚的局部结构形状（如键槽、退刀槽、孔等），可采用断面图、局部剖视图和局部放大图等补充表达，这样图样既清晰又便于标注尺寸。

### 四、轴类零件的尺寸分析

#### 1. 基准

零件图上所标注的尺寸是加工和检验零件的重要依据，除满足正确、完整、清晰的要求外，还应做到标注合理。要合理标注，就必须恰当地选择尺寸基准，即尺寸基准的选择应符合设计要求，并便于加工和测量。

（1）设计基准　设计基准是根据零件在机器中的作用及其结构特点，为保证零件的设计要求而选定的一些基准，一般是用来确定零件在机器中位置的接触面、对称面、回转面的轴线等。螺杆的设计基准如图 4-2-5 所示。微动机构中的螺杆，其径向是通过螺杆与支座上轴孔的轴线共线来定位的，而轴向是通过轴肩左端面 A 与轴套的右端面来定位的。所以，螺杆的轴线和轴肩左端面 A 就是其径向和轴向的设计基准。

当同一方向不止有一个尺寸基准时，根据基准作用的重要性分为主要基准和辅助基准。

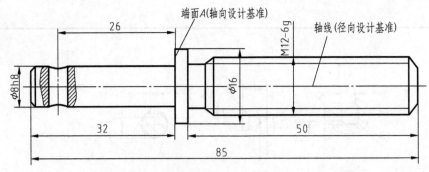

图 4-2-5　螺杆的设计基准

辅助基准和主要基准之间必须有直接的尺寸联系。

（2）工艺基准　工艺基准是指零件在加工过程中，用于装夹定位、测量、检验已加工面所选定的基准，主要是零件上的一些面、线或点。

螺杆的工艺基准如图 4-2-6 所示。在车床上加工螺杆上的螺纹时，夹具以图中 φ8h8 的圆柱面定位，车削加工及测量长度时以端面 B、C 为起点。因此，轴线及端面 B、C 是加工螺杆时的工艺基准。

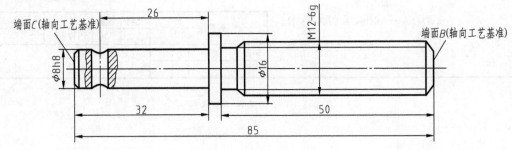

图 4-2-6　螺杆的工艺基准

从设计基准出发标注尺寸，能保证零件的设计要求；从工艺基准出发标注尺寸，则便于加工和测量。因此，最好使工艺基准和设计基准重合。

**2. 尺寸标注的配置形式**

（1）坐标式　坐标式是指零件上同一方向的一组尺寸，都是以同一基准出发进行标注的，如图 4-2-7a 所示。优点在于尺寸中任一尺寸的加工精度只取决于对应段的加工误差，而不受其他尺寸误差的影响。因此，当零件需要由一个基准确定一组精确尺寸时，常采用坐标式配置形式。

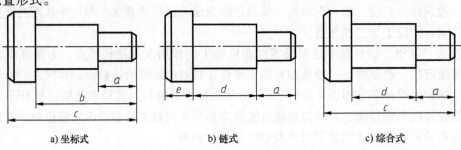

a) 坐标式　　　　　　b) 链式　　　　　　c) 综合式

图 4-2-7　尺寸标注的配置形式

（2）链式  链式是指零件上同一方向的一组尺寸，彼此首尾相接，各尺寸的基准都不相同，前一尺寸的终止处即为后一尺寸的基准，如图 4-2-7b 所示。优点在于前一尺寸的误差并不影响后一尺寸，但缺点是各段尺寸的误差最终会累积到总尺寸上。因此，当零件上各段尺寸无特殊要求时，不宜采用这种形式。

（3）综合式  综合式是坐标式与链式的组合标注形式，如图 4-2-7c 所示。这种配置形式兼有上述两种形式的优点，因而能更好地适应零件的设计和工艺要求。

### 3. 尺寸标注的基本规则

（1）重要尺寸直接注出  重要尺寸是指零件之间的配合尺寸、确定零件在机器（或部件）中位置的尺寸、反映该零件所属机器（或部件）规格性能的尺寸等。图 4-2-8 所示的重要尺寸 $\phi$、$D$、$A$ 应直接注出。

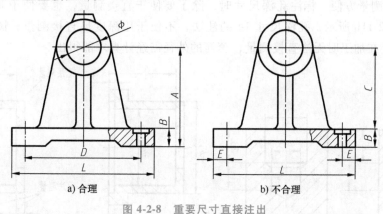

a) 合理          b) 不合理

图 4-2-8  重要尺寸直接注出

（2）应考虑加工方法，符合加工顺序  为便于不同工种的加工人员读图，应将零件上的加工面与非加工面尺寸尽量分别注写在图形的两边，如图 4-2-9a 所示；对同一工种加工的尺寸，要适当集中标注，以便于加工时查找，如图 4-2-9b 所示。

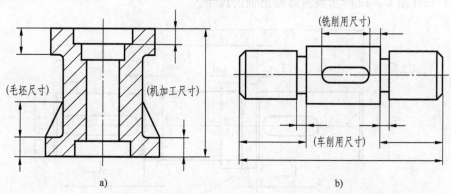

图 4-2-9  考虑加工方法及加工顺序进行标注

（3）避免出现封闭尺寸链  如图 4-2-10a 所示，阶梯轴长度方向的尺寸 $b$、$c$、$d$ 首尾相连，构成一个封闭的尺寸链，因为封闭尺寸链中每个尺寸的尺寸精度，都将受链中其他尺寸误差的影响（即 $b+c+d \neq a$），加工时难以保证总长尺寸 $a$ 的尺寸精度。所以，在这种情况下，应当挑选一个不重要的尺寸空出不标注（称为开口环），以便尺寸误差积累于此，如图 4-2-10b 所示。

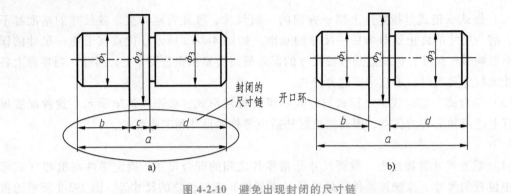

图 4-2-10　避免出现封闭的尺寸链

（4）考虑测量方便　标注孔深尺寸时，除了要便于直接测量，也要便于调整刀具的进给量。如图 4-2-11b 所示，孔深尺寸 14 的注法，不便于用深度尺直接测量；图 4-2-11d 中，尺寸 5、5、29 在加工时无法直接测量，套筒的外径需经计算才能得出。

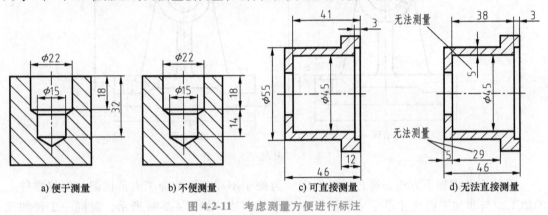

a) 便于测量　　　　b) 不便测量　　　　c) 可直接测量　　　　d) 无法直接测量

图 4-2-11　考虑测量方便进行标注

例 1：标注图 4-2-12 所示减速器输出轴的尺寸。

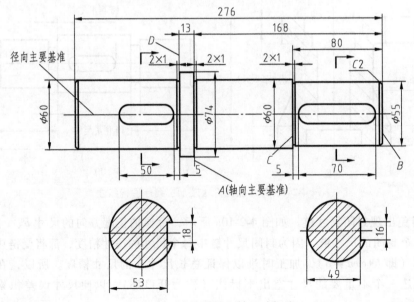

图 4-2-12　减速器输出轴尺寸标注

根据轴的加工特点和工作情况，选择轴线作为宽度方向和高度方向的主要基准，端面 *A* 作为长度方向的主要基准，对于回转类零件常采用这样的基准，前者即为径向基准，后者则为轴向基准。标注尺寸的顺序如下：

1）由径向主要基准直接标出尺寸 $\phi 60$（两处）、$\phi 74$、$\phi 55$。

2）由轴向主要基准（端面 *A*）直接标出尺寸"168"和"13"；定出轴向辅助基准 *B* 和 *D*，并由轴向辅助基准 *B* 标注尺寸"80"，再定出轴向辅助基准 *C*。

3）由轴向辅助基准 *C*、*D* 分别注出两个键槽的定位尺寸"5"，并注出两个键槽的长度尺寸"70"和"50"。

4）按尺寸注法的规定标注出键槽的断面尺寸（53、18 和 49、16），以及退刀槽尺寸（2×1）和倒角尺寸（*C*2）。

### 五、轴类零件典型工艺结构

#### 1. 倒角和倒圆

为去除零件的毛刺、锐边和便于装配，在轴和孔的端部，一般都加工成倒角。对于阶梯轴或孔，为了避免因应力集中而产生裂纹，轴肩或孔肩处往往加工成圆角的过渡形式，这种工艺结构称为倒圆。设置倒角和倒圆是为了方便装配和安全操作，标注如图 4-2-13 所示。

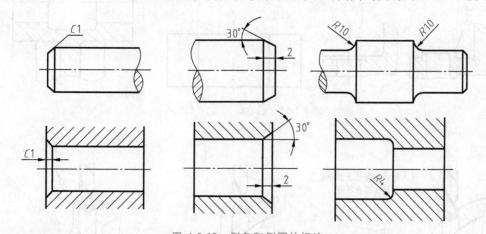

图 4-2-13　倒角和倒圆的标注

#### 2. 退刀槽和砂轮越程槽

加工时，为了便于退出刀具而在被加工面的终端预先加工出的沟槽称为退刀槽；为了便于退出砂轮而在被加工面的终端预先加工出的沟槽称为越程槽。退刀槽和越程槽的结构型式和尺寸，根据轴、孔直径的大小，可从相应的标准中查得。尺寸标注如图 4-2-14 所示，常以"槽宽×槽深"或"槽宽×直径"的形式集中标注。

#### 3. 凸台、凹坑和凹槽

零件与其他零件的接触面，一般需要加工。为了减少接触面积和加工面积并使两零件表面接触良好，常在铸件上设计出凸台、凹槽或锪平成凹坑等结构，如图 4-2-15 所示。

#### 4. 钻孔结构

用钻头钻孔时，为了避免出现单边受力，导致钻头偏斜，甚至使钻头折断，应使钻头垂直于钻孔的表面。为此，孔的外端面应设计成与钻头进给方向垂直的结构，如图 4-2-16 所示。

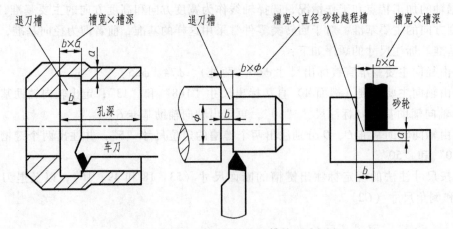

图 4-2-14　退刀槽和砂轮越程槽的尺寸标注

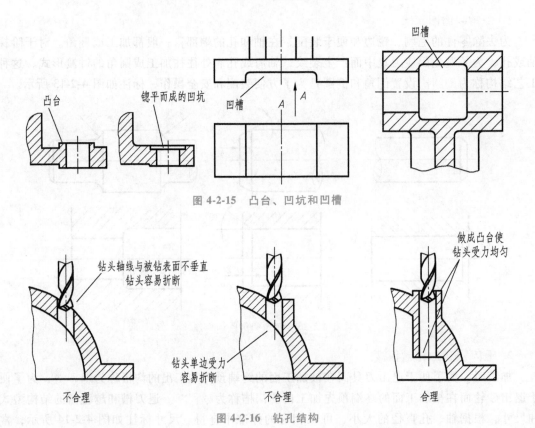

图 4-2-15　凸台、凹坑和凹槽

图 4-2-16　钻孔结构

【课堂故事】

　　大国工匠年度人物宁允展，高铁首席研磨师，国内第一位从事高铁转向架"定位臂"研磨的工人。多年来，宁师傅坚守匠心，敬业乐业，为高铁列车的高质量生产做出了突出贡献。作为即将从事制造行业的工程人，同学们也应该向宁师傅学习，在工作中精益求精，脚踏实地，做一名优秀的工匠精神传承人。

【课堂讨论】

　　机械图样是零件加工制造的基础，制图过程不能有丝毫的差错，需要同学们严谨对待。请同学们在绘图前思考，如何对图样进行系统化全方位思考布局，从而获得更高质量图样？

**任务计划与决策**　（表 4-2-1）

表 4-2-1　工作任务计划与决策单

| 班级 | | 姓名 | | 学号 | |
|---|---|---|---|---|---|
| 组别 | | 任务名称 | | 4.2　绘制齿轮轴零件图 | |
| 任务计划 | | | | | |
| 任务决策 | | | | | |

任务实施 （表 4-2-2）

表 4-2-2　工作任务实施单

| 班级 | | 姓名 | | 学号 | |
|---|---|---|---|---|---|
| 组别 | | 任务名称 | | 4.2　绘制齿轮轴零件图 | |

任务实施如下：

齿轮泵中的典型轴类零件——齿轮轴如下图所示。观察齿轮轴，分析其结构特点、测绘尺寸，并选择合理的表达方案，按照 1：1 比例绘制其零件图、标注尺寸并注写技术要求。

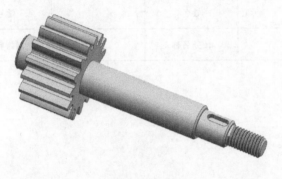

（请准备 A4 图纸）

**任务评价**　（表4-2-3）

表 4-2-3　工作任务评价单

| 班级 | | 姓名 | | 学号 | |
|---|---|---|---|---|---|
| 组别 | | 任务名称 | | 4.2　绘制齿轮轴零件图 | |
| 序号 | | 评价内容 | | 分数 | 得分 |
| 1 | | 课前准备（预习情况） | | 5 | |
| 2 | | 知识链接（完成情况） | | 10 | |
| 3 | | 任务计划与决策 | | 25 | |
| 4 | | 任务实施（图线、表达方案、图形布局） | | 25 | |
| 5 | | 绘图质量 | | 30 | |
| 6 | | 课堂表现 | | 5 | |
| 总分 | | | | 100 | |
| 学习体会 | | | | | |

# 任务3   绘制端盖零件图

**任务布置**

图 4-3-1 所示为齿轮泵端盖，其作用是对轴进行轴向定位和支承，并起到简单防尘和密封的作用。分析端盖的结构特点并测量尺寸，选择合理的表达方案绘制端盖零件图，并标注尺寸及注写技术要求。

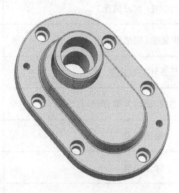

图 4-3-1   齿轮泵端盖

**预备知识**

## 一、盘盖类零件结构特点

齿轮泵端盖是比较典型的盘盖类零件。结构特点是轴向尺寸比其他两个方向尺寸小，基本形状为扁平状结构，多为同轴回转体的外形和内孔。这类零件在机器中一般用于传递动力、改变速度、转换方向或起支承、轴向定位、密封等作用。常见的盘盖类零件有法兰盘、透盖、手轮及闷盖等，如图 4-3-2 所示。

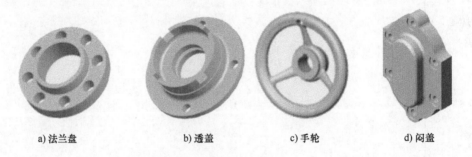

a) 法兰盘            b) 透盖            c) 手轮            d) 闷盖

图 4-3-2   常见盘盖类零件

盘盖类零件以车床上加工为主，其上常常设计有轴孔。有的零件上有凸缘、凸台及凹坑等结构，作用是加强支承，减少加工面积；盘盖类零件上还常设计有较多的螺纹孔、光孔、沉孔、销孔及键槽等结构，主要目的是为了与其他零件相连接；此外，有些盘盖类零件还具有轮辐、辐板、肋板，以及用于防漏的油沟和毡圈槽等密封结构。盘盖类零件的毛坯多为铸件，工艺结构以倒角、倒圆、退刀槽和越程槽为主。

## 二、剖视图基本知识

### 1. 剖视图的概念

基本视图主要用于零件外部结构形状复杂而内部结构形状简单的情况。对于内部结构形状复杂的零件，如图 4-3-3 所示，用虚线表示内部结构，容易使物体层次结构不清，不利于标注和读图，此时可采用剖视画法。

剖视图的形成如图 4-3-4 所示。用假想的剖切面剖开物体，将处在观察者和剖切面之间的部分移去，将其余部分向投影面投射所得的图形，称为剖视图，简称剖视。

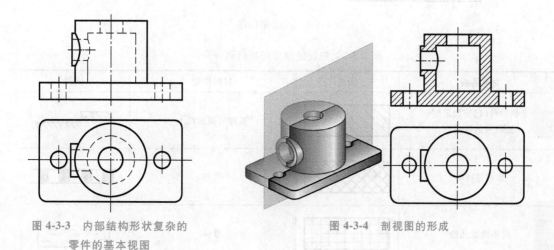

图 4-3-3　内部结构形状复杂的
　　　　　零件的基本视图

图 4-3-4　剖视图的形成

### 2. 剖视图的标注

剖视图标注内容主要包括三个部分，当零件形状较简单或剖切位置明确，不标注符号仍能表达清楚时，剖切符号可以省略。

（1）剖切位置　用剖切符号表示，表示剖切面起、止和转折位置，用粗实线画出，尽可能不与图形轮廓线相交。

（2）投射方向　用细实线箭头表示，箭头画在剖切位置线的两端，并与剖切符号垂直。

（3）剖视名称　用大写英文字母注写在剖视图的上方，并在剖切符号两端和转折处标注相同字母。

剖视图优先按基本视图的规定位置配置，如图 4-3-5 所示的主视图。如无法配置在基本视图位置时，可按投影关系配置在与剖切符号相对应的位置上，必要时允许配置在其他适当位置。

剖切面与零件接触的部分称为剖面区域，国家标准规定，剖面区域要画剖面符号，不同材料采用不同的剖面符号。剖面区域常用的剖面符号见表 4-3-1。

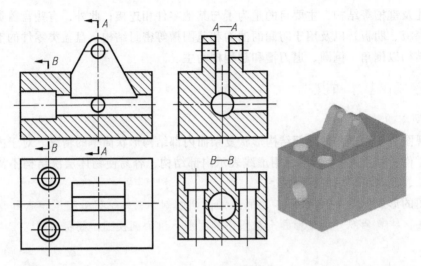

图 4-3-5　剖视图标注

表 4-3-1　剖面区域常用的剖面符号

| 材料类别 | 图例 | 材料类别 | 图例 |
|---|---|---|---|
| 金属材料（已有规定剖面符号的除外） | | 基础周围的泥土 | |
| 非金属材料 | | 网格 | |
| 线圈绕组元件 | | 液体 | |
| 木材纵断面 | | 木质胶合板 | |
| 转子、变压器和电抗器等的叠钢片 | | 砖 | |
| 玻璃等透明材料 | | 钢筋混凝土 | |
| 型砂、填砂、粉末冶金、陶瓷刀片、硬质合金刀片等 | | 混凝土 | |

　　金属材料的剖面线为与剖面区域的主要轮廓（或对称线）成45°（向左、向右倾斜均可）且间隔相等的细实线（剖面线），如图 4-3-6 所示。同一零件在各剖视图中剖面线的间距和方向应相同。必要时，剖面线也可画成与主要轮廓线成适当角度。

### 3. 剖视图画法

（1）确定剖切位置　通过观察分析零件内部结构，确定剖切位置。如图 4-3-7a 所示，剖切面平行于正投影面，并且是孔的前后对称面，这种情况下可以省略标注。剖切之后的剖面如图 4-3-7b 所示。

（2）绘制剖视图　如图 4-3-7c 所示，先画出剖切面与机件接触部分的大致轮廓，再绘制其余可见部分的投影，如图 4-3-7d 所示。

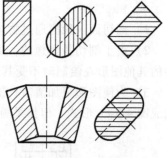

图 4-3-6　剖面线的画法

（3）标注剖视符号　画出剖面符号，并将可见轮廓线加深，必要时，标注剖切符号和剖视图名称，补全图线后检查完成作图，结果如图 4-3-7e 所示。

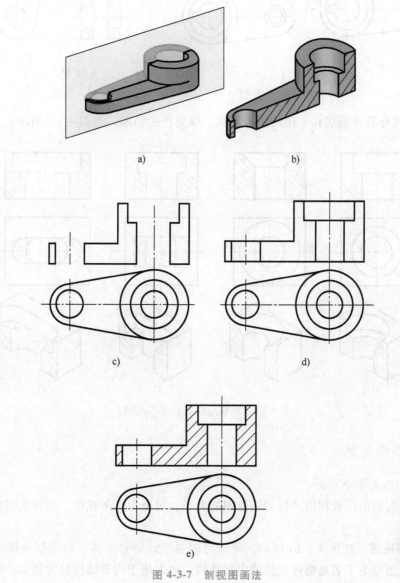

a)　　　　　　b)

c)　　　　　　d)

e)

图 4-3-7　剖视图画法

#### 4. 注意事项

1）剖切面一般应通过物体的对称平面或轴线，以免产生不完整的结构。

2）由于剖切是假想的，虽然零件的某个视图画成剖视图，但零件仍是完整的，因此零件的其他图形在绘制时不受其影响。

3）为使图形更加清晰，剖视图中应省略不必要的虚线，如图 4-3-8a 中的虚线可省略，画成图 4-3-8b 形式。但如果画出某一虚线有助于读图时，也可画出虚线，如图 4-3-8c 所示。

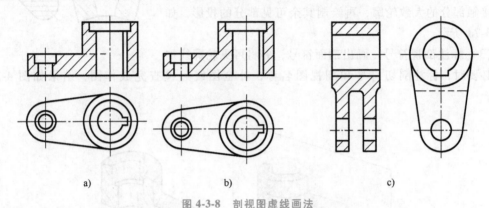

图 4-3-8　剖视图虚线画法

4）要仔细分析被剖切孔、槽的结构形状，以免产生错漏，如图 4-3-9 所示。

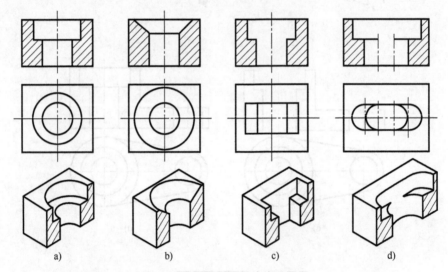

图 4-3-9　剖视图看到的线不漏画

### 三、剖视图分类

#### 1. 按剖切范围大小分类

剖视图的剖切面位置相同，按剖切范围的大小，可分为全剖视图、半剖视图和局部剖视图三种。

（1）全剖视图　如图 4-3-10 所示，用剖切面完全地剖开物体所得的剖视图，称为全剖视图。全剖视图是为了表达物体完整的内部结构，通常用于内部结构较为复杂，外部结构较

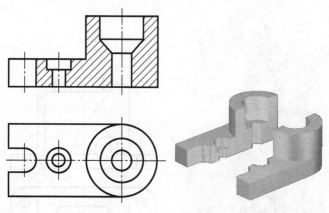

图 4-3-10　全剖视图

为简单且不对称的结构。

（2）半剖视图　如图 4-3-11 所示，当物体具有对称平面时，向垂直于对称平面的投影面上投射所得的图形，可以对称中心线为界，一半画成视图，另一半画成剖视图，这种剖切方式称为半剖视图。半剖视图主要用于内、外形状都需要表达的对称物体。

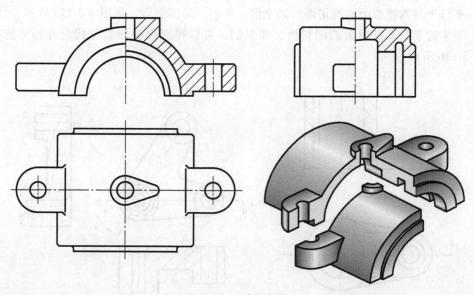

图 4-3-11　半剖视图

（3）局部剖视图　如图 4-3-12 所示，用假想剖切面局部地剖开物体，所得到的剖视图称为局部剖视图。局部剖视图主要用于表达物体的局部内部结构或不宜采用全剖视图或半剖视图的地方，如孔、槽等。

**2. 按剖切面分类**

由于零件结构形状差异很大，通常需要根据不同零件的结构特点，选择不同类型的剖切面，从而能够充分表达零件的结构形状。零件剖切面一般分为：单一剖切面、平行剖切面和相交剖切面。

（1）单一剖切面　单一剖切面即用一个平面（或柱面）剖切零件。分类如下：

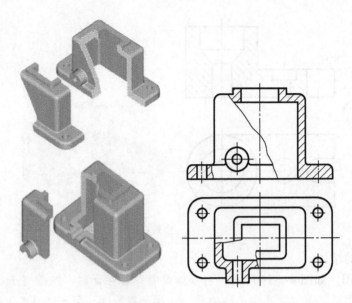

图 4-3-12  局部剖视图

① 平行于基本投影面的剖切面，如全剖、半剖、局部剖等，如图 4-3-13a 所示。

② 不平行于基本投影面的剖切面，即斜剖，可以得到反映倾斜结构内外部分的投影，如图 4-3-13b 所示。

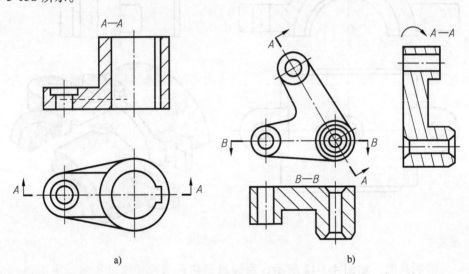

a)                              b)

图 4-3-13  单一剖切面

画剖视图时，应在剖视图上方标出剖视图的名称"×-×"，在相应的视图上标出剖切的位置、投射的方向并注上相同的字母，进行完整标注。如果是斜剖，剖视图一般放在箭头所指的方向，必要时也可以放在其他位置或加以摆正，摆正后的剖视图应该带旋转箭头标注。

（2）平行剖切面  平行剖切面指两个或两个以上平行的剖切面，分别通过不同的圆柱孔的轴线进行剖切，并且各剖切面的转折处必须是直角，又称阶梯剖。用于物体上有若干不在同一平面上而又需要表达的内部结构，如图 4-3-14 所示。

注意事项：

① 在剖切面的起、止和转折处，用大写字母及剖切符号标注，在起、止和转折处标明投射方向，相应视图要注明剖视图名称。

② 图形中不应出现不完整要素，如若出现，应适当调配剖切面位置。

③ 剖切面应以直角转折，在剖视图上不应画出该转折处的投影。

④ 如果两个要素在图形上有公共对称中心线或轴线时，可以各画一半，如图 4-3-15 所示。

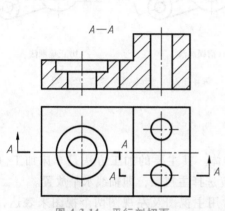

图 4-3-14　平行剖切面

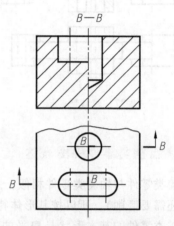

图 4-3-15　平行剖切面画法

（3）相交剖切面　采用两个或两个以上相交的剖切面将零件不同层次的内部结构同时剖开，然后将被剖切面剖开的结构及其有关部分旋转到与选定的基本投影平面平行再进行投射，这种剖切形式称为相交剖，又称旋转剖，如图 4-3-16 所示。

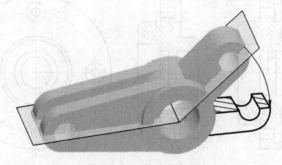

图 4-3-16　相交剖切面

注意事项：

① 两个剖切面的交线必须选择在机件回转结构的轴线上，并垂直于某一基本投影面。

② 绘图时，将被剖切面剖开的结构及有关部分旋转到与选定的投影面平行后，再进行投射，如图 4-3-17 所示。

③ 剖切面后面的其他结构，仍按原来的位置投影。剖切后如产生不完整要素时，此部分按不剖绘制，如图 4-3-18 所示。

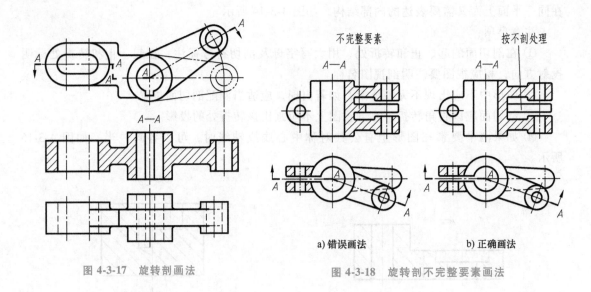

图 4-3-17　旋转剖画法

图 4-3-18　旋转剖不完整要素画法

a) 错误画法　　　　b) 正确画法

### 四、盘盖类零件视图表达

盘盖类零件与轴套类零件相似，多为同轴回转体。其主要的加工方法是车床加工（有的表面还需要磨削），所以按其形体特征和加工位置选择主视图，即轴线水平放置。

盘盖类零件的基本形状是扁平的盘状，一般常用主视图及左视图两个视图来表达，如图 4-3-19 所示。主视图采用全剖视图，以表达零件的内部结构，左视图则多用来表达其轴向外形（或盘上孔和槽的分布情况）。零件上其他的细小结构常采用局部视图、局部剖视图、断面图、局部放大图等作为补充。

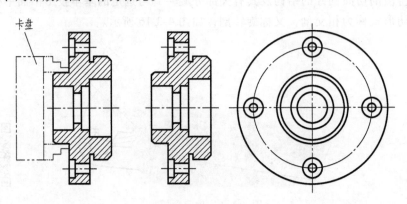

图 4-3-19　简单泵盖视图表达

当零件形状较复杂时，可以采用多视图。如图 4-3-20 所示，泵盖零件结构比较复杂，仅用两个视图不能清楚表达其结构，故采用了四个视图进行表达。与图 4-3-19 所示端盖视图不同，泵盖的主视图表达泵盖的端面形状和端面上螺栓孔、两个销孔的分布。左视图采用全剖视图表达泵盖上轴孔的内部结构。此外，还增加了全剖的俯视图，以及表达泵盖后部外形结构的后视图。

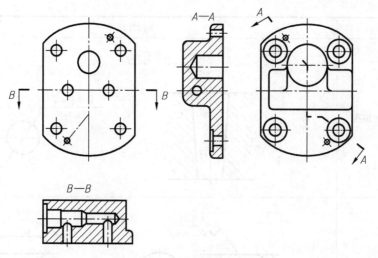

图 4-3-20　复杂泵盖视图表达

## 五、盘盖类零件的尺寸标注

盘盖类零件在标注尺寸时同样需要明确尺寸基准和定形尺寸、定位尺寸。盘盖类零件上常设计有螺纹孔、沉孔、光孔等各类孔结构，其尺寸注法见表4-3-2。

表 4-3-2　盘盖类零件上常见孔的尺寸注法

| 孔结构 | | 尺寸注法 |
|---|---|---|
| 螺纹孔 | 通孔 | 3×M6-7H　　3×M6-7H　　3×M6-7H |
| | 不通孔 | 3×M6-7H▽18　3×M6-7H▽18　3×M6-7H |
| 光孔 | 圆柱孔 | 3×φ6▽25　3×φ6▽25　3×φ6　25 |

（续）

| 孔结构 | | 尺寸注法 |
|---|---|---|
| 光孔 | 锥销孔 | 锥销孔φ4 配作      锥销孔φ4 配作 |
| 沉孔 | 锥形沉孔 | 4×φ6 ⌵φ12×90°    4×φ6 ⌵φ12×90°    90° φ12   4×φ6 |
| | 柱形沉孔 | 4×φ6 ⌴φ12▽5    4×φ6 ⌴φ12▽5    φ12   5   4×φ6 |

【课堂故事】

　　田忌经常与齐国众公子赛马，设重金赌注。孙膑发现他们的马分为上、中、下三等，于是对田忌说："现在用您的下等马对付他们的上等马，用您的上等马对付他们的中等马，用您的中等马对付他们的下等马。"孙膑充分考虑了马匹的优势和劣势，选择了最合适的方法赢得了比赛。同理，零件图的表达也需要考虑多种因素，不同的人可能会有不同的方案，我们需要找到最优方案，达到最好效果。这就要求同学们能够发现问题、分析问题、解决问题，培养自身的辩证思维观。

【课堂讨论】

　　在机械零件图的方案表达选择上，怎样才算表达合理呢？请同学们讨论一下。

## 任务计划与决策 （表 4-3-3）

表 4-3-3　工作任务计划与决策单

| 班级 | | 姓名 | | 学号 | |
|---|---|---|---|---|---|
| 组别 | | 任务名称 | | 4.3　绘制端盖零件图 | |
| 任务计划 | | | | | |
| 任务决策 | | | | | |

**任务实施**（表 4-3-4）

表 4-3-4　工作任务实施单

| 班级 | | 姓名 | | 学号 | |
|---|---|---|---|---|---|
| 组别 | | 任务名称 | | 4.3　绘制端盖零件图 | |

任务实施如下：

齿轮泵端盖如图所示,在了解端盖的结构特点基础上,根据零件测量尺寸选择合适的视图表达方案并绘制零件图,标注尺寸并注写技术要求。

（请准备 A4 图纸）

**任务评价**　（表 4-3-5）

表 4-3-5　工作任务评价单

| 班级 | | 姓名 | | 学号 | |
|---|---|---|---|---|---|
| 组别 | | 任务名称 | | 4.3　绘制端盖零件图 | |
| 序号 | 评价内容 | | 分数 | | 得分 |
| 1 | 课前准备（预习情况） | | 5 | | |
| 2 | 知识链接（完成情况） | | 10 | | |
| 3 | 任务计划与决策 | | 25 | | |
| 4 | 任务实施（图线、表达方案、图形布局） | | 25 | | |
| 5 | 绘图质量 | | 30 | | |
| 6 | 课堂表现 | | 5 | | |
| 总分 | | | 100 | | |
| 学习体会 | | | | | |

# 任务4　绘制泵体零件图

任务布置

　　泵体（图 4-4-1）是齿轮泵的主体，起到支承、定位、密封和保护内部机构的作用。其结构比较复杂，有腔体、安装孔、螺纹孔等，试分析泵体的结构特点并测量尺寸，选择合理的表达方案绘制零件图，标注尺寸并注写技术要求。

图 4-4-1　泵体

预备知识

## 一、箱体类零件结构特点

　　一般说来，箱体类零件多为铸件，起支承、容纳、定位和密封等作用。结构特点是：第一，内、外结构都比较复杂，壁薄且不均匀，内部为空腔；第二，加工部位多，加工难度大；第三，既有精度要求较高的平面和孔系，又有精度要求较低的紧固孔。箱体类零件将机器或部件中的轴、套件、齿轮等零件组合成一个整体，并保证各零件处于正确位置，按照一定的传动关系协调地传递运动或动力。

　　常见的箱体类零件有箱座、阀体、底座等，如图 4-4-2 所示。

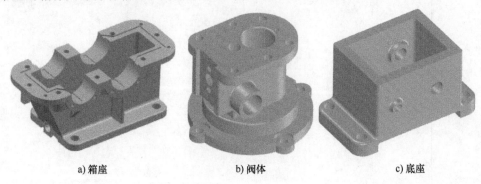

a) 箱座　　　　　　　　　　b) 阀体　　　　　　　　　　c) 底座

图 4-4-2　常见的箱体类零件

箱体类零件结构（图 4-4-3）按其不同作用通常分为四个部分：

1）支承部分。结构形状比较复杂，下部通常做成带有加强筋的空腔，壁上设有支承轴承用的轴承孔。

2）润滑部分。为使运动件得到良好的润滑，箱体类零件常设有储油池、注油孔、排油孔、油标孔以及各种油槽。

3）安装部分。为使箱体设计成封闭结构和使润滑油不致泄露，常在箱体零件上装上顶盖、侧盖以及轴承盖。因此，连接处要加工出连接配合孔、螺钉孔及安装平面。

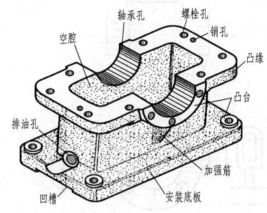

图 4-4-3　箱体类零件结构

4）加强部分。箱体受力较为薄弱的部分常用加强筋以增加其强度，对于较长的轴承孔，可在轴承孔外部设置加强筋。为了减少加工面积，可将箱体底板下部做成空腔，为使空腔具有足够的强度，可在中间部分设置加强筋。

## 二、局部视图和斜视图

箱体类零件，有的外部结构复杂，有的内部结构复杂，甚至有倾斜结构，当采用一定数量的基本视图后，零件仍有部分结构形状未表达清楚时，需要用到局部视图和斜视图。

### 1. 局部视图

将物体的某一部分向基本投影面投射所得的视图，称为局部视图。当物体在某个方向仅有部分形状需要表达，没有必要画出其他完整的基本视图时，可单独将这一部分的结构形状向基本投影面投射。

如图 4-4-4 所示的座体零件图，在画出主、俯两个基本视图后，座体两侧的凸台形状和左下侧的肋板厚度仍没有表达清楚。因此，需要画出表达该部分结构的局部视图 $A$ 和局部视图 $B$。

画局部视图时，一般在视图上方，用大写拉丁字母，如"$A$"，标注出视图的名称，在相应的视图附近用箭头指明投射方向，并注上相同的大写字母"$A$"，如图 4-4-4 所示。

局部视图可按基本视图的形式配置，也可按向视图的形式配置并标注。如图 4-4-5 所示，当局部视图按投影关系配置，且中间又没有其他图形隔开时，可省略标注。局部视图的断裂边界用波浪线表示。

当所表示的局部结构是完整的，外轮廓为封闭图形时，波浪线可以省略，如图 4-4-6 中右凸台的局部视图，其外轮廓为封闭图形，表达完整的结构，所以省略了波浪线。

### 2. 斜视图

斜视图是将物体向不平行于基本投影面投射所得的视图。斜视图通常用来表达物体倾斜结构的形状。断裂边界用波浪线（或双折线）表示，如果表示的倾斜结构是完整且外形轮廓线封闭时，波浪线可省略不画。

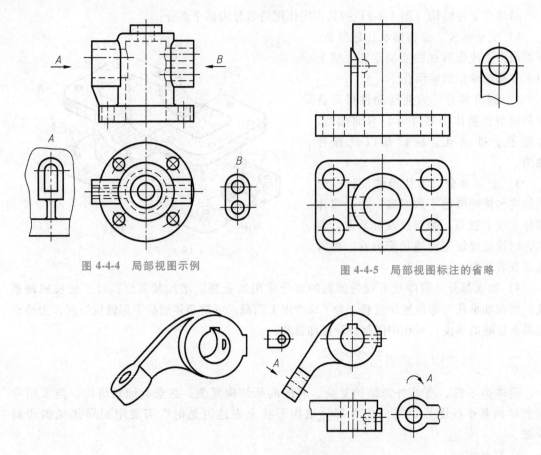

图 4-4-4  局部视图示例

图 4-4-5  局部视图标注的省略

图 4-4-6  外轮廓封闭的局部视图

绘图时，必须在斜视图的上方标视图的名称"×"，在相应的视图附近用箭头指明投射方向，并注上同样的大写拉丁字母。通常斜视图按投影关系配置，必要时也可画在其他适当的位置，在不致引起误解时，允许将图形旋转，旋转符号是半径等于字高的半圆弧，箭头指向应与图形实际旋转方向一致，且箭头应靠近字母，当需要标注旋转角度时，可将旋转角度注写在名称字母后，斜视图示例如图 4-4-7 所示。

### 三、零件铸造工艺结构

泵体毛坯多为铸件，只有部分表面经过机械加工。因此，此类零件具有许多铸造工艺结构，如铸件壁厚、起模斜度等。

**1. 起模斜度**

如图 4-4-8 所示，在铸造零

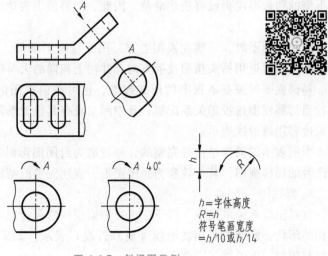

$h$=字体高度
$R$=$h$
符号笔画宽度
=$h/10$ 或 $h/14$

图 4-4-7  斜视图示例

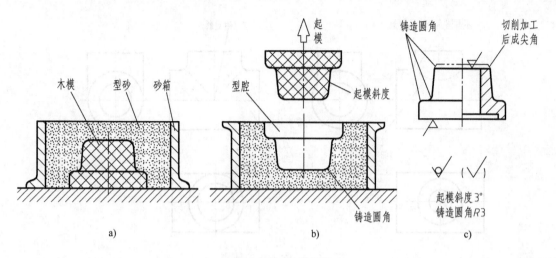

图 4-4-8　起模斜度

件毛坯时，为便于将模型从砂型中取出，常在铸件壁上沿起模方向设计出一定斜度（通常为 1∶20~1∶10），为 3°~5°，称为**起模斜度**。起模斜度在零件图中不标注，也可以省略不画。

**2. 铸造圆角**

在铸造过程中，为防止铸件交角处产生粘砂、缩孔以及由于应力集中而产生裂纹等缺陷，对相交壁的交角要做成圆弧过渡，该圆弧称为**铸造圆角**，如图 4-4-8b、c 所示。铸造圆角半径必须与铸件的壁厚相适应，一般为 $R2~R5$。铸造圆角半径尺寸可集中标注在技术要求中，如"未注铸造圆角为 $R2~R5$"。

**3. 铸件壁厚**

为了避免浇铸后由于壁厚不均匀而使铸件出现缩孔、裂纹等缺陷，应尽可能使铸件各处壁厚均匀或逐渐过渡，如图 4-4-9 所示。

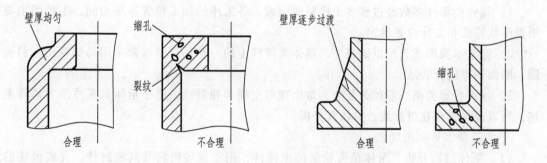

图 4-4-9　铸件壁厚

**4. 过渡线**

由于铸造圆角的存在，零件上表面的交线就显得不明显。为了区分不同的表面，在零件图中仍画出两表面的交线，称为过渡线。**可见过渡线用细实线来表示。**过渡线的画法与相贯线画法相同，只是其端点不与其他轮廓线相接触，如图 4-4-10 所示。

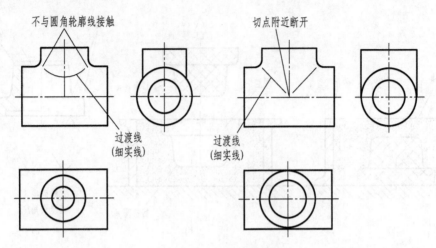

图 4-4-10 过渡线的画法

### 四、箱体类零件视图表达

**1. 表达方案的选择原则**

绘制箱体类零件图时应首先考虑读图方便。在完整、清晰地表达出零件的内、外结构形状的前提下，力求绘图简便。箱体类零件通常采用三个或三个以上的基本视图才能将其主要结构形状表示清楚。根据具体结构特点可选用半剖、全剖或局部剖视图，并辅以斜视图、局部视图等表达方法。

（1）主视图的选择原则　以工作位置、自然安放位置和最能反映各组成部分形状特征及相对位置的方向作为主视图的投射方向。

（2）其他视图的选择原则　主视图确定后，根据零件的具体情况，合理、恰当地选择其他视图。在完整、清晰地表达零件内、外结构形状的前提下，应尽量减少视图数量。

**2. 箱体类零件视图的选择**

1）箱体类零件多数经过较多工序制造而成，各工序的加工位置不尽相同，主视图主要根据形状特征和工作位置确定。

2）除基本视图适当配以剖视外，箱体类零件上的一些局部结构常采用局部视图、斜视图、断面图等进行表达。

3）视图投影关系一般较为复杂，常出现截交线和相贯线；由于箱体类零件多为铸件毛坯，所以经常会存在过渡线，要认真分析。

**3. 齿轮泵泵体视图表达**

（1）泵体结构分析　泵体是齿轮泵的主体件，用于盛装齿轮及其密封件。安装齿轮的空腔及其外部结构是长圆柱体，空腔前面的边缘上有六个螺纹孔和两个销孔，用于泵盖的固定和定位，空腔左右两侧加工了进、出油口。底板的结构为长方体，为了减少接触面积，底部挖了一个凹槽，底板上有两个安装用的安装孔。

（2）确定主视图的投射方向及表达方法　主视图反映了泵体的主要结构特征，且与它的工作位置一致，即底板放平，并以反映其各组成部分形状特征及相对位置最明显的方向作为主视图的投射方向，如图 4-4-11 所示。在主视图上对进、出油口作了局部剖视，表达了壳体的结构形状及齿轮腔与进、出油口在长、高方向的相对位置。除此而外，通过一个局部剖视图表达安装孔的结构。

（3）其他视图的选择及表达方法　主视图确定后，根据齿轮泵体结构特征补充其他视图。

分析除主视图所示结构外其他尚未表达清楚的主要部分，确定相应的基本视图。为了表达泵体主体部分的内部结构特征，采用全剖的左视图。

分析其他没有表达清楚的次要部分，并通过选择适当的表达方法或增加其他视图加以补充。为了表达底板的形状及两个安装孔的位置，采用局部视图 B。

齿轮泵体完整的视图表达如图 4-4-12 所示。

图 4-4-11　主视图的投射方向

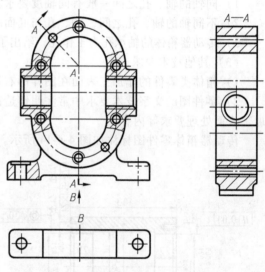

图 4-4-12　齿轮泵体完整的视图表达

## 五、箱体类零件尺寸标注及技术要求

例 1：以图 4-4-13 所示的传动器箱体为例，说明箱体类零件尺寸标注的方法与步骤。

### 1. 尺寸标注

（1）确定尺寸基准　长度方向的主要尺寸基准为左右对称面。宽度方向的尺寸基准为前后对称面。高度方向的尺寸基准为箱体的底面。

（2）尺寸标注步骤　根据尺寸基准，按照形体分析法标注定形尺寸、定位尺寸及总体尺寸，步骤如下：

1）标注空心圆柱的尺寸。

2）标注底板的尺寸。

3）标注长方体内腔和肋板的尺寸。

4）检查有无遗漏和重复标注的尺寸。

箱体类零件结构复杂，定位尺寸较多，

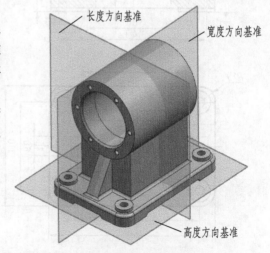

图 4-4-13　传动器箱体

各孔轴线或中心线间的距离要直接标出。然后按照形体分析法标注定形尺寸、定位尺寸及总体尺寸。内外结构尺寸应尽量分开标注。

**2. 技术要求标注**

（1）极限与配合、表面粗糙度

1）箱体类零件中轴承孔、结合面、销孔等结构的表面粗糙度要求较高，其余加工面要求较低。

2）轴承孔的中心距、孔径以及一些有配合要求的表面、定位端面一般有尺寸精度的要求。

3）轴承孔为工作孔，表面粗糙度 $Ra$ 一般为 $1.6\mu m$，要求最高。

（2）几何公差

1）同轴的轴、孔之间一般有同轴度要求。

2）不同轴的轴、孔之间，轴、孔与底面间一般有平行度要求。

3）传动器箱体的轴承孔为工作孔，给出了同轴度、平行度、圆柱度三项几何公差要求。

（3）其他技术要求

1）箱体类零件的非加工表面在图样的右下角标注表面粗糙度要求。

2）零件图的文字技术要求中常注明铸造圆角尺寸、零件的热处理或时效处理要求和非加工表面处理要求等内容。

传动器箱体零件图标注如图 4-4-14 所示。

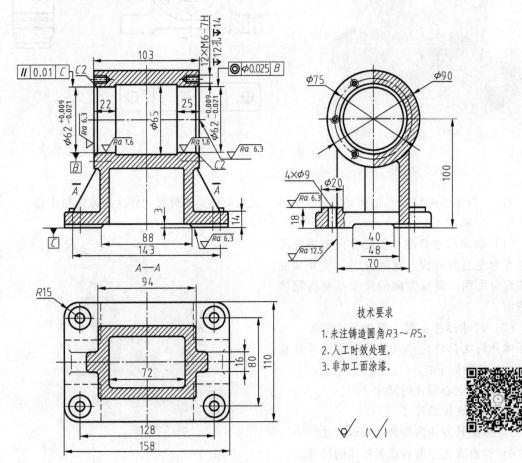

图 4-4-14 传动器箱体零件图标注

【课堂故事】

　　数学家华罗庚，从小对数学抱有浓烈兴趣，攻克数学难题是他最大的乐趣。白天，走路时都在思索着解题方法，甚至养成了熄灯后也要思考的习惯，最终，他提出的理论被数学界命名为"华氏定理"。希望同学们也能将兴趣和知识融合起来，不畏困难、持之以恒，在未来的工作岗位上获得成就。

【课堂讨论】

　　箱体零件图绘制较为复杂，所以在绘制过程中，需要一定的毅力和专注力。同学们可以思考一下，面对复杂的机械零件，应该通过什么手段查找资料？如何制定绘图方案？绘图过程中应该注意些什么？

## 任务计划与决策　（表 4-4-1）

表 4-4-1　工作任务计划与决策单

| 班级 | | 姓名 | | 学号 | |
|---|---|---|---|---|---|
| 组别 | | 任务名称 | | 4.4　绘制泵体零件图 | |
| 任务计划 | | | | | |
| 任务决策 | | | | | |

**任务实施** （表4-4-2）

表4-4-2　工作任务实施单

| 班级 | | 姓名 | | 学号 | |
|---|---|---|---|---|---|
| 组别 | | 任务名称 | 4.4　绘制泵体零件图 | | |

任务实施如下：

如图所示,在了解泵体结构特点基础上,根据零件测量尺寸选择合适的视图表达方案并绘制零件图,标注尺寸并注写技术要求。

（请准备 A4 图纸）

**任务评价**　（表 4-4-3）

表 4-4-3　工作任务评价单

| 班级 | | 姓名 | | 学号 | |
|---|---|---|---|---|---|
| 组别 | | 任务名称 | | 4.4　绘制泵体零件图 | |
| 序号 | 评价内容 | | 分数 | | 得分 |
| 1 | 课前准备（预习情况） | | 5 | | |
| 2 | 知识链接（完成情况） | | 10 | | |
| 3 | 任务计划与决策 | | 25 | | |
| 4 | 任务实施（图线、表达方案、图形布局） | | 25 | | |
| 5 | 绘图质量 | | 30 | | |
| 6 | 课堂表现 | | 5 | | |
| | 总分 | | 100 | | |
| 学习体会 | | | | | |

## 任务 5　绘制螺纹连接件图

### 任务布置

图 4-5-1 所示为齿轮泵中两种螺纹连接：螺栓连接和螺钉连接，请按规定画法绘制其连接图。

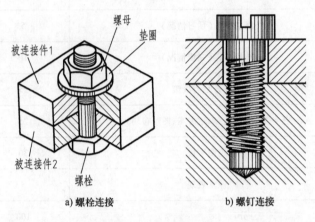

a) 螺栓连接　　　b) 螺钉连接

图 4-5-1　两种螺纹连接

### 预备知识

#### 一、标准件与常用件

机械设备经常用螺栓等标准件实现零件的装配。标准件指结构、尺寸规格、技术要求等实现标准化的零件或零件组，我国国家标准化管理委员会对每一种标准件都规定了对应编号，以方便制造和使用。常见的标准件和常用件有螺母、螺钉、键、销、滚动轴承、齿轮和弹簧等，如图 4-5-2 所示。

螺栓　　　　螺钉　　　　螺母　　　　销　　　　键

垫圈　　　　弹簧　　　　齿轮　　　　滚动轴承

图 4-5-2　常见的标准件和常用件

## 二、螺纹的形成

螺纹是在圆柱或圆锥表面上，具有相同牙型、沿螺旋线连续凸起的牙体。在零件外表面所形成的螺纹称为外螺纹，在零件内表面所形成的螺纹称为内螺纹。

圆柱面上一点绕圆柱的轴线做等速旋转运动的同时，又沿一条直线做等速直线运动，这种复合运动的轨迹就是螺旋线。各种螺纹都是根据螺旋线原理加工而成的，螺纹加工大部分采用机械化批量生产。图 4-5-3 所示为车削内、外螺纹。

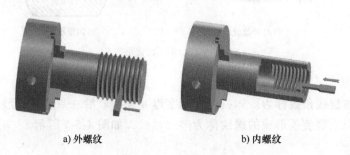

a) 外螺纹　　　　　　　　　　b) 内螺纹

图 4-5-3　车削螺纹

## 三、螺纹的基本要素

螺纹的基本要素包括牙型、直径（大径、小径、中径）、螺距（导程）、线数和旋向等。

### 1. 螺纹牙型

在螺纹轴线平面内的螺纹轮廓形状称为螺纹牙型。常见的螺纹牙型有三角形、梯形、锯齿形和矩形等。常见螺纹的牙型见表 4-5-1。

表 4-5-1　常见螺纹的牙型

| 常见螺纹 | 普通螺纹（M） | 管螺纹（G） | 梯形螺纹（Tr） | 锯齿形螺纹（B） | 矩形螺纹 |
|---|---|---|---|---|---|
| 牙型 | $P$ 60° | $P$ 55° $R$ $R$ | $P$ 30° | $P$ 30° 3° | $P$ $P/2$ |

### 2. 螺纹的直径（图 4-5-4）

1）大径 $d$、$D$。与外螺纹的牙顶或内螺纹的牙底相切的假想圆柱或圆锥的直径。内螺纹的大径用大写字母 $D$ 表示，外螺纹的大径用小写字母 $d$ 表示。

2）小径 $d_1$、$D_1$。与外螺纹的牙底或内螺纹的牙顶相切的假想圆柱或圆锥的直径。内螺纹的小径用大写字母 $D_1$ 表示，外螺纹的小径用小写字母 $d_1$ 表示。

3）中径 $d_2$、$D_2$：一个假想的圆柱或圆锥直径，该圆柱或圆锥的母线通过牙型上沟槽和凸起宽度相等的地方。内螺纹的中径用大写字母 $D_2$ 表示，外螺纹的中径用小写字母 $d_2$ 表示。

4）公称直径：代表螺纹尺寸的直径，指螺纹大径的公称尺寸。

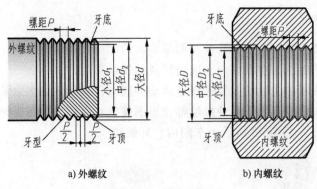

图 4-5-4　螺纹的直径

### 3. 螺纹的线数

形成螺纹的螺旋线条数称为线数，线数用字母 $n$ 表示。沿一条螺旋线形成的螺纹称为单线螺纹，沿两条以上螺旋线形成的螺纹称为多线螺纹，如图 4-5-5 所示。

### 4. 螺距和导程

相邻两牙在中径线上对应两点间的轴向距离称为螺距，螺距用字母 $P$ 表示。同一螺旋线上的相邻两牙在中径线上对应两点间的轴向距离称为导程，导程用 $P_h$ 表示。线数 $n$、螺距 $P$ 和导程 $P_h$ 之间的关系为

$$P_h = Pn$$

### 5. 旋向

螺纹分为左旋螺纹和右旋螺纹两种。顺时针旋转时旋入的螺纹是右旋螺纹（图 4-5-6b）；逆时针旋转时旋入的螺纹是左旋螺纹（图 4-5-6a）。内、外螺纹连接时，以上要素须相同，才可旋合在一起。工程上常用右旋螺纹，导程角一般为 14°。

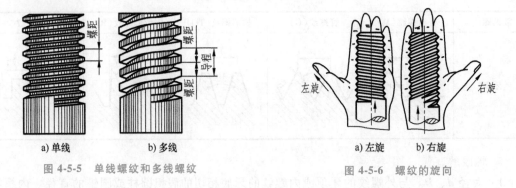

图 4-5-5　单线螺纹和多线螺纹　　　　　图 4-5-6　螺纹的旋向

## 四、螺纹的规定画法

### 1. 螺纹的规定画法

螺纹一般不按真实投影作图，而是采用机械制图国家标准规定的画法以简化作图过程。国家标准对螺纹画法要求如下：

1）牙顶线用粗实线表示（外螺纹的大径线，内螺纹的小径线）。

2）牙底线用细实线表示（外螺纹的小径线，内螺纹的大径线）。

3）螺纹终止线用粗实线表示。

4）在投影为圆的视图上，表示牙底的细实线圆只画约 3/4 圈，倒角圆不画。

5）不论是内螺纹还是外螺纹，其剖视图或断面图上的剖面线都必须画到粗实线。

**2. 外螺纹的画法**

外螺纹的大径用粗实线表示，小径用细实线表示，螺纹小径按大径的 0.85 倍绘制。在不反映圆的视图中，小径的细实线应画入倒角内，螺纹终止线用粗实线表示，如图 4-5-7a 所示。当需要表示螺纹收尾时，螺纹尾部的小径用与轴线成 30° 的细实线绘制，如图 4-5-7b 所示。剖视图中的螺纹终止线和剖面线画法，如图 4-5-7c 所示。在反映圆的视图中，表示小径的细实线圆只画约 3/4 圈，螺杆端面上的倒角圆省略不画，如图 4-5-7 所示。

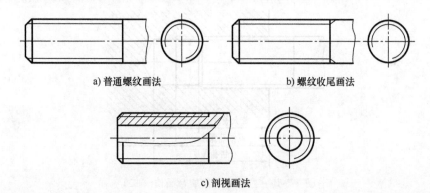

a) 普通螺纹画法　　　　　　b) 螺纹收尾画法

c) 剖视画法

图 4-5-7　外螺纹的画法

**3. 内螺纹的画法**

内螺纹通常采用剖视图表达，在不反映圆的视图中，大径用细实线表示，小径和螺纹终止线用粗实线表示，且小径取大径的 0.85 倍，注意：剖面线应画到粗实线。若是盲孔，终止线到孔的末端的距离可按 0.5 倍大径绘制。在反映圆的视图中，大径用约 3/4 圈的细实线圆弧绘制，孔口倒角圆不画，如图 4-5-8a 所示。当螺纹孔相交时，其相贯线的画法如图 4-5-8b 所示。

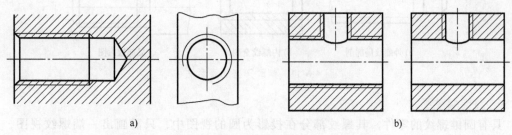

a)　　　　　　　　　　　　　　　b)

图 4-5-8　内螺纹的画法

**4. 内、外螺纹旋合的画法**

只有当内、外螺纹的五项基本要素相同时，内、外螺纹才能进行连接。用剖视图表示螺纹连接时，旋合部分按外螺纹的画法绘制，未旋合部分按各自原有的画法绘制，如图 4-5-9 和图 4-5-10 所示。画图时必须注意：表示内、外螺纹大径的细实线和粗实线，以及表示内、外螺纹小径的粗实线和细实线应分别对齐。在剖切面通过螺纹轴线的剖视图中，实心螺杆按不剖绘制。

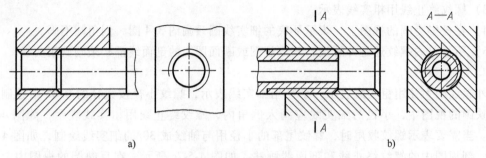

图 4-5-9 内、外螺纹旋合画法（一）

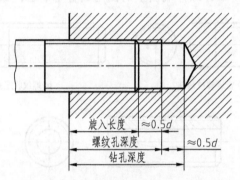

图 4-5-10 内、外螺纹旋合画法（二）

**5. 螺纹牙型的表示法**

螺纹的牙型一般不需要在图形中画出，当需要表示螺纹的牙型时，可按图 4-5-11 所示的形式绘制。

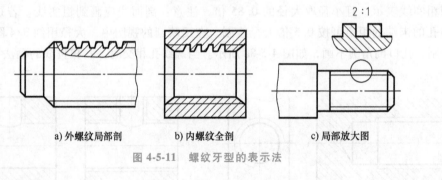

a) 外螺纹局部剖　　　　b) 内螺纹全剖　　　　c) 局部放大图

图 4-5-11 螺纹牙型的表示法

**6. 圆锥螺纹画法**

具有圆锥螺纹的零件，其螺纹部分在投影为圆的视图中，只需画出一端螺纹视图，如图 4-5-12 所示。

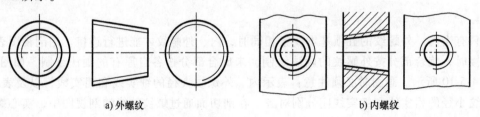

a) 外螺纹　　　　　　　　　　　　　　b) 内螺纹

图 4-5-12 圆锥螺纹的画法

### 五、螺纹的标注

由于螺纹的规定画法不能表达出螺纹的种类和螺纹的要素，因此，在图中对标准螺纹需要进行正确的标注。

**1. 普通螺纹**

普通螺纹用尺寸标注形式注在内、外螺纹的大径上，普通螺纹标注示例如图 4-5-13 所示，具体项目和格式如下：

| 螺纹特征代号 | 公称直径 | ×Ph 导程 P 螺距 | -公差带代号 | -旋合长度代号 | -旋向代号 |

这里需要特别强调的是：

1）普通螺纹的螺纹代号用字母"M"表示。

2）普通粗牙螺纹不必标注螺距，普通细牙螺纹必须标注螺距。

3）公称直径、导程和螺距数值的单位为 mm。

4）右旋螺纹不必标注，左旋螺纹应标注字母"LH"。

5）普通螺纹的旋合长度分为短、中、长三组，其代号分别是 S、N、L。若是中等旋合长度，其旋合长度代号 N 可省略。

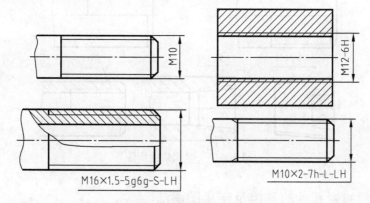

图 4-5-13　普通螺纹标注示例

**2. 传动螺纹**

传动螺纹主要指梯形螺纹和锯齿形螺纹，它们也用尺寸标注形式，注在内外螺纹的大径上，传动螺纹标注示例如图 4-5-14 所示。梯形螺纹标注具体项目和格式如下：

| 螺纹特征代号 | 公称直径 | ×导程 P 螺距 | -公差带代号 | -旋合长度代号 | -旋向代号 |

锯齿形螺纹标注具体项目和格式如下：

| 螺纹特征代号 | 公称直径 | ×导程（P 螺距）旋向 | -中径公差带代号 | -旋合长度代号 |

这里需要特别强调的是（图 4-5-14）：

1）梯形螺纹的特征代号用字母"Tr"表示，锯齿形螺纹的特征代号用字母"B"表示。

2）多线螺纹标注导程与螺距，单线螺纹只标注螺距。

3）右旋螺纹不标注代号，左旋螺纹标注字母"LH"。

4）传动螺纹只注中径公差带代号。

5）旋合长度只注"S"（短）、"L"（长），中等旋合长度代号"N"省略标注。

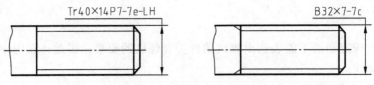

图 4-5-14　传动螺纹标注示例

### 3. 管螺纹

管螺纹的标记必须标注在大径的引出线上。常用的管螺纹分为 55°密封管螺纹和 55°非密封管螺纹。这里要注意，管螺纹的尺寸代号并不是指螺纹大径，也不是管螺纹本身任何一个直径，其大径和小径等参数可从有关标准中查出。管螺纹的标注如图 4-5-15 所示，具体项目和格式如下：

55°密封管螺纹代号：　螺纹特征代号　尺寸代号　旋向代号

55°非密封管螺纹代号：　螺纹特征代号　尺寸代号　公差等级代号 - 旋向代号

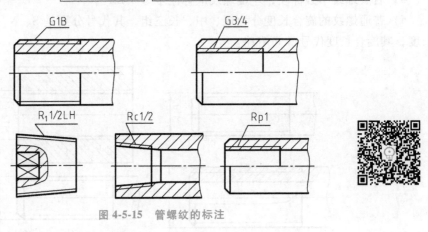

图 4-5-15　管螺纹的标注

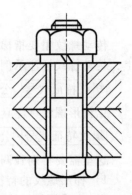

## 六、常用螺纹紧固件的种类及连接图画法

常用的螺纹紧固件有：螺栓、双头螺柱、螺钉、螺母和垫圈。它们的结构、尺寸都已经标准化。使用或绘图时，可以从相应标准中查到所需的结构尺寸，并用简化画法绘制出它们的装配图。

### 1. 螺栓连接

螺栓与垫圈、螺母配合，用来连接两个不太厚并能钻成通孔的零件，如图 4-5-16 所示。

（1）螺栓连接中的紧固件画法　螺栓连接的紧固件包括：螺栓、螺母和垫圈。紧固件一般用比例画法绘制，即以螺栓上螺纹的公称直径为主要参数，其余各部分结构尺寸均按与公称直径成一定比例关系的方式绘制，如图 4-5-17 所示。

图 4-5-16　螺栓连接组件

（2）螺栓连接的画法（图 4-5-18）　用比例画法绘制螺栓连接的装配图时，应注意以下几点：

1）两零件的接触表面只画一条粗实线，并不得加粗。凡不接触的表面，不论间隙大

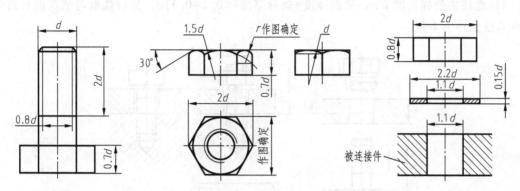

图 4-5-17　螺栓、螺母、垫圈的比例画法

小，都应画出间隙（如螺栓和孔之间应画出间隙）。

2）剖切面通过螺栓轴线时，螺栓、螺母、垫圈可按不剖绘制，仍画外形。必要时，可采用局部剖视。

3）两零件接触时，不同零件的剖面线方向应相反，或者方向一致而间隔不等。

4）螺栓长度 $L \geqslant t_1 + t_2 +$ 垫圈厚度 + 螺母厚度 $+ (0.2 \sim 0.3) d$，根据该式的估算值，然后选取与估算值相近的标准长度值作为螺栓长度 $L$ 值。

5）被连接件上加工的螺栓孔直径应稍大于螺栓直径，取 $1.1d$。

**2. 螺柱连接**

当两个被连接件中有一个很厚，或者不适合用螺栓连接时，常用双头螺柱连接。双头螺柱两端均需加工有螺纹，一端与被连接件旋合，另一端与螺母旋合，如图 4-5-19 所示。

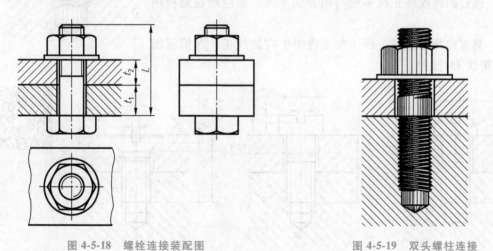

图 4-5-18　螺栓连接装配图　　　　　　　　图 4-5-19　双头螺柱连接

用比例画法绘制双头螺柱的装配图时应注意以下几点：

1）旋入端的螺纹终止线应与结合面平齐，表示旋入端已经拧紧。

2）旋入端的长度 $b_m$ 要根据被旋入件的材料而定，被旋入端的材料为钢时，$b_m = 1d$；被旋入端的材料为铸铁或铜时，$b_m = 1.25d \sim 1.5d$；被连接件为铝合金等轻金属时，取 $b_m = 2d$。

3）旋入端的螺纹孔深度取 $b_m + 0.5d$，钻孔深度取 $b_m + d$，如图 4-5-20 所示。

4）螺柱的公称长度 $L \geqslant t +$ 垫圈厚度 + 螺母厚度 + $(0.2 \sim 0.3)d$，然后选取与估算值相近的标准长度值作为 $L$ 值。

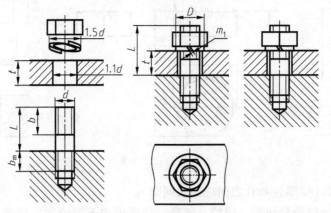

图 4-5-20 双头螺柱连接图

**3. 螺钉连接**

螺钉连接一般用于受力不大，且又不需要经常拆卸的场合，如图 4-5-21 所示。

用比例画法绘制螺钉连接，其旋入端与螺柱相同，被连接板的孔部画法与螺栓相同，被连接板的孔径取 $1.1d$。螺钉的有效长度 $L = t + b_m$，并根据标准校正。螺钉连接示例如图 4-5-22 所示，画图时注意以下两点：

1）螺钉的螺纹终止线不能与结合面平齐，而应画在盖板的范围内。

2）具有沟槽的螺钉头部，在主视图中应被放正，在俯视图中规定画成 45°倾斜。

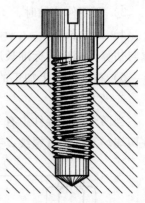

图 4-5-21 螺钉连接

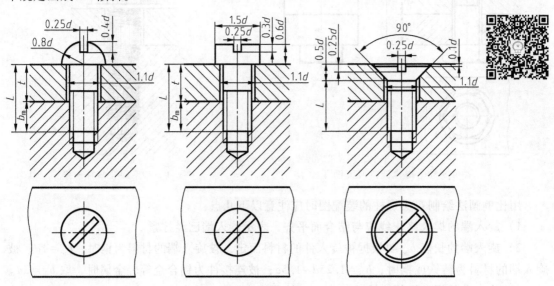

图 4-5-22 螺钉连接示例

【课堂故事】

　　雷锋同志短暂的一生其实没有什么轰轰烈烈的大事迹，但是他能在自己平凡的岗位上做好每一项工作，尽职尽责地完成自己的任务，努力钻研更高的科学技术，成为一颗永不松劲的"螺丝钉"。我们当代大学生也要用实际行动诠释"干一行爱一行、专一行精一行"的螺丝钉精神，以精益求精的干劲、功成不必在我的作风和勇挑大梁的担当精神，做新时代的一颗"螺丝钉"。

【课堂讨论】

　　"螺丝钉"看似普通，但是它对整台机器的正常运转起到不可或缺的重要作用。请同学们思考，画法相同，但形状不同的螺纹要如何区分呢？

## 任务计划与决策 （表 4-5-2）

表 4-5-2　工作任务计划与决策单

| 班级 | | 姓名 | | 学号 | |
|---|---|---|---|---|---|
| 组别 | | 任务名称 | | 4.5　绘制螺纹连接件图 | |
| 任务计划 | | | | | |
| 任务决策 | | | | | |

**任务实施** （表 4-5-3）

表 4-5-3　工作任务实施单

| 班级 | | 姓名 | | 学号 | |
|---|---|---|---|---|---|
| 组别 | | 任务名称 | | 4.5　绘制螺纹连接件图 | |

任务实施如下：

如图所示为齿轮泵中两种螺纹连接：螺栓连接和螺钉连接，请按规定画法绘制其连接图。

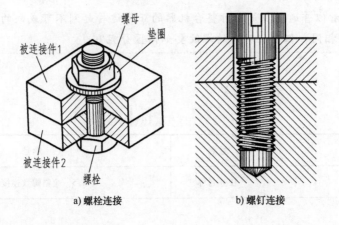

a) 螺栓连接　　　　　b) 螺钉连接

**任务评价**（表 4-5-4）

表 4-5-4　工作任务评价单

| 班级 | | 姓名 | | 学号 | |
|---|---|---|---|---|---|
| 组别 | | 任务名称 | | 4.5　绘制螺纹连接件图 | |
| 序号 | | 评价内容 | | 分数 | 得分 |
| 1 | | 课前准备（预习情况） | | 5 | |
| 2 | | 知识链接（完成情况） | | 10 | |
| 3 | | 任务计划与决策 | | 25 | |
| 4 | | 任务实施（图线、表达方案、图形布局） | | 25 | |
| 5 | | 绘图质量 | | 30 | |
| 6 | | 课堂表现 | | 5 | |
| 总分 | | | | 100 | |

| 学习体会 | |
|---|---|
| | |

## 任务6 绘制圆柱齿轮零件图

**任务布置**

图 4-6-1 所示为圆柱齿轮。其齿顶圆直径为 244.4mm，齿数为 96，分析齿轮的各几何要素，通过计算得出相应尺寸，绘制齿轮零件图，并标注尺寸，注写技术要求。已测量数据如下：齿轮宽度（$b=60$mm）、中心轴孔尺寸（$D=58$mm）、键槽尺寸（宽 16mm，槽顶至孔底 62.3mm）、辐板尺寸（厚度 10mm、圆孔直径 $\phi35$mm、中心距 $\phi150$mm）。

图 4-6-1 圆柱齿轮

**预备知识**

### 一、常见的齿轮传动形式

齿轮是机械中应用广泛的传动件，必须成对使用，从而传递运动或改变运动形式。通过齿轮啮合，可将一根轴的动力及旋转运动传递给另一根轴，也可以改变转速和旋转方向。由两个啮合的齿轮组成的基本机构，称为齿轮副。

常见的齿轮传动如图 4-6-2 所示。

a) 圆柱齿轮啮合                    b) 锥齿轮啮合

图 4-6-2 常见的齿轮传动

### 二、直齿圆柱齿轮各部分名称及几何要素代号 （GB/T 3374.1—2010）

直齿圆柱齿轮各部分名称及几何要素代号如图 4-6-3 所示。

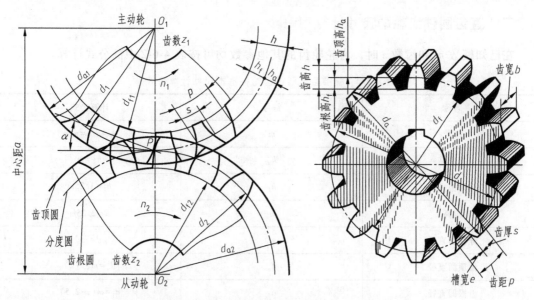

图 4-6-3　直齿圆柱齿轮各部分名称及几何要素代号

1）齿数 $z$：一个齿轮的轮齿总数，一般齿轮的齿数不少于 17 个。

2）齿顶圆直径 $d_a$：通过齿顶的圆柱面直径。

3）齿根圆直径 $d_f$：通过齿根的圆柱面直径。

4）分度圆直径 $d$：是齿轮设计和加工时的重要参数。分度圆是一个假想的圆，在该圆上齿厚 $s$ 和槽宽 $e$ 相等，它的直径称为分度圆直径。

5）齿高 $h$：齿顶圆与齿根圆之间的径向距离。

6）齿顶高 $h_a$：齿顶圆与分度圆之间的径向距离。

7）齿根高 $h_f$：齿根圆与分度圆之间的径向距离。

8）齿距 $p$：在任意给定的方向上规定的两个相邻的同侧齿廓相同间隔的尺寸。

9）齿厚 $s$：背锥面上一个轮齿的两侧齿廓之间的分度圆弧长。

10）槽宽 $e$：一个齿槽两侧齿廓之间的分度圆弧长。

11）模数 $m$。由于分度圆的周长 $\pi d = pz$，所以 $d = pz/\pi$，令 $m = \dfrac{p}{\pi}$，则 $d = mz$，$m$ 称为齿轮的模数。模数以 mm 为单位，它是齿轮设计和制造的重要参数。模数越大，齿轮就越大，在相同条件下的承载能力就越高。两对相互啮合的齿轮其模数必须相等。标准模数系列见表 4-6-1。

表 4-6-1　标准模数系列（摘自 GB/T 1357—2008）

| 第一系列 | 1,1.25,1.5,2,2.5,3,4,5,6,8,10,12,16,20,25,32,40,50 |
| --- | --- |
| 第二系列 | 1.125,1.375,1.75,2.25,2.75,3.5,4.5,5.5,(6.5),7,9,11,14,18,22,28,36,45 |

12）压力角 $\alpha$。相互啮合的一对齿轮，其受力方向（齿廓曲线的公法线方向）与运动方向之间所夹的锐角，称为压力角。同一齿廓不同点上的压力角是不同的，在分度圆上的压力角，称为标准压力角。国家标准规定，标准压力角为 20°。

13）中心距 $a$：两啮合齿轮轴线之间的距离。

### 三、直齿圆柱齿轮的尺寸计算

在已知模数 $m$ 和齿数 $z$ 时，齿轮轮齿的其他参数均可按表 4-6-2 中的公式计算。

表 4-6-2　标准直齿圆柱齿轮各基本尺寸计算公式

| 名称 | 符号 | 计算公式 |
|---|---|---|
| 模数 | $m$ | $m = d/z = p/\pi$ |
| 齿顶高 | $h_a$ | $h_a = m$ |
| 齿根高 | $h_f$ | $h_f = 1.25m$ |
| 齿高 | $h$ | $h = 2.25m$ |
| 分度圆直径 | $d$ | $d = mz$ |
| 齿顶圆直径 | $d_a$ | $d_a = m(z+2)$ |
| 齿根圆直径 | $d_f$ | $d_f = m(z-2.5)$ |
| 中心距 | $a$ | $a = m(z_1+z_2)/2$ |

### 四、直齿圆柱齿轮的画法

#### 1. 单个直齿圆柱齿轮的画法

单个直齿圆柱齿轮一般用两个视图表达，可以采用剖视或不剖来画，如图 4-6-4 所示。

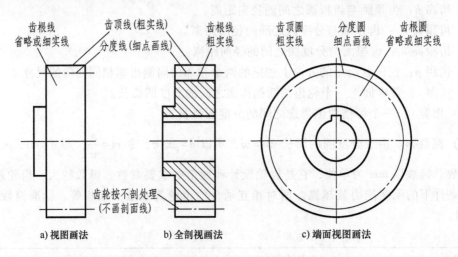

a) 视图画法　　　　b) 全剖视画法　　　　c) 端面视图画法

图 4-6-4　单个直齿圆柱齿轮的规定画法

剖视画法：在平行于轴线的投影面的视图中，直齿轮一般绘制成全剖视。国家标准规定：轮齿按不剖处理，用粗实线表示齿顶线和齿根线，用细点画线表示分度线。

视图画法：若不作剖视，则齿根线可省略不画。

端面视图画法：在表示齿轮端面的视图中，齿顶圆用粗实线绘制，分度圆用细点画线绘制，齿根圆用细实线绘制或省略不画。

### 2. 一对齿轮啮合的画法

相互啮合的一对齿轮一般采用两个视图表达，其画法如图 4-6-5 所示。

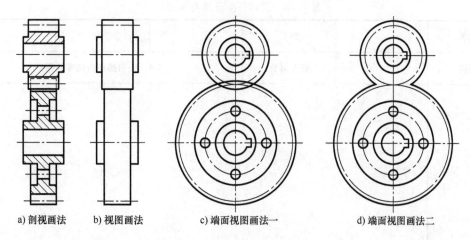

a) 剖视画法　　b) 视图画法　　c) 端面视图画法一　　d) 端面视图画法二

图 4-6-5　齿轮啮合时的规定画法

剖视画法：在平行于轴线的投影面的视图中作剖视图，相互啮合的两个直齿圆柱齿轮的啮合区绘制 5 条线。主动齿轮的齿根圆用粗实线绘制，从动齿轮齿顶圆用虚线绘制，分度圆用细点画线绘制，主动齿轮的齿顶圆用粗实线绘制，从动齿轮齿根圆用粗实线绘制。

视图画法：若不作剖视，则啮合区内的齿顶线不必绘出，分度线改用粗实线绘制。

端面视图画法：在表示齿轮端面的视图中，两齿轮分度圆应相切，啮合区内的齿顶圆均用粗实线绘制；也可将啮合区内的齿顶圆省略不画。

【课堂故事】

2022 年 4 月 16 日，神舟十三号载人飞船凯旋归来，作为中国空间站的硬核技术之一，空间机械臂技术引人关注。我国空间站机械臂共有 7 个自由度，通过在轨爬行的方式，可在空间站不同舱段运动，且覆盖所有舱外操作区域。如此"神器"，其承载能力、自动化水平、活动空间以及操作精度都达到了国际顶尖水平，同学们应当为我们国家科技的腾飞而感到骄傲、自豪。

【课堂讨论】

空间机械臂作为空间站核心技术，向世界展示了中国力量。在空间站机械臂中起着重要作用的运动元件齿轮，因其精度要求高，结构复杂，需要通过特种精密加工而得到。同学们可以查阅资料，总结分析，看看齿轮是如何加工制造的。

## 任务计划与决策 （表 4-6-3）

表 4-6-3　工作任务计划与决策单

| 班级 | | 姓名 | | 学号 | |
|---|---|---|---|---|---|
| 组别 | | 任务名称 | | 4.6　绘制圆柱齿轮零件图 | |
| 任务计划 | | | | | |
| 任务决策 | | | | | |

**任务实施**（表 4-6-4）

表 4-6-4  工作任务实施单

| 班级 | | 姓名 | | 学号 | |
|---|---|---|---|---|---|
| 组别 | | 任务名称 | | 4.6  绘制圆柱齿轮零件图 | |

任务实施如下：

如图所示为圆柱齿轮。其齿顶圆直径为 244.4mm，齿数为 96，分析齿轮的各几何要素，通过计算得出相应尺寸，绘制齿轮零件图，并标注尺寸，注写技术要求。已测量数据如下：齿轮宽度（$b=60$mm）、中心轴孔尺寸（$D=58$mm）、键槽尺寸（宽16mm，槽顶至孔底 62.3mm）、辐板尺寸（厚度 10mm、圆孔直径 $\phi35$mm、中心距 $\phi150$mm）。

（请准备 A4 图纸）

**任务评价** （表 4-6-5）

表 4-6-5　工作任务评价单

| 班级 | | 姓名 | | 学号 | |
|---|---|---|---|---|---|
| 组别 | | 任务名称 | | 4.6　绘制圆柱齿轮零件图 | |
| 序号 | 评价内容 | | | 分数 | 得分 |
| 1 | 课前准备（预习情况） | | | 5 | |
| 2 | 知识链接（完成情况） | | | 10 | |
| 3 | 任务计划与决策 | | | 25 | |
| 4 | 任务实施（图线、表达方案、图形布局） | | | 25 | |
| 5 | 绘图质量 | | | 30 | |
| 6 | 课堂表现 | | | 5 | |
| 总分 | | | | 100 | |
| 学习体会 | | | | | |

# 课 后 习 题

一、选择题

1. 在习题图 4-1 中，正确的左视图为（　　）。

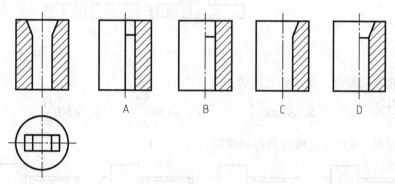

习题图　4-1

2. 习题图 4-2 所示的零件图，用的是（　　）表达方法。

A. 局部剖视图　　　　　B. 局部放大图　　　　　C. 断面图　　　　　D. 向视图

3. 在习题图 4-3 中，正确的断面图为（　　）。

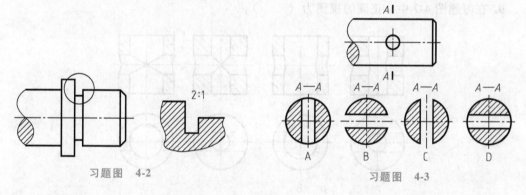

习题图　4-2　　　　　　　　　　　习题图　4-3

4. 在习题图 4-4 中，正确的视图为（　　）。

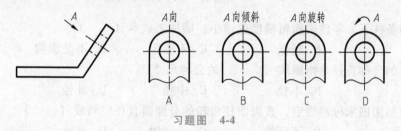

习题图　4-4

5. 在习题图 4-5 中，正确的剖视图为（　　）。

6. 机械制图国家标准规定，机件表达方法中视图的表达是由基本视图、向视图、斜视图和（　　）组成的。

A. 局部放大视图　　　B. 局部视图　　　C. 面视图　　　D. 展开视图

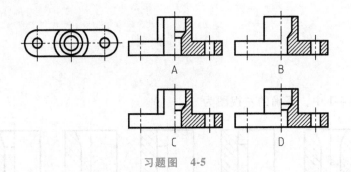

习题图 4-5

7. 下列孔和轴配合，属于基孔制的是（ ）。

A. $\phi 30 \dfrac{H7}{f6}$　　　B. $\phi 120 \dfrac{P7}{h6}$　　　C. $\phi 100 \dfrac{F7}{g6}$　　　D. $\phi 60 \dfrac{J7}{f6}$

8. 在习题图 4-6 中，正确的局部剖视图为（ ）。

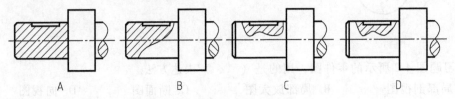

习题图 4-6

9. 在习题图 4-7 中，正确的视图为（ ）。

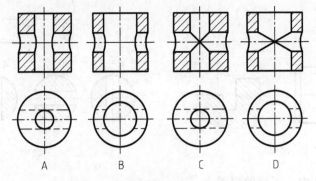

习题图 4-7

10. 相同条件下，零件表面粗糙度值越小，则加工成本（ ）。

A. 越高　　　　B. 越低　　　　C. 不确定　　　D. 不受影响

11. 螺纹的公称直径是指螺纹（ ）的公称尺寸。

A. 大径　　　　B. 小径　　　　C. 中径　　　　D. 外径

12. 机械制图国家标准规定，直齿圆柱齿轮的分度圆直径应画成（ ）。

A. 细实线　　　　B. 不画线　　　　C. 点画线　　　　D. 虚线

13. 在习题图 4-8 中，螺纹孔表达正确的是（ ）。

14. $\phi 100 \dfrac{H8}{f7}$ 为基孔制的（ ）配合。

A. 间隙　　　　B. 过盈　　　　C. 过渡　　　　D. 其他

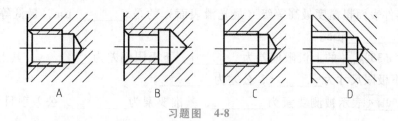

习题图 4-8

15. 如习题图 4-9 所示，轴零件采用（　　）画法。

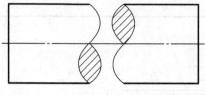

习题图 4-9

A. 简化　　　　　　B. 折断　　　　　　C. 对称　　　　　　D. 示意

二、识图题

1. 根据习题图 4-10 所示，识读零件图并回答问题。

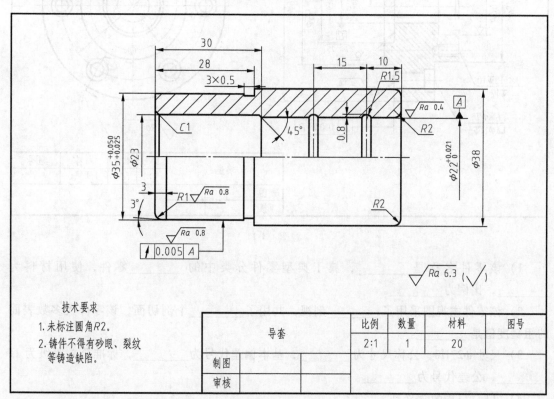

习题图 4-10

1）该零件的名称是＿＿＿＿＿＿＿，绘图比例是＿＿＿＿＿＿＿，材料是＿＿＿＿＿＿＿，其中主视图采用剖视形式。

2）该零件表面粗糙度最高等级（最光滑表面）的是_____ μm，最低等级（最粗糙表面）的是_____ μm。

3）尺寸 $\phi35^{+0.050}_{+0.025}$ 的上极限偏差为_____，下极限偏差为_____，其上极限尺寸为_____，下极限尺寸为_____，公差为_____。

4）$\boxed{\phi\ 0.005\ A}$ 表示被测要素为_____，基准要素为_____，公差项目为_____，公差为_____。

2. 根据习题图 4-11 所示，识读零件图并回答问题。

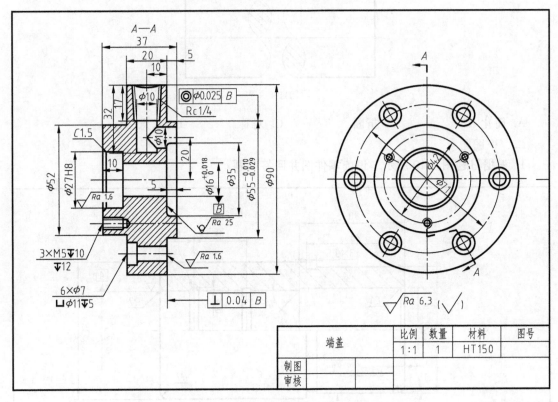

习题图 4-11

1）该零件名称是_____，属于典型零件分类中的_____零件，使用材料为_____，比例为_____。

2）该零件主视图采用了_____剖视，共用了_____个剖切面，该零件大多数表面的粗糙度值是_____。

3）尺寸 $\phi27H8$，公称尺寸为_____，基本偏差代号为_____，标准公差等级为 IT_____，公差代号为_____。

4）$\boxed{\perp\ 0.04\ B}$ 的含义是_____。

三、绘图题

1. 在习题图 4-12 中，画出 A、B 位置的断面图（位置 A，键槽深为 4mm，位置 B 为通孔，绘图比例为 1∶1）。

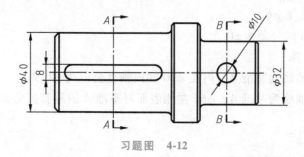

习题图　4-12

2. 在习题图 4-13 中，补画外螺纹规定画法中的漏线。

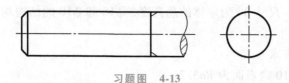

习题图　4-13

3. 对习题图 4-14 所示的键槽进行标注（其中孔径 $\phi$16mm，键槽宽度 5mm，键槽深度 2.3mm）。

4. 如习题图 4-15 所示零件，按照国家标准绘制零件图，并按照下列要求标注尺寸。注意：绘图比例为 1：1，6×$\phi$6 的通孔在 $\phi$50 的圆周上均匀分布。

（1）表面粗糙度要求

1）左侧 $\phi$40 外表面为 $Ra$3.2、$\phi$65 凸台侧外表面（图示左侧表面）为 $Ra$3.2。

2）6×$\phi$6 孔壁为 $Ra$12.5。

3）其余为 $Ra$6.3。

（2）尺寸公差选择

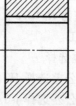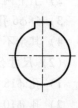

习题图　4-14

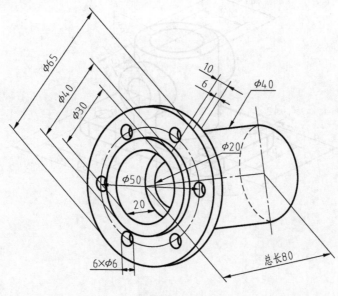

习题图　4-15

1）φ40 的公差选择 js6。

2）法兰盘厚度 6 的公差为 ±0.5。

（3）几何公差选择

1）左侧 φ40 的轴线为基准 A，内孔 φ20 的同轴度公差为 φ0.2。

2）左侧 φ40 的轴线为基准 A，φ65 左侧表面对基准 A 的垂直度公差为 0.2。

（4）技术要求

1）未注倒角 C1。

2）加工后表面进行防锈处理。

5. 仔细观察零件（习题图 4-16），按照国家标准绘制零件图，并按要求标注尺寸。注意：尺寸比例为 1∶1，尺寸 34 为座体的总高度，φ18 和 φ10 的结构均为通孔，且 φ10 结构在另一侧是对称的。

（1）表面粗糙度要求

1）孔 φ18 和孔 φ10 内表面为 Ra3.2。

2）上下两表面、38×60 底板的侧面为 Ra6.3。

3）4×φ6 孔壁为 Ra12.5。

4）其余不加工。

（2）尺寸公差选择

1）孔 φ18 的公差选择 H7。

2）孔 φ10 的公差选择 js6。

（3）几何公差选择　底面为基准 A，φ28 对基准 A 的垂直度公差为 0.2。

（4）技术要求

1）未注倒角 C1。

2）加工前进行喷砂处理。

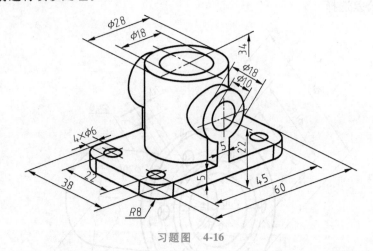

习题图　4-16

项目 **5**

# 架轮装配图绘制

【项目描述】

　　架轮与架轮非标件如图 5-1 所示,其中,图 5-1e 为架轮,图 5-1a、b、c、d 为架轮非标件。本项目共有 2 个任务,分别是绘制架轮非标件零件图和绘制架轮装配图,其步骤是:第一步,绘制四张非标件零件图(作为项目 4 的知识巩固);第二步,将架轮标准件与非标件组合在一起,绘制一张完整的架轮装配图。

a) 轴零件　　　　b) 套零件　　　　c) 轮零件　　　　d) 支架零件　　　　e) 架轮

图 5-1　架轮与架轮非标件

【学习目标】

- 巩固绘制零件图方法。
- 掌握装配图的表达方式和典型工艺结构的绘制。
- 掌握标注装配体的尺寸以及技术要求的方法。
- 能绘制零部件序号与明细栏。

【能力目标】

- 能够独立绘制简单非标件零件图。
- 能够选择合理的表达方法绘制装配图。
- 能够在装配图上正确标注尺寸和注写技术要求。
- 能够正确表达出装配图中的工艺结构。

# 任务1  绘制架轮非标件零件图

**任务布置**

根据图 5-1-1 所示的架轮非标件立体图，按照适当比例，分别绘制其零件图，并标注相应尺寸（包含尺寸公差、表面粗糙度、几何公差）和技术要求。

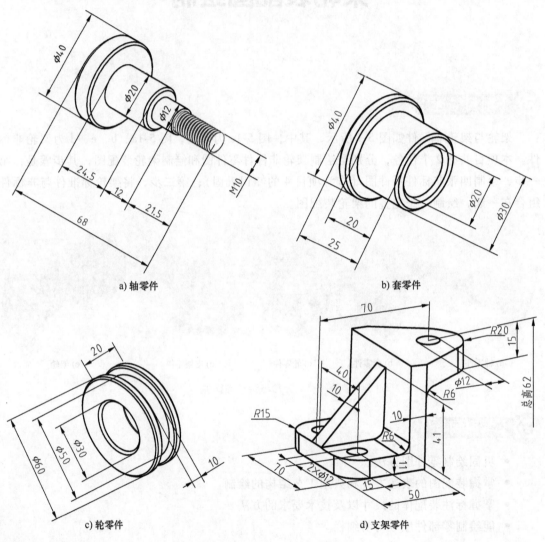

图 5-1-1  架轮非标件立体图

**【课堂故事】**

"绝世刀工"龙小平，可在一件重达百吨的大型轴类零件上做出误差不超过 0.01mm 的加工精度，开启了全新大轴类零件精深加工的微米时代。俗话说，榜样的力量是无穷的，同学们步入工作岗位后，也要向龙师傅学习，苦练基本功，注重工艺细节，做自己领域的大国工匠。

【课堂讨论】

在机械加工领域，加工精度是保证零件质量的第一要素，而加工精度往往源自设计图样。请同学们思考，非标件零件图样中，零件精度（公差）是如何确定的呢？

任务计划与决策 （表 5-1-1）

表 5-1-1　工作任务计划与决策单

| 班级 | | 姓名 | | 学号 | |
|---|---|---|---|---|---|
| 组别 | | 任务名称 | | 5.1　绘制架轮非标件零件图 | |
| 任务计划 | | | | | |
| 任务决策 | | | | | |

**任务实施** （表 5-1-2）

表 5-1-2　工作任务实施单

| 班级 | | 姓名 | | 学号 | |
|------|---|------|---|------|---|
| 组别 | | 任务名称 | | 5.1　绘制架轮非标件零件图 | |

任务实施如下：

根据图 5-1-1a、b、c、d 所示的立体图，按照适当比例，分别绘制其零件图，并标注相应尺寸（包含尺寸公差、表面粗糙度、几何公差）和技术要求。

（请准备 A4 图纸）

## 任务评价 （表 5-1-3）

表 5-1-3 工作任务评价单

| 班级 | | 姓名 | | 学号 | |
|---|---|---|---|---|---|
| 组别 | | 任务名称 | | 5.1 绘制架轮非标件零件图 | |
| 序号 | 评价内容 | | | 分数 | 得分 |
| 1 | 课前准备（预习情况） | | | 5 | |
| 2 | 知识链接（完成情况） | | | 10 | |
| 3 | 任务计划与决策 | | | 25 | |
| 4 | 任务实施（图线、表达方案、图形布局） | | | 25 | |
| 5 | 绘图质量 | | | 30 | |
| 6 | 课堂表现 | | | 5 | |
| 总分 | | | | 100 | |
| 学习体会 | | | | | |

# 任务 2　绘制架轮装配图

## 任务布置

了解架轮的工作原理，通过图 5-1-1 所示的四张非标件零件图和图 5-2-1 所示的架轮立体图，选择合适的视图表达方案，绘制装配图，并标注尺寸，注写技术要求和明细栏。

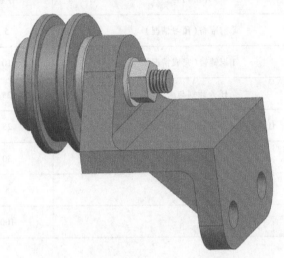

图 5-2-1　架轮立体图

## 预备知识

### 一、装配图概述

#### 1. 装配图的作用

装配图是表达机器或部件的图样，主要表达其工作原理和装配关系。在实际工作过程中，一般先绘制装配图，然后由设计组长分配工作任务，组员负责拆画零件图。装配图是生产中的一种重要的技术文件，它与零件图所表达的内容有所不同，其作用主要体现在以下几个方面：

1）设计环节。设计机器时，先绘制出反映机器或部件工作原理、结构特征和各零部件之间的装配、连接关系的装配图，才能进一步拆画、设计出零件图。

2）制造环节。装配图是制定装配工艺规程、进行生产和检验的技术依据。

3）安装调试、使用和维修环节。装配图是了解机器结构和性能的重要技术文件，也是营销人员向用户介绍产品基本组成概况的重要技术文件。

#### 2. 装配图的内容

通过图 5-2-2 所示的齿轮泵装配图，可以了解到，一张完整的装配图应包括以下四项内容：

1）一组视图。用来表达机器或部件的工作原理、零件间的装配关系、连接方式及主要零件的结构形状等。

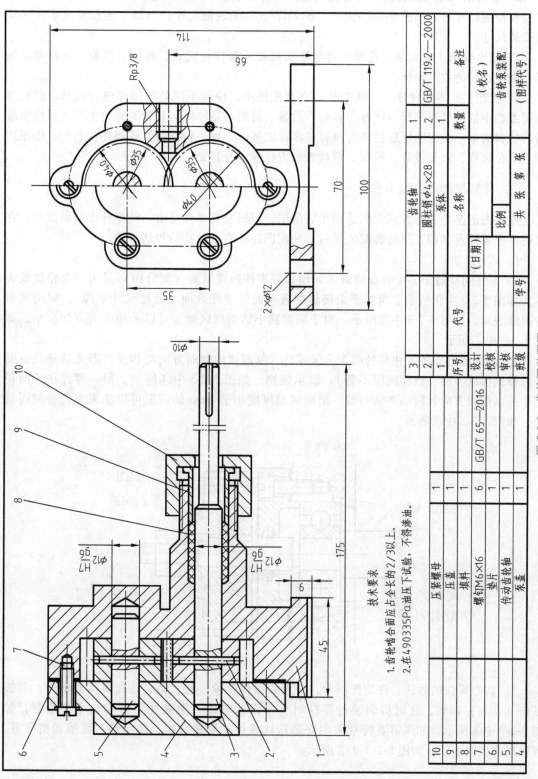

技术要求

1. 齿轮啮合面应占全长的2/3以上。
2. 在490335Pa油压下试验, 不得渗油。

| 序号 | 名称 | 数量 | 备注 |
|---|---|---|---|
| 3 | 齿轮轴 | 1 | |
| 2 | 圆柱销φ4×28 | 2 | GB/T 119.2—2000 |
| 1 | 泵体 | 1 | |
| 10 | 压紧螺母 | 1 | |
| 9 | 压盖 | 1 | |
| 8 | 填料 | 1 | |
| 7 | 螺钉M6×16 | 6 | GB/T 65—2016 |
| 6 | 垫片 | 1 | |
| 5 | 传动齿轮轴 | 1 | |
| 4 | 泵盖 | 1 | |

设计
校核
审级
班级

（日期）

比例
共 张 第 张

代号
学号

（校名）
齿轮泵装配
（图样代号）

图 5-2-2 齿轮泵装配图

2）必要的尺寸。装配图中应标注机器或部件的规格、性能尺寸、装配尺寸、总体尺寸、安装和检测尺寸等。如图 5-2-2 所示，"$\phi12H7/g6$" 为装配尺寸，"175" 为总长尺寸，"66" 为安装尺寸。

3）技术要求。用文字、代号、符号说明机器或部件在安装、调试、检验、维修和运输等方面应达到的技术指标。

4）标题栏、零部件序号、明细栏。在装配图中，应对不同的零部件进行编号，在对应的明细栏中依次填写序号、代号、名称、数量、材料、备注等，其目的是为生产人员提供准确的物料清单。装配图标题栏填写内容与零件图基本一致，包括机器或部件的名称、绘图比例、单位名称，以及设计、校核、审核者的责任签字及日期。

## 二、装配图的表达方法

零件图的基本表达方式大多适用于装配图，但机器或部件是由一些零件组装而成的，在表达多个零件及其相互间的装配关系时，装配图往往有其独特的表达方法。

**1. 规定画法**

1）零件间接触面、配合面的画法。相邻两零件的接触面（配合面）只用一条轮廓线表示，如图 5-2-3 中①所示。而对于未接触的两表面（非配合面、公称尺寸不同），则用两条轮廓线表示，如图 5-2-3 中③所示。对于间隙狭小的剖面区域，可以采用夸大方法表示，如图 5-2-3 中⑦所示。

2）剖面线的画法。相邻的两个金属零件，剖面线的倾斜方向应相反（若无法避免，则可选择剖面线方向一致而间隔不等），以示区别，如图 5-2-3 中④所示。同一零件在不同视图中的剖面线方向和间隔必须一致。剖面区域厚度小于 2mm 的图形可以涂黑来代替剖面符号，如图 5-2-3 中⑦所示。

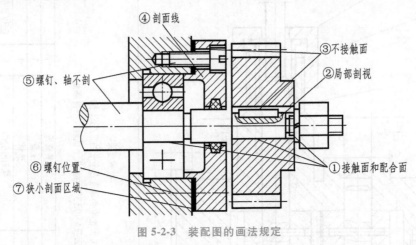

图 5-2-3　装配图的画法规定

3）实心零件的画法。在装配图中，对于紧固件及轴、键、销、连杆等实心零件，若按纵向（前后）剖切，且剖切面通过零件对称平面或轴线，则这些零件均按不剖绘制，如图 5-2-3 中⑤所示。如果需要特别表明安装这些零件的局部结构，如凹槽、键槽和销孔等，可用局部剖视表示，如图 5-2-3 中②所示。

**2. 特殊画法**

1）拆卸画法。在装配图中，如果想要表达的部分被其他零件遮住，而这些零件在其他视图中已表达清楚，可以假想把这些零件拆卸后再绘制相应的视图，并在视图上方标注"拆去 XX 等"，如图 5-2-4 所示。

2）夸大画法。装配图中，直径、厚度、微小间隙小于 2mm 的结构，如垫片、细小弹簧和金属丝等，允许在原来的尺寸基础上稍加夸大画出（实际尺寸大小应在该零件的零件图上给出）。

3）假想画法。为了表达运动零件的运动范围和极限位置，或者与本部件有关但又不属于本部件的相邻零件和部件，可用双点画线画出其外形轮廓，如图 5-2-5a 所示。

4）展开画法。为了表达传动机构的传动路线和装配关系，可假想按传动顺序沿轴线剖切，然后依次将各剖切面展

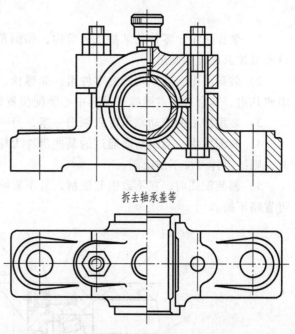

拆去轴承盖等

图 5-2-4 滑动轴承装配中的拆卸画法

开在一个平面上，画出其剖视图。此时，应在展开图的上方注明"X-X 展开"字样，如图 5-2-5b 所示。

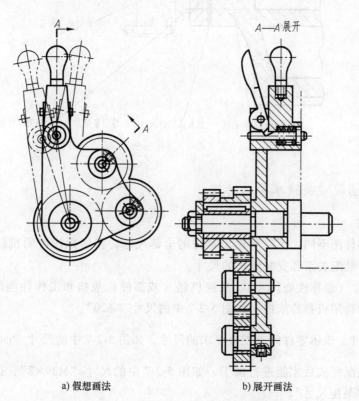

a) 假想画法　　　　　　b) 展开画法

图 5-2-5 交换齿轮架假想和展开画法

**3. 简化画法**

1）装配图中，零件的某些工艺结构，如倒角、圆角、退刀槽等，可不画出。螺栓、螺母等可按简化画法画出。

2）装配图中，若干相同的零件组，如螺栓、螺钉、螺母和垫圈等，可只详细地画出一组或几组，其余只用点画线表示其中心装配位置即可，如图 5-2-6 所示。

3）装配图中的滚动轴承可只画出一半，另一半按规定示意画法画出，如图 5-2-6 所示。

4）装配图中，当剖切面通过的某些组件为标准产品，或该组件已由其他视图表达清楚时，则该组件可按不剖绘制。

5）画装配图时，在不致引起误解，且不影响读图的情况下，剖切面后不需表达的部分可省略不画。

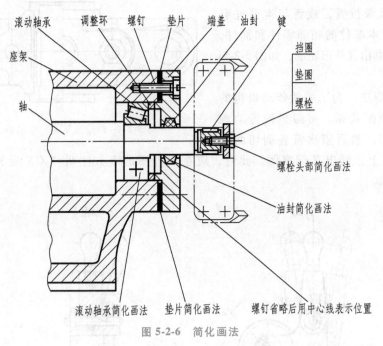

图 5-2-6　简化画法

### 三、装配图尺寸及技术要求标注

**1. 尺寸标注**

装配图与零件图不同，不需要注出零件的全部尺寸，仅需标注说明机器（或部件）性能、工作原理、装配关系和安装要求的尺寸。

1）规格尺寸（也称性能尺寸）。反映机器（或部件）规格和工作性能的尺寸，它是设计机器、了解和选用机器的依据，如图 5-2-7 中的尺寸"$\phi20$"。

2）装配尺寸。表示零件间有配合要求的尺寸，如图 5-2-7 中的尺寸"$\phi42\dfrac{H11}{d11}$"。另外，有些零件要在装配完成后才能进行加工，如图 5-2-7 中的尺寸"M39×2"，这类尺寸需要在装配图上注明"装配尺寸"。

3）安装尺寸。将部件安装到机器上所需的尺寸，如图 5-2-7 中的尺寸"$\phi70$"。

4）外形尺寸。表示机器或部件总长、总宽、总高的外廓尺寸，它是包装、运输、安装和调试以及厂地设计时所需的尺寸，如图 5-2-7 中的总宽尺寸"φ88"和总长尺寸"125"。

5）其他重要尺寸。不属于上述尺寸分类，但设计或装配时需要保证的尺寸，如图 5-2-7 中的重要尺寸"90"。

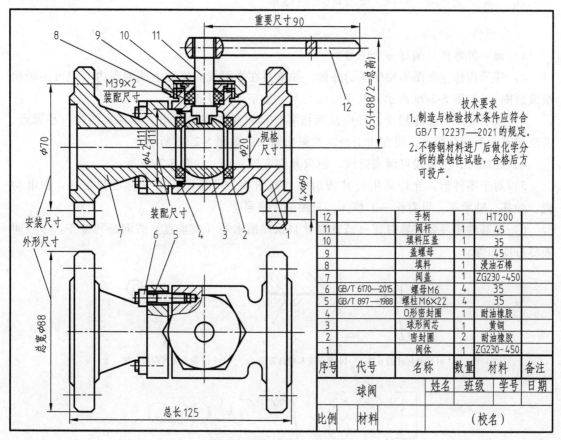

技术要求

1. 制造与检验技术条件应符合
 GB/T 12237—2021 的规定。
2. 不锈钢材料进厂后做化学分
 析的腐蚀性试验，合格后方
 可投产。

| 序号 | 代号 | 名称 | 数量 | 材料 | 备注 |
|---|---|---|---|---|---|
| 12 | | 手柄 | 1 | HT200 | |
| 11 | | 阀杆 | 1 | 45 | |
| 10 | | 填料压盖 | 1 | 35 | |
| 9 | | 盖螺母 | 1 | 45 | |
| 8 | | 填料 | 1 | 浸油石棉 | |
| 7 | | 阀盖 | 1 | ZG230-450 | |
| 6 | GB/T 6170—2015 | 螺母M6 | 4 | 35 | |
| 5 | GB/T 897—1988 | 螺柱M6×22 | 4 | 35 | |
| 4 | | O形密封圈 | 1 | 耐油橡胶 | |
| 3 | | 球形阀芯 | 1 | 黄铜 | |
| 2 | | 密封圈 | 2 | 耐油橡胶 | |
| 1 | | 阀体 | 1 | ZG230-450 | |
| 序号 | 代号 | 名称 | 数量 | 材料 | 备注 |

| 球阀 | | | 姓名 | 班级 | 学号 | 日期 |
|---|---|---|---|---|---|---|
| 比例 | 材料 | | | （校名） | | |

图 5-2-7　球阀装配图

**2. 技术要求标注**

装配图中的技术要求一般可从以下几个方面来考虑，如图 5-2-8 所示。

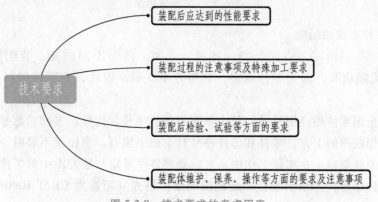

图 5-2-8　技术要求的考虑因素

技术要求一般注写在明细栏的上方或图样下部空白处。如果内容很多，也可另外编写技术文件作为图样的附件。特别强调的是：与装配图的尺寸标注一样，上述考虑因素不是在每一张图上都要注全，而是根据装配体的实际需要来确定。

### 四、装配图的零部件序号及明细栏编制

**1. 零部件序号标注**

1）每一种零件只编写一个序号。

2）序号应标注在图形轮廓线的外侧，并填写在指引线的横线上或圆圈内（也可不画横线或圆圈），如图 5-2-9a 所示，其字号应比尺寸数字大一号或两号。

3）指引线不要彼此相交，且应从所指零件的可见轮廓内引出，并在末端画一小圆点，若所指部分不便画圆点，可在指引线末端画出箭头，如图 5-2-9b 所示。

4）必要时，指引线可画成折线，但只允许弯折一次，如图 5-2-9c 所示。

5）对于零件组，允许采用公共指引线，如图 5-2-9d 所示。对于标准化组件，如电动机、油杯、轴承等，可看作一个整体，只编一个序号。

6）零部件序号要按顺时针（或逆时针）次序沿水平（或垂直）方向排列整齐，序号间隔尽可能相等。

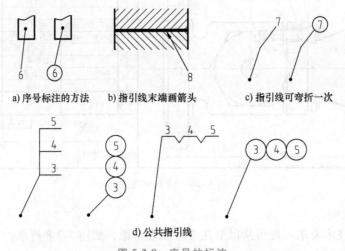

a) 序号标注的方法  b) 指引线末端画箭头  c) 指引线可弯折一次

d) 公共指引线

图 5-2-9 序号的标注

**2. 标题栏和明细栏编制**

装配图标题栏的内容、格式与零件图基本一致。唯一不同的是：装配图标题栏中的"材料"栏目无须填写，因为零件众多，材料并不一致，因此，各零件的材料填写在明细栏中。

明细栏是全部零件的详细目录，其中填有零件的序号、代号、名称、数量、材料及备注等。明细栏在标题栏的上方，零件和部件序号自下而上填写，当位置不够时，可移一部分紧接标题栏左边继续填写。在实际工作中，考虑到零件序号应与装配图中的零件编号一致，因此，应先编零件序号，再填明细栏。装配图明细栏格式（可参考 GB/T 10609.2—2009）如图 5-2-10 所示。

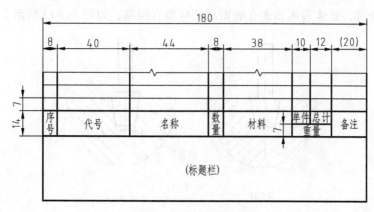

图 5-2-10  明细栏格式

### 五、常见装配结构

#### 1. 接触面与配合面

两个零件接触时，在同一方向上只允许有一对接触面，这样既方便加工制造，又可保证接触良好。接触面结构的合理性如图 5-2-11 所示。

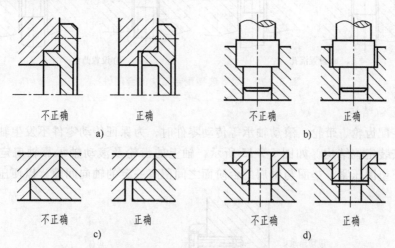

图 5-2-11  接触面结构的合理性

轴和孔配合时，若要求轴肩和孔的端面相互接触，则应在孔的接触端面加工倒角，或在轴肩处加工退刀槽，以确保两个端面接触良好。轴与孔配合结构的合理性如图 5-2-12 所示。

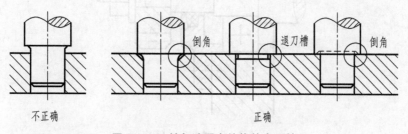

图 5-2-12  轴与孔配合结构的合理性

两锥面配合时，锥体端面和锥孔底面之间应留有间隙，如图 5-2-13 所示。

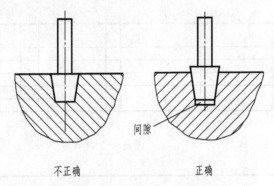

图 5-2-13　两锥面配合结构的合理性

螺钉连接配合时，为保证接触良好，合理减少加工面积，可在被连接件上设置沉孔、凸台等结构，如图 5-2-14 所示。

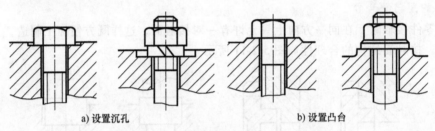

图 5-2-14　螺钉连接配合结构的合理性

**2. 轴向定位结构**

在轴上装配齿轮、带轮、滚动轴承等传动零件时，为保证传动零件不发生轴向窜动，一般会在轴向安装定位结构。如图 5-2-15 所示，轴上的齿轮及滚动轴承靠轴肩定位，齿轮的右端用螺母、垫圈压紧，垫圈与轴肩的台阶面之间留有一定的轴向间隙，以便压紧齿轮。

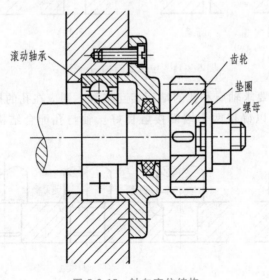

图 5-2-15　轴向定位结构

### 3. 螺纹连接结构

为保证螺纹连接紧固，可采用图 5-2-16a、b、c 所示的方法：第一，在螺杆的螺纹终止处加工退刀槽；第二，在螺纹孔上加工凹坑；第三，在螺纹孔上加工倒角。为保证紧固件和被连接件接触良好，可采用图 5-2-16d、e 所示的方法，即在被连接件上加工出沉孔、凸台等结构，沉孔的尺寸可根据紧固件的尺寸从有关手册中查取。

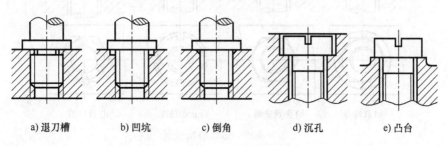

| a) 退刀槽 | b) 凹坑 | c) 倒角 | d) 沉孔 | e) 凸台 |

图 5-2-16　螺纹连接的合理结构

### 4. 方便安装、拆卸的结构

滚动轴承装配在箱体的轴承孔或轴上时，若结构如图 5-2-17a、c 所示，将不便拆卸。正确的安装结构如图 5-2-17b、d 所示。

| a) 孔径过小，不便拆卸 | b) 孔径合适，方便拆卸 | c) 轴肩过高，不便拆卸 | d) 轴肩合适，方便拆卸 |

图 5-2-17　滚动轴承安装应便于拆卸

如图 5-2-18a 所示，对需经常拆卸的螺纹连接装置，应留出拆卸工具的活动范围。如图 5-2-18b 所示，由于空间狭小，无法使用扳手，是不合理的结构设计。对于图 5-2-18d 所示结构，设计时未考虑螺钉的高度，导致螺钉无法放入，合理结构如图 5-2-18c 所示。

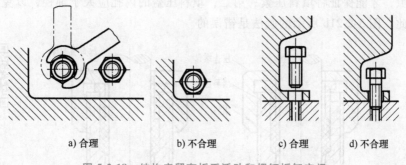

| a) 合理 | b) 不合理 | c) 合理 | d) 不合理 |

图 5-2-18　结构应留有扳手活动和螺钉拆卸空间

### 5. 防松装置

机器因工作振动和冲击，会导致一些紧固件产生松动。因此，在某些结构中需采用防松装置。螺纹防松装置和弹性挡圈固定装置分别如图 5-2-19 和图 5-2-20 所示。

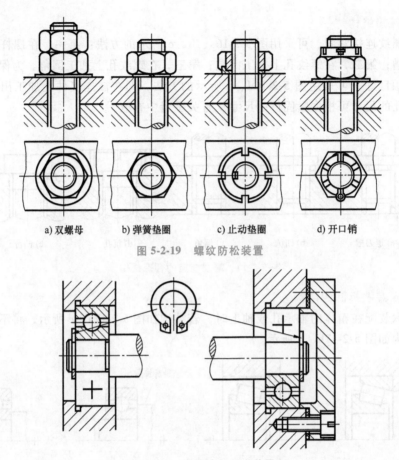

a) 双螺母  b) 弹簧垫圈  c) 止动垫圈  d) 开口销

图 5-2-19 螺纹防松装置

图 5-2-20 弹性挡圈固定装置

### 6. 密封装置

为防止液体外流或灰尘进入，机器的某些部位需采用密封装置。图 5-2-21a 所示为齿轮泵密封装置的正确画法，用橡胶（或油浸石棉绳）作填料，拧紧压盖螺母，通过填料压盖将填料压紧，起到密封的作用。这里需要注意两点：第一，填料压盖与泵体端面之间必须留有一定的间隙，才能保证将填料压紧；第二，填料压盖的内孔应大于轴径，以免轴转动时产生摩擦。因此，图 5-2-21b 所示的画法是错误的。

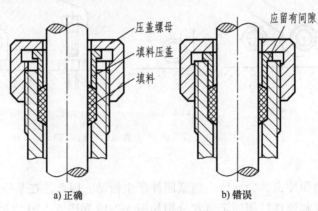

压盖螺母

填料压盖

填料

应留有间隙

a) 正确    b) 错误

图 5-2-21 密封装置的画法

【课堂故事】

梁思成是享誉世界的建筑大师，被誉为"中国近代建筑之父"，在那个没有 CAD 绘图软件的年代，只是靠着一双眼睛、一双手、一支笔和一副尺子，就能绘制出华美精确、犹如打印一般的图样。而在这个物质丰富的时代，我们更应该向老一辈专家、学者学习，学习他们认真求实、严谨负责的职业道德观，即使用最简陋的工具，也能绘制出世界级水准的图样。

【课堂讨论】

在工程实践中，准确、详实的技术图样对于信息交流起到至关重要的作用。请同学们思考不规范的装配图样会导致出现什么问题，会不会影响企业的声誉？会给企业造成怎样的损失？

## 任务计划与决策 （表 5-2-1）

表 5-2-1　工作任务计划与决策单

| 班级 | | 姓名 | | 学号 | |
|---|---|---|---|---|---|
| 组别 | | 任务名称 | | 5.2　绘制架轮装配图 | |
| 任务计划 | | | | | |
| 任务决策 | | | | | |

**任务实施** （表 5-2-2）

表 5-2-2　工作任务实施单

| 班级 | | 姓名 | | 学号 | |
|---|---|---|---|---|---|
| 组别 | | 任务名称 | | 5.2　绘制架轮装配图 | |

**任务实施如下：**

通过图 5-1-1 所示的四张非标件零件图和下图所示的架轮立体图，选择合适的视图表达方案，绘制装配图，并标注尺寸、注写技术要求和明细栏。

（请准备 A4 图纸）

**任务评价**　（表 5-2-3）

表 5-2-3　工作任务评价单

| 班级 | | 姓名 | | 学号 | |
|---|---|---|---|---|---|
| 组别 | | 任务名称 | | 5.2　绘制架轮装配图 | |
| 序号 | 评价内容 | | | 分数 | 得分 |
| 1 | 课前准备（预习情况） | | | 5 | |
| 2 | 知识链接（完成情况） | | | 10 | |
| 3 | 任务计划与决策 | | | 25 | |
| 4 | 任务实施（图线、表达方案、图形布局） | | | 25 | |
| 5 | 绘图质量 | | | 30 | |
| 6 | 课堂表现 | | | 5 | |
| 总分 | | | | 100 | |
| 学习体会 | | | | | |

## 课 后 习 题

一、选择题

1. 装配图中构成配合的两相邻表面，无论间隙多大，均画成一条线；非配合的包容与被包容表面，无论间隙多小，均画成（　　）。

    A. 细实线　　　　　　B. 粗实线　　　　　　C. 两条线　　　　　　D. 一条线

2. 装配图中（　　）在同一图样的各剖视图和断面图中的剖面线方向和间距大小要一致。

    A. 同一零件　　　　　B. 相邻零件　　　　　C. 各个零件　　　　　D. 实心零件

3. 装配图中紧固件，如轴、连杆、球、键、销等实心零件，被剖切面通过其对称平面或轴线时，这些零件按（　　）绘制。

    A. 全剖　　　　　　　B. 半剖　　　　　　　C. 局剖　　　　　　　D. 不剖

4. 在装配图的规定画法中，对部件中某些零件的范围和极限位置可用（　　）画出其轮廓。

    A. 细点画线　　　　　B. 双点画线　　　　　C. 虚线　　　　　　　D. 粗实线

5. 同一种零件或相同的标准组件在装配图上只编（　　）个序号。

    A. 一个　　　　　　　B. 两个　　　　　　　C. 三个　　　　　　　D. 四个

6. 在零件明细栏中填写零件序号时，一般应（　　）。

    A. 由上向下排列　　　B. 由下向上排列　　　C. 由左向右排列　　　D. 由右向左排列

7. （　　）中当剖切面通过某些为标准产品的部件或该部件已由其他图形表示清楚时，可按不剖绘制。

    A. 装配图　　　　　　B. 零件图　　　　　　C. 土建图　　　　　　D. 透视图

8. 装配图中根据需要可注出五种必要的尺寸：规格、性能尺寸，装配尺寸，安装尺寸，外形总体尺寸，（　　）尺寸。

    A. 其他重要　　　　　B. 其他所有　　　　　C. 备用配件　　　　　D. 使用说明

9. 为便于看图和图样管理，对装配图中所有零件和部件均必须编写序号。同时，在标题栏上方的明细栏中与图中序号（　　）地由下至上列出。

    A. 大一号　　　　　　B. 小一号　　　　　　C. 一一对应　　　　　D. 依次对齐

10. 装配图中的技术要求不包括（　　）。

    A. 装配要求　　　　　B. 检验要求　　　　　C. 使用要求　　　　　D. 加工要求

11. 相邻的两个金属零件，剖面线的倾斜方向应（　　），或者方向一致而间隔不等，以示区别。

    A. 相同　　　　　　　B. 相反　　　　　　　C. 水平　　　　　　　D. 垂直

12. 一张完整的装配图主要包括五个方面的内容：一组图形、（　　）、技术要求、标题栏和明细栏。

    A. 全部尺寸　　　　　B. 必要尺寸　　　　　C. 一个尺寸　　　　　D. 详细尺寸

13. 装配图中，零件的某些工艺结构，如倒角、圆角、退刀槽等，可不画出。螺栓、螺母等可示意画出，这种方法称为（　　）。

A. 拆卸画法　　　　　B. 夸大画法　　　　　C. 展开画法　　　　　D. 简化画法

14. 装配图中同一零件在同一图样的各剖视图和断面图中的剖面线（　　）要一致。

A. 方向和线条粗细　B. 方向和间距大小　C. 粗细和倾斜方向　D. 粗细和间隔大小

15. （　　）在装配图中不需要标注。

A. 定形尺寸　　　　　B. 装配尺寸　　　　　C. 安装尺寸　　　　　D. 规格尺寸

16. 装配图中，指引线所指部分的末端通常画一（　　）。

A. 圆点或箭头　　　　B. 直线　　　　　　　C. 斜线　　　　　　　D. 圆圈

17. 当需要表达所画装配体与相邻零件或部件的关系时，可用双点画线画出相邻零件或部件的轮廓，这种画法称为（　　）。

A. 夸大画法　　　　　B. 拆卸画法　　　　　C. 假象画法　　　　　D. 展开画法

18. 装配图样中，反映部件或机器的规格和工作性能的尺寸称为（　　）。

A. 总体尺寸　　　　　B. 装配尺寸　　　　　C. 外形尺寸　　　　　D. 规格尺寸

19. 机器或者部件在工作时，由于受到冲击或振动，一些紧固件可能会产生松动现象。因此，在某些结构中需采用（　　）装置。

A. 紧固　　　　　　　B. 防松　　　　　　　C. 锁紧　　　　　　　D. 压边

20. 机器或部件的某些部位需要设置（　　）装置，以防止液体外流或灰尘进入。

A. 密封　　　　　　　B. 防松　　　　　　　C. 紧固　　　　　　　D. 倒角

二、绘图题

根据习题图 5-1 所示偏心三连件零件图，组装绘制其装配图。

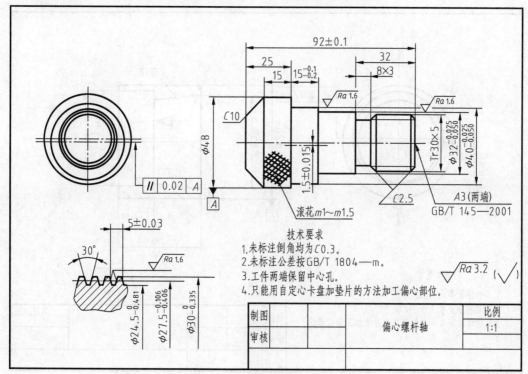

a) 偏心螺杆轴

习题图　**5-1**

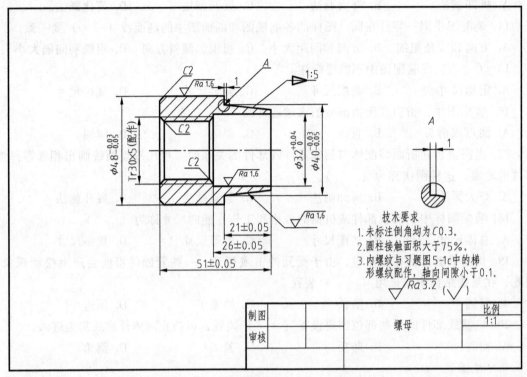

技术要求
1.未标注倒角均为C0.3.
2.圆柱接触面积大于75%。
3.内螺纹与习题图5-1c中的梯
　形螺纹配作，轴向间隙小于0.1.

$\sqrt{Ra\,3.2}$ ( $\sqrt{}$ )

| 制图 | | | 螺母 | 比例 |
|------|--|--|------|------|
| | | | | 1:1 |
| 审核 | | | | |

b) 螺母

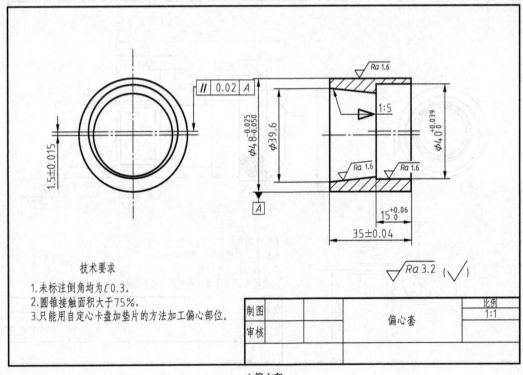

技术要求

1.未标注倒角均为C0.3.
2.圆锥接触面积大于75%。
3.只能用自定心卡盘加垫片的方法加工偏心部位。

$\sqrt{Ra\,3.2}$ ( $\sqrt{}$ )

| 制图 | | | 偏心套 | 比例 |
|------|--|--|--------|------|
| | | | | 1:1 |
| 审核 | | | | |

c) 偏心套

习题图 **5-1**（续）

d) 立体图

习题图　5-1（续）

# 项目 **6**

# 带轮传动部件装配图识读与拆画

**【项目描述】**

  图 6-1 所示为带轮传动部件。本项目共有 3 个任务，分别是识读带轮传动部件装配图、拆画轴零件图和拆画 V 带轮零件图。通过本项目的学习，同学们能更好地了解企业产业设计的相关流程，为今后的工作奠定良好基础。

图 6-1　带轮传动部件

**【学习目标】**

- 掌握装配图的识读方法和识读步骤。
- 学会装配图拆画零件图的思路、方法和注意事项。

**【能力目标】**

- 能够读懂并理解装配图中各种绘制方法的含义。
- 能够读懂装配图中的工艺结构、标注特点和相关技术要求。
- 能够独立的将装配图中非标件拆画零件图。

# 任务1 识读带轮传动部件装配图

**任务布置**

识读图 6-1-1 所示的带轮传动部件装配图，回答下列问题。

1）带轮传动部件的零件种类及个数（包含标准件和非标准件）。

2）该装配图的视图表达，以及各零件之间的装配关系和拆卸顺序。

3）分析该部件的工作原理，以及其他相关技术要求。

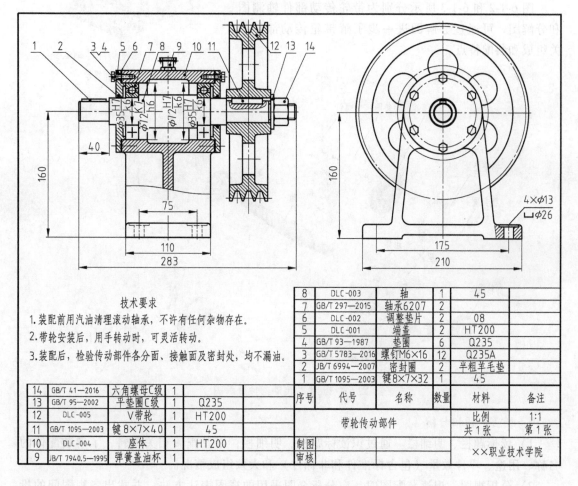

**技术要求**

1. 装配前用汽油清理滚动轴承，不许有任何杂物存在。

2. 带轮安装后，用手转动时，可灵活转动。

3. 装配后，检验传动部件各分面、接触面及密封处，均不漏油。

| 8 | DLC-003 | 轴 | 1 | 45 | |
| 7 | GB/T 297—2015 | 轴承6207 | 2 | | |
| 6 | DLC-002 | 调整垫片 | 2 | 08 | |
| 5 | DLC-001 | 端盖 | 2 | HT200 | |
| 4 | GB/T 93—1987 | 垫圈 | 6 | Q235 | |
| 3 | GB/T 5783—2016 | 螺钉M6×16 | 12 | Q235A | |
| 2 | JB/T 6994—2007 | 密封圈 | 2 | 半粗羊毛毡 | |
| 1 | GB/T 1095—2003 | 键8×7×32 | 1 | 45 | |

| 14 | GB/T 41—2016 | 六角螺母C级 | 1 | | | 序号 | 代号 | 名称 | 数量 | 材料 | 备注 |
|---|---|---|---|---|---|---|---|---|---|---|---|
| 13 | GB/T 95—2002 | 平垫圈C级 | 1 | Q235 | | | | | | | |
| 12 | DLC-005 | V带轮 | 1 | HT200 | | | | 带轮传动部件 | | 比例 | 1:1 |
| 11 | GB/T 1095—2003 | 键8×7×40 | 1 | 45 | | | | | | 共1张 | 第1张 |
| 10 | DLC-004 | 座体 | 1 | HT200 | | 制图 | | | | | |
| 9 | JB/T 7940.5—1995 | 弹簧盖油杯 | 1 | | | 审核 | | | | ××职业技术学院 | |

图 6-1-1 带轮传动部件装配图

**预备知识**

## 一、识读装配图的目的

装配图是传达整机设计、装配加工信息的重要载体，是一种工程语言。无论是设计人员

还是装配、加工人员，识读装配图都是其必须掌握的
技能之一。一般来说，识读装配图应该达到以下几项
要求：

1）了解装配体的功用、性能和工作原理。

2）弄清各零件间的装配关系和装拆次序。

3）读懂各零件的主要结构形状和作用等。

4）了解技术要求中的各项内容。

## 二、识读装配图的方法和步骤

图 6-1-2 和 6-1-3 所示分别为带轮传动部件轴测图
和分解图，可通过分解图进一步了解带轮传动部件相
关组成和装配特点。

图 6-1-2　带轮传动部件轴测图

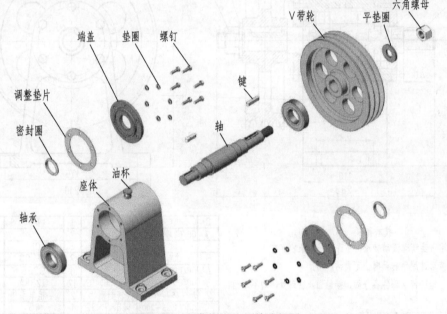

图 6-1-3　带轮传动部件分解图

**1.** 概括了解和分析

1）读标题栏、明细栏。通过识读标题栏、明细栏，以及查阅相关资料，了解装配体的
名称、用途、零件数量（包含标准件和非标件）和大致组成情况。

2）分析视图。识读装配图时，应分析全图采用的视图表达方法，并找出各视图间的投
影关系，进而明确各视图所表达的内容。

**2.** 了解工作原理和装配关系

通过识读技术要求，以及查阅相关资料，确定该机器（部件）的工作原理，为后续分
离零件做准备。

**3.** 分离零件，了解零件的结构形状和作用

在了解工作原理和装配关系后，还要将每个零件从装配图中分离出来，并在装配图中确

定各零件的实际轮廓，进而完善它们的全部结构和尺寸。此时，才真正读懂了设计者所要表达的装配图内涵，为进一步拆画零件图做准备。

**4. 分析零件间的装配关系与零件结构**

分析零部件间的装配关系，弄清零件之间的配合关系、连接及固定方式等。

1）配合关系。根据装配图中配合尺寸的配合代号，判别零件配合的基准制、配合种类及轴、孔的公差等级。

2）连接和固定方式。分析各零件之间的连接方式，如螺纹连接、键连接、销连接等。

【课堂故事】

核心技术是制造业发展的重中之重，也是我国从"制造大国"走向"制造强国"的必要条件。以被称为"工业之母"的机床行业为例，世界最高精度机床主轴来自国外，我们与发达国家之间至少有 15~20 年的差距。作为祖国未来的接班人，我们应该从小事做起，加倍努力，为中华民族崛起而奋斗。

【课堂讨论】

装配图内容复杂，构成图样的线条众多，请同学们思考，识读装配图的步骤是怎样的？装配图与零件图在尺寸标注时，有什么不同？

**任务计划与决策**（表 6-1-1）

表 6-1-1  工作任务计划与决策单

| 班级 | | 姓名 | | 学号 | |
|---|---|---|---|---|---|
| 组别 | | 任务名称 | 6.1  识读带轮传动部件装配图 | | |
| 任务计划 | | | | | |
| 任务决策 | | | | | |

**任务实施** （表 6-1-2）

表 6-1-2　工作任务实施单

| 班级 | | 姓名 | | 学号 | |
|---|---|---|---|---|---|
| 组别 | | 任务名称 | | 6.1　识读带轮传动部件装配图 | |

**任务实施如下：**

识读图 6-1-1 所示带轮传动部件装配图，回答下列问题：

1) 带轮传动部件的零件种类及个数（包含标准件和非标准件）。

2) 该装配图的视图表达，以及各零件之间的装配关系和拆卸顺序。

3) 分析该部件工作原理，以及其他相关技术要求。

**任务评价**　（表 6-1-3）

表 6-1-3　工作任务评价单

| 班级 | | 姓名 | | 学号 | |
|---|---|---|---|---|---|
| 组别 | | 任务名称 | | 6.1　识读带轮传动部件装配图 | |
| 序号 | 评价内容 | | | 分数 | 得分 |
| 1 | 课前准备（预习情况） | | | 5 | |
| 2 | 知识链接（完成情况） | | | 10 | |
| 3 | 任务计划与决策 | | | 25 | |
| 4 | 任务实施（图线、表达方案、图形布局） | | | 25 | |
| 5 | 绘图质量 | | | 30 | |
| 6 | 课堂表现 | | | 5 | |
| 总分 | | | | 100 | |
| 学习体会 | | | | | |

# 任务 2　拆画轴零件图

**任务布置**

　　根据图 6-2-1 所示的装配图，按照适当比例，拆画 8-轴零件图，并标注相应尺寸（包含尺寸公差、表面粗糙度、几何公差）和技术要求等，形成标准零件图。

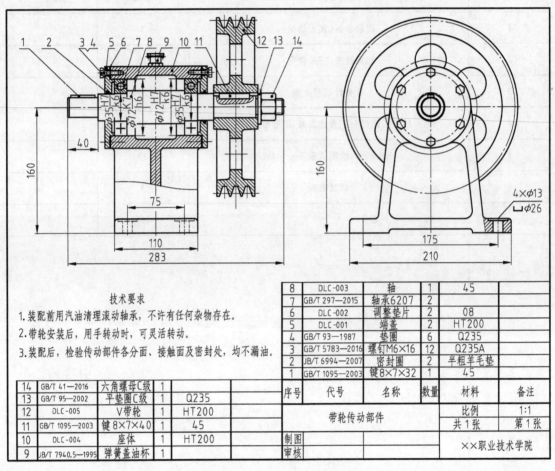

技术要求

1. 装配前用汽油清理滚动轴承，不许有任何杂物存在。

2. 带轮安装后，用手转动时，可灵活转动。

3. 装配后，检验传动部件各分面、接触面及密封处，均不漏油。

| 8 | DLC-003 | 轴 | 1 | 45 | |
|---|---|---|---|---|---|
| 7 | GB/T 297—2015 | 轴承6207 | 2 | | |
| 6 | DLC-002 | 调整垫片 | 2 | 08 | |
| 5 | DLC-001 | 端盖 | 2 | HT200 | |
| 4 | GB/T 93—1987 | 垫圈 | 6 | Q235 | |
| 3 | GB/T 5783—2016 | 螺钉M6×16 | 12 | Q235A | |
| 2 | JB/T 6994—2007 | 密封圈 | 2 | 半粗羊毛毡 | |
| 1 | GB/T 1095—2003 | 键8×7×32 | 1 | 45 | |

| 14 | GB/T 41—2016 | 六角螺母C级 | 1 | | | 序号 | 代号 | 名称 | 数量 | 材料 | 备注 |
|---|---|---|---|---|---|---|---|---|---|---|---|
| 13 | GB/T 95—2002 | 平垫圈C级 | 1 | Q235 | | | | | | | |
| 12 | DLC-005 | V带轮 | 1 | HT200 | | | | 带轮传动部件 | | 比例 | 1:1 |
| 11 | GB/T 1095—2003 | 键8×7×40 | 1 | 45 | | | | | | 共1张 | 第1张 |
| 10 | DLC-004 | 座体 | 1 | HT200 | | 制图 | | | | ××职业技术学院 | |
| 9 | JB/T 7940.5—1995 | 弹簧盖油杯 | 1 | | | 审核 | | | | | |

图 6-2-1　带轮传动部件装配图

**预备知识**

## 一、拆画零件图的概念

　　企业新产品设计过程中，通常是先画出装配图。方案敲定后，再根据装配图拆画出零件图进行加工制造。最后，再根据装配图进行零件部装、总装。拆画零件图的实质就是将装配图中的非标准零件从装配图中分离出来，并画成标准零件图的过程。拆图时，要正确分离零件，先拆画主要零件，然后再逐一拆画出有关零件，以便保证各零件的结构形状合理，并使尺寸配合性质和技术要求等协调一致。

## 二、拆画零件图的范围

前文提到一部机器（或一个部件）所包含的零件众多，但在企业生产过程中，不是将所有零件都拆画成零件图。有的零件，如标准件（外购件），可直接购买使用，无须画零件图（装配图中将零件规格、代号与标准标明即可）。只有属于本产品的专用件，即非标准零件，才是被拆画的主要对象。

## 三、拆画零件图的步骤

### 1. 分离零件

拆画零件图的关键点是能读懂装配图，进而将要拆画的零件从装配图中分离出来，其方法如下：

1）根据装配图中零件序号和明细栏，找到分离零件的序号、名称，找到该零件在装配图中的位置。如轴零件是 8 号零件，沿着序号的指引线，可找到轴零件的大致轮廓。

2）大致轮廓确定后，可根据同一零件剖面线一致性原则（不同零件的剖面线有一定差异），将该零件从装配图中分离出来。常见的做法是：将装配图上其他零件一一去掉，留下要分离的零件。分离后的轴零件如图 6-2-2 所示。

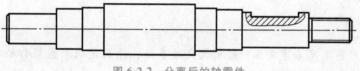

图 6-2-2　分离后的轴零件

### 2. 重新选择零件的表达方法

零件从装配图上分离出来以后，要表达清楚零件的全部结构形状，还需要重新考虑零件的表达方案。因为装配体的表达方案不一定适合其中某个零件的表达，所以在拆画零件图时，零件的主视图的确定、视图数量等并不一定和装配图的表达方案一致。此外，在零件图中，应将装配图中省略的零件工艺结构补全，如倒圆、倒角、退刀槽及越程槽等。

轴零件主视图按加工位置（同时也是工作位置）原则选择，即与装配图一致。为表达键槽结构特征，将轴零件旋转 90°摆放（即键槽朝前），并在键槽处增加两个断面视图表达，如图 6-2-3 所示。

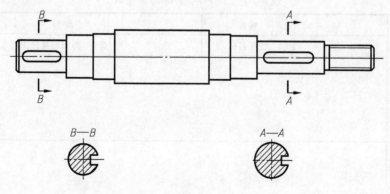

图 6-2-3　轴零件表达方案

**3. 标注完整的尺寸**

零件图中的尺寸数值，应根据装配图来确定。

1）抄注。装配图中已标注的尺寸，与被拆画零件有关的应照样标注，如外形尺寸、安装尺寸、规格尺寸等。

2）查找。对于在零件图上的标准结构、工艺结构，应从相应标准中查取并校对后标注，如沉孔尺寸、螺纹孔尺寸、键槽尺寸等。

3）计算。某些尺寸，应通过装配图所给定的参数计算后标注，不宜在装配图中直接量取。如齿轮分度圆尺寸、齿顶圆尺寸，应根据所给的模数、齿数及有关公式计算得到。

4）量取。对于装配图中未标注的尺寸，可直接从装配图中量取，再按图示比例换算后标注（取整）。

**4. 零件图上的技术要求**

零件的技术要求，如表面粗糙度、几何公差等，要根据零件在机器（部件）中的功用，以及与其他零件间的配合关系来确定，也可参照同类产品采用类比法制定。

**5. 校核零件图，加深图线，填写标题栏**

在完成零件图后，还需要对零件图的视图、尺寸、技术要求等各项内容进行全面校核，按零件图要求完成全图。

---

**【课堂故事】**

2019 年，广东省茂名市发生一起重大交通事故，原因是仪表盘螺钉松动。千里之堤，溃于蚁穴，一个看似不起眼的零件会引发如此重大事故。作为未来工程技术人员，应该具备较强的责任意识，培养自己严谨求实的工程素养。

**【课堂讨论】**

螺钉结构简单，却是整体不可或缺的一部分。请同学们思考，我们应该怎样处理个体与整体的关系？继而讨论"零件图"和"装配图"的关系。

---

**任务计划与决策**  （表 6-2-1）

表 6-2-1  工作任务计划与决策单

| 班级 | | 姓名 | | 学号 | |
|---|---|---|---|---|---|
| 组别 | | 任务名称 | | 6.2  拆画轴零件图 | |
| 任务计划 | | | | | |
| 任务决策 | | | | | |

**任务实施**　（表 6-2-2）

表 6-2-2　工作任务实施单

| 班级 | | 姓名 | | 学号 | |
|---|---|---|---|---|---|
| 组别 | | 任务名称 | | 6.2　拆画轴零件图 | |

任务实施如下：

根据图 6-2-1 所示的装配图，按照适当比例，拆画轴零件图，并标注相应尺寸（包含尺寸公差、表面粗糙度、几何公差）和技术要求等，形成标准零件图。

（请准备 A4 图纸）

**任务评价** （表 6-2-3）

表 6-2-3　工作任务评价单

| 班级 | | 姓名 | | 学号 | |
|---|---|---|---|---|---|
| 组别 | | 任务名称 | | 6.2　拆画轴零件图 | |
| 序号 | 评价内容 | | | 分数 | 得分 |
| 1 | 课前准备（预习情况） | | | 5 | |
| 2 | 知识链接（完成情况） | | | 10 | |
| 3 | 任务计划与决策 | | | 25 | |
| 4 | 任务实施（图线、表达方案、图形布局） | | | 25 | |
| 5 | 绘图质量 | | | 30 | |
| 6 | 课堂表现 | | | 5 | |
| 总分 | | | | 100 | |
| 学习体会 | | | | | |

## 任务3 拆画V带轮零件图

**任务布置**

根据图 6-3-1 所示的带轮传动部件装配图，按照适当比例，拆画V带轮零件图，并标注相应尺寸（包含尺寸公差、表面粗糙度、几何公差）和技术要求等，形成标准零件图。

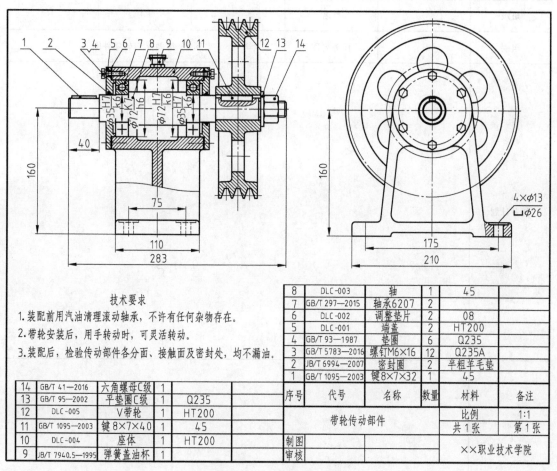

技术要求
1. 装配前用汽油清理滚动轴承，不许有任何杂物存在。
2. 带轮安装后，用手转动时，可灵活转动。
3. 装配后，检验传动部件各分面、接触面及密封处，均不漏油。

| 序号 | 代号 | 名称 | 数量 | 材料 | 备注 |
|------|------|------|------|------|------|
| 14 | GB/T 41—2016 | 六角螺母C级 | 1 | | |
| 13 | GB/T 95—2002 | 平垫圈C级 | 1 | Q235 | |
| 12 | DLC-005 | V带轮 | 1 | HT200 | |
| 11 | GB/T 1095—2003 | 键8×7×40 | 1 | 45 | |
| 10 | DLC-004 | 座体 | 1 | HT200 | |
| 9 | JB/T 7940.5—1995 | 弹簧盖油杯 | 1 | | |
| 8 | DLC-003 | 轴 | 1 | 45 | |
| 7 | GB/T 297—2015 | 轴承6207 | 2 | | |
| 6 | DLC-002 | 调整垫片 | 2 | 08 | |
| 5 | DLC-001 | 端盖 | 2 | HT200 | |
| 4 | GB/T 93—1987 | 垫圈 | 6 | Q235 | |
| 3 | GB/T 5783—2016 | 螺钉M6×16 | 12 | Q235A | |
| 2 | JB/T 6994—2007 | 密封圈 | 2 | 半粗羊毛毡 | |
| 1 | GB/T 1095—2003 | 键8×7×32 | 1 | 45 | |
| 序号 | 代号 | 名称 | 数量 | 材料 | 备注 |
| | | 带轮传动部件 | | 比例 | 1:1 |
| | | | | 共1张 | 第1张 |
| 制图 | | | ××职业技术学院 | | |
| 审核 | | | | | |

图 6-3-1 带轮传动部件装配图

**【课堂故事】**

"杂交水稻之父"袁隆平先生，通过不断的实践、思考、创新，最终发明了"三系法"籼型杂交水稻，解决了我国人民的温饱问题，为保障国家粮食安全做出了杰出贡献，是我国农业科技界的领袖。拆画零件图也是一样的思路，同学们可借鉴袁老先生的方法，通过不断实践、思考、创新，最终形成自己独有的拆画方法，并将其总结为"经验"。

**【课堂讨论】**

　　请同学们创新思路，思考是否可以采用其他的方法来拆画 V 带轮零件图，思考后，请将你的方法分享给大家。

**任务计划与决策**（表 6-3-1）

表 6-3-1　工作任务计划与决策单

| 班级 | | 姓名 | | 学号 | |
|---|---|---|---|---|---|
| 组别 | | 任务名称 | | 6.3　拆画 V 带轮零件图 | |
| 任务计划 | | | | | |
| 任务决策 | | | | | |

**任务实施**  （表 6-3-2）

表 6-3-2  工作任务实施单

| 班级 | | 姓名 | | 学号 | |
|---|---|---|---|---|---|
| 组别 | | 任务名称 | | 6.3  拆画 V 带轮零件图 | |

任务实施如下：

根据图 6-3-1 所示的带轮传动部件装配图，按照适当比例，拆画 V 带轮零件图，并标注相应尺寸（包含尺寸公差、表面粗糙度、几何公差）和技术要求等，形成标准零件图。

（请准备 A4 图纸）

**任务评价** （表 6-3-3）

表 6-3-3　工作任务评价单

| 班级 | | 姓名 | | 学号 | |
|---|---|---|---|---|---|
| 组别 | | 任务名称 | | 6.3　拆画 V 带轮零件图 | |
| 序号 | 评价内容 | | | 分数 | 得分 |
| 1 | 课前准备（预习情况） | | | 5 | |
| 2 | 知识链接（完成情况） | | | 10 | |
| 3 | 任务计划与决策 | | | 25 | |
| 4 | 任务实施（图线、表达方案、图形布局） | | | 25 | |
| 5 | 绘图质量 | | | 30 | |
| 6 | 课堂表现 | | | 5 | |
| 总分 | | | | 100 | |
| 学习体会 | | | | | |

# 课 后 习 题

1. 识读上模装配图（习题图 6-1），回答下列问题。

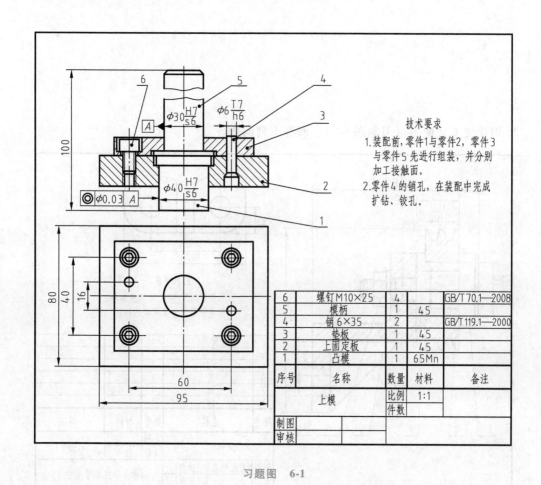

技术要求

1. 装配前,零件1与零件2,零件3 与零件5先进行组装,并分别 加工接触面。
2. 零件4的销孔,在装配中完成 扩钻、铰孔。

| 6 | 螺钉M10×25 | 4 | | GB/T 70.1—2008 |
|---|---|---|---|---|
| 5 | 模柄 | 1 | 45 | |
| 4 | 销 6×35 | 2 | | GB/T 119.1—2000 |
| 3 | 垫板 | 1 | 45 | |
| 2 | 上固定板 | 1 | 45 | |
| 1 | 凸模 | 1 | 65Mn | |
| 序号 | 名称 | 数量 | 材料 | 备注 |
| | 上模 | 比例 | 1:1 | |
| | | 件数 | | |
| 制图 | | | | |
| 审核 | | | | |

习题图　**6-1**

1) 上模由_____种零件组成，_____个零件组成。

2) 上模由_____个视图表达，其中主视图采用_____视图，装配图中的标准件的序号分别是_____；其中 2 个销是_____作用；零件 5 的作用是_____。

3) 装配图中凸模的材料是_____，属于_____钢，特性是_____。

4) 图中 $\phi 30 \frac{H7}{s6}$ 是零件_____和零件_____的_____尺寸，其中 H7 表示_____，s6 表示_____；$\phi 6 \frac{T7}{h6}$ 是零件_____和零件_____的_____尺寸，其中 T7 表示_____，h6 表示_____。

5) 图中 ⊚$\boxed{\phi 0.03}$ $\boxed{A}$ 表示零件_____的_____公差是_____；参考基准是_____。

6）拆画 2 号零件的零件图，并按照_____完成标注。

2. 识读支架装配图（习题图 6-2），回答下列问题。

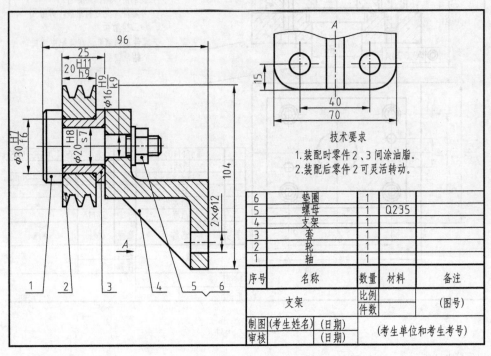

技术要求

1.装配时零件 2、3 间涂油脂。

2.装配后零件 2 可灵活转动。

| 6 | 垫圈 | 1 | | |
| 5 | 螺母 | 1 | Q235 | |
| 4 | 支架 | 1 | | |
| 3 | 套 | 1 | | |
| 2 | 轮 | 1 | | |
| 1 | 轴 | 1 | | |
| 序号 | 名称 | 数量 | 材料 | 备注 |
| 支架 | | 比例 | | （图号） |
| | | 件数 | | |
| 制图 | (考生姓名) | （日期） | | （考生单位和考生考号） |
| 审核 | | （日期） | | |

习题图 **6-2**

1）装配图中共有_____种零件；零件 1 与零件 4 通过_____固定连接。

2）装配图中的外形尺寸是_____，2×φ12 和 40 是_____尺寸。

3）装配图用_____个视图表达，其中主视图采用_____视图，图中的 A 向视图表达的内容是_____。

4）图中 $\phi 30\dfrac{H7}{s6}$ 是零件_____和零件_____的_____尺寸，其中公称尺寸是_____；属于_____制的_____配合。

5）$\phi 20\dfrac{H8}{s7}$ 是零件_____和零件_____的_____尺寸，其中 H8 表示_____，s7 表示_____。

6）零件 2 名称是_____，其上有_____槽，可与_____带配合。

7）在下面的空白处，完成零件 3 的零件图的表达。

3. 识读机用虎钳装配图（习题图 6-3），回答下列问题。

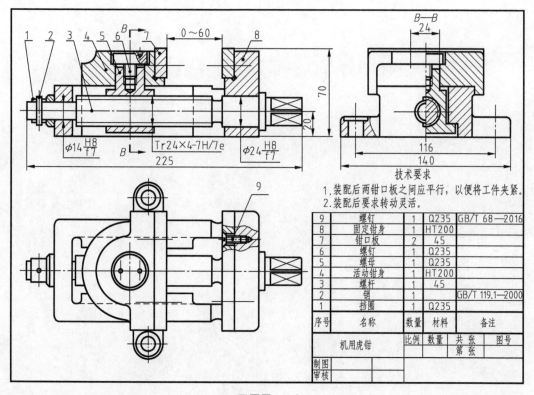

| 9 | 螺钉 | 1 | Q235 | GB/T 68—2016 |
| 8 | 固定钳身 | 1 | HT200 | |
| 7 | 钳口板 | 2 | 45 | |
| 6 | 螺钉 | 1 | Q235 | |
| 5 | 螺母 | 1 | Q235 | |
| 4 | 活动钳身 | 1 | HT200 | |
| 3 | 螺杆 | 1 | 45 | |
| 2 | 销 | 1 | | GB/T 119.1—2000 |
| 1 | 挡圈 | 1 | Q235 | |
| 序号 | 名称 | 数量 | 材料 | 备注 |

| 机用虎钳 | 比例 | 数量 | 共 张 | 图号 |
| | | | 第 张 | |
| 制图 | | | | |
| 审核 | | | | |

习题图 6-3

1）机用虎钳装配图由_____个视图表达，其中主视图采用_____视图，俯视图采用_____视图，左视图采用_____视图。

2）机用虎钳由_____种_____个零件组成，其中标准件_____个，分别是零件_____。

3）装配图中零件 2 的作用是_____，零件 7 与零件 8 靠_____固定，零件 3 与零件 5 是_____连接。

4）装配图中的总体尺寸是_____，安装尺寸是_____。

5）图中 $\phi24\dfrac{H8}{f7}$ 是零件_____和零件_____的_____尺寸，表示公称直径是_____，孔的公差带为_____，轴的公差带为_____，属于_____制的_____配合。

6）Tr24×4-7H/7e 表示零件_____上的_____螺纹，公称尺寸是_____，螺距为_____，7H 表示_____，7e 表示_____，螺纹旋向是_____旋。

7）活动钳口的开口范围是_____。

8）俯视图中零件 9 不剖切表达的原因是_____。

9）在下面空白处，完成零件 3 和零件 7 的零件图全部内容的表达。

# 附　录

表 A-1　普通螺纹直径与螺距系列、公称尺寸（摘自 GB/T 193—2003、GB/T 196—2003）

（单位：mm）

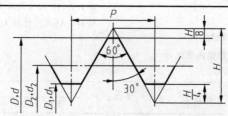

$D$—内螺纹大径　$d$—外螺纹大径　$D_2$—内螺纹中径　$d_2$—外螺纹中径　$D_1$—内螺纹小径
$d_1$—外螺纹小径　$P$—螺距　$H$—原始三角形高度

标注示例：

M10-6g（粗牙普通外螺纹、公称直径 $d$ = 10mm、右旋、中经和顶径公差带均为 6g、中等旋合长度）

M10×1-6H-LH（细牙普通内螺纹、公称直径 $D$ = 10mm、螺距 $P$ = 1、左旋、中经和顶径公差带均为 6H、中等旋合长度）

| 公称直径 $D$、$d$ | | 螺距 $P$ | | 粗牙小径 | 公称直径 $D$、$d$ | | 螺距 $P$ | | 粗牙小径 |
|---|---|---|---|---|---|---|---|---|---|
| 第 1 系列 | 第 2 系列 | 粗牙 | 细牙 | $D_1$，$d_1$ | 第 1 系列 | 第 2 系列 | 粗牙 | 细牙 | $D_1$，$d_1$ |
| 3 | | 0.50 | 0.35 | 2.459 | | 22 | 2.50 | 2.00、1.50、1.00 | 19.294 |
| | 3.5 | 0.60 | | 2.850 | 24 | | 3.00 | | 20.752 |
| 4 | | 0.70 | | 3.242 | | 27 | 3.00 | | 23.752 |
| | 4.5 | 0.75 | 0.50 | 3.688 | | | | | |
| 5 | | 0.80 | | 4.134 | 30 | | 3.50 | (3.00)、2.00、1.50、1.00 | 26.211 |
| 6 | | 1.00 | 0.75 | 4.917 | | 33 | 3.50 | (3.00)、2.00、1.50 | 29.211 |
| | 7 | 1.00 | 0.75 | 5.917 | 36 | | 4.00 | 3.00、2.00、1.50 | 31.670 |
| 8 | | 1.25 | 1.00、0.75 | 6.647 | | | | | |
| 10 | | 1.50 | 1.25、1.00、0.75 | 8.376 | | 39 | 4.00 | | 34.676 |
| 12 | | 1.75 | 1.25、1.00 | 10.106 | 42 | | 4.50 | | 37.129 |
| | 14 | 2.00 | 1.50、1.25、1.00 | 11.835 | | 45 | 4.50 | 4.00、3.00、2.00、1.50 | 40.129 |
| 16 | | 2.00 | 1.50、1.00 | 13.835 | 48 | | 5.00 | | 42.587 |
| | 18 | 2.50 | 2.00、1.50、1.00 | 15.294 | | 52 | 5.00 | | 46.587 |
| 20 | | 2.50 | | 17.294 | 56 | | 5.50 | | 50.064 |

注：1. 优先选用第 1 系列，其次是第 2 系列，括号中的尺寸尽可能不用。
　　2. 公称直径 $D$、$d$ 第 3 系列未列入。
　　3. 中径 $D_2$、$d_2$ 未列入。
　　4. M14×1.25 仅用于发动机的火花塞。

表 A-2　细牙普通螺纹螺距与小径的关系　　　（单位：mm）

| 螺距 $P$ | 小径 $D_1$、$d_1$ | 螺距 $P$ | 小径 $D_1$、$d_1$ | 螺距 $P$ | 小径 $D_1$、$d_1$ |
|---|---|---|---|---|---|
| 0.35 | $D-1+0.621$ | 1.00 | $D-2+0.917$ | 2.00 | $D-3+0.835$ |
| 0.50 | $D-1+0.459$ | 1.25 | $D-2+0.647$ | 3.00 | $D-4+0.752$ |
| 0.75 | $D-1+0.188$ | 1.50 | $D-2+0.376$ | 4.00 | $D-5+0.670$ |

注：表中的小径按 $D_1=d_1=d-2\times\frac{5}{8}H$、$H=\frac{\sqrt{3}}{2}P$ 计算得出。

表 A-3　管螺纹（摘自 GB 7306.1—2000、GB/T 7306.2—2000、GB/T 7307—2001）

（单位：mm）

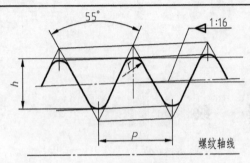

55°密封管螺纹

标注示例：

$R_1/2$(尺寸代号 1/2、右旋圆锥外螺纹)

Rc 1/2 LH(尺寸代号 1/2、左旋圆锥内螺纹)

Rp 2(尺寸代号 2、右旋圆柱内螺纹)

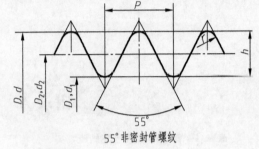

55°非密封管螺纹

标注示例：

G 1/2 LH(尺寸代号 1/2、左旋内螺纹)

G 1/2 A(尺寸代号 1/2、A 级右旋外螺纹)

| 尺寸代号 | 每 25.4mm 内的牙数 $n$ | 螺距 $P$ | 牙高 $h$ | 基本直径 | | |
|---|---|---|---|---|---|---|
| | | | | 大径 $d=D$ | 中径 $d_2=D_2$ | 小径 $d_1=D_1$ |
| 1/16 | 28 | 0.907 | 0.581 | 7.723 | 7.142 | 6.561 |
| 1/8 | 28 | 0.907 | 0.581 | 9.728 | 9.147 | 8.566 |
| 1/4 | 19 | 1.337 | 0.856 | 13.157 | 12.301 | 11.445 |
| 3/8 | 19 | 1.337 | 0.856 | 16.662 | 15.806 | 14.950 |
| 1/2 | 14 | 1.814 | 1.162 | 20.955 | 19.793 | 18.631 |
| 5/8 | 14 | 1.814 | 1.162 | 22.911 | 21.749 | 20.587 |
| 3/4 | 14 | 1.814 | 1.162 | 26.441 | 25.279 | 24.117 |
| 7/8 | 14 | 1.814 | 1.162 | 30.201 | 29.039 | 27.877 |
| 1 | 11 | 2.309 | 1.479 | 33.249 | 31.770 | 30.291 |
| 1+1/8 | 11 | 2.309 | 1.479 | 37.897 | 36.418 | 34.939 |
| 1+1/4 | 11 | 2.309 | 1.479 | 41.910 | 40.430 | 38.952 |
| 1+1/2 | 11 | 2.309 | 1.479 | 47.803 | 46.324 | 44.845 |
| 1+3/4 | 11 | 2.309 | 1.479 | 53.746 | 52.267 | 50.788 |
| 2 | 11 | 2.309 | 1.479 | 59.614 | 58.135 | 56.656 |
| 2+1/4 | 11 | 2.309 | 1.479 | 65.710 | 64.231 | 62.752 |
| 2+1/2 | 11 | 2.309 | 1.479 | 75.184 | 73.705 | 72.226 |
| 2+3/4 | 11 | 2.309 | 1.479 | 81.534 | 80.055 | 78.576 |
| 3 | 11 | 2.309 | 1.479 | 87.884 | 86.405 | 84.926 |
| 3+1/2 | 11 | 2.309 | 1.479 | 100.330 | 98.851 | 97.372 |
| 4 | 11 | 2.309 | 1.479 | 113.030 | 111.551 | 110.072 |
| 4+1/2 | 11 | 2.309 | 1.479 | 125.730 | 124.251 | 122.772 |
| 5 | 11 | 2.309 | 1.479 | 138.430 | 136.951 | 135.472 |
| 5+1/2 | 11 | 2.309 | 1.479 | 151.130 | 149.651 | 148.172 |
| 6 | 11 | 2.309 | 1.479 | 163.830 | 162.351 | 160.872 |

注：1. GB/T 7307—2001 规定了牙型角为 55°、螺纹副本身不具有密封性的圆柱管螺纹的牙型、尺寸、公差和标记。适用于管子、阀门、管接头、旋塞及其他管路附件的螺纹连接。

2. 若要求此连接具有密封性，应在螺纹以外设计密封面结构（例如圆锥面、平端面等）。在密封面内加合适的密封介质，利用螺纹将密封面锁紧密封。

表 A-4　梯形螺纹（摘自 GB/T 5796.2—2022、GB/T 5796.3—2022）（单位：mm）

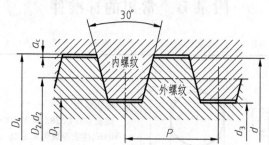

$d$—外螺纹大径　$d_3$—外螺纹小径　$D_4$—内螺纹大径　$D_1$—内螺纹小径　$d_2$—外螺纹中径

$D_2$—内螺纹中径　$P$—螺距　$a_c$—牙顶间隙

标注示例：

Tr 40×14 P7—7H—LH（公称直径 $D$ = 40mm、导程 $Ph$ = 14mm、螺距 $P$ = 7mm、双线左旋梯形内螺纹、中径公差带代号为 7H、中等旋合长度）

| 公称直径 $d$ | | 螺距 $P$ | 中径 $d_2 = D_2$ | 大径 $D_4$ | 小径 | | 公称直径 $d$ | | 螺距 $P$ | 中径 $d_2 = D_2$ | 大径 $D_4$ | 小径 | |
|---|---|---|---|---|---|---|---|---|---|---|---|---|---|
| 第1系列 | 第2系列 | | | | $d_3$ | $D_1$ | 第1系列 | 第2系列 | | | | $d_3$ | $D_1$ |
| 8 | | 1.50 | 7.25 | 8.30 | 6.20 | 6.50 | | 26 | 3.00 | 24.50 | 26.50 | 22.50 | 23.00 |
| | 9 | 1.50 | 8.25 | 9.30 | 7.20 | 7.50 | | | 5.00 | 23.50 | 26.50 | 20.50 | 21.00 |
| | | 2.00 | 8.00 | 9.50 | 6.50 | 7.00 | | | 8.00 | 22.00 | 27.00 | 17.00 | 18.00 |
| 109 | | 1.50 | 9.25 | 10.30 | 8.20 | 8.50 | 28 | | 3.00 | 26.50 | 28.50 | 24.50 | 25.00 |
| | | 2.00 | 9.00 | 10.50 | 7.50 | 8.00 | | | 5.00 | 25.50 | 28.50 | 22.50 | 23.00 |
| | 11 | 2.00 | 10.00 | 11.50 | 8.50 | 9.00 | | | 8.00 | 24.00 | 29.00 | 19.00 | 20.00 |
| | | 3.00 | 9.50 | 11.50 | 7.50 | 8.00 | | 30 | 3.00 | 28.50 | 30.50 | 26.50 | 27.00 |
| 12 | | 2.00 | 11.00 | 12.50 | 9.50 | 10.00 | | | 6.00 | 27.00 | 31.00 | 23.00 | 24.00 |
| | | 3.00 | 10.50 | 12.50 | 8.50 | 9.00 | | | 10.00 | 25.00 | 31.00 | 19.00 | 20.00 |
| | 14 | 2.00 | 13.00 | 14.50 | 11.50 | 12.00 | 32 | | 3.00 | 30.50 | 32.50 | 28.50 | 29.00 |
| | | 3.00 | 12.50 | 14.50 | 10.50 | 11.00 | | | 6.00 | 29.00 | 33.00 | 25.00 | 26.00 |
| 16 | | 2.00 | 15.00 | 16.50 | 13.00 | 14.00 | | | 10.00 | 27.00 | 33.00 | 21.00 | 22.00 |
| | | 4.00 | 14.00 | 16.50 | 11.50 | 12.00 | | 34 | 3.00 | 32.50 | 34.50 | 30.50 | 31.00 |
| | 18 | 2.00 | 17.00 | 18.50 | 15.50 | 16.00 | | | 6.00 | 31.00 | 35.00 | 27.00 | 28.00 |
| | | 4.00 | 16.00 | 18.50 | 13.50 | 14.00 | | | 10.00 | 29.00 | 35.00 | 23.00 | 24.00 |
| 20 | | 2.00 | 19.00 | 20.50 | 17.50 | 18.00 | 36 | | 3.00 | 34.50 | 36.50 | 32.50 | 33.00 |
| | | 4.00 | 18.00 | 20.50 | 15.50 | 16.00 | | | 6.00 | 33.00 | 37.00 | 29.00 | 30.00 |
| 24 | | 3.00 | 22.50 | 24.50 | 20.50 | 21.00 | | | 10.00 | 31.00 | 37.00 | 25.00 | 26.00 |
| | | 5.00 | 21.50 | 24.50 | 18.50 | 19.00 | 40 | | 3.00 | 38.50 | 40.50 | 36.50 | 37.00 |
| | | 8.00 | 20.00 | 25.00 | 15.00 | 16.00 | | | 7.00 | 36.50 | 41.00 | 32.00 | 33.00 |
| | | | | | | | | | 10.00 | 35.00 | 41.00 | 29.00 | 30.00 |

注：优先选用第 1 系列的直径。

# 附录 B　常用的标准件

表 B-1　六角头螺栓（一）（摘自 GB/T 5782—2016）　　　　　　（单位：mm）

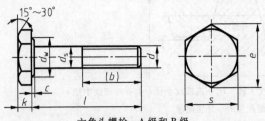

六角头螺栓—A 级和 B 级

标注示例：

螺栓 GB/T 5782 M12×100（螺纹规格为 M12、公称长度 $l$ = 100mm、性能等级为 8.8 级、表面不经处理、产品等级为 A 级的六角头螺栓）

| 螺纹规格 $d$ | | M5 | M6 | M8 | M10 | M12 | M16 | M20 | M24 | M30 | M36 | M42 |
|---|---|---|---|---|---|---|---|---|---|---|---|---|
| $b_{参考}$ | $l_{公称} ≤ 125$ | 16 | 18 | 22 | 26 | 30 | 38 | 46 | 54 | 66 | 78 | — |
| | $125 < l_{公称} ≤ 200$ | 22 | 24 | 28 | 32 | 36 | 44 | 52 | 60 | 72 | 84 | 96 |
| | $l_{公称} > 125$ | 35 | 37 | 41 | 45 | 49 | 57 | 65 | 73 | 85 | 97 | 109 |
| $c_{max}$ | | 0.5 | 0.5 | 0.6 | 0.6 | 0.6 | 0.8 | 0.8 | 0.8 | 0.8 | 0.8 | 1.0 |
| $k_{公称}$ | | 3.5 | 4.0 | 5.3 | 6.4 | 7.5 | 10.0 | 12.5 | 15.0 | 18.7 | 22.5 | 26.0 |
| $d_{smax}$ | | 5 | 6 | 8 | 10 | 12 | 16 | 20 | 24 | 30 | 36 | 42 |
| $s_{max}$ = 公称 | | 8 | 10 | 13 | 16 | 18 | 24 | 30 | 36 | 46 | 55 | 65 |
| $e_{min}$ | A | 8.79 | 11.05 | 14.38 | 17.77 | 20.03 | 26.75 | 33.53 | 39.98 | — | — | — |
| | B | 8.63 | 10.89 | 14.20 | 17.59 | 19.85 | 26.17 | 32.95 | 39.55 | 50.85 | 60.79 | 71.30 |
| $d_{wmin}$ | A | 6.88 | 8.88 | 11.63 | 14.63 | 16.63 | 22.49 | 28.19 | 33.61 | — | — | — |
| | B | 6.74 | 8.74 | 11.47 | 14.47 | 16.47 | 22.00 | 27.70 | 33.25 | 42.75 | 51.11 | 59.95 |
| $l_{范围}$ | GB/T 5782 | 25~50 | 30~60 | 40~80 | 45~100 | 50~120 | 65~160 | 80~200 | 90~240 | 110~300 | 140~360 | 160~440 |
| $l_{系列}$ | | 25、30、35、40、45、50、55、60、65、70、80、90、100、110、120、130、140、150、160、180、220、240、260、280、300、320、340、360、380、400、420、440、460、480、500 | | | | | | | | | | |

注：1. 螺纹公差：6g；性能等级：8.8。

　　2. 公称直径 $D$、$d$ 第 3 系列未列入。

　　3. 产品等级：A 级用于 $d ≤ 24$ 和 $l ≤ 10d$ 或 $l ≤ 150$（按较小值）；B 级用于 $d > 24$ 或 $l > 10d$ 或 $l > 150$（按较小值）。

表 B-2　六角头螺栓（二）（摘自 GB/T 5780—2016、GB/T 5781—2016）

（单位：mm）

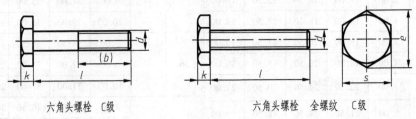

六角头螺栓 〔级　　　　　　　　六角头螺栓　全螺纹 〔级

标注示例：

螺栓 GB/T 5780 M20×100（螺纹规格为 M20、公称长度 $l$ = 100mm、性能等级为 4.8 级、表面不经处理、产品等级为 C 级的六角头螺栓）

（续）

| 螺纹规格 $d$ | | M5 | M6 | M8 | M10 | M12 | M16 | M20 | M24 | M30 | M36 | M42 |
|---|---|---|---|---|---|---|---|---|---|---|---|---|
| $b_{参考}$ | $l_{公称} \leqslant 125$ | 16 | 18 | 22 | 26 | 30 | 38 | 46 | 54 | 66 | — | — |
| | $125 < l_{公称} \leqslant 200$ | 22 | 24 | 28 | 32 | 36 | 44 | 52 | 60 | 72 | 84 | 96 |
| | $l_{公称} > 125$ | 35 | 37 | 41 | 45 | 49 | 57 | 65 | 73 | 85 | 97 | 109 |
| $k_{公称}$ | | 3.5 | 4.0 | 5.3 | 6.4 | 7.5 | 10.0 | 12.5 | 15.0 | 18.7 | 22.5 | 26.0 |
| $s_{max}$ | | 8 | 10 | 13 | 16 | 18 | 24 | 30 | 36 | 46 | 55 | 65 |
| $e_{min}$ | | 8.63 | 10.90 | 14.20 | 17.59 | 19.85 | 26.17 | 32.95 | 39.55 | 50.85 | 60.79 | 71.30 |
| $l_{范围}$ | GB/T 5780 | 25~50 | 30~60 | 40~80 | 45~100 | 55~120 | 65~160 | 80~200 | 100~240 | 120~300 | 140~360 | 180~420 |
| | GB/T 5781 | 10~50 | 12~60 | 16~80 | 20~100 | 25~120 | 30~160 | 40~200 | 50~240 | 60~300 | 70~360 | 80~420 |
| $l_{公称}$ | | 10、12、16、20、25、30、35、40、45、50、55、60、65、70、80、90、100、110、120、130、140、150、160、180、220、240、260、280、300、320、340、360、380、400、420、440、460、480、500 | | | | | | | | | | |

表 B-3  **1 型六角螺母**（摘自 GB/T 6170—2015、GB/T 41—2016）  （单位：mm）

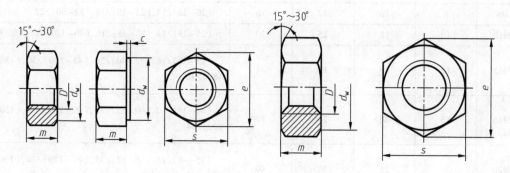

1型六角螺母  A级和B级                 1型六角螺母  C级

标注示例：

螺母 GB/T 6170 M20（螺纹规格为 M20、性能等级为 10 级、表面不经处理、产品等级为 A 级的 1 型六角螺母）

螺母 GB/T 41 M12（螺纹规格为 M12、性能等级为 5 级、表面不经处理、产品等级为 C 级的 1 型六角螺母）

| 螺纹规格 $D$ | | M5 | M6 | M8 | M10 | M12 | M16 | M20 | M24 | M30 | M36 | M42 |
|---|---|---|---|---|---|---|---|---|---|---|---|---|
| $c$ | | 0.5 | | | 0.6 | | | | 0.8 | | | 1.0 |
| $s_{max}$ | | 8 | 10 | 13 | 16 | 18 | 24 | 30 | 36 | 46 | 55 | 65 |
| $e_{min}$ | A、B级 | 8.79 | 11.05 | 14.38 | 17.77 | 20.03 | 26.75 | 32.95 | 39.55 | 50.85 | 60.79 | 71.30 |
| | C级 | 8.63 | 10.89 | 14.20 | 17.59 | 19.85 | 26.17 | 32.95 | 39.55 | 50.85 | 60.79 | 71.30 |
| $m_{max}$ | A、B级 | 4.7 | 5.2 | 6.8 | 8.4 | 10.8 | 14.8 | 18.0 | 21.5 | 25.6 | 31.0 | 34.0 |
| | C级 | 5.6 | 6.4 | 7.9 | 9.5 | 12.2 | 15.9 | 19.0 | 22.3 | 26.4 | 31.9 | 34.9 |
| $d_{wmin}$ | A、B级 | 6.9 | 8.9 | 11.6 | 14.6 | 16.6 | 22.5 | 27.7 | 33.3 | 42.8 | 51.1 | 60.0 |
| | C级 | 6.7 | 8.7 | 11.5 | 14.5 | 16.5 | 22.0 | 27.7 | 33.3 | 42.8 | 51.1 | 60.0 |

表 B-4　双头螺柱（摘自 GB/T 897—1988、GB/T 898—1988、GB/T 899—1988、GB/T 900—1988）

（单位：mm）

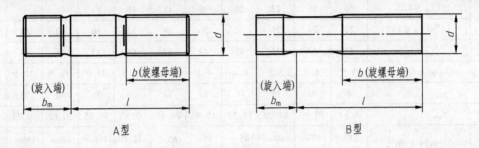

| A型 | B型 |

标注示例：

螺柱 GB/T 900 M10×50（两端均为粗牙普通螺纹、$d=10$mm、$l=50$mm、性能等级为 4.8 级、表面不经处理、B 型、$b_m=2d$ 的双头螺柱）

| 螺纹规格 $d$ | $b_m$（公称） | | | | 螺柱长度 $l$/旋螺母端长度 $b$ |
|---|---|---|---|---|---|
| | GB/T 897 | GB/T 898 | GB/T 899 | GB/T 900 | |
| M5 | 5 | 6 | 8 | 10 | （16~22）/8、（25~40）/16 |
| M6 | 6 | 8 | 10 | 12 | （16~22）/10、（25~30）/14、（32~75）/18 |
| M8 | 8 | 10 | 12 | 16 | （20~22）/12、（25~30）/16、（32~90）/22 |
| M10 | 10 | 12 | 15 | 20 | （25~28）/14、（30~38）/16、（40~120）/26、132/32 |
| M12 | 12 | 15 | 18 | 24 | （25~30）/16、（32~40）/20、（45~120）/30、（130~180）/36 |
| M16 | 16 | 20 | 24 | 32 | （30~38）/20、（40~55）/30、（60~120）/38、（130~200）/44 |
| M20 | 20 | 25 | 30 | 40 | （35~40）/25、（45~65）/35、（70~120）/46、（130~200）/52 |
| （M24） | 24 | 30 | 36 | 48 | （45~50）/30、（55~75）/45、（80~120）/54、（130~200）/60 |
| （M30） | 30 | 38 | 45 | 60 | （60~65）/40、（70~90）/50、（95~120）/66、（130~200）/72、（210~250）/85 |
| M36 | 36 | 45 | 54 | 72 | （65~75）/45、（80~110）/60、120/78、（130~200）/84、（210~300）/97 |
| M42 | 42 | 52 | 63 | 84 | （70~80）/50、（85~110）/70、120/90、（130~200）/96、（210~300）/109 |
| $l$系列 | 12、16、20、25、30、35、40、45、50、60、70、80、90、100~260（10 进位）、280、300 | | | | |

注：1. 尽可能不采用括号内的规格。

2. $b_m=d$，一般用于钢对钢；$b_m=（1.25~1.5）d$，一般用于钢对铸铁；$b_m=2d$，一般用于钢对铝合金。

表 B-5　螺钉（一）（摘自 GB/T 65—2016、GB/T 67—2016、GB/T 68—2016）

（单位：mm）

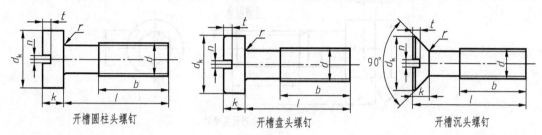

开槽圆柱头螺钉　　　　　　　　开槽盘头螺钉　　　　　　　　开槽沉头螺钉

标注示例:

螺钉 GB/T 65 M5×20(螺纹规格为 M5、公称长度 l=20mm、性能等级为 4.8 级,表面不经处理的 A 级开槽圆柱头螺钉)

| 螺纹规格 $d$ | | M1.6 | M2 | M2.5 | M3 | M4 | M5 | M6 | M8 | M10 |
|---|---|---|---|---|---|---|---|---|---|---|
| GB/T 65—2016 | $d_{kmax}$ | 3.0 | 3.8 | 4.5 | 5.5 | 7.0 | 8.5 | 10.0 | 13.0 | 16.0 |
| | $k_{max}$ | 1.1 | 1.4 | 1.8 | 2.0 | 2.6 | 3.3 | 3.9 | 5.0 | 6.0 |
| | $t_{min}$ | 0.45 | 0.60 | 0.70 | 0.85 | 1.10 | 1.30 | 1.60 | 2.00 | 2.40 |
| | $r_{min}$ | 0.10 | 0.10 | 0.10 | 0.10 | 0.20 | 0.20 | 0.25 | 0.40 | 0.40 |
| | $l$ | 2~16 | 3~20 | 3~25 | 4~35 | 5~40 | 6~50 | 8~60 | 10~80 | 12~80 |
| | 全螺纹时最大长度 | 30 | | | | | 40 | | | |
| GB/T 67—2016 | $d_{kmax}$ | 3.2 | 4.0 | 5.0 | 5.6 | 8.0 | 9.5 | 12.0 | 16.0 | 20.0 |
| | $k_{max}$ | 1.0 | 1.3 | 1.5 | 1.8 | 2.4 | 3.0 | 3.6 | 4.8 | 6.0 |
| | $t_{min}$ | 0.35 | 0.50 | 0.60 | 0.70 | 1.00 | 1.20 | 1.40 | 1.90 | 2.40 |
| | $r_{min}$ | 0.10 | 0.10 | 0.10 | 0.10 | 0.20 | 0.20 | 0.25 | 0.40 | 0.40 |
| | $l$ | 2~16 | 2.5~20 | 3~25 | 4~30 | 5~40 | 6~50 | 8~60 | 10~80 | 12~80 |
| | 全螺纹时最大长度 | 30 | | | | | 40 | | | |
| GB/T 68—2016 | $d_{kmax}$ | 3.0 | 3.8 | 4.7 | 5.5 | 8.4 | 9.3 | 11.3 | 15.8 | 18.3 |
| | $k_{max}$ | 1.00 | 1.20 | 1.50 | 1.65 | 2.70 | 2.70 | 3.30 | 4.65 | 5.00 |
| | $t_{min}$ | 0.32 | 0.40 | 0.50 | 0.60 | 1.00 | 1.10 | 1.20 | 1.80 | 2.00 |
| | $r_{max}$ | 0.4 | 0.5 | 0.6 | 0.8 | 1.0 | 1.3 | 1.5 | 2.0 | 2.5 |
| | $l$ | 2.5~16 | 3~20 | 4~25 | 5~30 | 6~40 | 8~50 | 8~60 | 10~80 | 12~80 |
| | 全螺纹时最大长度 | 30 | | | | | 45 | | | |
| $n$ | | 0.4 | 0.5 | 0.6 | 0.8 | 1.2 | 1.2 | 1.6 | 2.0 | 2.5 |
| $b_{min}$ | | 25 | | | | | 38 | | | |
| $l$ 系列 | | 2、2.5、3、4、5、6、8、10、12、(14)、16、20、25、30、35、40、45、50、(55)、60、(65)、70、(75)、80 | | | | | | | | |

注：尽可能不采用括号内的规格。

表 B-6　螺钉（二）（摘自 GB/T 70.1—2008）　　　　　　　　　（单位：mm）

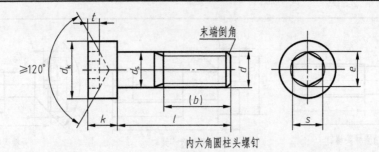

内六角圆柱头螺钉

标注示例：

螺钉 GB/T 70.1 M5×20（螺纹规格 $d$=M5、公称长度 $l$=20mm、性能等级为 8.8 级，表面氧化的 A 级内六角圆柱头螺钉）

| 螺纹规格 $d$ | | M4 | M5 | M6 | M8 | M10 | M12 | (M14) | M16 | M20 | M24 |
|---|---|---|---|---|---|---|---|---|---|---|---|
| 螺距 $P$ | | 0.70 | 0.80 | 1.00 | 1.25 | 1.50 | 1.75 | 2.00 | 2.00 | 2.50 | 3.00 |
| $b_{参考}$ | | 20 | 22 | 24 | 28 | 32 | 36 | 40 | 44 | 52 | 60 |
| $d_{kmax}$ | 光滑头部 | 7.00 | 8.50 | 10.00 | 13.00 | 16.00 | 18.00 | 21.00 | 24.00 | 30.00 | 36.00 |
| | 滚花头部 | 7.22 | 8.72 | 10.22 | 13.27 | 16.27 | 18.27 | 21.33 | 24.33 | 30.33 | 36.39 |
| $k_{max}$ | | 4 | 5 | 6 | 8 | 10 | 12 | 14 | 16 | 20 | 24 |
| $t_{min}$ | | 2.0 | 2.5 | 3.0 | 4.0 | 5.0 | 6.0 | 7.0 | 8.0 | 10.0 | 12.0 |
| $s_{公称}$ | | 3 | 4 | 5 | 6 | 8 | 10 | 12 | 14 | 17 | 19 |
| $e_{min}$ | | 3.44 | 4.58 | 5.72 | 6.86 | 9.15 | 11.43 | 13.72 | 16.00 | 19.44 | 21.73 |
| $d_{min}$ | | 4 | 5 | 6 | 8 | 10 | 12 | 14 | 16 | 20 | 24 |
| $l_{范围}$ | | 6~40 | 8~50 | 10~60 | 12~80 | 16~100 | 20~120 | 25~140 | 25~160 | 30~200 | 40~200 |
| 全螺纹时最大长度 | | 25 | 25 | 30 | 35 | 40 | 45 | 55 | 55 | 65 | 80 |
| $l_{系列}$ | | 6、8、10、12、(14)、(16)、20、25、30、35、40、45、50、(55)、60、(65)、70、80、90、100、110、120、130、140、150、160、180、200 | | | | | | | | | |

注：尽可能不采用括号内的规格。

表 B-7　螺钉（三）（摘自 GB/T 71—2018、GB/T 73—2017、GB/T 75—2018）

（单位：mm）

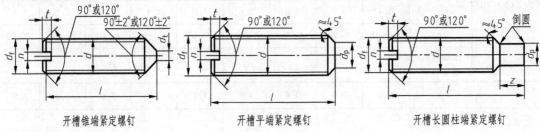

开槽锥端紧定螺钉　　　　　　开槽平端紧定螺钉　　　　　开槽长圆柱端紧定螺钉

标注示例：

螺钉 GB/T 73 M5×12（螺纹规格为 M5、公称长度 $l$=12mm、钢制、硬度等级 14H 级，表面不经处理、产品等级 A 级的开槽平端紧定螺钉）

（续）

| 螺纹规格 $d$ | | | M1.2 | M1.6 | M2 | M2.5 | M3 | M4 | M5 | M6 | M8 | M10 |
|---|---|---|---|---|---|---|---|---|---|---|---|---|
| $n$（公称） | | | 0.20 | 0.25 | 0.25 | 0.40 | 0.40 | 0.60 | 0.80 | 1.00 | 1.20 | 1.60 |
| $t_{min}$ | | | 0.40 | 0.56 | 0.64 | 0.80 | 0.80 | 1.12 | 1.28 | 1.60 | 2.00 | 2.40 |
| GB/T 71 | $d_{tmax}$ | | 0.12 | 0.16 | 0.20 | 0.30 | 0.30 | 0.40 | 0.50 | 1.50 | 2.00 | 2.50 |
| | $l$（公称） | 短 | 2 | 2~2.5 | | 2~3 | 2~3 | 2~4 | 2~5 | 2~6 | 2~8 | 2~10 |
| | | 长 | 2~6 | 2~8 | 3~10 | 3~12 | 4~16 | 6~20 | 8~25 | 8~30 | 10~40 | 12~50 |
| GB/T 73 | $d_p$ | max | 0.60 | 0.80 | 1.00 | 1.50 | 2.00 | 2.50 | 3.50 | 4.00 | 5.50 | 7.00 |
| | | min | 0.35 | 0.55 | 0.75 | 1.25 | 1.75 | 2.25 | 3.20 | 3.70 | 5.20 | 6.64 |
| | $l$（公称） | 短 | — | 2 | 2~2.5 | 2~3 | 2~3 | 2~4 | 2~5 | 2~6 | 2~6 | 2~8 |
| | | 长 | 2~6 | 2~8 | 2~10 | 2.5~12 | 3~16 | 4~20 | 5~25 | 6~30 | 8~40 | 10~50 |
| GB/T 75 | $d_{pmax}$ | | — | 0.80 | 1.00 | 1.50 | 2.00 | 2.50 | 3.50 | 4.00 | 5.50 | 7.00 |
| | $z_{min}$ | | — | 0.80 | 1.00 | 1.25 | 1.50 | 2.00 | 2.50 | 3.00 | 4.00 | 5.00 |
| | $l$公称 | 短 | — | 2 | 2~2.5 | 2~3 | 2~4 | 2~5 | 2~6 | 2~6 | 2~6 | 2~8 |
| | | 长 | — | 2.5~8 | 3~10 | 4~12 | 5~16 | 6~20 | 8~25 | 8~30 | 10~40 | 12~50 |

　　表 B-8　垫圈（摘自 GB/T 97.1—2002、GB/T 97.2—2002、GB/T 95—2002、GB/T 93—1987）

（单位：mm）

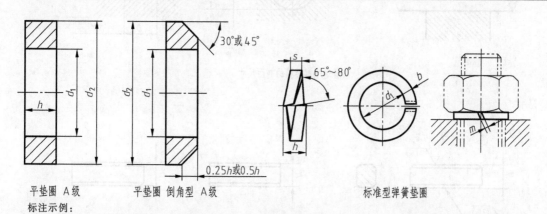

平垫圈 A 级　　　　平垫圈 倒角型 A 级　　　　　　　　标准型弹簧垫圈

标注示例：

　　垫圈 GB/T 97.1　8（标准系列、公称规格 8mm、由钢制造的硬度等级为 200HV 级、表面不经处理、产品等级为 A 级的平垫圈）

　　垫圈 GB/T 93—1987　16（规格 16mm、材料为 65Mn、表面氧化的标准型弹簧垫圈）

| 公称规格（螺纹大径 $d$） | | 4 | 5 | 6 | 8 | 10 | 12 | 16 | 20 | 24 | 30 | 36 | 42 |
|---|---|---|---|---|---|---|---|---|---|---|---|---|---|
| GB/T 97.1 | $d_1$ | 4.3 | 5.3 | 6.4 | 8.4 | 10.5 | 13.0 | 17.0 | 21.0 | 25.0 | 31.0 | 37.0 | 45.0 |
| | $d_2$ | 9.0 | 10.0 | 12.0 | 16.0 | 20.0 | 24.0 | 30.0 | 37.0 | 44.0 | 56.0 | 66.0 | 78.0 |
| | $h$ | 0.8 | 1.0 | 1.6 | 1.6 | 2.0 | 2.5 | 3.0 | 3.0 | 4.0 | 4.0 | 5.0 | 8.0 |
| GB/T 97.2 | $d_1$ | — | 5.3 | 6.4 | 8.4 | 10.5 | 13.0 | 17.0 | 21.0 | 25.0 | 31.0 | 37.0 | 45.0 |
| | $d_2$ | — | 10.0 | 12.0 | 16.0 | 20.0 | 24.0 | 30.0 | 37.0 | 44.0 | 56.0 | 66.0 | 78.0 |
| | $h$ | — | 1.0 | 1.6 | 1.6 | 2.0 | 2.5 | 3.0 | 3.0 | 4.0 | 4.0 | 5.0 | 8.0 |

（续）

| | | | | | | | | | | | | | |
|---|---|---|---|---|---|---|---|---|---|---|---|---|---|
| | $d_1$ | 4.5 | 5.5 | 6.6 | 9.0 | 11.0 | 13.5 | 17.5 | 22.0 | 26.0 | 33.0 | 39.0 | 45.0 |
| GB/T 95 | $d_2$ | 9.0 | 10.0 | 12.0 | 16.0 | 20.0 | 24.0 | 30.0 | 37.0 | 44.0 | 56.0 | 66.0 | 78.0 |
| | $h$ | 0.8 | 1.0 | 1.6 | 1.6 | 2.0 | 2.5 | 3.0 | 3.0 | 4.0 | 4.0 | 5.0 | 8.0 |
| | $d_1$ | 4.1 | 5.1 | 6.1 | 8.1 | 10.2 | 12.2 | 16.2 | 20.2 | 24.5 | 30.5 | 36.5 | 42.5 |
| GB/T 93 | $s(b)$ | 1.1 | 1.3 | 1.6 | 2.1 | 2.6 | 3.1 | 4.1 | 5.0 | 6.0 | 7.5 | 9.0 | 10.5 |
| | $h$ | 2.8 | 3.3 | 4.0 | 5.3 | 6.5 | 7.8 | 10.3 | 12.5 | 15.0 | 18.6 | 22.5 | 26.3 |
| | $m \leqslant$ | 0.55 | 0.65 | 0.80 | 1.05 | 1.30 | 1.55 | 2.05 | 2.50 | 3.00 | 3.75 | 4.50 | 5.25 |

注：1. A 级适用于精装配系列；C 级适用于中等装配系列。

　　2. C 级垫圈没有 $Ra3.2\mu m$ 和去毛刺的要求。

表 B-9　平键及键槽各部尺寸（摘自 GB/T 1095—2003、GB/T 1096—2003）

（单位：mm）

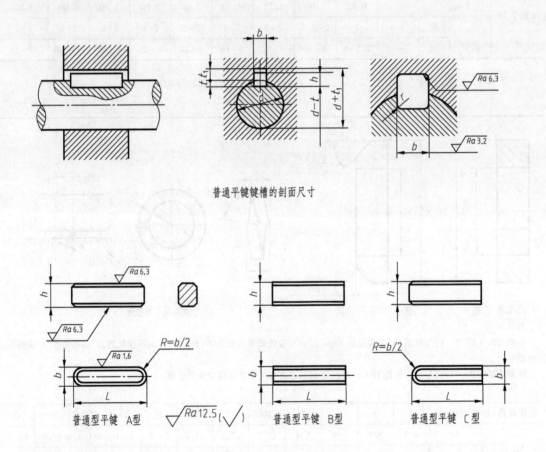

普通平键键槽的剖面尺寸

普通型平键　A型　　普通型平键　B型　　普通型平键　C型

标注示例：

GB/T 1096　键 16×10×100（普通 A 型平键，$b=16mm$、$h=10mm$、$L=100mm$）

GB/T 1096　键 B16×10×100（普通 B 型平键，$b=16mm$、$h=10mm$、$L=100mm$）

GB/T 1096　键 C16×10×100（普通 C 型平键，$b=16mm$、$h=10mm$、$L=100mm$）

（续）

| 轴 | 键 | | 键槽 | | | | | | | | | | |
|---|---|---|---|---|---|---|---|---|---|---|---|---|---|
| | | | | 宽度 $b$ | | | | | 深度 | | | | 半径 $r$ |
| 公称直径 $d$ | 尺寸 $b×h$ | 长度 $L$ | 公称尺寸 | 极限偏差 | | | | | 轴 $t$ | | 毂 $t_1$ | | |
| | | | | 松联结 | | 正常联结 | | 紧密联结 | 公称尺寸 | 极限偏差 | 公称尺寸 | 极限偏差 | |
| | | | | 轴 H9 | 毂 D10 | 轴 N9 | 毂 JS9 | 轴和毂 P9 | | | | | min | max |
| >6~8 | 2×2 | 6~20 | 2 | +0.025 0 | +0.060 +0.020 | -0.004 -0.029 | ±0.0125 | -0.006 -0.031 | 1.2 | | 1.0 | | 0.08 | 0.16 |
| >10~12 | 3×3 | 6~36 | 3 | | | | | | 1.8 | | 1.4 | +0.10 | |
| >10~12 | 4×4 | 8~45 | 4 | +0.030 0 | +0.078 +0.030 | 0 -0.030 | ±0.015 | -0.012 -0.042 | 2.5 | +0.10 | 1.8 | | |
| >12~17 | 5×5 | 10~56 | 5 | | | | | | 3.0 | | 2.3 | | |
| >17~22 | 6×6 | 14~70 | 6 | | | | | | 3.5 | | 2.8 | | 0.16 | 0.25 |
| >22~30 | 8×7 | 18~90 | 8 | +0.036 0 | +0.098 +0.040 | 0 -0.036 | ±0.018 | -0.015 -0.051 | 4.0 | | 3.3 | | |
| >30~38 | 10×8 | 22~110 | 10 | | | | | | 5.0 | | 3.3 | | |
| >38~44 | 12×8 | 28~140 | 12 | | | | | | 5.0 | | 3.3 | | |
| >44~50 | 14×9 | 36~160 | 14 | +0.043 0 | +0.120 +0.050 | 0 -0.043 | ±0.0215 | -0.018 -0.061 | 5.5 | | 3.8 | | 0.25 | 0.40 |
| >50~58 | 16×10 | 45~180 | 16 | | | | | | 6.0 | +0.20 | 4.3 | +0.20 | |
| >58~65 | 18×11 | 50~200 | 18 | | | | | | 7.0 | | 4.4 | | |
| >65~75 | 20×12 | 56~220 | 20 | | | | | | 7.5 | | 4.9 | | |
| >75~85 | 22×14 | 63~250 | 22 | +0.052 0 | +0.149 +0.065 | 0 -0.052 | ±0.026 | -0.022 -0.074 | 9.0 | | 5.4 | | 0.40 | 0.60 |
| >85~95 | 25×14 | 70~280 | 25 | | | | | | 9.0 | | 5.4 | | |
| >95~110 | 28×16 | 80~320 | 28 | | | | | | 10.0 | | 6.4 | | |
| $L$系列 | 6~22（2进位）、25、28、32、36、40、45、50、56、63、70、80、90、100、110、125、140、160、180、200、220、250、280、320、360、400、450、500 | | | | | | | | | | | | |

注：1. （$d-t$）和（$d+t_1$）两组组合尺寸的极限偏差按相应的 $t$ 和 $t_1$ 的极限偏差选取，但（$d-t$）极限偏差应取负号。
　　2. 键宽 $b$ 的极限偏差为 H8；键高 $h$ 的极限偏差为 H11；键长 $L$ 的极限偏差为 H14。

表 B-10　圆柱销不淬硬钢和奥氏体不锈钢（摘自 GB/T 119.1—2000）（单位：mm）

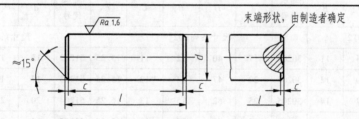

标注示例：

销 GB/T 119.1 6 m6×30（公称直径 $d=6$mm、公差为 m6、公称长度 $l=30$mm、材料为钢、不经淬火、表面不经处理的圆柱销）

销 GB/T 119.1 6 m6×30-A1（公称直径 $d=6$mm、公差为 m6、长度 $l=30$mm、材料为 A1 组奥氏体不锈钢、表面简单处理的圆柱销）

| $d$公称 | 2 | 2.5 | 3 | 4 | 5 | 6 | 8 | 10 | 12 | 16 | 20 | 25 |
|---|---|---|---|---|---|---|---|---|---|---|---|---|
| $c≈$ | 0.35 | 0.40 | 0.50 | 0.63 | 0.80 | 1.20 | 1.60 | 2.00 | 2.50 | 3.00 | 3.50 | 4.00 |
| $l$范围 | 6~20 | 6~24 | 8~30 | 8~40 | 10~50 | 12~60 | 14~80 | 18~95 | 22~140 | 26~180 | 35~200 | 50~200 |
| $l$系列 | 2、3、4、5、6~32（2进位）、35~100（5进位）、120~200（20进位）（公称长度>200，按20递增） | | | | | | | | | | | |

表 B-11　圆锥销（摘自 GB/T 117—2000）　　　　　　（单位：mm）

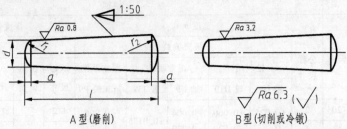

A 型(磨削)　　　　　　　　　　　　　　B 型(切削或冷镦)

标注示例：销 GB/T 117 6×30（公称直径 $d$ = 6mm、公称长度 $l$ = 30mm、材料为 35 钢、热处理硬度 28~38HRC、表面氧化处理的 A 型圆锥销）

| $d_{公称}$ | 2 | 2.5 | 3 | 4 | 5 | 6 | 8 | 10 | 12 | 16 | 20 | 25 |
|---|---|---|---|---|---|---|---|---|---|---|---|---|
| $a \approx$ | 0.25 | 0.30 | 0.40 | 0.50 | 0.63 | 0.80 | 1.00 | 1.20 | 1.60 | 2.00 | 2.50 | 3.00 |
| $l_{范围}$ | 10~35 | 10~35 | 12~45 | 14~55 | 18~60 | 22~90 | 22~120 | 26~160 | 32~180 | 40~200 | 45~200 | 50~200 |
| $l_{系列}$ | 2、3、4、5、6~32（2 进位）、35~100（5 进位）、120~200（20 进位）（公称长度>200，按 20 递增） |||||||||||

表 B-12　滚动轴承（摘自 GB/T 276—2013、GB/T 297—2015、GB/T 301—2015）

（单位：mm）

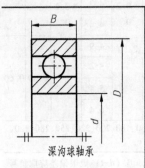

深沟球轴承　　　　　　　　　　圆锥滚子轴承　　　　　　　　　推力球轴承

标注示例：　　　　　　　　　　标注示例：　　　　　　　　　　标注示例：
滚动轴承 6310 GB/T 276—2013　滚动轴承 30212 GB/T 297—2015　滚动轴承 51305 GB/T 301—2015

| 轴承代号 | $d$ | $D$ | $B$ | 轴承代号 | $d$ | $D$ | $B$ | $C$ | $T$ | 轴承代号 | $d$ | $D_{1min}$ | $D_{max}$ | $T$ |
|---|---|---|---|---|---|---|---|---|---|---|---|---|---|---|
| 尺寸系列[（0）2] ||| 尺寸系列[02] |||||| 尺寸系列[12] |||||
| 6202 | 15 | 35 | 11 | 30203 | 17 | 40 | 12 | 11 | 13.25 | 51202 | 15 | 17 | 32 | 12 |
| 6203 | 17 | 40 | 12 | 30204 | 20 | 47 | 14 | 12 | 15.25 | 51203 | 17 | 19 | 35 | 12 |
| 6204 | 20 | 47 | 14 | 30205 | 25 | 52 | 15 | 13 | 16.25 | 51204 | 20 | 22 | 40 | 14 |
| 6205 | 25 | 52 | 15 | 30206 | 30 | 62 | 16 | 14 | 17.25 | 51205 | 25 | 27 | 47 | 15 |
| 6206 | 30 | 62 | 16 | 30207 | 35 | 72 | 17 | 15 | 18.25 | 51206 | 30 | 32 | 52 | 16 |
| 6207 | 35 | 72 | 17 | 30208 | 40 | 80 | 18 | 16 | 19.75 | 51207 | 35 | 37 | 62 | 18 |
| 6208 | 40 | 80 | 18 | 30209 | 45 | 85 | 19 | 16 | 20.75 | 51208 | 40 | 42 | 68 | 19 |
| 6209 | 45 | 85 | 19 | 30210 | 50 | 90 | 20 | 17 | 21.75 | 51209 | 45 | 47 | 73 | 20 |
| 6210 | 50 | 90 | 20 | 30211 | 55 | 100 | 21 | 18 | 22.75 | 51210 | 50 | 52 | 78 | 22 |
| 6211 | 55 | 100 | 21 | 30212 | 60 | 110 | 22 | 19 | 23.75 | 51211 | 55 | 57 | 90 | 25 |
| 6212 | 60 | 110 | 22 | 30213 | 65 | 120 | 23 | 20 | 24.75 | 51212 | 60 | 62 | 95 | 26 |

（续）

| 轴承代号 | $d$ | $D$ | $B$ | 轴承代号 | $d$ | $D$ | $B$ | $C$ | $T$ | 轴承代号 | $d$ | $D_{1min}$ | $D_{max}$ | $T$ |
|---|---|---|---|---|---|---|---|---|---|---|---|---|---|---|
| 尺寸系列 [(0)3] | | | | 尺寸系列 [03] | | | | | | 尺寸系列 [13] | | | | |
| 6302 | 15 | 42 | 13 | 30302 | 15 | 42 | 13 | 11 | 14.25 | 51304 | 20 | 22 | 47 | 18 |
| 6303 | 17 | 47 | 14 | 30303 | 17 | 47 | 14 | 12 | 15.25 | 51305 | 25 | 27 | 52 | 18 |
| 6304 | 20 | 52 | 15 | 30304 | 20 | 52 | 15 | 13 | 16.25 | 51306 | 30 | 32 | 60 | 21 |
| 6305 | 25 | 62 | 17 | 30305 | 25 | 62 | 17 | 15 | 18.25 | 51307 | 35 | 37 | 68 | 24 |
| 6306 | 30 | 72 | 19 | 30306 | 30 | 72 | 19 | 16 | 20.75 | 51308 | 40 | 42 | 78 | 26 |
| 6307 | 35 | 80 | 21 | 30307 | 35 | 80 | 21 | 18 | 22.75 | 51309 | 45 | 47 | 85 | 28 |
| 6308 | 40 | 90 | 23 | 30308 | 40 | 90 | 23 | 20 | 25.25 | 51310 | 50 | 52 | 95 | 31 |
| 6309 | 45 | 100 | 25 | 30309 | 45 | 100 | 25 | 22 | 27.25 | 51311 | 55 | 57 | 105 | 35 |
| 6310 | 50 | 110 | 27 | 30310 | 50 | 110 | 27 | 23 | 29.25 | 51312 | 60 | 62 | 110 | 35 |
| 6311 | 55 | 120 | 29 | 30311 | 55 | 120 | 29 | 25 | 31.50 | 51313 | 65 | 67 | 115 | 36 |
| 6312 | 60 | 130 | 31 | 30312 | 60 | 130 | 31 | 26 | 33.50 | 51314 | 70 | 72 | 125 | 40 |
| 尺寸系列 [(0)4] | | | | 尺寸系列 [13] | | | | | | 尺寸系列 [14] | | | | |
| 6403 | 17 | 62 | 17 | 31305 | 25 | 62 | 17 | 13 | 18.25 | 51405 | 25 | 27 | 60 | 24 |
| 6404 | 20 | 72 | 19 | 31306 | 30 | 72 | 19 | 14 | 20.75 | 51406 | 30 | 32 | 70 | 28 |
| 6405 | 25 | 80 | 21 | 31307 | 35 | 80 | 21 | 15 | 22.75 | 51407 | 35 | 37 | 80 | 32 |
| 6406 | 30 | 90 | 23 | 31308 | 40 | 90 | 23 | 17 | 25.25 | 51408 | 40 | 42 | 90 | 36 |
| 6407 | 35 | 100 | 25 | 31309 | 45 | 100 | 25 | 18 | 27.25 | 51409 | 45 | 47 | 100 | 39 |
| 6408 | 40 | 110 | 27 | 31310 | 50 | 110 | 27 | 19 | 29.25 | 51410 | 50 | 52 | 110 | 43 |
| 6409 | 45 | 120 | 29 | 31311 | 55 | 120 | 29 | 21 | 31.50 | 51411 | 55 | 57 | 120 | 48 |
| 6410 | 50 | 130 | 31 | 31312 | 60 | 130 | 31 | 22 | 33.50 | 51412 | 60 | 62 | 130 | 51 |
| 6411 | 55 | 140 | 33 | 31313 | 65 | 140 | 33 | 23 | 36.00 | 51413 | 65 | 68 | 140 | 56 |
| 6412 | 60 | 150 | 35 | 31314 | 70 | 150 | 35 | 25 | 38.00 | 51414 | 70 | 73 | 150 | 60 |
| 6413 | 65 | 160 | 37 | 31315 | 75 | 160 | 37 | 26 | 40.00 | 51415 | 75 | 78 | 160 | 65 |

注：圆括号中的尺寸系列代号在轴承代号中可以省略。

# 附录 C　极限与配合

表 C-1　标准公差数值（摘自 GB/T 1800.1—2020）

| 公称尺寸 /mm | | 标准公差等级 | | | | | | | | | | | | | | | | | |
|---|---|---|---|---|---|---|---|---|---|---|---|---|---|---|---|---|---|---|---|
| 大于 | 至 | IT1 | IT2 | IT3 | IT4 | IT5 | IT6 | IT7 | IT8 | IT9 | IT10 | IT11 | IT12 | IT13 | IT14 | IT15 | IT16 | IT17 | IT18 |
| | | μm | | | | | | | | | | | mm | | | | | | |
| — | 3 | 0.8 | 1.2 | 2.0 | 3.0 | 4.0 | 6.0 | 10.0 | 14.0 | 25.0 | 40.0 | 60.0 | 0.10 | 0.14 | 0.25 | 0.40 | 0.60 | 1.00 | 1.40 |
| 3 | 6 | 1.0 | 1.50 | 2.5 | 4.0 | 5.0 | 8.0 | 12.0 | 18.0 | 30.0 | 48.0 | 75.0 | 0.12 | 0.18 | 0.30 | 0.48 | 0.75 | 1.20 | 1.80 |
| 6 | 10 | 1.0 | 1.50 | 2.5 | 4.0 | 6.0 | 9.0 | 15.0 | 22.0 | 36.0 | 58.0 | 90.0 | 0.15 | 0.22 | 0.36 | 0.58 | 0.90 | 1.50 | 2.20 |

（续）

| 公称尺寸 /mm | | 标准公差等级 | | | | | | | | | | | | | | | | | |
|---|---|---|---|---|---|---|---|---|---|---|---|---|---|---|---|---|---|---|---|
| | | IT1 | IT2 | IT3 | IT4 | IT5 | IT6 | IT7 | IT8 | IT9 | IT10 | IT11 | IT12 | IT13 | IT14 | IT15 | IT16 | IT17 | IT18 |
| 大于 | 至 | μm | | | | | | | | | | | mm | | | | | | |
| 10 | 18 | 1.2 | 2.00 | 3.0 | 5.0 | 8.0 | 11.0 | 18.0 | 27.0 | 43.0 | 70.0 | 110.0 | 0.18 | 0.27 | 0.43 | 0.70 | 1.10 | 1.80 | 2.70 |
| 18 | 30 | 1.5 | 2.50 | 4.0 | 6.0 | 9.0 | 13.0 | 21.0 | 33.0 | 52.0 | 84.0 | 130.0 | 0.21 | 0.33 | 0.52 | 0.84 | 1.30 | 2.10 | 3.30 |
| 30 | 50 | 1.5 | 2.50 | 4.0 | 7.0 | 11.0 | 16.0 | 25.0 | 39.0 | 62.0 | 100.0 | 160.0 | 0.25 | 0.39 | 0.62 | 1.00 | 1.60 | 2.50 | 3.90 |
| 50 | 80 | 2.0 | 3.00 | 5.0 | 8.0 | 13.0 | 19.0 | 30.0 | 46.0 | 74.0 | 120.0 | 190.0 | 0.30 | 0.46 | 0.74 | 1.20 | 1.90 | 3.00 | 4.60 |
| 80 | 120 | 2.5 | 4.00 | 6.0 | 10.0 | 15.0 | 22.0 | 35.0 | 54.0 | 87.0 | 140.0 | 220.0 | 0.35 | 0.54 | 0.84 | 1.40 | 2.20 | 3.50 | 5.40 |
| 120 | 180 | 3.5 | 5.00 | 8.0 | 12.0 | 18.0 | 25.0 | 40.0 | 63.0 | 100.0 | 160.0 | 250.0 | 0.40 | 0.63 | 1.00 | 1.60 | 2.50 | 4.00 | 6.30 |
| 180 | 250 | 4.5 | 7.0 | 10.0 | 14.0 | 20.0 | 29.0 | 46.0 | 72.0 | 115.0 | 185.0 | 290.0 | 0.46 | 0.72 | 1.15 | 1.85 | 2.90 | 4.60 | 7.20 |
| 250 | 315 | 6.0 | 8.0 | 12.0 | 16.0 | 23.0 | 32.0 | 52.0 | 81.0 | 130.0 | 210.0 | 320.0 | 0.52 | 0.81 | 1.30 | 2.10 | 3.20 | 5.20 | 8.10 |
| 315 | 400 | 7.0 | 9.0 | 13.0 | 18.0 | 25.0 | 36.0 | 57.0 | 89.0 | 140.0 | 230.0 | 360.0 | 0.57 | 0.89 | 1.40 | 2.30 | 3.60 | 5.70 | 8.90 |
| 400 | 500 | 8.0 | 10.0 | 15.0 | 20.0 | 27.0 | 40.0 | 63.0 | 97.0 | 155.0 | 250.0 | 400.0 | 0.63 | 0.97 | 1.55 | 2.50 | 4.00 | 6.30 | 9.70 |

注：1. 公称尺寸大于 500mm 的 IT1～IT5 的标准公差数值为试行的，此表未摘录。

2. 公称尺寸小于或等于 1mm 时，无 IT4～IT8。

表 C-2　优先及常用孔公差带及其极限偏差（摘自 GB/T 1800.2—2020）

| 公称尺寸/mm | | 公差带 | | | | | | | | | | | | |
|---|---|---|---|---|---|---|---|---|---|---|---|---|---|---|
| | | C | D | F | G | H | | | | K | N | P | S | U |
| 大于 | 至 | 11 | 9 | 8 | 7 | 7 | 8 | 9 | 11 | 7 | 7 | 7 | 7 | 7 |
| | | 偏差/μm | | | | | | | | | | | | |
| — | 3 | +120 | +45 | +20 | +12 | +10 | +14 | +25 | +60 | 0 | −4 | −6 | −14 | −18 |
| | | +60 | +20 | +6 | +2 | 0 | 0 | 0 | 0 | −10 | −14 | −16 | −24 | −28 |
| 3 | 6 | +145 | +60 | +28 | +16 | +12 | +18 | +30 | +75 | +3 | −4 | −8 | −15 | −19 |
| | | +70 | +30 | +10 | +4 | 0 | 0 | 0 | 0 | −9 | −16 | −20 | −27 | −31 |
| 6 | 10 | +170 | +170 | +35 | +20 | +15 | +22 | +36 | +90 | +5 | −4 | −9 | −17 | −22 |
| | | +80 | +80 | +13 | +5 | 0 | 0 | 0 | 0 | −10 | −19 | −24 | −32 | −37 |
| 10 | 14 | +205 | +93 | +43 | +24 | +18 | +27 | +43 | +110 | +6 | −5 | −11 | −21 | −26 |
| 14 | 18 | +95 | +50 | +16 | +6 | 0 | 0 | 0 | 0 | −12 | −23 | −29 | −29 | −44 |
| 18 | 24 | +240 | +117 | +53 | +28 | +21 | +33 | +52 | +130 | +6 | −7 | −14 | −27 | −33 |
| | | +110 | +65 | +20 | +7 | 0 | 0 | 0 | 0 | −15 | −28 | −35 | −48 | −54 |
| 24 | 30 | +240 | +117 | +53 | +28 | +21 | +33 | +52 | +130 | +6 | −7 | −14 | −27 | −40 |
| | | +110 | +65 | +20 | +7 | 0 | 0 | 0 | 0 | −15 | −28 | −35 | −48 | −61 |
| 30 | 40 | +280 | +142 | +64 | +34 | +25 | +39 | +62 | +160 | +7 | −8 | −17 | −34 | −51 |
| | | +120 | +80 | +25 | +9 | 0 | 0 | 0 | 0 | −18 | −33 | −42 | −59 | −76 |
| 40 | 50 | +290 | +142 | +64 | +34 | +25 | +39 | +62 | +160 | +7 | −8 | −17 | −34 | −61 |
| | | +130 | +80 | +25 | +9 | 0 | 0 | 0 | 0 | −18 | −33 | −42 | −59 | −86 |
| 50 | 65 | +330 | +174 | +76 | +40 | +30 | +46 | +74 | +190 | +9 | −9 | −21 | −42 | −76 |
| | | +140 | +100 | +30 | +10 | 0 | 0 | 0 | 0 | −21 | −39 | −51 | −72 | −106 |
| 65 | 80 | +340 | +174 | +76 | +40 | +30 | +46 | +74 | +190 | +9 | −9 | −21 | −48 | −91 |
| | | +150 | +100 | +30 | +10 | 0 | 0 | 0 | 0 | −21 | −39 | −51 | −78 | −121 |
| 80 | 100 | +390 | +207 | +90 | +47 | +35 | +54 | +87 | +220 | +10 | −10 | −24 | −58 | −111 |
| | | +170 | +120 | +36 | +12 | 0 | 0 | 0 | 0 | −25 | −45 | −59 | −93 | −146 |
| 100 | 120 | +400 | +207 | +90 | +47 | +35 | +54 | +87 | +220 | +10 | −10 | −24 | −66 | −131 |
| | | +180 | +120 | +36 | +12 | 0 | 0 | 0 | 0 | −25 | −45 | −59 | −101 | −166 |

表 C-3　优先及常用轴公差带及其极限偏差（摘自 GB/T 1800.2—2020）

| 公称尺寸/mm 大于 | 至 | c11 | d9 | f7 | g6 | h6 | h7 | h9 | h11 | k6 | n6 | p6 | s6 | u6 |
|---|---|---|---|---|---|---|---|---|---|---|---|---|---|---|
| | | 偏差/μm | | | | | | | | | | | | |
| — | 3 | −60<br>−120 | −20<br>−45 | −6<br>−16 | −2<br>−8 | 0<br>−6 | 0<br>−10 | 0<br>−25 | 0<br>−60 | +6<br>0 | +10<br>+4 | +12<br>+6 | +20<br>+14 | +24<br>+18 |
| 3 | 6 | −70<br>−145 | −30<br>−60 | −10<br>−22 | −4<br>−12 | 0<br>−8 | 0<br>−12 | 0<br>−30 | 0<br>−75 | +9<br>+1 | +16<br>+8 | +20<br>+12 | +27<br>+19 | +31<br>+23 |
| 6 | 10 | −80<br>−170 | −40<br>−76 | −13<br>−28 | −5<br>−14 | 0<br>−9 | 0<br>−15 | 0<br>−36 | 0<br>−90 | +10<br>+1 | +19<br>+10 | +24<br>+15 | +32<br>+23 | +37<br>+28 |
| 10 | 14 | −95<br>−205 | −50<br>−93 | −16<br>−34 | −6<br>−17 | 0<br>−11 | 0<br>−18 | 0<br>−43 | 0<br>−110 | +12<br>+1 | +23<br>+12 | +29<br>+12 | +39<br>+38 | +44<br>+33 |
| 14 | 18 | −95<br>−205 | −50<br>−93 | −16<br>−34 | −6<br>−17 | 0<br>−11 | 0<br>−18 | 0<br>−43 | 0<br>−110 | +12<br>+1 | +23<br>+12 | +29<br>+12 | +39<br>+38 | +44<br>+33 |
| 18 | 24 | −110<br>−240 | −65<br>−117 | −20<br>−41 | −7<br>−20 | 0<br>−13 | 0<br>−21 | 0<br>−52 | 0<br>−130 | +15<br>+2 | +28<br>+15 | +35<br>+22 | +48<br>+35 | +54<br>+41 |
| 24 | 30 | −110<br>−240 | −65<br>−117 | −20<br>−41 | −7<br>−20 | 0<br>−13 | 0<br>−21 | 0<br>−52 | 0<br>−130 | +15<br>+2 | +28<br>+15 | +35<br>+22 | +48<br>+35 | +61<br>+48 |
| 30 | 40 | −120<br>−280 | −80<br>−142 | −25<br>−50 | −9<br>−25 | 0<br>−16 | 0<br>−25 | 0<br>−62 | 0<br>−160 | +18<br>+2 | +33<br>+17 | +42<br>+26 | +59<br>+43 | +76<br>+60 |
| 40 | 50 | −130<br>−290 | −80<br>−142 | −25<br>−50 | −9<br>−25 | 0<br>−16 | 0<br>−25 | 0<br>−62 | 0<br>−160 | +18<br>+2 | +33<br>+17 | +42<br>+26 | +59<br>+43 | +86<br>+70 |
| 50 | 65 | −140<br>−330 | −100<br>−174 | −30<br>−60 | −10<br>−29 | 0<br>−19 | 0<br>−30 | 0<br>−74 | 0<br>−190 | +21<br>+2 | +39<br>+20 | +51<br>+32 | +72<br>+53 | +106<br>+87 |
| 65 | 80 | −150<br>−340 | −100<br>−174 | −30<br>−60 | −10<br>−29 | 0<br>−19 | 0<br>−30 | 0<br>−74 | 0<br>−190 | +21<br>+2 | +39<br>+20 | +51<br>+32 | +78<br>+59 | +121<br>+102 |
| 80 | 100 | −170<br>−390 | −120<br>−207 | −36<br>−71 | −12<br>−34 | 0<br>−22 | 0<br>−35 | 0<br>−87 | 0<br>−220 | +25<br>+2 | +45<br>+23 | +59<br>+37 | +93<br>+71 | +146<br>+124 |
| 100 | 120 | −180<br>−400 | −120<br>−207 | −36<br>−71 | −12<br>−34 | 0<br>−22 | 0<br>−35 | 0<br>−87 | 0<br>−220 | +25<br>+2 | +45<br>+23 | +59<br>+37 | +101<br>+79 | +166<br>+144 |

表 C-4　基孔制优先、常用配合（摘自 GB/T 1800.2—2020）

| 基准孔 | a | b | c | d | e | f | g | h | js | k | m | n | p | r | s | t | u | v | x | y | z |
|---|---|---|---|---|---|---|---|---|---|---|---|---|---|---|---|---|---|---|---|---|---|
| | 间隙配合 | | | | | | | | 过渡配合 | | | | 过盈配合 | | | | | | | |
| H6 | | | | H6/f5 | | H6/f5 | H6/g5 | H6/h5 | H6/js5 | H6/k5 | H6/m5 | H6/n5 | H6/p5 | H6/r5 | H6/s5 | | | | | | |
| H7 | | | | | | H7/f6 | **H7/g6** | **H7/h6** | **H7/js6** | **H7/k6** | H7/m6 | **H7/n6** | **H7/p6** | **H7/r6** | **H7/s6** | H7/t6 | H7/u6 | H7/v6 | H7/x6 | H7/y6 | H7/z6 |
| H8 | | | | | H8/e7 | **H8/f7** | H8/g7 | **H8/h7** | H8/js7 | H8/k7 | H8/m7 | H8/n7 | H8/p7 | H8/r7 | H8/s7 | H8/t7 | H8/u7 | | | | |
| H8 | | | | H8/d8 | **H8/e8** | H8/f8 | | H8/h8 | | | | | | | | | | | | | |
| H9 | | | H9/c8 | H9/d8 | **H9/e8** | H9/f8 | | H9/h8 | | | | | | | | | | | | | |
| H10 | | | H10/c9 | **H10/d9** | | | | **H10/h9** | | | | | | | | | | | | | |
| H11 | **H11/a11** | **H11/b11** | **H11/c11** | H11/d10 | | | | H11/h10 | | | | | | | | | | | | | |

注：字体加粗的配合为优先配合。

表 C-5　基轴制优先、常用配合（摘自 GB/T 1800.2—2020）

| 基准轴 | 孔 | | | | | | | | | | | | | | | | | | | | |
|---|---|---|---|---|---|---|---|---|---|---|---|---|---|---|---|---|---|---|---|---|---|
| | A | B | C | D | E | F | G | H | JS | K | M | N | P | R | S | T | U | V | X | Y | Z |
| | 间隙配合 | | | | | | | | 过渡配合 | | | 过盈配合 | | | | | | | | | |
| h5 | | | | | | $\frac{F6}{h5}$ | $\frac{G6}{h5}$ | $\frac{H6}{h5}$ | $\frac{JS6}{h5}$ | $\frac{K6}{h5}$ | $\frac{M6}{h5}$ | $\frac{N6}{h5}$ | $\frac{P6}{h5}$ | $\frac{R6}{h5}$ | $\frac{S6}{h5}$ | $\frac{T6}{h5}$ | | | | | |
| h6 | | | | | | $\frac{F7}{h6}$ | $\mathbf{\frac{G7}{h6}}$ | $\mathbf{\frac{H7}{h6}}$ | $\mathbf{\frac{JS7}{h6}}$ | $\mathbf{\frac{K7}{h6}}$ | $\frac{M7}{h6}$ | $\mathbf{\frac{N7}{h6}}$ | $\mathbf{\frac{P7}{h6}}$ | $\mathbf{\frac{R7}{h6}}$ | $\mathbf{\frac{S7}{h6}}$ | $\frac{T7}{h6}$ | $\frac{U7}{h6}$ | | | | |
| h7 | | | | | $\frac{E8}{h7}$ | $\mathbf{\frac{F8}{h7}}$ | | $\mathbf{\frac{H8}{h7}}$ | $\frac{JS8}{h7}$ | $\frac{K8}{h7}$ | $\frac{M8}{h7}$ | $\frac{N8}{h7}$ | | | | | | | | | |
| h8 | | | | $\frac{D9}{h8}$ | $\mathbf{\frac{E9}{h8}}$ | $\frac{F9}{h8}$ | | $\mathbf{\frac{H9}{h8}}$ | | | | | | | | | | | | | |
| h9 | | | | $\frac{D9}{h9}$ | $\mathbf{\frac{E9}{h9}}$ | $\frac{F9}{h9}$ | | $\mathbf{\frac{H9}{h9}}$ | | | | | | | | | | | | | |

注：字体加粗的配合为优先配合。

# 附录 D　常用的零件结构要素

表 D-1　零件倒圆与倒角（摘自 GB/T 6403.4—2008）　　　　（单位：mm）

| 型式 | 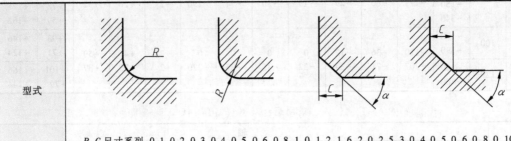 |
|---|---|
| | $R$、$C$ 尺寸系列：0.1，0.2，0.3，0.4，0.5，0.6，0.8，1.0，1.2，1.6，2.0，2.5，3.0，4.0，5.0，6.0，8.0，10，12，16，20，25，32，40，50 |
| 装配型式 | 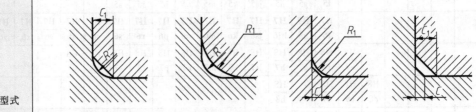 |

尺寸规定：1. $R_1$、$C_1$ 的偏差为正；$R$、$C$ 的偏差为负。

　　　　　2. 左起第三种装配方式，$C$ 的最大值 $C_{max}$ 与 $R_1$ 的关系如下：

| $R_1$ | 0.1 | 0.2 | 0.3 | 0.4 | 0.5 | 0.6 | 0.8 | 1.0 | 1.2 | 1.6 | 2.0 | 2.5 | 3.0 | 4.0 | 5.0 | 6.0 | 8.0 | 10 | 12 | 16 | 20 | 25 |
|---|---|---|---|---|---|---|---|---|---|---|---|---|---|---|---|---|---|---|---|---|---|---|
| $C_{max}$ | — | 0.1 | 0.1 | 0.2 | 0.2 | 0.3 | 0.4 | 0.5 | 0.6 | 0.8 | 1.0 | 1.2 | 1.6 | 2.0 | 2.5 | 3.0 | 4.0 | 5.0 | 6.0 | 8.0 | 10 | 12 |

表 D-2　砂轮越程槽（摘自 GB/T 6403.5—2008）　　　　　　（单位：mm）

磨外圆　　磨内圆

| $b_1$ | 0.6 | 1.0 | 1.6 | 2.0 | 3.0 | 4.0 | 5.0 | 8.0 | 10.0 |
|---|---|---|---|---|---|---|---|---|---|
| $b_2$ | 2.0 | 3.0 | | | 4.0 | | 5.0 | 8.0 | 10.0 |
| $h$ | 0.1 | 0.2 | | 0.3 | | 0.4 | 0.6 | 0.8 | 1.2 |
| $r$ | 0.2 | 0.5 | | 0.8 | | 1.0 | 1.6 | 2.0 | 3.0 |
| $d$ | | <10 | | | 10~50 | | 50~100 | >100 | |

注：1. 越程槽内与直线相交处，不允许产生尖角。

2. 越程槽深度 $h$ 与圆弧半径 $r$，要满足 $r \le 3h$。

3. 磨削具有数个直径的工件时，可使用同一规格的越程槽。

4. 直径 $d$ 值大的零件，允许选择小规格的砂轮越程槽。

5. 砂轮越程槽的尺寸公差和表面粗糙度根据该零件的结构、性能确定。

# 参 考 文 献

[1] 赵云龙，金莹，孙艳萍. 机械制图项目教程 [M]. 北京：机械工业出版社，2018.

[2] 胡昊. 机械制图习题集 [M]. 西安：西安交通大学出版社，2016.

[3] 黄云清. 公差配合与测量技术 [M]. 2版. 北京：机械工业出版社，2005.

[4] 李华，李锡蓉. 机械制图项目化教程 [M]. 北京：机械工业出版社，2017.

[5] 张慧，张安民，陈红亚. 机械制图 [M]. 沈阳：东北大学出版社，2015.

[6] 刘永强，曹秀洪. 机械图样的识读与绘制 [M]. 北京：机械工业出版社，2018.

# 前　言

近几十年来，工程管理在我国工程界和管理界发展最为迅猛，其研究和应用也受到普遍的关注。与该专业领域相关的硕士研究生教育、博士研究生教育和科学研究也得到了长足的发展。我国许多高校都设置了工程管理专业学位研究生（MEM）培养点，涉及土木工程、管理、林业、铁路、能源、矿业、财经、机械、化工、冶金、环境等领域。

本人从事工程管理专业领域的研究生教学已有25年，很早就觉得，应该有一本《工程管理导论》教材，让工程管理专业和一些工程相关专业的研究生通过学习，对现代工程系统和工程管理有一个总体的、比较全面的和宏观的了解，对工程管理理论和方法体系有一个总体的把握，为进一步进行相关学习和研究打下基础。

30多年来，本人一直致力于工程管理的教学和研究工作，在工程管理领域承担了许多科学研究项目；参与了许多重大工程建设项目，如南京地铁建设项目、苏州地铁建设项目、沪宁高速公路扩建工程项目、国家电网变电站建设项目、核电工程建设项目、马鞍山大桥建设项目等；培养了一批硕士、博士研究生。从1993年开始主讲研究生课程"现代项目管理理论和方法""现代工程合同管理理论和方法"，还开设了"工程管理前沿"等课程，并多次获得东南大学研究生课程建设和教学改革研究项目资助。本书是在许多工程项目实践、教学和科研成果的基础上完成的。在本书的写作过程中，以下问题是本人特别关注，并特别要提出和读者及业内同行一起探讨的：

（1）工程和工程管理的概念和范围非常广泛，而且不同工程领域和专业工程系统的特征和规律性差异很大，要进行系统和统一的论述难度是很大的。

虽然本书企图站在"大工程管理"的角度论述，但因为本人过去获得的工程管理知识和实践经验都在建设工程领域，所以本书还是具有明显的"建设工程管理"的特征。

本人认为，由于如下原因，建设工程管理对整个工程管理有普遍的意义：

1）按照中国工程院对工程管理的定义，建设工程管理是整个工程管理的核心内容。近几十年来，工程建设是我国工程领域的主导活动，又是我国社会最为普遍的活动之一，对我国的社会发展和经济发展起着决定性作用。

2）对一个工程系统，建设活动是全寿命期中最重要和最核心的活动。

3）建设工程具有综合性，通常也包括其他工程活动内容，如新产品开发、技术创新、技术改造等，所以建设工程管理的范围很广。

4）建设工程的规律性，以及相应的管理活动在工程领域具有典型性和示范作用。

（2）本书对工程的生态属性、工程功能、工程文化、工程与科学技术、工程与环境的关系等方面的特性和规律性的论述是比较肤浅的，或许存在较明显的缺陷，因所站的高度不够，视野不够开阔，还存在较大局限性。其主要原因是受制于我国在这些方面的研究比较少，基本的数据又十分缺乏，因此，有关这部分内容的写作缺少基础性数据，缺少实证性的资料。

（3）本书基于本人在长期工程管理领域教学、科研和工程实践中，通过对工程和工程管理基础性问题的思考获得的基本认知，许多观点比较传统和保守，有些观点甚至是偏激的，不太符合新型建筑工业化技术、现代高科技（如 BIM、物联网等）技术在工程中广泛应用的时代大背景。现代高科技将引起工程和工程管理颠覆性的变革，目前正处于变革节点上。工程界已经感觉到这种变革的来临，但对变革的影响和远景似乎还不清楚。即 20 年后建筑工程、工程管理会怎么样？它的技术、实施方式、管理方式和手段、专业教育等会呈现什么样的状况？这些都尚不可知。但我国的工程管理是在基础管理工作薄弱、管理理论研究比较落后的情况下发展的。本人的困惑是，高科技应用的大潮急速涌来，这些基础性的研究和思考是否还有价值？没有基础性的研究和基础管理水平的提升，高科技能否带着我国的工程和工程管理实现"跨越式发展"？或在高科技平台上，工程管理有什么新的基本原理和规律性？

（4）我国的工程管理学科尚不成熟，学术界对工程管理学科界定和本质的认知实质上还是不统一的。本书力图体现"工程管理"的特色，反映工程管理实践和自身的规律性，力图对工程管理理论和方法体系做出界定和描述，而不是简单地理解为"工程 + 管理"。希望能够对 MEM 以及相关专业的研究生选题、研究有所助益。

（5）工程管理是一个综合性强、高度交叉的学科，涉及工程技术、经济、管理、法律等各方面，知识量非常大，相关方面（如工程项目管理、工程经济学、工程估价、工程合同管理等）的书和文章汗牛充栋，几乎是海量的信息。由于现在信息技术十分发达，资料的查询非常简单，网上又有大量的工程案例、图表、数据，因此本书较少论述所涉及的基础知识点内容，也较少解释一般概念，而着眼于相关知识与工程管理的关系及其在工程管理领域中的应用，以及本人的体会。

（6）2017 年，本人修订出版教材《工程管理概论》（第 3 版）。它是工程管理专业的概论教材，主要的读者对象是刚进入工程管理领域的不了解工程和工程管理的大一本科学生，所以许多内容要从基础谈起。而本书的基本定位是作为工程管理学科导论，针对已经掌握工程专业知识且有一定工程实践经历的研究生，因此本书撰写的出发点以及其观点、角度都与本科教材有所区别。但由于导论也需要论述工程和工程管理的一些基本问题，论述工程和工程管理的发展历史、工程全寿命期各阶段管理工作等，要有逻辑性和系统性，则必然会有一些内容与《工程管理概论》（第 3 版），以及其他本人出版的相关专著（如 2011 年出版的《工程全寿命期管理》）有所交叉和重复。

本书由成虎和宁延担任主要著者，具体的编写分工为：绪论和第 1、9 章由虞华完成，第 2、5、17 章由宁延完成，第 3、10、11 章由成于思完成，第 6、12、13 章由李洁完成，第 4、7、14 章由陆彦完成，第 8、15、16 章由冒刘燕完成，第 18 章由成虎完成。全书最终由成虎和宁延统稿。研究生陈娇娇、赵欢欣、陆帅、刘笑同学协助完成收集资料、绘图及文字录入、修改等工作。杜静、黄有亮、沈良峰、马欣、刘红勇、徐伟、马小艮等老师阅读了本书初稿，提出了许多很好的修改意见和建议。本人的历届硕士研究生、博士研究生和国内访问学者在相关方面做了许多专题研究工作，如陈光、周红、王延树、王莉飞、纪凡荣、毛鹏、林基础、刘静、佘健俊、董建军、章蓓蓓、张尚、徐伟、雒燕、张双甜、严庆、陈群、孙莹、曾胜英、任睿、徐广、王枢、郝亚琳等。他们为本书的出版付出了辛劳，在此表示感谢。

本书虽经精心写作，但受本人学术、科研水平所限，书中难免存在一些论述不够严谨的内容，有些观点看法还有待商榷，希望国内同行们予以批评指正。

　　在本书的写作过程中参考了许多国内外专家学者的论文和著作，已在参考文献中列出。由于工程管理相关领域很多，国内外的研究成果文献可以说是浩如烟海，因此，部分文献可能会被遗漏。在此，向这些文献的作者表示深深的谢意。

**成　虎**

# 目 录

## 第1篇　工程系统总论

# 绪　　论

## 0.1 我国工程管理问题的提出

（1）20 世纪 80 年代以来，我国一直是工程建设大国，到处都是工程，大型和特大型工程比比皆是，成为促进社会和经济发展的强大推动力。工程是当今社会的主要经济、政治、社会和文化活动，人们都会不同程度地参与各式各样的工程。与此相应，工程管理成为当代社会最为普遍，也是最为重要的工作类型之一，具有十分广泛的应用范围。

1）参与工程的各方管理人员（如政府官员、投资者、企业家、企业的职能管理人员、业主）都会不同程度地参与工程决策、建设和运行过程，都需要工程管理知识和能力。

例如，我国大量的大型和特大型工程都是由政府投资或主导建设的，则相关政府官员就负责工程的决策、计划和控制工作，以及与工程相关的产业布局、市场管理、政策制定等工作。

企业作为工程投资的主体，企业领导在确定投资方向、目标和计划时必须考虑工程的可行性，必须考虑时间、市场、资源和环境的限制，对工程实施方案必须有相应的总体安排，否则投资目标和计划就会不切实际，变成纸上谈兵。同时在整个工程实施过程中，必须一直从战略的高度对工程进行宏观控制。

2）参与工程的各专业工程技术人员也必然负责相应的工程管理工作。在现代工程中已经没有纯技术性工作了，任何工程技术人员承担工程的某一专业系统方面的任务或工作，他必须要管理自己所负责的工作，领导自己的助手或工程小组；在设计技术方案、采取技术措施时要评价其可行性和经济性，以及寻找更为经济的方案，必须考虑时间和费用问题；必须进行相应的质量管理，协调与其他专业人员或专业小组的关系，向上级提交各种工作报告，处理信息等。这些都是工程管理工作。工程技术人员也必须具有工程经济和管理方面的知识和能力。

3）在建设工程领域，工程管理已专业化和社会化，专职的工程管理队伍庞大，专业人才需求量大，有职业化的建造师、监理工程师、造价工程师、咨询工程师，以及物业管理者等。他们为工程建设和运行提供专职的咨询和管理服务，在我国社会发展和经济建设中发挥重大作用。

4）由于工程涉及社会、自然环境的方方面面，则社会其他方面，如非政府组织、保险机构、银行、社区等都会以各种形式参与工程和工程管理工作。

由于工程管理具有普适性，许多人已经将它作为管理日常事务的一般方法。

（2）近十几年来，我国工程管理领域教育和科研的发展十分迅速，体现在如下方面：

1）1998 年，在我国高等教育体系中，将原来建筑工程管理、房地产、国际工程、工程造价、物业管理等专业合并，成立独立的工程管理本科专业。此后，工程管理专业的发展速度在我国专业发展史上是很少有的——几乎是井喷式的。到 2016 年已有 430 多所高校设置工程管理本科专业，招生量和在校生人数在管理科学与工程类本科专业中位居第一，在土建类本科专业中位居第二。在其他工程领域及财经等领域，工程管理教育的发展也十分迅速。

2）工程管理学科研究生教育也非常普遍，涉及管理科学与工程、系统工程、项目管理、土木工程建造与管理、财经等学科的研究生培养。大量其他工程专业（如土木工程、系统工程、工业工程、交通工程、环境工程等）、管理专业、经济学专业的研究生也在工程管理领域选题进行学科交叉研究。

在我国工程硕士培养体系中，项目管理领域、建筑与土木工程领域，以及其他工程领域的工程硕士研究生大量的选题属于工程管理方面的研究，或交叉研究。

我国从 2011 年开始设置工程管理专业学位研究生（Master of Engineering Management，MEM）教育体系。MEM 的培养定位是，既具有扎实的工程技术基础，又具备现代管理素质与能力，能够有效计划、组织、指挥、协调和控制工程实践及技术开发等活动的高层次复合型工程管理专业人才。到 2017 年 5 月底，设置本培养点的高校已有 90 多所，当年就录取5000 多人，涉及土木建筑工程、环境工程、能源、化工、石化、矿业、林业、制造业等工程领域。大量其他工程技术专业、经济管理专业，甚至文科专业的本科毕业生在工作一段时间后进入工程管理领域，攻读工程管理专业学位研究生（MEM）。

（3）中国工程院从 2007 年开始，每年都举行"中国工程管理论坛"，旨在探讨我国工程管理现状及发展关键问题，推动我国工程管理理论建设与实践水平的提高，到 2017 年已成功举办了 11 届。论坛受到学术界、科技界、企业界及政府行政管理部门等各方面的热烈响应，每次论坛都展示了许多新的研究和实践成果，对促进我国工程管理学术交流、推进工程管理科学发展和实践水平的提高起到了重要作用。

在历次"中国工程管理论坛"中都有工程管理教育专题分论坛。

（4）我国科技界对工程管理研究越来越重视，近十几年在工程管理领域设置了大量的研究项目。例如国家自然科学基金资助的工程管理领域的研究项目越来越多，涉及管理学部、工程与材料学部以及其他学部。在国家社会科学基金资助的研究项目中也有许多与工程管理相关的课题。

但目前我国工程管理领域理论研究、教学和实践还存在许多问题，工程管理理论和方法体系尚不清晰。人们对工程管理基本规律性的理解还不透彻，对工程管理独有的理论和方法体系缺乏基本的认知。

## 0.2 | 本书的定位和必要性

本书的基本定位是，作为 MEM 及工程和工程管理其他领域的研究生学科（专业）导论性教材。本书对这类研究生教学和培养的必要性在于：

（1）我国 MEM 的培养目标是，为工程界培养高层次、应用型和综合性工程管理人才。MEM 通常本科毕业于工程技术专业、工程管理专业或其他专业，具有某个专业工程方面的知识，有一定年限的实际工程工作经历和经验。

MEM 选题和研究成果有特殊的要求。通过研究生阶段的学习，为解决实际工程管理问题进行应用型研究，提交实际工程管理领域的论文、研究报告、设计等研究成果。这要求他们不仅具有一定的学术水平和从事科学研究的能力，而且要具有解决实际工程管理问题的能力，应该成为该领域的工程管理专家。

（2）由于工程管理工作和学科的特性（见本书5.2节、17.2节等相关内容），以及MEM培养目标的要求，MEM不仅仅需要关注工程管理研究的热点、相关研究的前沿问题，而且需要对工程和工程管理有最基本的和总体的认知，需要有比较广博的综合性知识面。

1）对工程和工程管理的特殊性和内在矛盾性有基本的认知，从总体上了解工程系统和工程管理的规律性。

2）全面认知工程的价值体系，包括工程的目的、使命、准则和总目标等。

3）了解工程管理基础理论和方法体系，以及工程管理专业理论和方法体系的总体架构。

4）对工程全寿命期各阶段管理工作有总体的了解，包括工程的前期决策、规划和设计、建设管理、运行维护和健康管理、更新和拆除等。

5）对工程管理领域的科研和创新有基本的把握，能以一种现实的、批判的精神，对我国工程和工程管理的科学研究和实际状况有系统性总结、评价和反思，对我国工程界和工程管理界问题有基本的认知。

这些将会为他们在读研期间进行研究选题、实践、论文研究，以及将来在实际工作中处理工程和工程管理问题打下扎实的基础。如果没有这样的认知高度、宽广的视野，MEM是无法胜任工程管理相关的研究，实现其培养目标的。

## 0.3 | 本书的主要内容

从总体上说，本书的基本内容体系是按照工程管理理论和方法体系的架构（见5.5节）设计的（图0-1）。

（1）第1篇工程系统总论，是对工程的基本认知。内容包括：

1）工程概述。简述工程的定义、范围界定、内涵、特性、作用、历史发展、分类等。

2）工程系统总体分析。从工程技术系统、工程全寿命期过程、工程环境、工程相关者等方面构建工程系统总体概念模型。这是对工程系统的宏观透视。

3）工程基本属性和规律性分析。这是对工程动态的系统描述，内容包括：工程系统在全寿命期过程中经历生老病死的规律性；工程的使用功能属性和规律性；工程的经济功能属性和规律性；工程的文化属性和规律性；工程的社会属性和规律性；工程的科技功能属性；工程与环境的交互作用等。

4）工程的价值体系。工程价值体系是工程管理的灵魂，其内容包括工程的目的、使命、准则、工程总目标等。

（2）第2篇工程管理理论和方法体系，主要介绍：

1）工程管理概述。包括工程管理的定义、内涵、特性、历史发展、体系构建等。

2）工程管理基础理论和方法。简要介绍系统论、控制论、信息论、最优化理论和方法等在工程管理中的应用。它们蕴含于工程管理各专业理论和方法体系中。

3）工程管理专业理论和方法。简要介绍工程经济、工程项目管理、工程组织、工程相

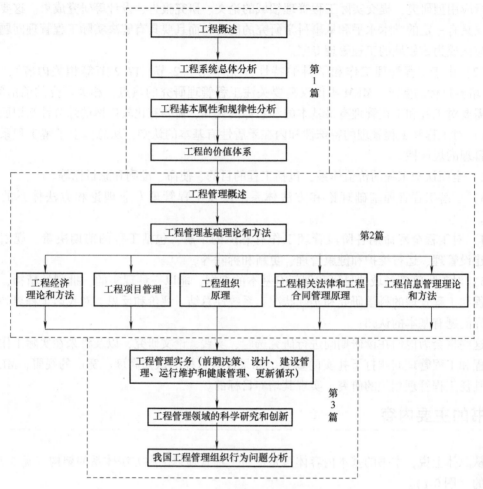

图 0-1　本书的结构和技术路线

关法律和合同管理、工程信息管理等方面的理论和方法。这是以工程活动为对象，以提高工程活动的效果、效率和效益为目标而形成的一种专业管理理论和方法，是按照工程管理工作的专业特点划分，构成工程管理学科的主要方面。

（3）第3篇工程管理实务，主要内容包括：

1）工程全寿命期各阶段管理工作，包括前期决策管理、工程设计管理、工程建设管理、工程运行维护和健康管理、工程的更新循环等。

2）工程管理领域的科学研究和创新。由于工程管理学科的特殊性，它的科学研究有特殊的规律性和方法论。这部分内容主要介绍工程管理科研的特性、选题、研究成果和创新，以及研究中存在的问题分析等。

3）我国工程管理组织行为问题分析。

## 0.4 | 本书的学习要点

由于工程管理学科的特殊性和我国工程管理领域研究生培养的特点，因此"工程管理导论"的教与学都比较困难，在本书的学习和阅读中要注意如下问题：

（1）与工程类的其他专业不同，工程管理专业既是工程科学的一部分，同时又是社会科学的一部分。工程管理的思维方式是很独特的，不仅需要严谨的技术性思维，又需要经济管理（如经营管理、战略管理等）专业的思维方式，还要有文化和哲学内涵。要注意从工程技术性思维转变到工程管理思维，要转变学习和研究方式。这是学好工程管理专业、进行工程管理相关研究的前提条件。工程管理的思维方式具体体现在许多方面，如：

1）工程总体概念模型，包括工程的系统结构、工程全寿命期过程、环境系统、工程相关者等。许多工程管理研究要从整个工程系统、工程全寿命期过程、整个社会和环境系统思考和分析问题，顾及所有利益相关者。

2）工程的规律性，及其与人、与制造业产品寿命期过程规律性的相似性和差异性。

3）工程的价值体系及其内在的相关性，以及它在工程管理理论和方法体系中的地位，对工程管理理论和工程管理实践的决定性作用。

4）工程管理理论和方法体系，以及它与一般学科的相似性和差异性，如工程管理中的系统方法和控制方法、工程全寿命期费用管理体系的独特性。

5）工程管理相关内容的内在联系。最典型的是，工程的作用、工程价值体系、工程管理理论和方法、工程各阶段管理工作实务之间的相关性。还可以进一步细分，如工程的经济作用、工程价值体系中的经济性因素、工程经济学理论和方法等存在相关性。又如工程项目的分类和特性、工程组织形式、工程合同特性、招标投标方式等之间的内在联系。

6）管理学、经济学等其他领域的学生研究工程管理问题时，要注意将管理学和经济学等理论和方法与工程、工程系统、工程实施方式、工程市场方式等特殊性相结合。

（2）由于现代工程的特殊性和对工程管理从业人员的素质要求，工程管理专业不仅是一个具有很高技术含量的工程专业，而且是一个经济和管理专业，还是一个具有很高职业道德要求的专业。在教学中，必须加强对学生工程价值观和工程伦理的教育，增强学生的工程历史责任感和社会责任感，使学生掌握现代工程理念，树立科学和理性的工程观。

工程管理要以新的工程理念引领整个工程界。现代社会提出的科学发展观、可持续发展、循环经济、以人为本等理念都应该具体落实在工程上，作为工程和工程管理的基本指导思想和准则，应该体现在工程管理教学和研究中。

（3）结合自己所从事的工程领域进行学习、研究和应用。在现代社会，工程的概念十分广泛，涉及各种工程领域（如土木建筑工程、水利工程、道路工程、化工工程、核电工程、林业工程等），涉及这些工程领域的各相关专业工程（如工程规划、建筑学、结构工程、电子工程、给水排水工程、通风工程、自动控制工程、通信工程、智能工程、设备工程等）。工程管理专业与各个工程领域和各个工程技术专业存在密切的联系。例如，本书中涉及工程系统分解、工程过程、工程的规律性、工程全寿命期各阶段管理、工程管理创新等方面的内容，不同的工程领域有其特殊性，就有不同的内容。本课程应立足于本校本专业所属的工程领域，以及学校的培养特色进行教学，剖析相关工程系统结构、运行过程、技术要求等，还可以结合研究生的论文选题重点强化相关教学内容，使学生能学以致用。

MEM培养的要求是实践和研究并重，因此在教学中要注重与实际工程相结合。要阅读实际工程案例资料，学会工程项目建议书、可行性研究报告、实施计划等文件的编写，学会工程管理系统设计。在相关的研究中要加强工程专业技术知识的含量，通过学习使研究生对工程系统分解和工程系统过程有成熟的了解，对工程全寿命期规律性有全面的把握。

（4）要注意研究我国工程管理问题，特别是我国工程的组织和组织行为问题。在工程领域，我国与发达国家的任务和主题是不同的，管理对象存在差异，同时管理主体又不同，带来东西方工程管理的差异性。我国工程实践迫切需要具有中国特色的工程管理理论体系。

在我国，工程管理又是一个很新的学科，其发展十分迅速，但它的知识体系和理论体系尚不完备，许多年来人们过于关注方法层面的东西，而且过分依赖西方的理论与方法，许多所谓的"创新"研究实质上大多是翻译、照搬过来的，缺乏本土特色的理论体系。要真正形成适用于我国工程管理的理论体系，应扎根于中国的特殊国情、文化，以及我国工程管理的相关制度和政策等。

另外，国家基本建设和建筑业领域有许多新发展，不断有新的研究和应用成果出现。目前，BIM、PPP、新型建筑工业化等给我国工程建设和工程管理领域带来很多变革，同时也给工程管理学科研究提出许多新的要求和课题。所以相关教学内容应该经常性更新，不断接受新知识。

（5）由于 MEM 的使命就是要研究和解决我国工程管理实践中的问题，需要批判性思维，本书着眼于提出和分析我国工程管理理论和实践中的问题，以有利于研究生的选题和研究。但工程管理理论和实践充满矛盾性和复杂性，本书的许多论述是不完备的，可能存在许多漏洞，甚至错误的内容；各章章后的复习题也没有标准答案，甚至有的是目前阶段无解的。在学习中要用批判性思维，还要发挥主观能动性，积极思考。

（6）作为导论性教材，本书内容广泛，主要介绍框架性的、偏宏观一些的理念和思路。由于目前网络上有大量的工程相关的名词解释、工程案例、各工程领域的数据和图片，而本书为了减少篇幅，尽量少用这些案例、数据和图片。因此，在学习中还要多方查阅资料，充实知识内容，进行更为深入的研究。

# 第1篇

# 工程系统总论

# 第 1 章

# 工 程 概 述

【本章提要】

本章是对工程的基础性论述，主要介绍工程的基本概念，工程的范围、内涵、特性和作用，工程的发展历史和现状，工程的分类等。

## 1.1 工程的概念

### 1.1.1 工程的定义

有关"工程"的定义很多，人们从不同的角度对它有不同解释，比较典型的介绍如下。

(1)《朗文当代高级英语辞典》定义工程是：一项重要且精心计划的工作，其目的是建造或制造一些新的事物，或解决某个问题（An important and carefully planned piece of work that is intended to build or produce something new, or to deal with a problem）。

(2)《牛津高级英语词典（第6版）》定义工程是：一项有计划的工作，其目的是寻找一些事物的信息，生产一些新的东西，或改善一些事物（A planned piece of work that is designed to find information about something, to produce something new, or to improve something）。

(3)《不列颠百科全书》（*Encyclopedia Britannica*）对工程的解释为：应用科学原理使自然资源最佳地转化为结构、机械、产品、系统和过程以造福人类的专门技术。

(4)《剑桥国际英语词典》定义工程为：一项有计划的、要通过一段时间完成，并且要实现一个特定目标的工作或者活动（A piece of planned work or activity which is completed over a period of time and intended to achieve a particular aim）。

(5) 美国国家工程院（NAE）认为：工程可以被视为科学的应用，也可以被视为在有限条件下的设计。

(6)《中国百科大辞典》把工程定义为：将自然科学原理应用到工农业生产部门中而形成的各学科的总称。

（7）《现代汉语大词典》解释工程为：

1）指土木建筑及生产、制造部门用比较大而复杂的设备来进行的工作。

2）泛指某项需要投入巨大人力、物力的工作。

（8）《辞海》解释工程为：

1）将自然科学的原理应用到工农业生产部门中去而形成的各学科的总称。这些学科是应用数学、物理学、化学、生物学等基础科学的原理，结合在科学实验与生产实践中所积累的经验而发展出来的。

2）指具体的基本建设项目。

（9）《新华汉语词典》解释工程为：土木建筑或其他生产、制造部门用比较大而复杂的设备来进行的工作。

（10）中国工程院咨询课题——《我国工程管理科学发展现状研究——工程管理科学专业领域范畴界定及工程管理案例》研究报告中将工程定义为：工程是人类为了特定的目的，依据自然规律，有组织地改造客观世界的活动。

## 1.1.2　工程范围的界定

从上面的论述可见，国内外对工程的定义是有差异的。即使在我国，有关"工程"范围的界定也存在很大的区别。

**1. 广义的工程**

按照上述工程的定义，只要人们为了某种目的，解决某些问题，改进某些事物等，进行设计和计划，都是"工程"。在现代社会，符合上述"工程"定义的事物是十分普遍的，人类社会到处都有"工程"，包括：

1）传统意义上工程的概念，包括建造房屋、大坝、铁路、桥梁，制造设备、船舶，开发新的武器，进行技术革新等。

在我国古代"工"就是造物活动，3000 年前就有"百工"，它包括各种物品的制造和传统的土木建筑工程等。

2）由于人们生活和探索领域的扩展，不断有新的科学技术和知识被发现和应用，开辟许多新的工程领域和新的工程系统。例如近代出现的航天工程、空间探索工程、基因（如生物克隆）工程、食品工程、微电子工程、金融工程、软件工程、物联网工程、智慧城市工程等。

3）在社会领域，人们也经常用"工程"一词表示一些为了实现专门目标或解决特殊问题的活动。这在媒体里经常出现，例如"扶贫工程""211 工程""阳光工程""333 工程""菜篮子工程""青蓝工程"以及民心工程、经济普查工程、健康工程等。

在提到某些社会问题时，人们常常说，这个问题的解决是一个复杂的"系统工程"。

**2. 狭义的工程**

工程界和工程管理专业所研究的对象还是比较传统的"工程"的范围，主要指人类有目的的造物活动，是人们运用知识和智慧通过一系列活动或手段制造具有预期使用价值的复杂产品的过程，如铁路工程、建筑工程、化工工程等。

在我国，工程管理理论和方法应用最成熟的是在土木建筑工程、水利工程和军事工程等领域中。

在本书中，如果没有特别说明，则"工程"一词就是指狭义的工程。

### 1.1.3 工程的内涵

在我国工程界和工程管理专业领域，"工程"一词主要有如下三方面内涵（图1-1）。

图1-1 工程的三方面内涵

（1）工程活动。工程就是造物活动，是人们为了达到一定的目的，应用相关科学技术和知识，利用自然资源所进行的物质建造活动（或工作、过程）。这些活动通常包括：可行性研究与决策、规划、勘察与设计、专门设备的制造、施工、运行和维护，还包括新型产品、新工艺、装备和软件的开发、制造和生产过程，以及技术创新、技术革新、更新改造、产品或产业转型过程等。

这符合"工程"最原始的定义。

例如，到一个施工工地，说"这个工程中断了"或"这个工程进行得很顺利"，则主要是指工程的建设活动。

（2）工程技术系统。在我国，通过工程活动建造出的成果也被称为"工程"。它是具有一定使用功能或价值的人造技术系统，有自身的系统结构。它是工程最核心的内容，通常可以用一定的功能（如产品产量或服务能力）要求、实物工程量、质量、技术标准等指标表达。例如：

① 一定生产能力（产量）的某种产品的生产流水线、车间或工厂。

② 一定长度和等级的公路。

③ 一定发电量的火力发电站，或核电站。

④ 具有某种功能的新产品。

⑤ 某种新型号的武器系统。

⑥ 一定规模的医院。

⑦ 一定规模学生容量的大学校区，或一定规模的住宅小区等。

在我国，人们常用"工程设计""工程施工""工程健康监测""工程脆弱性"等词，这里的"工程"也主要是指工程技术系统。如人们到一个建成的工厂，说"这个工程运行得很好"，或"这个工程设计标准很高""这个工程被炸了"，则主要是指这个工程技术系统（设施）。

工程技术系统的特征是工程分类的重要依据。

（3）工程科学。工程科学是人们在各种不同种类的工程建设和运行过程中总结提炼出来，并吸收有关科学技术成果而逐渐形成的科学门类，包括相关工程所应用的材料、设备生产，以及所进行的勘察设计、施工、制造、维修相关的专业技术知识和管理知识体系，按照工程的类别和相关的专业知识体系分为许多工程学科门类，如材料科学、力学、土木工程、水利工程、海洋工程、冶金工程、机电工程、环境工程、化学工程、遗传工程、系统工程、交通工程、纺织工程、食品工程、生物工程等。

### 1.1.4 工程的特性

工程的定义是比较宽泛的，而且在许多情况下，它与一般制造业生产（循环作业）过程、农业生产过程和日常的事务性工作过程的界限不是很清晰。但工程具有以下一些本质特性。

（1）工程是将自然资源最佳地转化为结构、机械、产品、系统的过程，是需较多的人力、物力进行的较大而复杂的工作，是在自然界构建一个新物体的过程。而简单和重复的工业产品制造和农业生产虽然也是造物过程，不能称为工程。

（2）工程应具有独立设计和/或计划的过程，是有组织、有目的的人工活动。设计在工程中具有非常重要的地位，甚至在英文中，工程（Engineering）一词就是"设计"的意思。工程的创新性首先体现在独立的设计上。这又决定了工程的成果和过程都是一次性的。任何一个工程都是独一无二的，具有特定的目标体系、时间、地点、资源限制条件、组织结构等。

例如，建造一个汽车制造厂，或开发一个新型号的小汽车为一个工程。

对于制造业批量生产过程中生产单个产品的过程，如在流水线上生产一辆小汽车，虽然集中了许多所谓"高科技"，过程也比较复杂，但它在生产流水线上转一圈就出来了，与其他相同产品有相同的过程，则不属于工程。

但定制一辆轿车，它有专门的设计和计划、物料准备、建造和检验过程，就是一个工程。

自然界种子的自然繁育和生长过程也是造物，猫狗的自然繁育过程也是造物，不能称为工程；但现在订单农业生产、优良品种的培育和推广、转基因品种开发应属于工程。

（3）工程具有相对性。

1）时代的相对性。例如，在石器时代，打造一个石斧就是部落的一个大工程；而在青铜器时代，制造一个作为礼器的鼎一定是一个诸侯国的重点工程，如在春秋战国，铸造一把吴王夫差剑几乎可以肯定地说是一个国家工程。

而现在在流水线上生产一台计算机、电视机、洗衣机的过程，都不能称为工程。

2）工程范围的相对性。一个大的独立的技术系统的建造过程是工程，属于它的一部分的子系统，或阶段性、局部性工作或过程也都可以被称为工程。

例如，三峡工程是一个工程，它的任何一个子项（如大坝、一栋办公楼、一台发电机组、一个控制系统）也是一个工程，甚至其中一栋办公楼的设计、施工过程也是一个工程，甚至其中某项专题研究或技术开发也可以被称为工程。

（4）工程是"造物"工作与成果（工程技术系统、工程产品和服务）的统一，"造物"过程与"物"的实体寿命期过程的统一。

1）工程是具有特定形态的技术系统，它也有自己的寿命期过程，分别经过前期策划、设计和计划、建造（施工）、运行维护和最终拆除的各阶段。所以，工程系统（物）和寿命期过程，是工程不可分割的两个方面。

2）工程的目的是解决社会发展问题、环境问题等，而这些都是通过工程技术系统的正常运行，提供产品和服务实现的。所以，工程投资、建造，并获得工程的实体（增加固定资产）都不是目的，仅仅是实现最终目的的手段。

3）工程系统的基本禀赋（功能和质量）又都是在设计和建造过程中形成的，而工程一经投入使用，其基本禀赋就都定下来了，不能或很难改变。工程规划和设计的缺陷、工程系统质量问题等也都是在工程建设过程中产生的，会影响工程的运行功能和价值实现。

4）工程建设阶段资源投入量大，专业性工作和管理工作也最集中，但工程运行期长，对社会和环境影响更大。

5）工程总目标首先是提供一个符合总体功能要求的工程技术系统，工程领域的创新，以及生产、制造过程应该以工程的"物"为重点和对象。而对工程"物"的要求必须落实在设计、供应和施工过程中，这样才能保证实现工程目标。

由于这种统一性，工程技术系统及其全寿命期过程是工程管理的基本对象，对其特性和规律性的研究属于工程和工程管理基础性研究工作。在工程管理的研究、开发和应用过程中，必须将工程技术系统与工程寿命期过程紧密结合在一起，不能偏废。

（5）工程又是工程过程、工程技术系统（物）、工程科学和技术的统一。工程是工程科学技术应用的过程，又是创新的过程，需要工程科学和工程技术的支持。

1）在工程技术系统中依附着大量的工程科学和技术。工程的设计、建造、运行维护过程中需要相应的工程科学和工程技术。现代工程的进步取决于所依托的科学技术的进步。

2）在重大工程的实施中会遇到各种新的工程问题，需要创新，有新的成果，又会促进工程科学和工程技术的进步。

（6）工程是人类为了解决一定的社会、经济和生活问题而建造的，具有一定功能或一定价值的系统，以创造出物质财富，得到更大经济效益、社会效益、环境效益，所以工程活动又是以价值（功能、文化、经济等）为导向的社会活动，价值体系是工程的灵魂。

现代工程不仅仅是专业技术活动，而且是利用自然和改造自然的活动，是影响面极广的社会文化和实践活动，需要将科学技术、市场、资源、资金、劳动力、土地、管理、社会、环境、生态等基本要素进行优化和集成，会引起一定地域范围内经济、社会、文化、政治及生态系统的变化和重构。所以，工程既要考虑技术因素和经济因素的作用，还需要考虑对自然生态环境和社会公众的影响，需要在工程活动中维护公平和正义。

这些特性对工程管理的各个方面都会产生根本性的影响，使工程管理区别于其他类型的管理，如企业管理、社区管理、军队管理等。

## 1.2 工程的作用

### 1.2.1 概述

工程的作用是推动工程发展的原动力，对工程价值体系，以及整个工程管理理论和方法体系有决定性影响。工程作用分析有许多视角，由此导致人们对工程和工程管理认知的多样性、多角度、复杂性和丰富性。

（1）按照工程作用的影响范围分类。

1）工程的基本作用。工程的基本作用体现在它的使用功能上，即所提供的产品或服务直接作用或影响，是工程的基本禀赋，又是它最重要的价值体现，如住宅小区提供居住功能，电视机厂生产符合市场需要的电视机。

2）工程的副作用。这是由工程的建造和运行所产生的其他方面的影响，如拉动经济、带动其他产业发展、消耗资源、污染环境、社会影响等。

（2）按照工程作用的属性，可以分为功能作用（提供产品或服务）、经济作用、文化作用、社会作用、生态作用等。

（3）工程作用还有其他分类，如微观作用和宏观作用、现实性作用和历史作用、正面作用和负面作用等。

### 1.2.2　作为开发（征服）和改造自然的物质基础

（1）人们通过工程改善自己的生存环境，提高物质生活水平。

例如，通过建筑房屋为人们提供舒适的住宅条件。我国近40年来房屋建筑工程发展非常迅速，大大改善了人们的居住和工作条件。据统计，1979年，我国城市居民人均住宅建筑面积仅6.7$m^2$，农村居民人均住房面积也仅为8.1$m^2$；而到了2016年，城镇居民人均住房建筑面积为36.6$m^2$，农村居民人均住房建筑面积为45.8$m^2$。

又如，通过三峡工程的建设可以解决我国长江上游的防洪、发电、航运等问题。

又如，人们建造的汽车制造厂生产出小轿车，我国私人小轿车拥有量在1985年几乎为零，到2016年，就达到16559万辆。

如此多的小轿车，则需要许多高速公路为人们提供便利的交通条件。

再如，人们需要通过石油开采工程和发电厂工程提供生活、工作所需的能源，需要通过信息工程建设提供通信服务设施。

（2）人们通过工程改造自然，改变自然的特性，使之有利于自己，降低自然的负面影响。工程是人类改造自然的工具，体现人类对自然界的能动性。

例如，100多年来，长江流域先后爆发了5次特大洪水灾害，每次爆发，都伴随大量人员伤亡，良田被毁，房屋倒塌，交通中断。而兴建三峡工程不仅能够有效地防止这些自然灾害，还可以蓄水发电、改善航运。

（3）工程为人们提供社会文化和精神生活所需要的场所，丰富了人类的精神文化生活。

在人类历史上最早建造的各种庙宇、祭坛、教堂等，其基本功能是为了"沟通神灵"。现代人们建造的纪念馆、纪念碑、大会堂、运动场、园林、图书馆、剧院、博物馆等都是文化生活的场所，这些都是为了满足人们精神和文化生活的需求。

近十几年来，我国普及大学教育，高等院校招生人数1977年仅27万人，到2017年达到近654万人，而我国在各个大城市兴建的大学城为扩大招生提供了可能。

又如，成功举办2008年北京奥运会需要大量的奥运场馆工程。

工程已经深入到了人们生产和生活的各个方面，人们的衣食住行都离不开工程。

### 1.2.3　作为科学技术发展的动力

工程建设为科学技术的发展提供了强大动力。

（1）人们进行科学研究，认识自然，探索未知世界，必须借助工程所提供的平台和工具，如大学和研究所的实验室、实验设备或模拟装置。

科学家依托工程所提供的条件进行科学研究，发现问题，解释自然现象，获得科学知识。例如，人类通过建造的正负离子对撞机、大型空间站、宇宙探索装置（如 FAST⊖）等，逐渐认识大至外层宇宙空间的宏观世界，小到基本粒子的微观世界，提升了认识自然和改造自然的能力。

又如，我国首台大型反场箍缩磁约束聚变实验装置（Keda Torus eXperiment，KTX，中文简称"科大一环"），本身就是一个非常复杂的工程系统。

（2）科学技术通过工程才能实际应用，转化成直接的生产力，通过市场、社会服务、环境体现出它的价值。这是科学技术发展的动力之一。

（3）工程创新是整个社会创新活动的主要方面，工程专家（或工程师）要应用科学知识，建造工程，以解决人们社会经济和文化问题，为人类造福。同时，在工程中发现问题，研究问题，产生新的科学技术。

### 1.2.4 作为社会和经济发展的动力

（1）在人类历史进程中，工程是直接生产力，是人类生存、发展过程中的基本实践活动。工程又是社会经济和文化发展的物质基础和动力，是现代社会存在和发展的基础，是国家现代化建设程度的标志。国民经济的发展、科学的进步、国防力量的提升、人民物质和文化生活水平的提高都依赖工程所提供的平台。

工程为工业、农业、国防、教育、交通等各行各业发展提供物质条件，国民经济的各个部门都需要基础设施，例如：

1）信息产业的发展需要生产通信产品的工厂和建设通信设施。

2）交通业发展需要建设高速公路、铁路、机场、码头。

3）食品工业和第三产业发展需要工厂及相关设施。

4）国防力量的提升需要大量的国防设施，需要进行国防科学技术研究基地建设。

5）教育发展需要大量新校区，需要建教室、图书馆、实验室、运动场（馆）、办公楼等。

（2）工程活动促进社会结构的变革，促进社会的进步、和谐和可持续发展。

工程建设促进了城市化的发展，提升了我国城镇的容量和发展水平，大量大型和特大型城市出现，形成了新的社会形态。我国城市化进程，20 世纪 70 年代末仅为 14%，1986 年达到 26% 以上，2000 年达到 36%，预计 2020 年达到 60%，2050 年达到 70% 以上。在这个过程中，需要建设大量的房屋、城市基础设施等，构成了城市发展的基础性要素。

（3）工程建设作为将自然资源和社会资源整合后形成固定资产，转化为生产能力的必经环节，促进了我国国民经济的快速增长。自然资源、劳动力资源、技术资源、信息资源等通过工程的建设和运行构建出新的产品或服务，在市场中实现价值增值。

工程建设需要消耗大量的自然和社会资源，消耗相关部门的产品，拉动整个国民经济的发展，在整个国民经济的资源配置中发挥着重要的枢纽作用，带动国民经济各个行业的发展，包括建筑业、制造业（机械设备、施工设备、家电业、家具）、建筑材料（钢铁、水泥、木材、玻璃、铝、装饰材料、卫生洁具）、纺织业、服务业、石油化工、能源、环境工程、金融业、运输业等。例如，在我国，约钢产量的 25%、水泥总产量的 70%、木材总产

---

⊖ Five-hundred-meter Aperture Spherical Radio Telescope 的简写，译为 500m 口径球面射电望远镜。

量的 40%、玻璃总产量的 70%、塑料总产量的 25%、运输总量的 8% 用于工程建设。

在我国整个社会固定资产投资总额中，有 60% 以上是工程建设投资（表 1-1）。以 2015 年为例，全社会固定资产投资 562000 亿元，其中建筑安装工程占到 388163 亿元。

表 1-1　近年来我国社会固定资产投资与建筑安装工程情况表

| 年　份 | 2010 | 2011 | 2012 | 2013 | 2014 | 2015 |
|---|---|---|---|---|---|---|
| 全社会固定资产投资总额/亿元 | 251684 | 311485 | 374695 | 446294 | 512021 | 562000 |
| 其中：建筑安装工程总额/亿元 | 155581 | 200196 | 243618 | 298424 | 349789 | 388163 |
| 所占比例（%） | 61.8 | 64.3 | 65.0 | 66.9 | 68.3 | 69.1 |

工程建设投资是我国拉动经济的"三驾马车"之一。近几十年来，我国经济高速发展，很大部分是由工程建设投资拉动的。

（4）工程相关产业，特别是建筑业和房地产业是国民经济的重要行业。

工程建设是由工程相关产业，主要是建筑业完成的。建筑业直接通过工程建设完成建筑业产值，获取利润，提供税收，对国民经济发展做出很大的贡献。我国社会各领域投资的增加促进了建筑业的发展，已成为国民经济的支柱产业之一。按照《中国统计年鉴》，2016 年我国国内生产总值为 744127 亿元人民币。其中建筑业增加值为 49500 亿元人民币，近几年来，建筑业增加值占国内生产总值的比重见表 1-2。

表 1-2　近年来建筑业增加值占国内生产总值的比重

| 年　份 | 2010 | 2011 | 2012 | 2013 | 2014 | 2015 | 2016 |
|---|---|---|---|---|---|---|---|
| 国内生产总值/亿元 | 413030 | 489301 | 540367 | 595244 | 643974 | 689052 | 744127 |
| 其中：建筑业增加值/亿元 | 27259 | 32926 | 36896 | 40897 | 44880 | 46627 | 49500 |
| 建筑业增加值所占比例（%） | 6.6 | 6.7 | 6.8 | 6.9 | 7.0 | 6.8 | 6.65 |

（5）工程相关产业也是解决劳动力就业的主要途径。建筑业历来是劳动密集型产业，吸纳了大量的劳动力。2015 年建筑业全行业从业人员数量约为 5003.40 万人，占到全社会从业人员数量的 6.46%，其中大多数建筑工人来自农村。建筑业为缓解我国就业压力、给社会提供就业机会，特别是为解决农村剩余劳动力转移问题、促进农村产业结构调整、有效地增加农民收入、促进城乡协调发展做出了很大贡献。

所以，工程既是社会生产力发展的动力，本身又是直接的生产力。近三十年来，我国经济高速发展，社会繁荣，一个重要的特征就是，我们建设了和正在建设着大量的工程。

### 1.2.5　作为人类文明传承的载体

工程是人类文明进步的动力，工程的发展与演化是与人类文明进步、科学技术发展和文化变迁同步进行的。

（1）工程是人类认识自然和改造自然能力传承的载体。人类的科学技术和知识的大量内容是通过工程传承的。任何时代，重大工程都是所有已经取得的科学技术的结晶，同时大量科学技术研究和探索又都是在工程基础上进行的。例如，现代科学家进行基本粒子研究所用的仪器和设施就代表人类已经获得的基本粒子科学知识的全部；在人们所进行的航天工程中，就用到人类所积累的所有天文学、数学、物理学、化学、材料科学、空气动力学等各方面的尖端科学知识。

（2）工程是科学技术发展和传承的载体。工程是人类运用自己所掌握的科学技术知识开发自然和改造自然的产物，是人类生存、发展历史过程中的基本实践活动，又是人类在地球上生活、进行科学研究和探索留下的重要痕迹。它标志着一定社会的科学技术发展水平和文明程度，同时又是历史的见证，记载了历史上大量的经济、文化、科学技术信息。不同时代、不同地区的工程体现和承载着不同的人类文明，反映出不同的生活生产方式，并呈现出不同的文化、艺术特征。

例如，人们通过对大量古建筑遗址或古代陵墓的考察和研究，可以了解当时的政治、经济、军事状况，科学技术发展水平和人们的社会生活情形，可以了解科学技术发展的轨迹。

（3）工程是文化艺术传承的载体。工程又是文化艺术的一部分，是人类文化和文明传承的载体。在人类历史发展的长河中，工程就和艺术融为一体。早期的人们穴居，现在发现的许多原始人留下的岩石壁画，就可能是最久远的室内装潢艺术。人类开始建造房屋（构木为巢）就开始艺术创作，早期的人们就在房屋木结构上雕刻，通过建筑工程表现美感、技巧、精神和思想。

经过长期的发展，建筑工程已成为凝固的音乐、永恒的诗歌。一座优美的建筑带给人们的不仅仅是使用功能，还有视觉上的审美享受，同时也可从中看到所处时代的印记和所属民族的特质。所以不同国度（民族）的建筑，一个国家不同时期的建筑，就表现不同国度（民族）、不同时期人们的文化素质、智慧和精神。

在我国历史上，建筑工程就与金石书画、礼乐文章并列，为文化艺术的一部分。我国的传统建筑（无论是单个房屋建筑、建筑群，还是一个城市；无论是一般民居、村落、庙宇，还是县府、都城）都蕴含我们民族的精神、道德观念、素质、性格、智慧和美感，体现和反映当时政治制度、经济、国防、社会组织及宗教、思想、艺术、文化传统、风俗习惯、礼仪、工艺、知识、趣味等。

（4）工程是国家实力的载体和强盛的标志。中华民族勤劳、勇敢和智慧的历史证明之一，就是前人留下的大量规模宏大、工艺精美的建筑工程。如果没有长城、都江堰、秦兵马俑、大运河、苏州园林、北京故宫等，我们这个民族在世界民族之林中就要暗淡得多，就会缺少许多吸引力。

而现代，"两弹一星"工程、三峡水利枢纽工程、大飞机制造、航天工程和登月工程等，是我国现代国民经济和科学技术发展水平的集中表现，令世界对我国刮目相看。

### 1.2.6 工程的其他影响

凡事"有一利，必有一弊"。工程提供产品和服务，满足人们的需要，创造价值，拉动经济，对社会发展有很大的作用和贡献，但同时在建设和运行过程中又必然有相应的负作用，即存在负面影响。

（1）对环境造成不同程度破坏。工程是人类改造自然和征服自然的产物，是自然界的人造系统，会对自然环境产生永久性影响。工程需要永久性占用土地，破坏植被、水源和生物多样性，使原有的生态状况不复存在，而且将来也不可能恢复到原生态；在工程的建设和运行（产品生产或提供服务）过程中会产生大量的废弃物污染环境，如废水、废气、扬尘、噪声等。

对自然生态而言，工程的建设过程是不可逆的。由于大量工程的建设和运行，我们这个星球越来越不"自然"。例如，我国古代大规模的建筑直接导致森林覆盖率的下降。

埃及在 20 世纪 70 年代建设的阿斯旺大坝，一方面给埃及人民带来廉价的电力，控制了水灾，灌溉了大量的农田，但另一方面又破坏了尼罗河的生态平衡。最终带来一系列未料到的负作用：由于尼罗河的泥沙和有机质沉淀在水库底部，导致尼罗河两岸的绿洲失去肥源，土壤逐渐盐渍化、贫瘠化；由于尼罗河河口流沙不足，河口三角洲平原从原来向海中伸展变为逐渐向陆地退缩，工厂、港口有跌入地中海的危险；由于缺少来自陆地的盐分和有机物，盛产沙丁鱼的渔场逐渐消亡；由于大坝阻隔，尼罗河奔流不息的活水变成相对静止的湖泊，使水库库区一带的血吸虫发病率大幅度提高；大坝的阻隔造成许多物种的灭绝等。

在我国，常常一条古老而清澈的河流，因为建造了一个化工厂或造纸厂，而这些厂的污水又得不到有效治理，结果成为臭河、"死河"，而且它的生态可能永远得不到恢复。这会对我国人民的身体健康、对区域的水环境、对动植物的生存产生历史性的影响。还有情况是，在化工厂、农药厂等拆除后留下"毒土地"，造成许多历史性的影响。

（2）工程需要消耗大量的原材料和能源，从而刺激了自然资源的开发需求，导致我们这一代人消耗了大量不可再生的自然资源，会影响我们社会的可持续发展。

我国在 2011—2013 年的短短三年间，就消耗了大约 64 亿 t 的水泥。生产这么多的水泥需要开山取石，需要大量的能源，产生大量的碳排放和粉尘污染。

所以，从这个角度来说，任何一个工程的建设都在与后代争夺资源，浪费有限的自然资源，挥霍了我们这个社会将来的发展活力。

（3）由于重大工程建设需要占用大量土地，需要进行大规模征地拆迁、移民等，给当地居民的生活带来巨大影响。例如在三峡工程建成后长江三峡大坝以西 400km 以内、海拔 135m 以下的数千城镇沉浸在水面以下，要有上百万人口迁移，离开他们祖居的生息繁衍之地，到新的居住地。这不仅有大量拆迁工作，需要大量费用，会给这些人的生存和发展带来新的问题，而且还会影响迁入地原居住人们的生活。

现在我国不少城市进行大规模的房地产开发，拆迁使城镇和乡村中祖辈留下来的建筑荡然无存，使城市历史风貌和多样性流失，邻里文化、风俗习惯、物质和非物质文化遗产灭失，传统的街道生活逐渐消亡，甚至可能改变着人们的社会关系和习性。不合理的、缺乏规划的拆迁使一代甚至几代人将来难以"落叶归根"，而这种改变的后果现在还是不可知的。

（4）对历史文化和文物的破坏。例如，三峡工程造成千年古城被拆除，许多已发现的和尚未发现的文物遗址永久性浸入水底；而且大量的原居民分散迁移到各个地方，会导致三峡工程所在地一些古老的风俗、传统习惯、地方语言、非物质文化遗址永久性地灭失。

南水北调工程对沿线历史文化遗产影响较大。中线工程输水干线全长 1432km，东线工程输水干线全长 1467km，涉及湖北、河南、河北、江苏、山东、北京、天津七省市，连接着夏商文化、荆楚文化、燕赵文化、齐鲁文化等我国历史上重要的文化区域，是我国古代文化遗产分布密集的地区。沿线文物保护单位包括世界文化遗产大运河、武当山遇真宫等各类古遗址及古墓葬等，文化价值巨大、数量众多。尽管人们采取措施进行抢救性挖掘和保护，但这种损失仍是无法弥补的，甚至是无法估量的。

（5）工程建设需要大量的资金，消耗大量的社会资源。一个社会在一段时间内生产的社会财富有一定的数额，需要在社会需求的许多方面进行分配。如果进行大规模的工程建设，则需要大量的投资，就会挤占其他方面的资金需求，如教育、医疗、国防、社会养老等方面的投入就可能不足。这会影响社会正常、健康和可持续发展。

（6）大规模的工程建设确实可以拉动经济，促进国民经济的发展，但如果建设的工程不可持续，没有产生预期的经济效益，则这样的工程建设投资对于国民经济不是健康的动力，尽管在短时间内促进了经济的腾飞，但会使国民经济对工程建设投资产生"依赖症"，可能导致国民经济结构失衡，发展缺乏后劲。

由于现代工程规模大，但有可能由此产生的负面影响也很大。人类社会认识自然和改造自然的能力越强，或许对自然和对社会的破坏性越大。

## 1.3 工程的历史发展

### 1.3.1 概述

工程发展和演化的动力，是人类为了改变自己的生活环境和探索未知世界的理想和追求，是人类的物质需求、创新需求和文化（精神）需求。

人类来于自然，长于自然。纯自然的状态对人类来说是简陋的。早期的人类，没有房屋居住，没有出行工具和道路，频繁遭受自然灾害，过着风餐露宿、茹毛饮血的生活。随着人类社会的发展，人们在长期的劳动实践中积累了科学知识，进而利用科学知识进行生产活动，达到了开发自然、改造自然的目的。社会的各方面，如政治、经济、文化、宗教、生活、军事产生了造物的需要，同时当时社会生产力发展水平又能实现这些需要，这样就有了工程。所以工程产生于实际需要，它的存在已有久远的历史。

### 1.3.2 我国古代工程

人类刚开始出于狩猎和农耕的需要进行用物与造物活动，这就是工程的开端，最典型的就是制造工具。到了旧石器时代的晚期，人类开始能制造简单的工具，石器趋于小型化和多样化。

从大约公元前 8000 年起，人类社会开始步入新石器时代，出现了原始农业、畜牧业和手工业。人们开始定居，房屋建筑工程开始出现，形成村落，并逐渐发展壮大形成城镇。为了祭祀，人们需要宗教工程，如祭祀物品和祭坛。由于防卫的需要，进行城墙的建设。农业的发展离不开防洪和灌溉，于是水利工程就应运而生了。人们又摸索出了制陶和冶炼青铜的技术和方法，制陶和冶金工程也逐渐发展起来了。

在《周礼·考工记》中就有"知者创物，巧者述之，守之世，谓之工"，"百工"为"国有六职"（即王公、士大夫、工、商、农、妇功（纺织））之一。"百工"涉及那时人类生活的各种器物制造，包括各种木制作（如车轮、盖、房屋、弓、农具等）、五金制作（如刀剑、箭、钟、量具等）、皮革制作（如皮衣、帐幕、甲等）、绘画、纺织印染、编织、雕刻（玉雕、石制作、天文仪器制作等）、陶器制作（如餐具）、房屋建筑、城市建设等。

那时人们制造一部车、一个祭器（如玉琮）、一套青铜乐器都是经过独立设计的，都有独立的生产过程。

历史上的工程最典型的和最主要的是土木建筑工程和水利工程，主要包括：房屋工程

（如皇宫、住宅等）、城市建设、军事工程（如城墙、兵站等）、道路桥梁工程、水利工程（如运河、沟渠等）、园林工程、宗教工程（如祭坛、庙宇、塔、石刻）、陵墓工程等。

**1. 房屋工程**

人类早期没有房屋，居于山洞，以最原始的方式御寒保暖，遮风挡雨。到了旧石器时代后期，在一些缺乏天然洞穴的地区，人类学会使用简单的工具，利用大自然中的各种材料，动手营造更符合自己喜好的、更为舒适的居住场所。例如人们采用天然材料（木材、石材等），搭建各种棚屋。"构木为巢"是最原始的房屋建筑工程。《易经》中有："上古穴居而野处，后世圣人易之以宫室，上栋下宇，以待风雨。"

树木是我国自古以来就采用的主要建筑材料。在 2500 多年前就形成了以木结构作为主要构架、以青砖作墙、以碧瓦作为上盖的"梁柱式房屋建筑"式样。这就是从古代人的"构木为巢"传承下来的。

这种建筑结构的特点是，取材容易，能够与当地自然融为一体。古代我国森林很多，木材似乎取之不竭，而且易于制作构件，易于雕刻和艺术化处理，可以雕梁画栋，钩心斗角。所以我国古代木建筑十分广泛，在建筑方式和工艺方面也达到了很高的水平。

与西欧不同，石材在我国古代房屋建筑中应用不是很多，主要用在陵墓、宗教建筑和一些标志性建筑上，如汉阙、南北朝的石刻、唐宋的经幢、明清的牌楼、碑亭、石桥、华表等。

但木建筑的广泛使用伤及山林和水土，例如，由于"阿房出"，导致"蜀山兀"。而且木建筑易被兵火殃及。在我国历史上几乎每个朝代更替及各种战争都以大规模焚毁旧建筑作为打破旧世界的象征，在建立新朝代后又大兴土木作为建立新世界的标志。翻开我国古代史，朝代更替，社会动荡不定，战争连绵，其中无数的建筑被焚毁。

商朝自盘庚在殷建都，到纣王大规模建造，经武王灭商，鹿台被焚毁。其后"箕子朝周，过故殷墟，感宫室毁坏，生禾黍"了。

秦始皇在统一六国的战争中，所到之处都要焚毁各国的宫廷建筑和都城，同时又在咸阳仿建。秦始皇统一后为我国历史上的一个建筑高峰期，如咸阳城的扩建，阿房宫、秦皇陵墓、长城、秦直道、驰道等的建造。秦都城咸阳皇宫建成后不久就为项羽所焚，大火"三月不灭"。

汉朝立国后，萧何营建长安，建长乐宫和未央宫。到汉武帝又大兴土木，修建建章宫等，规模宏大。到西汉末年，因王莽篡汉，以及后来的赤眉焚西宫，毁掉大量建筑，东汉必须迁都洛阳。洛阳在东汉营造许多年后，又为董卓焚毁。

元朝入主中原和清军入关所到之处也是火光一片。

在抗日战争中，日本军队在中国搞"三光政策"，焚毁了大量建筑。

同时木建筑容易被大水冲毁，或因雷击，或人为失误引发火灾。北宋皇宫就曾经因非战争原因被大火焚毁，后来又重建。

由于木建筑不能长久，容易腐蚀，容易被焚毁，或被大水冲毁，而且由于取材容易，修旧不如盖新，所以我国历史上人们就不大研究建筑的修建，不注重保存旧建筑，而喜欢拆旧盖新。

这种历代的大烧大建和大建又大烧导致我国现存的古代房屋建筑不是很多，大量尽归尘土，现在只能从史书上看到它们的瑰丽堂皇，从遗址上看到它们的宏大规模。

这不仅导致大量自然资源的耗费和环境的破坏，同时又对我国建筑文化、工程目标的设立、建筑价值观念产生较大影响，形成恶性循环：人们随意拆除建筑，则在新建筑立项时也可能会很轻率，不图建筑的耐久性和长寿，也不会为建筑投入很多的资金；在建造时也许就不会精心施工打造精品，因为觉得反正很快要拆除的；同时由于规划、设计、施工的随意，产生很多问题，没有保存的价值，也许就会很快被拆除。

我国在近几十年的大拆大建（拆古旧建筑，盖新建筑）和大建又大拆（许多建筑建好后不久又拆掉），在很大程度上就有这种工程文化遗传因子的作用。

**2. 城市建设**

当人类发展到了新石器时代的后期，以农业作为主要生产方式，就形成了比较稳定的劳动集体，产生了固定的集聚地（村庄）。人们集中居住是为了抗御自然灾害，防止其他部落和野兽的入侵，提高自己的生存能力，同时逐渐社会化，满足精神生活的要求。《史记》记载，舜由于其德行高尚，人们都愿意居住在他的周围，所以"一年而所居成聚，二年成邑，三年成都"。

这样就需要进行集中固定的居民点的建设。按照防御的要求，在居民点周围挖壕沟或建墙，或建栅栏。这些都是带有防御性的军事工程，逐渐形成城市的雏形。同时在商业和手工业出现后就有了交易和集市。在我国古代，"城"是以武装保护的土地，就要有防御性的构筑物，而"市"就是交易场所。

在我国夏代的城市遗迹中就发现有陶制的排水管道，以及夯土地基，显示出相当高的工程技术水平。

《诗经·绵》中记载，周文王的祖父古公亶父之前周朝的人们穴居，不建房屋（"陶复陶穴，未有家室"），他率领他的子民来到岐山，选择城址，进行建设规划，任命司空管理工程，任命司徒管理土地和人口，建筑宫室、太庙、祭坛，由此形成周朝的都城。

西周初期，我国出现第一次城市建设的高潮。《周礼·考工记》中就记载周代王城建设的空间布局："匠人营国，方九里，旁三门。国中九经九纬，经涂九轨。左祖右社，前朝后市。市朝一夫。"周朝就兴建了丰、镐两座京城。

春秋战国时期各个诸侯国之间征战不休，大家都想称王称霸。为了称霸和自卫的需要，大家都纷纷建城筑墙，同时大建宫室，如秦孝公建咸阳宫，燕在下都建武阳台，楚建章华台。这是我国筑城的高潮期。那个时代对建筑追求壮丽、重威的效果，2000 多年以来一直作为历朝历代我国政府工程建设的指导思想，深深影响我国工程建设的文化。

在我国几千年的奴隶社会和封建社会历史中，城市规划是政治制度的一部分。《周礼》按照不同封建等级的城市（如都城、王城、诸侯城等），对城市的规划布局、勘察、选址、建设过程，有不同的规制，如城市的选址、用地面积、道路宽度、城墙长度和高度、城门数目等都有规定，且等级森严。超过规制，就是违礼，就是"僭越"，常常作为谋反罪论处，严惩不贷。

在我国古代城市中，皇宫和官府衙门占主导，作为中心区，由此影响城市的布局；而古代西方是神权至上，因此其中心是教堂。

我国古代的城市，特别是首都的建设都是集中全国的财力和物力，用集权化强制手段完成的。秦代咸阳、汉代长安、北魏洛阳、唐代长安、宋代开封府、元大都（北京）、明清代的北京城都是当时世界上最大最先进的城市之一。

**3. 军事工程**

早期的人们出于保护自己领地的目的，在居住点、城市，甚至国境线上修建防御工事，如壕沟、城墙。这是古代最为重要的庞大的国家工程。墨子认为，国有七大患，第一就是"城郭沟池不可守而治宫室"，即国防工程没有做好，就做华丽的皇宫，这样的国家是要灭亡的。而明朝朱元璋在登位前，接受谋臣朱升的三条建议，第一就是"高筑墙"。

在陕西省神木县石峁村已发现的龙山文化晚期到夏早期（距今约 4000 多年）规模最大的城址，就有"皇城台"、内城、外城三座相对独立规模宏大的城墙遗址。

长城是中国也是世界上修建时间最长、工程量最大、最重要的国防工程。我国长城修筑的历史可上溯到公元前 9 世纪的西周时期，周王朝为了防御北方游牧民族俨狁的袭击，曾建筑连续排列的城堡"列城"以作防御工事。

到了春秋战国时期，列国诸侯为了争霸和防守需要，在自己的边境上修筑起长城。公元前七八世纪，楚、齐、韩、魏、赵、燕、秦、中山等大小诸侯国家都相继修筑长城。这些长城都自成体系，工程规模较小，式样各不相同，从几百公里到 1000~2000km 不等。

公元前 221 年，秦始皇灭了六国诸侯，统一天下，为了防御北方匈奴游牧民族的侵扰，巩固国家安全，便大修长城。在原来燕、赵、秦部分北方长城的基础上，增筑扩建，完成"西起临洮，东止辽东，蜿蜒一万余里"的长城。

自秦后，历经汉、晋、魏，直到元、明、清等十多个朝代 2000 多年，都不同规模地修筑过长城，其中以汉、金、明三个朝代的长城规模最大，都达到了 5000km 或 10000km。它分布于中国北部和中部的广袤土地上，累计总长度达 50000 多公里，被称为"上下两千多年，纵横十万余里"。

修筑长城的工程量巨大，动用的劳动力数量也十分可观。据历史文献记载，秦代修长城除动用 30 万~50 万军队外，还征用民夫 50 万左右，多时达到 100 万人。北齐为修长城一次征发民夫 180 万人。隋史中也有多次征发民夫数万、数十万乃至百万人修长城的记载。明代修筑长城估计用砖石 5000 万 $m^3$，土方 1.5 亿 $m^3$，这些土方用来铺筑宽 10m、厚 35cm 的道路的长度可以绕地球赤道两周。长城的历史文化内涵之丰富，是世界其他古代工程所难以相比的，也是绝无仅有的，因而被列为中外世界七大奇迹之一。

除了长城外，在古代，我国几乎所有的大中城市（甚至县城）都建有城墙，如现存的有南京、西安、平遥、荆州等地的古城墙。

**4. 交通工程**

古代，临河而居的人们扎木筏或"刳木为舟"，作为交通工具。这也是最早的造船工程。后来，随着陆上交通需要的增加，人们经过长期实践，修建了道路，也就开始有了道路工程。这些道路像一条条纽带，把散落在不同地方的人们连接在了一起，也使得人们的居住地从河边扩大到了内陆。历史上著名的道路工程，如秦朝建设的驰道和秦直道。

秦始皇统一六国后，以国都咸阳为中心，修筑了通向原六国首都的驰道。同时，为快速反击和抵御北方匈奴侵扰，命大将蒙恬率师督军，役使百万军民，一面镇守边关，一面修筑军事要道。仅仅用了两年半，修建起一条由距咸阳不远的云阳郡，通向包头西部九原郡的"直道"，长约 800km。这是具有战略意义的国防工程，是我国最早的高速公路。

秦直道把京卫和边防连接起来。一旦边事告急，秦始皇的铁骑凭借这一通道从咸阳三天三夜就可抵达阴山脚下的塞外国境。这是当时联通中原和北方的一条主要交通干线，它对于巩固边防，促进内地与北方的经济、文化联系起到了十分重要的作用。

秦直道"道广五十步，三丈而树，厚筑其外，隐以金椎，树以青松"，路基夯土层一般由黑土、黄土、白灰和沙子相间夯实，与现代公路地基处理工艺几乎相同。每隔约30km就有一个宫殿建筑，在整个秦直道上共有26座。它们与现代高速公路上的休息区功能相似。

由于河流、山涧横亘在道路之间，道路起初是不连续的。伴随着道路的发展，桥梁建设也逐渐兴起，桥梁可以跨越河流、山涧，为道路的通达创造了条件。据史籍记载，秦始皇为了沟通渭河两岸的宫室，兴建了一座68跨咸阳渭河桥，这是世界上最早和跨度最大的木结构桥梁。此外，在秦皇宫中就有现代立交桥的雏形（《阿房宫赋》"复道行空，不霁何虹"）。

在隋代修建了世界著名的空腹式单孔圆弧石拱桥——赵州桥，净跨达37.02m。

### 5. 水利工程

我国一直是农业大国，水利工程历来就是人们抵御洪水、发展农业灌溉和发展运输的重要设施。几千年来，我国历代都将水利工程作为最重要的国家工程之一。古代流传着"大禹治水"的故事，述说的是"全国性"水利工程，那时水利工程为治国的根本，水利工程总管就是国家元首。我国古代水利工程规划和建造都达到了很高的科学水平。

公元前5世纪至公元前4世纪，在我国河北的临漳，西门豹主持修筑了引漳灌邺工程。

公元前3世纪中叶，我国战国时期的秦国蜀郡太守李冰及其子在四川主持修建了都江堰，解决了围堰、防洪、灌溉以及水陆交通问题，该工程被誉为世界上最早的综合性大型水利工程。

公元前237年，秦王嬴政采纳韩国水利专家郑国的建议开凿了郑国渠，灌溉面积达18万公顷，成为我国古代关中地区最重要的灌溉渠道。

在我国历史上，都江堰和大运河是最著名的两个水利工程。

（1）都江堰——最"长寿"的工程。都江堰建于公元前3世纪，是全世界年代最久、唯一仍发挥作用的宏大水利工程。

在都江堰建成以前，岷江江水常泛滥成灾，奔腾而下，从灌县（现在的都江堰市）进入成都平原，由于河道狭窄，常常引起洪灾，洪水一退，又是沙石千里。灌县岷江东岸的玉垒山又阻碍江水东流，造成东旱西涝。秦昭襄王五十一年（公元前256年），李冰任蜀郡太守，他吸取前人的治水经验，率领当地人民修建了都江堰水利工程。

都江堰水利工程创造了人与自然和谐共存的典范。它充分利用当地西北高、东南低的地理条件，根据江河出山口处特殊的地形、水脉、水势，乘势利导，利用高低落差，将岷江水流分成两条，其中一条水流引入成都平原，采用无坝引水，自流灌溉，使堤防、分水、泄洪、排沙、控流相互依存，共为体系，保证了防洪、灌溉、水运和社会用水综合效益的充分发挥，变害为利，使人、地、水三者高度协调统一。

都江堰建成后，成都平原沃野千里，成为"天府之国"。截至1998年，灌溉面积达到66.87万公顷，为四川多个大、中城市提供了工业和生活用水，而且集防洪、灌溉、运输、发电、水产养殖、旅游及城乡工业、生活用水为一体，是世界上水资源利用的最佳典范（图1-2）。

图1-2 都江堰水利工程

　　都江堰水利工程蕴藏着极其巨大的科学价值。它虽然建于 2000 多年前，但它所蕴含的系统工程学、流体力学等科学方法，在当今仍然是科学技术的前沿课题。

　　都江堰水利工程是我们祖先的杰作，已经运行了 2000 多年！它是既经典又"时髦"的工程，它具有可持续发展能力，符合"天人合一"的要求。2000 多年以来人们对它的评价，汇集了大量的赞美之词。可以说其"完美"程度是其他工程难以达到的，是我国水利工程史上的千古绝唱。

　　（2）大运河——世界上最长的运河。大运河北起北京，南达杭州，流经北京市、天津市以及河北、山东、江苏、浙江四个省，沟通了海河、黄河、淮河、长江、钱塘江五大水系，全长 1794km，是巴拿马运河的 21 倍，是苏伊士运河的 10 倍（图 1-3）。

图 1-3　大运河

　　大运河从公元前 486 年开始开凿，完成于隋代，在唐宋时期河运就十分繁荣，在元代又将它取直，在明清时期又进行了大规模的疏通。它在我国历史上作为南北交通的大动脉，对社会发展、经济和文化交流曾起过巨大作用。今天，大运河仍作为南水北调东线的主要路径，焕发出青春活力。

### 6. 园林工程

　　园林是我国具有最丰富传统文化和艺术内涵的工程，苏州古典园林是它的杰出代表。

　　苏州古典园林的历史可上溯至公元前 6 世纪春秋时期吴王的园囿，私家园林最早见于历史记载的东晋（4 世纪）的辟疆园，后来历代造园都十分兴盛。明清时期，苏州成为我国最繁华的地区，私家园林遍布古城内外。16—18 世纪进入全盛时期，有园林 200 余处，使苏州有"人间天堂"的美誉。

　　苏州古典园林以其意境深远、构筑精致、艺术高雅、文化内涵丰富著称。它宅园合一，可赏、可游、可居，是在人口密集和缺乏自然风光的城市中，人类依恋自然，追求与自然和谐相处，美化和完善自身居住环境的一种创造。一个园林，就是一个"天人合一"的生态系统，体现以人为本、尊重自然、人与自然和谐共生的理念，体现了历史上江南地区高度的居住文明以及当时城市建设的科学技术水平和艺术成就（图 1-4）。

图 1-4　苏州园林

苏州古典园林也是我国传统思想文化的载体，经创造者独具匠心的设计，将亭、台、楼、阁、厅、堂、轩、舫、廊、假山、水、花木等文化元素构造出丰富多彩的画卷，成为巧夺天工的精美艺术品。在园林中，一步一景，园中有园，景中有景。

拙政园、网师园、留园、环秀山庄、沧浪亭、狮子林、艺圃、耦园、退思园9家园林已被联合国教科文组织列入世界文化遗产。

近年来，苏州的园林建筑艺术逐渐向海外传播。美国纽约大都会艺术博物馆的明轩、加拿大温哥华市的中山公园，都是按照苏州明代园林的式样建造的。

**7. 其他工程**

（1）宗教工程。在人类的历史上，宗教和工程的关系非常紧密。宗教工程主要是宗教建筑工程（如古代的祭坛、庙宇、佛洞、塔、石刻等）和宗教相关物品（如祭祀用的玉器、青铜器等）的制造工程，在国外有神殿、露天剧场、金字塔、方尖碑、教堂等。

在我国历史上，许多宗教工程都是标志性的，具有丰富的艺术内涵。在许多远古时代的遗址中都发现有祭坛建筑遗存。在西周将社稷祭祀作为国家大典，就有社稷祭坛。其他，如铸造青铜器以及玉工做礼器等都是宗教性工程。

从魏晋到隋唐时代，佛教盛行，有大量的寺庙、佛塔和雕刻。例如，北魏孝文帝期间，京城洛阳佛教盛行，建有1367所寺院，凿石窟3万多穴。洛阳石窟和云冈石窟现在仍然是最为著名的古代建筑之一。

晚唐诗人杜牧对南京就有"南朝四百八十寺，多少楼台烟雨中"的描述。而到清初，按照《儒林外史》中的描述则是："到如今，何止四千八百寺！"

对于宗教工程，人们心怀虔诚，投入巨大，常常不惜工本，所以宗教工程不仅是在建筑历史上艺术性最高的工程，也是建造质量最好的工程，因此能够长期保存。同时在历史上，人们出于信仰和敬畏，又很少焚烧和拆除宗教建筑，因此直到70年前，宗教建筑又是我国古建筑中保持得最好的工程。

在梁思成先生所撰写的《中国建筑史》中所介绍的古代遗存建筑的照片约为230幅，其中宗教建筑（包括庙宇、石窟、塔等）照片为175幅以上，占3/4以上。

（2）陵墓工程。从远古时代起，我国历朝历代都将帝王陵墓作为国家级重点工程，投入巨大，如秦公大墓、秦始皇陵、汉朝历代帝王陵、唐朝历代帝王陵、明孝陵、清十三陵等。帝王陵墓工程不仅规模宏大，规制严格，常常伴随大量的随葬品，而且由于深埋地下，如果没有被盗挖，就能非常丰富地保留当时工程技术和文化的印迹。

### 1.3.3　我国现代工程的发展

**1. 我国现代工程建设概况**

工程的建设和运行是我国现代社会最普遍和最主要的经济、社会、文化和科研等活动。在中华人民共和国成立后，很快就进入我国历史上少有的大规模建设时期，主要包括大型的水利工程（如治理淮河、黄河、长江）、交通工程（如青藏公路）、工业工程、国防工程等。由当时苏联帮助的156项重点工程，以及北京的十大建筑、成昆铁路等在当时都是具有标志性的。

20世纪80年代初，我国进入了我国历史上规模最大的、在世界历史上也是罕见的工程建设时期。我国成为建筑工程大国，各个领域都有许多大型和特大型工程。

（1）钢铁工业建设工程。在钢铁工业方面有宝山钢铁厂，它是我国改革开放以后第一个特大的建设工程。宝山钢铁厂于 1978 年 12 月 23 日动工兴建，第一期工程于 1986 年 9 月建成投产，第二期工程于 1991 年 6 月建成投产。宝山钢铁厂成为中华人民共和国成立以来建设规模最大的钢铁联合企业，现已形成年产 650 万 t 铁、671 万 t 钢、50 万 t 无缝钢管、210 万 t 冷轧带钢、400 万 t 热轧带钢的生产规模。2016 年 7 月，宝山钢铁股份有限公司被《财富》杂志评为 2016 年度世界 500 强企业第 34 位。

（2）水利工程。近几十年来有葛洲坝工程、鲁布革工程、小浪底工程、二滩水电站、三峡水利工程、南水北调工程，及在大渡河、澜沧江、金沙江上的梯级水电站工程等。

（3）核电工程。目前已经运行的有大亚湾核电站、秦山核电站、岭澳核电站、宁德核电站、阳江核电站、红沿河核电站、田湾核电站等。在建的有，福建福清核电站、浙江方家山核电站、浙江三门核电站、广东台山核电站一期、山东海阳核电站、山东石岛湾核电站、海南昌江核电站，以及一些已运行核电站的后期（二期、三期等）工程。

（4）铁路工程。铁路工程最大的有京九铁路、青藏铁路等。十几年来，随着大规模高速铁路的建设，我国高速铁路的里程和技术已经位居世界第一。

（5）化工工程。在 20 世纪 70 年代我国就投资建设仪征化纤、扬子石化等工程，近期有扬子巴斯夫石化工程、广东茂名石油化工工程、福建石油化工工程等。

（6）桥梁工程。近十几年来，我国桥梁建设无论在规模、技术水准、建造难度等方面都走在世界的前列，不断刷新世界纪录。例如，在长江上兴建许多大桥，仅江苏段除了原来的南京长江大桥外，还有南京长江二桥、南京长江三桥、南京长江四桥、南京大胜关长江大桥、润扬长江大桥、苏通长江大桥、江阴长江大桥等。其他如港珠澳大桥、杭州湾跨海大桥等。

（7）城市地铁工程。我国城市地铁从无到有，已建及在建城市轨道交通工程的城市有北京、上海、广州、深圳、南京、武汉、重庆、大连、哈尔滨、长春、青岛、成都、沈阳、苏州、西安、杭州、郑州、无锡等几十个大城市。

（8）高速公路工程。我国高速公路从 20 世纪 80 年代起步，经过 30 多年的发展建设，到 2016 年，总里程已达 13.1 万 km，位居世界第一。

（9）能源工程。能源工程包括石油开采工程、发电厂工程、风电工程、长距离输变电工程、长距离天然气输送工程，如西气东输、西电东输工程等。

（10）科技工程。随着我国经济和科学技术的发展，国家投入科技工程的资金越来越多，工程规模也越来越大，最典型的是 FAST 工程。它是在贵州省平塘县建造的世界第一大单口径射电望远镜，拥有 30 个标准足球场大的接收面积，将在未来 20～30 年内保持世界领先地位。

这些工程在规模和技术的先进性方面都是当代一流的。

**2. 现代工程的特点**

（1）现代工程规模大，技术难度高。近几十年来，我国大型、特大型、复杂、高科技工程越来越多，例如航天工程、大型化工工程、大型水利工程、城市地铁、高速铁路、长距离输送管道、特高压输电线路、桥梁工程等，许多工程都不断创造本工程领域的世界之最。

最典型的是三峡工程，它的许多指标都突破了我国甚至世界水利工程的纪录。例如，是世界上水库移民最多、工作最为艰巨的建设工程；是世界上最大的水电站；是世界上建筑规模最大的水利工程；是世界上级数最多、总水头最高的内河船闸等。

（2）现代高科技在工程中的应用。一个世纪多以来，科学技术高速发展，不断被应用于工程领域，推动了工程技术的发展。现代科学技术已渗透到了工程的各个方面。

1）工程材料越来越向轻质化、高强化发展。高强合金、高分子材料（如碳纤维材料）、智能材料以及其他新型材料在工程中得到越来越广泛的应用。过去，人们通常使用强度等级为 C20~C40 的混凝土，而现在通过掺硅粉、外加剂等各种技术措施，C50~C75 的混凝土已得到广泛应用。1989 年美国西雅图建成 56 层、高 226m 的双联合广场大厦，其中 4 根 3.05m 的钢管柱中现场浇捣混凝土强度等级高达 C120。

2）新型的大跨结构形式。例如，苏通长江大桥最大主跨为 1088m，混凝土塔高 300.4m，最长拉索长达 577m 等。这些指标在当今世界斜拉桥中名列前茅。

3）工程智能化。智能工程是现代通信技术、计算机技术、自动控制技术、图形显示技术、微电子技术、网络技术在工程中的综合应用，使工程具有一定的"生命"特征，能够为人们提供更加人性化、舒适、高效、节能、符合生态要求的生活和工作环境。现代智能工程最典型的有智能学校、智能住宅小区、智能图书馆、智能医院、智能工厂、智能车站、智能飞机场、智能电网、智能物流中心、智能港口等，最终集成为智慧城市。

现代信息技术，如大数据、互联网、物联网、BIM、云计算等的迅速发展，不仅催生了新的工程领域和产业，而且从根本上改变了工程的建造、运行和管理方式。

人们应用计算机进行辅助设计、辅助制图、现场管理、网络分析、结构优化以及智能化运营管理，将工程专家的个体知识和经验加以集中和系统化，构成专家系统。许多复杂的工程过去不能分析，也难以模拟，而现在都可以用计算机进行模拟分析。

4）建筑工程越来越呈现工业化、装配化。将工业化的生产方式应用于工程建设中，在工厂中成批地生产房屋、桥梁的各种构配件、组合体等，然后运到现场装配，完全改变了传统的施工作业方式，加快了施工速度。

在发达国家，建筑工业化程度已经很高，2015 年，欧美建筑工业化达 75%，瑞典更是高达 80%，日本也达到 70%。而我国建筑工业化程度仅为 3%~5%，这意味着与欧美等发达国家相比还有很大的差距。

5）新的工程领域的发展。人们在积极探索和建设特殊环境下的工程，如深海油田工程、航天工程、极地工程、严寒地带的高铁工程，将来还要在月球和火星上建筑工程。

（3）具有高度的复杂性、专业化和综合性特点。

1）功能的多样化和高要求。现代工业建筑往往要求恒温、恒湿、防震、防腐蚀、防辐射、防火、防爆、防磁、防尘、耐高（低）温，并向大跨度、灵活的空间布置方向发展，如制药车间、计算机芯片的制造车间、高科技的实验室工程等。

例如，住宅建筑已不再是徒具四壁的房屋，而要提供采暖、通风、采光、给水排水、供电、供热、供气、收视、通信、计算机联网、报警、远程控制等功能，要求使用方便、舒适、高效率、节能、生态环保等。这导致工程中的专业工程系统越来越多，且它们都是高度专业化的。

2）技术具有高度的复杂性。现代工程的对象不仅包括传统意义上的实体化的工程技术系统（如主体结构、机械系统等），而且包括软件系统（智能化系统、控制系统）、运行程序、维护和操作规程等。需要将材料、电子、通信、能源、制造、信息等高科技紧密结合起来，呈现出各种专业技术高度相互渗透、相互支持，需要解决多专业的集成技术问题。

在我国，许多工程结构形态复杂，使得设计和施工难度增加，如港珠澳大桥、FAST 工程、广州塔（小蛮腰）、国家体育场（鸟巢）等。在这些工程中，都需要非常高的精度，需要非常精密的制造和安装工艺，需要应用计算机进行辅助设计、结构优化、辅助制图、施工模拟、现场管理以及智能化运营管理。

3）工程的时空跨度越来越大，如南京城市轨道交通工程建设原规划 17 条线路，预计整个建设期跨度 50 年，最终形成一个统一的分布于整个南京城，并向周边城市辐射的城市轨道交通网络系统。

而西气东输一线管道全长就有 4200km，跨越 10 省市区。

4）现代工程的资本组成方式（资本结构）、承包方式、管理模式、组织形式、合同形式丰富多彩。工程参加单位多，组织系统十分复杂，包括政府组织、社会团体、贷款机构、科研机构、工程管理公司、材料和设备供应商、工程承包商、设计单位等。

5）现代工程建设过程常常是研究过程、开发过程、施工过程和运行过程的统一体，而不是传统意义上的施工过程。在现代工程中施工过程的重要性、难度相对降低，而工程项目融资、经营等方面的任务加重，需要考虑工程全寿命期问题。

6）现代工程的建设和运行对自然环境影响大，所以工程技术难度和重点已经不是传统土木建筑工程的结构、材料和施工方面的问题，而是处理工程与环境的关系，如生态保护、低能耗（低碳、低排放）、绿色建筑等。例如，青藏铁路建设的难点涉及以下问题：

① 在工程施工和运行过程中高原生理（严寒缺氧、强紫外线照射）带来的问题。

② 冻土条件下工程的施工和运行问题。

③ 在工程施工和运行过程中生态环境保护，如高原植被的保护和恢复、藏羚羊的迁徙道路保护、污染物的处理。

④ 由于工程地处高原地震多发区，工程的建设和运行如何抗震的问题等。

7）风险大。现代工程技术风险中，施工技术的风险相对减小，而金融风险、安全风险、市场运营风险加大。工程中各方面利益冲突，会涉及公共利益、政府（国家、地区、城市）、投资者、承包商、周边居民等各方面的利益平衡问题。

（4）投资大，消耗大量的自然资源和社会资源。由于现代大型、特大型工程的建设投资规模常常以十亿元、百亿元、千亿元计，会影响整个社会资源的分配，影响国计民生，影响国民经济、社会和经济发展目标。例如，三峡工程总投资 2000 多亿元人民币，西气东输一线工程总投资 1400 多亿元人民币，南京地铁 1 号线总投资达 98 亿元，南京奥体中心总投资额度达 21 亿元，上海金茂大厦投资额高达 45 亿元。

（5）现代大型工程会改变社会结构，影响周围居民生活，影响社会文化，而这些影响都是历史性的。

（6）工程的国际化。工程要素的国际化是现代工程重要标志之一，即一个工程建设和运营所必需的产品市场、资金、原材料、技术（专利）、土地（包括厂房）、劳动力、工程任务承担者（工程承包商、设计单位、供应商）等，常常来自不同的国度。

在当今世界上，国际合作项目越来越多。通过国际工程能够实现各方面核心竞争力的优势组合，取得高效率和效益的工程。我国已经加入世界贸易组织（WTO），我国建筑工程承包市场对外全面开放，已是国际工程承包市场的一部分。现在不仅一些大型工程，甚至一些

中小型工程的参加单位、设备、材料、管理服务、资金都呈国际化趋势。这带来两方面问题:

1) 我国许多工程的建设都有外国的公司参加。从 20 世纪 80 年代初鲁布革水电工程开始,我国许多工程引入国外贷款(如世界银行贷款、亚洲开发银行贷款,以及其他国际组织和外国政府贷款),进行设计、施工、供应的国际招标,如鲁布革工程、小浪底工程、许多地方的公路工程、大型石油化工工程等。这是我国近几十年工程领域的特色之一。

2) 我国的许多工程承包商、设计单位、供应商也到国外去承接工程。

从 20 世纪 70 年代末起,我国工程承包企业开始到国外承包工程,经过 40 年的发展,取得了很大成就,已成为国际工程承包市场一支重要的力量。

① 据商务部统计,2015 年我国对外承包工程完成营业额折合 1594.2 亿美元,同比增长 3.5%;新签合同额 2440.1 亿美元,同比增长 16.2%。

② 在美国《工程新闻纪录》(ENR)评选的 2017 年度全球最大 250 家国际承包商名录中,我国内地企业上榜 65 家,占总数的 26%,其中排名最高的中国交通建设集团处于第 3 位。

③ 我国工程承包企业在国际上从施工承包逐渐发展到总承包,承揽大型、特大型工程项目的能力有了大幅度提高。许多承包企业还参与国际工程投资。

④ 到目前为止,我国工程承包商已遍及全世界 180 多个国家和地区,基本形成了以亚洲为主,在非洲、中东、欧美和南太平洋全面发展的多元化市场格局。承包工程范围分布在国民经济各个领域,特别是在房屋建筑、交通运输、水利、电力、石油化工、通信、矿山建设等领域有较强的竞争力。

⑤ 近年来,随着国家提出"一带一路"倡议,以及高铁、核电等"走出去"战略,我国对外投资大幅度增加,会进一步带动制造业、工程承包业和工程咨询业走出去。

**3. 我国工程界主题的变化**

从宏观的角度看,任何一个国家或一个社会,在一个较长的历史阶段,工程界工作的主题会逐渐变化,有自身发展的规律性。这种变化会对整个社会资金的投向、工程相关产业的结构和发展趋向、工程领域(包括工程管理)人才的结构和知识需求、工程领域科学研究的任务等都有决定性的影响。

通常有如下几大类主题(图 1-5):

图 1-5　工程界主题的变化

(1) 以工程建设为主。在这个阶段,伴随着经济高速发展,社会上有大规模的基础设施建设投资,新工程建设比比皆是,工程建设相关行业和企业发展迅速。例如西欧和东欧在 20 世纪 50 年代和 60 年代处于城市重建和城市振兴阶段。我国 30 多年来,一直处于这个阶段。

（2）随着大规模工程建设高潮过去，基础设施逐渐完善，新工程的建设量逐渐减少。随着大量的工程投入运行，工程界进入以新工程建设和已建工程的运行维护、健康管理并重的阶段。

这个阶段会逐渐有一些工程的加固、扩建、节能化改造、更新等工作，要解决一些在役工程的维护和健康问题，使工程能够保持健康运行，有可持续发展的能力。

（3）新工程建设工作很少，工程界的工作以工程运行维护和健康管理为主。这阶段，社会经济发展速度会趋于平缓。从 20 世纪 70 年代后，西欧就进入了这个阶段。

（4）工程更新循环（再生）阶段。工程界以工程拆除后旧址的生态复原和工程废弃物的综合利用（即再生），或工程遗迹的处理过程、技术和方法问题为主。例如欧洲 20 世纪 90 年代进入城市再生阶段。现在我国工程拆除后遗址处理和土地的生态复原问题已经显露出来。

对一个社会，工程界主题发展阶段有自身的规律性。在欧美国家，工程界的主题有其明显的阶段性，而且以建设为主的阶段并不长。但我国工程的发展有其特殊性：我国大规模的工程建设期持续时间很长，已近 40 年，现在逐渐进入到"大规模的建设—运行维护和健康管理—更新改造—拆除和生态复原"同时并重的状态。

1）大规模的工程建设还会持续一个阶段。

① 我国现在仍处于经济高速发展时期，即使按照目前这种发展速度，到 2050 年才能达到中等发达国家水平。按照我国国民经济和社会发展规划，各行各业仍然有很大的发展空间。以基础设施为主的各类土木工程还有很大的需求。

我国幅员辽阔，发展不平衡。长三角、珠三角、环渤海湾区域仍然是最为繁荣的建筑市场，同时西部大开发、中部崛起、东北工业区振兴也为工程建设提供新的机遇。例如国务院批准了一些国家级区域发展战略，包括江苏沿海经济区、长三角、珠三角、黄三角、天津滨海新区、海峡西岸经济区、北部湾经济区、辽宁沿海"五点一线"经济区、海南国际旅游岛等。每一个区域发展战略的实施都会需要大量的投资，都会带动这些地区大规模的工程建设。

许多地区经常进行产业转型，如老工业基地改造；许多企业要经常性地进行技术革新，开发新产品，则要对工程进行更新改造，或拆除后再新建。

我国政府近几十年来采用的以投资拉动经济的政策还会在一段时间内继续；另外经济指标仍然是许多地方政府的主要政绩考核指标，对于经济发展政绩的需求，都会促进固定资产投资规模高速增长，使得工程建设依然有很大的需求。

② 我国城市化进程必然带动大规模的基础设施，如公路、铁路、机场、城市轨道交通、供水、供电、供气、供热、污水处理设施，以及住宅、商业、学校、医院等生活配套设施的建设。

由于我国一些城市长期以来重视地上高楼、道路等设施的建设，而疏于地下工程的建设，致使一下雨就会被淹掉。为了解决这个问题，国家提出海绵城市建设的口号，这会带来大量的城市地下管道系统和蓄水系统的建设投资。

③ 我国环境污染严重，则在相当长时间内，环境保护工程的投资会很大。

④ 我国民营资本取得长足的发展。现在国家开放企业投资门槛，在基础设施领域，PPP融资模式的发展带动整个社会投资的增加。民间资本不仅会促进经济发达地区高新产业投资

的增加，而且会带动中部地区的资源和能源开发投资，以及沿海、东北的重工业和化工业投资的快速发展。

⑤ 随着我国国力的增强，国家对一些重大社会活动的投入也越来越大，常常需要大量的工程建设投资，例如近十几年来我国成功举办奥运会、世博会、亚运会、青奥会、APEC会议等。

同时，由于我国逐渐走向国际舞台的中心，会有许多重大国际活动在我国进行，甚至会在我国建设国际中心。这些会带来许多新工程建设的需求。

⑥ 新的工程领域，如核电、新能源、宇宙和空间领域工程的发展。

2）由于在近几十年来的工程的立项、建设和运行存在大量问题，我国有大量的在役工程需要进行更新改造，如我国现有在役建筑节能改造就需要大量的投入。

同时，由于社会、经济和科学技术的发展，环境保护要求的提高，许多产业要进行改造。

3）我国工程"大建→大拆→大建"的循环还会继续。近60年来，特别是20世纪80年代初以来建设的许多工程，由于立项、规划水平、建造质量、节能要求、抗震能力等方面存在问题，大多是"不可持续"的，没有进一步使用或保留价值的就要被拆除，或者需要大规模地更新改造。这会使建筑爆破和重建在我国某些地方成为常态，这样不仅客观上扩大了工程的需求，同时需要进行建筑遗址的生态复原处理工作。

## 1.4 工程的分类

工程的种类很多，用途和技术系统特点也各不相同，工程分类的角度也很多。

### 1.4.1 按照工程所在产业分类

按照所属大的产业分类，工程可以分为以下几类。

（1）第一产业工程，包括农业、林业、畜牧业、渔业方面的工程。

（2）第二产业工程，包括采矿业、制造业、电力、燃气及自来水生产和供应、建筑业等方面的工程。

（3）第三产业工程，包括交通运输业、批发和零售业、电子商务业、房地产业、金融业、医学卫生业、IT（信息、计算机服务和软件等）业、旅游业、住宿和餐饮业、邮政业、教科文体和娱乐业、社会保障和福利业、租赁业、仓储和物流业、科学研究和技术服务业等方面的工程。

涉及这些产业的工程建设，新型产品与装备的开发、制造和生产与技术创新，重大技术革新、改造、转型，产业、工程、重大技术布局与战略发展研究等，都属于该产业的工程。

### 1.4.2 按照工程所在的国民经济行业分类

行业是建立在各类专业技术、各类工程系统基础上的专业生产、社会服务系统。国民经济行业分类是对全社会经济活动按照获得收入的主要方式进行的标准分类，比如建筑施工活动按照工程结算价款获得收入，交通运输活动按照交通运营业务获得收入，批发零售活动按照商品销售获得收入等。我国国民经济行业分类有相应的国家标准（表1-3）。

表1-3　　《国民经济行业分类》（GB/T 4754—2017）

| 代码 | 行业名称 | 代码 | 行业名称 | 代码 | 行业名称 |
|---|---|---|---|---|---|
| A | 农、林、牧、渔业 | H | 住宿和餐饮业 | O | 居民服务、修理和其他服务业 |
| B | 采矿业 | I | 信息传输、软件和信息技术服务业 | P | 教育 |
| C | 制造业 | J | 金融业 | Q | 卫生和社会工作 |
| D | 电力、热力、燃气及水生产和供应业 | K | 房地产业 | R | 文化、体育和娱乐业 |
| E | 建筑业 | L | 租赁和商务服务业 | S | 公共管理、社会保障和社会组织 |
| F | 批发和零售业 | M | 科学研究和技术服务业 | T | 国际组织 |
| G | 交通运输、仓储和邮政业 | N | 水利、环境和公共设施管理业 | | |

由于工程的多样性，工程分布于国民经济的各个行业（领域），所以工程建设与国民经济的各个行业（领域）都相关，工程就具有相应的行业特点。

### 1.4.3　按照建设工程领域分类

建设工程是为人类生活、生产提供物质技术基础（如各类建（构）筑物和设施等）的工程活动。在建设工程领域，为了企业资质管理和建筑市场监管、法规和政策制定、标准制定和专业划分、国民经济行业分类和统计、部门职能设置等的需要，对工程有多种分类方法，其结果和表现形式也不尽相同。其中最重要和最常用的有如下两种。

**1. 将建设工程按自然属性划分**

《建设工程分类标准》（GB/T 50841—2013）将建设工程按照自然属性分为建筑工程、土木工程和机电工程三大类。这是工程管理最基本的对象。

1）建筑工程。建筑工程是人们进行生产、生活或其他活动的房屋或场所，按照使用性质可分为民用建筑工程、工业建筑工程、构筑物工程及其他建筑工程等。

① 民用建筑工程，可分为居住建筑、办公建筑、旅馆酒店建筑、商业建筑、居民服务建筑、文化建筑、教育建筑、体育建筑、卫生建筑、交通建筑、广播电影电视建筑等工程。

② 工业建筑工程，包括各种厂房（机房）和仓库。

③ 构筑物工程，可分为工业构筑物、民用构筑物、水工构筑物等。

2）土木工程。土木工程是建造在地上或地下、陆上或水中，直接或间接为人类生活、生产、科研等服务的各类工程。

① 道路工程，可分为公路工程、城市道路工程、机场场道工程，以及其他道路工程。

② 轨道交通工程，可分为铁路工程、城市轨道交通工程和其他轨道工程。

③ 桥涵工程，可分为桥梁工程和涵洞工程两大类。

④ 隧道工程，可分为洞身工程、洞门工程、辅助坑道工程及隧道其他工程。

⑤ 水工工程，可分为水利水电工程、港口工程、航道工程及其他水工工程。

⑥ 矿山工程，可分为煤炭、黑色金属、有色金属、稀有金属、非金属和化工等矿山工程。

⑦ 架线与管沟工程，可分为架线工程和管沟工程。

⑧ 其他土木工程。

3）机电工程。涉及工程中的机械、电气设备、智能系统等工程。

① 机械设备工程，包括：通用设备工程、起重设备工程、电梯工程、锅炉设备工程、专用设备工程等。

② 静置设备与工艺金属结构工程，可分为静置设备工程，气柜工程，氧舱工程，工艺金属结构工程，铝制、铸铁、非金属设备安装工程，其他设备工程。

③ 电气工程，可分为工业电气工程、建筑电气工程。

④ 自动化控制仪表工程，可分为过程检测仪表工程，过程控制仪表工程，集中检测装置、仪表工程，集中监视与控制仪表工程，工业计算机等工程。

⑤ 建筑智能化工程，可分为智能化集成系统工程、信息设施系统工程、信息化应用系统工程、设备管理系统工程、公共安全系统工程、机房工程、环境工程等。

⑥ 管道工程，包括长输油气管道、公用管道、工业管道、动力管道等工程。

⑦ 消防工程。

⑧ 净化工程，可分为净化工作台、风淋室、洁净室、净化空调、净化设备等工程。

⑨ 通风与空调工程。

⑩ 其他，如设备及管道防腐蚀与绝热工程、工业炉工程、电子与通信及广电工程等。

**2. 按照使用功能划分**

按照使用功能，建设工程可以分为房屋建筑工程、铁路工程、公路工程、水利工程、市政工程、煤炭矿山工程、水运工程、海洋工程、民航工程、商业与物资工程、农业工程、林业工程、粮食工程、石油天然气工程、海洋石油工程、火电工程、水电工程、核工业工程、建材工程、冶金工程、有色金属工程、石化工程、化工工程、医药工程、机械工程、航天与航空工程、兵器与船舶工程、轻工工程、纺织工程、电子与通信工程、广播电影电视工程等。

这些工程的专业特点相异，由此带来了设计、建筑材料和设备、施工设备、专业施工的不同，由此决定建设工程类企业分类。

## 1.4.4 按照工程资本来源属性分类

工程的资本来源通常有两类，即私有资本和公共资本。则按照它们的组合，工程可以分为如下三类：

（1）私人资本工程。这是由私有资本投资建设的工程，如由私人投资建造的私有房屋、工业工程等。许多外资工程也属于这一类。

（2）公共资本工程。主要是国家投资的公共事业工程和城市基础设施工程，以及国家垄断领域的工程。它主要是由政府投资建造的，为社会公共服务。

（3）私人资本和公共资本通过联合、联营、集资、入股等方式联合投资工程，最典型的是采用 PPP 融资模式建设的工程。

近几年，国家在进行投资体制的改革，私人资本与公共资本联合的模式也会越来越多。

## 1.4.5 按照工程成果形态分类

（1）有形工程。有实体形态的以硬件为主体的交付成果，如制造业工程、房地产、道路工程、化工工程等。

（2）无形工程。其交付成果是非实体形态的，如金融工程、系统工程、物流工程、现代服务业工程、研究或咨询工程等。

现在，许多工程是有形工程和无形工程的综合体。

## 复习题

1. 查找人们常用的"工程"一词的定义，分析其意义。

2. 讨论：除本书中所述，工程还有哪些特性？工程特性对工程管理理论和方法，以及各阶段管理实务有什么影响？

3. 讨论：工程技术系统、工程全寿命期过程和工程科学的内涵和它们之间的关系。

4. 讨论：近几十年来我国工程界主题的变化，它有哪些影响？

5. 讨论：近几十年我国工程建设的主要成就和存在问题，并分析我国长期处于建设阶段的原因。

# 第2章

# 工程系统总体分析

【本章提要】

　　本章主要介绍工程系统总体概念模型，以及工程技术系统结构、工程全寿命期过程、工程环境系统结构和工程相关者。它们是工程管理研究的主要对象。

　　这是对工程系统全方位的透视，是工程管理者应有的"工程"视野。

## 2.1 工程系统总体概念模型

　　虽然工程的范围很广，但作为复杂的造物活动，从工程管理的角度，工程系统具有统一性。例如航天飞机研制、房地产开发、道路的建设、新型武器的研发等，其工程系统过程、工程系统构成分解方式、系统寿命期规律性等都是相似的。

　　工程是在一定的时间跨度上和空间范围内建造和使用（运行）的，它是一个开放的系统。工程系统总体概念模型如图 2-1 所示，涉及如下方面：

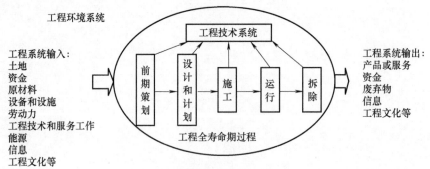

2-1　工程系统总体概念模型

　　（1）工程技术系统。工程技术系统是工程活动所交付的成果，它有自身的结构（包括空间结构和专业系统构成）。它是工程的功能、经济、文化等方面作用的依托，在工程全寿命期中经历由生到死的过程，有自身的规律性。

（2）工程全寿命期过程。一个工程必然经过从前期策划、设计和计划、施工、运行，到最终结束（拆除、灭失）的全过程。在这个过程中，工程相关工作都是围绕工程技术系统进行的，所以这又是工程技术系统（物）完整的寿命期过程。

（3）工程环境系统。工程环境是指对工程的建设、运行有影响的所有外部因素的总和，它们构成工程的边界条件。

（4）工程系统输入。工程系统输入决定了工程需求要素，包括：

1）土地。任何工程都在一定的空间上建设和运行，都要占用一定的土地。"土地依附性"是工程的显著特点。工程从生到死都与土地紧密联系。

2）资金。例如建设投资，运行过程中需要的周转资金、维修资金和更新改造资金等。

3）原材料。例如建筑所需的材料、构配件、工程建成后生产产品所需要的原材料。

4）设备和设施。例如施工设备、生产设备、厂房、基础设施等。

5）劳动力。例如施工劳务人员和运行维护人员等。

6）工程技术和服务工作。例如规划、各专业工程的设计技术、专利、施工技术、产品生产技术，建设过程中的技术鉴定和管理咨询服务。

7）能源。例如电力、燃料等。

8）信息。例如工程建设者和运行人员从外界获得的各种信息、指令等。

9）工程文化。工程文化主要是指对工程有影响的地区传统建筑文化，设计人员和决策者的审美观、艺术修养、价值观、组织文化等。

这些输入是工程建设和运行顺利进行的保证，是一个工程存在的条件。

（5）工程系统输出。它决定了工程的价值和影响。工程在全寿命期中向外界环境输出：

1）产品或服务。例如，水泥厂生产出水泥，化工厂生产出化工产品，汽车制造厂生产小汽车，高速公路提供交通服务，学校培养学生等。这些产品或服务必须能够被环境接受，必须有相应的市场需求或社会需求。这是工程的价值体现。

2）资金。即工程在运行过程中通过出售产品取得收益，产生盈利，归还贷款，向投资者提供回报，向政府提供税收等。这是工程经济作用的体现。

3）废弃物。即在建设和运行过程中会产生许多废弃物，如建筑垃圾、废水、废气、废料、噪声，以及工程结束后的工程遗址等。

4）信息。即在建设和运行过程中向外界发布的各种信息、提交的各种报告。

5）工程文化。即工程实体所反映的艺术风格、社会和民族文化、体现的时代特征，以及由工程所形成的新的组织制度、价值观和行为准则等。

6）其他。例如输出新的工程技术、管理人员和管理系统等。

工程的作用主要是通过工程的输入和输出实现的。

## 2.2 工程技术系统结构

### 2.2.1 概述

工程技术系统是具有一定使用功能或实现价值要求的系统。它占据一定的空间，有自身的系统结构形式。任何工程都可以采用系统方法按空间、功能、专业（技术）系统进行结构分解，得到树状结构，即工程系统分解结构<sup></sup>（Engineering Breakdown Structure，EBS）。

不同种类的工程（如汽车制造厂、住宅小区、化工厂、船舶、成套设备，甚至宇宙飞船）其系统构成形态是相似的。可以按照系统方法进行结构分解，得到工程技术系统分解结构（图2-2）。

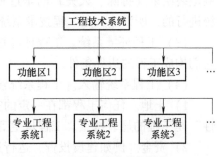

图2-2　工程技术系统分解结构（EBS）

（1）功能区。工程是由许多空间分部组合起来的综合体。这些部分有一定的作用，在总系统中具有一定的使用功能，如提供特定产品（或中间产品）或服务，通常被称为功能面，或功能区，或"功能空间"（本书统一称为"功能区"）。

例如，对一个新的汽车制造厂，可将整个工程分解成发动机、轮胎、壳体、底盘、组装、油漆、办公区、库房（或停车场）等几个大区或分厂；一条高速公路由各段路面、服务区、收费区、绿化区等构成；一个高校校区由教学楼、图书馆、生活区、实验楼、体育馆（场）、后勤区、办公楼、道路工程、景观区等组成。

对一个复杂的工程，功能区还可以分解为子功能区。

（2）专业工程系统。每个功能区（如每栋建筑）是由许多有一定专业属性的系统构成的，各个专业工程系统在工程系统中有不同的作用。

例如，学校的教学楼提供教学功能，它包括建筑学、结构工程、给水排水工程、电力工程、消防工程、通风工程、通信工程、控制工程、多媒体、语音、智能化、电梯等专业工程系统。这些专业工程系统不能独立存在，必须通过系统集成共同组合成教学楼的功能。一个车间可分为建筑、厂房结构、起重设施、生产设备、电器设施、器具、信号系统、控制系统等。

一个专业工程系统还可以分解为许多子系统，如结构工程系统可以分解为基础、上部结构等，给水排水系统可以分解为给水子系统、排水子系统。

一个工程的系统分解结构包含了它所有的专业工程系统，体现了工程的技术构成。

## 2.2.2　常见的工程系统分解结构

### 1. 房地产小区工程系统分解结构

（1）功能区。如住宅楼、物业管理区、景观区、公共娱乐区等。

（2）专业工程系统。有建筑学、结构工程、工程材料、给水排水工程、建筑电气系统、设备系统、通风空调系统、通信系统（电话、电视、信息网络系统、电梯保安报警系统等）、交通设施、园林绿化（景观）系统等。

### 2. 南京地铁1号线的工程系统分解结构

（1）功能区分解。

1）车站：三山街站、张府园站、新街口站、珠江路站、鼓楼站、玄武门站、许府巷

---

<sup>⊖</sup> EBS与工程最终产品（或服务）的系统结构是有区别的，如：小汽车制造厂建设工程，它的工程技术系统是由生产发动机、轮胎、壳体、底盘的车间（或分厂），以及组装、油漆、办公区、库房（或停车场）等几个大区和许多专业工程系统组成的系统；而本工程的最终产品是小汽车，它又有自身的结构。

站、南京站站、安德门站、中华门站、迈皋桥站等。

各车站还会划分为不同子功能区，如出入口通道、地下大厅、票务和检票处、商务中心等。

2）区间段：为两车站之间的隧道或高架桥。

3）车辆段基地：迈皋桥车辆站等。它们还可以细分为综合维修中心、车辆段、材料库房、培训中心等子功能区。

4）办公行政大楼、总控制中心。

5）变电所等。

（2）地铁专业工程系统。地铁工程包含了 40 多个专业工程系统，主要有：建筑学、结构工程、水文地质工程、给水排水工程、照明、空气调节工程、装饰工程、综合布线、隧道工程、桥梁工程、道路工程、轨道工程、电梯、动力工程、消防工程、设备安装工程、供电系统、机车工程、自动检售票系统（AFC）、环境监控系统、火灾报警系统（FAS）、各种信号系统（ATS、ATP、ATO）、各种通信系统（有线、无线）、广播系统、报时系统、闭路电视系统、综合监控系统等。

**3. 某高速公路工程系统分解结构**

某高速公路工程位于我国两个大城市之间，中间连接四个大中城市，全长约 250km。

（1）功能区分解：各路段道路、桥梁（包括互通式立交）、服务区、收费站、管理和监控中心（1 个总中心及 6 个分中心）等。

（2）专业工程系统：公路路网规划、道路工程（路基工程、路面工程等）、桥梁工程（桩基础工程、下部结构工程、上部结构工程等）、绿化工程、交通安全设施工程（标志、标线、护栏、隔离栅，防眩晕、防落物网、防反光等设施）、供配电工程、照明工程、通信工程（光纤数字传输系统、光纤视频传输系统、程控数字交换系统、指令电话系统、紧急电话系统等）、监控系统工程、通道涵洞系统、装饰工程、服务设施（加油、汽修、停车、洗车、客房、购物、餐饮等）、收计费系统、给水排水工程及污水处理系统、事故排障系统、路外防护工程、气象检测系统、运行维护系统等。

## 2.2.3 EBS 在工程和工程管理中的地位

在工程和工程管理领域，EBS 是一个十分重要的概念，有十分重要的作用。

（1）由于工程的建设和运行都是针对工程技术系统的，则在工程全寿命期中，EBS 有如下作用（图 2-3）：

1）工程规划就是对 EBS 的各功能区的规模和空间布置定位，则工程规划应以 EBS 为依据。

2）各专业工程设计就是按照 EBS 对各专业工程系统进行技术说明，则 EBS 决定了设计单位的专业组织，以及设计成果（如图纸、规范）的分类。

3）EBS 决定了工作分解结构（WBS）。在工程项目管理中，必须先将工程系统分解

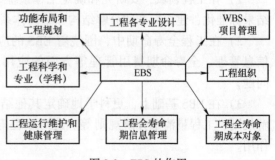

图 2-3 EBS 的作用

到足够的细度，得到 EBS，再分析 EBS 在经过项目各阶段时需要完成的活动，归纳这些活动，就得到 WBS。这样才有工程项目中的各个职能管理工作，如工程招标投标和组织策划、进度计划和控制、成本计划和控制、资源计划和控制、质量计划和控制等。

由此可见，对工程项目管理，EBS 是 WBS 的前提，如果 EBS 存在遗漏或缺陷，则 WBS 必然存在更大的问题。

4）施工是各个功能区和专业工程系统的建造过程，则 EBS 决定施工组织和流程，影响工程量清单结构。

5）工程运行是各个功能区和专业工程系统综合作用的过程，工程的维护、更新改造、健康诊断都是针对 EBS 的。例如设备和结构的健康诊断、设备系统的维修、建筑装饰的翻新、控制系统升级换代等。

6）作为工程全寿命期管理的对象，如工程全寿命期费用的核算和评价，必须基于标准化的 EBS 进行费用统计、分析和核算。同时，工程全寿命期信息应该在 EBS 上汇集。

（2）EBS 定义了工程的系统结构，作为各个工程专业和工程管理专业共同工作的对象，对各个专业具有统一性，能够为工程中各个专业、各个参加者共用。

对一个工程，在工程功能规划完成后，EBS 的框架就确定了，如果没有重大的规划和设计变更，以及在运行过程中没有进行更新改造，或改建扩建，则工程的 EBS 基本上是不变化的。所以，在工程全寿命期中 EBS 具有统一性和稳定性。

不同类型（领域）的工程管理的差异将仅仅是 EBS 的不同。

（3）在一个工程领域（如房地产、地铁、高速公路、核电）中，EBS 具有一致性和确定性。例如南京地铁和北京地铁，虽然它们的地点、走向、布局等有许多差异，但它们 EBS 所包含的专业工程系统几乎是相同的。又如，两栋教学楼的外形、结构、高度可能存在差异，但它们所包含的专业工程系统结构也几乎是相同的。则对一个工程领域，EBS 的标准化是专业工程系统标准化和相关职能管理标准化的基础，同时又是工程全寿命期管理标准化的基础。

（4）EBS 在一定程度上决定了工程科学的分类和普通高等学校工科门类本科专业的分类。如前述的专业工程系统几乎都有相应的专业学科相对应。各个专业工程系统在工程系统中有不同的作用，这就决定了各专业学科在工程的学科集群中，以及在工程设计和施工中各自的地位，以及它们之间存在复杂的内在联系。

（5）EBS 有效应用需要解决的问题。EBS 为工程全寿命期各阶段、各专业、各种管理职能提供一个共同的平台。在工程领域，要充分发挥 EBS 的作用尚有如下问题需要解决：

1）在工程领域，要研究和确定工程系统结构分解的规则和方法，进而对工程系统分解结果标准化，建立标准的分解结构和编码体系。

2）在工程全寿命期中，围绕着 EBS 的应用需要制定相关的管理规则，如 EBS 在工程信息管理、全寿命期费用管理等方面的应用规则。这是工程全寿命期集成化管理的关键问题。

3）在 EBS 基础上，更科学地确定其他结构分解规则，如 WBS 分解规则、建设项目分解规则、工程量清单分解规则等。这对工程寿命期各阶段和各种职能管理的集成化有重要作用。

## 2.3 工程全寿命期过程

### 2.3.1 工程寿命的概念

任何一个工程就像一个人一样，有它的寿命。关于工程的寿命有如下几个重要概念：

**1. 设计寿命**

设计寿命是在工程前期对工程使用年限（耐久年限）的规定，是从工程竣工投入运行算起，到最终停止运行，报废为止的时间。设计寿命是按照工程总目标，综合考虑工程使用要求、总投资、工程产品或服务的市场状况、工程技术系统的自然寿命和技术寿命等因素在设计任务书中确定的工程预期寿命。它由工程结构、材料和施工等方面的质量和运行条件等决定，对工程总体方案的评估和决策，技术标准、造价、建设期等都有决定性影响。

例如，我国在《民用建筑设计通则》（GB 50352—2005）中对建筑的设计寿命有具体的规定，以主体结构确定的建筑耐久年限分四级（表 2-1）。对于不同的工程，其设计寿命会有所不同。我国一些工程的设计寿命见表 2-2。

**表 2-1　我国民用建筑设计寿命**

| 建筑等级 | 耐久年限 | 适用建筑类型 |
| --- | --- | --- |
| 一级 | 100 年以上 | 特别重要（如纪念性）建筑和高层建筑 |
| 二级 | 50～100 年 | 一般性建筑 |
| 三级 | 25～50 年 | 次要建筑（易于替换的结构构件） |
| 四级 | 15 年以下 | 临时性建筑 |

**表 2-2　我国一些工程的设计寿命**

| 序　号 | 名　称 | 设计年限 |
| --- | --- | --- |
| 1 | 秦山核电站 | 30 年 |
| 2 | 田湾核电站 | 40 年 |
| 3 | 三峡主体大坝 | 100 年 |
| 4 | 成都地铁 | 100 年 |
| 5 | 某大学教学楼 | 70 年 |
| 6 | 某大学体育馆 | 100 年 |
| 7 | 南京地铁 1 号线 | 100 年 |
| 8 | 国家大剧院 | 100 年 |

工程的设计寿命主要是对工程的主体结构而言，并非所有的专业工程系统都要达到这个寿命。例如主体结构设计寿命 100 年的建筑，而其中的防水材料，其设计寿命也只有 30 年左右。

**2. 工程的实际使用寿命**

它是工程实际运行（使用）年限。

使工程达到设计寿命，或者在设计寿命期内能够正常地发挥功能作用，这是实现工程价值的基本要求。但一般情况下，工程的实际使用寿命并不等于设计寿命。在西方社会，长期以来人们追求工程的长寿和历史影响，逐渐形成社会对建筑的一些价值观念。他们尽可能保护古建筑，开发古建筑的维修技术和工艺。部分发达国家建筑物平均寿命大约为 80 年（表 2-3）。

表 2-3　部分发达国家建筑物平均寿命

| 国　家 | 建筑物平均寿命/年 | 国　家 | 建筑物平均寿命/年 |
|---|---|---|---|
| 比利时 | 90.0 | 西班牙 | 77.4 |
| 法国 | 102.9 | 英国 | 132.6 |
| 德国 | 63.8 | 奥地利 | 80.6 |
| 荷兰 | 71.5 | | |

而在我国，人们更追求新建筑，对工程的建设立项和拆除比较轻率。近几十年来，我国很多城市都在大规模拆迁与重建，有些地方已经开始拆除 20 世纪 80 年代，甚至 90 年代的建筑了。许多工程都是短命的。据统计，目前我国建筑平均寿命不到 30 年——仅为设计寿命的一半。虽然，人们对建筑工程实际寿命的统计方法存在争议，但目前我国建筑工程实际寿命期短是一个不争的事实。这有深刻的社会、历史、技术和文化的根源。每一座"短命建筑"的背后都可以找到它的"病根"。

在工程的不同阶段，人们关注不同的"工程寿命"，在工程前期注重科学地制定设计寿命，并以此进行工程设计；在建造阶段注重通过采购管理和施工质量管理达到设计寿命所要求的质量标准；在运行阶段通过运行维护、健康管理、更新改造等延长使用期，而在工程拆除时才能够准确得到工程的实际使用寿命。

## 2.3.2　工程全寿命期阶段划分和工作分解结构

上面所说的工程寿命是指工程从投入使用到拆除所经过的时间，它是指工程的运行（使用）寿命，主要是从工程运行和功能作用的发挥角度出发的。而工程全寿命期是指从工程构思产生到工程消亡（报废）的全过程。这个概念对工程管理来说有更大的意义和价值。

不同类型和规模的工程全寿命期是不一样的，但它们都可以分为如下五个阶段（图 2-4），每个阶段又有复杂的程序，形成一个完整的工程全寿命期过程。

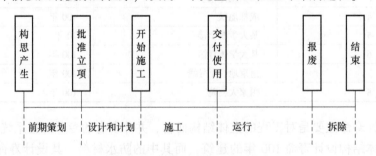

图 2-4　工程全寿命期阶段划分

在上述全寿命期中，工程系统经历从概念形成，到形象构建，实体构建，再到通过运行发挥价值，最终被拆除、实体消亡的各个阶段。

**1. 工程的前期策划阶段**

这个阶段从工程构思产生到批准立项为止，是工程的概念形成过程，经过规范化的决策程序，工程正式立项。它是对一个工程建设项目的论证过程，主要有如下工作（图 2-5）。

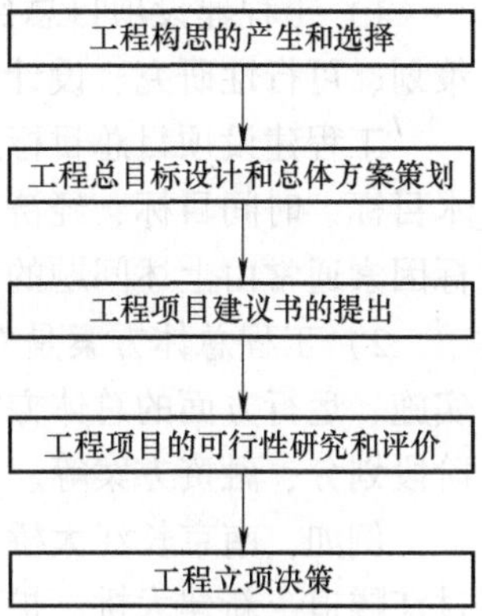

（1）工程构思的产生和选择。工程构思是对工程机会的思考，是工程的起源，它可能仅仅是一个"点子"，但却是一个工程的"胚胎"。它常常出于工程的上层系统（国家、地区、城市、企业）现存的需求、问题、发展战略上。不同的工程可能有不同的起因：

1）通过市场调查研究发现新的投资机会、有利的投资地点和投资领域。例如：

① 某种产品有很大的市场容量或潜在市场，要开辟这个市场，就要建设生产这种产品的工厂或设施。

② 企业要发展，要扩大销售，扩大市场占有份额，必须扩大生产能力，就要新建厂房或生产流水线。

③ 出现了一种新技术、新工艺、新专利产品，可以建设这种产品的生产流水线（装置）。

④ 市场出现新的产品需求，顾客有新的要求。

⑤ 当地某种资源丰富，可以开发利用这些资源。

这些产生对工程所提供的最终产品或服务的市场需求，都是新工程机会。工程应以市场为导向，应有市场的可能性和可行性。

2）上层系统运行存在问题或困难。这些问题和困难都可以用工程解决，产生对工程的需求。可能是新建工程，也可能是扩建工程或更新改造。例如：

① 城市道路交通拥挤不堪，必须通过道路的新建和扩建解决。

② 住房特别紧张，必须通过新建住宅小区解决问题。

③ 环境污染严重，必须通过新建污水处理厂或建设环境保护设施解决。

④ 能源紧张，则可以通过建设水电站、核电站等解决。

⑤ 市场上某些物品供应紧张，可以通过建新厂或扩大生产能力解决。

⑥ 企业产品陈旧，销售市场萎缩，技术落后，生产成本增加，或企业生产过程中资源和能源消耗过大，产品的竞争力下降，可以通过对生产工艺和设备的更新改造解决。

3）为了实现上层系统的发展战略。例如为了解决国家、地方的社会和经济发展问题，使经济腾飞，常常都是通过工程实施的，则必然有许多工程需求。所以一个国家或地方的发展战略或发展计划常常包容许多新的工程。对国民经济计划、产业结构调整和布局、产业发展计划和政策、社会经济增长状况的分析可以预测工程机会。

我国的城市交通发展战略、能源发展战略、区域发展战略等，都包含大量的工程建设需求，或者它们都必须通过工程建设和运行实现。

4）一些重大的社会活动，常常需要建设大量的工程，如 2008 年奥运会、2010 年世博会、2010 年亚运会、2016 年 20 国集团（G20）峰会等，以及每一次全国运动会等，都会有大量新工程建设需求。

工程构思仅仅是一个工程的机会。在一个具体的社会环境中，人们所遇到的问题和需要很多，这种工程构思可能是多种多样的；人们可以通过许多途径和方法（即工程或非工程手段）解决问题，达到目的；同时由于社会资源有限，人们解决问题的能力有限，并不是所有的工程构思都是值得或者能够实施（投资）的。这就需要经过周密的研究和论证。

图 2-5 工程前期策划过程

（2）工程总目标设计和总体方案策划。

1）工程建设项目总目标是工程建设和运行所要达到的结果状态，它将是工程总体方案策划、可行性研究、设计和计划、施工、运行管理的依据。

工程建设项目总目标通常包括功能目标（功能、产品或服务对象定位、工程规模）、技术目标、时间目标、经济目标（总投资、投资回报）、社会目标、生态目标等指标。这些目标因素通常由上述问题的解决程度、上层战略的分解、环境的制约条件等确定。

2）工程总体方案是对工程系统和实施方法的初步设想，包括：工程产品方案和设计、实施、运行方面的总体方案，如工程总布局、工程结构选型和总体建设方案、工程建设项目阶段划分、融资方案等。

例如，南京长江大桥一直十分拥挤，要解决长江两岸的交通问题可以有多个方案，如建过江隧道、新建大桥、扩建旧大桥等，必须在其中做出选择。

（3）工程项目建议书的提出。工程项目建议书是对工程构思情况和问题、环境条件、工程总目标、工程总体方案等的说明和细化，同时提出需要进一步研究的各个细节和指标，作为后续可行性研究、技术设计和计划的依据。它已将工程目标转变成具体的实在的工程建设任务。

对于一些大型公共工程，工程项目建议书必须经过主管部门初步审查批准；通常要提出工程选址申请书，由土地管理部门对建设用地的有关事项进行审查，提出意见；城市规划部门提出选址意见；环境保护部门对工程的环境影响进行审查，并发出许可证。

（4）工程项目的可行性研究和评价。可行性研究和评价是对工程建设项目总目标和总体方案进行全面的技术经济论证，看是否有可行性。它是工程前期策划阶段最重要的工作。

（5）工程立项决策。

根据可行性研究和评价的结果，由上层组织对项目立项做出决策。

由于大型工程的影响很大，其评价和决策常常需要在全社会进行广泛讨论。

在我国，可行性研究报告（连同环境影响评价报告、项目选址建议书）经过批准后，工程就正式立项。经批准的可行性研究报告就作为工程建设任务书，作为工程初步设计的依据。

（6）其他相关工作。

1）必须不断地进行环境调查，客观地反映和分析问题，并对环境发展趋势进行合理的预测。环境是确定工程目标、进行可行性评价和决策的最重要影响因素，工程前期策划的科学性常常是由环境调查的深度和广度决定的。

2）在这个过程中必须设置几个阶段决策点，对各项工作结果进行分析、评价和选择。要不断地进行调整、修改、优化，甚至放弃原定的构思、目标或方案。

**2. 工程的设计和计划阶段**

从工程批准立项到现场开工是工程的设计和计划阶段。这是工程形象的形成阶段，通过设计文件（设计图、规范、实物模型或 BIM 模型）虚拟化描述工程的形象和运行功能，通过计划文件描述建设和运行状况。不同的工程领域，由于工程系统的差异性，这阶段工作任务和过程有一定的差异，通常包括如下工作：

（1）工程建设管理组织的筹建。工程立项后，就应正式组建工程建设管理组织，也就是通常意义上的业主（过去又称为建设单位），由它负责工程的建设管理工作。

对于大型工程建设项目，还要构建工程建设项目管理系统。

（2）土地的获得。工程都是在一定的土地上（即"建筑红线"范围内）建设的。工程建设项目一经被批准，相应的选址也就已经获得了批准。但在建设前必须获得在该土地上建设工程的法律权力——土地使用权。

（3）工程规划。这是在城市规划的基础上，对整个工程系统进行总体布局，又叫工程系统规划。

工程规划是按照工程任务书和总目标的要求，进行工程功能分析，进而确定工程系统范围和结构（EBS），确定各个功能区的空间位置和规模。工程规划必须按照城市规划对工程的要求，包括用地范围的建筑红线、建筑物高度和密度的控制等进行。

工程规划最终结果主要是工程规划图、功能分析表，以及工程的技术经济指标。

1）规划图描述工程的空间位置和范围（用红线描述工程界限），并将工程的主要功能区（如分厂、车间、道路）在总平面图或空间上布置。

2）功能分析表是按照工程的目标和最终用户需求构造工程主要功能和辅助功能，以及它们的子功能，进行空间面积分配。

3）工程规划的技术经济指标主要对规划的用地面积、建筑面积、建筑密度、建筑覆盖率，有时还包括停车位数量等进行统计和归纳。

工程的规划文件必须经过政府规划管理部门的审批。这样工程建设才有法定的效力。在以后的设计、施工中必须严格按照政府规划管理部门批准的规划文件执行。

（4）工程勘察工作。工程勘察是指采用专业技术手段和方法对工程所在地的工程地质情况、水文地质情况进行调查研究，对工程场地进行测量，以对工程地基做出评价。它为工程的地基基础设计提供参数，对工程设计和施工，以及地基加固和不良地质的防治提出具体方案和建议，对工程的规划、设计、施工方案、现场平面布置等有重大影响。许多工程，由于工程勘察不准确，导致施工过程中塌方，工程设计方案和施工方案的变更，建成后建筑物开裂，甚至倒塌，工程不能正常使用等。

通常勘察工作成果包括，勘探点平面布置图、综合工程地质图或工程地质分区图、工程地质剖面图、地质柱状图或综合地质柱状图、有关测试图表等。

（5）工程技术系统设计。按照工程规模和复杂程度的不同，工程技术系统设计工作阶段划分会有所不同，一般经过如下过程（图2-6）：

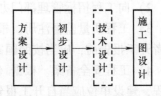

图2-6　工程技术系统设计过程

1）方案设计。方案设计是在工程系统规划设计的基础上深化各个专业工程的实现方案，如主要的建筑方案、结构方案、给水排水方案、电气方案等。确定工程内部各使用功能的合理布置，还要考虑和处理建筑物与周围环境的关系，建筑物与城市交通或城市其他功能的关系，使工程符合城市规划的要求，成为城市有机整体的组成部分。

2）初步设计。初步设计是在方案设计基础上的进一步深化，重点要解决实现方案设计的技术上的难点和措施，有时初步设计做得较深入，也叫扩大初步设计。

初步设计最终提交的文件，包括设计说明书、初步设计图、概算书等。

3）技术设计。对技术上比较复杂的工业工程，需要增加技术设计过程。技术设计又叫工艺设计，对于不同的工程而言，技术设计具有不同的内容。

水利水电工程有技术设计大纲范围，包括水电站厂房圆筒式机墩技术设计大纲范本、坝后式厂房设计大纲范本、宽缝重力坝设计大纲等。国务院三峡工程初步设计审查委员会在批准初步设计的同时，责成设计部门编制 8 个单项技术设计，包括 4 座主要建筑物（大坝、厂房、永久船闸和升船机）、机电、二期围堰、建筑物的监测和泥沙专题。

4）施工图设计。施工图是按照专业工程系统（如建筑、结构、电、给水排水、暖通等工程）对工程进行详细描述的文件。在我国，施工图是设计和施工的桥梁，是直接提交给施工招标方的文件，是施工单位进行投标报价、制定施工方案和安排施工的技术文件。

施工图不仅要描述各个细部的构造方式和具体做法，还要具体体现细部与整体、各个专业工程系统之间的相互关系。

施工图设计文件包括所有专业工程的设计图（含图纸目录、说明和必要的设备、材料表）和工程预算书。施工图设计文件的深度根据不同的工程，有不同的要求。

（6）编制工程实施计划，即对工程建造过程进行全面系统的计划，做出周密的安排。

1）按照批准的工程项目任务书提出的工程建设目标、规划和设计文件编制工程总体实施规划（大纲）。总体实施规划是对工程建设和运行的目标、范围、实施策略、实施方法、实施过程、费用（投资预算、资金）、时间（进度）、采购和供应、组织、管理过程做全面的计划和安排，以保证工程总目标的实现。

2）随着设计的逐步深化和细化，按照总体实施规划，还要编制工程详细的实施计划。要对工程的实施过程、技术、组织、费用、采购、工期、管理工作等分别做出具体详细的安排。

随着设计的不断深入，实施计划也在同步地细化，即每一步设计，都应有相应的计划。例如对工程费用（投资），初步设计后应做工程总概算，技术设计后应做修正总概算，施工图设计后应做施工图预算。同样，实施方案、进度计划、组织结构也在不断细化。

（7）工程施工前的各种批准手续。例如，对一般的建设工程，需要有如下批准手续：

1）工程报建。建设单位必须向建设行政主管部门做工程报建手续。

2）向工程招标管理部门办理工程招标核准和备案手续。

3）工程质量监督注册。根据《建设工程质量管理条例》，建设单位在领取施工许可证或者开工报告前，应当按照国家有关规定办理工程质量监督手续。

4）工程安全备案。根据《建设工程安全生产管理条例》，依法已批准开工报告的建设工程，建设单位应当自开工报告批准之日起 15 日内，将保证安全施工的措施报送建设工程所在地的县级以上地方人民政府建设行政主管部门或者其他有关部门备案。

5）拆迁许可证。对需要进行房屋拆迁的工程，在工程开工前，建设单位必须向房屋所在地的市、县人民政府房屋拆迁管理部门申请拆迁许可证。这样才有权对现场原有建筑物进行拆迁。

6）申请施工许可证。根据《建筑工程施工许可管理办法》，在工程开工前，建设单位必须向工程所在地的县级以上人民政府建设行政主管部门申请施工许可证。

（8）工程招标。即通过招标委托工程范围内的设计、施工、供应、项目管理（监理）等任务，选择这些任务的承担者。对这些任务承担者来说，就是通过投标承接工程任务。

（9）现场准备。包括场地的平整，以及施工用的水、电、气、通信等的条件准备工作等。

上述各项工作又有各自的工作分解结构和流程。它们之间还有复杂的逻辑关系，一起构成本阶段的总体工作流程。

**3. 工程施工阶段**

工程施工阶段从现场开工到工程竣工，验收交付为止。这是工程实体的形成阶段，工程施工单位、设计单位、供应商、项目管理（咨询、监理）公司通力合作，按照实施计划和合同完成各自任务，将设计蓝图经过施工过程一步步形成符合要求的工程实体。在这个阶段资源投入量最大，工作专业性最强。

（1）施工前的准备工作。具体包括：

1）承包商提出开工申请，或业主通过工程师签发开工令。

2）按照红线定位图、规划放线资料对工程进行定位、放线和验线。

3）现场平整和临时设施搭设，使现场具有可施工条件。

4）图纸会审和技术交底。通过这些工作，使业主、设计单位人员、施工人员互相沟通，使施工单位熟悉和了解所承担工程任务的特点、技术要求、工程难点以及工程质量标准，充分理解设计意图，保证工程施工方案符合设计文件的要求。

5）编制施工组织计划，包括各分项工程详细施工方案、工期计划、供应计划、组织安排、现场布置等，并进行施工过程模拟。

6）组织施工资源（原材料、周转材料、劳动力、施工设备、资金、能源和工程设备等）进场，并按照施工计划要求持续地保障资源的供应。

（2）施工过程。施工过程中有许多专业工程施工活动。例如一般的房屋建筑工程有如下工程施工活动：

1）基础工程和主体结构工程施工。包括工程定位放线、基础和地下工程施工、主体结构工程施工等。

2）配套设施工程施工。例如给水排水、电气、消防、暖通、除尘和通信工程的施工活动，它们常常要与主体结构施工搭接。

3）工程设备安装。例如电梯、生产设备、办公用具、特殊结构施工、钢结构吊装等施工活动。

4）装饰工程施工。包括外装修施工和内装修施工。

5）楼外工程施工。例如楼外管道、道路工程、绿化景观工程、照明工程、构筑物施工等。

在工程施工中要安排好各个专业搭接。例如，在结构工程施工中要为设备安装预埋件，为给水排水工程、暖通工程、电气、智能化综合布线工程预埋管道和预留洞口等。

（3）竣工验收。当按照工程建设任务书或设计文件或工程承包合同完成规定的全部内容，就可以组织工程竣工检验和移交。

1）工程验收准备工作。包括：进行逐级逐项检查，看是否按设计文件及相关标准完成预定范围的工程（建筑物、构筑物、生产系统、配套系统和辅助系统），是否有漏项；拆除各种临时设施，清理施工现场等。

2）竣工资料的准备。包括竣工图的绘制，竣工结算表的编制，竣工通知书、竣工报告、竣工验收证明书、质量检查各项资料（结构性能、使用功能、外观效果）的准备。

竣工资料是竣工验收和质量保证的重要依据之一，也是工程交接、运行维护和项目后评价的重要原始凭据。有些资料还是城市建设历史档案，要向城市建设档案管理部门提交。因此，工程资料验收是竣工验收前提条件，只有资料验收合格，才能开始竣工验收。

3）工程竣工验收。在所属各功能区（单项或单体工程）和专业工程系统（或单位工程）竣工验收基础上进行整个工程的竣工验收。需要验证竣工工程与规划文件、规划许可证、设计和工程建设计划等的一致性。验收合格后签发竣工验收报告，并进行工程竣工验收备案。

4）工程移交工作。移交过程有各种手续和仪式。这标志着整个工程施工阶段结束，业主正式确认工程产品、服务或成果已经满足预定的要求，并正式接受合格的工程，工程系统进入运行（使用）阶段。对工业工程，在此前要共同进行试生产（试车），进行全负荷试车，或进行单体试车、无负荷联动试车和有负荷联动试车等。

5）进行工程竣工决算。竣工决算通常包括竣工财务决算说明书、决算报表、工程造价分析表等资料。

（4）工程施工阶段的其他工作。具体包括：

1）运行准备工作。在投入运行之前要完成运行准备工作，如：运行维修（使用、操作）手册的编制；运行组织和管理系统的建立；运行人员和维修人员的培训；生产用原材料、辅助材料的准备；生产过程的流动资金准备等。

2）工程的保修（缺陷责任）。在运行的初期，工程建设任务的承担者和业主按照工程任务书或工程承包合同还要继续承担因建设问题产生的缺陷责任，包括对工程的缺陷维修、整改、进一步完善等。

3）工程的回访。工程建设任务承担者（设计单位、施工单位、供应商、项目管理单位）还要对工程进行回访，了解工程运行情况、质量及用户意见，并承担相应责任。

4）工程项目后评价。在工程运行一段时间后，要对工程建设的目标、实施过程、运行效益、作用、影响进行系统客观的总结、分析和评价。它是与前期的可行性研究内容相对应的。

**4. 工程的运行阶段**

运行阶段是工程从建设阶段结束，投入使用到报废拆除的过程。在这个阶段，工程通过运行实现它的使用价值。在运行阶段，有如下工作：

（1）工程的使用单位投入原材料、能源、劳动力、技术、信息等，通过工程运行过程生产产品或提供服务，满足人们的需要。

（2）在运行过程中需要对工程进行正常性维护管理，以确保工程系统处于正常的健康的状态，能够安全、稳定、低成本、高效率运行，并保障人们的健康，节约能源、保护环境。

在这一阶段要对工程进行经常性和阶段性维修。这对于保证工程良好的运行状态，延长工程使用寿命有很大作用。就像人一样，要有经常性体检，经常性健康诊断，发现病症就要治疗。

（3）由于工程的各个专业工程系统寿命期是不一样的（如高层建筑的设计寿命 100 年，而其中的电梯设计寿命为 15 年），所以在运行过程中还要对已经达到使用寿命或已经损坏的专业工程系统进行更新。

（4）由于社会要求的变化，产品转向，常常需要扩大功能，更新产品或使用功能等，需要对工程进行更新改造、扩建等工作。

### 5. 工程拆除阶段

最终，工程寿命期结束，退出运行，报废，被拆除，工程实体灭失。对于不同的工程，遗址会有不同的处理：

（1）在遗址上建设新的工程。这是最常见的，需要进行原工程的拆除、原工程基础的处理等工作。工程的拆除和遗址的处理工作通常由新工程的建设者负责。

（2）在原址上不进行新工程建设，直接遗弃，或通过环境工程的方法进行生态复原，如对废弃的矿山进行生态复原，打造休闲景点。

（3）在遗址上进行改造，使原有工程功能甚至实体形态彻底转换，如将废弃的工业厂房改造转变成艺术家工作室。

（4）有些工程，如核电工程运行寿命期不长，一般仅为 30～50 年，但运行后不能拆除，需要对报废的工程遗址进行长期维护。

### 6. 工程全寿命期工作分解

将上述各阶段的主要工作罗列出来，就可以得到一个工程全寿命期的工作分解结构（WBS）（图 2-7）。

（1）这些工作还可以细分到各个专业工程的设计、供应、施工、运行。

（2）工程管理工作（如工程监理、招标代理、造价咨询、运行管理）也属于工程全寿命期工作，可以归入施工、运行过程中，作为各阶段专业工作之一，也可以独立。

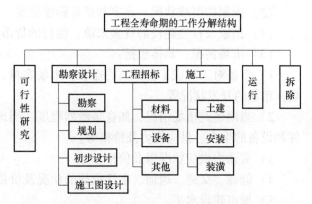

图 2-7 工程全寿命期工作分解结构

（3）在工程过程中还有技术创新研究、专题研究等工作，如在可行性研究中会有一些专题研究工作，在设计和施工中会有一些科学研究和实验工作。它们可以归入相应的阶段中。

## 2.4 工程环境系统结构

任何工程都是在一定的环境中生存的。工程环境是指对工程的建设、运行有影响的所有外部因素的总和，它们构成工程的边界条件。

工程环境可以从许多角度进行分类，如：自然环境、社会环境；硬环境、软环境；宏观环境、微观环境等。它有自身的系统结构，可以进行结构分解（图 2-8）。

### 1. 自然环境

（1）自然地理状况。例如：自然风貌、地形地貌状况；地震设防烈度及工程建设和运行期地震的可能性；地下水位、流速；地质情况，如土类、土层、容许承载力、地基稳定性，可能的流砂、暗塘、古河道、溶洞、滑坡、泥石

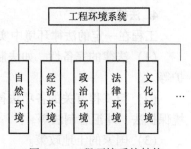

图 2-8 工程环境系统结构

流等。

（2）生态环境。生态环境主要是指工程所在地及周边的动物、植物、微生物等多种生命形式构成的有机体系统，如动植物分布、物种和物候情况。

（3）气候条件。

1）年平均气温、最高气温、最低气温，高温、严寒持续时间。

2）主导风向及风力、风荷载。

3）雨雪量及持续时间、主要分布季节等。

（4）可以供工程使用的各种自然资源的蕴藏情况。

**2. 经济环境**

（1）社会发展状况。例如，该国、当地、该城市所处的发展阶段和发展水平。

（2）国民经济计划的安排，国家工业布局及经济结构，国家重点投资发展的工程领域、地区等。

（3）国家的财政状况、赤字和通货膨胀情况。

（4）国家及社会建设的资金来源、银行的货币供应能力和政策。

（5）市场情况。具体包括：

1）市场对工程或工程产品的需求，市场容量、购买力、市场行为，现有的和潜在的市场，市场的开发状况等。

2）当地建筑市场情况，如竞争激烈程度，当地建筑企业的专业配套情况，建材、结构件和设备的生产、供应能力及价格等。

3）劳动力供应状况以及价格。

4）能源、交通、通信、生活设施的状况及价格。

5）城市建设水平。

6）物价指数，包括全社会的物价指数、部门产品和专门产品的物价指数等。

**3. 政治环境**

（1）工程所在地（国）政府和政治制度。

（2）政治局面及其稳定性，如有无社会动乱、政权变更、种族矛盾和冲突，以及宗教、文化、社会集团利益的冲突。

（3）政府对本工程的态度、提供的服务、办事效率、政府官员的廉洁程度。政府是现代社会运行的组织者和管理者，在一些社会工程和重大工程的规划、决策、设计、实施、评估等环节，政府扮演着极其重要的角色。

（4）与工程有关的政策，特别对工程有制约的政策，或向工程倾斜有促进的政策。

**4. 法律环境**

工程在一定的法律环境中实施和运行，适用工程所在地的法律，受它的制约和保护。

（1）法律的完备性，如法制是否健全、执法是否严肃、投资者能否得到法律的有效保护等。

（2）与工程有关的各项法律和法规，如规划法、合同法、建筑法、劳动法、税法、环境保护法、外汇管制法等。

（3）国家的土地政策。

（4）对与本工程有关的税收、土地、金融等方面的优惠条件。

（5）各项技术规范和规范性文件。

**5. 文化环境**

（1）建筑文化环境。例如当地传统的建筑风格。

（2）社会人文方面。例如工程所在地人们的观念、文化素质、价值取向、商业习惯、风俗和禁忌、诚实信用程度。

（3）技术环境。包括涉及工程建造和运行相关的技术水平、技术政策、技术标准、规范、新产品开发能力以及技术发展动向，工程相关的技术教育和职业教育情况等。

（4）工程所需的规划人员、设计人员、管理人员和劳务人员的技术熟练程度、工作效率、吃苦精神、团队精神、遵章守纪情况等。

**6. 其他方面**

（1）工程周围基础设施、场地交通运输、通信状况。

1）场地周围的生活及配套设施，如粮油、副食品供应、文化娱乐、医疗卫生条件。

2）现场及周围可供使用的临时设施。

3）现场周围公用事业状况，如水、电供应能力、条件及排水条件。

4）现场以及通往现场的运输状况，如公路、铁路、水路、航空条件、承运能力和价格。

5）各种通信条件、能力及价格。

6）工程所需要各种资源的可获得条件和限制。

（2）工程相关者，特别是工程的投资者、业主、承包商、工程所属企业、工程所在地周边居民或组织等的如下情况：

1）工程所属企业的组织体系、组织文化、结构、能力、发展战略、对工程的要求、基本方针和政策。

2）投资者的能力、基本状况、战略、对工程的要求、政策等。

3）工程（或潜在的）承包商、供应商的基本情况，以及技术能力、组织能力。

4）工程产品的主要竞争对手的基本情况。

5）周边组织（如居民、社团）对工程的需求，态度，对工程的支持或可能阻碍的情况。

## 2.5 工程相关者

在图 2-1 中，涉及许多主体，包括承担工程相关工作的主体，与工程相关的各利益主体，受工程影响并作为工程环境的社会各方面。这些主体构成工程相关者，或工程利益相关者。工程相关者是与工程建设和运行过程利害相关的人或组织，有可能通过工程获得利益，也可能受到损失或损害。工程相关者的范围非常广泛，特别是公共工程，涉及社会各个方面（图 2-9），构成工程的社会结构。工程相关者在很大程度上反映工程的社会属性。

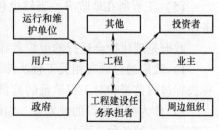

图 2-9　工程相关者

（1）工程产品的用户。即直接购买或使用工程最终产品的人或单位。工程的最终产品通常是指在投入运行后所提供的产品或服务。例如，房地产开发项目的产品使用者是房屋购买者或用户，城市地铁建设工程最终产品的使用者是地铁的乘客。

有时工程的用户就是工程的投资者，例如某企业投资新建一栋办公大楼，则该企业是投资者，该企业使用该办公大楼的科室是用户。

用户决定工程产品的市场需求，决定工程存在的价值。如果工程产品不能被用户接受，或用户不满意，不购买，则工程没有达到它的目的，失去它的价值。

（2）投资者。工程投资者通常包括工程所属企业、对工程直接投资的财团、给工程贷款的或参与工程项目融资的金融单位（如银行），以及我国实行的建设项目投资责任制中的业主单位。投资者为工程提供资金，承担投资风险，行使与所承担的风险相对应的管理权利，如对工程重大问题的决策权，在工程建设和运行过程中的宏观管理、对工程收益的分配权利等。

在现代社会，工程的资本结构是多元化的，融资渠道和方式很多，如政府独资（如公共工程）、企业独资、中外合资、BOT（建造、运营、转让）方式等，则工程投资者也是多元化的，可能有政府、企业、金融机构、私人、本国资本或外国资本等。例如：

1）某城市地铁建设工程的投资者为该市政府。

2）某企业与一外商合资建一个新的工厂，则该企业和外商都是该建设工程的投资者。

3）某发电厂工程是通过 BOT 融资的，参与 BOT 融资的有一个外资银行、一个国有企业和一个国外的设备供应商。这些都是该工程的投资者。

投资者为工程提供资金，通过工程实现投资目的，通常工程建设不是它的核心业务。

（3）业主（建设单位）。"业主"一词主要体现在工程的建设过程中。建造一个工程，投资者或工程所属企业必须成立专门的组织或委派专门人员以业主的身份负责工程管理工作，如我国的基建管理部门、建设单位等。相对于工程设计单位、承包商、供应商、项目管理单位（咨询、监理）而言，业主是以工程所有者的身份出现的。

投资者和业主的身份在有些工程中是一致的，但有时又可能不一致。一般在小型工程中，业主和投资者（或工程所属企业）的身份是一致的。但在大型工程中其身份常常是不一致的，这体现出工程所有者和建设管理者的分离，更有利于工程的成功。

（4）工程建设任务承担者。包括承包商、供应商、勘察设计单位、咨询单位（如项目管理公司、监理单位）、技术服务单位等。他们通常接受业主委托完成工程任务，为工程建设和运行投入管理人员、劳务人员、机械设备、材料、资金、技术，并获得相应的工程价款。

（5）工程所在地政府。当然也包括为工程提供服务的政府部门、基础设施的供应和服务单位。

政府是现代社会运行的组织者和管理者，在工程中的角色具有多重性：

1）政府通过颁布相关工程法律、制度等手段，实现对工程活动的监督和管理（如对招标投标过程监督和对工程质量的监督），并保护各方面利益，用法律保证工程的顺利实施。

2）作为城市建设的规划者、组织者、审批者，如立项审批、城市规划审批，以及发放工程所需要的各种许可。

3）为工程提供公共服务。

4）负责大型基础设施、文化教育事业工程、水利工程、科学研究工程、军事工程、环境治理工程、宇航工程，以及一些跨地域工程的实施。这些工程具有很强的公益性和社会性。

在我国，许多大型基础设施工程都是政府投资建设的。

（6）工程的运行和维护单位。运行和维护单位在工程建成后接受工程的运行和维护任务，直接使用工程系统生产产品，或提供服务。例如城市地铁建设工程，运行和维护单位是地铁运营公司和相关生产者（包括运行操作人员和管理人员）；住宅小区的运行和维护单位是它的物业管理公司。

（7）工程周边组织。包括工程所需土地上的原居民、工程所在地周边的社区组织和居民等。例如被拆迁的人员，为工程贡献出祖居，要搬迁到另外的地方生活。

（8）其他利益相关者。由于工程涉及自然环境、社会公众利益，因此新闻媒体、非政府组织（如环保组织）、非营利组织等也是利益相关者。

上述利益相关者可以分为两类：内部利益相关者，包括业主、设计单位、承包商、监理单位、供货商、员工等；外部利益相关者，包括政府、项目所在社区、环保组织等。

## 复习题

1. 分析工程设计寿命、实际使用寿命与工程全寿命期三个概念的联系与差异。

2. 分析工程系统的输入和输出与工程作用的关系。

3. 简要介绍你所研究的工程全寿命期过程所包括的工作。

4. 讨论：结合工程发展史分析房屋工程 EBS 的演变。

5. 实践活动：针对你熟悉的工程，全面调查了解该工程系统输入和输出、工程构思的产生、工程策划过程、工程环境、各阶段的主要工作以及工程的相关者。

6. 选择一个熟悉的工程进行工程技术系统结构分解，尽量分解到四层以上。讨论：EBS 与项目管理中的 WBS 有什么联系与区别？在工程管理中，EBS 有什么作用？

# 第 **3** 章

## 工程基本属性和规律性分析

【本章提要】

　　本章的目的是通过工程基本属性和工程系统的规律性分析，了解工程系统和工程寿命期过程的基本禀赋。主要从如下角度进行分析：

　　(1) 工程系统的生态属性。采用工程与人对比的方式从总体上分析工程的一般系统特性和规律性。

　　(2) 从工程的使用功能、经济作用、文化作用、社会作用、科技作用和工程与环境的相互关系等方面透视工程的属性和规律性。

## 3.1 | 概述

　　(1) 工程的属性和规律性研究为工程和工程管理基础性研究工作，就像人的身体结构和"生老病死"的规律性是医学、社会学、哲学等研究的主题和基础一样。

　　(2) 工程管理以整个工程系统和工程全寿命期过程为对象，对工程属性、系统演化和运动规律性的研究是工程管理学科研究的主要内容之一。它们构成工程管理理论的主要方面，同时又是工程管理理论、方法和创新成果科学性和有效性的检验平台。

　　(3) 因为工程的作用存在多样性，包括使用功能、经济功能、文化功能、社会功能、生态功能等多个方面，所以必须从多维角度探讨工程属性和系统的规律性：

　　1) 工程系统在整个寿命期过程中经历生老病死的总体规律性。

　　2) 工程的使用功能属性和规律性。

　　3) 工程的经济功能属性和规律性。

　　4) 工程的文化属性和规律性。

　　5) 工程的社会属性和规律性。

　　6) 工程的科技功能属性。

　　7) 工程对自然环境影响、与环境的交互作用和规律性。

由于工程管理也是工程活动的一部分，因此这里也包括工程管理的属性和规律性。

这些都涉及工程的重大方面，每一个都是一个大的题目，需要进行长期的数据统计分析和大量的研究，而且各方面之间又存在交互作用。但在这些方面做细致的分析和研究，在目前还是比较困难的，下面仅仅做一些简要的介绍。

## 3.2 工程系统的生态属性

### 3.2.1 基本概念

生态学是研究地球表面生命系统、环境系统及其相互关系的学科，包括这些系统的结构、组成、功能、规律性及其相互关系。当代生态学研究领域不断拓展，从自然生态系统扩展到"自然-社会-经济"复合系统，研究人类社会发展与自然界发展的协调问题。

工程作为在自然环境中的人造技术系统，或建构系统，影响涉及自然、社会和经济多方面，可以用生态学理论研究工程系统的特征和规律性。生态学理论在工程中的应用有许多方面：

（1）工程要在自然生态系统中发挥功能作用，体现出生态活力，就必须在物质、能量、信息的转化过程中与生态环境保持动态平衡，必须符合生态系统规律性，最终形成"人工自然"。

（2）追求人与自然的和谐，建设生态工程、绿色建筑，保持或不损害生物多样性，解决工程能耗和环保方面的问题。

工程的建设和运行会影响甚至毁坏原来的生态系统，则生态保护和生态建设就是工程的任务之一，就要运用生态学方法建立新的生态系统以解决工程环境问题，使人们在工程中就像在原生态环境中一样生活，如苏州园林生态系统。

（3）工程的生态还原和重建。在工程拆除后，就要进行生态还原和重建，这实际上是生态系统的再发展过程，不仅需要对由于工程建设引起生态系统的损害（退化）有充分的认识和诊断，而且还要在对原自然生态系统的规律研究基础上进行修复（还原）。

（4）工程在全寿命期过程中有与一个生命体（人）相似的规律性，所以可以应用生态学的理论和方法研究工程系统演变的规律性，如工程的生老病死问题，工程的健康问题，工程的功能变化规律，工程之间、工程与自然环境和社会环境之间的相关性等，能够给人们对工程的认识提供一个新的更为全面的视角。

### 3.2.2 工程系统的一般生态属性

**1. 工程系统结构的生态属性**

1）现代工程由各个专业工程系统（如结构系统、水系统、电系统、控制系统、工艺设备系统等）构成，它们有一定的系统构成形态。人体由骨骼、肌肉、呼吸系统、血液循环系统、消化系统、神经系统等构成。与人体相似，工程结构是工程系统的"骨骼"，而各类管道就像人的血液循环系统，智能控制系统就像人的神经系统等（图3-1）。

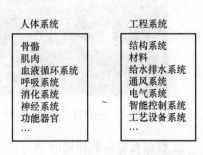

图 3-1 工程系统与人体系统的相似性

2）与人体系统一样，工程通过系统集成发挥总体运行功能。工程的功能区（或功能空间）不能独立运行，专业工程系统不能独立存在。而工程的总体功能是在专业工程系统之间互相作用、互相影响中产生的。

**2. 工程寿命期过程的生态属性**

在工程寿命期中，工程系统过程和系统功能等各方面都有一般生物的特征和规律性。工程系统与人相似，经历了孕育、出生、成长、扩展、结构变异、衰退和消亡的过程。

工程与人相似，其"孕育期"（前期策划和建设期）虽然很短，但对工程寿命期影响最大。这符合一般生态学的规律性。在生物界，胎儿的孕育和婴儿的成长有自身的规律性，通常"早产儿"较羸弱多病，甚至很难健康成长，而工程也有同样的规律性。最近几十年来，我国工程的建设期普遍较短，大力压缩设计和施工的期限，使工程提前一年半载完成，违背了工程自身的客观规律性，就像"早产儿"，由此造成工程的缺陷会在50年或100年内影响工程的健康使用，我国工程的许多质量问题、安全问题、短命问题、高能耗问题大多与此有关，或者根源在此。

工程的运行期（使用寿命）很长。从工程投入使用起，随着时间的推移，其状态就已经开始并在慢慢老化，健康趋势逐渐下降，但不同工程系统老化的进度不同，有些维持基本现状，有些衰退过快。一个工程的衰老常常不仅表现为结构退化，如混凝土老化、一些粘结材料老化、金属材料锈蚀等，而且还表现为功能逐渐退化，如设备功能下降、磨损加大，控制系统反应迟钝、出错等问题。

**3. 工程的生命机制属性**

整个工程系统和各个专业工程子系统都有一定的构成形态和机制，如有一定的反映其状况的"生理"指标（如水压、电压、网络信息传输速度、原材料输入速度等）；它们有自身的运作机理，有能量消耗、转化和产出机理。

工程也有基因和遗传问题，特别在工程文化方面。例如传承决策者的理念，设计师的文化艺术特征、价值观、技术、美学、伦理，高层管理者的管理风格。同样，一个国家的工程也会体现一定社会的宗教、传统、文化、艺术、习惯等，这就是传承该国家的文化遗传因素。所以，一个工程艺术设计所采用的文化风格就决定了工程的"血统"。

例如纽约的苏州园林就是"中国式"的（图3-2），由中国传统文化元素构成；而东南大学的大礼堂就有西欧建筑文化血统（图3-3）。

图 3-2　建在纽约的苏州园林　　　　　　图 3-3　东南大学的大礼堂

工程也有健康和保健问题，有"抵抗力"和"脆弱性"等问题。人们所追求的工程可持续发展能力实质上就是它的健康和"生命活力"问题。

**4. 工程系统与环境相互依赖的生态关系**

与生物系统相似,工程与其他工程(同类工程或不同类的工程)之间存在共生链关系。在一定区域内,工程生态系统可以根据群体生态学分为以下四个层次:

1)个体(Individuals),即单个工程。例如南京地铁单条线路、一个工厂、一所学校、一个体育馆、一条高速公路等都是一个个体工程系统。

2)种群(Populations),即一个地区同类工程的集合。例如地铁和其他交通工程,如公路、飞机场、铁路等组成了整个交通工程种群。

3)群落(Community),即一个地区不同种类的工程组成的工程系统。例如南京市所有工程组成了南京市的工程系统,包括住宅小区、工厂、学校、体育馆、交通设施、文化设施、给水排水设施等。

4)生态系统(Ecosystem),即一个地区内所有工程群落与环境的总和。从生态学的视角来看,全世界或全国或整个城市的工程系统就是一个大的工程生态系统。

各个领域工程之间具有复杂的共生和竞争关系,形成工程共生系统。例如南京市所有工程与环境组成一个区域工程生态系统。城市地铁系统与城市公路运输系统既存在竞争关系,它们竞争客源;同时又存在合作关系,地铁系统必须与发达的公路系统衔接,才能快速转运乘客。城市地铁又与城市的工厂、住宅小区、商场、办公楼、学校存在依存关系。

例如,南京规划的城市轨道交通工程系统有 17 条线路,预计要建设 50 年,它必须融于整个社会和自然生态系统中(图 3-4)。

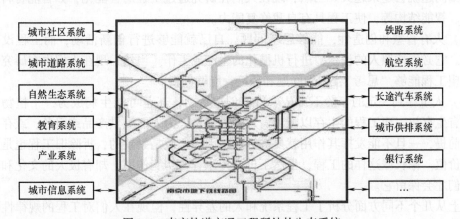

图 3-4 南京轨道交通工程所处的生态系统

在许多工程系统的规划、建设和运行中,必须从工程生态系统的角度进行分析和研究才能保证其科学性,才能可持续发展。特别是对重大基础设施工程系统,如城市轨道交通工程系统、输变电系统、高速公路网和铁路网交通系统等。

例如,上海虹桥交通枢纽工程系统形成航空、高速公路、铁路、地铁、公交等多种交通运输方式一体化,与商务区、城市区域一体化,融合于上海进而整个长三角地区的社会和经济体系中。

对这些关系,以及它们规律性的研究能够从更深层次上揭示工程的价值、运行和发展的规律。这些问题必须用生态学的方法来解决。

### 3.2.3 工程系统与人的差异性

当然，工程与人在生物和社会属性上还是有很大差异的。

（1）工程的生存表现之一是持续地占有一定的时空，且固定在一定的空间上，对土地有依附性，具有不可移动性。

（2）人的子系统（器官）实际寿命差别不大，比较一致。有时会出现部分子系统衰竭或坏死，但人的器官更换比较困难，以前很少出现"子系统"置换现象。现在随着科学技术的发展，人们也一直努力尝试对身体像工程一样进行"器官"的移植。

工程的各个专业系统设计寿命是不一致的，如房屋不同的部位就有不同的使用年限，而且差异较大，在运行过程中需要经常更新（子系统置换），在这方面比人有更大的优势。

工程还可以通过更新改造、扩建等变更系统功能，或产生新的系统功能。例如厂房可以变换来生产不同的产品，可以作为他用。

（3）人的身体作为生物体经过长期的发展和进化，具有活性，具有自我修复、自我调整的能力和环境的适应能力。例如：身体有些病能够通过自我调整自愈；受到自然条件的变化（如温度降低或下雨），或受到自然灾害的影响，能够通过自我调节抵抗；局部受伤能够自我恢复。同样，社会系统也有一定的自我修复能力。

而工程系统目前还没有自我修复和自我调整的能力，所以需要经常性维修；有"病"（问题）就必须要"治"，否则系统就会逐渐溃败；受到自然灾害后，必须要进行保养或大修，否则问题就会越来越大。当然，现在人们在研究通过工程的智能化，如智能材料、可恢复材料、智能结构等，使工程具有自我修复能力。

（4）人有智慧和创造性，能够思考问题，自己就能够进行创新活动，而工程没有这样的能力。它必须按照人的设定，进行机械化的生产或工作。当然，现在人们也在研究智慧工程，希望工程能够"思考"，识别问题和环境，能够创新。

（5）人生存到一定的年龄不再从事价值创造活动，甚至可能生病成为一个植物人，但他仍然有生存权。而工程的生存以能够满足人类需要、为人们提供产品或服务，或存在其他价值为前提，一旦不能发挥其作用就要被拆除，因为土地是紧缺的，拆除旧工程也是为发挥土地的价值。像长城这样的工程，虽然不再发挥原有的功能作用，却有极大的文化和历史价值，人们才会保留它。

以上从几个不同方面分析了工程系统和人的差异性，但现在人们对工程的规律性研究还远远没有对人自身的研究那么充分和深入。

## 3.3 工程的使用功能属性和规律性

（1）工程的使用功能主要是提供产品或服务的能力，这是工程的基本价值体现。不同的工程，可以采用不同的指标描述其使用功能属性，如产品或服务的产出能力和质量水平、系统运行可靠性、实用性、耐久性、故障频率、能耗、维修费用、反应快捷程度等。

例如，小汽车制造厂要生产一定数量一定档次的小汽车，化工厂生产一定数量和品种的化工产品，地铁是以一定速度、标准的服务水准运送一定数量的乘客等。

（2）一个工程（如化工厂、炼油厂、住宅等）使用功能的变化与一个成熟的制造业产品（汽车、电视机、计算机）功能属性变化有很大的区别。这也是制造业产品循环生产过程与工程的一次性过程在性质上的差异之一。

一个成熟的制造业产品，标准化程度很高，其制造过程是比较完善的，投入使用就处于或很快就会进入功能最佳阶段。例如，电视机就是一个成熟的标准化定型产品，买回来马上就可以投入使用；一辆新的小汽车在投入使用后经历很短时间的磨合期就能达到最佳使用状态，而且较长时间不需要维修，它的设计和制造实质上已经经历了无数次用户信息反馈、优化、更新和完善的过程。

而工程是独立设计的、经过一次性建造过程产生的系统，其功能（性能）的变化呈现如下总体规律性。

1）工程投入使用的早期，会有较长的"磨合期"。工程设计和施工的缺陷会在这个阶段暴露出来，工程的功能区之间、专业工程系统之间会存在许多障碍，它们之间的磨合还存在问题，所以常常会在相当长一段时间内达不到预定（设计）的运行效率（生产能力），各项指标达不到设计水平，而且容易出现故障。

例如，南京地铁 1 号线工程预定建设期为 5 年，运营初期为 8 年，达到设计运营能力的时间（市场高峰期）为 15 年。它的实际客流量增长变化见表 3-1。从表中可以看出，随着时间增长，客流量稳步增长。2010 年 5 月，2 号线和 1 号线南延线投入运营，出现网络效应，使得 2011 年南京地铁 1 号线的日均乘客量突升至 92 万人，比 2010 年的 45.3 万人翻了一番。此后，随着更多线路相继开通并投入运行，出现乘客分流，使 1 号线的客流量有所回落，并保持相对稳定。

**表 3-1 南京地铁 1 号线客流量增长表**

| 年 份 | 2005 | 2006 | 2007 | 2008 | 2009 | 2010 | 2011 | 2012 | 2013 | 2014 | 2015 |
|---|---|---|---|---|---|---|---|---|---|---|---|
| 日均客流量/万人 | 9.3 | 19.6 | 24.8 | 35.0 | 41.1 | 45.3 | 92.0 | 73.5 | 76.6 | 77.4 | 76.2 |

2）有些工程虽然能够在设计生产能力的基础上进行生产，但因为在投入运行的早期工程的产品或服务尚没有被市场接受，或市场还有一个逐渐开发的过程，所以常常不能满负荷地正常生产。例如 20 世纪 90 年代，我国的许多汽车制造厂在建成后都遇到市场销售不畅、不能满负荷生产的情况。

3）随着上述这些问题的逐步解决，工程进入稳定运行状态。

为了保证工程整体功能的稳定性，在运行过程中必须不断进行正常的维护、维修和保养活动。

4）与人的器官寿命比较相近不同，工程的各个专业工程系统的设计寿命不均衡，在运行过程中需要不断进行子系统的更换、更新，才能维持工程系统功能的正常发挥。

5）在工程运行到一定程度，由于整个工程结构、设备等的老化，控制系统的退化，其整体功能会逐渐退化，其生产或服务能力会逐渐下降，同时产品或服务质量会逐渐降低，工程大修的频率会加快，维修投入会逐渐加大（图 3-5）。

有些工程随着设计寿命的到来，虽然整体功能没

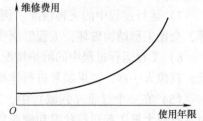

图 3-5 工程的维修费用与使用年限的关系

有变化，但如果不维护或更新改造，其服务质量会很差。例如，一个学校随着校舍的老化，虽然学生数量没有变化，但学生的学习效果、安全性、舒适性会逐渐恶化，学校的外部形象也会受到很大的损害。

（3）从总体上说，工程功能变化规律性是由工程系统和工程过程的特点引起的。

1）工程是一次性的设计和建造过程，工程系统具有单件性和不完备性，会存在许多缺陷，必须经过更长时间的磨合才能进入正常运行状态。例如地铁工程、化工装置的运行都会经历各工程技术系统的磨合过程，最终才能达到正常的高效运行状态。

2）工程是个性化的设计，地区环境（如气候环境和地质条件）独特，工程体积庞大，在建造前人们只能通过设计图、文字或虚拟现实技术（如 BIM 模型）分析工程将来的运行状态、可能存在的问题，而不像制造业产品，人们可以直接通过市场反馈、过去产品用户的意见分析问题，不断修改设计，完善制造过程，形成一个标准化程度高的产品。

3）工程业主的要求也是个性化的，业主还要参与设计和建造过程，有很大的干预权力，导致工程设计和建造的科学性很难保证。

4）工程系统复杂，其运行维护和健康管理的专业性强，运行维护和健康管理人员对工程还要有一个熟悉的过程。

5）工程产品或服务的市场周期有自身的发展规律，在工程投入运行早期常常不能迅速被用户接受，其产品或服务的市场还有一个开辟、扩展和逐渐成熟的过程。

6）其他，例如工程的建造是露天和现场作业，不能确保精密和高质量。

（4）工程使用功能的变化由工程的主体结构和材料等物理状况决定，服从物理学和化学的规律。在运行过程中，工程是否很快就能够达到预定的功能状态，以及功能退化的速度不仅与时间相关，而且与如下因素有关：

1）工程前期决策研究所花时间、费用，以及决策的科学性、完备性。

2）工程系统的规划和设计水平，各功能区和专业工程系统之间的协调性。

3）工程的材料和设备质量，包括设备制造和安装质量、工程设备的标准化程度。

4）工程施工质量和专业工程系统界面的协调性。

5）工程运行准备状况和在运行过程中的负荷情况。长期在极限负荷或超负荷状态下运行，其功能会很快衰退。例如，由于许多运输车辆超长、超重，交通流量大，我国许多道路和桥梁工程过早衰老，达不到设计寿命。

6）工程的使用环境，如长期在恶劣的或污染环境（如长期在高温、风沙、严重污染的空气、酸雨等条件）下运行，工程系统会提早衰老。所以，通常环境污染不仅会使人短命，而且会使工程短命。

7）运行过程中的灾害情况。例如工程地质出现问题，或遇到地震、泥石流、恐怖袭击等，会使工程结构破坏，工程健康受损，使用功能降低和物理服务寿命缩短。

8）工程运行过程中的维护情况。如果能够及时维护保养，工程的机能老化速度就会降低。就像人一样，如果经常进行体检，有病及时治疗，就会延长寿命。

（5）在一个行业（领域）中，工程寿命期功能（性能）变化规律有其共性，可以通过对本行业大量工程运行状况和健康监测数据资料进行统计分析，揭示这种规律性。

## 3.4 工程的经济功能属性和规律性

### 3.4.1 工程经济功能的基本概念

工程要消耗资源和劳动才能获得工程成果，通过工程系统的运行提供产品（或服务）以解决社会问题、满足人们的需求，产生更大的价值。工程的经济作用就是工程在社会物质和精神产品（或服务）的生产、流通、交换、分配和消费中，通过市场作用，获得相应的盈利，产生更大的效益。很显然，工程的经济作用只有在出现市场交换以后才产生。

人们在工程中追求以尽可能少的消耗（物质资料和劳动时间等）生产出尽可能多的社会所需要的工程成果（产品或服务），取得最大的经济效益。工程的经济作用常常通过所实现的经济效益来量度。

同时，工程的经济作用是在一定环境（自然、经济、政治、文化、社会等）中产生的特殊效应，特别是与经济环境紧密联系。所以，工程经济作用的分析离不开环境。

### 3.4.2 工程经济作用的影响范围分析

（1）工程经济作用可分为直接经济作用和间接经济作用。

1）直接经济作用。这是指工程本身，以及各参与主体从工程活动（投资、建设、运行等）中直接获得的经济效益，如投资者、承包商、业主在工程过程中直接的成本和收益。

2）间接经济作用。这是由工程建设和运行所引起的或衍生出来的其他方面影响的货币表现形式，属于工程经济的外部性。

工程经济的外部性是指在工程活动中，某一方的行为直接影响到另一利益相关者或社会，却没有给予相应支付或得到相应补偿，包括工程活动的外部成本、外部收益或溢出效应。

根据工程经济外部影响的性质，外部性又可以分为：

① 正外部性。这是指某些工程活动使他人或社会受益，而受益者无须为此支付费用，即工程主体没有获得相应的补偿。例如，城市基础设施建设会给社会各方面带来收益，而这收益无法直接由工程投资主体获取。

② 负外部性。这是指某些工程活动使他人或社会受到损害，或造成外部不经济，或带来其他负面影响，却没有为此承担成本。例如，由于工程污染物排放导致环境被破坏，周边人们疾病增加，产生费用，而工程投资主体却没有给予相应的补偿。

由于工程经济外部性的存在，工程的经济影响超出工程时空范围，工程的价格体系、经济评价与核算失真，市场机制失灵，而且不能实现资源的最优配置、利益相关者各方面满意和工程整体价值的最大化。

现代工程活动的经济外部性影响范围很大，影响面很宽，而且界面常常不很清晰，定量核实和分析很困难，带来工程经济分析和评价的困难，由此带来工程决策的困难。

（2）工程经济作用按照影响范围层次可以分为：

1）工程自身的经济效益。这就是工程直接的成本和收益、实现的利润等。

2）工程的企业经济效益。成功的工程能够直接促进企业的发展，如：

① 企业可以通过优质工程树立企业品牌，展示企业综合形象，使企业有更多的机会获得市场，提升企业的核心竞争力，实现企业战略。

② 通过工程为企业培养出卓越的工程技术和管理人才，对企业将来发展有贡献。

③ 在工程上获得新技术可以在企业同类工程中推广应用，带来技术进步，企业能够获得更大收益。

3）重大工程建设对于发展国民经济、改变经济结构、调整产业结构、合理配置资源有着重大的影响。例如：

① 一些重要基础性工程为行业发展提供了前提条件，使产业规模扩张，效益提升，促进产业内整个企业的技术进步。

② 在一定区域内进行工程建设，增加固定资产投资规模，可增加就业机会、当地税收和国民可支配收入，扩大内需，如可以直接带动区域相关产业（相关工业、农业、商业及旅游业）的发展，促进区域国民生产总值增加，新增就业岗位，提高居民收入，促进消费等。

例如，三峡工程在我国国民经济的发展中具有举足轻重的作用，就需要进行国民经济评价，也就是站在国家和社会公众的角度，分析它对国家发展战略和国民经济的影响。

（3）工程经济作用按照实现时间，还可分为：

1）近期经济效益。这是指当期（或计划期）可获得的收益。

2）远期经济效益。这是指工程竣工以后若干年、几十年，甚至几百年可以获得的收益。例如都江堰水利工程，直到现在人们仍然能够享受到它的利益。

上述各种工程经济效益之间存在非常复杂的关系和矛盾，这是工程的基本矛盾之一。

### 3.4.3　工程经济作用的影响因素分析

随着时间的推移、社会的进步、科学技术的发展，一个工程的经济作用将不断变化。工程的经济作用主要由如下因素决定：

（1）工程自身的建设投入，即工程的建造费用。它代表工程所凝聚的社会必要劳动时间，这决定了工程经济作用的最初禀赋。

（2）工程的产出。这是工程的功能价值（即生产产品或提供服务的能力）体现，如在工程寿命期中生产的产品或提供的服务带来的收益。工程能够提供受市场欢迎的产品，则工程就有相应的价值。

因为工程生产产品或提供服务是在工程寿命期中持续进行的，工程产品生产和服务的能力会有变化，所以这个因素历时很长，而且是动态的。

（3）产品和服务的市场。工程的经济价值必须通过工程产品或服务在市场上的供求关系实现，如果工程的产品或服务没有市场价值（如市场上有新的产品出现，本工程的技术已经陈旧），则相应的工程就失去了它的价值。

（4）环境和城市的转移价值。这是由工程的环境，所在城市的经济、历史和文化价值等因素决定的。

1）环境是工程赖以生存和发展的条件，通过环境建设可以促进工程价值的提升。所以，环境建设不仅是工程本身的一部分，而且是提升工程价值的重要举措。

例如，一个住宅小区房屋的市场价值不仅在于它的投资（决定工程的质量标准、档次)，更重要的是它所在城市的位置、周边环境（如植被、交通、商业、周边学区、医院等设施的完善程度）。例如，在市中心的住宅常常要比在郊区的住宅市场价格高数倍，甚至十几倍。

又如，许多小区在建成初期，由于周边环境尚没完善，价格较低；而待周边道路（地铁）通车，商业网点和服务设施建成后，价格就会逐渐提升，甚至成倍提升。

2) 工程的价值与所在城市的价值是直接相关的，随着城市价值的提升，城市中工程的价值也得到相应提升。在城市发展初期，城市价值比较小，工程（如房地产）价值也比较小，接近于工程投入的费用和功能成本，如许多城市在发展初期，住宅价格几乎等于开发成本和税收之和。随着城市价值的快速提升，工程价值就会大幅度提升。图 3-6 反映了南京市 2001—2016 年房地产价格随着城市发展而不断提升的变化趋势。

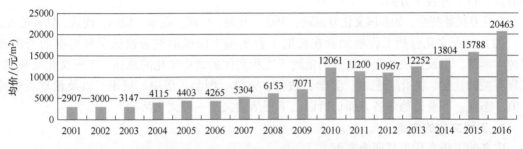

图 3-6　南京市 2001—2016 年房地产价格变化图

城市价值的提升在于：

① 城市本身规模，在国内外的地位，社会、经济、文化的发展状况。

通常，规模越大，级别越高，发展越成熟，人们有更多的发展机会，城市价值就越大，房地产价格中城市价值转移部分就越多，往往远远超过住房建设成本。例如，上海市的住房价格要比其他中小城市的住房价格高几倍甚至十几倍。

② 随着城市基础设施建设投资的增加，城市成熟度逐步提高，城市价值就会不断提升，城市中的工程（如房地产）价值也会不断上升。

③ 城市社会管理水平的提升。城市软环境的构建，安全性、舒适性、生活品位、人性化程度提高，能够促进城市的发展和城市价值的提升，也会提升工程的价值。

④ 文化是城市的灵魂，城市文化、城市品牌、城市可持续发展能力等会提升城市价值。城市文化会随着时间的推移不断升值，这样城市的价值将不断得到提升。许多城市由于其文化古迹成为旅游城市。例如，苏州园林提升了苏州的价值，悉尼歌剧院提升了悉尼的价值。所以，在城市建设中，应当加强城市文化的保护，重视城市文化的弘扬和传承。

⑤ 城市价值的提升又是通过工程的建设和运行实现的。这么多年来，我国城市的发展都是通过基础设施建设、房地产开发和城市改造工程、文化建设工程等实现的。这些工程对于城市价值的提升有重要的促进作用。

3) 工程文化价值的提升又会提升工程的经济价值。即文化内涵丰富的工程，会有更大的经济价值，而且随时间的推移会有更大的增值。

## 3.5 | 工程的文化属性和规律性

### 3.5.1 工程文化的概念

#### 1. 概述

（1）文化是人类创造的物质成果和精神成果的总和，有非常广泛的内涵，包括物质文化、精神文化和制度文化等层面，涉及社会生产、经济基础、上层建筑、意识形态等社会生活的各个领域。广义地说，文化包括国家政治、法律制度、宗教信仰、价值观、道德习惯、精神、意志、组织机构、行为方式和生活习俗等，以及文字、技艺、图画，工农业生产所用的器具、技术等各个方面。

文化有民族特性，如我国文化有国画、书法、戏曲、中医、武术、服饰、建筑、饮食等方面。

（2）工程文化包括工程参加者在长期工程实践中形成的被普遍认可和遵循的价值观、精神、制度，以及反映这些价值观的依附于工程实体的物质文化的总和。工程文化反映在与工程有关的社会、文化、艺术、美学、教育、哲学、国学、历史、规矩，以及伦理、精神、价值、态度、职业道德等各方面。所以，工程活动又是一种文化活动。

#### 2. 工程文化的内涵

广义的工程文化包括两个方面。

（1）工程的有形文化。它是在工程交付成果和产品上所体现的物质文化。这主要是以物质形态显现出来的工程文化，包括工程形体、艺术性、标志等，以及工程实体上所体现出来的工艺水准、精致程度。它是狭义的工程文化，具有永恒性。

长期以来，人们不仅追求工程的实用性，而且还追求工程的艺术性，追求实用功能与审美功能的和谐统一。

（2）工程的无形文化。它主要是与工程相关的组织文化，包括：

1）工程相关法律、规章制度、规范等。

2）工程参加者所具有的信仰、团队精神、思维模式、理想、道德、价值观、品格风貌等，以及工程设计者、决策者的艺术水准、文化追求、人文精神、行为方式与生活方式等。

由于工程是人做出来的，工程相关的组织文化对工程实体文化有决定作用。一个时代的工程实体文化反映的是那个时代人们的信仰、精神、价值观、艺术修为等各个方面。

而真正体现工程系统特性、对工程起到标识作用的是有形（实体）文化。本书所指的工程文化主要是工程的实体文化。

#### 3. 工程文化的重要性

（1）工程文化是工程的系统特性，体现工程的"血统"，与工程共生共存。

（2）工程具有非常强的文化功能，有传承文化的职责。通过具有文化内涵和时代精神的工程，满足当时人类精神生活的需要，如古代宗教建筑、祭祀用品、宫廷建筑、装饰品等，现代的许多标志性工程首先要考虑精神、美感等因素。

（3）工程文化会在很大程度上影响甚至决定工程的价值。这就如同，相同功能的制造业产品或工艺品，会因为艺术设计的差异而有不同的价格。而一栋艺术性高的建筑会给整个城市或地区带来声誉，提升城市形象，带来巨大价值。

（4）工程文化具有时代特征，对一个社会和国家的历史有标识作用。

工程文化的兴衰常常代表着一个时代文化的兴衰。如果在工程建设中破坏了古代建筑，而新建筑又失掉民族性和艺术性，那就可能预示着一个民族文化的衰败。

（5）一个国家的工程文化对国家和民族的形象、吸引力、软实力有很大的作用。经典的古代建筑是一个国家和民族的名片和品牌，显示该文化的内涵和底蕴。例如，我国对外大量宣传的图片往往都有长城、都江堰、秦兵马俑、大运河、苏州园林、北京故宫等，由于其丰富的文化内涵和历史价值，作为世界文化遗产，令我们夸耀于世界。外国人到我国大多是通过参观这些建筑了解中国的历史和文化的。

在工程文化中，建筑文化具有独特的地位。建筑不同于其他艺术门类，它需要大量的财富投入和技术条件，需要大量的劳动力和群体智慧；它物质实体规模大，保留时间长，对社会生活、政治、经济、人文、历史影响大，对一个时代和一个民族具有纪念性。

**4. 工程文化的表现方式**

工程是人造技术系统，同时又是"艺术品"，蕴含着文化，是艺术的载体。

（1）工程文化首先体现在工程实体（如建筑）以及工程产品（如所生产的小汽车）的造型（如建筑式样）、质地、装饰、色彩、空间结构等所具有的文化风格及艺术、美学、精神、传统、时代等特征，表达了人们的精神和情感。一个美的工程不仅提供功能，而且能给人们带来和谐、愉悦的享受，体现物质与精神的统一，功能与艺术的统一，使工程具有更大的价值。

工程是人的作品，带有人对生活的理解和愿望，也带有人在实现自己理想和愿望过程中表现出来的创造精神。从远古时代开始，人类就不仅追求工程的实用性，而且追求工程的美感和艺术性。例如：在最原始的陶器上绘制各种图案，使陶器既实用又具有美观的形态；通过与建筑配套或附加的绘画、雕刻、工艺美术，以及园林艺术，创造室内外空间艺术环境，给人以美的感受；在工程的造型上追求线性美与形式美，追求丰富的色彩和文化内涵，美的工程是雅致、统一、有序、和谐、对称、简约的。

（2）工程实体艺术是一种立体艺术形式。建筑工程通过建筑群体组织、建筑物的形体、平面布置、立面形式、内外空间组织、结构造型（如构图、比例、尺度）、色彩、质感和空间感，以及装饰、绘画、雕刻、花纹、庭园、家具陈设等展现其艺术性。例如，我国传统建筑群具有强烈的程序感和对称均衡的肌理，典型的代表建筑群如北京故宫。

（3）工程文化表现方式是非常丰富的，可以通过隐喻、象征、暗示等表现艺术和精神意义。

《周礼·考工记》中记载，古代造车在形体上就有非常明确的文化内涵，"轸之方也，以象地也；盖之圜也，以象天也；轮辐三十，以象日月也"，可以说一部车的形态就包括了我国古人对宇宙的朴素认知。

古代建筑的布置有一定的规制，反映政治、宗法、风俗、礼仪、道德观念、风水，以及我国传统的习惯和趣味、家庭组织，体现国人重视整体和谐，强调人与自然、人与人之间和谐的关系。例如，山西传统民居是我国民宅合院建筑追求传统"天人合一"审美理想的典型（图3-7）。其"堂"位于合院建

图3-7　山西传统民居

筑中轴线的重要位置上，堂前的庭院是一块空地，上对苍天，组成了完整的天地象征。它反映了以家庭为核心的伦理道德观念和社会宗法秩序，也反映了阴阳哲学、风水理念、人文修养等社会文化因素。

（4）工程文化常常包含（体现）了许多艺术门类，如雕塑、绘画、书法、音乐、色彩等，并使这些艺术相互渗透与交融。

我国的古典园林就体现了完美的中国工程文化，表现在园林厅堂的命名、匾额、楹联、雕刻、装饰、盆景、花木、叠石等方面，它们不仅是点缀园林的精美艺术品，而且储存了大量的历史、文化、思想和科学信息，物质内容和精神内容都极其丰富。其中有的反映和传播儒、释、道等各家哲学观念、流派思想；有的宣扬人生哲理，陶冶高尚情操，激励和振奋人们的精神；还有的借助古典诗词文学对园景进行点缀和渲染，使人于栖息游赏中，化景物为情思，产生意境美，获得精神满足。

（5）工程实体文化还体现在工程的实用性、人性化、科学性、工艺水准、精致程度等方面。

不同类型的工程在艺术和实用之间有不同的偏重。例如纪念碑、教堂、图书馆、电视塔、陵墓等需要较高的艺术性，艺术性甚至占主导地位；而仓库、厂房、矿山等更注重实用性，艺术性要求较低。

### 3.5.2　工程文化的基本属性

工程文化是文化领域中最具有时代性、民族性和社会性特征的文化之一。工程本身就是一门特殊的艺术，工程设计首先是工程艺术（文化）设计。

随着社会的发展，工程已经远远超越了实际功能需要，而是作为一种文化产品，展现出时代的、民族的风貌。不同时代、不同地域、不同国家（或民族）的工程，由于政治制度不同，人们的思想、工艺、知识、艺术素养、审美观点、精神不同，呈现出不同的文化特色。所以，很多年来人们将许多工程技术称为"工艺"。

（1）工程和人一样，有民族、信仰、个性差别，是各种文化基因的载体。中西方文化在形成过程、发展过程、影响因素（如物质和自然环境）、社会形态、人的思维方式和理念等方面的差异，都会融入、体现在工程文化风格上，形成工程形式上的差别。例如，建筑就有中国式的、日本式的、意大利式的、英国式的、俄罗斯式的等。

每个民族都应该有自己的工程文化，显示自己民族的烙印，使自己区别于其他民族。各种工程文化的发展有其必然性和规律性，都有各自的特色、优缺点和适宜性。我国古代建筑遵法自然，追求"天、地、人"三者和谐，体现了我国古代哲学的精髓。例如古代宫殿建筑，其平面严谨对称，主次分明，砖墙木梁架结构，飞檐、斗拱、藻井和雕梁画栋等形成我国特有的建筑风格。在纽约的中式园林，体现了我国传统文化元素，不管是谁投资的、谁施工的，它永远贴着中国的标签。

（2）工程文化受不同时代的社会、经济、建筑技术等的制约和影响而有所不同，反映出所处时代的精神，留有历史印记。最典型的是建筑工程文化有不同的时代风格，外国建筑史中，古希腊、古罗马就有陶立克、爱奥尼克和科林斯等代表性建筑风格；中古时代有哥特建筑风格；文艺复兴后期有巴洛克和洛可可等建筑风格。第二次世界大战以后西方就有历史主义、野性主义、新古典主义、象征主义、有机建筑、高度技术主义等风格。

在我国历史上不同的年代有不同文化风格的建筑。我国近代建筑也有自己的风格，如民国时期南京的许多建筑就有自己独特的风格。

（3）工程文化受制于自然环境的影响，如地理、气候，以及人们能够获得的工程材料等。它们不仅影响工程的结构和建造技术，而且影响工程艺术。中西方的建筑由于材料选择的差异带来根本性差别。例如，我国古代森林密布，房屋建筑主要是木结构，所以我国的建筑在木材的使用和艺术化处理方面有很大的特色。

而我国传统建筑按照地域可以分为皖派、闽派、京派、苏派、晋派、川派等，这是长久以来受当地风土人情，以及降水、日照等气候条件影响而形成的不同的民居风格。

（4）工程蕴含的文化品位和特色主要由设计者决定，设计者的艺术思想和文化情感是工程的艺术基因。

工程文化体现设计者的艺术、美学底蕴，精神和文化素养，以及品位、观念、信仰、社会伦理等。设计者对工程和环境、社会、经济等关系的态度和处理方式，以及自身的社会背景、宗教信仰、审美品位等直接影响工程文化。所以，要建设有文化内涵的工程，首先要有有文化的人。

苏州园林是由我国古代退休官僚、富商巨贾等建造的（表3-2）。由于我国古代采用科举制度，官场和社会崇尚文化、艺术和美学，官员都是诗词歌赋、绘画、书法的高手。用现在的眼光看，他们都是国学大师、美学大师、文学大师、艺术大家。在当时的社会，他们不仅有相当强的经济实力，而且有非常高的文学和艺术修养，许多人都追求"青史留名"，才有文人写意式山水园林。所以，我国古代的科举制度对我国古代建筑艺术的发展有很大的促进作用，留下了大量具有丰富传统文化内涵的建筑。

**表 3-2　苏州园林的建造者及特长**

| 名　称 | 建造年代 | 建 造 者 | 建造者的特长和爱好 |
|---|---|---|---|
| 拙政园 | 明正德年间（公元 1506—1521 年） | 王献臣 | 幼时聪颖敏悟，吟诗作对，出口成章，才华出众。明代弘治进士，明嘉靖年间御史 |
| | | 文徵明参与设计 | 明代中期著名的画家、大书法家，官至翰林待诏。"吴门画派"创始人之一 |
| 沧浪亭 | 北宋庆历年间 | 苏舜钦 | 北宋词人，曾任县令、大理评事、集贤殿校理、监进奏院等职 |
| 狮子林 | 元至正二年（1342 年） | 高僧天如禅师惟则及弟子们 | |
| 留园 | 明代 | 徐泰时 | 明万历八年（1580）进士，后授工部营缮主事 |
| 网师园 | 南宋 | 史正志 | 绍兴二十一年进士，官至吏部侍郎。所著有《清晖阁诗》《建康志》《菊圃集》诸书 |
| 艺圃 | 明代 | 袁祖庚 | 嘉靖二十年进士，任浙江按察司副使 |
| 退思园 | 清代 | 任兰生 | 由清任兰生罢官归乡所建，含"退则思过"之意 |
| 耦园 | 清末 | 沈秉成 | 清咸丰六年进士，官至广西、安徽巡抚、两江总督。工诗文书法，精鉴赏，收藏金石鼎彝、法书名画 |
| 曲园 | 同治十三年（1874 年） | 俞樾 | 清道光进士，曾任翰林院编修、河南学政，因被罢官，移居苏州，潜心学术，曾先后主讲于苏州紫阳书院、杭州诂经精舍、德清清溪书院、菱湖龙湖书院、上海求志书院等。主治经学，旁及诸子学、史学、训诂学、戏曲、诗词、小说、书法等 |

（续）

| 名　称 | 建造年代 | 建　造　者 | 建造者的特长和爱好 |
|---|---|---|---|
| 怡园 | 清代 | 顾承主持营造，任阜长、顾芸、王云、范印泉等设计 | 清道光进士，授刑部主事、福建司郎中、湖北汉阳知府。喜爱书画，娴于诗词，工于书法，酷爱收藏，精于鉴别书画<br>任阜长、顾芸、王云、范印泉为画家 |
| 听枫园 | 同治、光绪 | 吴云 | 安徽歙县人，举人，任苏州等地知府，常熟通判。金石书画，无不涉猎 |
| 残粒园 | 建于清末 | 扬州盐商，后为吴徵所有，更名为"残粒" | 吴徵，字侍秋，海内外著名画家，擅长山水画，任上海商务印书馆编译所美术部部长 |
| 五峰园 | 明代嘉靖年间 | 文伯仁 | 明代画家，字德承，湖广衡山人，为文徵明侄子，工画山水人物，亦能诗 |
| 灵岩山馆 | 建于乾隆五十四年 | 毕沅 | 清代经史学家，文学家，乾隆二十五年进士，廷试第一，状元及第，授翰林院编修，累官至河南巡抚、湖广总督 |

### 3.5.3　工程文化作用的发展分析

（1）随着时间的推移，工程的功能、材料、施工技术和工艺、投资等方面的重要性和影响在降低，而工程的文化价值会逐渐增大，会远远超过其功能价值和经济价值。甚至许多工程的价值，随着时间的延伸，就是由它所蕴含的文化价值决定的。

即使按照特修斯之船（The Ship of Theseus）的假设，在工程的运行过程中，由于维修和更新，构件（专业工程系统）不断被替换，最终所有的构件和材料都不是原来的，但只要工程的实体文化没有被破坏或改变，则可以说还是原来的工程。

我国现存的古代建筑，除了都江堰、大运河等少数几个外，几乎都没有功能价值了。例如万里长城，人们早已不再用它来防御外敌，但由于它有丰富的文化内涵，成为我国最重要也是最有价值的建筑之一。

而如果对一个工程进行更新改造，完全改变了它原来的艺术设计（如形体、色彩、艺术风格），那么改造后的工程就不能说是原来的工程了。

（2）工程文化既需要创新，更需要积累，需要沉淀，需要形成一种风格，需要历史的演化和检验。文化要尊重历史，研究历史，要保持传统的和历史的痕迹，不能一直处于"破旧立新"的过程中，不能仿制假古董。罗马因为保留了从古罗马到哥特、巴洛克、洛可可等各个时期特色的建筑，所以才成为世界建筑之都。这些传统经典的古代建筑提升了城市的价值。

在我国，要真正体现城市文化，并不在于破旧立新或者仿制假古董，而是要对传统和历史尊重和保护，以形成特色。如果大量的甚至是成片老城区被拆除新建，以及建了再拆，许多老建筑的灭失将会导致我国很多地方建筑文化的断层。

（3）工程艺术属性体现在工程的独特性、唯一性和个性上。千篇一律、互相仿造是不可能形成独特的有历史价值的工程文化的。近几十年来，我国一些城市的建筑设计陷入同质化、模型化、怪异化，一些城市的传统街区被大广场、中央商务区（CBD）、商业街、外国名字的城市小区取代，使许多城市民族文化风格和特征逐渐消失。这就像工业流水线上生产出的同样的产品，其文化和艺术价值是比较低的。

（4）要建立文化自觉和自信。一个自信的民族应该欣赏自己的民族文化，同时又要尊重和学习其他文化。

（5）工程文化的形成和重建都需要很长的时期，但其衰落有时是很快的，由于技术的进步，古代建筑在很短的时间内就被拆除，但要建设和形成新的文化风格却是非常难的，需要很长时间。

同时，一种工程文化要延续其活力需要有良好的环境。

## 3.6　工程的社会属性和规律性

工程过程不仅仅是技术过程，而且涉及人与社会的关系，是个复杂的社会过程，有深刻的社会属性。工程在复杂的社会系统中建设和运行，有相应的社会角色。现代工程具有多重社会影响和复杂的社会关系。

（1）工程与社会发展互相促进。

1）如果工程活动及其成果满足一定的社会需要，促进各行各业的发展，对社会进步有很大贡献，则工程具有社会价值，特别是基础设施建设对社会发展有很大的促进。

2）工程不仅是改造自然的过程，也是改造社会的过程。工程会影响许多人的社会生活方式和生活水平，引起社会结构的变化。例如：工程带来人们收入的增加和生活水平的提高；大规模的拆迁不仅导致工程所在地原有的社会系统消失，而且引起迁入地社会系统结构和社会关系的变化；城镇化使我国传统的邻里关系发生变化，改变了人们的社会关系。三峡工程引起大规模的移民，使库区原地城镇（社会系统）消失，又使迁入地的社会结构发生变化。城镇化使大量的农村人口向城市集中，带来我国整个社会结构的变化。

3）大型工程构成新的社会关系和社会系统。例如：

① 房地产开发构成了一个个新的社区。

② 在工程的建设和运行中，工程相关者构成了新的社会组织系统，形成新的社会关系。

4）社会对工程有促进、约束和限制作用。社会发展带来新的工程需求，如城镇化发展会引起大量的城市基础设施建设投资的增加。

（2）在我国历史上，国家能够集中全国力量进行重大工程的实施，所以国家的政治和经济状况、国力的兴衰直接导致工程在数量和规模上的变化，同时工程又会引起国力的兴衰。

秦始皇统一中国后就大兴土木，全国性重大工程有长城、直道、驰道、灵渠、秦始皇陵、咸阳宫城等。每一项工程征用几十万民工，老百姓徭役繁多，不堪重负。这种大规模基本建设伴随着的扩张和秦朝暴政的实施，使秦王朝社会矛盾日益激化，发生了政治危机，很快就走向灭亡。隋炀帝即位后，举全国之力建东都、凿运河、修长城，这些工程劳民伤财，是最终导致隋朝灭亡的主要原因之一。

在现代社会，政府作为社会投资的主体在工程决策中作用越来越大，政治对工程的影响也越来越大。

1）近几十年来，国家政治稳定，社会和经济迅速发展，有经济实力和技术能力进行一些大型和特大型工程的建设。

2）政府负责提供与公共产品相关的工程建设，这些工程是为满足社会公共需要和促进地方或区域经济发展的目的而建设的，如城市基础设施。有些是为了改善民生的需要，例如棚户区改造、经济适用房和廉租房建设等。这些工程存在着更大的政治价值和社会价值。

3）由于工程建设和运行是涉及面很广的社会活动，政府必须为工程的实施提供社会管理服务，如各种审批手续和监督措施。政府为了更好地服务于工程过程，营造良好的社会环境（政治环境、法制环境、投资环境等），改革行政审批制度，提高审批效率，加强招标投标环节的管理与监督。

4）政府通过金融、税收、基本建设等方面的政策影响工程建设，如通过税收政策调节工程投资方向。

（3）工程过程有十分复杂的社会关系和独特的社会结构。工程涉及的利益相关者众多，由此便形成一个新的社会系统，在其中，相关者有各自的社会角色。图2-9实质上又是工程的社会结构图，是社会网络中的一个子网络。

工程利益相关者之间的关系几乎反映了工程与社会关系的所有方面。他们之间地位不平等，存在直接的利益冲突，如被拆迁者与投资者之间、承包商与业主之间、产品用户与投资者之间、政府和投资者之间等。这种利益冲突是现代工程的难点，不仅仅影响工程的投资和进度方面的计划和控制，而且影响工程社会责任和历史责任的实现。在工程中要照顾到各方面的利益，使各方面满意。通过利益的平衡和组织的协调、沟通促进社会的和谐。

工程过程中充满社会矛盾，会引起社会冲突，利益相关者之间的矛盾是工程的基本矛盾之一。工程作为市场经济活动，参与工程活动的成员都是"理性经济人"，追求个人利益最大化，使工程利益主体多元化；如果人们不顾环境影响、社会损失或其他人的损失，就会引起利益相关者之间的矛盾和冲突。例如，大规模的拆迁会带来社会的不安定，甚至会演变为重大的社会事件。还有，近几十年来我国工程建设管理中暴露出的农民工问题、拆迁户问题及工程所引起的质量和安全事故、群体性事件等，都是工程的社会问题。

（4）现代工程强调社会责任。工程要更好地生存与发展，必须在社会及公众心目中树立良好形象，将公众安全、健康和福祉放在首位。在追求个人利益的同时，应该坚持"以人为本、尊重自然"，具备环境保护理念，尽量减少工程的环境影响，保证员工权益与发展、客户（业主）权益、公平竞争、社区参与等，实现工程社会价值最大化。

所以，工程活动又有社会目标，包括工程的社会影响和对社会发展的促进等方面。

例如，载人航天工程的价值不能只是局限于其经济价值，还必须综合考虑其对国家经济发展、科技进步、民族凝聚力提高，以及对国家整体发展战略的影响。它可以带动和促进一大批空间相关产业的发展，例如空间通信、导航以及相关制造业、服务业等，还能培养一大批尖端科技和管理人才。

（5）现代工程社会作用的矛盾性——邻避现象。

1）邻避现象的产生。许多公共性质的工程，大家都需要，为全体社会所共享，但又会对附近环境造成污染，导致生态环境破坏，甚至影响附近居民健康，如垃圾场、垃圾焚烧厂、核电厂、殡仪馆等设施。于是周边居民因担心工程对身体健康、环境质量和自己的资产价值等带来负面影响，所以采取强烈的高度情绪化的集体反对甚至抗争行为。例如，要解决垃圾污染问题，可通过建设垃圾焚烧发电厂，清洁环境，变废为宝，但周围群众仍大力反对。城市社区都要用电，但大家都不希望将变电站建在自己的住房旁。这种现代社会和工程之间的矛盾关系又叫"邻避"。近年来，在我国建设工程中"邻避事件"的数量明显呈上升趋势。

这种"大家都需要，但不要建在我家后院"的心理，以及由此产生的社会行为，体现了工程与现代社会之间的矛盾性和关系的复杂性。

2）邻避现象对相关工程影响很大。不仅仅影响工程的目标（如工期延长、总投资增加等），带来工程的相关法律问题，引起很大的声誉损失，而且会加剧社会对立，危及社会稳定，甚至许多工程因此而中途夭折。

3）邻避现象的原因是多方面的，涉及以下几方面：

① 工程建造和运行所产生的污染程度，以及污染处理和环境保护技术水平。

② 公众对健康、安全、环境保护意识增强，但又对工程建设决策参与度不足，没有通畅的公众进言和利益诉求渠道，无法通过理性程序来表达意见，最后只能通过抗争表达诉求。

③ 工程选址决策过程的公开性、经济性补偿方案的公平性。

④ 工程决策信息的透明度、相关知识的准确性。

⑤ 社会心理因素，如公众的不信任，不安全感、不公平感和焦虑情绪，过度的自我保护意识，对问题、风险过度夸大，情绪化反应等。

⑥ 政府部门的公信力，即民众对政府信息的信任程度等。

4）要解决这个问题难度很大，这也是现在许多基础设施建设的难题之一。问题的解决需要：

① 科学、透明的选址程序。要保证建设项目的环境影响评价和风险评估的科学性、民主性和透明度。

② 社会参与机制。政府、企业和社会公众要有良性互动，充分尊重民众的环境知情权、参与权和监督权，充分吸纳民意，充分协商。

③ 坚持信息透明化。政府向公众提供完全的信息，消除信息不完全和不对称的影响。

④ 合理而充分的赔偿及身心补救。建立工程受影响区域生态补偿与经济补偿制度，对环境污染和生态恢复予以补偿，确保受影响区域的利益不受到损失。

⑤ 建设和运行过程中的污染防治和环境保护措施，要达到法律规定的要求、项目立项前所承诺的要求，要取信于民。

（6）在工程过程中，社会影响方式和过程有自己的规律性。工程对社会产生的负面影响往往会随时间的推移逐渐增强，会有震荡放大的效应。这种不安气氛会向外传播，超越工程空间范围，如对 PX（对二甲苯）项目的抗议在我国许多城市产生了连锁效应，而且如果政府部门不规范运作事件越多，则民众的焦虑情绪就会越大，社会风险就会扩散越快、越强烈。

而大规模移民和拆迁对社会安定的影响会随时间的推移及人们逐渐适应新的社会状态而平复。

（7）由于工程的社会影响越来越大，社会的各方面对工程也越来越关注，非政府组织和媒体（包括自媒体）对工程的影响也越来越大。

为了防止工程引起社会的震荡，应在工程前期和工程过程中让公众参与，使工程目标体现工程相关者各方利益，减少冲突。社会公众对于工程的评判或报道，都会形成或影响社会对工程的认识，为决策提供广泛的智力支持，保证工程决策的科学性；还有助于建立有效监督机制，减少工程中的腐败问题。

## 3.7 工程的科技功能属性

（1）科学、技术与工程的关系。现代工程是利用自然科学知识、社会科学知识、人文学科知识、工程科学知识和技术进行的造物活动，科学、技术和工程之间存在复杂的关系。

1）科学是认识和解释世界，揭示自然界、社会事物的构成、本质及其运行变化规律的系统性知识体系。科学知识是人们通过研究探索，或通过生产和生活实践获得的。

工程科学是应用数学、物理学、化学等基础科学的原理，结合在工程实践中所积累的技术和经验，对所遇到的工程问题和现象进行深入观察和思考而发展出来的科学理论和方法。工程科学是科学技术的重要组成部分，分为许多学科门类，如冶金工程、机电工程、土木工程、水利工程、交通工程、纺织工程、食品工程，以及工程管理等。

科学是工程的基础和前提，工程科学直接应用于工程，对工程的进步具有推动作用。

2）技术是运用科学原理和方法，按照事物运动机理并通过构思和再加工而发明、创新、开发出来的知识、工艺方法、工具、装备、过程和系统等。技术的特征是发明和创新。

工程技术活动是"工具性""手段性"活动，其任务是发明一种方法，创制一种工具，创造一种手段等，追求挑战工程的难度（高度、跨度、精度等）。

技术作为人们改造自然和社会的工具，是工程最基本的手段和实施方式。工程技术与具体的专业工程系统相关，包括各专业工程和工程管理的知识、工艺方法、工具、装备、过程和系统等，是工程专业的组成要素和基础。工程系统是通过技术构造出来的，依附着当代人们所掌握的工程科学技术，是相关技术要素的集合体。各工程科学技术有着不同的地位，起着不同的作用，它们之间相互关联，具有协同性，通过集成，形成一个具有特定功能的高效运行的工程系统。

3）工程的设计、建造和运行过程是工程科学和技术的应用过程，是各种工程专业技术和手段的集成过程。

4）技术通过在工程中的应用，常常不仅实现了应用价值，而且会有示范作用，取得应用的经验，使技术能够复制推广，实现其扩散效应，其价值会大幅度提升。

（2）工程与科学、技术相辅相成，共同发展。

1）工程是先于科学出现的，人们在工程中应用科学知识是先于对它全面和透彻的了解。所以，早期工程技术常常超越于工程科学，人们首先通过实践获得感性知识，形成工程技术知识，并应用于工程。例如，早期的"构木为巢"就是工程活动，而当时人们并不知道其原理，不知道什么是科学。我国古代建筑赵州桥和埃及金字塔都是在当时数学知识和几何知识不甚发达时期修建的，但那时的工程专家（即工匠们）利用丰富的经验和精湛的手艺建造了无与伦比的工程。

又如，在2000多年前建造的都江堰工程就利用了弯道流体力学的方法取水排沙。而这种方法直到现代社会仍然是水力学研究的前沿问题。

现在，在工程设计和建造过程中，人们不断发现、创造新型材料、结构、工艺，推动科学技术的进步。

2）科学技术的发展会带来新的工程领域和新的工程系统的发展。

① 工程所包含的专业工程系统与人们对工程的功能需求、科学技术的发展，以及工程技术的发展有关。总体来说，工程系统的功能越来越多，技术越来越先进，则包含的专业工程系统结构也越来越复杂。

在周朝，车的制造工艺最为复杂，是需要专业工作最多的工程，在《周礼·考工记》中有"故一器而工聚焉者，车为多"，按照现代工程的专业分类，包括材料工程、冶金工程、制造工程、结构工程等专业工程系统。

技术的发展带来工程系统的增加，同时，这又会导致工程学科划分越来越细。对最为常见的房屋工程，所包含的专业工程系统也一直在演变：

A. 2000 年前，房屋工程系统比较简单，用现在的专业分类来看，主要包括建筑学、结构工程、建筑材料、排水和暖通（咸阳宫有取暖的壁炉，有浴室地漏）、装饰工程、园林等专业工程系统。

B. 20 世纪初，房屋还增加了电力、电梯、电话、给水、消防、卫生等专业工程系统。

C. 20 世纪末，房屋工程系统中又增加了信号系统、网络系统、中水处理系统、智能化系统、太阳能系统、自动调光系统、远程监控系统、闭路电视系统、运行维护和健康监测系统等。

D. 现在，还出现了结构化综合布线系统（SCS）、结构化综合网络系统（SNS）、智能楼宇综合信息管理自动化系统（MAS）、智能家居控制系统、除霾新风系统、中央净水系统、物联网系统等更为现代化的专业工程系统。

相关的专业工程系统的内涵也在不断变化，如结构工程的材料从石器、木材、泥土和砖瓦，到混凝土、钢材、合成材料、智能材料等。

② 随着科学技术的发展和人们认识自然和改造自然能力的增强，不断会有新的工程领域出现。近代就有航天工程、生物工程、核电工程、石油化工工程、地铁工程等。

3）现在在一些新兴的工程领域，工程科学常常超越于工程技术，工程科学先于工程技术应用。即先通过探索和研究发现科学，发明和创新技术，再将其应用于工程，形成工程系统和知识。例如，我国的航天和高速铁路的工程领域，涉及的很多科学技术成熟之后，才通过集成创新构建了工程系统。

4）现代，工程与科学技术互相影响，已经融为一体，"难解难分"。工程与科学技术的关系更为直接和明显，也更复杂。工程的进步依赖科学技术，同时又促进科学技术的发展。

① 在工程中人们会遇到许多新的问题，发现新的现象，研究出解决这些问题的新方法或解释了新的现象，就获得了新的科学知识，所以大量的科学知识又是通过工程获得的。现代大型和特大型的高科技工程都是研究和探索科学知识的过程。

② 工程科学的建立和发展与整个科学技术的发展是相辅相成的。所以要促进整个科学技术的发展，就必须加强大学里工科和理科的结合，加强教学、科研与工程实践的结合。

例如，城市轨道交通工程涉及车站建设、隧道挖掘、轨道铺设、车辆制造、信息通信系统建设等活动，几乎涉及现代土木工程、信息工程、机电设备工程等所有高新技术领域。

③ 科学家为大型工程提供可靠性和适用性的理论分析和试验模拟。例如，在新的大型结构应用中，首先制作模型在实验室里进行模拟试验，如力学试验、荷载试验、风洞试验、

地震试验等。现在几乎所有复杂的高科技工程都有这个过程。图 3-8 所示为人工模拟水利工程模型。

图 3-8　人工模拟水利工程模型

在一些大型工程中，如我国的"两弹一星"工程、FAST 工程，以及"载人航天"工程等，都是工程技术和科学研究的高度结合，工程中需要进行大量的科学模拟试验，用以解决遇到的新问题。同时科学家利用工程提供的工具和平台进行科学试验和研究，以发现新的科学知识。

（3）现代工程技术的发展带来新的问题。

1）科学技术的高速发展和进步，使工程产品不断被淘汰，使工程系统的技术寿命越来越短，工程更新改造速度加快，甚至许多是革命性的变革。

由于科学技术的进步导致新产品的出现，使原工程产品或服务因技术落后而失去市场，或者失去竞争力被淘汰，虽然工程结构没有老化，功能没有衰退，生产能力没有下降，但工程失去进一步使用的价值，服务寿命提前结束，这就是工程的技术寿命。

在现代社会，许多新产品，特别是日用电子产品更新很快。随着新产品的出现，生产老产品的工程系统（特别是设备）虽然很新，功能（生产能力）很强，但已经达到它的技术寿命，就要被淘汰。例如，电视机、照相机、手机、家用电器不断更新换代，使相应的生产流水线失去作用，不断被拆除更换。这服从技术更新的规律，会促进技术的进步。

2）现代科学技术赋予人类强大的工程能力，使人类长期所具有的征服自然、改造自然的梦想似乎能够实现，助长了人们对自然世界的索取和支配的欲望。如果工程价值体系和人们的工程观出现偏差，就会导致对自然和社会的巨大破坏。

3）人们在工程中过于追求效率和经济效益，过分强调技术实现，追求挑战工程难度（高度、跨度、精度等），容易导致将手段（技术应用）作为目的，产生了一些怪异的特殊形态的建筑，以及一些大型和特大型的高施工难度的工程结构。

# 3.8　工程与环境的交互作用

## 3.8.1　环境对工程的影响

工程作为一个人造的社会技术系统，是在一定环境条件下建设和运行的，并通过"人-工程-环境"互相作用发挥其价值，对于当时当地的环境具有依赖性。工程最终与周边自然环境和社会环境构成新的生态系统，形成"人工自然"。

在与环境的关系方面，工程与一个生物体也有相同的生态属性。一个工程建设和运行不只是一个简单的、孤立的工程自身问题，还是一个涉及城市、区域、社会系统、生态系统的可持续发展的大系统问题。环境提供工程所要的土地、能源、原材料等物质基础，接受工程产品和服务，也承受工程的废弃物。工程为环境的一部分，与环境之间有能量、经济、信息的交换，这样才能够成长、壮大，才能够顺利运行。

同时，工程又在改变着环境，对所在区域资源和能源的消耗、经济和社会的发展、科学技术进步、环境（包括自然环境和社会环境）的改变有深刻而广泛的影响。

所以，工程活动不仅受到环境的约束，而且对环境有着巨大的影响，必须处理和解决好工程与环境的关系。

（1）工程产生于环境（主要为上层系统和市场等）的需求，它决定着工程存在的价值。通常环境系统出现问题，或上层组织有新的战略，才能产生工程需求。而且工程的目标，如工程规模定位，产品品种、产量、质量要求的确定必须符合环境（特别是市场）要求，必须从上层系统、环境的角度来分析和解决问题。

例如住宅工程，其价值主要由它的位置和环境决定。

（2）工程的实施需要环境提供各种资源和条件，受外部环境条件的制约。如果工程没有充分地利用环境条件，或忽视环境的影响，则必然会造成实施中的障碍和困难，增加实施费用，导致不经济的工程。

（3）环境决定工程的特质，如功能、文化、技术、材料、经济价值、寿命期等。不同地方的工程（如建筑）由于气候、地形、材料不同而产生差异性。

环境决定着工程的技术方案（如平面布置、建筑风格、结构选型等）和实施方案（如施工设备选择、施工现场平面布置等）以及它们的优化，决定着工期、费用、质量要求等。工程的实施过程又是工程与环境之间互相作用的过程。通过对环境的认知，可以掌握环境的特点与变化规律，以寻求通过工程规划、设计、施工和运行达到改善环境的目的。

在建筑设计中要考虑工程的地形、地貌、生态环境，以及热湿环境、声环境、光环境等，使工程的艺术风格和造型与环境协调和谐。我国传统的民居建筑，对环境强调的是要有山有水，如背山面水，群山拱卫，"山环水抱，风水自成"，被视为风水佳地。

（4）环境是工程最重要的约束条件，是产生风险的根源。在工程实施中，由于环境的不断变化，形成对工程的外部干扰（如恶劣的气候条件、物价上涨、地质条件变化等），会导致工程不能按计划实施，工期拖延，成本增加，使工程实施偏离目标，造成目标的修改，甚至导致工程的失败。所以风险管理的重点之一就是环境的不确定性和环境变化对工程的影响。

为了充分地利用环境条件，保护环境，降低环境风险对工程的干扰，达到工程与环境和谐的目的，必须进行全面的环境调查，必须大量地占有环境资料，要把所有环境因素、对工程的要求和限制、与工程的相互作用分析透彻，在工程全寿命期中注意研究和把握环境与工程的交互作用。

（5）工程改变了当地的生态条件，在消耗自然资源的同时，又要向环境排放污染物，毁坏原有生态条件（生物、地势地脉、地下水），有些甚至对生态环境产生不可逆转的影响，如大面积毁林毁绿造成水土流失，大量废气、废水、固体废物和有毒有害废物排放导致大气、湖泊、河流生态系统的退化。现代整个人类面临的重大环境问题，如臭氧层空洞、温室效应、热带雨林破坏、土壤荒漠化、能源危机、水资源短缺等，很多与工程建设和运行有很大关系。例如城市碳排放量的60%来源于建筑工程的建设和运行维护活动。

（6）环境问题是现代工程界研究的重点课题之一，越来越引起人们的重视。例如，工程的可持续发展、循环经济、绿色经济、生态建筑、低碳建筑等都是研究和解决工程与环境的关系的相关课题。

### 3.8.2 "人-工程-环境"之间关系的发展过程

在人类历史上，"人-工程-环境"之间的关系发展经历过如下阶段：

（1）听天由命。在古代早期，人们由于工程能力和主观能动性较低，认为万事万物皆由自然主宰。

（2）敬畏自然，追求天人合一。在2000多年前，古人就认识到社会与自然是一个整体，强调人与自然万物的平等，自然界有普遍规律，人既要遵循自然法则，又要自强不息，有所作为，体现了朴素的自然观。

"天人合一"，是我国传统哲学基本观念之一，是处理工程与自然关系的最高准则。我国古代的有识之士就强调对生态资源的开发要有节度，注重自然资源的可恢复性，强调对自然资源的获取要合于天时。正如《礼记》所云："毋竭川泽，毋漉陂池，毋焚山林"，人类活动要配合动植物的生长、繁衍的时期，使它们能够源源不绝，不能不合时宜、也不能过度消耗自然资源。在进行工程建设时，都根据周围环境，顺应地势、水势及山势，不"绝地脉"，达至与自然界相互协调，人工与"天工"相互配合。都江堰工程是最为典型的代表。

（3）在18世纪工业革命后，由于技术的进步，人类工程能力的扩展，人们怀着"征服自然"的理念，自信"人定胜天"。"驾驭自然，做自然的主人"的思想开始影响全球，人们企图征服大自然，创造新文明，过分高估人的主观能动性，认为人类能改变和创造一切。

在这个时期，工程规模、复杂程度等大幅提升，极大地提高了生产效率，使人类的各种活动更加方便快捷，活动范围得到空前拓展，人类文明发展到了一个前所未有的高度，产生了许多大型和特大型工程，如铁路工程、大型水利工程、核工业工程、化学工程、交通工程等。

人们对自然失去了敬畏之心，在工程建设中，对大自然进行了过度的开发和破坏，导致各种环境问题频发，对环境的干扰和破坏达到了空前程度。同时，现代技术的局限性也逐渐显现，环境问题也越来越严重，严重损害了人们的生活质量和健康，甚至威胁人类自身的生存。

（4）追求与自然和谐共存。现代工程不仅仅要追求社会公平正义，而且要追求环境公平正义，回归"天人合一"的理念。人们逐渐认识到，自己并不是万能的，就应尊重自然规律，应谨慎地进行工程。工程活动不应只顾眼前经济利益，更应充分考虑工程实施之后对于环境产生的长期影响，要顺应自然环境，使自然环境和社会可持续发展。

与古代朴素的"敬畏自然"不同，现代追求"天人合一"更体现人的主观能动性，在更科学地把握自然规律和工程规律的前提下，使两者都得到满足，这是一个螺旋式发展过程。

随着生态工程理念的兴起，人们更关注工程与生态环境的协调，这涉及工程的能源系统、水环境系统、气环境系统、声环境系统、光环境系统、热环境系统、绿化系统、废弃物管理与处置系统等。例如，城市轨道交通的建设和运营要考虑振动、噪声、电磁辐射、水污染、废气和固体废弃物等对城市生态环境的影响。

现代社会正处于由上述的阶段（3）向阶段（4）的过渡。

### 3.8.3　工程在全寿命期中与环境关系的演化过程

由于工程全寿命期很长，环境又是变化的，必须动态地看待工程系统与环境的关系。

工程在自然环境中建设，寄生于自然环境中，经过演化，逐步由"非常态"过渡到"常态"，最终与自然一体，成为"人工自然"。工程与环境之间存在十分复杂的交互作用，其演化过程有自身的规律性。

（1）工程系统在自然环境系统上建造或"移植"，使原生态条件改变，原自然"组织"部分"坏死"。例如：要进行基础工程施工，要进行场地平整、将原地植被挖去，会导致现场原植被和生物的死亡；开挖地基，使原地脉断裂，会改变水文条件。

（2）自然环境和工程系统之间产生许多非常态"排异"现象。例如，地基开挖会出现大量的水流，打隧道出现大量的水流、塌方，这与人动手术会失血是一样的。工程建好后做景观，移栽树木，这些树木常常会死亡或生长缓慢，这就像人体器官嫁接的排异现象。

（3）工程由外接的"非常态"体系逐渐过渡到"常态"的人工自然。

工程系统和环境的相互作用，是通过两者之间的各种要素相互作用体现的。工程活动按一定的规则与环境进行物质、能量、信息的交换，引起工程与环境之间的物流、能量流、价值流、信息流。与人体的器官移植相似，在工程投入运行后，工程构成的信息系统、生态系统、资源系统、产业系统、社会系统等，都逐渐与环境对应的系统衔接、磨合，最终一体化（图3-9）。

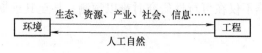

图 3-9 工程与环境系统的对接

1）生态子系统。平整场地会导致现场原植被和生物死亡，工程建成后再做生态系统，如移栽树木，以期恢复原生态。例如，青藏铁路为了保护原生态，在施工前将现场草皮铲下，保养；待工程完成后，再原地恢复，最大限度地恢复原生态系统。

2）工程资源系统。工程需要与城市的给水系统、输电线路、天然气管线衔接，以及保证自然资源的供应。

3）工程产业系统。工程需要外部提供原材料、半成品，向外界提供产品或服务，需要与外部产业系统衔接。

4）工程社会系统。工程活动的产生必然引起社会关系的变化，需要周边社会接受工程所形成的新社区，还包括工程要符合有关的政策法律、规章制度等。

5）环境工程子系统。例如污水的处理（净化）、垃圾的处理（如焚烧）系统。

6）工程信息系统。工程需要与外界的网络、通信、邮政等系统连接，在界面上进行各种信息、知识、经验的交换。

（4）工程通过运行过程融入环境中，与自然衔接，作为自然的一部分——人工自然。

有些工程在运行中一直产生环境污染，就一直不能进入"自然"状态，就像人手术后的伤口一直不能愈合一样。例如，某发电厂在运行过程中排放大量有毒有害气体，严重破坏了周边的生态环境，给周边居民的生活带来了危害。这类似于在生物界，异地生物入侵产生的生态灾难。

又如，在我国许多道路工程运行过程中经常出现塌方，正常下雨也会出现泥石流，实质上就是尚没有形成"人工自然"，还存在各种"排异"现象。

（5）工程消亡后与环境的关系。工程退出运行后有不同的处理方式（详见 2.3.2 节相关介绍），也与环境有不同的关系。

有些工程在拆除后，残留的地下结构无法处理，使新建筑受到很大的限制。

现在我国已经发现一些化工厂在拆除后，由于土地被污染，不仅寸草不生，而且人都不能走近，成为一块"死地"。例如，我国某大城市，原化工厂拆除后遗留数十公顷毒土地，无法进行进一步开发，核心区水质如酱油，散发出刺鼻的气息，还有一股淡淡的农药味，活蹦乱跳的鲫鱼放进去几十秒就死了。而要治理这片毒土地，使生态功能恢复，不管采用哪种方案，费用都将需要几亿元或几十亿元人民币。类似的一些工程建设会给后代留下严重的问题。

（6）工程对环境的影响在工程寿命期中是变化的，有些环境负作用随着时间的延长会逐渐减弱；而有些会随时间的延长逐渐增强，会有震荡放大的效应。

例如，三峡工程会由于上游山体滑坡、塌方、泥石流等，带来大量的泥沙逐渐沉淀在库区，而随着时间的推移会加重这种淤积，最终可能不仅会影响三峡工程使用功能的发挥，而且会影响其他功能和区域环境。有些负作用影响甚至超出了工程活动的时间与空间范围。三峡工程有发电、蓄洪、灌溉等多项有益功能，但它可能对整个长江流域生态结构、未来发展有较大影响，而许多影响不仅在可行性研究时难以预测，甚至其远期影响直到现在人们也很难准确估计。

# 复习题

1. 讨论：工程系统与生物系统的相似性和差异性，现在人们研究工程的遗传、健康监测、"生命活力""抵抗力"和"脆弱性"，试分析工程与人在这些方面的异同。
2. 分析某类工程孕育、出生、成长、扩展、结构变异、衰退和消亡的规律性。
3. 讨论：工程个体、种群、群落、生态系统存在什么相关性？试结合工程举出实际案例。
4. 试分析你所在城市房地产价格的影响因素和变化规律。
5. 调查某一工程在投入运行后功能作用变化的规律性。
6. 讨论：工程文化价值的影响因素和变化规律。
7. 以航天工程为例分析工程与科学技术的关系。

# 第 4 章

# 工程的价值体系

## 【本章提要】

本章主要包括如下内容：

(1) 价值和工程价值的概念。

(2) 工程价值体系，包括工程的目的和使命、工程准则，以及工程总目标。

(3) 工程观。在工程中，对价值体系指标的选择和定位由人们的工程观决定。

工程价值体系是工程和工程管理的灵魂，是整个工程共有的。工程参加者和各工程专业人员对此应该有最基本的认知。

## 4.1 工程价值体系的概念

### 4.1.1 价值的基本概念

价值的概念很多，人们从不同的角度，对它有不同的解释：

(1) 价值是揭示外部客观世界对于满足人的需要的关系，是指具有特定属性的客体满足主体需要的效用关系。

以上定义可理解为，价值是客体所具有的能满足主体（包括个人、组织和社会）多方面需要（包括物质的、精神的）的属性，有其客观性。因此，价值必须在客体的属性与主体的需求之间实现统一。若离开了客体的属性（如工程的功能），价值就失去了客观基础，就无从满足主体的需求；若离开了主体的需求和如何满足需求（如产品已没有市场），则也不可能有价值。

(2) 按照马克思劳动价值论，一切商品都具有使用价值和价值双重属性，商品的价值都是由人的劳动创造的，其价值量由生产商品的社会必要劳动时间决定。

在市场上，价值由价格来衡量，价格形成的依据是生产这一商品所需的社会必要劳动时间。同时价格受市场供求等因素的影响，即受商品的丰富程度和消费者需求意愿的影响。

（3）在工程界，人们将价值定义为功能与成本之比，即

$$V = \frac{F}{C}$$

式中　$F$——功能（包括产出、作用、收益等）；

　　　$C$——成本（包括投入、代价、付出等）。

这种定义更适合于工程的价值体系构建、价值分析、价值工程和价值管理等方面。

### 4.1.2　工程价值的内涵

与上述价值的概念相对应，工程价值有如下内涵：

（1）工程的价值就是工程产品和服务对社会需要的满足关系和满足程度，是指工程对社会所具有的作用。如果一个工程是有价值的，则它必须具有提供产品或服务的能力，而人们（社会、市场）又需要这种产品或服务。这主要表现为工程的功能价值，买方通常按照这个价值决定购买行为。

（2）凝结在工程中的社会必要劳动时间的总和。在大多数情况下，工程（特别是工业工程、住宅工程、制造业工程等）也是商品，具有一切商品的属性，也符合价值规律。其社会必要劳动时间包括了在工程中的各种资源（材料、设备、劳动力、技术）和资金的投入，实际上就是工程的建造费用（生产成本）和应得利润。它决定了工程价值的最初禀赋。在工程中，通常按照这个价值决定投标报价。

但工程是特殊商品，其价值除了凝结在工程中的社会必要劳动时间以外，更重要的组成部分则是来源于环境和城市价值的转移。

例如，住宅的价值不仅仅是它的建设费用的总和（包括地价、建造费用和各种税费等），而且包括由它的位置决定的环境和城市的转移价值，而这后一部分在住宅的总价格中占有很大的比重。

而最终工程的定价是按照市场供求关系决定的价值，是上述两方面的平衡决定的价格。

（3）沿用价值工程的概念，工程的价值是工程的功能和成本之比。但对一个工程从全寿命期角度进行分析，功能和成本具有更为广泛的内涵。

1）工程的功能。这里的功能是总体的概念，即工程的作用。工程的功能具有综合性，是使用功能和经济功能、社会功能、生态功能、文化功能等的融合。

① 工程为社会提供产品或服务的能力，即工程的基本功能，或基本作用。

② 工程的经济作用。人们通过工程的建设和运行，获得经济收益，这个收益要大于工程的经济投入，实现增值。对于投资者，这有更大的意义。这又是社会经济发展的动力。

此外，通过工程的建设可以带动相关产业的发展，拉动整个国民经济的发展。

③ 工程的社会作用。工程具有社会性，通过工程建设，不仅可以促进各行各业的发展，提高人们的物质和文化生活水平，而且能够提供更多的就业机会和发展机遇，提升政治形象等。

④ 工程的生态作用。例如，通过生态建设改善生态环境，采用措施净化污水和空气，保护濒危野生动植物，保持水土稳定。

⑤ 工程的文化作用。例如古代教堂、庙宇、祭坛，现代建设的大礼堂、图书馆、博物

馆、纪念堂等都是具有文化功能的工程。此外文化作用还包括，蕴含在工程产品（如建筑）形体中的艺术特征，对城市文化品位的提升作用，对科技发展的推动作用和对科技成果的检验功能等。

2）广义的工程成本——代价。从总体上说，工程代价有更为广泛的意义，不仅仅考虑到资源投入或投资，而且要包括工程的负作用。

① 投入。工程投入一般是指工程全寿命期中所消耗的物质资料、自然资源和社会资源的总和，如土地、材料、能源、资金、劳动力、技术等。它反映了工程在全寿命期中，直接或间接耗费的全部物质、能量和信息。

② 在工程全寿命期中产生的负面产品，如废气、污染物需要花费环境成本进行处理。

③ 工程对其他方面的负面影响，如拆迁带来的社会影响，对其他方的身体健康和安全的影响，需要支出社会成本等。

由于工程的作用和代价都是多方面的，构成非常复杂，而工程价值作为它们比较和权衡的结果，其构成要素就更为复杂，由此带来工程价值体系的复杂性。

### 4.1.3 工程价值的特点

（1）工程价值随工程全寿命期过程产生、发挥作用和灭失，具有与工程系统相似的过程，有自身发展和变化的规律性（图4-1）。

图 4-1 工程价值的演变过程

1）前期决策阶段是工程的"价值规划"阶段。工程的可行性研究和决策就是基于对工程全寿命期价值的分析和判断。

2）工程施工阶段是"价值形成"阶段。在这阶段主要形成工程的实体，使工程具有提供产品和服务的能力。

3）工程运行阶段是"价值实现"阶段。工程的运行过程是功能发挥与价值实现的统一。

在运行阶段，还会通过工程的更新改造使工程增值。

4）拆除阶段是"价值灭失"阶段。

（2）工程的价值是有形价值与无形价值的统一。

1）工程的有形价值反映工程本身作为一个技术系统的实体性，能够生产产品和提供服务，发挥功能作用。

2）工程的无形价值在于它的社会价值、文化价值等，包括它所产生的声誉、影响，如我国的长城、都江堰等工程都有很大的无形价值。

（3）工程价值是工程本身价值与自然环境、文化教育、经济、社会诸方面价值的统一。

工程本身价值体现在对投资者可以提供资金增值，对用户提供产品或服务，承包商直接通过工程获得营业额和利润等。这体现工程和企业本身的利益。

同时，通过工程的建设和运行可以改善自然环境，促进文化繁荣，促进科学技术的发展，促进国民经济的发展，提升国家、地区、城市的形象等。城市文化事业发达、经济发展迅速、社会文明又会带来该城市内工程（如住宅）价值的提升。

（4）由于工程的影响和作用体现在不同的阶段，因此工程价值又是现实价值、未来预期价值与历史价值的统一。

1）工程的现实价值是通过工程建设和提供产品或服务实现的价值，是工程立项的出发点和最主要的依据，是工程存在的基础。工程构思和前期决策基于环境的现实需求，即基于现实价值的追求。

2）未来预期价值，最简单地说就是工程能够带来预期收益，或将来有贡献，或为了将来发展的需要。例如，在进行商业地产评估时，就要从地产的预期收益角度出发。

由于社会变化，产生新的问题、新的环境状态，会使工程未来的价值发生很大的变化。

3）由于工程的寿命期很长，它可具有很大的历史价值。富有历史价值的工程，能够长远地服务于当地经济和社会，或作为国家和民族一段历史的印证，反映古代的建筑文化和建筑技术等。我国许多古镇、古代建筑现在都是文物保护单位，作为旅游热点，也体现了它的历史价值。

由于工程价值实现在时间上和空间上是分层次的，常常又是很难统一的，有些工程"弊在当代，利在千秋"，郑国渠就是历史上工程价值祸福相依的典型案例。但有些工程却相反，还有一些化工厂遗址的生态复原需要很多年时间和很大的投入。

（5）工程的作用和影响的多样性，带来工程价值的多元性，涉及使用价值、经济价值、社会价值、环境价值、文化价值等，同时使得工程价值体系具有综合性特点。

（6）个体价值和群体价值的统一。各个工程相关者参与工程，有不同的利益追求和利益关系，工程的总体价值应是相关者各个体价值综合平衡的结果。

由于工程相关者众多，存在复杂的利益矛盾和冲突，因此工程价值体系构建和评价十分困难。工程相关者应该在工程价值问题上达成共识。

（7）工程价值的客观性和主观性统一。如要获得工程的成功，必须设立科学和理性的价值体系，有什么样的价值追求，就会有什么样的工程。即工程价值最终实现又是客观的，不以人们的意志转移。

但对具体的工程，其目的、使命、准则、总目标的设立都反映人们的价值追求，具有主观性。价值规划过程是对各类价值的计划，是主观性的，但各类价值指标能否实现又是客观的，如果指标定得太高，不切实际，就很难实现。例如，绿色建筑的设计标准和投入使用往往相差较大，设计的指标和实际监测值（客观性的）不一致。

工程价值的这些特点反映了工程的基本矛盾，使得工程价值的分析、评价和判断、选择是非常困难的，由此带来工程管理的困难，以及工程管理理论和方法的丰富性。

### 4.1.4 工程价值体系的构成和实现保障

（1）工程价值体系是人们对工程价值追求的总和，是对工程总体作用、影响和相关者各方利益追求的综合和抽象，反映工程的整体特性。

工程价值体系构成如下（图4-2）：

1）工程的目的。工程起源于一个具体的目的，科学、健康而理性的目的是一个工程良好的出发点，是工程的"原动力"，对工程的各方面都会产生影响。

2）工程的使命。由于现代工程投资大，消耗的社会资源和自然资源多，对社会的影响大，工程建成后的运行期长，所以工程承担很大的社会责任和历史责任。所有的工程参加者，不管是投资者，还是业主、承包商、

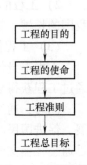

图4-2 工程价值体系构成

不同专业的设计和施工人员、制造商等，都应该有使命感。

3）工程的准则。工程的准则即对工程做出决策，进行计划和控制，处理工程问题所秉持的基本原则。

4）工程总目标。工程总目标反映人们在工程中具体的价值追求，是价值体系中最具体和具有可操作性的内容。它是工程管理最重要的"命题"，各专业工程的实施工作、工程各阶段工作和工程管理职能工作都是从总目标派生出来的。

这些都是涉及工程的重大问题，是工程的灵魂，决定工程最本质的东西。这几方面是一个工程整体所共有的，不分工程专业，不分工程阶段，不分参加者。

（2）工程价值体系的实现保障。工程是一个有价值追求的、由各个工程专业系统构成的人造技术系统，又经过一个复杂的实施和运行过程。其价值的实现需要各阶段各专业工程工作和管理工作，各个专业工程人员，需要各专业工程理论、方法、手段和工具。这几个方面存在内在的相关性（图4-3）。

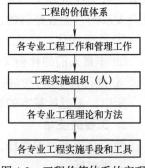

图 4-3　工程价值体系的实现

1）工程的价值体系是通过工程的实施工作实现的。这些工作构成工程各个阶段的实施过程。它们涉及各个专业工程的设计、制造、施工（安装）、运行维护工作，以及相关的研究、创新和系统集成工作等。例如，各专业工程的设计、施工、运行维护工作就是为了保证工程价值体系的技术实现，工程管理工作属于工程实施工作的一个重要组成部分，也是为了保证价值体系的实现。

2）工程实施工作的主体（承担者）构成工程组织系统，即这些专业型工作和管理工作都是由各个专业设计、施工和管理人员承担的，包括投资者、业主、设计单位、承包商、供应商、运行单位、技术咨询单位、工程管理单位等。虽然他们之间有许多利益冲突和矛盾，但工程总目标的实现需要工程参加者的共同努力，他们应有共同的价值追求，对工程总体的价值体系有共识，这样才能够构建高效率的工程组织。

共同的价值追求是工程参加者沟通的基础和组织凝聚力的根源，能将利益冲突的各方有机地统一起来，有效地合作，减少矛盾和争执。这是取得工程成功的前提。

3）各个专业工程理论和方法。工程组织成员要完成各自的设计、制造、施工和管理工作，必须有自己先进的和科学的专业工程理论和方法。它们构成整个工程的理论和方法体系。例如，对一个建筑工程，需要先进和科学的规划理论和方法、建筑学理论和方法、力学理论和方法、材料科学理论和方法、结构工程设计理论和方法，以及土力学、岩土力学、水文学、流体力学、工程施工等理论和方法。其中也包括工程管理的理论和方法，如工程经济学、工程项目管理、工程合同管理等。

4）每个工程专业有各自的实现手段和工具，构成工程的手段和工具体系。要取得工程的成功，需要各专业工程有现代化的设备、仪器、工具、计算机和软件（如 CAD、工程项目计划、预算、控制软件）、通信工具（网络技术、软件）、管理工具等。

目前，在我国工程中并不缺少实现手段和工具，我国许多专业工程的设计和施工技术在国际上都是一流的，计算机和信息工程硬件和软件基本上与国外同步。

从上述分析可见，工程价值体系必须落实在工程和工程管理的各方面，指导工程领域和各个工程专业和工程管理专业的创新。由于各工程专业都是为工程整体服务的，工程价值体系的统一性和整体性决定了工程专业体系的相关性。

## 4.2 工程的目的和使命

**1. 工程的目的**

工程的目的是工程的初始命题，是工程的"公理"，是引导出其他命题的基本命题，在工程系统内是不需要也无法用其他命题加以证明的。

工程的建设出自人类社会的经济、文化、科学和生活需求。工程的根本目的是认识自然、改造自然、利用自然，满足人们的物质和文化生活的需要，实现社会的可持续发展。对于具体的工程，其目的是通过建成后的工程运行，为社会提供符合要求的产品或服务，以解决人类社会经济和文化生活的问题，满足或实现人们的某种需要。这些需要可能是战略的、社会发展的、企业经营的、科研的、军事的需要，如：

① 改善居住、交通、能源应用及其他物质条件，提高物质生活水平。

② 丰富人们的社会文化生活，特别是精神生活的需要。

③ 进行科学研究，探索外层宇宙空间，探索未知世界。

所以，工程最基本的目的就是通过工程运行发挥功能价值，就是"用"。

**2. 工程的使命**

使命是指重大的责任，工程的使命是由工程的目的，以及现代工程的重大影响引导出的，主要包括：

1）满足业主、用户，或工程的上层系统（如国家、地区、城市、企业）的要求。工程最重大的责任是通过建成后的运行为业主或用户、为它的上层系统提供符合要求的产品或服务，以解决上层系统的问题，或为了满足上层系统的需要，或为了实现上层系统的战略目标和计划。如果工程建成后没有使用功能，就不能达到这个要求，则失去了它最基本的价值。

例如，建设一个住宅小区，却不能居住，则它没有完成它的使命；建一条高速公路，却经常损坏，人们不能正常使用，或没有达到预定的通行量和通行速度，则也没有完成它的使命。

2）承担社会责任。现代工程投资大、消耗的社会资源和自然资源多，对环境影响大，对周边居民和组织的影响大。所以它担负着很大的社会责任，必须为社会做出贡献，不造成社会负担，降低社会成本。工程必须不污染自然环境，不破坏社会环境，必须考虑社会各方面的利益，赢得各方面的支持和信任。

3）承担历史责任。一个工程的整个建设和运行（使用）过程有几十年，甚至几百年。所以，一个成功的工程，不仅要满足当代人的需求，而且要能够持续地符合将来人们对工程的需求，承担历史责任，经得住历史的推敲，显示出它的历史价值。同时要达到它的设计寿命，最后"寿终正寝"。

## 4.3 工程的准则

工程的准则是在工程过程中做决策、制订计划和进行控制，解决一些重大问题所依照的基本原则。它对工程目标和行为有直接的规范作用。因此，工程准则应体现在工程总目标中，作为评价工程成功的尺度，同时又要具体化为工程伦理，作为人们的道德准则，约束人们的工程行为。

工程的准则很多，许多工程实施和工程管理活动都需要有相应的准则，如技术选择的经济性原则和效率原则、合同风险分配的公平原则、工程招标的公开性原则等。这里主要论述与整个工程相关的，在处理工程重大关系时所应秉持的基本原则。这些重大关系主要包括工程与自然、当代与后代、工程与人、工程与社会的关系（图4-4）。

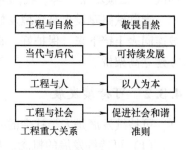

图 4-4　工程重大关系与工程准则

工程准则应该与国家提出的科学发展观、建设资源节约型社会和环境友好型社会、发展绿色经济和循环经济、以人为本、促进社会的可持续发展等号召相吻合。

### 4.3.1　敬畏自然

工程活动要遵循自然规律和法则，与大自然和平共处，建成环境友好型工程。

（1）现代工程解决与自然关系的基本理论。

1）生态平衡论。在工程中，以原生态状况为标杆，保证在一定时间和一定区域范围内，生物资源量相对稳定，从而使该生态系统的结构和功能也能处于相对稳定的状态，维护自然界的整体性和生物的多样性。

2）环境友好论。在工程中追求经济、生态、社会平衡发展，最大限度地节约资源、保护环境和减少对生态环境的污染，以达到人与自然、人与社会的和谐发展。

（2）环境友好型工程的基本要求。应用绿色经济和循环经济的理论和方法，通过有益于环境，或与环境无对抗的工程行为，使工程与环境协调，实现工程目标，建立人与环境良性互动的工程关系。

1）工程活动的影响不应超过生态环境的承载能力，追求工程与自然生态环境的和谐。工程的实施应顺应自然，减少对环境的影响，保护生态平衡，减少污染，降低排放，建设环境友好的、低碳消耗的、绿色的工程。

2）在达到工程功能目标和保证工程质量的前提下，尽可能节约使用自然资源，特别是不可再生资源，特别要节约使用土地，获得环境友好型的工程系统、工程产品（或服务）。

采用循环经济方法，通过更高效、更经济的技术和流程，把清洁生产、资源综合利用、生态设计和可持续消费等融为一体，对废物做减量化、资源化和无害化处理，使工程系统和自然生态系统的物质和谐循环。在资源使用上体现循环经济三原则：

① 减量化原则，就是使用较少的资源达到或者超过既定的目标。在满足功能要求的情况下，尽量简洁，使工程建设和运行低能耗并低碳。

② 再使用原则，是不仅要延长产品的使用寿命，而且尽可能使工程资源循环重复使用。

③ 再循环原则，充分和循环利用工程中产生的废弃物，包括工程施工中的废弃物，工程运行（生产）中、工程产品消费和报废过程中、工程被拆除后产生的废弃物。

3）工程要有相应的环境保护系统，有完整的环境保障体系。例如，在工程中加大绿化环境工程的投入，建设三废处理的设施，在施工中尽可能采用生态工法，保持工程的生态功能，减少对当地生态环境的损害，应用环保、清洁的施工技术和产品生产工艺。

在工程运行中，污染处理设施也应有效运行，不能作为一个摆设。

（3）近几十年来，许多工程纷纷以环境作为热点，如"绿色建筑""生态小区""节能小区""低碳城市"等。我国的奥运工程就以"绿色奥运"作为口号。

青藏铁路建设也是环境友好型工程的典范，例如为了保护原植被，在施工前将原高原植被连同表土铲下来，保护好，在工程竣工后再复原；为了保护藏羚羊的迁徙通道，在许多地方建立高架桥。

### 4.3.2 可持续发展

可持续发展是人类社会的一个重大命题，是在工程中处理现代和后代关系的基本准则。

（1）可持续发展的概念。从不同的角度出发，可持续发展有不同的定义。

1）1987 年，联合国世界环境与发展委员会发表了《我们共同的未来》的报告，其中"可持续发展"被定义为：既满足当代人的需要，又不对后代满足其需要的能力构成威胁的发展。

2）国际生态学协会将可持续发展定义为：保护和加强环境系统的生产和更新能力，使环境和资源既满足当代人的需要，又不对后代的发展构成威胁，做到人与环境持续和谐相处。

3）世界资源研究所（WRI）从经济属性出发定义可持续发展：经济发展应以不降低环境质量和不破坏自然资源为前提，保证代际公平、社会公正、境外责任原则。

4）我国可持续发展战略的核心指导思想是：在资源可持续利用和良好的生态环境基础上，保持经济增长的速度和质量，谋求社会的可持续发展，强调在土地和自然资源等方面给后代留有再发展的余地，做到人与环境的和谐相处，社会自然系统协调发展，不仅要满足当代人的经济和社会发展需求，而且要保证后代人的发展余地。

可持续发展体现向历史负责的精神，顾及民族的生存和社会的长治久安。

（2）工程是我国国民经济体系中的基本组织，可持续发展准则体现了工程的历史责任，涉及工程的社会、经济、环境、资源等各个方面。

1）工程建设不应只顾眼前的经济利益，更应充分考虑对于环境产生的长期影响，节约资源，为后代留下进一步发展的自然资源、土地和空间。

2）工程应能够促进国家、地区的社会和经济健康和可持续发展，促进地区经济的繁荣与稳定。工程要在建设和运行全过程经得住历史的推敲，持续地符合将来社会对它的要求，有历史价值。

3）工程自身有可持续能力，能够长期、健康、稳定、高效率地运行，能够"健康长寿"，使工程本身能够实现可持续发展。如果我国大量的工程是不可持续的，是疾病缠身、"未老先衰"，是短命的，则不可能有国家和社会的可持续发展。

### 4.3.3 以人为本

（1）以人为本是在工程中处理工程与人的关系的准则。工程是为人服务的，人不仅是工程活动的根本动力，也是工程最终服务的对象，所以工程必须"以人为本"。即使在远古时代的一些宗教工程，如祭坛、宗庙、祭器（礼器）、庙宇、石窟、佛塔等，是为了祈求神灵的保护，这些工程在形式上是"以神为本"，但人们通过这种形式祈求保佑，祈求平安，实质上还是为人们自己。

现代工程以及工程所创造出来的产品或服务，如果人没有办法享用，甚至由于没有考虑人的特点与限制，而造成使用时的困扰，就完全失去了工程的意义。

（2）以人为本具体体现在工程的人性化设计和人性化管理上。

1）通过完备的人性化设计，使工程产品能更体贴和善解人意，充分考虑到用户的便利，为用户提供更加安全、稳定、快捷、高效、方便、舒适的服务，建设符合人性化要求的工程，以促进生活质量的提升。这涉及工程的工具、机器、系统、工作方法和环境的设计，要了解人体的特征、人的能力与限制，最有效地激发和调动人的主动性、积极性、创造性，提高使用者的满意度。

2）在工程的运行中，保护操作人员的健康和安全，使操作人员能够方便地运行工程；使维护人员能够方便地进行维修；同时减少对周边居民的干扰。为老人、儿童、残障人士等设计的特殊设施，应能使他们更为方便地使用工程产品和服务，生活更加便利。

3）保证施工期间施工人员和周边人员的安全、健康，保护基层施工人员和生产人员的切身利益，如降低工作压力和疲劳度，提升工作效率、安全性、舒适感和满足感，提供人性化的工作制度和环境，使员工身心健康得到保障，提高了员工的向心力和生产力。

### 4.3.4　促进社会和谐

这是处理工程与社会关系的准则，体现了工程的社会责任。

（1）不仅考虑到业主、政府、投资者、用户的需求、目标和利益，而且充分考虑到原址上的居民和周边居民的利益和要求，使各方面满意，赢得各方面的信任和支持，使社会更加和谐。

（2）工程要关注大众，重视社会基层和乡村，不能围绕"权贵"，应有助于社会的转型和文化的发展。

（3）让社会各方面介入重大工程的决策过程，让公众更好地理解工程，加强工程与社会公众之间的交流。通过各类培训和科普推广等，提高公众的工程文化品位和工程科学素养。现在，公众舆情和公众参与对重大工程的决策和实施影响越来越大。

（4）在工程的可行性研究和计划制订中，要论证工程的社会价值与应用前景，预测可能的社会影响。在工程实施过程中，及时发现和解决各类偏离和违背社会目标的问题。在工程结束后，应系统评价工程的结果、产出与社会影响，分析其预期社会价值目标的实现情况。

## 4.4 | 工程总目标

### 4.4.1　概述

（1）工程总目标是对人们预先设立的工程所达到的结果状态的总体描述，是具体化的工程价值追求。它体现现代工程的作用、工程系统结构、全寿命期过程的特殊性；体现工程的目的和使命，反映工程准则。它应是一个多维的体系（图4-5）。

（2）目标具体地决定专业工作和管理工作内容。工程管理的许多职能、管理流程和方法等都是由目标决定的，或由目标引申出来的。例如，在建设工程项目中，早

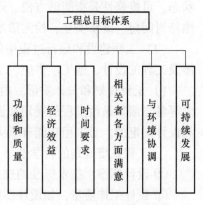

图4-5　工程总目标体系结构

期由三大目标（质量、工期、成本）产生三大管理，后来又提出 HSE（健康、安全、环境）目标，就有 HSE 管理。所以，目标是工程管理的基本"命题"。而现代工程管理的复杂性在很大程度上是由工程总目标的多样性和复杂性决定的。

（3）工程目的和目标的差异。目的是概念性的、理念性的总体大框架，具有超前性，对工程具有指导作用。而目标是具体的，有指标，能够比较具体地定量或定性描述，可以进行考核和评价，对工程活动和各方面行为有更直接的决定作用。

### 4.4.2 达到预定的功能和质量要求

工程质量是反映工程满足规定和潜在需要能力的特性总和，它包括许多方面的要求。在现代工程中追求全寿命期工作质量、工程质量及最终整体功能、产品或服务质量的统一性。

（1）功能要求。工程要能够提供符合预定功能要求的产品或服务，实现工程的使用价值，包括满足预定的产品特性、使用功能、质量要求、技术标准等。这是工程价值体系中最核心的内容。

例如，汽车厂生产的汽车，以及相应的售后服务要符合质量要求；南京地铁的作用是为乘客提供服务，则必须能提供安全、舒适、人性化的服务。

（2）工程质量。

1）工程的技术系统符合预定的质量要求，达到设计寿命。例如，汽车制造厂的厂房、所用材料、设备、各功能区（单体建筑）和专业工程系统（包括组件，如墙体、框架、门窗等）、整个工程都达到预定的质量要求。这是实现工程提供产品或服务功能要求的基本保证。

2）工程系统运行和服务有高的可靠性。工程系统的可靠性是指在正常的条件下（如人们正常合理操作，没有发生地震、爆炸等自然和人为灾害），在设计寿命期内可以令人满意地发挥其预定功能的能力。这不仅要求系统运行的可靠性高、平均维修间隔时间长、故障少、失败的概率小，而且要求系统耐久性好，系统失败所导致的不良后果小。

3）工程系统的运行有高的安全性，不能出现人员伤亡、设备损害、财产损失等问题。这涉及结构的安全性、机械设备的安全性、工程建设和运行过程中的安全措施等。

4）工程系统的运行和服务符合人性化的要求，人们可以方便舒适地使用工程。

5）工程具有可维修性。工程维修是指对工程进行维修保养，使工程保持或恢复到规定状态。可维修性是指能够方便、迅速、低成本地进行工程维修，使维修可达、可视、经济，维修时间短、维修安全，检测诊断准确，有较好的维修和保障计划。

（3）工程建设和运行过程中的工作质量。上述工程质量要求都是通过工作质量保证的，涉及工程的设计、施工、供应、工程管理和运行维护等工作的质量。

1）工程规划和设计质量。由于工程的功能，以及所反映的文化、造价、可持续发展能力等各方面都是由工程的规划和设计定义的，因此工程的功能和质量在很大程度上是由规划和设计决定的。对工程功能有重大影响的有：

① 工程系统规划的科学性。

② 设计标准、技术标准的选择。

③ 设计工作质量，如设计图清晰、正确、简洁。

④ 设计方案的质量。工程价值体系的许多要求都必须通过工程设计方案表现出来。

在现代工程中一个好的设计方案还应具有可施工性。在保证达到工程功能目标的前提下，应便于施工，应尽可能采用简洁的结构形式，减小施工难度。

2）工程施工质量。工程施工过程是工程实体的形成过程，施工质量是工程实体质量的保证。

在施工各个阶段建立严格的质量控制程序，对工程的材料、设备、人员、工艺、环境进行全面控制，发现工程质量问题要认真处理，确保工程质量。

在施工过程中应认真执行施工质量标准和检查要求，严格按工艺要求做好每一道工序，不符合质量要求的工序要坚决纠正，不留隐患，保证每一道工序都符合质量要求，保证从施工准备到竣工验收每个环节都有严格的检查和监督。

在工程竣工时，应及时提供完整的竣工技术文件和测试记录，做到竣工图、数字准确，字迹清楚，以便维护单位使用等。

3）工程管理工作的质量。即通过科学的决策、计划和控制过程，保证工程和工作质量。

4）工程运行维护工作的质量。例如对住宅工程，工程运行维护工作的质量就是物业管理工作的质量。可通过持续地进行健康监测、及时维护、定期保养等保证质量。

### 4.4.3　具有良好的工程经济效益

**1. 工程全寿命期费用目标**

现代工程追求全寿命期费用的节约和优化，追求在工程全寿命期中生产每单位产品（或提供单位服务）平均费用最低。这不仅应以尽可能少的费用消耗（投资、成本）完成工程建设任务，而且要低成本地提供工程产品和服务，达到预定的功能要求，提高工程的整体经济效益。

1）建设总投资目标。建设总投资是业主或投资者为工程建设所承担的投资支出。它包括了工程建成、交付使用前所有投入的费用，通常由土地费用，工程勘察费用，规划、设计、施工、采购、管理等费用构成。

2）工程的运行维护、产品和服务的生产费用目标。这种费用是在工程运行期中支付的，通常按年（月）计算。

上述两种费用存在一定的关系。通常对一个具体的工程，如果提高工程的质量（或技术标准），增加工程建设总投资，则在使用过程中运行维护费用（如维修费、能源消耗、材料消耗、劳动力消耗）就会降低。反之，降低工程质量标准，减少建设总投资，就会增加工程运行维护费用。

工程实践中，如果只关注建设投资的降低，而忽视运行维护费用的状况，将会导致工程功能和质量的缺陷，使工程在运行过程中的能耗、维护费用增加。

**2. 工程的其他社会成本目标**

其他社会成本是指工程全寿命期中由于工程的建设和运行导致社会其他方面支出的增加，它不是直接由工程的建设者、投资者、生产者等支付的，而是由政府或社会的其他方面承担的。社会成本是多方面的。例如：

1）在建造或维修一条高速公路期间，有许多车辆因为绕路而多消耗的燃料和车辆的磨损开支。建设期越长，这样的花费就会越多。

2) 在招标投标过程中许多未中标的投标人的投标开支。通常投标人较多，每个投标人都要为投标花费许多成本，如购买招标文件、环境调查、制定实施方案、做工程估价、编制投标文件等，而最后仅有一个单位中标。投标人越多，该项工程招标的社会成本就越高。

我国大量的工程招标都将标段和专业工程分得很细，都采用公开招标方式，就会导致大量社会成本的浪费。

3) 工程使用低价劣质污染严重的材料，尽管工程的建设投资减少，但导致工程的使用者健康受损，使社会医疗费用支出增加。

4) 许多工程为了节约投资，减少环境治理设施的投入，导致工程产生的三废（废水、废气、废渣）的排放得不到有效治理，导致河流污染，国家再投资更多的钱治理环境污染。

例如20世纪90年代，我国太湖的污染严重，其中重要的原因就是几十年来周边工程建设和运行直接向太湖排污，国家必须花费大量的资金进行水环境综合治理。这些治理资金投入实质上就是过去在太湖周边的工程建设和运行的社会成本。

工程社会成本的界定和实际计算是很困难的，但工程人员对它应该有基本的概念，应尽力减少工程对其他方面的负面影响，以降低社会成本。这体现了工程的社会责任和历史责任。

**3. 取得高的运营收益**

工程是通过出售产品，提供服务，向产品和服务的使用者取得收益的。工程的运营收益有许多指标，如产品或服务的价格、工程的年产值、年利润、年净资产收益、总净资产收益、投资回报率等。

### 4.4.4 符合预定的时间目标

任何工程的建设和运行都是在一定的历史阶段进行的，都有一定的时间限制。在现代市场经济条件下，工程的时间目标也是多方面的。

(1) 工程的设计寿命期限和工程的实际服务寿命。

(2) 在预定的工程建设期内完成。一般在工程立项前，就确定工程的建设期，它有两个重要方面：

1) 工程建设的持续时间目标，即工程的建设必须在限定时间内完成。例如规定一个工厂建设必须在四年内完成。

必须理性地设定工程的建设期限。一般这个期限越短，工程功能和质量的缺陷就会越多。

2) 工程建设的历史阶段范围。市场经济条件下工程的作用、功能、价值只能在一定历史阶段中体现出来，则工程建设必须在一定的时间范围（如2017年1月至2020年12月）内进行。例如企业投资开发一个新产品，只有尽快地将该工程建成投产，产品及时占领市场，该工程才有价值。否则因拖延时间，被其他企业捷足先登，则该工程就失去了它的价值。

所以工程建设的时间限制通常由工程开始时间、持续时间、结束时间等构成。

(3) 投资回收期。投资回收期用来反映工程建设投资需要多久才能通过运营收入收回，达到工程投资和收益的平衡。这个指标是工程的时间目标、建设投资目标和收入目标的统一。

（4）工程产品（或服务）的市场周期。工程产品的市场周期是按照工程的最终产品或服务在市场上的销售情况确定的，通常可以划分为市场发展期、高峰期、衰败期。对于基础设施、房地产开发、工厂等工程，它反映了工程价值真实实现的时间，常常比竣工期更重要。

例如，南京地铁 1 号线工程预定建设期为 5 年，运行初期（市场发展期）为 8 年，达到设计运行能力的时间（市场高峰期）为 15 年，而设计使用年限为 100 年。

又如，对一个房地产开发项目，市场周期是从产品推向市场开始（预售、卖楼花）到卖完为止。有的房地产小区，虽然按期建设完成，但就是销售不出去；而有的房地产小区尚未建设完成就预售一空。它们虽然同时建成，但有不同的市场周期。

### 4.4.5 使工程相关者各方面满意

#### 1. 重要性

1）在现代企业管理和工程管理中，相关者满意已经作为衡量组织成功的尺度。使工程相关者满意体现了工程的社会责任，是现代工程伦理的基本要求。

2）相关者满意是工程顺利实施的必要条件。在国际工程中人们经过大量的调查发现，工程成功需要许多因素，其中相关者各方的努力程度、积极性、组织行为、支持等是最重要的。他们参与工程，都有各自的目标、利益和期望。他们对工程的支持力度和工程行为是由他们对工程的满意程度决定的，而这个满意程度又是由他们各自的期望和目标的实现程度决定的。

例如，被拆迁居民或工程周边居民的抗议会打乱整个工程计划，造成工程的拖延和费用（投资）的增加。

3）要使工程相关者满意，必须在工程中照顾到各方面的利益。工程总目标应包容各个相关者的目标和期望，体现各方面利益的平衡。这样有助于确保工程的整体利益，有利于团结协作，克服狭隘的集团利益，达到"多赢"的结果。这样才能够营造平等、信任、合作的气氛，就更容易取得工程的成功。这也是现代社会"和谐"的体现。

4）所以在工程中，必须研究：谁与本工程利害相关？他们有什么目标，期望从工程得到什么？如何才能使他们满意？在工程全寿命期中关注他们的利益，注意与他们沟通。

#### 2. 工程相关者各方面的期望

工程相关者参与工程过程有不同的动机，带着不同的目标（期望和需求）。这种动机可能是简单的，也可能是复杂的；可能是明确的，也可能是隐含的（表 4-1）。

**表 4-1　工程主要相关者的目标或期望**

| 工程相关者 | 目标或期望 |
|---|---|
| 用户 | 产品或服务的价格、安全性、人性化 |
| 投资者 | 投资额、投资回报率，降低投资风险 |
| 业主 | 工程的整体目标 |
| 承包商和供应商 | 工程价格、工期、企业形象、关系（信誉） |
| 政府 | 繁荣与发展经济、增加地方财力、改善地方形象、提升政绩、就业和其他社会问题 |
| 运行和维护单位 | 工作环境（安全、舒适、人性化）、工作待遇、工作的稳定性 |
| 工程周边组织及其他 | 保护环境、保护景观和文物、工作安置、拆迁安置或赔偿、对工程的使用要求 |

1）用户。用户购买和使用工程产品或服务，要求合理的价格，感到舒适、安全、健康、可用；有周到、完备、人性化的服务，体现"以人为本"，符合人们的文化、价值观、审美要求等，达到"用户满意"。

在所有工程相关者中，工程产品的用户是最重要的，因为他们是所有工程相关者最终的"用户"。对整个工程来说，只有他们的"满意"才是真正的"用户满意"，工程才有价值。在工程的目标设计、可行性研究、规划、设计中，必须从用户的角度出发，进行产品的市场定位、功能设计，确定产品销售量和价格。

2）投资者。他参与工程的动机是实现投资目的，他的目标和期望有：

① 以一定量的投资完成工程建设，在工程建设过程中不出现超投资现象。

② 通过工程的运行取得预定的投资回报，达到预定的投资回报率。

③ 较低的投资风险。由于工程的投资和回报时间间隔很长，在这个过程中会有许多不确定性。投资者希望投资失败的可能性最小。

3）业主。业主的目标是实现工程总目标和综合的效益。他不仅代表和反映投资者的利益和期望，而且要反映工程任务承担者的利益，更应注重工程相关者各方面利益的平衡。

4）工程建设任务承担者。例如承包商和供应商等，他们希望取得合理的工程价款；降低工程施工或服务的成本，赢得合理的利润；尽可能在合同工期内完成工程和供应；与业主搞好关系，赢得企业信誉和良好的形象。

5）政府。政府注重工程的社会效益、环境效益，希望通过工程建设和运行促进国家（地区）经济繁荣和社会可持续发展，解决当地的就业和其他社会问题，增加地方财力，改善地方形象，提升政府政绩。

6）工程运行和维护单位。它承担工程运行维护和健康管理的任务，利用工程生产产品或提供服务，要求工程达到预定的功能，如预定的生产能力、预定的质量要求、符合规定的技术规范要求；生产能力和质量稳定；工程运行维护方便，降低成本。

生产者（或员工）希望有安全、舒适、人性化的工作环境，较高的工作待遇。

7）工程周边组织及其他，包括所在地居民、非政府组织（NGO）、媒体等。他们要求保护环境，保护景观和文物，要求增加就业、拆迁安置或赔偿，有时希望能够使用工程，工程的负面影响较少，要求工程对公众利益负责。

从上述可见，他们的利益存在矛盾和冲突。这是现代工程的特征之一。在现代社会，工程的技术难度在相对减小，而工程相关者利益的平衡是非常困难的。而且随着社会的进步，这个问题会更加严重，对工程建设和运行各方面的影响会更大。

### 4.4.6 与环境协调

（1）按照工程的使命和准则，工程与环境的协调必然成为重要的总目标之一。在工程界，环境目标已越来越具体化、定量化，对工程费用、工期、功能和质量的影响也越来越大。

1）从工程管理的角度，环境是多方面的，不仅包括自然和生态环境，还包括工程的政治环境、经济环境、市场环境、法律环境、社会文化和风俗习惯、上层组织等。

2）工程与环境协调涉及工程全寿命期，包括工程的建设过程、运行过程、最终拆除，以及将来的土地生态复原。

3）由于工程全寿命期很长，环境又是变化的，因此必须动态地看待工程系统与环境的关系，要注重工程与环境的交互作用。

4）工程环境问题不仅仅着眼于工程红线内的环境，而且是大环境的概念。例如，有的城市为了绿化环境，搞生态城市，将农村或深山里的大树移栽过来；某市有一个住宅小区，为了建设生态小区，花很高的费用从南美移栽一些特种树木来绿化小区：这违背了环境保护和生态工程的基本理念。

所以，工程的环境问题不仅要关注对最终产品的评价（如绿色建筑），而且要关注工程过程评价（如生态工程），追求两方面的统一性。它涉及各个工程专业和学科，是现代工程领域研究、开发和应用的热点，如工程结构设计和材料的生态化，生态施工工法、生产工艺的生态化，工程拆除后的生态还原，以及工程遗址的处理过程、技术和方法的研究。

（2）工程与环境协调目标的主要内容。这是工程本身要达到的环境协调指标。

1）工程与生态环境的协调，是人们最重视的，也是最重要的。工程作为人们改造自然的行为和成果，它的过程和最终结果应与自然融为一体，互相适应，和谐共处，达到"天人合一"。这涉及以下五个方面：

① 在建设、运行（产品的生产或服务过程）、产品的使用、最终工程报废过程中不产生或尽量少产生环境污染，或者影响环境的废渣、废气、废水排放或噪声污染等应控制在法律规定的范围内。这需要污水处理、固体垃圾回收和处理、降排降噪等设施的建设。

② 工程的建设和运行过程是健康的和安全的，尽量不或减少对植被的破坏，尽量避免水土流失、动植物灭绝、土壤被毒化、水源被污染等，保障健康的生态环境，保持生物多样性。

③ 采用生态工法，减少施工过程污染，在建设和运行过程中使用环保的材料等。例如某体育馆，直接采用清水混凝土，不使用油漆，这样不仅在施工中减少油漆对人的污染，而且在工程运行中不需要再经常性地更新油漆。

④ 工程方案要尽量减少土地的占用，节约能源、水和不可再生的矿物资源等，尽可能保证资源的可持续利用和循环使用。例如房地产小区应该有中水回收利用设施，利用中水浇灌花木，以节约用水，提高用水效率，以及利用太阳能技术实现能源自给比例等。

⑤ 建筑造型、空间布置与环境整体和谐。

2）继承民族优秀建筑文化。工程建设不仅不应损害已有的文化古迹，而且在建筑上应体现对民族传统文化的继承性，具有较高的文化品位，丰富的历史内涵，符合或体现社会文化、历史、艺术、传统、价值观念对工程的整体要求。

3）工程与上层系统有好的协调性。例如在能源的供应、原材料的供应、产品的销售等方面与当地的环境能力相匹配。

4）避免工程的负面社会影响，不会产生社会动荡，不破坏当地的社会文化、风俗习惯、宗教信仰和风气等。

5）在工程的建设和运行过程中符合法律法规要求，不带来承担法律责任的后果等。

## 4.4.7　工程应具有可持续发展能力

现代社会追求可持续发展，要求工程在几十年甚至百年的时间内持续地发挥它的作用，即它必须具有可持续发展的能力。对整个社会，工程的可持续发展是最重要，也是最具体的。

工程的可持续发展与城市、地区可持续发展的特征不同，有新的内涵。不仅要求人们关注工程建设的现状，而且要有向历史负责的精神，注重工程未来发展的活力，体现人与自然的协调，符合科学发展观（图4-6）。

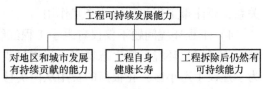

图4-6  工程可持续发展的内涵

**1. 对地区和城市发展有持续贡献的能力**

工程必须符合城市和地区的可持续发展的总体要求，推动该城市/地区的可持续发展。这体现了工程的社会价值。如果工程不能发挥这个价值，则它就要被拆除——就不可持续了。这是体现工程对地区和城市的宏观影响的指标。

我国近几十年来提出的城市建设和发展口号，如国家卫生城市、国家园林城市、国家历史文化名城、国家环境保护模范城市、全国绿化模范城市、国家低碳示范市、国家森林城市、国家新能源示范城市、海绵城市，以及智慧城市、特色小镇等，在很大程度上都是通过工程建设实现的。

对城市或地区的可持续发展能力，人们已做了比较详细的分析，建立了许多指标体系，通常包括如下四大类指标，每大类指标又由许多小指标构成。工程的建设和运行常常会引起一些指标的变化，这种变化就是工程对地区和城市可持续发展的影响。

（1）社会发展指标。它可以细分为：

1）人口。它包括总人口、人口增长率、人口年龄构成、人口密度、平均寿命、城市化水平、绝对贫困人口的比例等。

2）就业结构。它包括劳动力总量、就业率、失业率、就业结构等。

3）教育。它包括居民受教育程度、学校数量、成年文盲率、社会犯罪率等。

4）基础设施。它包括每千人拥有公共交通设施数量和增长率、人均住房面积、供水增长率、人均消耗水平、残疾人设施等。

5）社会服务和保障。它包括服务保障体系、每千人拥有医生的数量等。

6）其他，如促进社会福利、社会治理、公共参与、社会各层次的交融和开放，鼓励创新等。

工程建设和运行会提升社会发展指标，对社会发展指标有良好贡献。例如，通过建设一个学校会提高本地区居民的受教育程度；建设一条公路会增加每千人拥有的公路长度或面积；建一个住宅小区会增加人均住房面积；通过工程建设会增加就业等。

这是工程社会影响评价的主要内容。

（2）经济发展指标。它可以细分为：

1）国内生产总值（GDP）。它包括GDP年变化率、产业结构、各生产部门占GDP的比重、人均GDP等。

2）地方经济。它包括地方经济效益、财政收入增长率、地方产值等。

3）工业化程度等。

工程建设和运行会促进经济发展指标的提升，如：增加建筑业产值，上缴税收，进而增加财政收入；增加钢材、水泥、燃料、电力的消耗，进而带动这些部门产品的需求，扩大生产，增加 GDP，提升工业化程度等。

（3）环境指标。它可以细分为：

1）环境治理状况。它包括三废的排放量及变化率、人均排放量、排放总量、三废处理率、城市噪声、大气悬浮微粒浓度等。

2）生态指标。如主要河流的水质情况、森林或绿地覆盖面及人均覆盖面积、水土流失面积及变化率、自然保护区面积、饮水合格程度、原物种及湿地与水体保护等。

3）环保投资。它包括环保治理投资、环保投资及占 GDP 的比重等。

在大多数情况下，工程对地区环境指标是有损害的，如工程要占用土地、破坏植被、污染水源、产生噪声。只有环保设施（如污水处理厂、垃圾焚化厂）建设工程，才会提高环境指标。

（4）资源指标。它可以细分为：

1）资源存量。它包括资源储量及变化率、资源的开发利用程度、资源破坏或退化程度等。

2）资源消耗指标。它包括人均资源的占有量及消耗量、能源消耗增长率、每万元工业产值能耗、单位 GDP 的能耗与水耗、资源的输入量、资源的保证程度等。

工程的建设和运行通常会消耗大量的自然资源，导致资源指标的降低。只有对现有的工程设备或技术进行更新改造，使生产过程更为节能减排，才会提升这项指标。

由此可见，任何工程对社会可持续发展有正面影响，也必然会产生负面影响。这就要求在工程建设和运行过程中趋利避害，尽量发挥它的正面影响，减少它的负面影响，以提升工程对社会可持续发展的贡献能力。

**2. 工程自身健康持久**

可持续发展的工程必须是"健康"的，能长久地发挥效用，达到或超过设计寿命，不中途夭折，就像都江堰工程一样。工程健康和人的健康相似，必须达到：

（1）工程运行功能是持续稳定的，能长期地符合社会需求，善始善终。这就要求工程的功能定位，即所提供的产品或服务不仅满足目前的需要，同时应能够满足将来社会发展、人们生活水平的提高、人们审美观念的变化、科学技术进步与增长方式转变的需要。

（2）工程系统有耐久性。耐久性是抵抗自身和自然环境双重因素长期破坏作用的能力，即保证结构在正常维护条件下，随时间变化仍能满足预定功能要求的能力。耐久性越好，使用寿命越长。例如混凝土结构耐久性是指结构对气候作用、化学侵蚀、物理作用或任何其他破坏因素的抵抗能力，在设计要求的目标使用年限内，不需要花费大量资金加固处理就能保持其安全、使用功能和外观要求。

（3）工程有好的可维护性，能低成本运行。当一个工程很难进行维护，或要进行维护必须要破坏其结构，影响其正常的运行，这个工程常常就要被拆除——就不可持续了。

同样，当一个工程的运行成本很高，如能耗很大、产品质量很差，产生废料很多，进一步使用的价值就没有了。

（4）工程要能方便更新和进一步开发。由于工程建筑结构的使用期（设计寿命）可达到 50 年或 100 年，甚至更长时间，在工程寿命期中，由于上层组织战略、产品市场会不断变化，同时科学技术、社会发展和经济增长方式不断进步，工程产品和服务不可能一直完全符合人们的需求，必然需要更新改造，需要持续地再开发，要求工程必须具有较高的适应能力和再生能力。

同时，工程系统需要通过更新改造以实现自我完善，以减缓工程衰落进程。工程应能够方便地、十分快捷地，在成本低且影响小的情况下进行如下更新和进一步开发：

1）工程功能和范围的扩展。由于社会需求的扩大、城市的演化，许多工程在寿命期中都会进行扩建，如我国许多年来发电厂进行"小改大"，我国近几年许多高速公路进行扩建。

所以工程系统必须充分考虑未来扩展的需要，具有可扩展性。

2）工程功能的更新。它使工程功能不断提高，方便进行产业结构的调整、产品转向和再开发，以符合地区和城市新时期发展对工程新的需求。

3）工程结构的更新。例如随着新的产业结构、地域空间结构的变化和产品的转向，工程结构要能够适应新的产品结构、生产过程的调整。

4）工程物质的更新与加固。

5）建筑文化的更新。随着社会的发展，人们的文化、经济、技术、生活水平的提高，审美观念的改变，许多建筑文化和人文景观会显得落伍。例如在西欧，许多老建筑在外部仍然保持旧的风格、式样，但内部却是高度现代化的，都是经过改造的。

可持续发展要求工程造型、结构、空间布置有灵活性、实用性、可更新，具有发展余地。

（5）具有防灾能力。在工程寿命期中，人为的灾害或自然灾害是不可避免的，如地震、洪水、火灾、沉降、战争、爆炸、其他物体的冲击等。它们会在很大程度上影响工程寿命。不能因发生一个很小的灾害就导致工程重大的损失，或造成整个工程系统的瘫痪，或在灾后留下难以恢复的创伤。工程具有防灾能力体现在：

1）有灾害监测预报和灾害防御能力。

2）在发生灾害时工程结构不易损坏，灾害的损失小。

3）应急反应快、灾后恢复重建方便。

这必须通过工程的结构形式、监控系统、新材料等解决。

如果一个电视台主楼的抗灾能力很弱，那么在地震情况下非常危险，而且一经受灾，灾害损失就会非常大——就是灾难性的！灾害的损害又是不可修复的。

### 3. 工程拆除后仍然有可持续能力

这涉及如下两个重要问题：

（1）在工程拆除后应能够方便地进行土地复原，能够方便地和低成本地复原到可以进行新工程建设的状态，或者还原成具有生态活力的土地。这是在工程所占用的土地上的可持续发展问题，是工程建设者对后人承担的历史责任，必须以对后代负责的精神思考和解决这个问题。

（2）工程拆除后废弃物的循环利用。这就像人一样，一个人在去世后，如果能够将他健康的器官移植到其他人身上继续使用，就可以认为，这个人的寿命期延伸了，就是可持续的。

再利用和循环使用旧建筑材料是社会可持续发展的重要方面。这是因为它既节省了能源和资源，同时又减少了填埋，减轻了对环境的影响。

由于我国工程的拆除量大，导致建筑垃圾量很大，大多数建筑垃圾由无机物构成，填埋后重新融入自然系统需要相当长的时间，而某些成分还会对生态环境构成直接危害，直接填埋将不可避免地对当地的生态环境造成负面的影响。从理论上说，旧建筑的拆除所产生的各种物料都能够被再利用于新建筑中。

为了便于从被拆卸的建筑物中提取出能够再利用和循环再造的材料，设计和施工方案应使工程在寿命期结束后能够方便拆除，且要考虑到建筑材料再利用的方便性。

### 4.4.8　工程总目标的层次性分析

上述工程总目标具有层次性（图4-7），不同目标层次反映不同的思维方式：

（1）三大目标（功能、效益和时间）是基础性的，出自于现实性思维，是任何成功的工程所必须具备的，如果要达到各方面满意则必须实现三大目标。

（2）使各方面满意是出自于理性思维的，即要实现工程的总目标，取得成功的工程，必须使各方面满意。这体现工程的社会责任，同时它又必须以实现三大目标为前提。

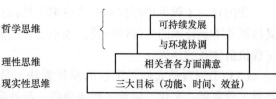

图 4-7　工程总目标的层次分析

（3）与环境协调和可持续发展要解决工程与环境问题、工程的历史发展问题，是基于工程的哲学思维的，具有较高的哲学内涵。

可持续发展目标的实现必然以与环境协调、各方面满意和三大目标的实现为前提条件。

## 4.5　科学和理性的工程观

### 4.5.1　概述

工程是人们有价值取向的活动过程，价值追求是工程的动因，决定了人们的工程行为。一个成功的工程必须基于正确的、理性的、健康的价值追求。

（1）工程价值体系的许多指标是互相矛盾、互相制约的，存在大量的冲突。在一个具体的工程中，上述各方面的要求不可能都满足，或各指标都达到最好的水准。一般情况下，如：

1）工程的质量要求（安全性和可靠性）越高，则总投资相应就会越高。

2）工程的设计寿命越长，总投资相应越高。

3）工期要求越短，工程的质量相应会越差。

4）环境保护要求越高，总投资和全寿命期费用相应就会越高。

5）建筑造型越新颖，越不规则，工程的可施工性相应就会越差，材料和能源的消耗相应就会越大，投资相应就会越大。

6）工程相关者各方面的利益存在直接冲突，如被拆迁者与投资者之间、承包商与投资者之间、产品用户与投资者之间。如果相关者各方都有很高的期望，则工程的制约因素增加，复杂性加大，就会带来实施的困难和障碍，就会导致工程建设期延长，费用增加。

这是工程自身的矛盾性。这些矛盾在工程中普遍存在，工程中大量的矛盾、冲突、问题是由价值体系矛盾，以及人们对价值认知和追求的不一致引起的。工程管理者在整个工程过程中要花大量的时间和精力解决这些矛盾和冲突。在工程中不能过于强调某一方面，而忽视其他方面，一个成功的工程最终要达到上述各方面整体的和谐。

（2）对一个具体的工程，在这个价值体系中选择哪些指标，或以什么为重点（主要追求），对某指标设置什么样的水准，常常是由人们的工程观决定的。

工程观决定了人们对工程的价值追求，进而支配人们的工程行为。现代社会，由于科学技术的进步，科学技术越发达，人类认识自然和改造自然的能力就越强。工程能力越来越强，使大型工程在技术层面上都能实现。如果人们的工程价值追求迷失，就会造成越来越大的负面影响，越来越大的破坏性作用。所以，人们必须具有健康和理性的价值追求，并在工程中得到贯彻，以规范和约束人们的工程行为。

我国目前工程界仍存在不少函待解决的问题，如质量、工期、生产事故、环境污染等，其根源并不是技术的先进性问题，也不是管理能力问题，而是不理性、不正确的工程观导致工程价值体系的迷失。

（3）工程观是人们对工程的总体看法，是对工程基本属性、价值判断和追求的认知，是对工程发展、文化，以及工程与自然、与社会关系的根本观点和态度。工程观有极其丰富的内涵，在现代社会，对人们的工程行为有重大影响的工程观主要包括工程基本价值观、工程发展观、工程文化观、工程自然（生态）观等方面。

（4）工程观的特点。

1）工程观建立在人们对工程，以及与之相关的自然、社会和精神等方面科学、系统认识的基础上，带有主观性，每个人都有自己的工程观。

① 人们的社会地位不同，观察问题的角度不同，就会有不同的工程观。

② 工程观受人们与工程的利益关系的影响，具有鲜明的利益相关性。

③ 工程观受制于人们的价值观，受人们对工程的理想、信念、使命感、历史和社会责任感的影响。

④ 工程观又具有时代性，受社会风气和社会道德的制约，随着时代、环境条件的变化而不断变化。一个社会常常存在一种共有的或主流的工程观。

2）工程观产生于工程实践，并应用于工程实践，能够指导工程实践。

3）人们的工程行为受工程观的影响，有什么样的工程观，就有什么样的工程行为，就有什么样的工程。这是不以人的意志为转移的，是客观的。

（5）科学与理性工程观的内涵。有了科学的和理性的工程观才可能有科学的和理性的工程行为，才能够获得工程的成功。

1）科学，即要尊重工程自身的客观规律性，遵循科学的建设程序，在目标设置、决策、设计、计划和控制过程中应有科学精神，按照科学规律办事。

2）理性，即有理性思维，有逻辑性，做出合理的评价和决策，不能盲目乐观，也不能有掩耳盗铃式的行为。

科学和理性的价值选择的关键问题是，算大账还是算小账，算眼前账还是算长远账，算经济账还是算"政治账"（如声誉、社会影响），如：

① 保护环境实质上就是保护人们自己，在工程中不尊重自然，人们将会受到自然的处罚。

② 只有利益相关者之间实现利益均衡，工程才会处于较高的和谐状态，才能够顺利成功。

③ 保护文化古迹，不仅保护了文化传统，而且使它们的价值越来越大。

④ 污染得不到治理的工程，其社会成本也很高。

⑤ 农民工问题、野蛮拆迁问题、环境污染问题等不能合理解决，将会产生不良的影响。

科学和理性的工程观，就要考虑工程长远的利益和价值。

### 4.5.2　对工程基本价值的认知

（1）工程的基本价值就是提供产品和服务，就是为了"用"，其次才是为了"看"。一切工程行为首先应以工程功能价值的发挥为目标，通过工程的产品或服务解决上层系统（如国家、地方、企业、部门）问题，满足社会、经济、科学技术和文化发展的需要，或实现上层系统的战略目标等。但在实际工程中，还存在许多"潜在"的或隐含的价值追求，如：

① 单纯为拉动经济而投资建设工程。

② 为提升城市或地区的形象而建设工程。

③ 某些部门或人员将工程作为显示政绩（自己的政治抱负）的工具。

④ 有些工程技术出身的工程决策者，将工程作为展示自己技术能力或组织能力的平台，所以希望建设大工程，建设高难度的工程。

这些价值追求对工程的影响很大，有时会扭曲工程的方向。

（2）工程价值的"双重性"。

1）任何工程都存在着两重性：尽管人们心怀为人类造福的良好愿望，通过工程建设和运行创造和获得价值，但工程利弊同时存在，无论在什么情形下，都需要付出相应的"代价"。按照前述的"价值工程"定义，工程价值实质上是所获得的"功能"与所付的"代价"的比例。

所以工程代价是必然的、客观存在的，一旦工程目标、实施方式、外部条件等确定后，工程代价实际上就已经确定，难以避免，不会因为人们评价标准或认识能力的变化而变化。如：

① 需要投入一定量的土地、资金、不可再生的资源和能源、技术、劳动力等。

② 会产生一定的生态环境的破坏。

③ 需要进行大规模征地拆迁、移民等，可能导致社会群体性事件。

④ 会导致工程所在地风俗、传统习惯、地方语言、文物、非物质文化遗存等的灭失。

⑤ 使国民经济对工程建设投资产生"依赖症"，使国民经济结构失衡，发展方向迷失，发展没有后劲，甚至会产生破坏作用等。

例如，建设和运行一个一定规模的化工厂，它对物质资源的消耗和生态环境的破坏都是一定的，需要占用多少土地，消耗多少原材料，排放多少有毒废水、废气、废渣，影响环境范围多大，都是客观存在的。

2）工程代价伴随工程寿命期始终，有自身的规律性，有些影响甚至超出了工程活动的时间与空间范围。有些代价是隐性的，有些代价的显现需要一定的过程。例如，对生态的破坏有一个过程，对文化的影响也需一些时日。

3）工程对社会、生态、文化等外部环境系统的负面影响是长期的、历史性的、不可逆的，常常更为严重，所以更值得关注。由于科学技术的进步，人们的工程能力越来越强，如果工程价值体系迷失，工程造成代价的影响和破坏力就会更大。

4）可以通过工程目标优化、技术革新、环境保护等措施减少、控制或改变工程的代价，如采用新技术提高能量的使用效率，运用循环经济技术对工程的污染物进行资源化处理等。

在工程的决策中，要对工程的代价有科学和理性的认知。我国目前工程理性思维缺失的现象之一，就是对工程代价缺乏全面和深入的研究和评价。

### 4.5.3 工程发展观

（1）工程决策是基于社会问题或经济发展现实的和近期的需求，但工程建成后却要运行 50 年或 100 年，有深远的历史性影响。这是工程自身的矛盾性。

所以，必须用长远的战略眼光把握未来发展，进行工程的规模、市场、技术标准定位，建设适度超前同时目前经济能力能够承担的工程，追求工程对经济、对社会发展有持续的贡献，能够长期适应社会需求。

（2）工程应该体现和服从国家的总体发展战略，坚持科学发展观。

我国人口众多，土地和自然资源比较贫乏，环境相对脆弱，社会财富并不丰富，社会发展水平有待提高，现在环境问题、资源问题、人口问题、经济问题、老龄化和养老问题等已经比较突出，因此对工程立项应非常慎重，对工程规模和技术方案的决策应有理性思维：

① 对于社会问题、经济发展问题能通过非工程建设手段解决的，最好不要建设工程。

② 能少建就少建；能用旧的工程，最好用旧的。

③ 在满足功能要求的前提下，应尽量简朴，不要追求不必要的规模和奢华，也没有必要追求高难度的结构形式和怪异的建筑式样。工程应方便建造和使用，符合保护环境的要求，降低资源消耗，降低污染排放。

（3）对工程技术（特别是建筑工程技术）在科学领域中的地位要有理性的认知。

在 100 年前，建筑工程技术确实处于科学技术的前沿，那时美国建设的世界第一高楼就是科学技术发达的表现，是国力的象征。而由于现代科学技术的发展，人类认识自然和改造自然的能力得到前所未有的提升，已踏上过月球，建立宇宙空间站，航天器已经飞越太阳系。而在地球上建设一个工程（特别是建筑工程）已经不是科学前沿问题，其技术难度在相对降低，世界第一高楼、第一大跨度或长度桥梁、第一大坝，在技术层面上的实现已非难事，也不应算是国力的象征。

现代工程界一些重大的课题并不在解决工程本身的高度、跨度、技术难度等问题上，而是在一些涉及整个自然界、社会和历史影响的问题上，如工程要符合保护环境的要求，要降低污染，降低排放，建设低碳、绿色、生态的工程，建设和谐的、各方面满意的工程，建设全寿命期经济性良好的工程，建设符合人性化要求的工程等。

（4）应着眼于工程全寿命期，摒弃近视和短视的工程行为，追求工程的健康长寿，要求工程不仅有耐久性、安全性、稳定性，而且要有可维护性、可扩展性，进行全寿命期的费用优化等。

### 4.5.4　工程文化观

工程参加者（投资者、建设者、管理者等）应有理性的工程文化观。

（1）工程文化体现在工程所具有的式样、艺术风格，所代表的艺术和文化特色上。它代表工程的"血统"，是工程所具有的基本禀赋，具有与工程实体相同的永恒性。

（2）工程一个很重要的特点是：通常情况下，随着时间的延伸，工程的功能价值将逐渐变小，材料、施工技术和工艺、投资等方面的重要性和影响在降低，而文化价值在增加，甚至会远远超过其功能价值。

我国现存的古代建筑，除了都江堰、大运河等少数几个外，几乎都没有功能价值了，但由于其丰富的文化价值和历史内涵，作为我国的重点文物或世界文化遗产，而闻名于世。外国的访问者、旅游者到我国主要参观浏览长城、北京四合院、苏州园林、都江堰等，而不会去看代表他们文化的建筑，如欧式一条街。

（3）而建筑文化常常是由建筑设计师决定的。一个传承于世的经典建筑是它的建筑师的丰碑，是它所代表的民族和时代文化的丰碑。

近几十年来，我国的一些标志性建筑，如国家大剧院、中央电视台主楼，由国外的设计师设计，采用国外的设计方案，蕴含了一些外来文化风格，某种程度上代表的是国外的建筑文化。它们不能完全意义上反映我国的建筑文化。

（4）工程的艺术风格是由人决定（设计和选择）的。所以要建设富有文化和高品位的工程，应戒除浮躁心理，摒弃低俗的美学，避免急功近利的作风，不能只考虑近期需求、眼前利益、炒作和经济的满足。

工程美学应追求简练、自然，放弃烦冗、浮夸、怪异的设计。

（5）工程文化在于其艺术内涵，而不是规模宏大、形式怪异、构造奇特、富丽堂皇。这样的追求某种角度上展现的是社会的浮躁、虚荣和病态，对整个社会风气产生恶劣的影响，会引导人们追求奢华，不珍惜自然资源和社会财富。

（6）作为中国人，需要强化对中国文化的认知和自信，努力坚持传统的有"中国特色"和时代特色的工程文化，就像我们要写汉字、说汉语一样。

### 4.5.5　工程自然观

工程自然观是要正确认知工程与自然生态环境的关系，以及工程自身的生态特性。

（1）我国人口众多，土地资源匮乏。自然环境一经被破坏则很难恢复，而且会贻害子孙后代。

按照我国的国情，对于环境和资源的保护要求应该高于对经济发展和奢侈生活的追求，应该有更为严格的法律来规范并严格执行。

（2）工程需要消耗大量的自然资源和社会资源，需要占用大片土地，可能要填河砍树、拆房移民、"堑山堙谷"，会"绝地脉"，甚至山川改样，河流变色，动植物灭绝。如果不按照自然规律办事，保护生态环境，对自然的破坏力就很大，同时就会受到自然严厉的惩罚。我们不应对工程建设过于轻率，滥建、滥拆，盲目追求奢华、追求规模宏大。

（3）在工程中要有健康的自然观，敬畏自然，追求工程与自然的和谐；工程建设应因地制宜，追求生态平衡和保持生物多样性；在满足功能要求的情况下，应爱惜自然资源，追求节俭，珍惜财富；使工程建设和运行低能耗和低碳，尽可能使工程资源能够循环使用。

（4）应该认识到，工程是有生命的，具有生物特性。要尊重工程自身的客观规律性，遵循科学的建设程序，设立科学和理性的决策时间、设计时间、施工准备时间和施工时间的指标，以保证能够正确决策、精心地设计和计划、精细地施工，这是保证工程健康长寿的基本前提。

## 复 习 题

1. 工程的目的是什么？它与业主的目的、承包商的目的有什么联系与区别？
2. 工程准则有哪些内涵？它们之间有什么相关性？
3. 工程全寿命期代价的内涵和结构是什么？
4. 工程全寿命期质量的内涵和评价指标是什么？
5. 工程总目标有哪些矛盾性？工程相关者各方面的需求如何在价值体系中得到平衡？
6. 在你所熟悉的工程领域中，哪些研究是处理工程与环境的关系的？
7. 工程可持续发展能力有哪些内涵？以都江堰工程为例说明实现工程健康长寿的意义。
8. 讨论：在一些工程案例中，工程价值创造并非来自于事前预定的目标。例如悉尼歌剧院、我国 FAST 工程，不仅能应用于科技，还有科普和旅游的功能，如何对它们进行价值评价？
9. 讨论：价值的概念、工程价值（$F/C$）的概念和工程价值体系是否存在逻辑上的缺陷？
10. 通过分析图 4-7 中三个层次的目标之间的关系，讨论：在建设工程中成本（投资）、进度、质量管理水平较低，目标设置缺少科学性和理性，控制不力的状况下，能否实现工程的 HSE、各方面满意、可持续发展的目标？
11. 讨论：工程价值能否用一个统一的指标评价？
12. 为什么说工程总目标是工程管理的"命题"？

# 第2篇

# 工程管理理论和方法体系

# 第 **5** 章

# 工程管理概述

**【本章提要】**

本章主要介绍如下内容：

(1) 工程管理的基本概念，工程管理的特性和历史发展，现代工程管理的特征。

(2) 从对象体系、管理主体、管理职能等方面描述工程管理体系架构。

(3) 工程管理理论和方法体系架构。

## 5.1 工程管理的概念

### 5.1.1 工程管理的定义

目前，国内外对工程管理（Engineering Management）有多种不同的解释，主要有：

(1) 美国工程管理学会（ASEM）对它的解释为：工程管理是对具有技术成分的活动进行计划、组织、资源分配以及指导和控制的科学和艺术。

(2) 电气和电子工程师协会（IEEE）工程管理学会对工程管理的解释为：工程管理是关于各种技术及其相互关系的战略和战术决策的制定及实施的学科。

(3) 中国工程院咨询项目《我国工程管理科学发展现状研究》报告中对工程管理的界定是：工程管理是指为实现预期目标，有效地利用资源，对工程所进行的决策、计划、组织、指挥、协调与控制。

该定义更为具体，更符合我国目前工程管理的实际状况。

### 5.1.2 工程管理的内涵

工程管理可以从许多角度进行内容的界定，主要有：

(1) 工程管理就是以工程过程为对象的管理，即通过对工程的决策、计划、组织、指挥、协调与控制等职能，使工程参加者高效率地完成工程任务，实现工程总目标。

这些职能构成工程管理活动的主要内容。

（2）工程管理是对工程全寿命期的管理，包括对工程前期决策的管理、设计和计划的管理、施工管理、运行维护管理等，其目的是提高工程的价值。

（3）工程管理就是以工程系统和工程过程为对象的系统管理方法，通过一个临时性的、专门的柔性组织，对工程建设和运行进行高效率的计划、组织、指导和控制，以实现工程的质量、费用、工期、职业健康安全、环境保护等目标。

（4）工程管理就是运用科学的管理理论、方法和手段，通过合理的组织和配置人、财、物等因素，使工程的各种技术有序集成，各个组成部分有机整合，各个工程子系统相互协调，各种资源有效利用，以实现工程整体目标。

（5）按照上述中国工程院对工程管理的界定，工程管理包括的内容如下：

1）对重大建设工程的规划与论证、决策、工程勘察与设计、工程施工与运行的管理。这构成工程的全寿命期管理。

2）对新产品、设备、装备在开发、制造、生产过程的管理。

3）对工程相关的技术创新、技术改造、转型、转轨的管理。

4）对产业、工程和科技的发展布局与战略的研究与管理等。

## 5.2 工程管理的特性

工程管理的特性是由工程系统、工程过程、工程实施方式、工程市场交易方式等特殊性决定的。它对工程管理学科、工程管理理论和方法体系都有很大的影响。

（1）工程管理是工程技术、工程科学和管理科学交叉融合的学科，与其他工程技术类学科和管理类学科有明显的差异性，具有独特的思维方式。

1）"工程技术"的专业特性。工程是特定的技术集成体，又是特定的产业活动，工程管理研究这些工程技术活动中所涉及的管理问题。要探索工程活动和工程系统寿命期的规律性，并科学地指导这些活动，则要体现工程所遵循的技术和技术集成规律，工程管理是与工程系统的技术、生产过程和企业等相关的具有高度技术性和专业性的管理活动。它需要相关的"工程师"，需要严谨的技术性思维，有与工程技术专业相似的理论、方法、技术和工具。

2）工程管理是研究工程的计划、组织、资源（材料、资金、人力、土地、环境、信息等）配置、指挥与控制等规律性的科学，重点解决相关的经济（包括融资）问题、管理问题、组织问题、合同（法律）问题等，具有经济管理专业的软科学特性。

在现代工程中，工程技术的难度在相对减小，而经济、管理、法律方面的难度加大。

3）因为工程涉及社会、政治制度、精神、文化、艺术诸多方面，所以工程管理又需要从人文、价值观、艺术、哲学的高度来研究和分析工程问题，具有人文社会科学特性。

所以，工程管理属于工学和管理学的交叉学科，具有"工（工程科学）""管（经济管理科学）""文（社会科学）"的属性。它的科学研究既不同于数学、物理学、天文学，又不同于土木工程、系统工程等学科，有其特殊性；其思维方式既具有严谨性和系统性，又是发散性和非结构性的；知识结构复杂，工程管理专业人才需要特殊的、复合的专业能力，要懂技术、懂财务、懂计算机、懂经济、懂管理。

(2) 多元的价值追求。工程活动是专业技术活动，是要创造出更大价值的经济活动，又是利用自然和改造自然的活动，需消耗大量的社会资源和自然资源，会引起一定范围内经济、社会、文化、政治及生态系统的变化和重构。工程管理具有多元的价值追求，不仅要追求技术效果、高的效率和经济效益；还要协调与平衡"人-工程-环境"关系，降低对生态环境的影响；还要维护社会公平和正义，促进可持续性，体现工程的历史责任和社会责任。

这种多元的价值追求带来工程管理的矛盾性和复杂性，同时又使工程管理丰富多彩。

(3) 工程管理的多样性。不同的层次和角色的工程管理，其工作特性又有区别。没有哪个工程专业有如此广泛的涉及面和如此的多样性。例如：

1) 工程前期决策、产业规划等方面的工作偏向于经济管理属性。例如，三峡工程的决策主要是从国家和社会发展战略的高度做出的，属于国家管理的一部分。

而设计和施工阶段工作偏向于工程技术属性。

2) 高层工程管理者的工作偏向于经济管理属性。例如，政府高层进行工程领域的产业规划和布局，进行重大工程的决策，主要从国民经济计划、社会发展战略和社会需求出发；企业进行工程投资决策，要考虑企业经营战略、发展战略和产品市场等方面。

而工程实施层，特别是现场的工程管理工作，偏向于工程技术，或者说工程技术含量更大。

3) 在工程项目层面上，工程管理专业面很宽，专业方向多，各种职能型工作的属性也有很大差异。例如，现场的技术管理、质量管理偏向于工程技术，经济分析、成本管理等更偏向于经济管理，而合同管理又偏向法律。而它们之间的工作又是高度交叉的，需要运用多学科的知识才能胜任。

这又带来工程管理不同角度（不同逻辑）的差异性。

(4) 超专业特性。与建筑学、结构工程等一样，工程管理也是工程专业体系中的一个专业，其职责是管理各种专业工程的设计、施工、采购和运行，对各专业工程系统进行集成和过程集成，负责协调各个工程专业，是涉及整个工程系统的综合性工作。所以在工程领域，与其他工程技术类专业不同，工程管理有特殊的地位，是不同工程专业之间沟通的桥梁和纽带，具有超专业特点。工程管理必须超越工程的建设和运行阶段，超越工程中的责任主体，超越工程技术和管理专业考虑工程问题。

现代工程问题常常是综合性的，都需要从工程整体角度分析和思考问题，需要对现代工程领域、工程系统进行宏观透视和结构性认知。

工程管理应包容现代工程科学理论和方法，吸收自然科学、社会科学、各个工程领域、各个工程专业与经济学和管理学领域，以及现代高科技领域的研究和应用成果。

(5) 在工程中，工程管理负责可行性研究，提出工程的指导思想、方针、原则、评价指标，具有决策、评价、组织、激励的功能，对整个工程系统的价值、精神具有导向作用，承担引领整个工程界的责任。所以，工程管理又是国家发展战略与工程技术之间，以及整个工程界的桥梁，承担很大的社会责任和历史责任。

工程管理必须以国家的科学发展观为指导，以节约资源、保护环境，实现全面协调可持续发展为目标，促进资源节约型、环境友好型社会的建设。

工程管理要承担这样的使命，必须从更高的角度、更广的视野和更长的时间跨度思考、处理和解决工程问题，具有高层次的理性和哲学的思维。

（6）实践性。工程管理是为了解决工程技术活动中管理问题的科学，注重理论研究与应用相结合，工程管理理论来源于实践，并指导实践，是应用型理论。工程管理的研究应是问题导向型的研究，不仅要关注实际工程管理存在的问题，解释工程和工程管理现象，探索机理和规律性，而且要提出解决工程管理问题的对策，提出（设计）干预措施，使工程实践更为科学和理性，研究成果的科学性必须通过实践检验，有实用性。

工程管理学科不能进行自我封闭的纯理论研究，不能一味依赖逻辑思维。工程管理理论应该从实践中来，又要引领实践，应该是更实用的。

（7）因为工程管理工作具有人文和社会属性，所以工程管理具有民族性和历史性，必须立足于中国的传统文化背景、现代中国的投资管理体制、现代中国人的行为心理研究中国的工程管理问题，必须有中国的工程管理理论。

## 5.3 工程管理的历史发展

### 5.3.1 工程管理史研究的重要性

（1）由于工程管理涉及价值观、文化、环境和社会，因此具有历史的继承性。工程管理史的研究对整个工程管理专业具有非常重要的意义和作用，是它的专业底蕴。在这方面，工程管理专业与建筑学专业有相似性。

各国的工程管理在方法和技术层面上是相同的，但工程管理理论，特别是组织行为理论是不同的，有文化和传统的烙印，具有民族的独特性。这对工程管理的效果有更大的影响。所以，必须研究我国工程管理的发展过程和历史沿革，探索我国工程管理发展的规律性。

（2）因为工程管理不仅与工程技术有关，还与社会的政治、经济、文化有关，所以对我国历史上工程管理的研究不仅能让人们知道前人工程管理的方法，而且对解决当代工程管理的问题也有相当大的借鉴作用。

近几十年来，我国工程管理领域进行了许多改革，引进许多国外先进的理念、理论和制度，但这些外国的东西在我国并非全部适用，如招标投标制度、监理制度、合同管理制度。有许多深层次文化的和传统的东西在支配着人们的工程行为，由此构成我国工程管理的一些基本原理。不懂得或者违背这些基本原理，就不能解决我国的工程管理问题。

（3）我国工程管理史的研究应该是我国工程管理理论研究的组成部分，但我国在这方面的研究较少，更偏向应用型研究，重视方法层面，而不注重理论和历史的研究，使人们觉得这个专业和学科缺少底蕴。

### 5.3.2 古代工程管理

我国是一个有着灿烂建筑文明的国家。我国古代社会曾经建设了大量规模宏大又十分复杂的工程。在这些工程实施过程中必然有相当高的工程管理水平相配套，否则很难获得成功，工程也很难达到那么高的技术水准。我国历史上的工程管理中许多有价值的理念、方法和经验值得去认识和研究。

但由于在我国历史上人们不注重工程管理过程和方法的记载，现在从史书上也很难系统地看到当时工程管理的全貌，只能了解到"一鳞半爪"。

**1. 我国古代工程的组织与实施方式**

工程活动是人类最基本的社会生产活动之一。每一个历史时期工程的组织和实施方式，都在很大程度上反映了当时的生产力发展水平、社会的政治和经济体制。

在我国古代，由于生产力水平低下，民间工程建设通常规模较小，其建造过程与管理很简单。建造活动一直是采用业主自营方式进行的，即由工程业主提供材料、资金和建筑式样（或设计图），雇用工匠和一般劳务实施。由于社会分工比较简单，建筑设计、施工和管理没有明确的界限，通常都集中于业主自身或其代表。这种组织和实施方式在我国现在农村仍然存在。

而大型工程都是以国家或官府名义展开的，这些工程（如皇家宫殿、官府建筑、水利工程、陵墓工程、城墙）大都规模宏大，工程费用涉及国库的开支，所以各个朝代对国家工程的管理都十分重视。它的组织和实施方式涉及国家的管理制度，有一套独立的运作系统和规则。

（1）我国古代政府工程的实施组织。我国古代政府工程的实施组织分为工官、工匠（匠役）、民役三个层次（图5-1）。

1）工官。在我国很早就设立工官代表政府、皇家作为建筑工程的主管部门。在殷周时就设置"司空""司工"之职专门管理官营工程。"司空，掌营城郭，建都邑，立社稷宗庙，造宫室车服器械，监百工"。

秦代政府设置"将作少府"专门管理宫廷、官府营造等事务。

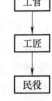

图5-1　我国古代
工程实施组织

从汉代开始就设有"将作大匠"，隋朝以后称为"将作监"。他们职掌建造宫殿、城郭、陵墓等工程的计划、设计、预算、施工组织、监工、验收、决算等工作。

隋代开始在中央政府设立"工部"作为六部之一，用以掌管全国的土木建筑工程和屯田、水利、山泽、舟车、仪仗、军械等各种工务。在工部下设"将作寺"，以"大匠"主管营建。

唐代工部尚书只负责城池的建设，另外专门设有"少府监"和"将作"管理土木工程。宋代工部尚书职掌内容有所扩大。

以后明清两朝均不设"将作监"，而在工部设"营缮司"，负责朝廷各项工程的营建。

到了清朝工官制度更加完善。工官集制定建筑法令法规、规划设计、征集工匠、采办材料、组织施工于一身。

与中央政府工部对应，各府州县均设工房主管营建，职掌建筑设计、工料估算、工程做法等事宜。

2）工匠（工官匠人，即专业技术人员）。工官匠人是专门为皇室及政府服务的建筑工匠，既负责设计，又负责施工和现场管理，因此他既是管理者又是工程技术人员。

在我国封建社会的每个朝代都有一套工匠管理制度。在周朝，"百工"既是主管营建制造的官职名，又指各种工匠。早期工匠都是被政府用户籍固定下来的。大部分工匠平常都是以务农为主，以建筑施工或制造技艺（手艺）为辅。官府兴建工程时，就利用权力强行把他们征调到工程中服役，到了后来采用招募方式。工匠在工程中要受工官严格管理和监督。

到了清代，工程专业化程度很高，工匠分工很细，例如在工程中常用的就有石匠、木匠、锯匠、瓦匠、窑匠、画匠等25种。

3）民役。在古代工程中的劳务最常见的是民役，即通过派徭役的形式将农民或城市居民强行征集到工程上。这些人通常在工程上做粗活。

在我国奴隶社会和封建社会还经常征调囚徒进行一些大型国家工程的施工。例如秦始皇建造始皇陵和阿房宫时就调集"隐宫、徒刑者"70 余万人。直到后来这种情况依然存在。

（2）我国古代政府工程的实施管理模式。我国古代工程的实施有自己适宜的管理模式，一般都采用集权管理方式，有一套严密的军事化的或准军事化的管理组织形式。它保证了规模巨大、用工繁多、技术复杂的大型建筑工程能在较短的工期内完成，而且质量十分精湛。

古代大型工程一般都由国家组织实施，由朝廷派员或由各级政府领导人负责工程建设，成立临时管理机构（与我国现在的建设指挥部相似），工程完工后即撤销。例如都江堰工程由太守李冰负责建造，秦代万里长城和秦直道的建设由大将蒙恬和蒙毅负责，汉长安的建设由丞相萧何总负责。

这种以政府或军队的领导负责大型工程管理的模式在我国持续了很长时间，使许多工程的建设获得了成功。在中华人民共和国成立后到 20 世纪 80 年代中期，我国大型基本建设工程都由军队指挥员负责管理，许多大型国家工程和城市建设工程仍然由政府领导人担任管理者（如工程建设总指挥）。这和我国的文化传统、政治和经济体制相关。它能够方便协调周边组织，有效调动资源，高速度（高效率）地完成工程。

（3）实施程序。在我国历史上，具体工程建设的规划、设计和施工，有一套独特的程序。

《春秋左传》中记载东周修建都城的过程，在取得周边诸侯的同意后，"己丑，士弥牟营成周，计丈数，揣高卑，度厚薄，仞沟洫，物土方，议远迩，量事期，计徒庸，虑材用，书糇粮，以令役于诸侯"。比较具体地记载了在 2500 多年前我国古代城墙工程的建设过程，包括工程规划、测量放样、设计城墙的厚度和壕沟的深度、计算土方工作量和土方调配、工期计划、计算用工量和用料量、考虑工程费用和准备粮食的后勤供应，并向诸侯摊派征调劳动力。

到了清代，建筑工程建设程序已经十分完备，有包括选址、勘察地形、设计、勘估（工程量和费用预算）、施工及竣工后保修一套完整的流程。在整个过程中有计划、设计、成本管理（估价、预算、成本控制、事后审计等）、施工质量管理、竣工验收、保修等管理工作。这个流程与现代工程建设过程十分相似。

**2. 工程的标准化**

在传统的雇工营造建造模式下，历朝大规模的工程活动既要保证工程的质量、控制成本，又要使工程符合礼制，这就要求有建造标准来规范建造活动。建造标准既是工程建造的依据，又是工程建造活动和工程建造专业人员的经验总结。

（1）《周礼·考工记》就是一个古代工程（工艺）的标准。里面详细叙说了古代各种器物（包括木器、五金、皮革、绘画、纺织印染、编织、雕刻、陶器等）的制作方式、尺寸、工艺、用料，甚至原材料的出产地，各种不同用途合金的配合比要求，还包括城市建设工程规划标准，壕沟、仓储、城墙、房屋的施工要求等。

而在秦朝，兵器制作的标准化程度已经非常高了。

在我国历史上，工程制度一直是社会制度的一部分。例如在我国古代，一般民居、村落、庙宇、县府、都城都有相应的规制，有严格的工程建设程序设置。

（2）宋代李诫（宋徽宗时将作少监）编制的《营造法式》是一部由官方制定并颁布的建造标准。它第一次对古代建筑体系做了比较全面的技术性总结，是我国第一部内容最完整的建筑设计、施工与施工管理典籍，与现代的工程规范很相似。《营造法式》对建筑的各种设计标准、规范和有关材料、施工定额、指标等进行了严格规制。

《营造法式》比较全面地总结了历代工匠的土木工程建造经验，通过制定功限和料例等技术规范和管理制度，达到控制工料消耗、合理用工的目的。同时，为编造预算和施工组织提供了严格的标准，既便于生产也便于检查工程质量。

（3）清雍正十二年（1734 年）由工部颁布《工程做法则例》，全书 74 卷。

《工程做法则例》是作为房屋营造工程定式"条例"颁布的，目的在于统一房屋营造标准，加强工程管理制度，同时又是主管部门审查工程做法、验收工程、核销工料经费的依据，能够达到限定用工、用料，便于制定预算、检查质量、控制开支的目的。

### 3. 计划管理

在古代，历代皇帝都要进行大规模的宫殿、陵寝、城墙建设。由于当时生产力低下和技术水平不高，这些大型工程的建设必须动用大量的人力、物力。为了保证工程的成功，必须事先精心策划与安排，在实施过程中必须进行缜密的组织管理。

前述《春秋左传》中记载东周修建都城的过程，"计丈数，揣高卑，度厚薄，仞沟洫，物土方，议远迩，量事期，计徒庸，虑材用，书糇粮"，这些都属于工程计划的内容。

《孙子兵法》中有"庙算多者胜"，这是指国家对于战争必须事先做详细的预测和计划。可以想象当时国家进行大的工程也必然有"庙算"，即为工程的计划；可以肯定在那些规模宏大的工程建设中必须运筹帷幄，必然有时间（工期）上的计划和控制，对各工程活动必然有统筹的安排。

例如，北宋皇宫在遭大火焚毁后，由丁谓负责重新建造。在建设计划中遇到几个问题：烧砖需要的泥土从何而来；大量的建筑材料（如石材、木材）的运输方式如何选择；建筑完成后建筑垃圾如何处理等。他计划和组织的建造过程为：先在皇宫中开河引水，通过人工运河运输建筑材料；同时用开河挖出的土烧砖；工程建成后再用建筑垃圾填河，最终该皇宫建设工程节约了大量投资。

### 4. 工程质量管理

在我国古代，质量管理一直是工程管理的重点，对工程有预定的质量要求，有质量检查和控制的过程和方法。许多工艺方法和工程的质量都非常高，使我们至今还能看到甚至使用这些工程。

在《周礼·考工记》中就有取得高质量工程的条件："天有时，地有气，材有美，工有巧，合此四者，然后可以为良"。这与现代工程质量管理的五大要素，即材料、设备、工艺、环境、人员（4M1E）是一致的。因为"工有巧"，不仅是指工艺，而且是指工匠（人员）。而且各种物品制作的标准化程度很高，尺寸和工艺、材料来源、冶金的材料配比，甚至取材的时间（斩三材必以其时）都有规定和说明。

在我国古代很早的一些建筑遗址（如秦兵马俑）中就发现在建筑结构和构件上刻生产者名字的做法。"物勒工名"就是古代一种非常重要的质量管理制度。《吕氏春秋·孟冬纪》云："物勒工名，以考其诚。工有不当，必行其罪，以究其情。"即在产品上刻上生产者的名字，以进行考核，把严格的考核制度与奖惩相结合，以确保工程的质量和数量按照规定和要求如期完成。这种质量管理责任制形式，与我们现在规定设计人员必须在设计图上签字一样，这些质量管理方法是简单而有效的。

最典型的工程还有明代南京城墙的建设，其质量控制方法和责任制形式是在城墙砖上刻生产者的名字。如果出现质量问题，就可以方便地追究生产者责任，保证了工程高质量地完成。南京明代城墙上砖头质量很好，直到现在还可以清晰地读出生产者的名字。

到了清代工程质量管理体系已经十分完备。例如对工程保固与赔修均有规定，宫殿内的岁修工程，均限保固三年；其余新、改扩建工程，按建设规模、性质，保固期分别为三年、五年、六年、十年四种期限。工程如在保固期限内坍塌，监修官员负责赔修并交内务府处理。如果在工程保固期内发生渗漏，则由监修官员负责赔修。

**5. 工程估价和费用（成本、投资）管理**

工程估价是一个古老的工程管理活动，它是与人类工程建造活动同步发展的。我国历史上历代帝王都大兴土木，工程建设规模大，结构复杂，资源消耗量大，官方很重视材料消耗的计算，并形成了一些计算工程工料消耗和工程费用的方法。

我国在工程的投资管理方面很早就形成了一套费用的预测、计划、核算、审计和控制体系。前述的 2500 多年前筑墙工程中"物土方，议远迩，量事期，计徒庸，虑材用，书糇粮"也都属于与估价相关的工作。

《营造法式》更是吸取了历代工匠的经验，对控制工料消耗做了规定，可以说是工料计算方面的巨著。

《儒林外史》第四十回中描写萧云仙在平定少数民族叛乱后修建青枫城城墙，工程结束后，萧云仙将本工程的花费清单上报工部。工部对其进行全面审计，认为清单中有多估冒算，经"工部核算：……该抚题销本内：砖、灰、工匠，共开销 19360 两 1 钱 2 分 15 毫……核减 7525 两"。这个核减的部分必须向他本人追缴，最后他回家变卖了父亲的庄园才填补了这个空缺。该工程审计得如此精确，而且将人工费（工匠）、材料费（砖、灰）分别进行核算，则必然有相应的核算方法，必有相应的用工、用料和费用标准（即定额）。同时可见当时对官员在工程中多估冒算、违反财经纪律的处理和打击力度是很大的。

清朝工部颁布的《工程做法则例》是一部优秀的算工算料的著作，有许多说明工料计算的方法。为明晰地计算造价，清朝还制定了详细的料例规范——《营造算例》。清朝出现了专门负责工程估工料和负责编制预算的部门——算房。它的职责是根据所提供的工程设计，计算出工料和所需费用。

而且按照清朝工程的程序，算房在勘察阶段、设计阶段、勘估阶段、施工阶段、工程完工阶段都要参与工程的工料测算（量），进行全过程费用控制，有一整套的计算规则。为了充分保障工程造价的可计算性和可预测性，在工程开始之前，派专员对要采购材料的种类、市价、数量和人力物力开支进行详细记录，在施工之后对工程开支进行核对和审查，然后上报给主管部门。

**6. 我国古代工程的运行维护制度**

我国古代较大规模的工程主要是宫殿、城墙、水利工程等，在工程运行中也需要日常的维护与管理。通过颁布各种法则法规，建立定期维修制度，设置专门官员和机构进行日常维护，还明确各级官员对工程设施的日常管理与维护责任，以及奖励措施。

公元 228 年，诸葛亮颁布了都江堰运行维护的政令，设置专职的堰官进行日常性维护管理，还具体规定了每年清淤工作的日期、掏挖深度，设置清淤维护的石标尺。

在宋元明清，大型公共水利工程都设有岁修和抢修制度，许多维修加固工程不绝于史书。到了清代，皇家工程的运行维护制度就已经非常完备了。

### 5.3.3　近代工程管理

鸦片战争以后，我国传统的建筑生产方式发生了前所未有的变化。工官制度逐渐衰败，光绪三十二年（1906 年）工部正式撤销，工官制度随同封建制度一起消亡。

第一次鸦片战争以后，中国被迫开放广州、厦门、福州、宁波、上海五个城市作为通商口岸。近代资本主义的工程建设方式随之进入中国。上海作为开埠最早的城市之一，是近代帝国主义在东方的经济中心，上海的建筑管理及其制度成为中国各地的范例，在中国近代史上具有典型意义，后来国民政府的工程管理组织设置和建筑法规的起草都参照上海租界的情况。

（1）具有现代社会特征的城市管理机构——工部局。1854 年 7 月，英国、美国、法国三国领事召集居住在租界里的西方人开会，选举产生了由七名董事组成的行政委员会，不久即改为市政委员会，中文名为工部局。

工部局成立后机构和职能不断扩大，下设工务处负责租界内的市政基本建设、建造管理等工作。工务处下设的具体职能部门有行政部、土地查勘部、营造部、建筑查勘部、沟渠部、道路工程师部、工场部、公园及空地部、会计部共九个部门，管理日常事务。

工部局掌握城市建筑工程管理的三大权力：

1）制定与修改有关建筑章程，如《华式建筑章程》和《西式建筑章程》。

2）负责建筑设计图的审批和建筑许可证的核发。

3）负责审查营造厂、建筑师开业，审查工程开工营造，公共工程管理（批准预算、招标、监工、验收、付款等），以及对违章建筑的处理。

从 19 世纪 60 年代开始，全国许多城市，如北京、天津、沈阳等仿效租界的市政建设和市政管理体制，也陆续成立了工务局。

（2）经过许多年对城市建设管理与各工程技术专业规则的地方性探索，国民政府于 1938 年 12 月 26 日颁布了第一部具有现代意义的全国性建筑管理法规——《建筑法》。之后又制定了建筑行业管理规则，包括《建筑师管理规则》《管理营造业规则》和技术规范《建筑技术规则》。国民政府制定了全国统一的政府建筑管理机构体系，在中央为内政部营建司，在省为建设厅，在市为工务局（未设工务局的为市政府），在县为县政府。

（3）工程建造行业的专业化分工。工程中专业化分工的演变体现在工程承包方式的演变上。我国工程专业化的发展一方面基于我国古代工程中专业化的萌芽；另一方面是由于西方现代工程专业化分工和承发包模式对我国的影响。

1）在我国，传统的工匠制度被废除后，近代资本主义建造经营方式被引入。不少建筑工匠告别传统的作坊式经营方式，开始转型，成立营造厂（即工程承包企业），投入到建筑市场的竞争——工程招标中去。

2）1880 年，川沙籍泥水匠杨斯盛开设了上海第一家由中国人创立的营造厂——杨瑞泰营造厂。营造厂属私人厂商，早期大多是单包工，后来逐渐发展到工料兼包。营造厂多由厂主自任经理，下设几名账房、监工，规模大的增设估价员、书记员、翻样师傅等。其中固定人员较少，在中标并与业主签订合同后，再分工种经由大包、中包、层层转包到小包，最后由包工头临时招募工人。

营造厂的开业有严格的法律程序和担保制度，由工部局进行资质审核，最后向工商管理部门登记注册。营造厂商被明确地分为甲、乙、丙、丁四等。与现代企业一样，各级企业有一定量的资本金要求，代表人的资历、学历要求，经营范围和承接工程的规模规定。

1893 年建成的由杨斯盛承建的江海关二期大楼，为当时规模最大、式样最新的西式建筑。我国企业家开设的营造厂也逐步形成规模，如顾兰记、江裕记、张裕泰、赵新泰、魏清记、余洪记等。

3）直到 19 世纪中期，才有了现代意义上的专业建筑师。建筑师事务所专门从事设计和工程监理，与承担施工的营造厂相配合，以满足新型工程建造方式的需要。当时设计（建筑师）、业主和施工三者都是独立的。

4）由于建筑工程市场化运作，工程活动所涉及的技术、管理、经济等问题也越来越复杂，随着租界的建立，西方建筑技术、专业人员（建筑师、营造厂）的进入，在 19 世纪末出现了工程管理（监督）专业化和社会化发展。工程管理人员可分为下列三种：

① 由业主方聘请、委派，代表业主利益，一般称为"工程顾问""顾问工程师"，其主要职能是"负责审核设计和监理工程"。在施工现场还有"工场事务员"，常驻工地，协助设计方与施工方对工程进行技术监督。

② 由设计方委派监督工程施工，保证设计意图的实现。一般被称为"监工""监造"。

③ 施工方——营造厂商委派，多称"看工"或"监工"。相当于现在的工地技术员、工程师，专门负责看施工图，交代和监督各分包头及各工序的作业状况。

5）20 世纪，工程承包方式出现多元化发展趋向。

① 一方面专业化分工更细致，导致设计和施工进一步专业化分工。工程管理又分投资咨询、工程监理、招标代理、造价咨询等。

② 同时又向综合化方向发展，如工程总承包、项目管理承包等。

（4）工程招标投标的发展。工程招标投标方式是 1864 年，由西方营造厂在建造法国领事馆时首次引进我国的，但当时人们还不适应。直到 1891 年江海关二期工程招标时，竟然"无敢应者"，只有杨斯盛的营造厂一家投标。但到了 1903 年的德华银行、1904 年的爱俪园、1906 年的德国总会和汇中饭店、1916 年的天祥洋行大楼等，已都由本地营造厂中标承建。而 20 世纪 20—30 年代在上海建成的 33 幢 10 层以上建筑的主体结构全部由中国营造商承包建造。

20 世纪初，工程招标投标程序就已经十分完备。其招标公告、招标文件、合同条款的内容，标前会议、澄清会议、评标方式（商务标和技术标的评审），合同的签订，投标保证金、履约保证金等与现代工程是一样的，或者相似的。到 20 世纪 30 年代建筑工程合同条款就相当完备，与现在的工程承包合同差异很小。

在 1925 年南京中山陵一期工程的招标中，建筑师吕彦直希望由一个资金雄厚、施工经验丰富的营造厂承建，他认为在当时上海的几家大营造厂中只有姚新记营造厂最为理想。原定投标截止时间为 12 月 5 日，但直到 12 月 10 日还不见姚新记前来投标。因此他一面要求葬事筹备处将招标期限延长 4 天，一面告知姚新记招标延期，要求姚新记"只要在本月 19 日上午 12 点前把投标书送来即可"。招标结束，共 7 家营造厂投标，姚新记的报价为白银

483000 两，居第二位。吕彦直在出席第 16 次丧事筹委会议时，详细介绍了各营造厂的资本、履历等情况，并提出了自己的看法，筹委会同意了他的意见并决定由他出面与姚新记营造厂厂主姚锡舟协商，说服姚新记降低报价至 400000 两为限。几经协商，最终以 443000 两的价格承包。

1935 年，在国立中央博物院工程的建设中签订了很多合同，主要合同常常多达几十页，里面的内容非常详尽和规范。合同条款非常严谨，对工程所用材料的品牌和商家名称有严格规定，另外对材料的色彩、施工方法与步骤等也都有严格的约定。

（5）通过学习吸收西方近代工程新技术、新结构、新材料、新设备，缩小了我国建筑业与发达国家的差异。例如，电梯是 1887 年在美国首次使用，到 1906 年上海汇中饭店就已安装使用；1894 年巴黎的蒙马特尔教堂首次使用钢筋混凝土框架结构，到 1908 年，上海德律风公司就用上这一技术。1882 年上海电气公司最早使用钢结构，1883 年上海自来水厂最早使用水泥，1903 年建造的英国上海总会是上海第一幢使用钢筋混凝土的大楼，1923 年建成的汇丰银行最早采用冷气设备。

（6）工程融资模式。现在人们认为，在国外工程中 PPP（BOT）模式是在 20 世纪 70 年代由土耳其总理首先提出的。而在 100 多年前清光绪年间，台湾巡抚刘铭传建造台湾铁路工程实质上就是采用 PPP 模式。他给清政府的奏折有如下内容：

1）"基隆至台湾府城拟修车路六百余里，所有钢质铁路并火车、客车、货车以及一路桥梁，统归商人承办。议定工本价银一百万两，分七年归还，利息按照周年六厘。每年归还数目，再行定议"。

2）"台北至台南，沿途所过地方，土沃民富，应用铁路地基，若由商买，民间势必居奇。所有地价，请由官发，其修筑工价，由商自给。"即工程土地采用政府划拨形式。

3）"基隆至淡水，猫狸街至大甲，中隔山岭数重，台湾人工过贵，必须由官派勇帮同工作，以期迅速。"即难度大的工程由军队施工，这样不仅能够控制成本，而且工期能保证。

4）"车路所用枕木，为数过多，现在商船订购未到，须请先派官轮代运，免算水脚"。

5）"车路造成之后，由官督办，由商经理。铁路火车一切用度，皆归商人自行开支。所收脚价，官收九成，偿还铁路本利，商得一成，并于搭客另收票费一成，以作铁路用度。除火车应用收票司事人等由官发给薪水外，其余不能支销公费。"

6）"铁路经过城池街镇，如须停车之处，由官修造车房。所有站房码头，均由商自行修造。"

7）"此项铁路现虽商人承办，将来即作官物。所用钢质铁条每码须三十六磅。沿途桥梁必须工坚料实，由官派员督同修造。"即工程将来要转让给政府，所以在建造过程中政府必须严格控制质量。

8）"此项铁路计需工本银一百万两，内有钢条、火车、铁桥等项约需银六十余万两。商人或在德厂、或在英商订购，其价亦须分年归还。如奉旨准办，再与该厂议立合同，由官验明盖印。以后由商自行归还，官不过问。如商人另做别项生意，另借洋款，不能以铁路作抵。"即商人只有经营权，没有所有权。

经过刘铭传极力倡议，并提出详细计划，终于在光绪十三年（1887 年）四月二十八日，奉准兴建台湾铁路。同年五月二十日成立"全台铁路商务总局"。至于筑路经费，原预定由商人集资一百万两，专供建筑铁路及桥梁之用。至于地价、车房及人事开支皆归官方承办。据当时所聘工程师初估，地价、车房、码头及人工四项，即约需银六十余万两。合计共需一百六十余万两。为招募商款，发行了铁路股票，民间响应者甚多。这即是现在人们所说的工程项目资产证券化融资模式。

该工程上马后，虽然持续进行，但困难重重。由于人们缺乏经验，且资金不够；地形复杂，建造费用比初估多出许多；许多商人观望不前，融资困难；而且其推动者刘铭传卸任，最终工程中断。虽然本工程没有获得成功，但所提出的融资方式与现代 PPP 融资模式完全相符合，而且是多种项目融资模式的综合应用。

（7）在近代中国工程建设历史上，以至于在我国近代社会历史上，詹天佑以及由他负责建造的京张（北京至张家口）铁路具有十分重要的地位。

该工程是完全由中国自己筹资、勘察、设计、施工建造的第一条铁路，全长 200 多公里。此铁路经过高山峻岭，地形和地质条件十分复杂，桥梁和隧道很多，工程十分艰巨。

詹天佑（1861—1919）勇敢地担当起该工程总工程师的艰巨任务，面对着外国人"修建铁路的中国工程师还没有出生"的轻蔑与嘲笑，发出誓言："如果我失败了，那不仅仅是我个人的不幸，而会是所有中国工程师，甚至是所有中国人的不幸！为了证明中国人的智慧和志气，我别无选择。"他勉励工程人员为国争光，他跟铁路员工一起，克服资金不足、机器短缺、技术力量薄弱等困难，运用他的聪明才智解决了许多技术难题，特别是针对八达岭一带山高坡陡、行车危险的难题，创造性地设计出"人"字形轨道，把铁轨铺到八达岭，这项创新既保证了安全行车，又缩短了隧道长度，出色地完成了居庸关和八达岭两处艰难的隧道工程。

京张铁路于 1905 年 9 月动工，原计划 6 年建成。在詹天佑和一万多名建筑工人的努力下，经过 4 年的艰苦奋斗，于 1909 年 9 月 24 日提前全线通车。原预算的工款为纹银7291860 两，清朝政府实拨 7223984 两，而实际竣工决算仅为 6935086 两，较实拨工款节余288898 两，较预算节省 356774 两。每公里造价比当时修筑难度较小的关内外铁路线还低。全部费用只有外国承包商索取价的 1/5，而且工程质量好。

在京张铁路修筑中，詹天佑非常重视工程标准化，主持编制了京张铁路工程标准图，包括京张铁路的桥梁、涵洞、轨道、线路、山洞、机车库、水塔、房屋、客车、车辆限界等，共 49 项标准，是我国第一套铁路工程标准图。它的制定和实行加强了京张铁路修筑中的工程管理，保证了工程质量，为修筑其他铁路提供了借鉴资料。

从 1888 年起，詹天佑先后从事津榆、津卢、锦州、萍醴、新易、潮汕、沪宁、沪嘉、京张、张绥、津浦、洛潼、川汉、粤汉、汉粤川等铁路的修筑，为开创和发展中国铁路事业做出了重要贡献。

詹天佑作为我国近代工程师的杰出代表，他的成就体现了中华民族的智慧，他的业绩是我国近代工程界的丰碑，他永远是我国工程界的楷模。

### 5.3.4　现代工程管理

#### 1. 发展起因

现代工程管理是在 20 世纪 50 年代以后发展起来的。它的起因有如下几个方面：

（1）在 20 世纪 40 年代和 50 年代，由于现代战争的需求，同时社会生产力高速发展，大型及特大型工程越来越多，如航天工程、核武器研制工程、导弹研制工程、大型水利工程、交通工程等。由于工程规模大，技术复杂，参加单位多，又受到时间和资金的严格限制，需要新的管理手段和方法。例如，1957 年美国海军的北极星导弹计划的实施项目被分解为 6 万多项工作，有近 4000 个承包商参加。为了解决进度的计划和控制方法问题，出现了计划评审技术（PERT）网络。

现代工程管理理论和方法通常首先是在大型和特大型工程建设中研究和应用的。

（2）由于现代科学技术的发展，产生了系统论、控制论、信息论、计算机技术、运筹学、预测技术、决策技术、现代信息技术，并日臻完善，给工程管理的发展提供了理论和方法基础。

（3）计算机、网络技术的发展为工程项目的计划和控制提供了极为重要的技术支撑，为工程高效率实施提供了保障。

现代工程管理的发展史，是管理学新的理念、理论和方法在工程中应用的历史。

现代工程越来越大、系统越来越复杂，涉及专业越来越多，使得工程管理越来越重要。同时，由于工程的普遍性和对社会发展的重要作用，工程管理的研究、教育和应用也越来越受到许多国家政府、企业界和高等院校的广泛重视，得到了长足的发展，成为近几十年来国内外管理领域中的一大热点。

**2. 现代工程管理发展历程**

在 70 多年的发展中，现代工程管理大致经历了如下过程：

（1）20 世纪 50 年代，国际上人们将系统方法和网络技术（关键路径法 CPM 和 PERT 网络）应用于工程（主要是美国的军事工程）的工期计划和控制中，取得了很大成功。最重要的是美国 1957 年的北极星导弹研制和后来的登月计划。这些方法很快就在工程建设中推广应用。

我国当时学习苏联的工程管理方法，引入施工组织设计与计划。用现在的观点看，那时的施工组织设计与计划包括业主的工程建设施工计划和组织（建设工程施工组织总设计），以及承包商的施工计划和组织（如单位工程施工组织设计、分部工程施工组织设计等）。其内容包括施工技术方案、组织结构、工期计划和优化、质量保证措施、资源（如劳动力、设备、材料等）计划、后勤保障（现场临时设施、水电管网等）计划、现场平面布置等。这对中华人民共和国成立后顺利完成国家重点工程建设具有重要作用。

20 世纪 50 年代初的大工程，如苏联援建的 156 项工程，以及后来的原子弹和氢弹计划等，工程管理者（总指挥）主要为军人和政府官员担任，采用军事化和半军事化的管理方式。

在对建筑工程劳动过程和效率研究的基础上，我国工程定额的测定和预算方法也趋于完善。

20 世纪 50 年代，钱学森出版了《工程控制论》，发表了《组织管理的技术——系统工程》《系统思想和系统工程》等文章，开启了我国系统科学发展的第一个里程碑，并在国防工程领域推广应用。

（2）20 世纪 60 年代，国际上利用计算机进行网络计划的分析计算已经成熟，人们可以用计算机进行工期的计划和控制，并进行资源计划和成本预算，在网络计划的基础上实现了工期、资源和成本的综合计划、优化和控制。这不仅扩大了工程管理的研究和应用的深度和广度，而且大大提高了工程管理效率。

20 世纪 60 年代初，华罗庚教授用最简单易懂的方法将双代号网络计划技术介绍到我国，将它称为统筹法。他以日常最常见的活动安排为例介绍网络计划的应用。

例如，客人来访，需要安排活动：房间整理（需 10 分钟），打水（需 2 分钟），烧水（需 15 分钟），洗茶具（需 3 分钟），泡茶（需 5 分钟），累计 35 分钟。经过统筹安排，用 22 分钟即可（图 5-2）。

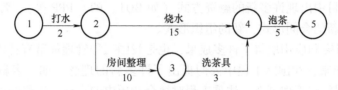

图 5-2  日常活动的统筹安排

统筹法在我国纺织、冶金、制造、建筑工程等领域中推广应用取得了很好的效果。这不仅给我国的工程施工组织设计中的工期计划、资源计划、成本计划的优化增加了新的内涵，提供了现代化的方法和手段，而且在现代工程管理方法的研究和应用方面缩小了我国与国际上的差距。

在我国的一些国防工程中，系统工程理论和方法的应用提高了国防工程管理水平，保证了我国许多重大国防工程的顺利实施。我国"两弹一星"工程就是系统论、控制论等在我国成功应用的范例。

（3）20 世纪 70 年代初，国际上人们将信息系统方法引入工程管理中，开始研究工程项目管理信息系统模型。同时，工程管理的职能在不断扩展，人们对工程管理过程和各种管理职能进行全面系统的研究，如合同管理、安全管理等。

在工程的质量管理方面提出并普及了全面质量管理（TQM）或全面质量控制（TQC）。TQC（TQM）所依据的 PDCA 循环模式已逐渐成为工程管理中一种基本的工作方法。

（4）到了 20 世纪 70 年代末 80 年代初，计算机得到了普及。这使工程管理理论和方法的应用走向了更广阔的领域。由于计算机及软件价格降低、数据获取更加方便、计算时间缩短、调整容易、程序与用户界面友好等优点，工程管理工作大为简化，效率提高，寻常的工程承包企业和工程管理公司在中小型工程中都可以使用现代化的工程管理方法和手段，取得了很大的成功，收到了显著的经济和社会效果。

（5）20 世纪 80 年代以来，人们进一步扩大了工程管理的研究领域，如工程全寿命期费用的优化、合同管理、全寿命期管理、集成化管理、风险管理、不同文化的组织行为和沟通的研究和应用。在计算机应用上则加强了决策支持系统、专家系统和互联网技术在工程管理中应用的研究和开发。现代信息技术对工程管理的促进作用是十分巨大的。

钱学森 1982 年出版了《论系统工程》，提出了系统思想和系统分析方法，并提出开放的复杂巨系统概念及其方法论——综合集成方法。这对于我国国防工程管理的发展有重大影响。

我国工程建设项目管理组织模式一直在变革中，从建设单位自营，到建设单位、施工单位、设计单位三方协作组织方式，再发展到"工程指挥部"的组织形式。20 世纪 80 年代，我国在建设工程领域进行工程管理体制改革，引进现代工程项目管理相关制度。

1）投资项目法人责任制。在投资领域推行建设工程投资项目业主全过程责任制，改变了以前建设单位负责工程建设、建成后交付运营单位使用的模式。

2）监理制度。我国从1988年开始推行建设工程监理制度。

3）在我国的施工企业中逐渐推行了项目管理（项目法施工）。1995年建设部颁布了《建筑施工企业项目经理资质管理办法》，推行施工项目经理责任制。

4）推行工程招标投标制度和合同管理制度。

5）在工程项目中出现许多新的融资方式（如BOT、BT、PPP等）、管理模式（如项目管理、代建制）、新的合同形式、新的组织形式。

在这方面的研究和应用取得了许多成果，也是我国工程管理最富有特色的方面。

（6）近十几年来，在国际工程中人们提出了许多新的理念，如：多赢，照顾各方面的利益；鼓励技术创新和管理创新；注重工程对社会和历史的责任；工程的可持续发展等。

另外，在工程的全寿命期评价和管理、集成化管理、工程项目管理知识体系、工程管理标准化、工程管理理论和方法、工程哲学等方面有许多研究、开发和应用成果。

从总体上说，我国的工程界已经掌握了现代工程管理理论和方法，如项目分解方法、网络技术、质量管理方法、合同管理方法、HSE管理体系等。

随着科学技术的发展和社会的进步，对工程的需求也越来越多，工程的目标、计划、协调和控制也更加复杂。这将进一步促进工程管理理论和方法的发展。面向科技高速发展和社会高速的变革，在众多工程专业和学科中，工程管理有更强的生命力和可持续能力。

**3. 现代工程管理的特征**

（1）工程管理理论、方法和手段的科学化。现代工程管理的发展历史正是现代管理理论、方法、手段和高科技在工程管理中研究和应用的历史。现代工程管理吸收并使用了现代科学技术的最新成果，具体表现在：

1）现代管理理论的应用。现代工程管理理论是在现代管理理论，特别是系统论、控制论、信息论、组织行为科学等基础上产生和发展起来的，并在现代工程的实践中取得了惊人的成果。它们奠定了现代工程管理理论体系的基石，推动了工程管理学科的发展。现代工程管理实质上就是这些理论在工程实施过程和管理过程中的综合运用。

2）现代管理方法的应用，如预测技术、决策技术、数学分析方法、数理统计方法、模糊数学、线性规划、网络技术、图论、排队论等，它们可以用于解决各种复杂的工程管理问题。

3）现代管理手段的应用，最显著的是计算机和现代信息技术，以及现代图文处理技术、精密仪器、数据采集技术、测量定位技术、多媒体技术和互联网等的使用。这大大提高了工程管理的效率。

4）近几十年来，管理领域和制造业中许多新的理论和方法，如创新管理、以人为本、物流管理、学习型组织、变革管理、危机管理、集成化管理、知识管理、虚拟组织、精益制造、并行工程等在工程管理中应用，大大促进了现代工程管理理论和方法的发展，开辟了工程管理一些新的研究和应用领域。同时工程管理的研究和实践也充实和扩展了现代管理学的理论和方法的应用领域，丰富了管理学的内涵。

工程管理作为管理科学与工程的一个分支，如何应用管理学和其他学科中出现的新的理论、方法和高科技，一直是工程管理领域研究和开发的热点。

（2）工程管理的社会化和专业化。在现代社会中，工程的数量越来越多，规模大、技术新颖、参加单位多，社会对工程的要求越来越高，使得工程管理越来越复杂。按社会分工的要求，需要专业化的工程管理人员和企业，专门承接工程管理业务，为业主和投资者提供全过程专业化咨询和管理服务，这样才能有高水平的工程管理，能极大地提高工程的整体效益。这也是世界性的潮流。国内外已探索出许多比较成熟的工程管理模式。在我国建设工程领域，工程管理实行多项执业资格制度，如建造师、造价工程师、监理工程师等。专业化的工程管理（包括造价咨询、招标代理、工程监理、项目管理等）已成为一个新兴产业。

随着工程管理专业化和社会化的发展，近几十年来，工程管理的教育也越来越引起人们的重视。在许多工科型高校，甚至一些综合型、财经类高校中，都设有工程管理本科专业，并有工程管理领域的工学硕士、管理学硕士、专业硕士和工程硕士，以及博士教育。

（3）工程管理的标准化和规范化。工程管理是一项技术性非常强的十分复杂的管理工作，要符合社会化大生产的需要，工程管理必须标准化、规范化。这样才能逐渐摆脱经验型的管理状况，才能专业化、社会化，才能提高管理水平和经济效益。工程管理的标准化和规范化体现在许多方面，如：

1）规范化的定义和名词解释。

2）规范化的工程管理工作流程。

3）统一的工程费用（成本）的划分方法。

4）统一的工程计量方法和结算方法。

5）信息系统的标准化，如统一的建设工程项目信息编码体系，以及信息流程、数据格式、文档系统、信息表达形式。

6）工程网络表达形式的标准化，如我国《工程网络计划技术规程》（JGJ/T 121—2015）。

7）标准的合同条件、标准的招标投标文件，如我国《建设工程施工合同（示范文本）》等。

8）2017 年我国修订颁布的国家标准《建设工程项目管理规范》（GB/T 50326—2017）。

（4）工程管理的国际化。在当今整个世界，国际合作工程越来越多，例如国际工程承包、国际咨询和管理业务、国际投资、国际采购等。另外在工程管理领域的国际交流也越来越多。

工程国际化带来工程管理的困难，这主要体现在不同文化和经济制度背景对组织和人的行为影响差异性。风俗习惯、法律背景、组织行为和工程管理模式等的差异，加剧了工程组织的复杂性和协调的困难程度。这就要求工程管理国际化，即按国际惯例进行管理，要有一套国际通用的管理模式、程序、准则和方法，这样就使得工程中的协调有一个统一的基础。

工程管理国际惯例通常有：

1）世界银行推行的工业项目可行性研究指南。

2）世界银行的采购条件。

3）国际咨询工程师联合会颁布的 FIDIC 合同条件。

4）国际上处理一些工程问题的惯例和通行的准则。

5）国际上通用的项目管理知识体系（PMBOK）。

6）国际标准化组织（ISO）颁布的质量管理标准（ISO 9000）。

7）国际标准化组织（ISO）颁布的项目管理质量标准（ISO 10006）。

8）国际标准化组织（ISO）颁布的环境管理标准（ISO 14000）和社会责任标准（ISO 26000）等。

## 5.4 工程管理体系构建

工程管理的范围十分广泛，是一个多维的体系。

### 5.4.1 工程管理的对象体系

工程管理的对象体系如图 5-3 所示。

**1. 不同领域的工程管理**

不同的领域工程管理有其特殊性。

按照工程领域，可以分为制造业、化工、水利、核工业、交通运输业、国防工业、石油化工、基础设施、其他领域（如人口、环境、抢险救灾、扶贫等社会工程）工程管理。

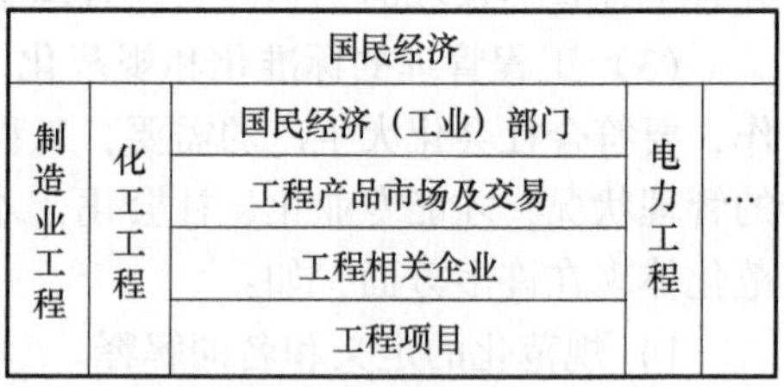

**2. 不同层次的工程管理**

| 制造业工程 | 化工工程 | 国民经济 | | 电力工程 | ... |
|---|---|---|---|---|---|
| | | 国民经济（工业）部门 | | | |
| | | 工程产品市场及交易 | | | |
| | | 工程相关企业 | | | |
| | | 工程项目 | | | |

图 5-3　工程管理的对象体系

（1）国民经济层面的工程管理，这是国家层面的工程管理，如：

1）国家相关工程领域的发展战略、发展计划、布局等的管理。

2）国家与工程相关的法律、政策的制定。

3）国家级重大工程决策和计划，如三峡工程、南水北调工程的决策和计划。

（2）国民经济部门（领域）的工程管理。这是国民经济的工程管理，如化工行业的工程管理、核电行业的工程管理、铁路行业的工程管理。涉及相关工程领域的产业布局、产业发展规划和政策、相关的标准制定。

（3）工程产品市场及交易管理。例如相关领域工程的承发包市场管理。

（4）工程相关企业管理。例如投资企业、工程承包企业的工程管理。

（5）工程过程（项目）管理。这是以一个工程为对象的管理，是对工程寿命期各阶段进行管理，如前期策划、设计和计划、建造、运行维护、拆除的管理。

但工程是十分复杂的，有许多跨层次属性的工程，如大型基础设施 PPP 项目，由多企业资本合作，通过工程的投资和建设产生新企业，工程范围可能跨地域、跨行业。例如三峡工程，其决策过程和投资涉及国民经济和国家管理，产生许多企业，涉及范围跨地域、跨行业。

### 5.4.2 工程管理的主体

工程相关者各自在工程中的角色不同，他们都有相应的工程管理工作任务和职责，甚至都有自己相应的工程管理组织。例如，在同一个工程中投资者、业主、项目管理公司（监理公司）、承包商、设计单位、供应商，甚至分包商都有工程项目经理部，他们"工程管理"的内容、范围和侧重点有一定的区别，所以在一个工程中，"工程管理"是多角度和多层次的。

（1）投资者的工程管理。投资者为工程提供资金，为了实现投资目的，要对投资方向、投资的分配、融资方案、投资计划、工程规模、产品定位等重大的和宏观的问题进行决策。

投资者的目的不仅是完成工程的建设，交付运行，更重要的是通过工程的运营获得收益，收回投资和获得预期的投资回报。他更注重工程的最终产品或服务的市场前景和投资效益。

投资者的管理工作主要是在工程前期策划阶段进行工程的投资决策，在工程建设过程中进行投资控制，在运营过程中进行宏观的经营管理。在工程立项后，投资者通常不具体地管理工程，而委托业主或代建单位、运行维护单位进行工程管理工作。

（2）业主的工程管理。工程立项后，投资者通常委托一个工程主持或工程建设单位作为业主以工程所有者的身份，负责工程建设过程总体的管理工作，保证工程建设目标的实现。

业主工程管理深度和范围是由工程的承发包方式和管理模式决定的。在现代工程中，业主常常不直接管理设计单位、承包商、供应商，而主要承担工程的宏观管理以及与工程有关的外部事务。

（3）项目管理单位的工程管理。项目管理单位包括监理公司、造价咨询公司、招标代理公司，或项目管理公司、代建制公司等，他们为高层（政府领导、企业主管）在各种工程决策或计划编制中提供咨询；受业主委托，提供工程管理服务，完成包括招标、合同、投资（造价）、质量、安全、环境、进度、信息等方面的管理工作；协调与业主签订合同的各个设计单位、承包商、供应商的关系，并为业主承担工程建设中的事务性管理工作和决策咨询工作等。他们的主要责任是保护业主利益，保证工程整体目标的实现。

咨询单位还可以对工程企业管理系统和工程项目管理系统进行研究、分析、诊断，并提出改善的建议，或设计新的工程管理系统，以提高工程管理的效率。

（4）承包商的工程管理。这里的承包商是广义的，包括设计单位、工程承包商、材料和设备供应商、技术咨询（鉴定、检测）单位等，他们构成工程的实施主体。虽然他们的工程管理也有较大的区别，但他们都在同一个组织层次上进行工程管理。

他们的主要任务是在相应的工程合同范围内，完成规定的设计、施工、供应、竣工和保修任务，并为这些工作提供设备、劳务、管理人员，使他们所承担的工作（或工程）在规定的工期和成本范围内完成，满足合同所规定的功能和质量要求。

他们有责任对所承担的工程范围进行计划、组织、协调和控制。其管理工作从参加相应工程的投标开始直到合同所确定的工程范围完成，竣工交付，工程通过合同所规定的保修期为止。

（5）运行维护单位的工程管理。运行维护单位对工程的运行，或产品生产和服务承担责任，其工作内容包括，对工程运行的计划、组织、实施、控制等，以保证工程设备或设施安全、健康、稳定、高效地运行。

（6）政府的工程管理。政府的工程管理是指政府的有关部门履行社会管理职能，依据法律和法规对工程进行行政管理，提供服务和做监督工作。由于工程的影响大，涉及面广，政府必须从行政和法律的角度进行监督，维护社会公共利益，使工程的建设符合法律的要求，符合城市规划的要求，符合国家对工程建设的宏观控制要求。

（7）其他方面的工程管理。例如保险机构的工程管理、行业协会的工程管理等。

### 5.4.3　工程管理的相关职能

工程管理是对工程过程中各方面的管理。在现代工程中，各项职能管理工作是专业化的，可以从许多角度进行分类，包括：

（1）为保证工程目标实现的管理职能，如成本（费用、造价、投资）、质量、进度、HSE 等管理。由于工程管理是为了保证目标的实现，则目标是工程管理的"命题"，对管理内容有规定性。在工程管理的发展过程中，目标的扩展带来工程管理内容的扩展，如早期，工程管理主要是三大目标（质量、进度、成本），则就产生三大目标管理；后来增加了"健康－安全－环境（HSE）"目标，则产生 HSE 管理；现在，将利益相关者各方面满意作为目标，则就有利益相关者管理。

（2）与工程要素相关的管理职能，如组织、技术、资源（设备、材料、资金、劳务）、信息、现场（空间）等。工程的顺利实施需要对这些要素的获得和供应过程进行管理。

（3）保障工程顺利实施相关的管理职能，如法律和合同、风险等方面的管理。

### 5.4.4　工程各阶段管理工作

在工程全寿命期各阶段中，工程相关工作的目标、范围、任务、内容和主体存在差异性，所以各阶段的工程管理工作也存在差异性。工程各阶段的管理工作包括：

（1）工程前期策划阶段的管理。
（2）工程设计和计划阶段的管理。
（3）工程施工阶段的管理。
（4）工程运行阶段的管理，如运行维护、健康管理、更新改造、扩建改建等。
（5）工程拆除阶段的管理。

但过于强调工程管理的阶段性，容易割裂工程各阶段的内在联系，导致工程实施中过程、主体和管理职能之间责任体系的障碍和信息流通的断裂，无法实现工程总目标。

工程各阶段管理工作的具体内容在本书第 3 篇中再做论述。

## 5.5 | 工程管理理论和方法体系架构

### 5.5.1　基本概念

（1）工程管理理论。工程管理理论是由经过工程管理实践推演出来的客观反映工程管理本质属性和普遍联系的基本概念、分类、原理、准则、命题、任务、规律性、因果关系等所构成的严密的逻辑化的知识体系。

工程管理理论来源于实践，是人们在工程实践中认识到工程和工程管理的客观规律性和关联性，将经验、感性知识通过研究总结上升为理性知识，是系统化的工程管理方面的科学知识，并最终指导和应用于工程管理实践，解决工程管理问题，使工程管理实践更为科学和理性。

（2）工程管理方法。工程管理方法是指人们有效地进行工程管理活动，处理工程管理问题应遵循的流程、途径、路线，以及采取的步骤、行为方式、手段等的总和。

更具体地说，是在工程的评价、决策、组织、计划和控制等过程中应用的预测方法、决策方法、系统分解、优化方法、分析方法等。

### 5.5.2 工程管理理论和方法体系构建的重要性

（1）工程管理理论和方法体系构建是工程管理学科建设的重要内容，是专业和学科成熟度的标志。近年来，我国工程管理学科发展十分迅速，其理论体系的研究也引起学术界的关注，取得了许多研究成果。人们从各个角度论述了工程管理理论体系的重要性、作用，提出了架构和内涵等。但从总体上说，我国工程管理领域理论研究不足，导致目前本学科研究无法形成统一的、独特的研究范式。

（2）由于理论研究不足，在工程管理专业教育中程序性、操作性、规定性的内容多，原理性知识较少。

（3）工程管理理论的缺失带来工程管理实践问题。人们的许多研究和创新常常不符合工程管理的基本准则和规律性，无目的和无价值地追求"创新"。

例如我国推行监理制度、工程招标投标制度、代建制，以及PPP，它们都有相应的理论问题，如目的、准则、原理、特殊性、目标、影响和限制因素、有效运行所需要的社会条件和人文条件，以及规律性等，这些都是理论问题。如果不将这些理论问题讨论和思考清楚，也就无法促进理论和实践的进步。

（4）由于工程管理理论体系的缺陷，导致目前本领域科学研究存在较大的问题，如许多硕士甚至博士论文中，文献综述或"（管理学、经济学）理论基础"后就是进行系统构建，或提出假设、设计问卷，再对问卷进行处理。"理论"论述不够，如缺乏对概念准确的论述，对研究对象的特殊性、规律性深层次、全面的认知，导致模型的构建依据不足、错误或不完备；成果存在逻辑上的缺陷，也难以真正反映实践和指导实践。

### 5.5.3 工程管理理论和方法体系的构成

构建工程管理理论和方法体系，必须确定工程管理理论和方法的构成因素、具体内涵和逻辑关系。工程管理作为一个特殊的学科领域，有独特的理论和方法的构成（图5-4）。

（1）工程和工程管理的基本概念。涉及本领域研究对象的定义、范围界定、内涵、本质、作用（及负作用）、历史发展过程、分类、特殊性和矛盾性等方面。这是对工程和工程管理最基本的认知。

（2）工程规律性理论。工程管理是以整个工程系统和工程全寿命期过程为对象的，则工程发展演化和运动的原理（原因、机理）、各方面关系和矛盾性、因素（变量）的关联性、规律性等构成工程管理理论的主要方面。它是人们在工程管理实践中，或经过对工程管理的长期观察、演绎、推理、概括、抽象、总结和提升而得出的。它涉及本书第3章讨论的各个方面。例如，"工程的社会属性和规律性"是对工程社会性的客观的认知，工程的经济功能属性和规律性是工程经济表现的客观认知。

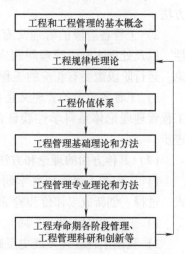

图 5-4 工程管理理论和方法体系

这些规律性源自人们在工程各阶段的实践、工程科学研究和创新，是工程管理研究的基础和最重要的对象，又是工程管理理论、方法、科研和创新成果实用性和科学性验证的指标。

由于工程管理也是工程活动的一部分，则工程规律性理论也包括工程活动的特性和规律性。

（3）工程价值体系。涉及工程和工程管理的目的、使命、准则、工程总目标方面的定位和认知。它们涉及工程管理学科的公理、准则、命题等因素。

工程价值体系具有系统性和矛盾性，内部存在复杂的联系和规律性。

（4）工程管理基础理论和方法。要解决工程的经济、组织和管理方面的问题，涉及资源（材料、资金、人力、土地）、环境、信息等要素的合理配置，必须依托经济学、管理学、工程学、组织学、社会学等学科的理论和方法。这些理论和方法在工程管理中应用，必须结合工程和工程管理的特殊性，经过实践检验，会产生新的内涵。

例如，人们应用社会学理论分析"工程的社会属性、影响及其规律性"，研究、处理和解决工程引起的社会问题。

（5）工程管理专业理论和方法。它是以工程活动为对象，以提高各阶段工程活动的效果、效率和效益为目标而形成的一种专业管理理论和方法，是按照工程管理工作专业特点划分的，构成工程管理学科的主要方面，主要包括工程经济学、工程估价、工程项目管理、工程组织学、工程法规和合同管理、工程信息管理等方面的理论和方法。它们是工程管理工作中最为常用的理论和方法。例如，工程经济学就是分析、预测和评价具体工程活动经济作用（影响）的理论和方法。

（6）面向工程管理实践的理论和方法。工程管理实践活动主要包括工程的前期策划、设计和计划、施工、运行维护和健康管理、更新循环等。

1）上述理论要能动地作用于工程各阶段的管理，具体指导人们的工程和工程管理行为，解决工程各阶段的计划、控制、组织和指挥问题。

由于工程管理是系统性工作，工程价值体系、基础理论和方法、专业理论和方法要应用于工程管理实践，需要进行工程管理系统设计，则需要相关的工程管理系统设计理论和方法。

2）工程各阶段的管理又有相应的理论体系，如各阶段工程管理的原理、命题和规律性，以及处理本阶段管理问题应遵循的准则等。例如，施工阶段需要有相应的施工组织理论，运行阶段需要有相应的工程健康管理理论等。

3）工程各阶段的管理又是基本的工程实践活动，是工程规律性研究的对象，又是上述工程管理理论体系科学性验证的平台。通过这种良性的反馈过程，推动工程管理理论的进步。

（7）其他方面的理论和方法。

1）工程和工程管理科学研究和创新管理。由于工程管理学科的特殊性，它的科研方式、过程、创新成果评价和验证都很困难，有特殊的规律性和方法论。

2）工程战略管理（布局）、行业管理、工程企业管理等方面的理论和方法。

3）我国工程管理发展史反映我国工程管理发展的规律性。

4）工程和工程管理教育理论和方法等。

　　5）工程哲学。工程哲学从哲学的高度认识工程本质，是对工程活动的基本问题、价值与基本规律的探索和思考，并指导工程管理实践。工程哲学关注工程的本源，工程的价值和特点，工程理念和工程观，工程创新，工程与科学、技术、社会、自然的关系等。

　　工程哲学的研究需要以下特殊的条件：

　　① 有科学和理性的工程实践。这是工程哲学研究的根基和依据。我国当前空前规模的工程建设和实践活动是推动工程哲学发展的深厚基础和强大动力。但目前我国一部分工程，其决策和建设过程依赖行政指令，缺少基本科学和理性的工程实践。

　　② 有对工程和工程管理深入的理论研究基础，特别是对工程规律性的研究。

　　③ 批判性思维，有思想解放的环境，需要对我国工程界状况和存在的问题进行独立的深层次的反思。通过批判和反思，揭示实际工程问题，使人们不断改进。如果对工程中出现的问题和原因都很难搞清楚，则不可能有深层次的分析和剖析，也不可能有工程哲学研究成果。

　　④ 需要对工程与社会、环境、经济等方面的关系进行深层次的思考，要超越工程的时空，以更长的时间跨度（以更长的历史眼光），以更为宽广的视野（如放在大的自然环境和社会环境中）观察和分析工程问题，而不能仅仅关注经济问题。

　　由于这些条件在我国工程界基本上都不具备，所以我国现阶段很难有经得住历史推敲的、有价值的工程哲学研究成果。

# 复习题

　　1. 讨论：工程管理的特性对工程管理理论和方法体系、各阶段管理实务、科研有什么影响？

　　2. 讨论：查找"学科"和"理论"的定义，分析 5.5.3 节中的工程管理理论和方法体系构成与"学科""理论"的定义之间是否能够相互对应，5.5.3 节中的理论和方法体系是否存在缺陷。

　　3. 结合你所熟悉的工程，从对象体系、管理主体、管理职能等方面阐述在工程各阶段工程管理的内容。

　　4. 讨论：根据工程管理理论和方法体系的构成，分析在科研成果（论文）中，如何加强"工程管理理论"的论述。

# 第6章

# 工程管理基础理论和方法

【本章提要】

本章主要介绍现代工程管理基础理论和方法，包括系统工程理论和方法、控制理论和方法、信息管理理论和方法、最优化理论和方法等在工程中的应用。

## 6.1 概述

工程管理基础理论和方法是指在工程管理理论体系中起基础性支撑作用，具有稳定性、根本性、普遍性特点的理论和方法。在整个工程管理的专业和学科体系中，都可以体现这些基础理论和方法的应用。

（1）工程管理理论和方法主要产生于现代管理学理论和方法，是它们在工程领域的具体应用，其中最广泛和最主要的是系统论、控制论、信息论等。

这些学科的理论和方法在工程管理中应用，必须与工程系统、工程全寿命期过程、工程实施方式、工程组织和行为方式、工程市场交易方式等相结合，形成工程管理的特色。

（2）由于工程和工程管理的特殊性，工程管理基础理论还会涉及现代工程学、经济学、数学、信息科学、社会学、艺术学、法学等理论。

下面主要讨论工程管理中最为常用的和有基础性作用的理论和方法。

## 6.2 系统工程理论和方法

### 6.2.1 基本概念

#### 1."系统"的定义

系统一词在工程界应用最为广泛。许多专家学者企图用最简单的语言对它进行定义。一般系统论的创始人贝塔朗菲认为："系统可以定义为相互关联的元素的集合。"

钱学森等学者对系统的定义是："系统是由相互作用和相互依赖的若干组成部分结合而成的、具有特定功能的有机整体"。

这些定义尽管表述不同，但是都指出了系统的三个基本特征：

1）系统是由元素所组成的。

2）元素间相互影响、相互作用、相互依赖。

3）由元素及元素间关系构成的整体具有特定的功能。

系统是要素的组合，但这种组合不是简单叠加和堆积，而是按照一定的方式或规则进行的，其目的是更大程度地提高整体功能，适应环境的要求，以更加有效地实现系统的总目标。

由此可见，系统是一个涉及面广、内涵丰富的概念，它几乎无所不在。我们就处在由各种系统所构成的客观世界，如国民经济系统、城市系统、环境系统、企业系统、教育系统等。

**2. 系统工程的概念**

系统工程是设计（构建、做）系统的科学方法，从整体出发合理策划、设计、实施和运行工程系统，使系统在最优状态下运行。

《美国科学技术辞典》将系统工程解释为："系统工程是研究复杂系统设计的科学，该系统由许多密切联系的元素所组成。设计该复杂系统时，应有明确的预定功能及目标，并协调各元素之间及元素和总体之间的有机联系，以使系统能从总体上达到最优目标。在设计系统时，要同时考虑到参与系统活动的人的因素及其作用"。

1978 年，钱学森对系统工程的定义是："系统工程是组织管理系统的规划、研究、设计、制造、试验和使用的科学方法，是一种对所有系统都具有普遍意义的方法。"

系统工程是一门新兴的高度综合性管理工程技术学科，涉及应用数学（如最优化方法、概率论、数理统计学等）、基础理论（如信息论、控制论、可靠性理论等）、系统技术（如系统模拟、通信系统等）以及经济学、管理学、社会学、心理学等各学科，它在各行各业和各个领域都得到了广泛的应用，收到了良好的效果，因此又是跨越不同学科的综合性科学。

## 6.2.2 系统工程基本原理

系统工程主要研究系统的结构、要素、信息和反馈，研究系统各组成部分之间的关联性，并用明确的方式描述这些关系的性质，揭示和推断系统整体特征，用数学、物理、经济学的各种工具建立关系模型，定量和定性地揭示系统的规律性，以达到最优规划、最优设计、最优管理和最优控制的目的。系统工程有自己的理论体系。

**1. 系统基本原理**

（1）系统基本定律——系统性能、功效不守恒定律。"不守恒"是指，当系统发生变化时，物质、能量守恒，但性能和功效不守恒，且不守恒性是普遍的和无限的。

1）反映系统性能和功效的信息，因受干扰可能会失真、放大或缩小、湮灭，是不守恒的。

2）由于系统的变化，系统内物质、能量、信息在时间上和空间上发生叠加、互补和抵消，从而改变了系统的性能和功效。例如可能产生新的性能和功效，或原有性能、功效增强、减弱或消失。

（2）系统构成原理。系统的发展（集成、重构）是无限的。在其中，系统性能、功效会有复杂的变化，如高层次系统具备低层次系统的基本属性，同时又产生低层次系统不具备的新属性。

（3）系统整体和子系统效能特性关系。

1）组成系统的各部分处于最优状态，系统整体未必处于最优状态。

2）整体处于最优状态，可能要牺牲某些部分的局部利益和目标。

3）不完善的子系统，经过合理的整合，可能形成性能完善的系统。

上述这些特性说明系统工程学不仅要有科学性，还要具有艺术性。

**2. 系统工程的方法体系**

系统工程又是一门应用科学，有一整套的方法体系。系统工程主要采用定性和定量分析方法为系统的规划、设计、试验研究、制造、使用和控制提供科学方法，其目的是使系统运行处于最优状态。

（1）定性分析。定性分析是指对系统做总体的概念性、结构性、框架性分析和说明，通常在战略管理、组织、系统分解、合同管理中应用较多。

（2）定量分析。定量化系统方法是将数学理论和算法应用于处理大型复杂的系统问题，能够准确、严密、有充足科学依据地去论证系统的构成、发展和变化的规律性，定量地描述系统中的变量关系，并进行优化，达到系统最优化的目的。这是解决系统工程问题的主要方法。具体体现在运筹学、管理科学、系统研究、组织建立、经营管理，以及费用效果分析等方法中。

定量分析必须以定性分析为前提。没有定性分析，定量分析就可能成为"数学游戏"。

只进行定性分析，还不能精确地描述一个系统的规律性。只有在定性分析的基础上应用数学方法，建立模型，进行了定量分析之后，才能对系统的认识达到一定的深度和精度，结论才能令人信服。

**3. 系统工程处理问题的基本观点**

（1）整体性观点。处理问题时需遵循从整体到部分进行分析，再从部分到整体进行综合的途径，首先要确定整体目标，并从整体目标出发，协调各组成部分的活动。

追求工程的整体最优化，强调工程的总目标和总效果，而不是局部优化。这个整体常常不仅是指整个工程建设过程，而且是指工程的全寿命期，甚至还包括工程的整个上层系统（如国家、地区、企业）。

（2）综合性观点。在处理系统问题时，把对象各部分、各系统因素联系起来分析，从关联中找出系统的规律性，来揭示和推断系统整体特征，避免片面性和主观性。

例如工程中要修改某部分技术方案，必须考虑该方案的修改对相邻部分工程和整个工程方案的影响，还要考虑对工程结构方案的影响，考虑对其他专业工程（如给水排水管道、装饰工程、综合布线等）的影响，考虑对工程价格的影响，对工程实施计划的修改（如采购计划）等。

（3）合理处理最优和满意的关系。工程是人、技术、社会、自然文化等要素的组合系统，要使系统达到最优是比较困难的，在一般情况下，"最优"方案如果不被人们理解或人们不愿意接受，会达不到好的效果，而常常大家满意会使问题得到圆满的解决。所以在工程管理中，大家对方案的理解和接受比方案本身的优化更为重要。

（4）实践性观点。系统工程是"问题导向"研究，通过工程实践观察问题，而不是"方法导向"型。例如，揭示系统各组成部分之间的联系和发展规律性，最终还是靠分析和观察验证的。

### 6.2.3　工程管理的系统方法

工程是"造物"，即构建"工程系统"的过程，就是一种系统过程。系统工程方法是处理工程和工程管理问题最有效也是最基本的方法，贯穿于工程管理相关的各专业理论和方法中。

（1）工程问题的解决，经历从整体出发，对各部分进行系统分解，再对部分进行综合到整体的过程。这是处理工程问题的基本系统方式，不仅体现在工程总体上，而且体现在各个职能管理上。

对一个工程，在前期策划阶段要从"总体"上去考察、分析、研究和解决问题，确定总目标，提出总功能要求，做全面的整体的计划和安排，这属于工程的"顶层设计"。在早期不能也无法考虑工程的细节问题。

在设计和计划阶段进行目标分解、工程系统分解和项目分解，即把"顶层设计"分解开来，得到各专业工程、各部分的架构和逻辑，再进行详细设计和施工，最终获得一个能高效率运行的工程，实现"顶层设计"的要求。竣工阶段和运行过程中注重工程的综合功能、效率，注重系统之间的协调性，进行综合性后评价（图6-1）。

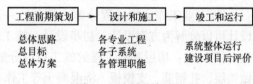

图 6-1　工程系统过程

工程技术系统、功能，以及成本、工期、质量管理也都是按照这种系统思维工作的。例如成本管理，在前期研究中设定工程的总投资目标；再按照工程系统结构和阶段进行投资结构分解，进行限额设计，进行工程造价的详细计划和控制；最终在工程竣工时进行总投资核算、分析和评价。

（2）工程系统分解方法。系统分解是将复杂的管理对象进行分解，以观察其系统范围、内部结构和联系，是工程系统分析最重要的工作，也是工程管理最基本的方法之一，在各门专业课程中都要用到系统分解方法。

1）结构化分解。从前述各章的分析中可见，工程是非常复杂的系统，可以从许多角度进行系统分析。工程最重要的系统角度有环境系统、工程目标系统、工程技术系统、工程行为系统、工程组织系统、工程管理系统等，它们从各个方面决定着工程的形象。

任何工程系统都有它的结构，都可以进行结构分解，分解的结果通常为树形结构图。如：

① 工程目标系统可以分解成系统目标、子目标、可执行目标，得到目标分解结构（OBS）。

② 工程技术系统可以按照一定的规则分解成功能区和专业工程系统（主体结构系统、给水系统、强电系统、通信系统、景观系统、智能化系统等），得到 EBS。

③ 工程全寿命期过程可以进行工作结构分解，得到 WBS（图2-7）。

④ 工程组织可以分解为投资者、业主、承包商、设计单位、供应单位、工程管理公司等，得到组织分解结构（OBS）。

⑤ 工程的总成本可以分解为各成本要素，形成工程成本分解结构（CBS）。

⑥ 工程管理系统，可以分解为各个职能子系统，如计划管理子系统、合同管理子系统、质量管理子系统、成本管理子系统、进度管理子系统、资源管理子系统等。还可以按照工程全寿命期阶段分解为前期决策管理系统、建设管理系统、运行管理系统等。

此外还有，环境系统分解结构、资源分解结构（RBS）、合同分解结构（CBS）、风险分解结构（RBS）、管理信息系统分解结构等。

2）过程化分解。工程活动的有机组合形成过程。在 WBS 的基础上，构建活动（工作）之间的逻辑关系即得到过程。过程还可以分为许多互相依赖的子过程或阶段。在工程管理中，可以从如下几个角度进行过程分解：

① 工程全寿命期过程分解。根据系统原理，把工程全寿命期科学地分为若干发展阶段，如前期策划、设计和计划、施工、运行、拆除等阶段。每一个阶段还可以进一步分解成工作过程，如工程前期策划可以形成如图 2-5 所示的工作程序。还有工程建设程序、运行维护和健康管理程序等。

工程实施过程的划分和界定是工程管理的一项重要工作。它对工程目标的分解，工程工作结构分解，责任体系的建立，进度、成本和质量的控制，风险分析等都有重要影响。

② 专业工作实施过程分解。例如，一个住宅小区的设计可以分解为方案设计、初步设计、施工图设计工作过程（图 2-6）；房屋基础工程的施工可以分解为基坑挖土、做垫层、扎钢筋、支模板、浇混凝土等工作（图 6-2）。这种分解对工程活动的安排和构造工程网络计划图是十分重要的。

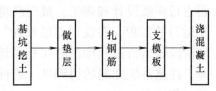

图 6-2　基础施工过程

工程专业实施过程通常为不可逆过程。

③ 管理工作过程分解。工程管理工作在项目实施过程中形成一定的工作过程。

工程管理系统按照职能分解为进度管理、成本（投资）管理、质量管理、合同管理、组织策划过程、物资管理过程等。每一种管理职能都可以分解为相应的预测、决策、计划、实施控制、反馈等管理活动，形成管理过程。对不同的管理职能，有不同的工作内容，但其管理过程是有统一性的。

管理系统过程描述了工程管理工作的基本逻辑关系，是工程管理系统设计的重要组成部分，是工程信息系统设计的基础。

④ 事务性管理工作分解，包括各种申报和批准的过程、招标投标过程等。

由于工程管理就是对这些过程的管理，流程图成为表达工程管理工作过程和思维方式的最常用的方法。

（3）工程系统相关性总体分析。工程的各系统之间存在着错综复杂的内在联系，存在相关性，它们紧密配合、互相联系、互相影响。

1）工程系统的基本逻辑关系，即系统出现的时间先后次序关系如下（图 6-3）：

① 工程产生于环境系统的需求。通常环境系统的问题，或上层组织新的战略，或环境的制约因素产生工程需求和目标。环境系统对工程技术系统、行为系统、组织系统和管理系

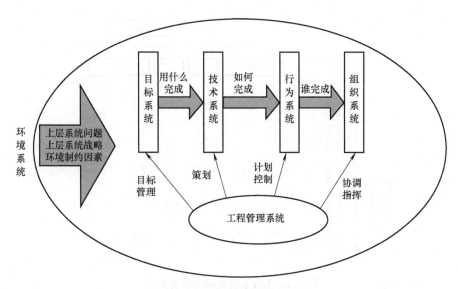

图 6-3 工程系统的相关性

统都有决定性。

② 工程目标系统是由环境决定，又是通过工程技术系统的建设和运行实现的。

③ 工程技术系统是按照目标系统和环境要求设计的，又是通过行为系统建造出来的。

④ 工程行为系统是由实现工程目标、完成工程技术系统的建设和运行所有必需的工程活动构成的，包括设计、施工、供应、运行维护和工程管理等工作。其行为主体是工程组织系统。

⑤ 工程组织是由工程活动的行为主体构成的系统，常见的有业主、承包商、设计单位、监理单位、分包商、供应商、运行维护单位等。它们之间通过行政的或合同的关系连接并形成一个庞大的组织体系，为了实现共同的项目目标承担着各自的任务。

⑥ 工程管理系统。工程管理系统是由工程管理的组织、方法、措施、信息和工作过程形成的系统，是由一整套过程和有关的管理职能组成的有机整体。管理系统有如下作用：

A. 对工程目标系统进行策划、论证、控制，通过工程管理过程保证目标的实现。

B. 对工程的对象系统（工程系统）进行策划、设计、评价和质量的控制。

C. 对工程的行为系统进行计划和控制。

D. 对工程组织系统进行策划、设计、沟通、协调和指挥。

所以，工程管理系统依附于目标系统、技术系统、行为系统、组织系统之上。

上述逻辑关系对工程管理系统设计和问题的分析有重要影响。

2）系统要素的相关性。如对一个工程项目进行风险识别，必然是依托 WBS、环境结构、组织结构，最终得到风险分解结构。例如，工程技术风险分析必须依托 EBS；工程活动（过程）风险分析必须依托 WBS；工程环境风险分析必须依托环境结构；工程组织风险分析必须依托 OBS；工程合同风险分析必须依托工程合同结构等。

3）许多工程系统之间存在映射关系，最典型的有：目标系统和组织系统、WBS 与组织系统（图 6-4）、WBS 与风险结构之间存在映射关系。

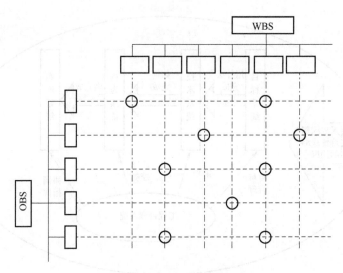

图 6-4　工程系统之间的映射关系

### 6.2.4　工程集成化管理方法

**1. 概述**

（1）集成化的概念首先是在 IT 和制造业领域提出和应用的。IT 领域进行软件系统的集成，开发综合性功能的软件包；制造业是通过计算机技术、柔性生产技术和供应链等，将"市场-研究-开发（设计）-制造-销售"过程集成。

在房屋建筑工程中，长久以来，各专业工程系统的集成是由建筑师负责的；在工业领域的工程建设中，系统集成工作由工艺师负责的。他们是相关工程领域的牵头专业。

在飞机制造、宇航、军工、城市轨道交通等领域，集成技术作为一项独特的专业工作，有特殊的地位。

（2）近 20 多年来，集成化管理一直是工程管理领域研究的热点，其原因是早期的工程管理研究和开发存在如下问题：

1）工程管理是多目标管理，由目标产生管理方法，人们关注与某目标相关的管理，如进度管理、质量管理、成本管理、HSE 管理等。许多研究成果侧重于某一个管理职能，关注这些管理职能的内部问题，而不关注它们之间的联系和相关性。

2）许多研究成果主要针对某一个组织对象，如业主、承包商、监理工程师的管理工作，从该对象的角度进行优化。

3）侧重于工程的某一个阶段，如可行性研究、设计和计划、施工、运行维护的管理工作，而忽略了工程全寿命期阶段之间的联系和一体化要求。

4）在工程实施中过于强调专业化分工，比较多地采用平行承发包模式。

这种研究和开发成果更符合工程实施和实际工程管理专业化分工的需要，有实用性，符合工程管理专业教学的要求。但由于违背了系统工程的基本原理，带来的问题也是明显的：

① 使工程过程和生产要素分割开来。

② 导致工程管理工作和组织责任的离散。

③ 阻碍了工程行业（特别是建筑业）的发展和科学技术的应用。

④ 导致工程实施和管理的效率降低、成本提高等。

⑤ 最终使工程系统不能发挥整体的综合效率和效益。

（3）工程管理中集成化管理的发展。实质上，工程管理领域对集成化管理的研究和应用也是很早的。

20 世纪 60 年代，人们就开始进行"成本-工期"的优化、"工期-资源"的平衡、"质量-成本"的优化的研究和应用。

在工程项目管理中，很早就提出"界面管理"的概念，集成化管理主要需要解决界面冲突问题。后将综合管理（或整合管理，Integration）作为项目管理十大知识体系之一。

20 世纪 80 年代，人们开始着力解决工程项目管理软件的集成化，而后开发相关的软件包，如 P3、Microsoft Project，以及企业版项目管理软件包等。近十几年来，现代信息技术为工程管理信息集成化提供了很强的技术支撑。

制造业的精益思想被引入建筑业，人们提出精益建造（施工），集成化管理是核心内容之一。

从 20 世纪 80 年代开始，国际工程界全面审视工程的实施方式（主要是承发包方式和管理方式）和工程管理的现状及存在的问题，在集成化管理方面做出了大量的研究、改革和应用。

集成化管理是现代工程管理的基本特征，是工程管理领域研究和应用的热点之一。

**2. 工程管理集成化的特点**

工程管理实质上就是遵循系统思维方式，将工程中彼此分离但却彼此相关的子系统、要素集成起来，形成有序的工程过程，以达到最终的目标。

工程领域的集成化管理与制造业的集成化管理，以及一般项目管理中的综合管理有很大的区别，有其特殊性。这是由工程产品和服务、工程系统、工程实施方式等的特殊性决定的。如：

（1）工程的单件性、一次性，以及业主个性化的要求，需要个性化的设计和建造过程。每个工程的融资方式、承发包方式、管理方式都是独特的、个性化的。

（2）建造（施工）过程的不均衡性。其工作内容、性质，材料和设备的应用，人员数量和专业需求等都随时间的变化而不同。这给集成化管理带来一定的困难。

（3）工程施工生产方式落后，现场管理水平较差，环境的不确定性大。

（4）工程组织的复杂性。工程实施过程是多企业合作，各方面管理制度、文化都不同，同时又需要严格分清责任，协调难度较大，集成化管理的组织和心理障碍大。

（5）工程系统，特别是建筑工程的社会性和历史性，要求它的过程必须十分慎重。如：

1）按照工程质量管理标准化要求，实施工作必须按程序顺序进行，而且中间要对前导工作进行检查，对后续工作进行安排，这样能够分清责任，有条理地工作。

2）按照法律和建设程序的要求，工程设计必须按照阶段进行，如初步设计完成，经审查后才能进行施工图设计；施工图设计经审查批准后才能进行施工招标。

施工招标有严格的程序要求，最终才能确定承包商。签订施工合同后，才能进行现场安排。

3）由于工程实施工作由不同的利益主体承担，需要分清各方面的责任，划清界限，理顺工作关系。这又是法律、合同和目标管理的基本要求。

所以大量的程序性工作安排都是要求串行,而非平行(或并行),非集成化。这给集成化管理带来很大的困难。在对工程集成化管理的研究、开发和成果应用中都必须注意这些特殊性。

### 3. 工程集成化管理的基本内容

长期以来,集成化是工程管理研究、开发和应用的热点之一。工程集成化管理是一个有十分广泛意义的概念,是理念(系统思维)、组织、过程、技术、方法、信息系统的综合问题,已经渗入到工程实施过程和工程管理过程的方方面面。而且它又是一个持续发展的概念,随着社会的发展和工程管理的进步,会有新的内涵。

(1)将工程整个寿命期,从工程构思到工程拆除的各个阶段综合起来,形成工程全寿命期一体化的管理过程,即"前期策划-工程规划-设计-施工-运营-健康管理"一体化。

集成化的工程管理要求进行工程全寿命期的目标管理,综合计划,综合控制,良好的界面管理,良好的组织协调和信息沟通。这是工程管理中最为重要的系统思维,要求建立全过程、全方位、全要素的管理体系。

(2)把工程的目标、各专业子系统、资源、信息、活动及组织整合起来,使之形成一个协调运行的综合体。在工程实施中可以采取许多措施,如:

1)分解工程实施活动,采用搭接网络安排逻辑关系,使之互相搭接。

2)通过资源(人力、设备、材料)分配,优化资源利用,运用准时制(Just In Time,JIT)供应体系。

3)采用并行工程方法合理安排,使设计、供应和施工过程搭接,以缩短工期。

4)计划工作尽量提前,尽早明确工程范围、工作内容,并落实资源、工作责任人和环境条件。

5)完善质量保证体系,调动实施者的控制积极性和责任心,减少现场监督工作,使工程质量责任明确。

6)尽量采用标准构件和工业化建造技术,简化工程实施工作,降低工程建造过程的复杂性。

7)采用虚拟仿真技术,预先了解施工过程。

8)合理安排施工顺序,使相似工作重复等。

(3)将工程管理各个职能集成,如将成本管理、进度管理、质量管理、合同管理、信息管理、资源管理、组织管理等综合起来,形成一个有机的工程管理系统。关注工程管理系统的整体性,解决各职能管理系统之间的界面问题。

(4)集成化的工程组织和责任体系建设。如:

1)通过工程全寿命期目标系统设计、组织责任体系的建立和合同策划等,将投资者、业主、承包商、设计单位、监理单位、供应商、运行维护(物业管理)单位等组合成一个整体,消除工程组织责任盲区和工程参加者的短期行为,保持整个工程组织责任体系的连续性和一致性。

2)推行业主投资项目全过程责任制、工程总承包(EPC)和项目管理承包。在可能的情况下让承包商参与项目融资,对运行维护负责。

3)集成化团队的构建。建立"设计-施工-运行"一体化的组织运作体系,减少组织界面损失，如：各方介入建设计划的制订过程；承包商、供应商和运行维护单位参与设计；施工方案在设计阶段完成，作为设计任务的一部分；设计单位介入施工过程，参加施工方案制定，并指导施工；在运行过程中，设计单位仍然承担相应的指导、告知、咨询等方面的责任。

这种团队协作关系有助于改善组织内的短期行为和组织间的冲突，共同抵抗工程风险并提高工程的运行效率。

（5）采用集成化的合同体系设计方法。20世纪80年代以来，体现集成化管理是新工程合同理念之一，具体表现在许多方面，如：

1）各个合同的起草和签订应符合工程总目标，而不是阶段性目标。

2）在工程合同策划中，注重构建平行合同（如设计合同、供应合同、工程施工合同）和不同层次的合同（工程承包合同、分包合同）之间的内在联系，使它们一体化。

3）通过合同条款设计，构建各方面的关系，减少合同界面的漏洞（图6-5）。例如在施工合同中规定：让承包商对设计单位提供的施工图中明显的错误负责；让承包商承担工程预警责任；承包商提交的计划中应包括业主的施工图、材料、设备供应计划，其他承包商的配合计划；强化承包商工程现场集成化管理的责任。

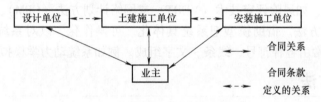

图6-5 集成化的合同条款设计

4）FIDIC合同规定：承包商可以使用业主提供的设备、临时工程，但要支付费用；同时，承包商要听从工程师的指令向其他承包商提供设备和临时工程，使用者要给予补偿。这样将现场不同的承包商（供应商）的设备一体化管理，形成资源共享，降低整个工程的成本（图6-6）。

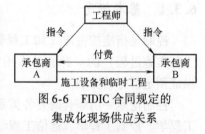

图6-6 FIDIC合同规定的集成化现场供应关系

（6）工程信息集成化管理。在工程管理领域，信息的集成化管理研究和开发得最早，也比较成熟。

1）将过去开发的单个项目管理系统通过"系统集成"构建大系统（软件包）。现在，项目管理信息系统和软件都是集成化，如PKPM、P6等。将业主、承包商、设计单位、工程管理公司、供应商和运行维护单位等各方面的项目管理系统集成化和一体化。

2）建立工程全寿命期信息集成系统。

3）通过项目的信息门户（PIP）、BIM，构建能够使所有工程参加者共享的信息平台，使工程信息在各阶段、各个组织成员和各个职能管理部门之间能够实现无障碍沟通。

BIM不仅能够对一个工程实现各专业工程、全寿命期各阶段、各管理职能（技术、经济、进度、合同、资源等）的信息集成，而且可以与数字城市、地理信息系统（GIS）等信息集成，构建更大范围的集成系统。

（7）现代工程系统规模越来越大，系统也越来越复杂，工程系统与环境、与其他工程系统、与社会系统有复杂的交互作用，则集成化的重要性越来越大，难度也越来越大。

例如南京地铁计划建成 17 条线，建设时间跨度达 50 年，最终要构成一个集成系统（图 3-4）。

另外，新型建筑工业化和住宅产业化实质上主要是解决工程相关产业的集成问题。

一般来说，在大型基础设施工程的建设中，用生态学方法分析工程与社会、与生态环境系统的关系，将工程系统与整个社会系统和生态系统集成。

### 6.2.5　其他系统工程方法

（1）系统优化方法，如线性规划、动态规划等方法。本书 6.5 节介绍的最优化理论和方法就是最常用的系统优化方法。

（2）系统评价方法，如可行性研究、技术评估、技术经济论证、绩效评价、项目管理成熟度评价、层次分析法、模糊综合评价、灰色系统模型等方法。

（3）预测和决策方法，如蒙特卡罗法、回归预测法、时间序列预测法、德尔菲法、多目标决策和群决策、风险型决策。

（4）其他方法，如风险评审技术（VERT）或网络计划方法（CPM）、组织协调方法。

（5）系统建模方法。借助模型把系统具体化、可操作化，以对系统进行分析、设计、综合，系统模型通常由各种符号、线条、文字组成。例如系统动力学模拟法。

# 6.3 | 控制理论和方法

### 6.3.1　基本概念

控制是指施控主体（如工程管理者）对受控客体（即被控对象，如工程、工程组织和工程实施过程）的一种能动作用，使受控客体根据预定目标运动，改善受控对象的功能，保证预定目标的实现。

控制论是一门综合研究各类系统的控制、信息交换、反馈调节过程的科学，是涉及人类工程学、控制工程学、通信工程学、计算机工程学、生理学、心理学、数学、逻辑学、社会学等的交叉学科。

控制理论和方法在许多学科领域中应用，已经渗透到了许多自然科学和社会科学领域，特别在工程技术和工程管理领域中得到了广泛的应用，发挥了重要作用。

### 6.3.2　管理中的控制

（1）管理系统是一种典型的控制系统。管理系统有五大职能，包括计划、组织、控制、激励、领导。控制作为最重要的管理职能之一，为了确保组织目标和预定计划的圆满实现，使系统稳定和高效率地运行。

控制工作存在于管理活动的全过程中，它不仅可以维持其他职能的正常运动，而且还可以通过采取纠正偏差的行动改变其他管理职能活动。

（2）在管理学中，控制包括提出问题、研究问题、计划、控制、监督、反馈等工作内容。实质上它已包含了一个完整的管理全过程。控制工作的首要目的是要围绕目标，执行预定计划，即通过控制工作，随时将计划的执行结果与目标进行比较，若发现有超过计划容许范围的偏差，及时采取必要的纠正措施，实现组织的既定目标。

控制的基础是信息，需要有效地获得并使用信息。控制过程实质上是通过实际情况的信息反馈，揭示工程活动中存在的问题和规律性，进行不断调节和完善，达到优化的状态。

（3）由于环境条件是不断变化的，在目标设置和计划工作中预测不可能完全准确，在执行计划过程中可能会出现偏差，还会发生未曾预料到的情况，上层组织会有新的要求，需要对原目标和计划进行修订或重新制订，则会产生新的控制标准，并调整整个实施工作程序。

所以管理中的控制又是创新的过程，需要确定新的目标、新的计划和控制标准。

（4）管理中的控制系统又是一个组织系统。任何组织都需要进行控制。控制工作又是每个主管人员的职能，他不仅要对自己的工作负责，而且还必须对总目标的实现承担相应的责任，必须承担控制职能。

## 6.3.3 工程管理中的控制

### 1. 工程实施控制的必要性

在现代工程管理中，控制具有举足轻重的作用。其原因如下：

（1）工程管理主要采用目标管理方法，由前期策划阶段确定的总目标，以及经过设计和计划分解得到的详细目标，必须通过控制才能实现。目标是控制的灵魂：没有目标则不需要控制，也无法进行控制；没有控制，目标和计划就无法实现。

1）由于工程是多目标系统，而且经常会产生目标争执，在控制过程中必须保证目标系统的平衡，包括子目标与总目标、阶段性目标与总目标的协调。

2）由于工程目标很多，则工程中的控制范围非常广泛，如工程质量控制、时间控制、成本（投资）控制、各方面满意目标控制、环境控制、安全和健康控制等。它们之间存在着复杂的内在联系。

3）工程目标是有可变性的，即在工程实施中由于上层组织战略的变化、实施环境的干扰、新的技术的出现等需要修改目标。

工程中的干扰因素可能有：外界环境的变化（如恶劣的气候条件、货币贬值、异常地质条件），发生了一些人力不可抗拒的灾害，资源供应不足（如停水、断电、材料和设备供应受阻，资金短缺），设计和计划的错误，上层组织新的要求，政府新的干预等。它们会造成对项目实施的干扰，使实施过程偏离目标。

（2）现代工程规模大、投资大、技术要求高、系统复杂，其实施的难度很大，不进行有效的控制，必然会导致项目的失败。

（3）由于专业化分工，参加工程的单位多，工程顺利实施需要各单位在时间上、空间上协调一致。但由于工程各参加者有自己的利益，有其他方面的工作任务，会造成行为的不确定性、不一致性、不协调或冲突，使工程过程中断或受到干扰，会导致实施状态与目标偏差，所以必须有严格的控制。

（4）工程的设计和计划是基于许多假设条件的，因此会有许多错误出现。在工程中由于各种干扰会使实施过程偏离目标，偏离计划，这就要求工程实施过程必须不停调整，如果不进行控制，会造成偏离增大，最终可能导致工程失败。

**2. 工程控制的层次性**

现代工程要求系统的、综合的控制，并形成一个由总体到细节，包括各个方面、各种职能严密多维的控制体系。

（1）不同阶段控制的差异性。

1）工程控制始于前期策划阶段。对工程构思、目标设计、建议书、可行性研究的审查、批准都是控制工作。而且按照工程寿命期的影响曲线（图12-2），前期控制的效果最好，它能影响整个寿命期。所以控制措施越早做出，对工程及其成本（投资）影响越大、越有效。但遗憾的是在工程初期，其功能、技术标准要求等详细目标和实施方法尚未明确，或没有足够的说明，使控制的依据不足，所以人们常常疏于这阶段的控制工作。这似乎是很自然的，但常常又是非常危险的。

工程前期的控制主要是投资者、企业（即上层组织）管理的任务，表现为在确定项目目标、可行性研究、设计和计划中的各种决策和审批工作。

2）在设计和计划阶段，需要对各种设计方案、实施方案做出选择决策，对设计和计划文件进行审查批准。

3）在工程施工阶段，因为技术设计、计划、合同等已经全面定义，控制的目标和过程十分明确，所以人们十分强调这个阶段的控制工作，将它作为工程管理一个独特的过程。它是工程管理工作最为活跃的阶段。

（2）不同组织层次控制工作的差异性。从上层投资者到工程的基层操作人员，都有控制任务，他们的控制工作存在很大的差异性。

1）高层管理者的控制主要采用决策、监督和审批等方法。

2）项目管理者主要承担工程实施控制工作。不仅提出咨询意见、做计划、指出怎样做，而且直接领导相关的工程组织，在现场负责工程实施控制工作，是管理任务的承担者。

工程管理注重实务，为了使工程控制有效，工程管理者必须介入具体的实施过程，进行过程控制，要亲自布置工作，监督现场实施，参与现场各种会议，而不是做最终评价。因此，现场一经开工，工程管理工作的重点就转移到施工现场。

3）在实施层，主要是工作过程控制，在工作质量、工作进度和费用（包括资源消耗）等方面的控制。

**3. 工程实施控制的内容**

工程实施控制包括极其丰富的内容，其对象与前述工程管理涉及的各方面管理内容一致。

（1）工程目标控制，如成本（费用、造价、投资）控制、质量控制、进度控制、HSE控制等。目标控制是基于成果的控制。

（2）对工程资源相关要素的控制，如技术、资源（设备、材料、资金、劳务）、信息、现场等方面的控制。

（3）对保障工程顺利实施相关要素的控制，如组织、利益相关者、法律和合同、风险控制。

这样形成工程管理控制子系统。

（4）工程控制是过程控制与成果控制的统一，不能偏废。

1）过程控制，即以工程实施过程为控制对象，对工程实施过程进行计划、监督、考核、评价。

2）成果控制，即定义与测量最终交付成果，评估成果是否满足预定要求，根据成果进行绩效考核和奖励。

**4. 工程控制的过程**

工程控制是一个积极的持续改进的过程（图 6-7）。这个控制过程具有普遍的意义，即整个工程的实施过程，以及上述各个对象的控制（如成本控制、进度控制等）都有相似的控制工作过程。

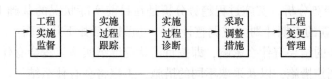

图 6-7　工程控制过程

（1）工程实施监督。实施控制的首要任务是监督，通过经常性监督以保证整个工程和各个工程活动按照任务书、计划和合同要求（预定质量要求、预计费用、预定工期）有效地、经济地实施，达到预定的目标。工程监督包括许多工作内容，例如：

1）保证按照计划实施工程。工程的每一个阶段和每一项工作都要正式启动，确保每项工作有明确的组织，按计划规定的时间开始。

要认真严肃地对待计划，不能随意变更和修改计划，否则会导致工程失控。

2）提供工作条件，沟通各方面的关系，划分各方面责任界面，处理矛盾。

3）监督实施过程，开展各种工作检查，例如，各种材料和设备进场及使用前检查，施工过程旁站监理，隐蔽工程、部分工程及整个工程要检查、试验、验收，规范现场秩序。

4）预测工程过程中的各种干扰和潜在的危险，并及时采取预防性措施。

5）记录工程实施情况及环境状况，收集各种原始资料和实施情况的数据。

6）编制日报、周报、月报，并向工程相关者及时提供工程项目信息。

（2）实施过程跟踪。将反映工程实施情况的各种报告，获得的有关工程范围、进度、费用、资源、质量与风险方面的实际信息，与原工程的目标、计划相比较和分析，以认识何处、何时、哪方面出现偏差。

通过跟踪，能够及时地认识偏差，及时分析问题，及时采取措施，保证有效的控制，使费用或损失尽可能地减小。

跟踪要关注控制点。控制点通常都是关键点，能最佳地反映目标。如：

1）重要的里程碑事件。

2）对工程质量、职业健康、安全、环境等有重大影响的工程活动或措施。

3）对成本有重大影响的工程活动或措施。

4）合同额和工程范围大、持续时间长的主要合同。

5）主要的工程设备和主体工程等。

跟踪需要完备的工程管理信息系统。

（3）实施过程诊断。通过实施诊断把握整个工程实施过程健康状况，为采取纠正偏差或预防偏差的措施提供依据。实施诊断包括如下内容：

1）对工程实施状况的分析评价。按照计划、目标的分解、组织责任的指标（如实物工程量、质量、责任成本、收益）等，对工程实施过程和阶段输出结果进行总结和评价。

2）分析偏差产生的原因，对重要的偏差要提出专题分析报告。偏差可能由目标的变化、新的边界条件和环境条件、上层组织的干扰、计划错误、资源的缺乏、生产效率降低、新的解决方案、不可预见的风险等引发。

3）偏差责任的分析。通过分析确定，是否由于组织成员未能完成规定任务而造成偏差。

4）实施过程趋势分析。实施过程趋势分析是在目前实际状况的基础上对后期工程活动做新的费用预算、新的工期计划（或调整计划）。预测包括如下几方面：

① 偏差对工程的结果有什么影响，即按目前状况继续实施工程会有什么结果。

② 如果采取调控措施，以及采取不同的措施，工程将会有什么结果。

③ 对后期可能发生的干扰和潜在的危险做出预测，以准备采取预防性措施。

实施过程诊断需要依靠专家经验做出判断。

（4）采取调整措施。调整工程实施过程，持续改进。工程实施的调整措施通常有以下两类：

1）对工程目标的修改。即根据新的情况，或上层组织新的战略，需要对原定的目标系统进行修改，或确定新的目标。例如，调整工程产品范围或功能定位，修改设计和计划，提高质量标准，重新商讨工期，追加投资等，而最严重的措施是中断项目，放弃原来的目标。

2）按新情况（新环境、新要求、项目实施状态）做出新的计划，利用技术、经济、组织、管理或合同等手段，调整实施过程（如增加、减少工程活动，改变逻辑关系），改变施工方案，协调各单位、各专业设计和施工工作。

采取调整措施需要决策支持系统。

（5）工程变更管理。目标的修改和实施过程的调整都会引起工程变更。变更管理是综合性工程管理工作，它既是工程实施控制的一部分，同时又包括新的决策、计划和控制。

1）在实施过程中频繁变更，是工程区别于制造业生产过程的特点之一。工程变更的次数、范围和影响的大小与该工程所处环境的稳定性，目标设计的科学性、完备性和确定性，技术设计的科学性以及实施方案和实施计划的可行性等直接相关。

2）工程变更对工程实施过程会产生很大的影响。如：

① 定义项目目标、工程技术系统和工程实施的各种文件（如设计图、规范、计划、合同、施工方案、供应方案等），都要做相应的修改，有些重大变更会打乱整个项目计划。

② 工程变更引起组织责任的变化和组织争执。

③ 有些变更会引起已完工程返工、现场施工的停滞、施工秩序打乱、已购材料的损失等。

④ 变更产生新的目标分解和计划版本，导致工程控制的基础和依据发生变化。

⑤ 需要尽快做出变更决策，迅速、全面、系统地落实变更指令，需要管理者"即兴而作"，毫不拖延地解决问题，这容易引起失控、混乱，导致损失。

⑥ 任何变更都会带来新的问题和风险，有负面作用。

⑦ 频繁的变更会使人们轻视目标和计划的权威性，而不认真做计划，也不严格执行计

划，或不提供有利的支持，会导致更大的混乱和失控，又会引起更为频繁的变更。

3）变更管理是工程管理的难点之一，要建立一套严格的变更管理制度。这涉及变更的申请、审查、批准的授权、实施变更的程序、责任划分，以及变更相关的各种管理规定等。

**5. 工程管理中常用的控制方法**

（1）事前控制、事中控制和事后控制。

1）事前控制。事前控制就是在工程活动之前，根据投入（如工艺、材料、人力、信息、技术方案）和外部环境条件，分析将产生的或可能产生的结果和问题，以确定影响目标实现和计划实施的各种有利和不利因素，预测出工程实施将要偏离预定的目标，就采取纠正措施，调整投入和实施过程，以使工程的建设和运行不发生偏离。

事前控制也叫前馈控制，工程中常见的事前控制措施有：对可行性研究、设计和计划进行认真的分析、研究、审查和批准；在材料采购前进行样品认可和入库前检查；对供应商、承（分）包商进行严格的资格审查，签订有利、公平和完备的合同；收听天气预报以调整下期计划，特别是对雨期和冬期施工；建立管理程序和规章制度；对风险进行预警等。

2）事中控制。事中控制是指在工程实施过程中采取控制手段，确保工程依照既定方案（或计划）进行。它通过对工程的具体实施活动的跟踪，防止问题的出现。

例如，通过严密的组织责任体系，对实施过程进行监督；在各管理职能之间建立互相制衡机制；在工程施工过程中进行旁站监理，现场检查，防止偷工减料。

3）事后控制。事后控制是指根据当期工程实施结果与预定目标（或计划）的分析比较，以发现问题，提出控制措施，对下一轮生产活动进行控制。它是利用实际实施状况的信息反馈，总结过去的经验与教训，把后面的工作做得更好。它是一种反馈控制，但很显然，这种控制存在时滞，即出现问题了再调整，往往难免造成损失。

事后控制在工程中有着广泛的应用，特别在质量控制与成本控制中。例如对现场已完工程进行检查，对现场混凝土的试块进行检验以判定施工质量，在月底对工程的成本报表进行分析等。

（2）主动控制和被动控制。

1）主动控制。主动控制首先体现在上述事前控制和事中控制上，就是预先分析目标偏离的可能性，并拟定和采取各项预防性措施，以保证计划目标得以实现。主动控制是对未来的控制，它可以尽可能地改变偏差已经成为事实的被动局面，从而减少损失，使控制更有效。

从组织的角度上，要求工作完成人发挥自己的主观能动性，通过自律做好工作。例如，在施工质量和安全管理中，强化实施者的第一责任，首先要求施工人员自我控制，自己设置目标和流程，自我监督、检查和评估；通过合同加强承包商自我控制的责任和积极性。

2）被动控制。它首先体现在上述的事后控制上，是从工程活动的完成情况分析中发现偏差，对偏差采取措施及时纠正的控制方式。

从组织角度来看，通过工程参加者之间互相制衡，通过第三方监督检查，如旁站监理进行控制。

3）主动控制和被动控制的关系。对工程管理人员而言，主动控制与被动控制都是实现工程目标所必须采用的控制方式。有效的控制系统是将主动控制与被动控制紧密地结合起来，尽可能加大主动控制过程，同时进行定期、连续的被动控制。

（3）PDCA 循环法。工程控制是一个循环往复、持续改进的过程。美国管理专家戴明首先提出来的 PDCA 循环管理法，就体现了这种管理理念。

图 6-8　PDCA 循环阶段

PDCA 是英文 Plan（计划）、Do（执行）、Check（检查）、Action（处理）四个词第一个字母的缩写。它的基本原理是，做任何一项工作，或者任何一个管理过程，一般都要经历四个阶段（图 6-8）。

1）根据设想提出一个计划。

2）按照计划规定执行。

3）在执行中以及执行后要检查执行情况和结果。

4）总结经验和教训，寻找工作过程中的缺陷，并提出改进措施，最后通过新的工作循环，一步一步地提高水平，把工作越做越好。

PDCA 循环法是做好工作的一般规律。它有以下几个特点：

1）每一个循环系统过程包括"计划-执行-检查-处理"四个阶段，它靠工程管理组织系统推动，周而复始地运动，中途不得中断。一次循环解决不了的问题，必须转入下一轮循环解决。这样才能保证工程管理工作的系统性、全面性和完整性。

2）一个工程本身就是一个 PDCA 大循环系统；内部的各阶段或组织的各部门，甚至某一个职能管理工作都可以看作一个中循环系统；基层小组，或个人，或一项工程活动都可以看作一个小循环系统。这样，大循环套中循环，中循环套小循环，环环扣紧。把整个工程管理工作有机地联系起来，相互紧密配合，协调地共同发展（图 6-9）。

3）PDCA 循环是螺旋式上升和发展的。每循环一次，都要有所前进和有所提高，不能停留在原有水平上，都要巩固成绩，克服缺点；要有所创新，从而保证工程管理持续改进，管理水平不断得到提高（图 6-10）。

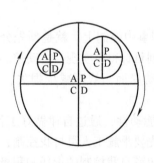

图 6-9　PDCA 循环过程嵌套

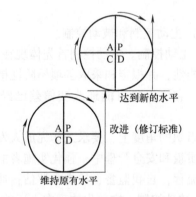

图 6-10　PDCA 循环过程的持续改进

# 6.4 信息管理理论和方法

## 6.4.1 基本概念

（1）信息的定义。信息（Information）是事物属性和状态的标识，是事物运动特征的一种普遍形式，客观世界中大量地存在、产生和传递着各种各样的信息。

在现代管理中，信息通常是指经过加工处理形成的对人们各种具体活动有参考价值的数据资料。它与材料和能源一样也是一种资源。

（2）信息论是研究信息的性质、度量、产生、获取、变换、传输、存储、处理、显示、识别和利用的一般规律的科学。信息论以及由此产生的方法和技术已广泛渗透到各个科学领域。

（3）信息管理的概念。

1）信息管理就是对信息进行收集、整理、储存、传递与应用的总称。

2）在工程管理系统中，信息管理是为总目标服务的，通过信息管理促进工程管理系统高效率地运行，保证总目标的实现。

3）信息管理作为现代工程管理的一项重要职能，通常在工程组织中要设置信息管理人员，在一些大型工程或企业中设有信息中心。同时，信息管理又是一项十分普遍的、基本的工程管理工作，是每个工程组织成员或职能管理人员的一项常规工作，即他们都要担负收集、提供、传递信息的任务。

（4）管理信息系统。管理信息系统是一个由人（组织成员）、计算机等组成的能进行信息的收集、传送、储存、加工、维护和使用的系统，具体包括信息管理的组织（人员）、相关的管理规章、管理工作流程、软件、信息管理方法（如储存方法、沟通方法、处理方法）以及各种信息和信息的载体等。

在管理系统中，管理信息系统是将各种管理职能和管理组织相互沟通并协调一致的神经系统。它能反映组织的运行情况，利用过去的数据预测未来，进行辅助决策，利用信息控制组织的行为，以期达到组织目标。

管理系统是否有效，关键在于管理信息系统是否完善，信息反馈是否灵敏、正确、有力。

（5）信息技术。它是信息理论和方法与微电子科学、计算机科学、人工智能、系统工程学、自动化技术等多学科相结合而产生的技术，是人类为更有效地利用、处理和共享信息，在信息的产生、获取、变换、传输、存储、处理、显示、识别和利用时所采用的相关技术，包括计算机、互联网、各种专业性的数据采集技术、全球定位系统（GPS）、地理信息系统（GIS）、各种数据处理技术，以及在此平台上开发的各种应用软件等。

信息技术的应用水平是衡量一个产业现代化程度的标志。在工程界，现代信息技术已经成为工程实施的工具，是各个专业工程和工程管理工作的依托。信息技术的发展使现代工程的决策、设计和计划、施工及运行的组织实施和管理方式发生了根本性变化，很多传统的方式已被信息技术所代替。

## 6.4.2　工程中的信息和信息流

在工程中需要同时会产生大量的信息，它们在工程与环境之间、不同工程参加者之间，以及不同的工程阶段之间传递，并连续地被使用。工程管理的效率和有效性取决于其信息的收集、传输、加工、储存、维护和使用，以及信息系统的有效性。

（1）工程实施过程需要并不断产生大量信息。

1）工程中的信息很多，一个稍大的工程结束后，作为信息载体的资料汗牛充栋，许多工程管理人员整天就是与纸张和电子文件打交道。例如工程项目建议书、可行性研究报告、项目手册、各种合同、设计和计划文件、工程实施信息（如日报，月报，重大事件报告，设备、劳动力、材料使用报告和质量报告等）、各种指令、决策方面的信息、外部环境信息（如市场情况、气候、外汇波动、政治动态）等。

2）工程的目标设置，决策，各种计划，组织资源供应，领导、激励、协调各组织成员，控制工程实施过程都是依靠信息实施的。例如，各种工程文件、报告、报表反映了工程的实施情况，反映了工程实物进度、费用、工期状况；各种指令、计划、协调方案又控制和指挥着工程的实施过程。

3）信息是工程决策、计划、控制、沟通、评价的基础，必须符合管理的需要，具有适用性、准确性、可靠性，要有助于管理系统的运行，不能造成信息泛滥和污染。

（2）这些信息伴随着工程实施过程、实体形成过程、组织运作过程、资金流动过程等，按一定的规律产生、转换、变化和被使用，并在工程相关者之间流动，形成信息流。

在工程过程中，信息流有特别重要的意义，它将工程实施工作流程、物流、资金流，各个管理职能和组织，以及环境结合在一起。只有信息流通畅，工程相关者之间才能进行充分、准确、及时地沟通，实现组织协调，减少冲突和矛盾，保证工程目标的顺利实现。

（3）工程信息交换过程。工程信息流通方式多种多样，可以从许多角度进行描述。工程中的信息流包括两个最主要的信息交换过程：

1）工程与外界的信息交换。工程与外界环境有大量的信息交换（图2-1）。这里包括：

① 由外界输入的信息，如物价信息、市场状况信息、周边情况信息以及上层组织（如企业、政府部门）给工程的指令、对工程的干预等，工程相关者的意见和要求等。

② 工程向外界输出的信息，有大量信息必须对外公布，如工程需求信息、工程实施状况信息、工程结束后的竣工文件及各种统计信息等。

在现代社会，工程对社会各个方面都有很大的影响，市场（如工程承包市场、材料和设备市场等）和政府管理部门、媒体各方面都需要工程信息，要有知情权。

对于公共工程，更需要让社会各相关方面了解工程的信息，使工程在"阳光"下运作。

2）工程内部的信息交换，即工程实施过程中工程组织成员和工程管理各部门因相互沟通而产生的大量的信息流。信息通常是在组织机构内部按组织程序和规则流通的。

① 自上而下的信息流。通常，决策、指令、通知和计划是由上向下传递的，但这个传递过程并不是一般的翻印，而是逐渐细化、具体化，直到基层成为可执行的操作指令。

② 由下而上的信息流。通常各种实际工程的情况信息，由下逐渐向上传递，这个传递不是一般的叠合（装订），而是经过逐渐归纳整理形成的逐渐浓缩的报告。通常，信息若过于详细，容易造成处理量大、重点不突出，且容易遗漏；而过度浓缩又容易产生对信息的曲解或解释出错的问题。工程管理者就是要做好浓缩工作，以保证信息不失真。

③ 横向或网络状信息流。工程组织结构和各管理职能部门之间存在着大量的信息交换。例如，业主、设计单位、承包商、监理单位和供应商之间，项目部内技术部门、成本管理部门、材料和设备部门、合同管理部门等之间都存在着信息流。人们已越来越多地通过横向和网络状的沟通渠道获得信息。这对于提高工程实施的效率和效益有很大的好处。

### 6.4.3 工程信息管理的作用和任务

（1）工程信息管理的作用。现代工程管理对信息的依赖性加大。通过信息管理，能够将建设过程、管理过程转化为信息过程，实现信息标准化、信息管理规范化、资料数据标准化，为决策、计划、控制反馈提供依据。

1）利用现代信息技术，可以有效地整合信息资源，从而实现优化资源配置、提高工程管理效率、规避工程风险，有效地控制和指挥工程的实施，保证工程的成功。

2）使上层决策者能及时准确获得决策所需信息，能够有效、快速决策，能够对工程实施远程控制和实时控制。

3）实现工程组织成员之间信息资源的共享和有效的信息沟通，消除信息孤岛现象，防止信息的堵塞，达到高度协调一致。

4）让外界和上层组织了解工程实施状况，更有效地获得各方面对工程实施的支持。

（2）工程信息管理的任务。工程信息管理就是对工程的信息收集、整理、储存、传递与应用进行管理的总称。工程管理者承担着工程信息管理的任务，具体包括如下主要内容：

1）建立工程信息管理系统，将工程基本情况的信息系统化、具体化，设计工程实施和管理中的信息和信息流描述体系。

工程管理信息系统是以工程组织为主导，利用计算机硬件和软件，依靠业务流程将数据转化为信息，并进行工程相关信息的收集、传输、加工、存储、更新和维护，支持工程项目组织的高层决策、中层控制和基层运作的集成化的人机系统。信息管理系统是寄生于管理系统之上的。

① 按照工程实施过程、工程组织和环境组织、工程实施和管理过程确定工程的信息需求，包括各种资料的格式、内容、数据结构等。

② 在上述基础上建立工程的信息流程，确定工程系统内以及工程与外界的信息沟通机制。

③ 制定工程信息分类和编码规则与结构。

④ 落实信息管理的组织责任，各组织部门对信息的采集、流通、处理、提供、储存等承担责任，并制定工程信息的收集、整理、分析、反馈和传递等规章制度。

⑤ 在工程的各个环节，以及各个部门设置信息收集、传输、处理、储存等的方法和设施。

2）通过各种渠道收集信息，如通过现场调查、观察、试验、记录等，获得工程最基础的资料，如质量检查表、进度报告单、资源使用表等。

3）工程信息的加工与处理。

① 对信息进行数据处理、分析与评估，确保信息的真实、准确、完整和安全。通过深度的数据挖掘，为管理人员和决策者提供及时、全面、精准的数据支持，提高决策的科学性。

② 编制工程实施状况报告。

4）保证信息系统正常运行，保证信息渠道畅通，让信息传输到需要的地方，并被有效使用。

5）做好信息的储存和文档管理工作，为后续工程阶段和活动、为其他新工程的决策留下资料。

（3）在我国工程中，人们过于关注工程中的信息技术（硬件、软件）应用，如监控镜头一直到安装现场，配置计算机项目管理软件（如P6）。但常常忽视如下前导性和基础性工作，如：

1）信息在工程全寿命期中产生、获取、变换、传输、存储、处理、显示、识别和利用的规律性研究。

2）管理信息系统技术与组织结构、组织行为的互相影响的规律性研究。

现代信息技术能够实现大规模的实时沟通与协作，会促进组织之间进一步专业化和社会化，促进工程组织重构，使其越来越扁平化，并拓宽了工程相关者对工程的参与程度。

3）管理系统的构建。在我国工程中，信息技术并没有有效地根植于工程管理系统的建设和运行中，使信息技术应用缺少有效的基础管理工作支撑，如管理的标准化，管理体系的建设和运行，人员基本科学素质的提升，基本数据收集、储存和统计分析，企业基础数据库建设等，这些方面有待加强。

# 6.5 最优化理论和方法

**1. 基本概念**

最优化理论和方法，即运筹学，是用数学方法研究经济、社会和国防等部门，以及工程在内外环境的约束条件下合理调配人力、物力、财力等资源，使系统有效运行的科学技术。它可以用来预测系统发展趋势、制订行动规划，对遇到的问题进行优化处理，优选可行方案，以解决最优生产计划、最优分配、最优决策、最佳设计、最佳管理等最优化问题，对有限的资源做最佳的调配，并提高系统效率、降低成本、减少风险。它已广泛应用于工业、农业、交通运输、商业、国防、建筑、通信、政府机关等各个部门、各个领域。

**2. 最优化理论的主要内容**

最优化理论和方法涉及的内容十分广泛，主要有：数学规划、线性规划、非线性规划、整数规划、目标规划、动态规划、随机规划、图论、网络理论、博弈论、决策论、排队论、存储论、搜索论、决策理论、维修更新理论、可靠性理论、仿真技术、ABC 分析、敏感度分析等。

**3. 运筹学的作用**

运筹学是工程管理专业必须具备的基本方法，广泛应用于工程的决策、目标选择和评价、计划、施工管理、运行管理、健康管理中。它在工程管理中的应用主要体现在以下几方面：

1）施工组织和计划。如施工作业计划、日程表的编排、合理下料、配料问题、物料管理等。

2）库存管理。包括多种物资库存量的管理，库存方式、库存量优化等。

3）运输问题。如确定最小成本的运输方式（空运、水运、公路运输、铁路运输、捷运、管道运输）、线路、物资的调拨、运输工具的调度等。

4）人力资源管理。如对人员的需求和使用的预测，确定人员编制、人员合理分配，建立人才评价体系，以及人才开发（包括教育和训练），各类人员的合理利用问题、薪酬的确定等。

5）财务和会计。如应用于经济预测、预算、贷款和成本分析、定价、投资管理、现金管理等方面，典型的方法有盈亏点分析法、价值分析法等方面。

6）其他。如厂址的选择、工程优化设计与管理、设备维修、更新改造、项目选择、评价以及系统可靠性分析、风险评估等。

# 复 习 题

1. 讨论：用工程管理案例说明系统不守恒定律、系统构成原理，以及系统效能关系特性。
2. 试分析质量、进度、成本控制过程的一致性。
3. 讨论：工程管理集成化的广泛性，以及集成化管理需要解决什么问题？
4. 讨论：图6-3所示工程系统的相关性，对工程管理系统设计有什么影响？

# 第7章

# 工程经济理论和方法

**【本章提要】**

本章从全寿命期角度介绍工程经济理论和方法，包括：

(1) 工程经济学理论和方法。

(2) 工程全寿命期费用的结构、计算依据、过程和方法。

(3) 工程全寿命期费用管理方法，包括工程全寿命期费用核算过程、费用模型、全寿命期费用优化和管理等。

## 7.1 概述

(1) 工程经济理论和方法是为工程的经济作用服务的，其目的是按照市场规则要求，从工程的成本、收益、资金等角度对工程进行核算、评价、优化、计划和控制，以提高工程经济效益。涉及如下几个重要概念：

1) 成本或费用消耗。在工程过程中，人们通过资源和劳动的消耗完成工程，生产产品或提供服务，这些消耗的经济表现就是成本或费用。

2) 经济收益。工程的产品和服务有一定的市场价值，可以通过市场销售获得经济收益。经济效益即追求以尽可能少的物质资料和劳动时间，生产出尽可能多的社会需要的产品或服务，节约成本消耗，取得最大的收益，使工程获得高的经济效益。它最能够反映工程的经济价值。

3) 工程的资金流动。要保证工程顺利实施，必须要有相应的资金来源。资金作为一种资源，应争取以尽可能少的资金占用实现工程目标。工程资金需要量与工程的规模（总投资）、实施进度、工程费用的支付方式和工程产品或服务的销售收入方式等多方面因素有关。

(2) 与前述工程的经济作用影响的层次相对应，工程经济研究的对象可以分为不同的层次：

1）微观经济分析，如与具体工程项目方案相关的经济分析和评价，涉及工程的造价、运行维护费用、销售收入、经济效益等。

2）中观经济分析，如工程产品（或服务）、工程承包市场需求的规模和结构、市场供求、竞争和价格变化，以及工程投资企业和承包企业制度、经营管理、资源配置等问题。

3）宏观经济分析，如工程对国民收入、总就业、总需求、总供给、国民经济相关部门经济的影响或作用，对行业（产业）的拉动效应，对国民经济的贡献率，以及国家的工程投资体制和经济政策问题等。

（3）工程经济要解决的主要问题。工程经济要解决的问题是由工程的经济作用和价值体系中经济性目标引导出的，涉及如下主题：

1）工程经济分析理论和方法，包括投资（工程方案）经济分析方法，以及工程的更新与退役分析方法等。

2）工程全寿命期费用要素的构成分解及计算方法，其中最主要的是工程估价。

3）工程全寿命期费用管理理论和方法，涉及工程造价、工程成本、运行维护费用等方面的管理工作，如工程费用评价、计划和控制理论与方法，工程费用与工程方案、环境、实施方式等之间的相关性，工程费用的规律性，以及费用之间的相关性等方面理论和方法。

4）其他，如工程投融资理论等。

## 7.2　工程经济学理论和方法

### 1. 概述

工程经济学是研究工程中的经济性问题、工程活动（方案）的经济效益（效果）的学科。它是工程管理专业最主要的经济类课程，又是工程技术与经济学相结合的边缘交叉学科，同时具有自然科学和社会科学的双重属性。

1）工程经济学是对工程技术和工程活动进行经济分析最常用的理论与方法，对各种可行方案采用分析比较和经济性评价方法，为选择并确定最佳方案的决策提供支持。

2）工程经济学的目标是有效利用（节约）资源，以最小的投入获得预期产出，或者以等量的投入获得最大产出，使工程建设和运营更加经济和高效益。

### 2. 工程经济学理论和方法应用的对象

（1）一个工程项目（如工程建设项目、新产品开发项目、软件开发项目、新工艺及设备的研发项目）立项，必须通过财务评价，关系到国计民生的大型工程项目还必须通过国民经济评价。

在可行性研究中还可能有一些专项评价，例如：对工程选址的专项分析和评价；对工程总体方案的分析和评价；对工程融资方案的评价等。

对工程融资问题，要考虑资金的取得方式，其中包括投资者的资本金投入、银行贷款、发行债券、项目融资等。每种获得资金的方式都要付出代价，如固定利息、利润分配、经营和管理权利的分享等。

（2）在建设阶段，工程中可用的实施方案很多，需要对各种方案做经济分析、评价和选择决策。例如：生产工艺和生产设备方案，工程结构方案，施工工艺方案，施工设备或构配件的制造或采购方案，工期方案，合同方案，原材料采购和储存方案，保险方案，工程变更方案等。

通常，经过工程估价可以估算出不同方案的工程费用，再应用工程经济学理论和方法，进行分析评价，以选择最经济合理的方案。这是工程经济学在工程实施阶段的主要工作。所以工程经济学理论和方法又是各工程技术人员必须要掌握的最常用的理论与方法。

（3）工程项目后评价。工程项目后评价通常在工程竣工并运行一段时间后进行。对已完成的工程的目标、实施过程、运行效益和影响等进行系统而客观的总结、分析和评价，为本工程运行提供改进意见，同时也为未来新工程的投资决策和管理提出建议。

（4）工程运行过程中的经济分析和评价。例如：

1）工程维修决策，如维修时间决策，日常性维护、中修、大修的安排，以及相应维修方案的选择等。

2）工程及其设备的退役与更新分析，如对设备经济寿命的确定、设备更新方案的综合比较。

3）对工程改扩建、技术改造、维修或拆除方案的经济评价。

4）对工程资本运作方案的评价和决策等。

**3. 工程经济学的主要内容**

（1）工程经济学的基本原理。工程经济学的基本原理包括资金的时间价值理论，工程全寿命期费用分析、边际费用分析、费用-效益分析等工程经济性分析与评价的基本原理，以及多方案的比较与选择方法。

推行工程全寿命期管理的动力是对工程整体价值（效率和效益）的追求。目前，国内外对工程全寿命期费用的研究都不够深入。这是工程经济学新的有重大价值的研究和应用领域，它会对工程的建设和运行都具有重要的指导作用。

（2）工程经济分析研究与应用。工程经济分析研究与应用包括工程项目投资估算与融资、财务评价与国民经济评价、不确定性分析与风险分析、工程设计和施工及运营中设备更新与选择的经济分析等。

（3）工程的财务（经济）评价。工程的财务评价主要评价工程项目自身的经济效益。根据国家现行的财务制度、价格体系和工程评价的有关规定，分析计算工程直接效益和直接费用成本，编制财务报表和计算财务评价指标。通过对工程的基本生存能力、盈利能力、偿债能力和抗风险能力等财务状况进行分析和评估，来判断工程项目的财务可行性，为工程投资决策提供科学依据。

工程的财务评价一般采用现金流量分析、静态和动态获利性分析以及财务报表分析等方法。

1）现金流量分析是以工程作为一个独立系统，反映工程在建设期与生产经营期内各年流入和流出的现金活动，即工程寿命期内各年现金流入与现金流出的数量。

2）静态分析法。不考虑时间因素的影响，直接以总投资支出与投产后的收益进行分析计算。

3）动态分析法。采用折现现金流量的分析方法，在分析计算中，考虑资金的时间价值。

4）财务报表分析。根据工程的具体财务条件及国家有关财税制度和条例规定，把工程在建设期内的全部投资和投产后的经营费用与收益，逐年进行计算和平衡，并用报表形式来反映。

（4）价值工程的分析和应用。

（5）工程方案经济评价。工程方案经济评价不仅包括对工程的直接经济价值、近期经济价值进行分析，而且应包括对工程的间接经济价值和远期经济价值做评估。在工程方案经济评价中会有两种情况：

1）单方案评价，即投资项目只有一种技术方案或独立的项目方案可供评价。对于单方案评价，采用在财务评价中介绍的经济指标就可以决定项目的取舍。

2）多方案评价，即投资项目有几种可供选择的技术方案。多方案的比选要复杂得多。方案之间一般存在三种类型的经济关系，即互斥关系、独立关系和其他相关关系。根据方案之间不同的关系，可选用不同的比较方法来选择最优方案。

# 7.3 工程全寿命期费用要素构成及计算方法

## 7.3.1　工程寿命期费用的概念

工程全寿命期费用（Life Cycle Cost, LCC）是从工程建设项目建议书开始，经过规划、设计、建设、竣工投产交付运行，直到拆除的整个期间所需的所有费用的总和。则：

工程全寿命期费用（LCC）＝前期策划费用＋设计和计划费用＋采购费用＋施工费用＋运行维护费用＋拆除处理费用

## 7.3.2　工程全寿命期各阶段费用构成分析

### 1. 工程前期策划阶段的费用构成分析

此阶段的费用包括：

1）市场调研费用。

2）工程概念研究和相关管理的费用。

3）环境调查和影响分析费用。

4）可行性研究费用。

5）专项研究费用，如专题市场研究、风险研究、专项环境调查等费用。

有些还可能要进行一些前期试验以及对工程所需规范的准备、产品规划和分析。

本费用量一般不大，在工程全寿命期费用中所占比例较小。

由于工程前期研究是投资者或企业的工程机会研究工作，其研究成果常常也可以用于企业的经营、创新和其他投资机会等，这些费用一般在企业专项费用中开支，不列入工程建设投资中。同时，工程立项还存在不确定性，所以有些费用与本工程的界限不很清晰。

### 2. 工程建设阶段费用构成分析

确定工程建设阶段费用（投资、成本）主要是工程估价的任务。工程估价作为工程经济分析和工程成本管理的基础，是为工程经济评价、决策、目标设定、计划和招标（签订合同）、投资控制、工程结算、决算等工作服务的。

在我国，这阶段费用属于工程造价体系，费用计算的标准化程度比较高，有专门的费用分解结构标准、项目划分标准、计算方法、实际费用的汇集方法。工程建设费用由如下几项构成：

（1）土地费用。即获得土地使用权所支付的各种费用。

（2）工程设备器具购置费用，包括包装、存储、装货、运输、关税等。

（3）建筑安装工程费用。这主要是按照施工合同支付给施工承包商的费用。我国建筑安装工程费用分解结构有统一的标准（表7-1）。

**表7-1　建筑安装工程费用构成**

| 序号 | 费用名称 | 费用内涵 | 费用构成 | 造价构成分项 |
|---|---|---|---|---|
| 1 | 人工费 | 直接支付给从事施工的生产工人和附属生产单位工人的各项费用 | 计时工资或计件工资、奖金、津贴补贴、加班加点工资等 | 分部分项工程费、措施项目费、其他项目费 |
| 2 | 材料费 | 施工用原材料、辅助材料、构配件、零件、半成品或成品，及构成永久工程一部分的机电设备、金属结构设备、仪器装置等费用 | 材料原价、运杂费、运输损耗费、采购及保管费等 | |
| 3 | 施工机具使用费 | 施工机械使用费 | 折旧费、大修理费、经常修理费、安拆费及场外运费，以及司机和其他操作人员的人工费、燃料动力费、税费 | |
| | | 仪器仪表使用费 | 施工使用仪器仪表的摊销及维修费用 | |
| 4 | 企业管理费 | 建筑安装企业组织施工生产和经营管理所需费用 | 管理人员工资、办公费、差旅交通费、固定资产使用费、工器具使用费、劳动保险和职工福利费、劳动保护费、检验试验费、工会经费、财产保险费、财务费、税金、其他（如技术转让费、投标费等） | |
| 5 | 利润 | 企业完成所承包工程获得的盈利 | | |
| 6 | 规费 | 按国家法律法规，及省级政府和有关权力部门规定缴纳或计取的费用 | 社会保险费（养老保险费、失业保险费、医疗保险费、工伤保险费等）、住房公积金、工程排污费等 | |
| 7 | 税金 | 规定应计入建筑安装工程造价内的税 | 增值税、城市维护建设税、教育费附加以及地方教育附加 | |

（4）工程建设其他费用。工程建设其他费用为前三项未包括的其他费用，如：

1）建设项目管理费用。

2）工程勘察和设计费用。

3）向政府相关部门缴纳的各种规费。

4）工程的专项试验和研究费用等，包括工程可靠性、可维护性和环境保护行为、模型制造、软件研发、结构试验等费用。

5）检测和评估、可生产策划、示范和验证、软件更新费用。

6）工程运行计划和准备（人员培训、生产管理系统、运行维护管理体系和软件等）费用。

通常，某一类工程，在一定环境条件下（一定国度、一定时期），其建设费用结构构成比例有一定的规律性。例如，中国土木工程学会城市轨道交通技术推广委员会主编的《中国城市轨道交通2007调研报告》中提到，我国16条城市轨道交通线路的建设费用总额为1498亿元，其中各部分所占比例为：土建费用38%，车辆费用11%，机电设备费用22%，征地拆迁费用 10%，其他费用 19%（图 7-1）。

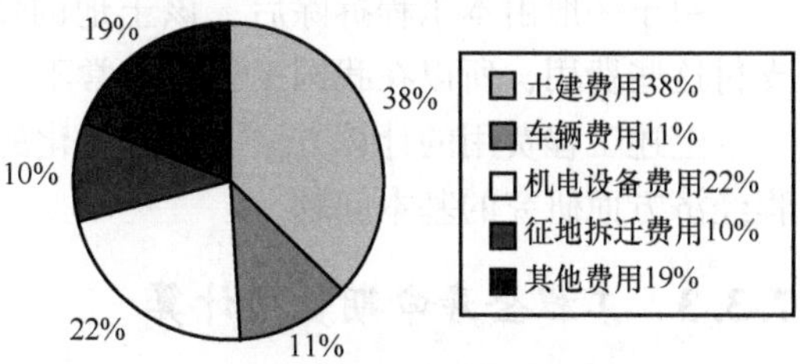

**3. 工程运行维护费用构成分析**

（1）运行费用。运行费用是指在运行过程中，为完成工程产品或服务所耗费的各项资源费用，包括以下费用要素：

1）能源（如电力、燃料等）消耗费用。

2）人工费用（如工资、奖金和津贴），以及对员工的培训费用。

图 7-1 城市轨道交通工程建设费用大致比例

3）材料、备用品、耗用品费用。

（2）检修维护费用。检修维护费用是指运行阶段，为工程系统的保养和检修消耗的费用，包括劳动力费用、设备和工器具费用、更换配件费用、外包服务费用、软件维护费用等。

（3）故障损失费用。故障损失费用是指工程系统在运行中发生故障而带来的修理费、停工损失费、其他赔偿等。

（4）工程更新改造费用。工程更新改造费用是对工程进行更新改造所发生的设备费用、建设费用及调试费用等。

（5）财税费用。这包括运行期各种贷款利息支出、汇兑净损失、银行手续费、增值税、城市维护建设税、教育费附加、所得税、其他地方性税费等。

工程运行维护费用并不是工程所属企业运行费用的全部，如不包括其他资产、无形资产在运行期间的摊销费，产品的市场开发费等企业经营费用等。一般进行全寿命期费用计算时，不考虑建设费用在运行阶段的折旧和摊销。

工程运行维护费用的核算属于企业会计核算的内容。

对不同类型的工程，运行维护费用差异很大。例如，我国部分城市轨道交通工程的运行维护费用达 500 万~1000 万/（年·km）。据统计，南京地铁运行维护费用（不考虑折旧摊销费）中各部分所占的比例约为：工资福利费用 33%、设施设备修理费用 18%、能源消耗费用 23%、营运与其他费用 23%、财税费用 3%（图 7-2）。

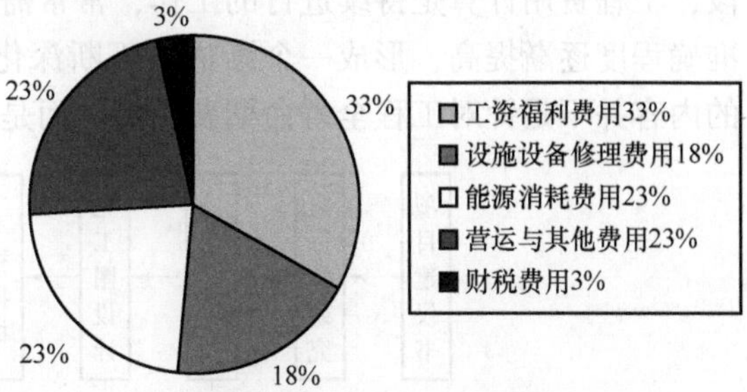

图 7-2 轨道交通工程运行费用大致比例

**4. 工程报废费用构成分析**

工程报废费用是指工程最终报废拆除处理引起的费用（或收入）。对于不同的工程，结束阶段报废和拆除的费用差异很大。工程报废的常见费用有：

1）系统关闭费用，如对化工厂、发电厂系统关闭所需要的费用。

2）产品或服务退出市场产生的费用。

3）工程拆卸和迁移费用。

4）回收（工程拆除还会有些旧建筑物品的回收所得）和安全报废处理费用。

不同种类的工程拆除引起的后果不同。对于一些特殊的工程，如化工厂、核电站、矿山在此阶段会涉及很大的费用，如生态复原费用、遗址维护或处理费用等。

由于一般由本工程拆除后，该土地的使用者（即下一个工程投资者）处理这些问题和支付这些费用，所以在我国工程中常常不考虑该费用。

上述工程费用的计算方法、费用变化的规律性、主要影响因素、费用之间的相关性是工程经济方面研究的基本问题。

### 7.3.3 工程全寿命期费用计算

**1. 工程费用计算的依据**

（1）工程的目标，包括工程的范围和规模、功能目标、工期目标、环境目标等。

（2）工程设计方案、产品方案、施工方案和运行维护方案、工程质量要求、技术标准和相关技术的成熟度等。

（3）工程环境因素。影响最大的环境因素有：

1）经济环境，如市场物价、通货膨胀率、外汇兑换率、税收、劳动力、材料价格等。

2）政治环境和法律环境，如现行的法令、规定、标准、制度。

3）自然环境，如地质条件、气候条件，以及不可预见的自然灾害等。

（4）工程的实施方式，例如工程所采用的实施组织方式、融资方式、合同体系、进度方案、技术和设备方案、采购方案的安排等。

（5）对工程实施活动的分析和安排，劳动力消耗、设备消耗、材料消耗和其他费用的确定。

（6）所掌握同类工程资料的充分性、可靠性和可用性。

这些是影响工程费用计算准确性的重要因素。

**2. 工程各阶段费用计算的重点**

随着工程的进展，在工程建议书、工程可行性研究、设计、招标与施工直至运行等各阶段，工程费用计算是持续进行的工作，常常需要重审或修改先前阶段完成的工作成果，费用准确程度逐渐提高，形成一个渐进的不断深化和完善的过程（图7-3）。但各阶段费用估算的内容并不是针对工程全寿命期费用的，而是各有侧重点。

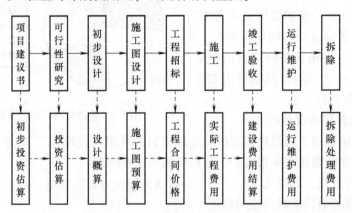

图7-3 工程不同阶段的费用计算

（1）工程前期策划阶段的费用估算。在工程建设项目建议书中，根据工程总体目标、建设条件、工程总体方案和规模对建设投资和运行维护费用进行初步估算，确定投资总量，作为投资机会筛选的依据。

在可行性研究中，要对工程的建设费用、运行所需流动资金和运行维护费用按照主要构成分项估算，做出全寿命期资金流，作为工程建设项目决策的依据。

在这一阶段，因工程产品或服务的市场预测、系统选择、工程规模、建设标准、工程实施方案等处在初步研究阶段，工程"量"的估算较粗，误差较大；"价"的选择多采用经验数据和估算指标，而相应的样本数据又太少，准确性不高。

而工程前期策划所需费用的预算，通常采用企业或投资者的专项费用预算的方式进行，可以按照前期策划工作的组成进行逐项预算，或参考其他工程资料进行预算。

（2）工程设计和计划阶段的费用估算。工程可行性研究报告一经批准，其投资估算就作为工程设计费用控制的目标和依据。在设计和计划阶段，根据阶段设计成果，需要分别确定设计概算、施工图预算、承包合同价。

1）根据初步设计方案、工程量、概算定额、费用定额等可以进行工程的设计概算。包括建设工程概算、单项工程综合概算、设备及安装单位工程概算、设备及工器具购置费概算、建设其他费用概算、基本预备费、财务费用、铺底流动资金等。

2）在工程施工图完成后，可以根据施工图、现行预算定额、费用取费标准、市场价格等，计算工程的施工图预算价格。

业主可以根据施工图预算编制招标标底，承包商可以根据施工图预算编制投标报价。

3）通过工程招标投标，确定工程的各类承包商、供应商、咨询单位和相关合同的价格，作为工程建设费用的目标。这时的工程建设费用的准确程度近似真实值。

随着工程技术方案不断细化，工程的实施计划也同步进展，工程建设总成本（造价）预算经历了不断修正的过程，精度不断提高。对一般建设工程费用，与最终的竣工决算总费用相比较，工程建议书阶段的初步投资估算可能有 ±30% 的误差，可行性研究时可能有 ±20% 的误差，初步设计阶段的误差可能达 ±15%，施工图预算阶段的误差可能达 ±（5% ~ 10%）。

（3）工程施工阶段的费用核算。

1）在施工过程中，按照工程合同进行工程施工和供应的结算，通过计量、变更、索赔等环节进行实际工程费用的调整和结算。

2）在竣工验收阶段，要全面汇集建设过程中实际全部费用，编制竣工决算，能够得到实际准确的工程全部建设费用，反映工程的实际造价。

（4）工程运行阶段的费用核算。在运行阶段，每年都可以根据运行实际情况和发生的费用，计算本年度实际运行维护费用。同时可以根据工程运行健康状况、维修计划、更新改造计划等预算下年度的运行维护费用。

（5）工程拆除阶段的费用决算。在工程最终拆除处理时，除考虑工程拆除的人工费、材料费、机械费等以外，还要考虑可循环使用的材料（如木材、金属等）、构件等的回收收入。

最后才能得到准确的工程全寿命期费用值。

**3. 工程费用计算方法**

在不同阶段，相关的工程费用计算采用不同的方法。

（1）前期策划阶段的估算。该阶段仅有总体目标和总功能要求的描述，对工程的技术细节和实施方案尚未明确，所以无法精确地估算。只能针对要求的工程规模、类型以及功能，按以往工程经验值或概算指标，对工程总费用（投资）进行分析和估算。

1）类比估算。参照以往同类工程信息，按照工程规模、范围、生产能力或服务能力等参数指标进行估算。例如，办公楼以"元/m²"、医院以"元/病床"、住宅以"元/m²"、公路建设以"元/km"估算。而一般的工业项目可以按照单位生产能力（如每万千瓦时发电能力、每吨产品生产能力）估算总投资，并由此给出一个计划成本（投资）总值。

例如，在我国 21 世纪的前 10 年，城市地铁建设费用约为 3 亿~7 亿元/km，铁路客运专线造价约为 6000 万~10000 万元/km。

2）按照国家或部门颁布的概算指标计算。概算指标通常是在以往工程建设投资统计的基础上获取的，它有较好的指导作用，在国民经济各部门中都有本部门工程的概算指标。但选择时通常需要考虑特殊环境情况可能带来的附加费用和专门开发费用（如占用农田或居民区的数量、特殊的建筑基础状况等）及特殊的使用要求。

3）专家咨询法。对新项目（尚无系统的详细说明）或对研究开发性项目，可用德尔菲（Delphi）法进行成本估算。这里的专家是从事实际工程估价、成本管理的工作者。也可以采用头脑风暴法和小组讨论的办法进行估算。

4）生产能力估算法。寻找一个近期内已建成的性质和规模相似的工程，可以根据该工程的生产能力 $A_1$、实际总投资额 $C_1$，及拟建工程的生产能力 $A_2$ 来推算拟建工程的总投资额 $C_2$，公式为

$$C_2 = C_1 \left(\frac{A_2}{A_1}\right)^n f$$

式中　$A_1$——已建工程生产能力；

　　　$A_2$——拟建工程生产能力；

　　　$f$——考虑不同时期、不同地点引起的价格调整系数；

　　　$n$——生产能力指数，一般取 $0.6 < n < 1.0$；

$n$ 的取值一般考虑：

① 当 $A_1$ 和 $A_2$ 很相近时，即两个工程生产能力、规模差别不大，$n$ 取值可趋近于 1。

② 当 $A_1$、$A_2$ 差别很大时，若生产能力的扩大是通过扩大单个设备的生产容量实现的，则取 $0.6 ~ 0.7$；若是通过增加与 $A_1$ 相同规格的设备的数量扩大生产能力，则取 $0.8 ~ 0.9$。

（2）设计和计划阶段的概预算。

1）使用定额资料，如概（预）算定额。在我国以前很长时间，工程估价一直使用统一的概预算定额、规定的取费标准。所以计算方法就是按施工图计算工程量，套用定额单价，再计算各种费用。从理论上讲，概预算定额可作为业主进行投资估算和制定标底的依据，而承包商相应的计算结果作为投标报价的基础。

定额是在一定时间和一定范围内工程实际费用统计分析的结果，它代表着常见的工程状况、施工条件、运输状况、设备、施工方案和劳动组合，因此，如果拟建工程有特殊性，使用定额会带来一定的有时甚至是很大的误差。

2）直接按专业工程系统、专项的供应或服务进行询价以作为计划的依据。无论是业主或承包商都可采用这种方式。通常将所掌握的技术要求、方案、采购条件、环境条件等说明清楚，请一个或几个承包商或供应商提出报价，经分析后作为计划成本。

3）采用已完工程的数据。在国外，业主、设计事务所、管理公司采用该方法较多。通

常由专门的部门（学会、政府机关）公布出有代表性的实际工程成本资料，它按照统一的工程费用结构或工程成本结构分解标准进行统计并公布，包括了已完工程成本的特征数据。用它可以进行计划成本的估算或概算，也可以用作精细的成本计划。

在应用这些资料时，应检查拟建工程与数据样板工程的匹配性，并考虑不同年代的物价指数、不同的地区、建筑物的差异、环境条件等因素来进行调整。

（3）承包商工程成本计划的编制方法。

1）承包商的投标价格应以完成承包工程范围内工作的计划成本为基础，这就要求承包商的计划成本应该是精确细致的，能如实反映工程范围、技术标准、招标文件和合同、现场条件、市场条件、法律规定、现场和周边的环境、工程实施方案，如技术方案、设备方案、组织方案、现场方案、工期方案等。

2）承包商一般按照业主在招标文件中提出的工程量清单进行工程估价。我国国家标准《建设工程工程量清单计价规范》（GB 50500）通常是将工程按工艺特点、工作内容、工程所处位置细分成分部分项工程，不仅作为承包商报价的依据，也是业主和承包商之间实际工程价款结算的对象。

（4）工程施工中的成本预算。在工程施工中，成本计划工作仍在进行，一般包括以下几种：

1）在各控制期末（如月末、年末），对下期的项目成本做出更为详细的计划和安排。

2）追加成本（费用）计算。由于发生工程变更、环境变化、合同条件变化、业主干扰等，业主按照合同规定应该追加工程价款。对承包商来说，由于这些原因，成本相应增加，按照合同他有权向业主提出索赔。对业主来说，按照合同应给予承包商赔偿，则应追加合同价格。

3）剩余成本预算，即按前锋期的环境，计算要完成余下工程（工作）还要投入的成本量。它实质上是项目前锋期以后的计划成本值。这样，可以一直对工程结束时成本状态、收益状态进行预测和控制。

4）其他，如出现新的情况，采用新的技术方案，则需要做新的成本预算工作。

（5）工程运行维护费用的计算。运行期费用属于企业核算的范围，属于企业会计核算体系，一般不按照工程系统汇集费用，而是按照整个工程系统（或企业）的维护费用进行预算和核算，可以细化到这些费用的细目，但无法落实在 EBS 上。所以无法与建设工程形成统一的费用核算体系。

## 7.4 工程全寿命期费用管理方法

### 7.4.1 工程全寿命期费用管理的必要性

工程全寿命期费用管理（LCCM）是以全寿命期费用对象进行计划、分析、评价和控制，以实现全寿命期费用的优化。它是工程全寿命期管理中研究和应用最早且比较成熟的部分。

最近几十年来，工程界提出了许多全寿命期费用管理的命题。

（1）国际电工委员会（IEC）标准《可行性管理  应用指导-全寿命期费用计算》（IEC

60300-3-3）比较系统地规范了 LCC 的构成、计算方法和评价方法等。

（2）我国社会和工程界（工程领域、工程技术专业和工程管理专业）提出了许多新的命题，如绿色建筑、生态工程、节能建筑、低碳（低排放）建筑、人性化工程等。这些都必须进行全寿命期费用的分析和评价，否则就没有意义。

（3）在许多 EPC 工程的招标投标中，必须对工程方案进行全寿命期费用分析和评价，如果仅仅从建造费用进行分析和评标，就会产生误导。

例如，美国工程总承包项目和政府采购中都要求承包商在投标文件中提出工程全寿命期管理的方案，进行全寿命期费用计算、分析和评价。

在我国一些工程领域也提出全寿命期费用管理的要求，如国家电网工程设备招标，要求供应商对设备的设计、制造、购置、安装、运行、维修、改造、更新，直至拆除回收进行全面论述，并进行全寿命期费用分析和评价。

在我国一些交通工程中推行"建（设）养（护）"一体化模式，需要对一些方案进行 LCC 分析和评价，构建工程全寿命期费用管理体系。

我国在石油天然气工程领域也进行了全寿命期费用管理的研究和应用。

（4）在 PPP 项目的决策中要做物有所值（VFM）分析，必须基于工程全寿命期费用的管理。

### 7.4.2 工程全寿命期费用管理过程体系构建

#### 1. 目前工程费用核算过程存在的问题

目前的工程费用的计算过程，没有将工程全寿命期费用作为一个独立的管理对象进行连续的计算、分析、评价和考核（图 7-3）。由此带来如下问题：

（1）工程在全寿命期中，不同阶段有不同的管理者，相应费用核算有不同的目的、内涵、费用项目划分方法和处理方式。工程在其寿命期中费用核算过程是断裂的，前期策划阶段、建设阶段、运行维护阶段的费用管理体系不一致，也没有连贯性。

1）前期策划阶段的费用。由于前期策划是投资者或企业的市场或投资机会研究工作，工程立项还存在不确定性，因此这些费用一般在原企业的专项（如市场研究，或新技术开发等）费用中开支，不列入工程建设投资中。

2）工程建设费用。在我国，工程建设阶段费用属于工程造价体系，其计算的标准化程度比较高，有专门的费用分解结构标准、项目划分标准、计算方法、实际费用的汇集方法。

3）运行维护费用。该费用属于工程所属企业核算的范围，按照企业会计体系核算。所以，通常可以核算整个工程系统（或所属企业）的维护费用，但无法将它按照工程管理的要求进行分解和核算。

4）工程最终报废拆除处理费用（或收入）。工程报废拆除工作一般由该土地的后续使用者负责，其费用归入下一个工程的建设费用中。

可见，在工程中 LCC 核算是凌乱的和不成体系的，没有统一和稳定的核算对象。这是目前我国工程全寿命期费用管理存在的最基本问题。

（2）LCC 的预算与评价仅应用于某些环节，如在可行性研究中，以及在总承包投标文件编制和重大设备的选择中，没有构建形成工程全寿命期费用核算体系。

工程 LCC 评价需要过去工程费用的统计分析资料支撑，虽然我国工程造价和工程运行维护费用数据资料的积累已经非常丰富，但却是分散的、独立的、封闭的、非共享的，大量的信息资源不能得到有效的利用。目前尚没有工程领域构建 LCC 信息管理系统，无法解决工程 LCC 基础数据来源问题。所以工程界并没有掌握实际工程的 LCC 核算资料。

（3）由于没有工程 LCC 划分标准和规范化的费用核算体系，各工程领域，各工程项目，甚至各个投标人的核算口径不一致，无法获得过去工程全寿命期费用的历史数据，有些数据来源可靠性差，使工程 LCC 的计算和评价有很大的随意性，无法评价数据的真实性和可靠性，也无法进行对比分析。

由于这些问题的存在，所以全寿命期费用管理在我国工程界应用效果不显著，仍处于模型和概念研究阶段。

**2. 工程全寿命期费用核算过程构建**

要解决工程 LCC 的分析、评价和优化的科学性问题，必须构建连续的一体化的 LCC 核算过程。在工程全寿命期中对 LCC 进行连续的预测、决策、计划、核算、分析和反馈，形成一个渐进的不断深化和完善的过程（图 7-4）。这需要构建新的工程费用核算体系。

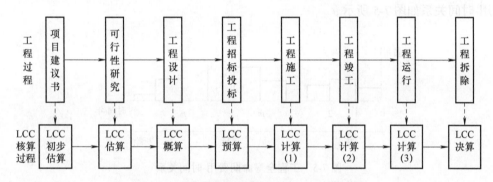

图 7-4　工程全寿命期费用（LCC）核算过程

（1）在工程建设项目建议书中，应根据项目目标、建设条件、工程总体方案和规模初步估算工程的 LCC，作为投资机会筛选的依据。

（2）在工程建设项目可行性研究中，应根据已有调研资料、工程规模、估算指标等对工程的建设费用、运行所需流动资金和运行维护费用等进行估算，得到工程 LCC，做出工程寿命期资金流，并进行工程全寿命期经济性评价，作为工程建设项目决策的依据。

可行性研究报告一经批准，LCC 估算值应作为工程规划和各专业工程系统设计的依据。

（3）在设计阶段，按照工程设计方案和计划的运行方案，可以对工程造价概算、工程的财务费用、运行所需的流动资金、运行维护费用等进行进一步计算，以形成工程 LCC 的概算。

在 EPC 工程的投标文件中，承包商要针对标前设计方案提出 LCC 概算，并进行评价。

（4）在工程设计完成后，不仅可以通过工程招标投标，确定工程的各承包合同、供应合同、咨询合同的价格，还可以要求设备供应商（或总承包商）在工程投标文件中提出工程（包括设备）的运行维护费用预算，包括运行能耗、维修费用等，作为评标和方案选择的一个重要指标。

这样可以比较准确地得到 LCC 预算值。

（5）在工程施工阶段，按照工程合同进行结算，通过计量和支付形成实际的工程费用，工程竣工后进行工程竣工决算。

此时，在 LCC 中，建设费用已经是实际准确值。对工程总承包项目，承包商提供运行维护手册、培训操作人员，可以对工程的运行维护费用做比较详细的预算。

（6）在运行阶段，随着工程投入运行，每年都可以汇集实际发生的运行维护费用，进而计算已发生的实际 LCC 值。同时可以根据工程的运行健康状况、维修计划、更新改造计划等预算下年度的运行维护费用。

（7）在工程最终拆除处理时，除考虑工程拆除的人工费、材料费、机械费等以外，还要考虑可循环使用的材料（如木材、金属等）、构件等的回收收入。

最后才能得到准确的工程 LCC 值。

### 7.4.3 工程全寿命期费用模型

工程全寿命期费用是在工程寿命期过程中逐渐形成的，它与时间相关。一般工程全寿命期费用-时间关系如图 7-5 所示。

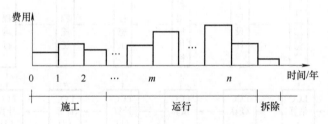

图 7-5 工程全寿命期费用-时间关系

在此基础上可以做"费用-时间"累计曲线。将工程的全寿命期费用累计曲线模型化，就得到工程的全寿命期费用模型，它在一定程度上反映工程费用发展的规律性。

以南京地铁 1 号线工程为例，经计算与统计，其全寿命期费用模型如图 7-6 所示。

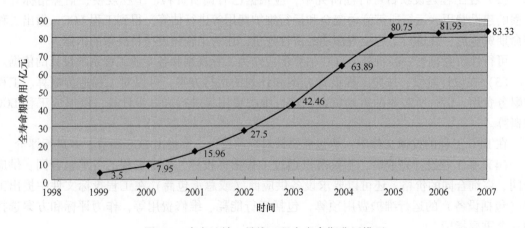

图 7-6 南京地铁 1 号线工程全寿命期费用模型

国外人们很早就关注工程全寿命期费用的统计、分析和优化工作，有许多这方面的研究成果。根据联邦德国 1982 年对一座运行期为 30 年的办公楼工程成本数据的分析发现，办公楼的建设费用仅占全寿命期费用的 19%，投资利息占 39%，运行维护费用占 42%。

美国退伍军人事务部（VA 机构）负责全国 172 家医疗中心共 2000 栋建筑的运行及维护，采用 40 年分析周期和 5% 的折现率进行全寿命期费用分析，发现运行维护费用是建造费用的 7.7 倍。

所以，从全寿命期的角度，减少全寿命期费用的根本方法是降低运行维护费用。

### 7.4.4 工程全寿命期费用现值分析

LCC 的现值分析应用于工程全寿命期经济分析和评价中。

在"全寿命期费用-时间"关系的基础上，考虑资金的时间价值，将全寿命期费用折算到初始决策（或投资）年限的资金现值。设定利率为 $i$，LCC 的计算年数为 $n$，建设期为 $a$，年份变量为 $t$ 年，$t$ 在 $0 \sim n$ 间变化。按照以下公式计算 LCC 现值（$P_{LCC}$）。

现值指第 0 年度末的当年值，终值指计算年份终结的当年值。

$$现值 = \frac{终值}{(1+i)^t}$$

$$P_{LCC} = P_{CI} + P_{CO} + P_{CD} = \sum_{t=0}^{a} \frac{CI_t}{(1+i)^t} + \sum_{t=a}^{n} \frac{CO_t}{(1+i)^t} + \frac{CD}{(1+i)^n}$$

式中　$P_{LCC}$——项目全寿命周期费用现值；

　　　$P_{CI}$——项目投入费用现值；

　　　$P_{CO}$——项目运行维护费用（包括检修、维护、耗能、扩建等费用）现值；

　　　$P_{CD}$——项目拆除处理费用现值；

　　　$CI_t$——第 $t$ 年的投资；

　　　$CO_t$——第 $t$ 年的运行维护费用；

　　　$CD$——项目的拆除处理费用；

　　　$i$——利率；

　　　$n$——计息期数。

对于寿命期不同的项目或者设备，在做全寿命期分析和评价时，宜采用年值比较法，即将全寿命期费用统一折算成年值，年值计算公式如下：

$$AV = P \frac{i(1+i)^n}{(1+i)^n - 1}$$

式中　AV——全寿命期费用年值。

### 7.4.5 工程的经济服务寿命

在工程经济分析和评价中，工程的经济服务寿命是一个重要的概念。它将工程费用与工程寿命（服务时间）两者综合起来，在很大程度上反映了工程经济的规律性。

其基本原理是，由于随着工程使用年限延长，各个专业工程系统的老化，不仅其产出效率降低，而且运行维护费用（包括燃料动力费用、维修费用、能耗、产品的废品数量）就会增加。当增加到一定程度，这个工程就失去进一步使用的价值，延长寿命期在经济上就不合算了。这就像一部旧汽车，虽然还可以用，但它的维修频率和维修费用较高，燃料消耗大，它的平均年使用费如果超过新车的平均年使用费，从经济上来说，就不如买新车。

它与工程寿命期内年均总费用 $C_t$ 有关。工程寿命期年均总费用 $C_t$ 由年均建设费用和年均运行维护费用等组成。

$$C_t = \frac{C_{建}}{t} + \frac{\sum_{i=1}^{t} C_{运i}}{t}$$

式中  $t$——工程的使用寿命；

$C_{建}$——工程的建设总投资，将它按年度折算到工程寿命期中，得到该工程建设费用的年平均分摊额（$C_{建}/t$）；

$C_{运i}$——工程第 $i$ 年的运行维护费用，$\sum C_{运i}$ 为本工程全寿命期运行维护费用总和。

随着工程使用年限 $t$ 的增加，折合到使用阶段每一年所分摊的建设费用（$C_{建}/t$）将逐年减少；而由于工程系统的老化导致服务性能逐步衰退，不仅其产出效率降低，而且每年所需的运行维护费用（即 $\sum_{i=1}^{t} C_{运i}/t$（包括燃料动力费用、维修费用、产品的废品数量）将逐年增加。

则工程的年均使用费 $C_t$ 就会有这样的变化规律：当 $t$ 很小时，$C_t$ 很高；随着 $t$ 值的增加，$C_t$ 逐年减少，至某一年份达到最小值，之后随着 $t$ 的增加又逐渐增大。对应于 $C_t$ 最小的年份 $t_0$，便是从经济角度看是工程的"经济服务"的期限（图7-7）。

工程经济服务寿命的变化服从工程经济规律，有时由于产品市场的衰退，或科学技术的进步导致新产品的出现，使原工程产品或服务失去市场，或者失去竞争力，致使工程失去进一步使用的价值，则会缩短它的服务寿命。另外，它会随着工程的更新改造、产品转向而变化。

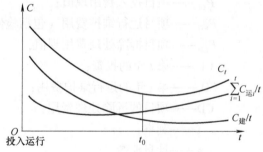

图7-7  工程的经济服务寿命

对一般的工程，经济服务年限在理论上是存在的，但要实际计算是很困难的。

从总体上说，随着工程使用寿命的延长，建设成本的分摊逐渐减少，运行维护费用的增量逐渐趋缓，其总成本的增量很小，而且建筑工程越久远，它的文化和历史价值就越大，实质上是在不断升值。所以，工程寿命期越长，其工程经济效益就越好。例如在西方，许多建筑寿命都在100年以上，甚至几百年，这样工程建设的投资在寿命期中各年度的分摊是很少的，运行维护费用增量不大，而工程的文化价值和历史价值不断增大，可通过旅游等给城市带来很大的经济效益。

轻率的工程行为会导致大拆大建，建筑工程的寿命就会缩短，导致工程投资在工程全寿命期中的分摊（工程的年折旧费）就会很高，即建筑工程的年使用费中投资的分摊额很高，使工程经济效益较差。

### 7.4.6　工程全寿命期费用优化

（1）与传统的工程建设费用优化相比，工程全寿命期费用优化涉及面更广、内容更为丰富，常常也更为复杂。工程全寿命期费用优化可以针对从工程总体方案，直到具体的专业工程系统方案的各个方面。例如：

1）工程的选址方案、总体技术方案、产品方案。

2）工程的结构方案、工艺方案、施工技术方案。

3）专业工程系统的设计寿命匹配方案。

4）工程或产品在使用、运行、测试、检查、维护等方面的不同策略选择。

5）设备的选择方案。

6）老龄化设备的替换、复原、寿命增加或是报废的不同方案。

7）工程的维修或拆除方案等。

所以，工程全寿命期费用优化方法的使用面非常广泛。

（2）工程"全寿命期费用-质量"优化。

工程全寿命期总费用（$C$）由建设费用（$C_1$）和运行维护费用（$C_2$）构成，它们与工程质量之间的相互关系，称之为"费用-质量"特性曲线（图7-8）。若通过工程质量优化和费用降低，使工程"质量-费用"达到优化（$M$）点，则实现确定质量情况下的工程全寿命期总费用最低。

与质量完善度直接相关的运行维护费用通常包括以下几方面：

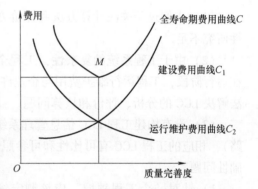

图 7-8　"全寿命期费用-质量"特性曲线

1）纠正缺陷，使系统恢复导致的费用。

2）预防性维护引起的费用。

3）间接成本，例如：

① 由于收益损失而引发的费用。

② 由于质量事故引起的提供选择性服务的费用。

③ 用于质量事故对公司的形象、名声以及威望造成的不利影响导致顾客的流失等。

④ 对引起缺陷的风险的防范、恢复或者控制的费用。

当提高质量完善度，以及提高其他的全寿命期设计准则指标（可持续性或者可维护性）时，工程建设费用一般都会增加，但是运行维护费用将会下降。

（3）根据工程的特点，可采用价值工程方法进行工程全寿命期费用优化和管理，完善、提高工程的必要功能，去掉不必要功能，以实现工程全寿命期总费用最低的目标。例如：

1）选择对工程全寿命期费用影响大的重点工程结构方案、重点分部工程，做功能费用分析与评价，进行方案创新与优选，使工程"全寿命期费用-质量"特性曲线处在优化点，实现工程全寿命期总费用最小。

2）对一些重要设备，研究设备寿命、设备全寿命期费用与功能的最佳匹配方案，并对设备供应商提出设备寿命期标准要求。

（4）在工程的全寿命期费用优化中，由于不同方案不仅有不同费用，而且有不同寿命期，有不同的产量，则不同方案的全寿命期费用比较有时是很复杂的。可以采用不同指标进行比较，如：

1）全寿命期总费用比较。

2）全寿命期费用现值比较。

3）全寿命期费用年平均现值比较。

4）在全寿命期内单位产品或服务总费用比较等。

有时这些指标的比较还要与功能指标、产出、收益等综合，采用全寿命期综合评价方法。

### 7.4.7 工程全寿命期费用管理中存在的问题

（1）人们过于关注计算方法和评价方法，而对工程全寿命期费用的规律性和因素相关性研究不足。

（2）由于工程系统的复杂性，工程全寿命期费用的范围和划分存在很大的问题。特别在运行阶段，工程运行维护费用与企业许多费用的界限不很清楚，核算体系不统一。所以无法解决 LCC 的分析、评价和核算问题。

（3）没有构建工程 LCC 信息管理系统。由于在一个工程领域（如地铁、化工、高速公路），相应的工程 LCC 有可比性和可参照性，推行工程全寿命期费用管理，需要解决一些基础性问题。

1）针对一个工程领域，应该制定统一的工程全寿命期费用分解结构标准、EBS 标准和统一的编码体系设计，并以此构建成本数据库。这样就有统一的核算和信息汇集的对象。

2）统一按照标准核算和汇集实际工程费用，进行费用统计，进入成本数据库。对已完工程的成本数据可以按统一要求和标准定义储存。

3）统一公布实际工程全寿命期费用数据，作为新工程的预算、优化的依据。

4）将 LCC 估算、概算、评价、核算方法标准化。对工程估价、工程系统结构分解、工程结算、会计、计算机处理系统等要统一标准。

为了保证资料的可用性，实际工程成本资料的统计工作应规范化，甚至法制化。不仅必须按照标准的成本分解结构统计，而且按照划定的成本开支范围进行核算和统计，要保证数据的真实性、可靠性。保证工程成本计划（概预算）与实际成本的核算、工程成本的统计在性质上、内容上和范围上高度统一。

这样，以往工程的数据才有参考价值，才有可能形成 LCC 预测、计划、核算、跟踪、诊断、考核、评估和奖罚等统一而又完整的体系。

（4）工程全寿命期费用管理的目的不仅仅是计算 LCC，而且要为新工程的方案决策提供 LCC 的优化、评价、核算和控制的依据。新工程的 LCC 预算、优化和评价应该在本领域过去工程资料统计分析的基础上进行，所以需要构建相关领域工程 LCC 信息体系，使 LCC 信息共享。

## 复 习 题

1. 现代工程的全寿命期费用包括哪些内容？在工程和企业中这些费用是如何核算的？

2. 调查工程运行维护费用的规律性，分析它与工程质量、建设费用的关系。

3. 我国大量建筑被拆除对我国工程经济有什么影响？

4. 调查和讨论：我国一些工程领域（如电网工程）在设备招标中进行全寿命期费用评价，其中存在什么问题？如何解决这些问题？

5. 讨论：工程承包企业的成本管理与工程造价体系有什么关系？长期以来，我国很多企业施工项目放弃了成本管理，信息缺失、失真，在此基础上能否有比较科学的工程造价体系？大数据能否解决我国的工程成本和造价问题？

6. 讨论：工程经济学、工程造价、工程财务管理、工程全寿命期费用管理之间存在什么关系？

# 第8章

# 工程项目管理

【本章提要】

本章主要介绍项目的基本概念、工程项目的分类和特征、不同层次的项目管理、现代建设项目管理模式及其社会化和一体化、管理工作的特性、工程项目管理领域的热点问题等。

工程项目管理是工程管理领域应用最广泛，也是最基本的组成部分。

## 8.1 概述

近几十年来，项目管理一直是管理领域的热点，其研究、开发、应用和教育发展最为迅速，应用最为普遍，对社会和经济的发展有很大的影响。在工程管理领域，工程项目管理作为工程管理最重要的组成部分，极大地丰富了工程管理的内容，提升了工程管理的地位。

### 8.1.1 项目的定义

"项目"的定义很多，有几十种，许多管理专家和标准化组织都企图用简单通俗的语言对项目进行抽象性概括和描述。最典型的有：

（1）国际标准《质量管理体系 项目质量管理指南》（ISO 10006：2003）定义项目为，"由一组有起止时间的、相互协调的受控活动所组成的特定过程，该过程要达到符合规定要求的目标，包括时间、成本和资源的约束条件"。

（2）项目管理知识体系（PMBOK）的定义是："项目是为提供某项独特产品、服务或成果所做的临时性努力。"

但是，这个定义还不能将项目与人们常见的一些连续生产同样产品或重复提供同一服务的过程（如生产作业过程、产品制造过程和会计业务等）相区别。

（3）德国国家标准 DIN 69901 将项目定义为："项目是指在总体上符合如下条件的具有唯一性的任务（计划）：具有预定的目标；具有时间、财务、人力和其他限制条件；具有专门的组织。"

不同的定义直接影响对项目管理的内涵解读和认识。

### 8.1.2  项目的普遍性

在现代社会生活中符合上述定义的"项目"是十分普遍的。例如:

1) 各类开发项目,如资源开发项目、经济开发区项目、新产品研发项目等。

2) 各种工程建设项目,如城市基础设施、住宅区、机场、港口、高速公路等建设项目。

3) 各种科研项目,如 863 计划、科技攻关项目、企业的研发和技术革新项目等。

4) 各种环保和规划项目,如城市环境规划、地区规划、旧城改造等。

5) 各种社会项目,如星火计划、希望工程、申办和举办奥运会、人口普查、工业普查、扶贫工程、社会调查、选举活动等。

6) 各种投资项目,如银行的贷款项目、政府及其企业的各种投资和合资项目等。

7) 各种军事和国防工程项目,如新型武器的研制、"两弹一星"工程、航空母舰的制造等项目。

8) 政府对特殊事务管理,如处理非典、搜救、救灾等。

现代社会,项目管理研究和应用的深度和广度都在拓展,人们采用项目式管理或组织方式管理一些过去人们不作为项目的事务,通过改善工作流程和思维方式,达到节约时间、降低成本、明确责任、合理利用资源、有效控制风险的目的,取得了很大的成功。把项目管理作为一种管理模式来运用,被称为"项目化管理"。如:

(1) 订单生产、大批量销售、有专门目标的销售、更新改造、市场调查、抢险救灾等。

(2) 有许多企业的业务对象和利润载体本身就是项目,例如建筑工程承包公司、船舶制造公司、成套设备生产和供应公司、房地产开发公司、国际经济技术合作公司等,常常又被称作"项目型企业"。

(3) 项目启动型企业。这些企业就是通过一个项目发展起来的,人们将这种企业称为"项目启动型企业",例如中国长江三峡工程开发总公司(后更名为中国长江三峡集团公司),以及常见的合资公司、由 BOT 项目产生的项目公司等。

(4) 现代企业内的创新、组织变革、新的战略(如合资、合作、多种经营、灵活经营、更新改造、资本运作、企业重组、企业改制)的研究和实施,通常经历了由工作再设计/工作丰富化、合理化建议、参与管理小组,到质量小组、跨职能团队、自我管理团队,最终成立独立的新企业。在这个过程中,虽然其实施方式和组织形式有不同,但都属于项目形式。

(5) 企业之间的合作一般都是以项目为依托,或体现在一个个具体的项目上。

从上述可见,项目已渗入了社会的政治、经济、文化、外交、军事等各个领域,社会的每一层次和每一角落,可以说国际组织、国家和地方政府、企业、部门各层次的管理人员和工程技术人员都会以各种形式参与项目和项目管理工作。

### 8.1.3  项目管理知识体系

从本质上说,项目管理是以项目为对象、以目标为导向的具体管理活动和过程。

**1. 项目管理知识体系**(Project Management Body of Knowledge,PMBOK)

PMBOK 的概念首先由美国的项目管理协会(PMI)提出。它划定了项目管理的知识范围界限，并将其结构化和标准化，分为十大知识体系：综合管理、范围管理、时间管理、成本管理、质量管理、人力资源管理、沟通管理、风险管理、采购管理、项目相关者管理。

PMBOK 使得项目管理的学习和培训十分方便，加速了项目管理知识的传递。近几十年来项目管理在全球范围内的普及和推广与 PMBOK 有很大的关系，特别是国际标准《质量管理体系 项目质量管理指南》（ISO 10006：2003）、国际项目经理资质（IPMP）认证体系和美国项目管理专业资质（PMP）认证体系也都以它为基础。

**2. 项目质量管理指南**（GB/T 19016—2005 idt ISO 10006：2003）

国际标准《质量管理体系 项目质量管理指南》（ISO 10006）第 1 版于 1997 年 12 月由国际标准化组织（ISO）颁布，最新版本为 2003 年版，它属于 ISO 9000 体系。2005 年 9 月，我国国家质量监督检验检疫总局和国家标准化管理委员会联合颁布了国家标准 GB/T 19016—2005 idt ISO 10006：2003《质量管理体系 项目质量管理指南》，于 2006 年 1 月 1 日正式实施。在该指南中，将项目管理分为如下四个过程：

1）战略决策过程。它是对项目管理的实施进行组织和管理的过程。

2）资源管理。它包括资源和人员有关的管理过程。

3）与实施项目有关的管理过程。它包括综合管理过程、与范围有关的过程、与时间有关的过程、与成本有关的过程、与资源有关的过程、与人员有关的过程、与沟通有关的过程、与风险有关的过程、与采购有关的过程。

4）管理绩效的测量和分析，总结项目经验，以保证持续改进的过程。

**3. 国际标准《项目管理指南》**（ISO 21500：2012）

将项目管理划为五大过程组，包括启动、规划、实施、控制、收尾；将项目管理内容分为十个专题组，包括综合管理、项目相关者管理、范围管理、资源管理、时间管理、成本管理、风险管理、质量管理、采购管理、沟通管理。

### 8.1.4 对项目管理的基本认知

现在，人们将项目管理方式的应用进一步拓广，提出"项目型××"，如"项目型社会""项目型政府"。甚至提出，现代社会一切都是"项目"。这极大地扩展了项目管理的界限，使得项目管理成为万能的方法或工具。但如果无限扩展项目的范围，不仅使项目很难定义，而且泛化了项目管理学科，容易混淆与其他学科的界限，项目管理似乎就等同于管理学，否则它就没有作为一个独立学科存在的必要。

推行现代项目管理方式，必须对它的优点、缺点和推行的条件有清醒的认知。

（1）项目管理方式的优点。项目管理适用于对有专门最终产品的生产或业务过程的管理，当从事的工作任务有明确的最终成果，有多个目标因素，有复杂的过程，各种技术相互依存，需要各部门或各专业之间密切合作时，项目管理方式的应用是富有成效和高效率的。

1）能够形成以任务为中心的管理，更注重结果；能够对环境和组织内部的变化做出迅速的反应，使组织资源得到最有效的使用。

2）组织是一次性的、柔性的、可变化的、灵活的。项目组织运行效率提高，具有高度的活力和竞争力。

3）从事常新的、富于挑战性的工作，更能够激发人们的积极性、创造性和创新精神，能够实施"以人为本"的管理。

4）整个项目过程和组织成员面向用户，能迅速地反映市场和用户的要求，建立良好的用户关系，能使用户满意。

5）容易适应新的管理理念和方法、较少的官僚主义，企业活力增强，人员和组织层次减少，管理效率提高。

6）能够实现组织扁平化，组织的协调和控制比较方便和有效，信息的传输效率高。

7）项目参加者之间能够很好地合作，优势互补。

（2）项目管理存在的问题和不足之处。

由于项目的特点，项目管理也有其自身的缺陷和矛盾性。

1）它是一次性的，计划、控制和组织无继承性和可用的参照系，任务承担者的最终成果难以评价，容易导致不平衡和低效率。

2）项目组织是常新的组织，过程不均衡，组织结构有高度的动态性，使组织成员归属感和安全感不强，组织忠诚和凝聚力很小，组织摩擦大，项目组织文化的构建存在很大的难度，容易导致低效率。

3）作为一次性的常新的组织，容易导致项目组织内部及与环境之间沟通不畅，协调困难。

4）参加者的目标与利益不一致，容易有短期行为和责任盲区，容易产生组织争执。项目之间以及项目和部门之间的利益很难平衡，容易造成组织内耗。

5）需要诚实信用和互相信任，需要统一的运作规则、完备的规章制度和明确的责任和权利的分配。这是很难做到的。

6）由于临时性，项目组织成员没有战略责任，没有长期思维，不利于战略目标的实现等。需要特殊的社会、体制、组织文化和人文条件。

7）在一个组织中，项目间互相学习是比较缓慢的，存在明显的知识传播障碍。

所以，政府要处理紧急事务、突发事件、建设工程等可以采用项目方式管理。在处理一些日常事务过程中，也可以采用一些行之有效的项目管理方法，如 WBS 方法、网络技术、成本核算方法、挣值法、目标管理、计划和控制方法等。

但在一个稳定的常态化的社会中，政府工作、社会工作还是应该有稳定的组织和程序。如果政府以及相关的部门都是"项目型"的，即采用一次性的动态的多单位（部门或企业）合作的组织处理大量的日常性事务，就容易产生短期行为、低效率、不稳定性，甚至混乱。

（3）要在组织内采用项目管理方式，使项目管理有高的运作效率，发挥它的优点，规避它的缺点，还必须关注它有效应用的组织、人文和社会心理条件。

1）企业组织形式要向扁平化发展，以适合项目组织的运作。

2）进行业务流程再造，项目组面向顾客，划小管理单位，形成以任务为中心的管理过程。

3）部门业务和项目对象要分离，项目经理和职能经理责任界面清楚。在职能管理基础上强调项目导向的协调作用，形成信息双向流动和双向反馈机制。

4）构建严密的管理系统，管理规范化。要构建项目管理责任体系，设置科学合理的核算、评价和考核方法。

5）企业要有适宜现代项目运作的员工队伍和组织文化。现代项目管理对人员的素质、能力、知识等方面的要求很高。

6) 企业上下要统一认识和决心，克服旧习惯的影响，以减少抵抗。推行现代项目管理方式，能提高管理效率，提升企业的素质，但需要精细化的技术实施和管理工作，要打破传统的运作方式和利益机制，组织内要信息透明，形成互相监督的机制。

在开始推行时会增加许多新的工作量，会使企业管理人员、项目部人员感到麻烦，会产生抵抗情绪。人们习惯传统的管理方法和流程，希望自我控制，而不希望被监督和信息透明。

长期以来，我国很多工程承包企业采取粗放型管理，基础管理工作十分薄弱，甚至对现代项目管理的基础性工作（如定额管理、劳动组织研究、劳动效率研究、科学化的进度管理、精细化的成本管理和质量管理）基本上是放弃的，所以对这些企业推行现代项目管理就缺乏基本的组织、知识、方法和信息条件，通常需要经过痛苦的过程。

（4）项目管理知识体系（PMBOK）的局限性分析。

1）PMBOK 制定的出发点是，为项目管理从业人员执业知识和技能的范围和结构提供一个标准，是针对应用的而不是科学研究的。它倾向于项目管理的应用和职业化，不关注项目管理的理论问题，它并非理论体系，学术特征较弱。

PMBOK 经过 30 多年的发展，历经多个版本的更迭，它不断吸收项目管理应用和研究成果，使知识体系内容日趋完善，它系统地定义和描述了实际应用中那些被普遍接受的成熟的项目管理内容，却没有当然也不需要涉及项目管理研究的前沿问题。

2）过于强调结构化的知识体系，容易束缚研究者和学习者对项目管理研究的创新精神，容易造成思维的僵化。学术界应该对此有一个清醒的认识。

3）项目管理首先是在专业领域里应用和发展起来的，随后各专业领域的项目管理专家一起探讨它们的共同点，由此形成 PMBOK，所以 PMBOK 的发展也必须由专业领域的项目管理作为前导拉动。PMBOK 构造了公认的对通常项目进行管理的良好做法及其过程，仅包括了项目管理体系中普遍公认为成熟的那一部分知识。由于现代项目范围扩展得很大，所以通用的项目管理共性的知识较少、比较简单，层次较低普遍公认的最佳实践难以适应不断扩大的项目范围带来的挑战。随着社会经济和科学技术的飞速发展，专业化、投资大、周期长、内外部关系复杂的项目不断涌现。现有的 PMBOK 难以满足这类项目管理的要求，所以在专门领域的项目管理研究和应用中不能拘泥于 PMBOK。

PMBOK 需要随专业领域新的要求、新的成果进行补充和扩展。所以必须更注重专业领域的项目管理的深入研究、创新与应用。

4）PMBOK 主要针对项目经理的管理活动，是针对单个项目以及项目内部的管理。通过项目管理方法的应用，使项目按照进度、成本、质量要求完成，保证项目目标的实现。

而现代项目管理的范围非常广泛：对象从单项目扩展到项目群、多项目管理；管理层次由项目级管理扩展到组织项目管理（OPM）；研究内容从项目管理扩展到项目治理等方面。

## 8.1.5 工程项目概述

### 1. 工程项目的定义

从前面"工程"和"项目"的定义可见，工程和项目的定义都十分广泛，而且有交集，广义的工程就是项目，一些特定的项目就是工程，它们很难明确地区分。

现代项目管理起源于工程领域，首先在军事工程项目、工程建设项目中应用，再拓展到投资和开发项目、软件工程项目、社会项目，再延伸到广义的项目。所以工程项目管理在项目管理领域具有特殊的地位。

而本书所指的"工程项目"是在工程全寿命期中存在的或与工程相关的项目，即工程全寿命期中的子过程。人们常常将工程中的各种工作任务作为项目来进行管理，所以，在工程管理中，项目是最为常见的也是最具体的管理对象。

一个工程系统从构思开始到最终拆除有几十年，甚至上百年。在这个寿命期中有许多子过程，它们都属于工程项目，如投资项目（如 PPP 项目）、工程建设项目、工程咨询项目、工程设计项目、工程监理项目、工程承包项目、工程扩建（更新改造）项目、工程维修项目、工程技术创新项目等。

所以，在一个工程的全寿命期，可以细分为许多种类和许多数量的"项目"。其中最典型和最为重要的是它的建设过程，即工程建设项目。人们通常将它定义为"工程项目"。而其他"项目"常常都是围绕它进行的。

**2. 工程管理与工程项目管理的关系**

工程项目管理是项目管理与工程管理的交集。

1）工程项目管理是工程管理一个主要的组成部分。它采用项目管理方法对工程寿命期中的决策、建设、运行等过程进行管理，通过计划和控制保证工程项目目标的实现。工程活动绝大多数情况下以项目形式存在，采用项目管理的理论与方法实现工程目标。

工程管理不仅包括工程项目管理，还包括工程的决策、工程估价、工程合同、工程经济分析、工程技术管理、工程质量管理、工程投融资、工程资产管理（物业管理）等。

2）工程项目管理是针对工程过程的管理，其内容与工程管理的其他管理职能（学科）有密切的联系。在工程项目管理中也有工程项目成本（造价）管理、合同管理、质量管理等。它与这些学科之间又有区别，例如：工程造价涉及造价的构成和计算方法，作为专业工程造价人员的应有技能；而工程项目管理中的成本（造价）管理关注流程、计划和控制过程、组织责任体系构建、信息沟通、与其他管理职能（如工程合同管理、进度管理质量管理等）的集成等。

又如，工程质量管理涉及许多专业技术、专业数据处理、评价和判断工作，它们由专门的质量和技术方面的管理人员完成，而工程项目管理中涉及质量管理的流程、责任体系、与其他职能的协调、信息管理等方面的工作。

3）工程项目管理是工程管理专业的重点课程，是工程管理理论和方法体系的核心内容，为工程管理专业的学生必须具备的知识。大多数学生的研究选题和将来的工作领域都在这方面。

工程项目管理对构建更为科学、完整的工程管理知识体系有决定性的影响。

## 8.2 工程项目的分类及其特征

### 8.2.1 工程项目的分类

在一个工程中，项目的种类很多，可以从不同的层次和角度进行分类。

（1）投资类项目。它是对一个工程的投资过程，如 PPP 项目、合资项目等。

（2）工程建设项目。它是一个工程的建设过程，目标是完成一个工程的建设任务。

（3）工程承包类项目。按照工程承包范围的不同，这类项目还可以分为：

1）EPC 总承包项目。其项目范围包括整个工程的设计、供应、施工任务，最终交付一个完整的工程系统。

2）工程施工承包项目。它是以完成工程施工任务为目的的项目，包括工程施工总承包和专业工程施工承包项目。

（4）咨询类项目。工程咨询项目种类很多，性质也各有不同。例如可行性研究、投资（造价）咨询、工程设计、技术咨询、工程法务咨询、项目管理服务（如设计监理、施工监理、项目管理、代建）、企业工程管理诊断、企业和项目管理系统开发等。

（5）供应类项目。例如，为一个工程过程供应劳务、材料、设备、软件系统等。这里面可能包括专用设备的制造、软件系统的开发等。

（6）工程维修项目。工程在运行过程中，各种维修过程都具有项目的特征。工程的大修通常更是一个复杂的项目过程。

（7）工程扩建、更新改造项目。在役工程范围的改变、增加新的功能等通常是通过工程的更新改造、扩建等实现的。这是一个很特殊的项目过程。

（8）科研类项目。例如，在可行性研究中要做市场专题研究、技术研究、环境调查研究；在设计过程中要做专项方案的研究和技术方案的模拟；在施工中要做工法研究、工程技术创新等。

（9）还有一些综合性的项目，如区域性开发项目等。

工程全寿命期过程常常是多种类工程项目共生于一体。不同类型工程项目有不同的特性，由此带来项目管理方式和规律性的不同。

## 8.2.2　工程项目特征分析

工程项目类型很多，各有其特征。对工程项目的特征分析有许多角度，有很强的理论性。

（1）目标的特征。如：

1）目标的确定性，如清晰程度、完整性、具体性。不同的项目，其目标的确定性不同，会影响计划的难易程度和项目实施的风险。

有些项目在实施前目标就由上层组织充分定义，清晰明确，如施工项目、材料供应项目等。

有些项目在实施前只能确定大致的愿景和方向，具体目标不清楚，或是模糊的，必须在实施过程中通过探索和合作逐渐形成目标，如技术创新项目。

2）目标因素的可量化性。目标因素的可量化性会影响项目绩效评估的难易程度。从可量化性角度来看，主要有以下两种：

① 可度量的，能用明确的数量指标描述，如工作量、供应量等。

② 仅能定性描述，如提升地方形象、促进社会和谐等。

3）目标之间的冲突性和相互依赖性。

4）项目目标与企业战略相关联。

（2）交付成果特征。工程项目的交付成果通常有硬件、软件、服务、资金等，以及它们的综合。它们有不同的特质，如：

1）有形性的（如实物、硬件），或无形的（如软件、设计文件、管理系统）。

2）规模和数量及其内在联系。

3）质量的可评价性。

4）多样性，即是综合性的还是专业性的。

5）采用常规的技术（如有明确且成熟的质量标准、规则、程序、规范的信息处理系统）或新颖的技术（如质量标准、范围、结构、性能等都不能预先确定）。

6）交付成果组成部分的相互依赖性。

（3）项目范围的特征，如范围的清晰程度。这与目标和交付成果有关，会影响项目相关工作的特征。

1）一般目标清晰，交付成果可以度量，则范围和预期状态清晰，就能准确地计划和控制。

2）如果项目工作涉及专业多、类型多（如设计、制造、安装、运行），项目范围大，范围清晰程度低，则计划和控制的难度大，需要大量的信息。

3）项目工作的复杂性、可分析性和可辨识性，可选择的实施方案和实施途径的多样性，所需要素（资源、环境、知识）复杂性等。例如，是否可以按照过去工程项目的经验和数据对项目范围进行结构化描述（项目工作结构分解），安排项目实施流程，方便地进行计划和控制。

4）项目工作的新颖性，以及项目团队成员与项目工作的匹配性。例如，项目团队是否有项目的经验和经历。

（4）项目相关者的特征。

1）在项目早期项目利益相关者的范围，以及最终顾客的确定性。

2）任务承担者的范围和关系。例如，是企业内完成，还是多企业合作；能否进行明确的责任划分，或需要共担责任；项目运作规则是否为从上到下指令的，或组织内形成的。

3）项目伙伴之间是一次性合作，还是长期合作，互相监督的可能性如何。

4）任务承担者与项目关系。例如，工程是实施者自己的，还是接受一次性委托的工作；工作承担者仅承担项目工作，还是同时承担许多项目工作，或本项目工作仅仅是工作承担者的附带工作，他还有更重要的职能工作；工作承担者对项目工作的适应性；过去同类项目的经历；未来继续承担同类项目的可能性等。

5）相关者数量、参与（或监督和控制）程度和期望的特性。

6）项目所需资源（实物资产和人力资源）的约束性和专属性会对项目产生极大影响。专属性高（即专门为本项目配给），能够保证项目目标的实现，但资源可能不能最优利用，同时对供应方（承包方或分包方）的依赖性增强，由此会带来合作者的合同道德风险。

7）任务承担者的能力需求。有些能力需求是难以事先确定的，可能所需求的能力并不存在，如研发项目。而对于某些简单的项目，承担者需要何种能力可事先明确。

（5）项目实施时间影响。作为临时性组织，时间在项目管理中有特殊的地位。时间限制作为项目目标，决定了项目生命周期，对项目过程、计划、组织成员责任、沟通、行为和绩效有重大影响。

项目不同的时间跨度特质对项目管理影响很大，如 PPP 项目实施时间常常有 25 年以上，而供应项目和专业工程施工承包项目的实施时间可能就很短。

有些项目时间需求紧迫，如救灾项目、危机管理项目、重大疫情处理项目，人们不能从容地计划和组织，常常需要应急处理和即兴发挥。

（6）不确定性，是否需要大量的信息来处理不可预测性事件。

1）环境的不确定性。这体现为受环境的干扰程度，供应商、竞争者、资本市场、政策制定者的情况变化，以及工程对环境和上层系统的影响面等。

2）可能出现新的情况、新的影响和措施，不能被事先预料。

3）能否获得完成项目任务所需要的信息。

（7）其他，如项目过程的可逆性，所处的法律制度、社会环境等。

### 8.2.3　典型工程项目的特征分析

项目的特征对项目管理的各个方面都会产生重大的根本性的影响，在很大程度上决定了项目管理方式、项目组织形式的选择，组织规则和组织运作机制、计划和控制的手段、工程相关的合同形式和内容的选择，项目责任体系的构建和考核、评价等各个方面。下面对最典型的工程项目进行讨论。

**1. 施工项目**

这类项目以硬件为交付成果，属于比较传统的工程项目，它的特征有：

1）在项目开始时，目标就给定了，已知工程环境、客户要求和绩效指标。

通常在施工项目开始前，施工图、工期、报价就已经确定了，则目标是明确的，而且交付成果是硬件（有可度量的工作量），任务范围清晰（有规范和工程量清单），报价风险不大，它的计划、各种方案的安排、责任的落实和检查、考核等的依据是比较充分的，目标控制难度较小。

2）人们对施工全过程模型有比较明确的认知，施工项目工作范围能够进行线性结构分解（WBS）和确定性的流程安排，使用比较标准的管理程序、工具，通常可以用 CPM 安排时间计划。

所需资源的种类、数量，以及需求的时间都能在一定程度上确定。

3）施工过程重点是按照施工图、工程量清单和规范完成任务，能够对施工质量、成本和进度等进行有效的监督和控制。

4）其项目管理工作主要在现场，是执行性的，与相关的施工专业工作有比较紧密的结合。

5）一般施工工作的创新性较小，主要依赖已有知识解决问题。

**2. 创新型工程项目**

这类项目包括新产品开发、新型武器研制、软件开发、工程领域的科学研究等项目。它们的特征有：

1）在项目初期目标是不太明确的，不能事先定义，只能确定项目的愿景。可能面向新市场，甚至未知的用户群体，常常需要按照实施状况、新发现的问题逐渐明确目标，或反馈修改目标。

通过在项目过程中分析遇到的新问题和新情况，对项目的中间成果进行分析、判断、审查，探索新的解决办法，做出决策，逐渐明确并不断修改目标，最终达到一个结果，可能是成功的、一般的，或不成功的，甚至可能是新的成果或意外的收获。

2）项目范围不能事先确定，不能进行确定性的工作结构分解，对实施路径也不能做出确定性安排。有些方案需要通过实验、专题研究和测试，或掌握信息后再制定，需要进行中间决策、分析、优化和修正。所以必须加强变更管理、阶段决策和阶段计划工作。

3）项目的实施是持续探索的过程，强调对新知识的探索和应用，在实施方案、组织、资源供应、合同等许多方面都需要具有高度的灵活性和柔性。

4）有较大的风险和不确定性。在项目管理中，风险和不确定性管理是重点，项目工作（特别是界面上的工作）数量可能出现非线性增长，实施过程和方案会有多种选择，或需要不断调整。这带来时间、费用等方面计划和控制的困难，需要用 PERT、VERT 网络方法编制计划。

5）由于包括大量未知的技术，所以团队必须是学习型的，促使其能在复杂环境中学习、运用、适应。知识管理是非常重要的。

但现在很多工程施工项目中都会同时出现常规和创新性的工作内容，需要平衡地对待。例如，一些大型的结构（如大型桥梁、钢架、电视塔）、创新性的工程（如 FAST）的施工都有创新性和难度。

当然创新是相对的。开发新工艺属于创新项目，而随着新工艺的推广创新性就会逐渐减弱。

**3. EPC 总承包项目**

1）项目的总目标是比较明确的，要提供符合合同要求具有一定功能的工程系统，交付成果有硬件（建筑物、构筑物、设备）、软件（如控制系统、管理系统、计算书、计算机程序、操作和维修手册等）和服务（如现场管理、培训操作人员、运行维护等）。

但许多具体目标要在实施过程中逐渐清晰，导致目标控制难度较大。

2）项目任务面很广，内容复杂且多样，包括设计、采购、施工、培训等。任务范围不很清晰，通常还包括"合同隐含或由承包商的义务而产生的任何工作，以及合同中虽未提及但按照推论对工程的稳定、完整、安全、可靠及有效运行所必需的全部工作"。这给承包商的工程报价、实施计划和责任的分担带来较大风险和不确定性。

3）项目的设计和计划是一个渐进的过程，符合工程项目发展的规律性，但业主要求和承包商责任的落实会存在争议，项目的计划、控制、考核等依据不很充分。

4）在项目范围内有大量的工作需要委托外包，存在很强的内外部干扰和不可控因素，需要柔性的组织策略等。

## 8.3　工程项目管理的层次性

### 8.3.1　工程项目的层次

与工程的特征一样，工程项目也是相对的，一个工程内，可以分为许多层次，由此决定相应的工程项目管理的层次。

（1）按照范围的划分，一个工程系统、其中的功能区（即单项、区段），甚至专业工程系统（如信号系统、基础工程、结构工程）都可以作为工程项目的对象。

（2）按照项目过程和专业工作内容划分，设计、施工、专业咨询、专题研究等也可以作为工程项目。

（3）按照组织实施层次划分，如一个大型工程可以分为：

1）工程建设项目（业主负责）。

2）EPC 总承包项目（总承包商负责）。

3）专业工程施工项目（分包商负责），如土建施工项目。

这样可以划分工程项目的计划和组织层次，例如，针对一个工程建设项目的实施计划就有：工程建设总体计划（业主的建设项目实施总体计划）；项目管理（或监理）实施计划，如监理大纲，或项目管理规划大纲等；施工总体计划，如施工组织总设计；区段（标段、单项）工程施工计划；单位工程施工实施计划；分部工程施工作业计划等。

## 8.3.2 工程的范围构成

按照管理对象（工程系统）构成和特征的不同，工程项目管理又可以分为：

（1）单项目管理。这是传统的工程项目管理，交付成果为一个独立的工程系统。PM-BOK 及项目经理、一般工程项目管理教材都以它为对象。

（2）多项目（Multi-project）管理。组织对多个单项目进行管理，而这些项目的交付成果之间内在联系很少，项目目标之间没有相关性。例如，施工企业在不同的地点承接施工项目，这些工程项目有不同的业主、不同的起止时间、有不同的目标。

多项目管理通常是从企业角度出发的，在"项目组合决策"的基础上确定多项目范围，需要将企业的有限资源（人力资源、资金、设备等）在多项目间进行最优分配，进行多项目的计划、资源调度和实施控制等。

工程承包企业、工程咨询企业、房地产企业都进行多项目管理，通常采用矩阵式组织形式。

（3）项目群（又叫"项目集"）管理。项目群由一组有内在联系、有统一建设计划的多个相对独立的工程项目组成，通常一次交付运行，交付的工程系统具有整体功能和收益。

很显然，项目群管理必然又是多项目管理，是对有"内在联系"的多项目的管理。

大型工程项目的业主一般要进行项目群管理，例如南京地铁 1 条线的建设就是一个项目群。它作为一个建设计划申报国家批准；可以分为许多独立的工程项目，如许多车站、区间段、指挥中心、维修中心、车辆基地等；这些工程项目服从统一的时间安排，最终一次性交付投入使用。另外，三峡工程、南水北调工程、上海世博工程、京沪高铁工程、北京奥运会的场馆工程都具有项目群特征，如：

1）这些工程项目有共同的目标，或目标存在相关性，同时实施，共享组织资源。

2）它们之间存在工程系统的相关性，如功能区之间互相依赖，专业工程系统之间存在接口。

3）在确定的组织战略和组织目标下，通过集成化管理实现整体战略利益。不仅强调最终交付成果，而且强调收益，给组织带来效用。

4）项目群需要制订多层次计划，协调各项目或各阶段工作过程，保持项目群整体的协调和最优化。

5）通常采用矩阵式组织形式，各项目团队执行统一的技术标准、管理规程、绩效评价标准。

（4）多项目群。我国近几十年来进行的许多特大型的、巨型的工程项目呈现"多项目群"特征。

1）它们通常规模大、系统复杂、占有广阔空间、建设时间长，但分多阶段（或多期）建设，并不服从一个建设计划。

例如，南京地铁早期有统一的规划，计划建设 17 条线，建设时间持续 50 年，但每条线都是一个独立的建设计划，并由上层批准。

在建设过程中，多项目群的内涵、范围会不断调整。例如 20 多年来南京地铁的规划调整，不断增加新的项目群（线路）。

2）这些项目群之间在空间和功能上具有相关性。例如南京地铁最终这 17 条线连成一体，成为一体化运行的整体。这些线路（项目群）之间有复杂的工程系统界面（线路的交叉换乘），在建设过程中需要保证技术系统（如信号系统、收费系统、控制系统）的一致性和责任体系的协调性。

3）在相当长时间内，已建成工程（项目群）的运行与后续工程（项目群）的建设并行，运行组织和建设组织之间存在复杂的关系。

通常，高速公路网建设、高速铁路网建设、区域性开发都具有多项目群特征。

### 8.3.3 现代组织内项目管理的层次划分

在工程相关的组织（如工程承包企业、投资公司、政府部门等）内，各层次的人员都有工程项目管理的任务，形成不同层次的项目管理工作（图 8-1）。

（1）领导级项目管理，如工程承包企业总经理、政府部门领导的项目管理。管理的内容包括：

1）创造市场，寻求项目机会。

2）提出工程理念，以及企业的项目运作理念。

3）工程项目的战略规划和战略控制。

4）以组织战略为目标，决定投资方向，做项目组合决策。

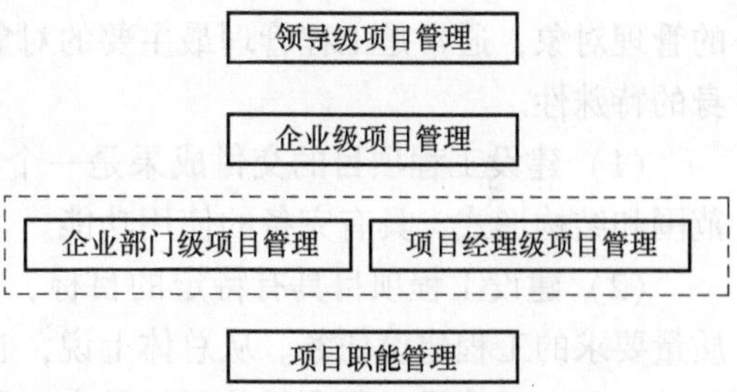

图 8-1 项目管理的层次划分

5）项目治理体系构建（"企业-项目"管理体制建设，如项目承包责任制）。

6）寻找合作者（联盟），获得资源，如企业间战略联盟，供应链构建。

7）提供和改善项目实施和管理的环境条件。

8）企业重大的项目群、单项目管理。

9）监督项目价值的实现。

（2）企业级（组织）项目管理。最典型的是工程承包企业的项目管理，管理的内容包括：

1）企业项目管理体系构建。涉及：企业项目管理系统设计，企业项目管理规则、项目管理办公室（OPM）的构建和运作，企业项目信息化管理体系建设等。

2）进行项目群管理或多项目管理。例如，确定项目的优先级，提出重点项目的里程碑计划，对项目进行组织、实施控制、绩效考核、审计、项目后评价。

3）开发组织的项目管理能力，提升项目管理成熟度。例如对项目管理体系持续改进、知识管理、项目管理人员的培训和团队文化建设。

4）管理重要的工程项目利益相关者。

5）对重大的由企业直管的工程项目进行管理。这种项目通常采用独立的项目组织形式。

（3）企业部门级项目管理。企业部门一般管理有关资源或职能，如人力资源管理部门、合同管理部门、计划部门、质量管理部门等。主要负责多项目的同类资源或职能管理工作，如相关职能的管理体系构建；对相关资源在多项目之间进行分配，保证各项目顺利进行；为各个项目提供支持，完成项目上提出的相关职能性工作；对各个项目进行相关职能方面的控制等。

（4）项目经理级项目管理。这是最为典型的项目管理，PMBOK 以及我国建设工程项目管理规范就是以这个角色管理工作定位的。其目标是实现企业对项目的战略定位和目标。

（5）项目职能管理。例如，项目部设有职能管理部门或职能管理人员，他们负责本项目的相关职能管理工作，如具体的成本核算、质量计划和控制、合同管理等。

# 8.4 建设工程项目<sup>⊖</sup>管理

## 8.4.1 建设工程项目的特征

建设工程项目是以一个工程的建设任务为对象的过程，是任何工程都不可或缺的最常见的管理对象，通常是工程管理最主要的对象。建设工程项目不仅具有一般项目特征，还有自身的特殊性。

（1）建设工程项目的交付成果是一个具有一定规模的工程技术系统。它有明确的系统范围和结构形式，具有完备的使用功能。

（2）建设工程项目具有特定的目标，通常是在预定的时间内，以预定的费用完成预定质量要求的工程建设任务。从总体上说，它作为工程全寿命期的一部分，是为工程总目标服务的。所以，建设工程项目的目标是由工程总目标分解来的。

（3）建设工程项目实施的约束条件。除了上述项目目标外，约束条件还可能包括：资金限制、人力资源和其他资源的限制、环境条件（如现场空间、法律、气候）的限制等。

（4）特殊的组织和法律条件。

1）由于社会化大生产和专业化分工，现代建设工程项目都有几十个、几百个，甚至几千个独立的企业和部门参加，其组织是多企业合作的组织。

2）建设工程项目参加单位之间主要靠合同作为纽带，建立起项目组织，以合同作为分配工作、划分责权利关系的依据，作为最重要的组织运作规则。适用与其建设和运行相关的

---

⊖ 在我国工程界常用"建设工程项目"和"工程建设项目"两词，其区别是，"工程建设项目"中的"工程"为前述 1.1.3 节中所提及的工程技术系统的概念，而"建设工程项目"中的"工程"为活动的概念。它们的内涵差异不大，也常常混用。

法律条件，例如合同法、环境保护法、税法、招标投标法、城市规划法等。

3）建设工程项目组织是一次性的、多变的，具有高度的动态性和不稳定性。一个单位会因项目任务的承接而进入项目组织，因项目任务的完成而退出项目组织。

4）参与项目的团队和母组织存在紧密联系，需完成母组织赋予的任务目标。

5）参与单位之间存在合同之外的组织或个人关系。例如，某些参加者之前有共同的经历，或个人之间存在社会关系（如校友、老乡等）。这些有时会对工程实施带来重大影响。

由于组织和法律条件的特殊性，合同对建设工程项目的管理模式、运作方式、组织行为、组织沟通有很大的影响，合同管理有特殊的地位和作用。

（5）建设工程项目的多样性和复杂性。

1）投资大、规模大、科技含量高、持续时间长、多专业的综合、参加单位多，是复杂的系统工程。

2）可交付成果不仅包括传统意义上的建筑工程，而且有复杂的设备系统、软件系统、运行程序、操作规程等，包括大量的高科技、开发型、研究型工作任务。

3）常常是研究过程、开发过程、施工过程和运行过程的统一体，而不是传统意义上的仅按照设计任务书或施工图进行工程施工的过程。

4）其资本组成方式（资本结构）、承发包方式、管理模式是丰富多彩的，需要国际合作，合同形式和合同条件越来越复杂。

现在我国有许多建设工程项目，如三峡工程、青藏铁路工程、南水北调工程、大型国防工程、城市地铁工程等建设项目，都是特大型的、复杂的、综合性的工程项目。

## 8.4.2　建设工程项目管理模式

在工程的所有项目类型中，建设工程项目管理是最为典型的。建设工程项目管理的主体是业主，管理对象是整个工程的建设过程。通常有如下几种模式：

### 1. 业主自己管理工程

在国内早期，政府及其职能部门、学校、工厂等对于工程建设基本都实行"自己建设，自己管理"的模式。投资者为了工程建设成立一个建设管理单位直接与设计单位、设备材料供应单位和施工单位等签订合同，直接管理工程的实施过程。例如，在 20 世纪 90 年代前，我国企业、政府各单位和各行政部门、学校、工厂、部队等都设有基建处，由基建处负责本单位（或部门）的建设工程项目管理工作。工程建设结束后，建设单位通常要承担运行维护管理的任务，有时就解散，或者闲置着。

该模式的优点是：建设单位集工程建设与运行维护职能于一身，可使得建设与运行紧密结合，有利于组织内外部的协调和管理，充分利用现有资源与有利条件，加快建设速度。同时建设单位的责任体系完备，有利于提高投资效益。

其缺点是：这是一种小生产式的项目管理方式。管理机构因工程建设而临时组建，人员流动频繁，项目管理专业化程度较低，不利于积累管理经验；工程结束后，管理人员往往难以安置，不能构建专业化管理队伍；也无法进行精细的成本核算；容易造成管理成本的增加和人、财、物、信息等社会资源的浪费；而且会导致政企不分、垄断经营、腐败等问题。

### 2. 工程建设指挥部的形式

1958 年之后，直到 20 世纪 80 年代中期以前，我国政府投资的基础设施（如城市地铁、公路工程、化工工程、核电工程、桥梁工程等）建设都采用工程项目指挥部的形式，由政府主管部门牵头，各建设单位、设计单位、施工单位派出代表组成一委员会（指挥部、筹建处、基建办公室等），负责建设期间的设计、采购、施工管理，竣工后移交生产管理机构运营。

各委员单位负责各自的工程任务，通过定期会议管理整个工程的实施，依靠行政手段协调各方面的关系。

这种组织协调比较容易，能照顾到各方面的利益。但它的缺点也是十分明显的：行政色彩较浓；缺少一个居于全面领导地位的项目管理者；各参加者首先考虑自己的利益和工作范围，较少甚至不顾项目整体利益；日常协调的重点多为眼前出现的问题，而对将来、对全局性问题协调较少；工程责任落实困难，容易造成项目组织的散漫和指挥失调。

克服这些缺点比较好的办法是委托当地政府或上级主管部门领导（如副市长、副部长、副省长等）作为总指挥，因其权威较大，项目组织协调方便，容易获得项目的成功。

20 世纪 80 年代中期以后，我国实行基本建设投资业主责任制，通常都要成立工程建设总公司作为业主，但同时又有工程建设指挥部，"一套班子，两块牌子"，兼有经济管理和政府行政管理职能。一般与设计单位、承包商签订合同，采购材料、设备等都以公司的名义，而与所在地政府协商拆迁事宜就以指挥部的名义。近 30 年以来，建设指挥部与建设公司之间的职能也在逐渐变化中，从总体上说，指挥部的职能在逐渐缩小，而建设公司的职能在逐渐扩大。

**3. 业主分别委托投资咨询、招标代理、造价咨询、监理公司进行工程项目管理**

（1）在国际上，业主聘请咨询公司帮助自己管理工程已经有很长的历史。最初，建设工程项目管理工作由建筑师承担。这是由于建筑学在工程中具有独特的地位：

1）在工程专业体系中，建筑学是牵头专业，建筑方案具有综合性，是其他专业方案的基础，与其他专业的联系最广泛。建筑学专业在工程建设过程中为业主服务的时间较长。

2）建筑学专业具有丰富的内涵，对一个工程，建筑方案具有艺术、文化、历史价值。

3）建筑师注重工程的运行，注重工程与环境的协调，注重工程的历史价值和可持续发展。

这些正是工程和业主最需要的。直到 20 世纪 80 年代，国外（最典型的是美国和德国）的许多建设工程组织结构图中依然是建筑师居于中心位置。许多工程的计划、工程估价、工程施工合同的起草和招标的组织、开工指令的签发、工程现场监督、现场问题的处理，甚至对承包商索赔报告的处理都由建筑师负责。

但建筑师作为建设工程的管理者有他不足的地方：

1）建筑师具有艺术家的气质，需要创新思维，常常较少的严谨性，缺少经济思想和管理思想。

2）建筑师是艺术家，常常有非程序化和非规范化的思维和行为。

3）建筑师在工程中发挥主导作用主要在设计阶段，常常不能全过程介入，特别在施工期和运行期，这造成工程项目管理的不连续性。如果让建筑师全过程介入，则又是对建筑师人才的浪费。

这些不足会损害工程的总目标，不利于工程项目管理工作。

（2）随着工程项目管理的专业化，在 20 世纪初就有独立身份的工程项目管理人员出现。在国外被称为咨询工程师，在我国被称为监理工程师。20 世纪 90 年代以来，我国在建设工程项目管理领域实行专业化分工，有监理公司、投资咨询公司、造价咨询公司、招标代理公司为业主提供专业化的项目管理服务，业主可以将一个建设工程项目管理工作分别委托给设计监理、施工监理、造价咨询和招标代理等单位承担。

由于业主委托许多咨询和管理公司为自己工作，业主还必须进行总体的控制和协调，常常要委派业主代表与他们共同工作。

（3）其他形式。由工程参加者的某牵头专业部门或单位负责工程项目管理，如：

1）由设计单位承担工程项目管理工作，即"设计-管理"承包。

2）由施工总承包商牵头，即"施工-管理"总承包，在我国的许多工程中采用这种模式。

3）由供应商牵头，即采用"供应-管理"承包模式。

**4. 业主将整个工程的建设管理工作委托给一个工程项目管理单位**（公司）

业主与项目管理公司签订合同。项目管理公司按合同约定，代表业主对工程建设进行全过程或若干阶段一体化的管理，为业主编制相关文件，提供招标代理、造价咨询服务，进行设计、采购、施工、试运行的组织和监督。业主主要负责工程实施的宏观控制和高层决策，一般与设计单位、承包商、供应商不直接接触。

但在我国，业主聘请项目管理公司，还要另外聘请监理单位，因为监理是法定的。这样实质上造成许多管理职能的重复。

**5. 代建制**

在我国，代建制是指对政府投资的建设工程，经过规定的程序，由专业性管理机构或工程项目管理公司对工程建设全过程实行全面的相对集中的专业化管理。工程代建单位是政府委托的工程建设阶段的管理主体。

从严格意义上讲，使用代建制方式，投资者（一般为政府或政府部门）不再另外组建建设单位。采用代建制，使投资者（政府）、建设管理单位（代建单位）与使用单位分离。

工程代建单位通常有两种：

1）组建常设的事业单位性质的建设管理机构（单位），它不以营利为目的，且具有很强的独立性。

2）选择专业化的社会中介性质的项目管理公司作为代建单位，实现了项目管理专业化。

政府主管部门负责审批项目建议书、可行性研究报告，审查确定设计方案，审批工程预算和工程建设计划等；安排工程年度投资计划并协调财政部门按工程进度拨付建设资金；监管代建单位履行合同；组织工程的竣工验收和移交。

工程使用（运行）单位负责根据本单位的实际需要及发展规划提出工程建设项目建议书；在工程方案设计阶段提出工程的具体使用条件、建筑物功能要求，有关专业技术具体要求和指标；在建设过程中（包括工程设计、施工、设备材料采购等）提出意见和建议，并监督代建单位的行为；参与工程竣工验收，并接收工程，此后承担使用和维护的责任。

建设项目管理方式属于项目实施方式，它受工程的融资方式和承发包方式的影响。例如，对于 EPC 总承包，总承包商就承担主要的建设项目管理任务，所以它不仅仅是一种承发包模式，同时又可能被认为是一种项目管理模式。

### 8.4.3 不同管理模式的社会化和一体化程度分析

在现代社会中，建设工程项目管理越来越趋向社会化和一体化。不同的管理模式社会化和一体化程度不同，如业主自己管理是最低层次的社会化和高度的一体化，项目管理承包（或服务）是比分别委托更为完备的社会化方式，而代建制是最高层次的社会化工程项目管理（图8-2）。

图8-2 不同管理模式的社会化和一体化程度

（1）建设工程项目管理社会化，即将项目管理工作委托给社会上的工程咨询单位承担。不同的项目管理模式有不同的社会化程度。其特点如下：

1）项目管理者与工程没有利益关系和利益冲突，具有独立性、公正性、专业化、知识密集型的特点，可以独立公正地做出管理决策，保证工程项目管理的科学性及高效性。

2）对业主来说，方便、简单、省事。业主只需和项目管理公司（咨询公司或代建单位）签订管理合同，支付管理费用，在工程中按合同检查、监督项目管理单位的工作。对承包商只需做总体把握，答复其请示，做决策，而具体事务性管理工作都由项目管理单位承担。

3）促进工程项目管理的专业化，管理经验容易积累，管理水平易于提高。项目经理熟悉工程实施过程，熟悉工程技术，精通项目管理，有丰富的工程项目管理经验和经历，能将工程设计、计划做得十分周密和完美，能够对工程的实施进行最有力的控制，更能够保证工程的成功。

4）项目管理者在工程中起协调、平衡作用。他能站在公正的立场上，公正、公平、合理地处理和解决问题，调解争执，协调各方面的关系，使工程中各方利益得到保护和平衡，使业主、设计单位、承包商和供应商互相信赖，保证工程有一个良好的合作氛围。

5）工程项目管理的社会化也存在许多基本矛盾和问题，主要是项目管理者责权利不平衡。例如，项目管理工作很难用数量来定义，工作质量很难评价和衡量；工程的成功依赖项目管理者的努力，但他的收益与工程的最终效益无关；在工程中项目管理者有很大的权力，但却不承担或承担很少的工程经济责任等。

社会化的工程项目管理需要业主充分授权，需要业主对项目管理者完全信任，更需要项目管理者有很高的管理水平和职业道德。

（2）工程项目管理一体化，即有一个单位负责工程项目的整体管理工作，形成高度集成化的项目管理，对工程活动实行一体化决策、一体化组织、一体化控制。其特点如下：

1）责任体系比较完整，最大限度地调动项目管理单位的积极性，提高项目管理绩效。

2）信息沟通方便，降低信息孤岛和信息不对称的影响。

3）项目管理组织规则统一，组织文化一致，使组织摩擦小，效率高。

不同的项目管理模式有不同的一体化程度。我国目前推行全过程工程咨询，鼓励将设计、项目管理（投资咨询、监理、招标代理、造价咨询等）整合，为业主（投资者）提供更大范围一体化的工程咨询和管理服务。

## 8.4.4　建设工程项目管理工作的特性分析

　　建设工程项目管理专业化服务的范围较广，在国际上，人们将工程设计、项目管理（包括监理）、技术服务等统称为工程咨询。

　　在实际工程中，"建设工程项目管理工作"的范围和内涵很广泛，如代建、投资咨询、项目总控、项目管理、造价咨询、监理，以及专项服务等。它有如下特性：

　　（1）工程项目管理服务工作既具有传统的咨询特征，又是管理和技术服务，是咨询性工作和职能性工作的统一。它不仅仅对业主提供帮助，提出咨询意见，做计划，而且接受业主委托的管理工作，也属于执行者，对任务本身是承担一定责任的。而不同的工程管理工作的性质也有差异。

　　1）纯咨询性工作，仅为决策服务，要对业主提出的问题给出答案，如投资咨询、可行性研究、技术服务等。

　　2）纯职能性工作，如旁站监理、造价咨询、招标代理。

　　3）咨询+职能，如项目管理、资产管理、代建。

　　（2）工程项目管理服务是为业主定制的。业主不同程度地参与对工程实施过程的控制，而且对许多决策工作有最终决定权，而业主又不具备相关专业知识，导致工程过程中权力不对称。

　　咨询工作质量形成于服务过程中，最终质量水平取决于业主和咨询单位之间互相了解和协调的程度，难以独立评价咨询单位对工程质量的贡献。

　　（3）由于项目管理工作是高智力型的，需要复杂的专业知识，对资本的依赖度低。

　　1）项目管理工作产出是无形的，导致工作质量不透明、成果绩效指标难以客观地进行衡量，存在模糊性。很多项目管理服务只有等项目结束，甚至很长时间之后才能评判其质量好坏。

　　2）项目管理工作由专业人士完成，工程专业以及项目管理的知识利用存在自主性，特别是需要隐性知识的使用，导致对质量无法进行监督和控制。如何有效控制和激励管理人员的积极性就显得非常重要，同时又十分困难。

　　在这类企业管理中，人力资源管理是核心。员工的个人和社会形象、道德行为规范、对员工的激励就显得非常重要，需要采用期权股份、员工参与决策等措施调动积极性。

　　（4）项目管理服务交易的困难。制造行业竞争优势之一是价格优势，其前提是产品质量水平可比较，特别是产品已生产出来可供比较。而项目管理合同在签订前难以对工作范围、交付成果要求、管理工作数量和质量水平进行全面安排、描述和客观评估，难以形成价格竞争的条件。

　　在质量不可比的情况下，企业间价格竞争弱化，也是没有意义的。业主常常更关注项目管理单位的声誉、过去的工程业绩、相关项目团队的工程经验、获奖情况等。

　　依据过去经验和相关能力进行选择具有一定的科学性，但同时又存在很大的局限性。因为项目管理服务需要业主不同程度的参与，需要高度的信任，过去的能力并非意味着能与当前的业主进行很好的合作。

　　（5）在项目管理合同的实施中业主的监督是困难的：项目管理行为不透明，成果测量困难，难以采用可验证的绩效评价指标，难以考察项目管理公司的努力程度。工程项目的成功在很大程度上依附于施工、供应、设计单位的努力，如工程总造价节约、工期缩短不能简单地就说是项目管理单位的绩效。这样难以明确界定为项目管理单位的绩效和责任，难以建立付出与成果之间的直接联系。

所以，业主对项目管理单位的约束较难，处罚也较难落实，项目管理合同的奖励和处罚约定也很难明确，其合同设计和使用原则与施工合同和供应合同都不同。

(6) 业主将项目管理服务委托给项目管理单位，项目管理单位委派项目经理承担具体的管理工作，则存在多级、多向委托代理关系，一环扣一环，带来约束的困难。

由于工程和工程管理工作的特殊性，工程管理组织责任很难落实。

### 8.4.5　建设工程项目管理制度的矛盾性分析

(1) 我国建设工程项目管理制度实践和理论研究存在的问题。目前，我国的监理制度、项目管理制度、代建制的推广并没有得到预期的效果，问题在于许多做法违背了社会化工程项目管理的基本理论、基本准则。很多对项目管理制度的认识和研究方法存在问题。

例如，许多学者对项目管理单位的奖励和处罚的规定做了许多分析和研究。其基本的研究思路是（图8-3）：

1) 以经济人假设作为基础理论。

2) 采用博弈模型分析业主与项目管理单位之间的利益关系。

3) 通过问卷调查验证得出的结论。

4) 提出在项目管理合同中应该设置一些经济措施以调动管理单位的积极性。例如，设定工程的投资总额，如果实际投资节约，则按照一定的比例给项目管理单位奖励；反之，如果投资超支，则按照一定的比例对项目管理单位进行处罚。

例如，某地方在代建制条例中规定，"代建单位因组织管理不力致使项目未能在移交使用目标日前完成移交的，项目业主有权扣除代建费用的10%"，"项目如期建成且竣工验收合格，并经竣工财务决算审核批准后，如工程决算比经批准的概算有结余，结余资金的10%以内作为对代建单位的奖励"。

甚至有些地方进行更为大胆的"改革"：在代建合同中不规定合同酬金，仅规定按照总投资节约额度的一定比例作为代建单位的酬金。

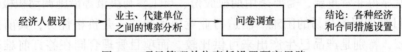

图 8-3　项目管理单位责任设置研究思路

(2) 对项目管理单位按照总投资额进行考核，节约奖励，超支处罚，这符合我国多年来在建设工程中推行的以经济承包制为主的责任制形式，在我国目前情况下，在合同中设置这种奖励和处罚条款的必要性体现在：

1) 有利于增强项目管理单位做好项目管理工作的积极性，鼓励它严格履行合同，加强投资控制，从而提高工程建设效率和投资效益。

2) 目前我国的社会心理和人们的需求主要在物质方面。我国近几十年来，在经济领域主要采用承包制。只有当不正当获益大于正当获益或者处罚损失时，项目管理者才有可能铤而走险。因此，通过一定的奖励或者处罚措施，能够充分发挥利益杠杆的调节作用，使项目管理单位因为追求奖励或者畏惧处罚而放弃对不正当获益的追求。

3）总投资额度指标单一，明确，易于评价。从业主的角度看，由于他缺乏专业知识，不可能对工程各项指标全面理解，而总投资额度简洁明了，直接反映了建设工程的花费情况，反映了项目管理单位工作成绩的大小。而奖励和处罚条款的设置通常是基于总投资额的节省或超支，直观形象，便于业主评价，操作性强。

本书作者曾经带着这个问题请教了各层次的管理人员，他们不假思索地说："项目管理单位怎么能对投资不承担责任？"好像承包就能解决问题，但并不关注这种承包模式带来的负面效应。

将回报与项目管理绩效相关联需要有一定的前提条件，如能完整地描述所有绩效指标，能客观地测量绩效指标，能准确识别努力程度、资源投入与绩效之间的因果关系，能有效监督绩效报告系统，绩效内容是交易的最终目的等。从上面特性分析可见，项目管理工作又不具备这些前提条件。

（3）对项目管理单位按照工程绩效设置奖励和处罚规定是双刃剑，带来的问题是明显的。

1）项目管理属于咨询性工作，项目管理单位属于工程咨询单位，赔偿能力不足，不能承担大的赔偿责任。如果业主将投资超支风险部分或全部转嫁给项目管理单位，表面上看似乎是对业主有利的，但实际上最终因为超出它的承受力而不能落实，这就失去了约束的意义。

2）一般项目管理合同签订时间较早，在合同签订时，由于工程的详细设计尚没有完成，则工程造价总额估算常常是不准确的。而以工程的目标投资额作为奖励和处罚的依据是不能反映项目管理工作绩效的，也很难达到预期的激励效果。

3）项目管理单位承担整个工程的建设管理任务，对工程进行全寿命期和集成化管理，工程的社会影响、运行效率、节能、运行费用、耐久性等全寿命期禀赋与项目管理单位的工作有直接关系。如果将工程造价作为项目管理绩效的衡量标准，以投资节约量与它的利益直接挂钩，确实可以最大限度地激发项目管理单位投资控制的积极性，但也从根本上激发它的短期行为。项目管理单位为了避免自己的损失和风险，更关注项目完成和投资节约，放弃工程全寿命期社会责任和历史责任，倾向采用保守策略和常规的知识，更倾向于服从业主意见，而不积极创新，不能争取优化的结果。例如，在设计方案的选择、材料采购、施工方案的选择、工程范围的确定等过程中尽可能从降低投资角度出发，得过且过，能简单就简单。

工程是多目标系统，对项目管理单位的项目管理绩效评价也应该是多方面的。如果过于注重总投资考核，则会鼓励代建单位放弃对工程的全寿命期有历史性影响的目标因素，如工程质量、耐久性、安全性、节能和低碳、健康、生物多样性保护等。

如果绩效仅有部分内容可被测量，就会引导人们朝可测量部分努力，忽视其他，这与工程价值体系的多元化矛盾，会加剧工程目标之间的矛盾和冲突。

4）要取得工程的成功，项目管理单位必须公平对待各方面利益，公正地对待承包商，以应有的良知、理性工作，使工程相关者各方面满意。这是社会化项目管理的工作准则。如果项目管理单位的酬金与实际总投资节约或超支额度相关，则它在工程中就有很大的且直接的利害关系，在签订工程设计、施工、采购合同中，以及在工程计量、支付工程价款、处理索赔时就会不公平地对待承包商，失去公正性。这违背了现代工程项目管理的基本准则。

5）任何工程都是一次性的，这使得工程建设的总投资很难事先准确计算，工程实施过程中也会发生大量的变更，使工程的目标发生变化，而且项目管理工作的数量和质量也很难衡量和评价。许多重要的关键性贡献难以量化，测量指标和方法存在系统性缺陷，测量过程容易受到干扰等，导致这种奖励和处罚与其项目管理的绩效很难有比例关系。

6）在工程过程中有许多风险或机会收益发生，如物价上涨或下跌、不可预见的地质条件、外界不可预见的干预，这些不是项目管理单位能够控制和影响的，如果让它承担这部分风险，会导致奖罚失去客观性。这使得它的付出和绩效因果关系模糊，难以事先清楚界定，容易引起绩效评价方法的"数字游戏"，引起对绩效因果关系归属的争议。

7）项目管理责权利不平衡。在我国全过程项目管理（或代建制）具体施行中，投资者对项目管理单位的授权都是有限制的，如它虽然组织招标，但最后选择承包商、设计单位的决定权还是投资者（业主），对设计方案、施工方案的选择也在业主。在这种情况下，要求它对投资负责是不适宜的，不好操作，也无法实行。

8）在项目管理的制度设计中，要考虑以下问题：经济人假设和博弈论得到的结果是否必须在一个工程和一份合同中体现出来？对社会化的项目管理者如何进行约束和考核？

这不能仅仅单纯依赖经济激励与约束机制，设置奖励和处罚规定，还要从制度上对项目单位进行激励和约束，更要重视思想文化道德等非制度因素的激励约束作用，用制度安排与非制度安排因素结合的综合措施解决：

① 项目管理从业人员自律和自我控制。

② 项目管理企业内部控制。应尽量避免外行管理内行，以及采用过强的监督机制，应努力营造学习型企业氛围。

③ 业主控制。业主将任务分解委托，互相制衡；雇用专家履行审批和现场监督责任；与项目管理单位保持持续业务关系，不仅使双方互相熟悉，而且顾及后续的业务关系；在工程承包和咨询市场上，构建业主之间信息共享与交互的平台。

④ 通过项目管理行业协会的约束。例如，进行资格认证；行业协会制定专业人士行为规范和工作标准，进行行业自律；建立和健全项目管理单位，直至从业人员的诚信考评、约束、处罚、激励机制。同时行业协会应当对从业人员具有很强的约束能力。

上述问题存在许多悖论。这反映了工程项目管理自身的矛盾性。

在我国，虽然社会化项目管理的推行已经快 30 年，但对它的基本原理、它应有的准则、应有的价值体系等研究得尚不够。这涉及社会化项目管理的基本理论、我国工程项目管理的特殊性、我国现代社会的组织和人们的心理状态等许多重大问题。

（4）业主选择项目管理模式和单位的注意事项。

1）项目管理与设计一样，是高智力型、研究型、创新型工作，对工程全寿命期目标的实现有重要影响，选择专业化、高水平的项目管理，能够解放业主，最终提高工程效率和效益。

他们应该是有能力、素质好、资信好的单位，将工程价值体系贯彻在自己的行为中。

2）业主对项目管理单位的选择出之信任，不能单纯考虑服务价格。其招标方式、评标方法和指标要区别于施工招标。

3）业主对于项目管理单位要充分信任，尽可能全面授权。由于项目管理工作的特殊性，不能企图通过合同或其他约束监督、制衡和控制项目管理单位，这很难有实效。国际上，项目管理合同都是比较原则性的，追求伙伴关系和团队精神。尽量避免再采用第三方监督项目管理机构的行为。

4）如果项目管理单位有能力，业主最好进行全过程项目管理委托。

5）减少合同处罚和监督机制，可以通过未来合作机会激发项目管理单位的内在动力，通过声誉制约项目管理单位的当前行为。

6）在工程过程中，加强与项目管理单位的沟通，建立个人层面的信任关系，及采用非正式的控制方式。

如果工程很特殊，某项管理职能，如造价、合同管理、技术服务必须由专门的单位承担，也可以分管理职能进行委托。我国目前按照法律的规定，委托项目管理，又要委托监理，采用代建制，还要委托监理和招标代理、造价咨询等，操作比较混乱，这就需要厘清各咨询单位的逻辑关系，通常需要委托管理牵头单位，如采用总控模式。

# 8.5 工程项目管理系统设计

管理系统设计是工程项目管理理论和方法在实际工程中应用的中间环节。要启动一个建设工程项目，或工程承包企业要管理好几十个工程项目，必须有科学的系统设计。

**1. 工程项目管理系统设计的特殊性**

（1）过程管理。过程管理以工程实施过程和工程管理过程为中心，由过程到组织结构，再到组织责任。

与企业管理系统设计不同，在工程项目管理系统中，工程实施过程和管理过程在一定程度上是固定性的，而任务的委托方式（即工程项目承发包方式）和采用的管理模式是多样性的，由此引起组织高度的动态性。

（2）工程项目管理系统是多角度的，业主、项目管理公司、承包商有各自的管理系统，在一个工程建设项目中需要集成化。

（3）工程项目管理系统有许多职能子系统，如进度控制子系统、质量管理子系统、成本管理子系统、合同管理子系统，它们需要集成化。

（4）建立基于网络平台的项目管理系统。

（5）每个工程承包企业，以及每个工程建设项目都需要进行管理系统设计，这样才能保证系统的有效性和工程项目的高效率实施。

**2. 工程项目管理系统设计的内容**

工程项目管理系统设计分为（图8-4）：

（1）针对一个工程项目的管理系统设计。

1）为业主设计的建设项目管理系统。通常以工程的整个建设过程为对象设计管理系统。

2）施工项目管理系统。例如施工项目组织设计。

（2）针对一个企业（如施工企业）

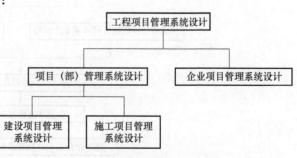

图8-4 工程项目管理系统设计的内容

的项目管理系统设计。工程承包企业的基本管理对象就是项目，需要在企业层面上构建项目管理系统。它又属于企业管理内容，要考虑企业的项目管理模式、组织结构、责任中心制等。并且它与工程建设项目管理系统存在相关性。

一般市场上有相应的系统软件，这些商品化的软件提供相关项目管理工作中的信息处理功能，解决各种管理职能的专业计算，以及信息的统计、分析、传输等问题。但在企业的管理系统建设过程中，要结合企业实际进行设计和推行，要通过管理系统设计改革和提升基础项目管理工作。仅仅购买系统软件，或由"咨询机构"进行系统设计再在企业中推广，很难有好的效果。

**3. 企业工程项目管理系统建设案例**

某企业施工项目管理系统设计流程见图8-5，主要包括如下工作：

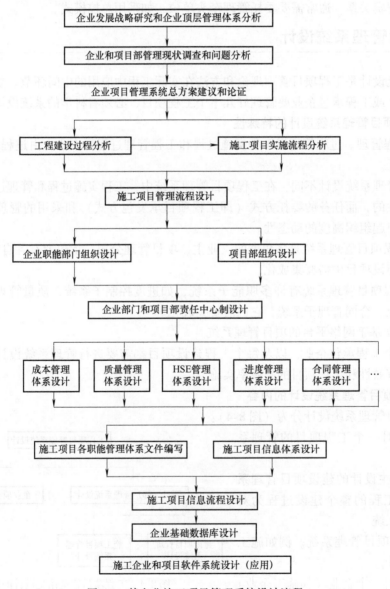

图 8-5  某企业施工项目管理系统设计流程

（1）企业发展战略研究和企业顶层管理体系分析。

（2）企业和项目部管理现状调查和问题分析。通过对典型项目部、企业本部与施工项目相关的各职能管理部门进行调查，分析现状，从项目管理组织系统，责任中心制定位，项目的质量、进度、成本、合同、资源、人事、财务等主要管理职能，项目计划和控制体系，现场管理和企业基础数据库等方面诊断存在的问题。

（3）企业项目管理系统总方案建议和论证。需多次对管理系统建设目标、建设工作范围和工作分解、总体策略定位、原则、建设组织等进行讨论和认证。

（4）工程建设过程分析。分析该领域工程的建设过程、建设实施组织方式和市场（招标投标）方式，承发包模式，管理模式和主要合同关系，使施工项目管理系统能够与工程整个建设过程相衔接。

（5）施工项目实施流程分析。通过对该领域招标文件和施工合同的分析，划定施工项目范围，进行施工项目工作分解，构建施工项目实施过程。

将施工项目分为投标、前期准备、施工、竣工、保修阶段，列出各阶段工作目录（WBS）。

（6）施工项目管理流程设计。按照施工合同的要求和工程项目管理原理，进行管理流程设计。

从施工项目阶段划分和主要管理职能（质量、进度、成本、HSE、资源、合同、信息等）这两个维度确定管理工作详细目录。

设计施工项目管理总体流程和具体细部流程。包括：

1）施工项目计划和控制综合流程。例如施工组织设计和计划流程。

2）按照施工阶段确定各个管理职能总体流程。例如对成本管理有施工项目成本管理总体流程、各阶段成本管理总体流程等。

3）按照项目管理工作详细目录编制各个阶段管理工作细部流程。

（7）企业职能部门和项目部组织设计。组织设计过程顺序为：先施工现场组织，再项目部组织，后企业职能部门组织。在设计中要考虑三个层面组织机构的对应性和差异性，以及企业项目责任中心制形式。

该企业承担施工项目较多，采用矩阵式组织形式。

（8）企业部门和项目部责任中心制设置。构建责任中心体系，明确各部门、附属分公司（维修公司、构建厂）、项目部和项目部各部门的责任中心定位，确定各责任中心的管理责任和经济责任范围，以及相应的考评方式，构建完整的管理责任和经济责任的分解和考核体系。

责任中心可分为收入中心、成本中心（费用中心）、利润中心和投资中心。

（9）各职能管理体系设计。重点设计成本管理体系、HSE 管理体系、质量管理体系、合同管理体系、人力资源管理体系、技术管理体系、采购和物项管理体系、信息管理体系等。

这里有非常细致的管理工作：

1）对各职能管理工作细目做详细说明，编制项目管理工作说明表，内容包括管理工作名称、简要说明、工作成果、前提条件、控制点、负责人（部门）、后续工作等。

2）按照质量管理体系的范式，编制施工项目各职能管理体系文件，实现各职能管理体系的一体化、规范化，使各个职能管理之间界面清晰，又有集成性。

（10）施工项目管理信息化体系构建。

1）施工项目信息体系设计。分析和罗列上述工程项目实施和管理工作中产生的和需要的各种原始资料、报表、报告、文件，进行分类、结构化。

2）施工项目信息流程设计。将项目管理过程转变为信息流程。

3）企业基础数据库设计。例如工程承包市场数据库、生产要素市场数据库、企业定额数据库、劳动效率数据、过去工程档案库、在建工程数据库、企业规章制度数据库、工程标准库等的设计。

4）施工企业和项目软件系统设计（应用）。在引用标准化的商品项目管理软件时，要根据企业和项目的需求进行二次开发。

## 8.6 现代工程项目管理的热点问题

（1）工程项目集成化管理，包括全过程咨询服务、新型建筑工业化体系下的项目管理问题。

（2）项目型公司的管理或组织项目管理（OPM）。

（3）项目的组织和组织行为问题。国内外，人们普遍认为"项目管理中最大的问题来自于组织问题"。从总体上说，在项目管理领域，项目组织的研究（包括项目治理研究）是比较迟缓和落后的。其原因是：

1）传统的项目定义存在问题，没有组织的概念，而项目管理仅限于项目内的管理。最典型的是PMBOK关于项目的定义，这也是PMBOK的局限性。

只有德国的国家标准对项目定义有"临时性组织"的概念。

2）项目管理发源于美国的军事工程，军事工程的特点是采用独立的（项目型）项目组织形式，实行军事化的管理，组织问题在其中不是大问题。

3）组织问题仅在多企业合作的项目，以及重大工程建设项目中很特殊和很重要。而在面广量大的企业内项目中，它的重要性就不是很突出。

（4）新的融资方式（如PPP）、承发包方式和管理模式的应用。

（5）新的管理理念和方法在项目管理中的应用。例如物流管理、学习型组织、变革管理、危机管理、企业资源计划（ERP）、柔性管理、并行工程、物联网应用、供应链管理、战略联盟、精益建造、知识管理、云计算、智慧城市、数字城市等。

（6）项目管理信息化、智能化（BIM、PIP、全寿命期信息体系）、虚拟化，可视化。

（7）工程项目一些特殊的管理职能研究，如合同管理、风险管理、范围管理、利益相关者管理等。

（8）特殊工程领域的项目管理问题，如轨道交通工程、核电工程、航天工程等的项目管理。

（9）巨项目管理，特别是对社会和历史发展有重大影响的项目的管理。

（10）项目（工程）与环境、与社会交互作用及其规律性研究。

（11）项目治理。项目治理是项目战略问题，主要解决项目利益相关者的关系，是建立项目利益相关方对项目治理角色关系的过程，以降低项目风险，为实现项目目标、使利益相关方满意提供可靠的管理环境。项目治理为项目管理提供基础框架，而项目管理是直接控制项目目标和提升绩效。

# 复习题

1. 讨论：项目特征如何影响项目管理模式？

2. 工程咨询服务如何分类？我国工程咨询服务存在什么问题？

3. 阅读施工合同、工程咨询合同，讨论：施工项目与咨询项目的差异性，以及对合同设计的影响。

4. 讨论：如何对项目管理服务进行更科学的绩效评价？

5. 讨论：业主委托工程咨询，以及选择管理模式的原则和评价指标。

6. 阅读和讨论：项目管理与项目治理的联系与区别。

7. 调查和讨论：我国大型建设工程项目采用建设指挥部和建设总公司"一套班子，两块牌子"，它们各承担什么职能？其适宜性和存在的问题有哪些？

8. 讨论：我国有些大型工程承包企业推行项目经理股份制，有什么优缺点？

9. 目前我国正推行全过程咨询，它与EPC、DBO等模式有什么差异？不同模式选择的准则和评价指标是什么？其健康运行需要哪些条件？

10. 调查我国某施工企业所采用的项目管理模式，项目经理责任制和企业以及企业部门与项目经理的权责划分，并分析它的优点和存在的问题。

11. 讨论：对项目管理单位的奖励和处罚规定是以经济人假设为基础的，你认为这符合现代工程项目管理的要求吗？

12. 选择一个工程项目的热点问题进行检索，介绍这一热点问题的主要内容、现状及发展趋势。

13. 讨论：推行代建制，使投资者、建设管理单位与使用单位分离以相互制衡。这与现代建设工程项目追求集成化和一体化管理是否相矛盾？

14. 调查和讨论：在我国，监理制度和招标投标制度是通过法律推行的，它经过怎样的发展过程？有什么经验、教训和规律性？这对推行全过程咨询有什么借鉴意义？

# 第 **9** 章

# 工程组织原理

【本章提要】

本章主要包括如下内容：

（1）工程组织的基本原理，包括工程组织的基本概念、工程组织体系、工程组织的特殊性和组织原则。

（2）工程组织体系和责任体系的构建。

（3）工程组织的变迁。从全寿命期角度分析工程组织形态的变化和责任人的变动情况。

（4）工程伦理。这是工程组织文化的核心内容。

## 9.1 概述

### 9.1.1 组织的基本概念

**1. 组织的含义**

"组织"一词，其含义比较宽泛。在管理领域，"组织"一词一般有两个意义：

（1）组织工作。组织工作表示对一个过程的组织，对行为的策划、安排、协调、控制和检查，如组织一次会议，组织一次活动，对一个工程施工过程的组织。

（2）结构性组织。结构性组织是人们（单位、部门）为实现共同的目标，按照一定规则、程序所构成的，反映人、职位、任务以及它们之间特定关系的系统，如工程项目组织、企业组织等。

这两方面是密切相关的：通过组织机构的建立，将工程活动的各个要素、各个环节，从时间上、空间上科学地组织起来，使每个成员都能协调行动，以完成组织目标。

**2. 组织理论**

按照现代组织理论，组织是包括组织目标、组织结构、组织的社会心理、组织管理等子系统的综合系统。从宏观角度研究组织问题，是基于对组织类型和运作规律性的认识，解决组织的构建、组织模式、组织的运作等问题。

组织理论包括组织结构和组织行为两个相互联系的方面。

（1）组织结构。组织结构是对组织的静态研究，以建立精干、合理、高效的组织结构为目的。

组织结构由管理层次、管理跨度、管理部门和管理职责四个因素组成。这些因素相互联系、相互制约。在进行工程组织结构设计时，应考虑这些因素之间的平衡与衔接。

1）管理层次。管理层次是指从组织的最高层管理者到最底层操作者的等级层次数量。合理的层次结构是形成合理权力结构的基础，也是合理分工的重要方面。

管理层次多，信息传递就慢，而且会失真，决策效率也很低。同时所需要的管理人员和设施数量多，协调难度就大，管理费用高。

2）管理跨度。管理跨度是指一个上级管理者直接管理下属的数量。跨度大，管理人员接触关系增多，所承担的工作量也增多。

对一个具体的组织，管理跨度与管理层次相互联系、相互制约，两者成反比例关系，即管理跨度越大，则管理层次越少；反之，管理跨度越小，则管理层次越多。

3）管理部门。划分管理部门是管理专业化要求。管理部门是指组织中主管人员为完成规定的任务有权管辖的一个特定领域，为了确定组织中各项任务的分配与责任归属，以求分工合理、职责分明，从而有效地达到组织目标。

4）管理职责。职责是指某项职位应该完成的任务及其责任。职责的确定应目标明确，有利于提高效率，而且应便于考核。同时应授予与职责相应的权力和利益，以保证和激励管理部门完成其职责。

（2）组织行为。组织行为侧重于组织的动态研究，将组织作为人与人之间相互作用的系统，研究组织与组织、人与人之间相互协作以及组织激励、领导风格，以建立良好的人际关系，保证组织有效的沟通和高效运行。这与人的行为心理和社会文化有关。

**3. 组织方法**

组织方法涉及组织结构的设计和运作方法、组织流程的计划方法、组织效率评价方法等。

## 9.1.2　工程组织的概念和基本形态

现代工程规模大、技术复杂、参加单位多、分工精细，构成复杂的组织体系，使得工程的组织问题极为复杂。例如，我国载人航空工程就涉及 13 个系统的 110 多家研制单位、3000 多家协作配套和保障单位。

工程组织是由工程前期策划、建设和运行阶段的任务承担者构成的组织系统，由投资者、业主、施工单位、设计单位、供应单位、运行维护单位等构成，其目的是实现工程总目标。

工程组织的基本结构如图 9-1 所示，其主要构成有：

（1）工程投资者（或群体）。投资者作为工程的所有者，居于组织的最高位置。

（2）工程前期策划机构。一般由投资者（或企业）组成临时性的研究机构具体负责，部分工作（如可行性研究等）可以委托给相关投资咨询单位。

（3）工程建设项目组织。工程建设项目组织主要由负责完成建设工作的人、单位、部门组合起来的群体（通常包括业主、设计单位、施工单位、供应单位、项目管理单位和投资咨询单位等）组成。

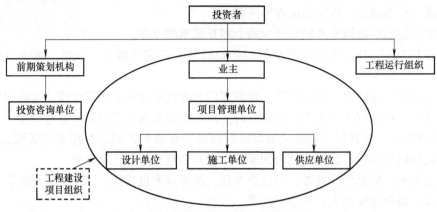

图 9-1 工程组织的基本结构

① 工程建设项目组织的参加单位不仅数量多，而且来自不同的企业，是多企业合作的组织。

② 工程建设阶段组织的目标是完成工程建设项目范围内的所有工作任务，即通过项目结构分解（WBS）得到的所有工作单元，都应无一遗漏地落实到工程建设组织上。所以建设项目分解结构决定了工程建设组织结构的基本形态和工作分工。

③ 工程建设项目组织范围很大，不仅包括建设单位本身的组织系统，还包括各参加单位（设计单位、工程管理咨询单位、施工单位、供应单位）分别建立的针对该工程的组织系统（各项目经理部），它们有各自的项目范围、项目组织和管理组织等。

（4）工程运行组织。通常，成立一个独立企业承担运行维护和管理工作，或者作为一个已有企业的一部分，也可能将运行维护工作委托外包。

在工程运行过程中，还会因为工程更新改造、扩建、产品转向、产权变化等，使组织产生变化。

对上述每阶段的组织形式、运作、流程、规则等，人们都分别做了许多研究，例如建设工程项目组织研究、企业组织研究。由于各阶段的组织有比较大的差异，所以很少将它们放在一个组织体系中，作为一个统一的组织过程进行研究，对工程组织的形式和变迁的规律性研究也很少。

虽然在工程全寿命期中，组织形式变化很大，甚至有时在表面上没有继承性，但由于如下原因，需要进行统一的研究和体系构建：

1）工程组织具有整体性，它们都面向同一个工程系统，有共同的总体目标，其演变有一定的规律性，需要将组织成员按照有序的方式组合，实现最有效的连接。

工程系统自身的规律性，使工程组织在目标、责任、信息、过程等方面具有相关性，需要作为一个统一的组织过程进行研究。

2）在许多工程领域，需要构建工程全寿命期的集成化组织责任体系，追求组织协同管理效率（效果），趋向于在工程全寿命期中责任体系的统一性，如：

① 实行业主全过程责任制的投资项目。

② 采用 PPP 方式融资的项目。

③ 有些工程承包企业也参与项目融资，或签订"设计-施工-运行维护"（DBO）合同。

④ 采用"建养一体化"的交通工程项目等。

### 9.1.3 工程组织体系的三个主要方面

工程组织体系包含多重组织形态和组织关系，包含三个最主要的方面（图 9-2）。

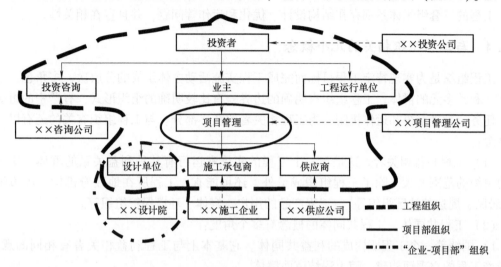

图 9-2 工程组织体系的三个主要方面

（1）工程组织。以整个工程过程为对象，由完成工程任务的行为主体构成的组织系统，如投资者、业主、项目管理公司（或监理公司）、承包商、供应商、设计单位、运行维护单位等构成的工程组织。这是最基本的。它的结构与工程全寿命期工作分解结构（见 2.3.2 节中"工程全寿命期工作分解"的有关讲述）有相关性。

（2）项目部组织。它是工程任务（工程项目）的具体承担机构，是工程组织的一个单元，由各单位委派，负责完成具体的工程项目工作。最典型的是业主委托（或组建）的项目经理部和施工承包项目部。项目部是工程组织系统和工程任务承担企业组织系统的交集点，有自身的组织结构和组织运作规则。

（3）"企业-项目部"组织。各项目部又是各所属企业的委托授权机构，属于企业组织系统的一部分。例如施工项目部是工程承包公司组建的，属于承包公司的一个组织单元（图 9-3）。工程承包公司对它承担责任，为它的运作提供资源和条件。

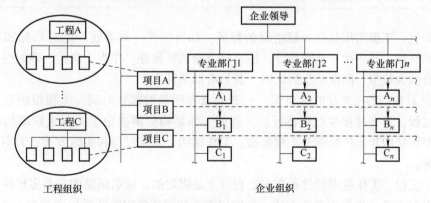

图 9-3 工程组织与工程承包企业组织

"企业-项目部"组织有自己的运作规则和责任体系,在工程承包企业管理和工程项目管理中都具有十分重要的地位。

这三方面保留了各自特定的组织目标、组织结构和组织规则,共同构成工程组织体系。工程的三套组织体系都存在结构设计、优化和运作等问题,并且存在相关性。

### 9.1.4　与工程组织相关的几个概念

工程组织是为实现特定工程目标而完成工程实施活动主体组成的分层次、多角色、分工协作、利益多元的群体。工程组织有明确的边界,有比较明确的组织形式,有严密的组织规则、任务、管理系统和运作机制,为工程相关者的核心部分。与工程组织有关的还有以下几个概念:

(1) 工程利益相关者。这是与一个工程的实施和运行有某种利益关系的群体,比该工程的组织的范围要大。除了工程组织成员外,还可能有,工程所在地政府机构、周边组织(原居民、周边的社区组织等)、工程产品的用户、媒体、环境保护组织等。

(2) 工程共同体。工程共同体的概念有多个角度:

1) 围绕着一个工程所构成的利益共同体。它基本上与工程利益相关者有相同的意义。它随着工程的立项而构建,随工程结束而解体。

2) 工程职业共同体。它是在工程中担任某个职业的人员组织的职业或行业群体,如"监理协会""施工企业协会"等。它们具有共同的目标,有相应的运作规则,维护群体合法利益和声誉,发挥群体作用。

(3) 工程的社会网络。由于工程的规模大、关系复杂,具有高度的多样性,同时现代信息技术使人们的沟通越来越网络化,工程各方面(所有个体和群体)之间,以及工程与社会环境之间的关系界限模糊,越来越呈现网络化的趋势,形成复杂的社会网络关系。工程是社会网络中的一个子网络。在工程管理中,要更有效地利用社交网络平台,构建网络化的工程组织。

将社会网络的概念和分析方法引入工程系统分析中,能够从更深层面上更科学地反映工程组织内外各方面之间的人际交流方式、群体关系模式、信息传播方式,以及人们的决策方式、行为方式、控制有效性及其根源。

## 9.2　工程组织的特殊性

总体来说,工程组织具有一般组织的特征,如目的性(具有统一的总目标和总任务)、整体性、系统性、开放性、动态性等,还有其自身的特殊性。作为一次性、临时性、多企业合作、以合同为纽带、高度动态的组织,具体有以下特点:

(1) 针对独特的任务临时性组织,一开始就有明确的起止时间。工程组织以任务为导向,关注过程,具有过程性组织特征。工程的工作结构分解决定了工程组织结构的基本形态。工程组织结构和运作受制于工程范围、工作结构、实施过程和实施方式,而不直接依附于工程目标。

对一个工程,工作范围和过程在一定程度上是固定的,而组织结构却是多样性的,随工程的实施组织策略(主要为融资方式、承发包方式和管理模式的选择)而改变。

（2）在工程的不同阶段，任务、工作性质不同，必须由不同的单位和人员完成，也会由不同的人员来管理，导致任务承担者和责任的多样性，组织成员（建设单位、设计单位、施工单位、项目管理单位和运营单位等）来自不同的企业，有不同的隶属关系，具有超企业特性。

1）各阶段的参加者来自不同企业或部门，各自承担一定范围的工程任务，各自有独立又是相互冲突的期望、经济利益和权利，所以在工程中存在共同目标与不同利益群体目标之间的矛盾、总目标和阶段性目标的冲突。这会制约工程使命和准则的落实。

通常组织成员注重局部利益而忽视总体目标，成员之间信任缺失，短期行为严重，会导致组织成员之间的冲突和摩擦。一旦矛盾激烈，就会导致组织运行效率低下，就会损害工程总目标。要取得工程的成功，在工程目标设计、实施和运行过程中必须承认并顾及不同群体的利益。

2）由于各参加方来自于不同类型的组织（不同的部门、不同的单位组织，甚至不同的国家），有自己部门（单位、国家）的文化和行为的准则，与具有相同文化构成的组织（如企业）相比，其行为方式和沟通方式是多种多样的，难以建立独特的工程组织文化，也就很难建立统一的、共有的行为规范和准则、共同的信仰和价值观。文化差异、价值观多元会导致个体和团队沟通障碍、冲突和消极的影响，会导致较高的组织风险。这是现代工程管理最为困难的方面。

3）工程组织是临时性组织，通常以合同作为组织运作规则。而由于一份合同常常在两个组织成员之间签订，工程中合同很多，使组织缺乏统一的运作规则，且合同影响组织行为。

同时，参加者之间如果有经常性业务关系，互相熟悉，形成较好的交往和信任，会给组织行为带来较好的影响。

4）在工程全寿命期内，各阶段的任务不同，决定着其相应的组织形式不同，存在着工程组织的变迁过程。由于各阶段有不同的任务、规模、组织环境、管理主体、管理客体，在管理手段和方式上也有所不同，管理的职能也有所不同。

5）由于现代工程越来越大，专业分工越来越复杂，使工程组织边界模糊化，呈现社会网络特征。

（3）工程组织是群组织和柔性组织的结合体，又具有虚拟组织特征。

工程组织的参加者各自具有一定的独立性，依靠合同分配责任，维持各方面的互动和组织的运转。有大量的组织成员因承接工程任务而加入工程组织，在其任务结束后又会退出工程组织，流动性大。它们之间存在较大的外部依赖性，如设计单位和运营单位相互独立，但设计效果的实现直接影响工程运营情况。

工程组织是高度开放的高效的柔性系统，组织与所处的外界环境进行物质、能量和信息等的交换，从而维持工程组织在时间上、空间上和功能上的有序状态。

（4）组织单元的多样性。在同一个工程中，有研究性组织、投资性组织、生产性（施工）组织、开发性组织等，带来组织形式的多样性。

工程组织单元的组织形式也各不相同，如：

1）多企业组合形成的单元，如合资项目的投资者（如 PPP 项目公司）、工程承包联营体。

2）新成立的临时性组织单元，如业主。

3）合作企业派出的临时性机构，如施工项目部、设计项目部。

4）新成立的企业，如运行单位。

（5）工程组织具有与工程系统和寿命期过程相同的跨时空特性。例如，西气东输建设工程项目组织就要跨越 10 个以上的省市区。一个公路工程的 PPP 项目组织一般要持续 25 年以上，而南京地铁建设管理组织预计要持续 50 年以上。

（6）工程组织同时具有他组织与自组织特征。

1）基本概念。

① 他组织或被组织。这是指组织系统受到外界干预，其结构和功能是外界强加给组织系统的，是被外部力量驱动的组织过程或组织结果，外界以特定的方式作用于组织系统。

他组织具有自上而下的特征，具有明确的规则，要求参加者能够机械地依照既定的组织规则进行运作。

② 自组织。这是指人们通过自发、自行、自主、自我行为形成的组织，自组织系统无须外部指令而自行生成、自行演化、自行创新、自行发展，逐渐从无序走向有序。

自组织具有自下而上的特征，更多地体现了非正式性。在自组织中，原来的高层管理者的权力更多是与其他组织成员、下层机构分享。

现代的学习型组织、柔性组织、虚拟组织、网络式组织等都呈现自组织特征。

2）工程组织兼有自组织和他组织的特征。

① 工程组织具有寄生性，体现他组织特征。

企业有独立的产权，能够自主地参与市场经济活动，实行自主经营、自负盈亏，有充分的自主决策权，对自己的决策和行为负民事责任，并受到法律有效保护。

而工程组织对投资企业、工程承包企业、咨询企业组织有依附性，具有他组织特征。它受上层组织的控制，没有战略上的自主权，仅仅对工程目标负责，而目标是由外部设立的，独立性和自主权有限。组织目标、原则（准则）和方针、结构、权力分配、资源等由外部（上层组织）确定。工程组织成员依照这些既定的正式规则进行运作。

上层组织的组织模式、管理机制、上层领导者的管理风格、工程政策，以及对工程的支持程度等，会影响工程组织的形式、机制和人们的组织行为。

② 同时工程组织又具有独立性，具有独立的运行规则和组织系统，在工程的全寿命期过程中自我成长、发展和演化，具有自组织特征。

有些在工程中自发产生的、具有共同情感或爱好人员构成的非正式组织也具有自组织特征。

3）工程组织是自组织范式与他组织范式的对立统一。工程在不同阶段、不同层次，他组织和自组织特征显示不同。例如，工程早期呈现他组织特征，其立项、目标设置、组织策划、组织战略、组织规则（如合同）等都由上层规定。但运行过程中逐渐呈现自组织特征。

不同类型的工程项目组织（如施工项目、创新型项目、软科学项目、研究型项目、开发项目），组织特征也不同，如创新型项目比施工项目更倾向于自组织特征。

一些新型的网络式、柔性、无边界工程组织等更具有自组织特征。当然，完全自组织的工程组织是不存在的。

两种特征的组织各有优缺点，它们在组织结构和运作规则设计、组织管理上存在差异性。

上述工程组织特征存在许多矛盾性。工程组织是工程管理最复杂也是最有特色的方面。工程组织理论由现代组织理论与工程的特殊性相结合而产生，是工程管理理论的核心。

## 9.3 工程组织的基本原则

为了使工程组织经济、高效率、高效益地运行，实现工程总目标，它必须符合如下原则：

（1）目标统一原则。组织的根本目的就是实现工程总目标。虽然工程是分阶段实施的，工程组织成员隶属于不同的单位（企业），具有不同的利益，因此会有不同的目标，但工程总目标的实现，需要集中不同部门、组织的优势资源，通过参加各方共同合作，构建互信互利和共赢机制，平等相待，风险共担，达成价值共识，以减少组织成员之间的矛盾和冲突。

工程管理以总目标为导向，工程参加者要明确共同的目标，增强团队凝聚力。

1）设计比较科学和理性的工程总目标。在工程中顾及各方面的利益，使相关者各方满意。

2）组织成员应就工程总目标系统达成一致，达成共识。

3）在工程的设计、计划、合同、组织管理规则等文件中贯彻总目标。

4）为了实现统一的目标，工程中必须有统一的领导和指挥、统一的方针和政策，统一的人力、物力、财力的合理分配和使用。

5）培养健康的工程组织文化，通过宣传、教育、培训和组织制度等方式使大家有工程使命感，以调整组织内的各种冲突和人际关系。

（2）责权利平衡原则。工程组织各成员责任和组织关系设置，以及起草合同、制订计划、制定组织规则，进行组织运行和绩效考核，都应符合责权利平衡原则。

1）要求组织成员关注工程的最终效益和总目标，必须使他们与最终效益与总目标相联系。

2）任何权力须有相应的责任和制约，落实各组织成员的权力，如决策权、资源使用权。按照权力运用可能产生的后果或影响，设置他应承担的责任，不至于滥用权力。按照工作内容、权力和责任设置应得的利益，使其能够具有完成职责的积极性。

3）工程的责权利应是连续的、一致的、可度量的，有相应的考核和评价机制。

由于工程和工程管理的特殊性和矛盾性，责权利平衡是十分困难的。

（3）合理的组织制衡原则。由于工程和工程管理的特殊性，容易出现管理主体缺失、监管缺位、权责缺陷等。长期以来人们强调在工程组织的建立和运作中必须有严密的制衡，它包括：

1）权职分明，保持组织界面的清晰，这是设立权力和职责的基础。应十分清楚地划定组织成员之间的任务和责任的界限，如果任务界限不清会导致有任务而无人负责完成、推卸责任、权力的争执、组织摩擦、弄权和低效率。

通过组织结构、责任矩阵、工程管理规则、管理信息系统设计保持组织界面的清晰。

2）设置责任制衡和工作过程制衡，使工程活动或管理活动之间有一定的联系（即逻辑关系），使工程参加者各方的责任之间有一定的逻辑关系。

3）加强权力行使和工作过程的监督，包括阶段性工作成果的检查、评价、监督和审计。

4）通过其他手段达到制衡，例如保险和担保。

但是组织制衡是有二重性的，过于强调组织制衡和过多的制衡措施会使工程组织结构复杂、程序烦琐，产生沟通的障碍，破坏合作和互相信任的氛围，使工程的交易成本增加，容易产生"高效的低效率"。即工程组织运作速度很快，但产出效率却很低，有许多工作和费用都在组织制衡中消耗掉了，例如：

① 过多的责任连环造成工程组织责任的不完备、不连续和不统一，责任落实的困难和争执。

② 制衡造成管理的中间过程太多，如中间检查、验收、审批，使工期延长，管理人员和费用增加，管理效率降低。

同时，由于工程组织和工程建设过程的特殊性，很难构建完备和有效的制衡体系，并进行有效的制衡。即使设置制衡措施，常常又是低效率的。这也是工程组织自身的矛盾性。

在工程组织中，可以通过如下措施减少制衡，使监督有效，以达到最佳的经济效益：

① 营造诚实信用的氛围，人们行为自律。

② 通过共担风险，共享权益，减少制衡。例如通过合资、联营形成利益共同体。

③ 构建具有连续性和统一性的工程组织责任体系，可以减少制衡。例如采用工程总承包方式。

④ 强化第一责任人的责任。

⑤ 强调参与性，调动大家的积极性。

（4）适用性和灵活性原则。工程组织设计以最有利于决策、指挥、目标控制、协调、信息沟通，使工程高效率的实施为原则。工程组织结构是灵活的、多样的，没有普遍适用的工程组织形式，也没有"先进"和"落后"的组织形式之分，应根据工程规模、工程范围、工程组织的大小、环境条件及工程的实施策略选择。即使一个企业内部，不同的工程也有不同的组织形式；甚至一个工程在不同阶段就可以采用不同的组织形式，有不同的授权。

通常，大型施工企业内的项目组织形式是多样性的，不同的项目可能会采用不同的形式，如独立的项目组织（如参与 PPP）、强矩阵组织（如施工项目）、弱矩阵组织（如维修项目）、寄生式组织（如技术创新项目、市场研究项目、投标项目）同时存在。

（5）合理授权和分权的原则。工程组织设置必须形成合理的组织职权结构和职权关系。

1）在工程组织中，投资者对业主、业主对项目管理公司、承包企业对施工项目经理部是授权管理。授权内容应包括确定预期的成果、委派任务，授予实现这些任务所需的职权，使下属有足够的权力完成这些任务。

2）企业内部门与项目经理部之间是分权管理。合理的分权既可以保证指挥的统一，又可以保证各方面有相应的权力来完成自己的职责，能发挥各方面的主动性和创造性，有利于各组织成员迅速而准确地做出决策，也有利于上层领导集中精力进行战略管理。

合理的分权能够使权职分明，形成双向的信息流和反馈机制，互相监督。既能够发挥项目组织的优势，保证项目目标的实现，又能保证企业对项目的控制。

（6）集成化。工程组织的设计和运行是分阶段和分层次进行的，如工程建设组织、运行组织，以及业主、承包商、分包商的项目管理组织；同时工程活动又是由许多不同利益和价值追求的企业完成的。所以工程组织是非常"散"的，要使组织高效率运作，需要集成化。通过构建集成化的组织责任体系，保证组织成员和责任有连续性和统一性，保持工程实施和管理的连续性、一致性、同一性（人员、组织、过程、信息系统等）。

同时，对组织成员委托一项工程任务应是完备的、统一的、自成体系的，不能人为地将任务和责任分解开来由不同的组织来承担。

（7）程序化、规范化原则。

1）程序化和规范化是指，细化和确定工程的实施过程和管理过程，分解工作，落实组织责任，确定实施工作和管理工作所要达到的标准要求。

2）在现代工程管理中，程序化和规范化工作是非常重要的。

① 工程开始阶段，通过程序化和规范化有助于工程参加者在最短的时间内熟悉工程运作程序，缩短成员之间的磨合时间，提高组织运作和协调效率。

② 作为落实组织责任的前提（图 8-5）。

③ 作为工程组织（包括工程承包企业）中各种管理体系建设的前提。在此基础上才能有精细化和标准化的管理。

④ 流程分解和细化是现代工程管理的基本要求，也是现代信息技术应用的前提。许多工程管理系统软件的有效运行，需要组织流程的标准化和管理工作的规范化。这正是我国工程界比较缺乏的方面。

3）矛盾性。

① 由于工程的独特性和一次性，很难统一构建通用的组织程序和规则，也很难适应不同的工程环境。而且分得太细，执行性较差，刚性太大，执行成本会很高。

② 对一次性的工程过程，建立组织程序和规范存在时间和成本的矛盾。程序和规范的编制、推行、修改和完善需要时间和成本，而等到成熟，组织成员都熟悉，过了磨合期，也许工程快要结束了，则时间和成本的投入不是很有价值。

通常，在我国一些工程类企业（如房地产公司、施工企业、工程咨询公司）内和工程建设领域（如电网、地铁、高速公路）中，以及存在长期伙伴合作关系的工程中，可以编制比较细的流程和规范。

③ 过于细化的程序和过于细致的规则会使组织成员关注细节和具体指标，而违背工程的价值体系，会束缚工程组织成员的活力和积极性，使计划和流程僵化，最终导致低效率。所以风险大的创新型、研发性工程项目，一般很难将流程和规范细化。

④ 不同的组织形式对管理程序化和规范化的依赖性不同。20 世纪 80—90 年代，我国工程承包企业推行项目经理承包责任制，采用独立的（项目型）项目组织，而当时基本上没有建立项目管理的程序和规范。如果采用矩阵式项目组织，则必须有比较完备的管理程序和规范，否则不能顺利运作。

另外，如果有比较好的合作关系、利益共享机制和组织文化，则组织对管理程序和规范的依赖性就会低些。

（8）建立良好的协作关系，创建团队合作氛围，强化成员的组织认同感，相互信任，相互尊重。由于现代工程规模大、专业性强，有许多不同的专业单位和专业部门合作，要在合理分工的基础上，加强协作和配合，尊重差异，包容多样，保证各项专业管理工作的顺利开展，达到组织的整体目标。

（9）组织信息的公开化，促进有效的沟通。尽量减少信息孤岛和信息不对称问题对工程全寿命期的影响。使组织内部的沟通经常化，与政府、周边居民和社区组织、用户建立良好的沟通渠道，提供无障碍的沟通方式，使相关者满意。

上述组织原则之间存在许多相关性和矛盾性，工程组织问题没有最优的选择和标准的答案。这使得工程组织存在复杂的理论问题。

## 9.4 工程组织的构建

### 9.4.1 工程组织设计

对一个工程，一般不进行统一的组织结构构建，而是分阶段进行组织设计。

工程组织设计是工程管理系统设计的一部分。工程组织设计是多角度的，各参与方，如业主、项目管理公司、承包商都需要设置项目部和管理部门，都需要进行组织结构设计。其中最重要的是图 9-2 所示的三个方面的组织设计。通常，工程组织设计主要解决：

（1）工程组织设计的依据分析，包括工程的总目标分析、工程的特殊性（工程的规模、专业和系统特性、复杂程度、同时管理工程的数量）分析、工程环境分析、组织战略和实施策略（如项目融资方式、承发包方式、管理模式等）分析。

（2）工程组织流程（实施工作流程和管理流程）设计。

（3）工程组织结构形式的选择、构建和优化。不存在适宜于所有工程的固定组织形式，应根据工程的情况（规模、形态、技术要求、环境、目标等），选择适宜的组织形式。

1）在现代大型工程，以及大的工程企业中，由于同时管理的工程范围很大，或工程数量很多，大多数采用少中间层次，扁平化、大跨度的组织形式，这样能够极大地提高管理效率。而现代信息技术为这种组织形式的应用提供可能。

2）通常工程规模越大，工程参加单位越多，工程分包越细，工程组织的层次就越多。

3）工程组织形式还与被管理者素质、工作性质、管理者的意识、团队精神、工程的信息化程度等因素相关。

4）工程组织形式是多样性的，如：

① 通常建设项目组织形式有直线式组织、职能型组织、矩阵型组织等。

② 工程承包企业组织形式有直线式、职能式、直线-职能式、事业部式、项目型组织、矩阵式组织等。

③ 在现代高科技工程及高科技企业中还有网络式组织和虚拟组织等。

不同的组织形式有不同的特性，对组织行为有不同的影响。例如，人们在直线式组织中的行为与在矩阵式组织中的行为是不同的。

各种组织形式有各自的优缺点和使用条件。例如，直线式组织缺乏职能分工，成员之间和组织之间横向联系差，对管理者素质要求高，只适用于小型组织；职能式过分强调专业，配合差，对环境适应性差，不够灵活，成员易于重视局部目标而忽视总体目标；而矩阵式组织又存在稳定性不足、双重领导、协调工作量大等问题。

（4）按照任务分配和任务关系确定组织成员在组织中的责任体系、权利关系和界限等。

（5）建立工程组织运作规则、规章制度、组织协调机制，明确决策责任、权力的分配、正式的指令和报告关系等。

（6）各工程组织单元（项目部）的构建，组织控制、检查、绩效评价、考核和奖罚机制等。

通常在工程建设项目经理部中要按照管理目标和范围，设立计划、质量、技术、合同、财务、资源（材料、机械设备、劳务）、HSE、综合事务等管理部门。

（7）信息传输和组织沟通的体系设计。如组织成员之间信息流程设计，信息（包括数据、资料、文档）的规范化，组织沟通规划的制定等。

在 8.5 节中所介绍的案例，是一个比较典型的工程承包企业的项目管理组织设计。

### 9.4.2 工程组织责任体系构建

为了实现工程总目标，应保持工程全寿命期组织责任的连续性和一致性，规避短期行为，构建一体化的工程组织责任体系（图 9-4），使工程参加者（投资者、用户、工程承包商、设计单位、供应商等），各个工程专业和工程管理各职能高度地互相依存，实现资源共享、利益共享、风险共担、相互合作、相互信任，以提高工程组织效率。

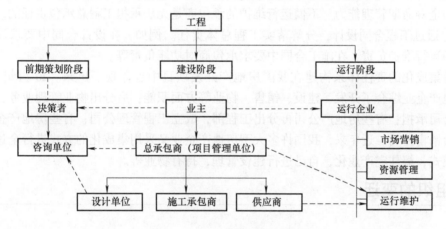

图 9-4　工程组织责任体系构建

（1）推行业主建设工程项目投资责任制，业主承担前期决策、建设和工程运行的责任。实质上是将"投资者""业主"和运行企业三个角色（职能）合一，能够保证在工程全寿命期中业主组织责任的稳定性和连续性，这样能够最大限度地促使业主承担工程全寿命期责任。

（2）推行工程总承包和项目管理承包，让一个或较少的单位对整个工程建设承担责任，使工程的设计、施工、供应一体化。

（3）让有能力的工程总承包商或设计单位承担或参与工程的前期策划咨询工作。

1）同一般的咨询单位和业主相比，总承包商更了解工程产品市场情况，有更高的工程专业水平，对建设过程和运行过程更熟悉，对工程设备、材料、施工方法和在当地实践等情况更为了解，可以提高对费用估算、厂址条件选择、资源可获取性及限制条件等方面研究的准确性，进而提高可行性研究和工程决策的科学性。

2）承包商参与前期策划，能够最大限度地了解环境、了解业主要求。可以提前根据工程总目标对工程建设开展整体规划，对施工和运行过程做预先的考虑，保证工程获得满意可靠的经济效益、环境效益。

3）通过提前介入工程，承包商有充足的时间来完成设计和施工计划，有利于建设活动在时间、空间和资源方面的优化，更有利于取得高质量的工程。

4）承包商通过早期参与到工程中，可以尽可能详细地收集经验和教训，形成良性循环，使工程更为完美，能够促进建筑业的进步，可以为所有工程相关者提供更大的价值。

（4）让工程总承包商，或施工承包商（或供应单位）负责工程的运行维护管理，或参与项目融资，参与合资。例如在 BOT 项目中让承包商参与项目融资，使他们与工程的最终效益相关。这是有战略意义的。这实质上延续了承包商的施工合同责任，使工程责任体系更完备。这对承包商是一个很大的压力，会使他感到，建设（施工）过程的任何缺陷将来都是与自己相关的事，将来都要由他负责。这样承包商对工程的责任感和参与感更强，会有更大的积极性和创造性，不仅能够圆满地完成合同义务，而且更注重工程的最终效益（运营收益），会考虑工程整体的长远利益，全面落实工程总目标。

承包商承担运行维护工作会对设计有更好、更深入的理解和评价，能够提升承包商的工程规划和全寿命期管理能力。不懂运行维护的承包商是无法承担工程总承包责任的。

（5）通过工程合同设计，分解落实工程总体责任。例如，在设计合同中要求设计单位对工程的运行维护负责，在施工合同中要求承包商对功能负责等。

这种集成化的责任体系构建在我国房地产开发项目中也体现了出来。20 世纪 90 年代初，房地产企业综合了开发、建设、销售、物业等方面职能；后分出物业管理业务，成立物业管理公司承担；有些房地产公司再分出工程部，成立工程管理公司；有些房地产企业将销售委托给销售公司。近年来，我国许多大型房地产企业又采用集成化的方式进行全过程工程管理的模式，搞住宅产业化，自己进行建设管理，持有物业等。

## 9.5 工程组织的变迁

### 9.5.1 工程组织演化的因素和历史

（1）工程组织演化的因素。工程组织的发展与进化主要由如下因素引起：

1）工程规模扩大和科学技术的发展，带来工程系统规模和技术系统结构的复杂化，新技术、新方法的运用引起组织结构变化，使得现代工程组织越来越复杂。

2）工程实施工作分工的社会化、专业化。专业化分工促成工程组织知识的增长和分化，引起多元化的人才需求和组织结构的变化。

3）工程环境的变化。外部环境的变化、现代技术的发展和全球化供给方式使各类工程生产要素的可获得性和可取代性大大增强。同时，工程要素的选择空间范围增大，可以全球范围内采购资源、选择组织成员。这样，工程组织需要高度的开放性，才能保证组织高效率运转。

4）现代信息技术的发展。现代信息技术的发展带来人们沟通方式的变化，带来组织形式、结构、运作方式的变化，促使组织结构扁平化和柔性化，催生了网络式组织、虚拟组织等新型组织形式。

5）现代科学技术的发展。现代科学技术的发展使工程组织中知识资本越来越重要，需要构建学习型组织，需要强化知识管理等。

6）文化因素。例如在我国传统文化中，决策者倾向于集权管理，通常选择多层级的组织结构类型（如直线形）。

（2）历史上工程组织形式的发展。

1）早期的工程虽然规模可能也很大（如长城、大运河等工程），但受到生产力发展水平、知识水平及人们认识上的限制，工程系统复杂性不大，活动较单一，劳动力是工程活动最主要的要素。工程组织主要在工程实施地点，以现场为主；生产要素供应方式主要为就地（在本地或本国）取材，供应关系不复杂。由于沟通技术、交通条件等限制，信息难以进行大范围传递，为保障指令的快速执行与行动的统一，通常采用面对面的交流方式，组织结构以直线式为主。

2）随着科学技术的发展和工业化程度的提升，工程规模大、系统复杂，科学技术成为工程活动的核心生产要素；工程要素市场逐渐细化和复杂化，组织内部分工日益细化；人们可以在更大的空间范围内选择生产要素，使生产要素的组合方式多样化。同时，现代信息技术的发展，使信息沟通快捷，组织交流方式多样化，导致工程组织扩展和延伸，组织的复杂性和专业性增强，自上而下的直线管理弱化，需要强化横向流程管理，出现了新形式的组织模式，如职能式、事业部式、矩阵式等。

3）借助互联网平台，工程组织成员基于开放、平等、共享以及全球协作的原则，在网络中展开了大规模协作、知识共享、世界范围内资源的优化组合。这导致工程组织形态的虚拟化和组织边界的模糊化。工程组织形态进一步向扁平化、网络化、柔性化等方面演化。

## 9.5.2　不同阶段工程组织任务的差异性分析

工程全寿命期长，且不同阶段有不同的工作性质和内容，使得工程的组织结构不断变化，组织成员和管理人员不断更换。组织成员在工程中的持续时间与它所承担任务（由合同规定）的时间长短有关。工程结束或相应工程任务完成后，组织成员就会退出，或解散或重新构成其他工程组织。

工程全寿命期过程中，不同阶段的工作范围、专业性质的差异性，带来工程组织成员的数量、人才知识结构大的差异性。这是工程组织变迁的根本原因。

（1）在前期策划阶段，对工程进行目标设计、可行性研究和评价，需要市场经营、投资决策、经济、金融、财务、环境、技术等方面的人才。对问题研究的层次比较宏观，面比较广。工程建设项目由于尚没有立项，所以常常还不能构建独立的组织结构，或设置专职的组织队伍，一般寄生在投资企业中，许多工作任务由部门人员兼任。

（2）在设计和计划阶段，由于工程建设项目已经立项，需要成立专职的建设单位（业主），并配置相应的管理职能部门；需要制订周密计划，需要选择、优化组合、高效配置工程生产要素；还需要进行工程招标、工程前期准备工作和各种审批手续的办理；需要进行现场组织等。

设计和设计管理（设计监理）单位进入工程组织，按照工程目标，进行工程的设计。

这阶段主要需要工程建设管理、各专业工程设计、造价咨询、招标代理、计划等方面的人才。其组织形式也逐渐复杂起来。

（3）在施工阶段，主要任务是，按照工程实施计划，合理有序地安排各生产要素，保证各工程供应和施工活动顺利实施，工程实体有序成长。

本阶段的主要工作由各专业施工单位、材料和设备的供应单位、劳务供应单位等完成，业主要对工程建造过程进行宏观控制，还需要现场施工管理队伍（监理单位）。在这个阶段参加单位（人员）最多，组织最复杂。

业主的管理模式、工程任务的发包方式以及工程项目的规模都对这个阶段的工程项目组织形式产生影响。通常采用直线式、职能式、直线职能式或者矩阵式组织形式。

由于工程建造工作的不均衡性，不同专业工程活动在不同时间出现，使各专业施工队伍会在不同时间进入工程组织，并随着相关工作的完成退出现场。组织呈现高度的动态性、不稳定性，同时又充满活力。

在施工阶段的后期，工程工作量和强度逐渐减小，工程与外部环境的物质、能量和信息等交换强度逐渐减弱，工程建设项目组织行将结束。同时在竣工阶段又集中大量的专业工程（如各专业设计和施工）工作和现场管理工作，而且各层次管理人员都要介入竣工验收工作，导致组织结构和程序都很复杂，且组织可能会向无序状态发展。

（4）在运行阶段，需要工程的运行维护（维修）和健康管理的相关人员，需要构建独立的运行工作组织体系。工程运行组织是比较稳定的组织，一般由本企业的部门或人员组成。

有些工程由承包商（或设备供应商）承担运行维护责任。

在运行过程中，如果要对工程进行更新改造、扩建，则工程组织结构还会有相应的变化。

### 9.5.3 工程组织形式在全寿命期内的变化

#### 1. 工程全寿命期中组织变迁的一般过程

在工程寿命期不同阶段有不同的组织形式。不同类型的工程，其组织的变迁也存在较大的差异，主要受到工程的性质、业主的性质、工程规模、融资模式、业主管理模式及工程任务发包方式的影响。例如南京地铁 1 号线建设工程组织经历如下演变过程（见图 9-5）：

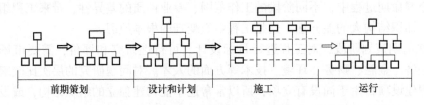

前期策划　　设计和计划　　施工　　运行

图 9-5　南京地铁 1 号线建设工程组织变化过程

（1）工程前期策划阶段。

1）在上层组织形成工程构思后，成立一个临时性的研究小组探索工程机会，做目标研究。这时仅为一个小型的研究性组织，其研究任务由市政府的一个主管部门牵头，组织成员虽涉及许多政府部门，但大家都不是专职的。这个临时性协调小组承担着对工程机会、环境、总体方案和目标等进行初步研究的任务。这属于寄生式的项目组织。

2）可行性研究阶段。在可行性研究中，需要对地铁运行的市场、工程运行计划、工程建设总体计划、融资计划进行研究，对工程现场做调查和勘探，并做各种评价。有许多事务性工作（如各种审批手续）、协调（如与沿线相关政府部门）和管理工作，此时需要成立一个专门的管理班子。由于工程参加单位仍然不多，主要为咨询公司（做可行性研究）和技术服务单位（如地质的勘探单位），采用直线式项目组织。

（2）设计和计划阶段。在建设项目立项后，成立了地铁建设总公司。在规划设计阶段，工程参加单位逐渐增加，需要进行设计招标，并管理设计；进行施工和物资采购招标，现场准备，做工程建设计划，完成各种审批手续。建设总公司划分了许多职能部门，则采用职能式组织结构形式。

通常，在这一阶段，工程规模、特殊性、资本结构、设计工作的复杂性、业主的建设管理模式、工程发包方式，都对组织形式产生影响。这个阶段一般采用直线式、职能式或者直线职能式组织形式。

（3）施工阶段。在施工阶段，由于地铁 1 号线工程建设由 40 多个子项目（标段）构成，各子项目有承包商、供应商、咨询（监理）单位、测量单位，地铁建设总公司采用矩阵式组织形式。

对建设项目，施工阶段的组织规模一般都很大，其组织形式也较为复杂。

（4）运行阶段。随着工程建设阶段的结束，成立地铁运营公司作为运行管理组织，采用公司的组织形式进行运作，具体负责运行维护和健康管理工作。

由于采用业主全过程投资责任制，在上述整个过程中，由地铁总公司全面负责。由于建设完成的地铁线路投入运行后，新线路还要持续地建设，所以建设和运行组织并存，形成非常复杂的组织关系。

**2. 工程承包项目组织变迁**

上述组织变迁在工程承包项目中也同样呈现出来，有相似的规律性。对工程承包项目组织形式的变迁问题，要从两个相关的角度进行分析：①工程承包项目部自身的组织结构形式。这与工程承包项目的规模、分包方式等因素有关；②承包企业与施工项目的组织关系。这与承包企业所采用的项目责任制形式相关。

例如在某大型施工企业中，施工项目组织变化经过如下过程（见图 9-6）：

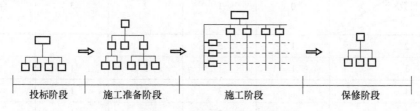

投标阶段　　　施工准备阶段　　　施工阶段　　　保修阶段

图 9-6　施工项目组织的演变

1）投标阶段。承包企业在投标阶段成立临时性投标小组，它通常是以经营科牵头的跨部门小组，包括技术、管理、经济（成本）、市场方面的专家。

在承包企业组织内，它属于临时性的寄生式组织形式。如果企业同时投标的项目很多，会有呈弱矩阵式的项目组织。

2）施工准备阶段。签订承包合同后，企业任命项目经理，成立项目部，其组织逐渐完备，项目部呈直线职能式组织。

在实施准备中要集中企业的优势编制实施方案，调动资源，安排人员，采购材料和设备，所以企业职能部门的权力要大些，企业与项目部的组织关系呈弱矩阵式。

3）施工阶段。由于大型工程项目区段（子项目）较多，分包商、供应商较多，项目部呈矩阵式项目组织。

项目部负责现场的工程实施和管理，企业职能部门负责资源的供应和总体控制，则企业与项目经理部呈矩阵式组织关系。

4）保修阶段。在竣工后项目部解散，承包项目的结束工作由企业负责（保留项目部的部分人员）。保修期的维修工作由企业的保修（分）公司负责。

如果企业有许多施工项目处于维修阶段，其维修组织属于弱矩阵式项目组织。

有些承包企业采用项目经理完全经济承包责任制，由项目经理组织投标，安排项目组织，采购资源，负责项目实施，则在项目过程中呈独立的项目组织形式。

工程组织高度的动态性、多变性带来了工程管理和企业管理的许多问题，对工程组织结构设计、组织规则制定、工程承包方式和管理模式的选择、工程信息化都会带来深刻的影响。

**3. 我国建设工程负责人的稳定性状况**

在工程中，业主角色存在矛盾性：在实行投资项目业主全过程责任制以后，业主对工程建设的融资、项目管理、运行、还贷款承担全部责任，所以他对工程持续承担全部责任。但是，业主代表作为个体，通常仅在工程的某一个阶段承担责任。这种业主全过程连续的责任与业主代表个体阶段性责任的差异是工程管理的一个基本矛盾。

20世纪90年代，笔者曾经调查过18个建设项目，询问业主代表在项目中的稳定性。调查对象主要是我国一些建设工程项目和合资项目，如南京贝宁有限公司项目、南京二桥建设工程、南京机场建设工程、沪宁高速公路工程、南京TOTO有限公司项目等。这些项目建设期分别为2~5年。调查结果表明，在工程建设期业主代表变动情况见表9-1。

表9-1　建设期业主代表变动情况

| 变化次数/次<br>项目数/个<br>建设期/年 | 0 | 1 | 2 | 3 | 合　计 |
|---|---|---|---|---|---|
| 2 | 1 | 3 |  |  | 4 |
| 3 | 1 | 1 |  | 1 | 6 |
| 4 |  | 3 | 1 | 1 | 5 |
| 5 |  | 2 |  | 1 | 3 |
| 合　计 | 2 | 9 | 4 | 3 | 18 |
| 比例（%） | 11.11 | 50 | 22.22 | 16.67 | 100 |

由此可见，在工程建设期业主代表的人事变动是十分频繁的，由一个人负责到底的仅为2个项目，占11%。在这18个项目中，在投入运行后建设期的负责人继续承担运行期企业负责人的情况见表9-2：近90%的工程建设完成后业主代表不再承担运行管理的任务。在调查中人们认为，建设期与运行期由不同的人负责是合理的，因为建设期的任务与运行期的任务性质完全不同，需要不同知识和能力的人负责。

表 9-2　工程投入运行后业主代表继续任职情况

| 继续担任时间/年 | $t = 0$ | $0 < t \le 1$ | $1 < t \le 2$ | $2 \le t$ |
|---|---|---|---|---|
| 项目数量/个 | 16 | 1 | 1 | 0 |
| 比例（%） | 88.89 | 5.56 | 5.56 | 0 |

业主代表（包括业主的建设管理班子）的阶段性，导致虽然实行投资项目业主责任制，但还不能从根本上解决工程中的短期行为问题。在一些国有企业以及公共工程项目中，这个问题尤为突出。

### 9.5.4　工程组织变迁的必要性和带来的问题

**1. 工程组织的变迁有其必要性和合理性**

（1）这是由工程各阶段工作不均衡性和不同的工作内容、性质、范围、专业特点等因素决定的，具有客观性和合理性。

（2）能够高效率地使用资源，特别是管理力量和知识资源。

（3）组织具有高度的动态性，能够使组织有活力，提高运作效率。

**2. 工程组织变迁带来的问题**

（1）难以对工程组织进行统一、系统和长期的规划和设计，即使做了规划也很难贯彻执行。

（2）由于工程的阶段性、组织的变迁、不同企业的组合等特点，工程组织责任体系易断裂。

由于在前期策划阶段、设计和计划阶段、施工阶段、运行阶段有不同的责任人和组织，前期人员的失误会对工程总目标产生根本性影响，但决策失误带来的问题，只有在运行过程中才能显示出来，而在工程运行阶段，他们已不承担项目工作或已经退出组织，很难追究他们的责任，而负责建设过程的业主和运行维护人员对投资决策失误不能承担责任，所以会有许多问题无人负责。这个问题在我国政府投资项目中长期普遍存在。虽然从 20 世纪 80 年代中叶开始我国推行投资项目业主全过程责任制，但并没有比较好地解决这个问题。

同样，工程建设中的许多问题只有在运行阶段才会出现，但运行维护单位不能对此负责；施工承包商对设计错误不负责；在施工项目中，负责现场施工的项目经理对投标阶段报价失误不承担责任。

同时，工程总目标体系存在天然缺陷，如许多目标不具体、不细致、不能量度、界限不清，之间存在矛盾，导致组织责任的约束力较小，组织成员的最终成果和业绩评价困难。

工程整体责任的终极性与各阶段组织及其人员临时性的矛盾，造成了责任缺失。许多组织成员对工程的整体效益不承担责任，与工程最终成果没有直接的利益关系。所以，他们并不关心工程总目标的实现，会有短期行为。这些都是工程管理自身的矛盾性。

管理者和决策者常常还有自我目标，如通过工程增加自身收入、希望有显赫的政绩等。

（3）容易造成责任盲区。责任盲区是指出现工作责任遗漏、无人负责的情况，包括出现问题或事故无人承担责任、工作无人做等一些工作责任遗漏。如：

1）在设计和计划中人们很难将 EBS 和 WBS 做得很科学和完备，其中的遗漏和缺陷会造成责任盲区，如缺少有些专业工程系统、工作任务，则自然缺少相关责任人的落实。

2）工程分标细、合同多、合同缺陷会导致组织界面上的工作责任的遗漏。

3）在工程中，社会化和专业化分工太细就会造成许多责任盲区。这是工程中社会化和专业化分工的基本矛盾。

（4）工程中短期行为的现象比较严重，易出现信用危机。大多数组织成员对工程的最终成果和整体效益不承担责任，也没有直接的利益关系，所以，可能会导致他们只考虑或首先考虑本单位（本部门）的目标和眼前局部利益，并不关心工程总目标的实现。例如，设计单位、承包商、供应商、咨询（监理）公司仅仅对合同规定范围的工程进度、质量、成本承担责任，可能会有为建设而建设的思想，很少考虑工程的运行效果，更不考虑工程的整体利益。

同时，若人们的组织归属感和安全感不强，组织的凝聚力也会很小。

（5）组织成员之间利益冲突非常激烈，缺乏信任，行为离散，协调和沟通更为困难，组织摩擦大，易出现信用危机。

（6）组织责任的断裂带来在工程寿命期中信息的衰竭和信息孤岛现象，加剧信息不对称。

这些问题对工程总目标影响很大，在组织设计和运作过程中要注意规避。如何使组织在工程寿命期过程中有序变迁，形成信息过程、组织责任体系的一致性，仍然是工程管理领域要研究和解决的问题。

## 9.6 工程伦理

### 9.6.1 概述

**1. 工程基本伦理问题**

（1）人类工程能力越来越强，大型工程在技术层面上都能实现，由此造成的影响也越来越大，破坏性和负作用也越来越大，用什么来调节和约束人们的工程行为？

（2）现代社会公众已对自身的权利、意志、尊重等有了新的认识，人们强调社会责任、历史责任、环境责任，但这与工程的利益、企业利益冲突，使工程越来越难。

（3）价值体系很难脱离人的微观决策行为，这使得工程中的矛盾越来越激烈，人们的行为选择、多目标的合理排序（确定优先级）越来越困难。

（4）社会不良思潮影响引发道德塌方，工程师的行为需要健康的工程伦理指引。工程师不仅要守法，执行合同、工程规范，而且要保持操守和底线。

（5）我国是一个极其重视伦理的国家，伦理文化渗透到整个社会的各个方面。伦理道德观作为做人的准则，有更为重要的地位。

我国现阶段社会上人们的一些浮躁情绪影响到工程人员，导致其伦理意识淡漠，常常突破职业操守和底线，不少工程问题，如工程质量和安全事故、工程中的争执问题等多属伦理、道德问题，很少是因为专业技术、知识和能力不足的问题。

同样，建设工程领域的许多腐败现象也常常由伦理问题引起。

（6）在我国工程师教育体系中，工程伦理教育显得不足。

（7）工程、工程组织和组织行为的特殊性，以及工程项目管理存在的矛盾性，使得工程组织运作和管理的难度非常大。工程取得成功的前提是工程组织成员有共同的价值观，对组织行为评价准则达成一致，共同为工程的成功努力工作，这样才有行为的一致性。工程伦理对人们工程行为的约束起着举足轻重的作用。

专业化分工变细之后，每种职业都有自己遵循的道德规范和价值准则。而工程相关参与者众多，需要处理好职业价值准则和工程价值体系的关系。

**2. 伦理的概念**

（1）伦理是人们在社会实践中所遵守的义务、权利和理想等的价值追求和道德原则，是价值准则在人们行为规范中的体现，包含个人道德观念和人们相处时的行为规范，用以判断人们的决策和职业行为是否符合目的和价值。

伦理与法律、合同、管理规范一起构成人们的行为规范体系。

（2）伦理的主体一般是组织或人，具有职业特征。

（3）人们的行为受伦理的影响。伦理通过价值取向制约和引导人们的行为，使人们在多元价值观念矛盾和冲突中做出合理的选择，促进人们的道德实践活动，使其行为向善的方向发展，努力做一个好人、一个高尚的人。

（4）伦理自律方式。伦理的规范作用不同于制度（法律、合同、规范）约束。制度规范是人们必须遵守的，是明示的，必须"机械式"执行。而伦理属于人们的道德认识，是不能明文规定的道德规范，是通过道德信念、组织文化和价值判断约束的。许多伦理问题是外在约束机制所无法触及的，要求人们自律，自我认识、自我约束、自我超越，通过道德认识做出合理的伦理决定，自觉地遵守职业道德规范，自发地纠正偏差。

## 9.6.2 工程伦理的内涵

**1. 工程伦理的主体**

传统的工程伦理主要关注工程相关的职业伦理，以人为中心，如职业的意义所在，有哪些必要的行为规范，应该追求什么，有什么价值观和信念。在我国古代，每个工程领域（或行业）都有相应的伦理（如行规），都有相应的"道"。这些不仅保证了技术的世代传承，而且保证了相关伦理文化的世代传承。

在现代社会，伦理的主体范围在扩展，由个人的职业伦理扩展到公司组织的及社会组织的伦理。同样，工程伦理的内涵也在扩展。

（1）工程各参加者的个人伦理。工程活动的主体包括业主、承包商、监理单位、工程师、金融机构、政府部门、社会公众和其他利益相关者，他们形成工程共同体。他们各方在处理工程事务、互相关系，以及工程与环境、工程与社会的关系时都应有相应的伦理责任。

1）工程师的伦理责任。在工程伦理中，这是最有代表性的也是最重要的，即工程师在职业活动中对业主、公众、环境、社会、历史所担负的责任。

2）承包商的伦理责任。承包商除了对投资者和（或）业主负有经济效益责任之外，对工程利益相关者也应承担相应的社会责任，要把社会责任融入自身的经营和发展中，兼顾经济利益、环境利益和社会利益，使工程建设有益于公众、环境以及整个社会。

3）政府的伦理责任。政府必须按照科学化和民主化的要求对工程进行审查，确保："好的工程"获得立项，"不好的工程"不被立项；工程决策的民主化、科学化，审批过程合法，工程目标符合社会利益和生态利益；工程实施监督到位，管理方式和手段的先进性等。

4）业主的伦理责任。例如：努力消除或减少工程、过程和产品对环境、社会的负面影响；建立透明和公开的决策机制，与公众公平交流；要公正行事，善待承包商。

5）参与工程工作的工人的伦理责任。工人有义务在履行职业责任时，不仅以应有的责任心做好工作，而且将公众安全、健康和福祉放在首位，发现工程存在影响质量、环境、公共安全等方面的问题，应及时通报给相关人员和部门，防患于未然。

（2）工程相关群体的伦理，如工程师协会、承包商协会、工会的伦理等。

在这方面人们提出了"工程职业共同体"的概念，如将工程师、项目管理者、业主、专业技术工人、投资者等各作为一个群体，探讨它们共同的伦理责任。

作为社会上相同职业的工程人员，他们有共同的知识基础和关注对象，也应该有共同的行为规范。如果一个监理工程师行为失范，如收受承包商不正当利益，做出出卖业主利益的工程行为，又得不到相应的处置（或惩处），使其他工程中业主对监理工程师产生不信任，不再授予其独立管理工程的权力。如果这种现象很多，则会使整个监理行业的声誉受损，会影响整个工程项目管理的健康发展。所以，他们是"工程管理职业共同体"。

工程职业共同体最重要的是行业协会，通过制定规则约束人们的职业行为，使行业健康发展。如果一味地通过行业垄断保护行业，则可能会使行业堕落。例如2015年前后，我国个别学校（包括幼儿园）出现"毒跑道"的问题，严重影响孩子们的身体健康，但按照行业标准检查却是合格的。很显然，这些标准是不合理的，最终可能会对整个行业产生致命影响。

（3）工程作为整体的伦理。这是指工程作为一个整体，在处理工程与自然环境、与社会、与其他工程等关系时应有的价值追求和道德原则。它来源于工程的目的、使命和工程准则，体现现代工程承担的重大社会责任、历史责任、环境责任。工程伦理影响工程总目标的设置，是工程各参加者伦理的共同点，是工程师伦理的源泉。

**2. 工程伦理的客体**

由于工程涉及人与人（工程参加者之间）、工程参加者与社会、工程参加者与环境、工程参加者与原企业、建设者与工程用户（或产品使用者）等关系，所以工程伦理的客体非常广泛。

（1）对现代工程伦理有重要影响的因素有：

1）现代工程行为有重大的环境影响，所以必须强化工程的环境责任。

2）现代社会对工程产生新的认知，如工程全寿命期理念，扩展了伦理的时间跨度。

3）企业公民的理念和企业的社会责任管理标准SA8000向工程延伸，要求工程参加者打造"有良心与良知的企业公民"的好形象，承担对职业的责任、对顾客（业主）的责任、对团队中其他成员的责任、对环境和社会其他群体的责任。

4）现代社会价值观的变化体现在工程的行为中，如利他、追求公平、与利益相关者共赢、价值多元、多元利益主体之间互相理解、促进社会公平、造福于人类等理念。

（2）工程伦理在传统职业伦理的基础上产生了许多以下新的演变：

1）由关注工程的功能和利益实现，拓展至工程全寿命期的实施效果。

2）提倡对整个自然界的生存与发展承担环境伦理责任，将自然视作具有内在价值和自身权利的有机体，强调对自然合理开发利用。

3）关注公众的安全、健康和福祉，追求工程的社会价值。

4）对工程利益相关者的责任，从利他的核心价值观出发，与利益相关者共赢，通过对话与协商达成理解和共识。

5）以人类可持续发展为目标，在满足代内公平的基础上兼顾代际公平，平衡当代人和后代人的生存条件和权利。

所以，工程伦理不仅仅是一般应遵循的道德规范和应承担的道德责任的职业伦理，而且要关注工程整体与社会的关系，关注环境问题、社会公平问题和历史影响问题。

**3. 工程伦理的国际化**

工程伦理的许多基本准则是不同国家的工程师、工程共有的。相同的伦理、共同的基本价值准则，是现代工程国际化的特征之一，也是人们通常所说的国际工程惯例最为重要的基础。

在国际工程中，相关参与者来自不同的国度，可能有不同的宗教信仰和法律背景，但在行为规范上可以建立共识。

例如，FIDIC 合同赋予工程师很大的权力，作为业主与承包商之间公平、公正的中间人，其前提条件就是工程师有健康的工程伦理。

这也是现代工程项目管理制度健康发展的基础。职业道德和信誉就是工程师的职业生命。如果没有职业道德，业主不可能信任工程师，社会化的工程管理就无法有效运作。

## 9.6.3 工程师的伦理及其困境

这里的"工程师"包括承担设计和施工工作的各专业工程技术人员及工程管理者（如项目管理人员、建造师、造价工程师等），国际上统称为"工程师"。他们有相同的职业伦理。

**1. 工程师职业的特殊性**

（1）工程师具有异于医生、律师、教师、厨师、会计等职业的特征，使得工程伦理与一般职业伦理存在较大差异。

医生、律师等人员的职业活动一般只影响有限数量人的利益，厨师的职业活动一般只产生一次性或短期的影响。而工程需消耗大量自然资源和社会资源，对社会和自然的影响巨大，具有历史性；它影响社会较大范围的人群，关乎人们几十年的生产生活，甚至是人的生命。

（2）在工程中，工程师既是工程决策的咨询者，又是工程活动的策划者，承担工程的组织、计划、控制等工作，还是工程活动的执行者、监督者。工程师必须有很高的职业道德，才能完成工程建设任务，获得成功的工程。

（3）工程都是一次性的、常新的，工程师利用专业知识和服务，为工程提供咨询和管理方面的服务，有较大的自由裁量权。他的工作很难用数量来定义，工作绩效很难量化评价，在很大程度上，工程管理是凭职业道德、自觉性、积极性和声誉开展工作的。

（4）工程师提供的服务具有间接性，他不是工程的最终产品和服务的直接使用者，与最终用户间没有直接的沟通，对工程建设和运行的影响及工程质量安全事故没有直接的感受。

（5）工程师的职业角色，容易成为利益相关者矛盾的焦点。工程管理工作常常是既困难又吃力不讨好的工作，可能使工程参与各方都不满意。工程活动中一些伦理问题产生是源于工程目标的多样性和人们价值观相异、行事方式的不一。多元主体之间伦理存在冲突，需要互相理解和共识，需要有利他与共生的理念，关注工程整体利益和其他方利益。这些都需要工程师协调。

（6）工程师在工程实施中责权利不平衡。

1）工程的成功要依靠工程师的努力，但他没有决策权；工程失败的原因常常不是他能够控制的。

2）工程管理对工程最终影响大，工程能否顺利实施，能否按期完成，能否符合预定的质量标准，达到预定的功能，业主投资的多少、企业成本花费的高低等，直接依赖于工程师的工作能力、经验、积极性、公正性、管理水平等。但他与工程的最终经济效益无关。

3）在工程中，工程师有很大的管理权力，但他仅作为业主或企业的代理人，对管理过程中的失误不承担或承担很小的法律和经济的责任。

这些是工程师职业和工程管理社会化制度内在的矛盾性。

（7）工程师只有恪守伦理，具有很高的职业道德，才能赢得各方面对工程师的充分信任，才能推行社会化项目管理，才能充分发挥工程师的积极性和创造性，降低工程的交易成本、管理成本和运行成本，提高工程管理效率。

**2. 工程师的伦理要求**

工程师伦理就体现在工程师的职业道德上，是社会对工程师活动的基本要求。由于工程对社会的重要作用和工程师职业的特殊性，工程师伦理涉及的范围广泛，有如下几方面：

（1）工程师应全心全意为工程服务，应是负责任的、具有一定专业知识和实践经验的专业人员。他要将用户利益放到第一位，不谋私利，忠于职守，全心全意地管理好工程，为社会公众谋取福利。

工程师应是有良知的、理性的，应以勤勉、认真细致、务实和负责任的态度工作，不能通过工程为自己获得或企图获得额外财富。这是工程师的"本分"！

（2）敬业。

1）热爱自己的专业、职业和工作岗位，应有尊严感、荣誉感、事业心和成就感。

2）工程师应利用所学专业知识、智慧与能力，为工程提供高效、严谨的技术、咨询、管理服务。在处理工程事务时应尊重科学，忠于专业判断，尊重工程自身的规律性，严守法律和规章，追求精益求精，不投机取巧，不迁就，任劳任怨，追求工作的完美。

3）应该以满腔的热忱主动积极工作，最大限度地发挥自己的聪明才智，认真负责，全心全意地管理工程；在职业岗位上自觉地刻苦钻研业务，掌握先进的知识和技能。

4）有创新精神。由于工程一次性的特点，工程管理工作是富于挑战性的、常新的工作，所以工程师在工作中应具有开拓创新精神，积极进取，勇于承担责任和风险，不安于现状，追求更高的目标。如果他不努力，不积极，低定目标，保守计划，要想取得工程的成功是非常困难的。

（3）诚信。工程师在工作中应诚实守信，心怀坦荡，正直，实事求是，应以没有偏见的方式处理事务，公平公正地对待各方利益。

（4）工程师的行为应以工程的使命、准则、总目标为出发点，追求工程全寿命期整体效益，努力争取获得工程的成功。工程师不仅要实现企业目标；而且要使用户满意，还必须有高度的使命感和责任心，担负起社会责任、历史责任和保护生态环境的责任。

（5）具有团队精神和合作精神。工程管理是一种综合性的管理工作，需要各方面人员团结协作，需要构建一个好的工程管理团队。

1）使工程管理团队的所有成员对目标有共识，激发每个成员的使命感和责任感。

2）应公开、公平、公正、精准、客观地处理事务。

3）组织有高度的凝聚力，成员之间互相信任，所有成员全身心投入工程管理团队工作中。

4）与组织成员经常进行沟通，有民主气氛，有平等的观念，有公平心和公正心。

（6）对参与建造的工程，付出应有的辛劳，精心呵护，努力使它健康成长，能够传承于世；保持工程健康长寿，不随意拆除建筑工程——不管是他人建设的，还是自己建设的。这应作为工程师对工程的基本态度。

所以工程师要做一个高尚的人，一个有道德的人，一个有历史责任心和社会责任心的人。

**3. 工程师伦理的困境**

工程师的伦理准则和要求存在很多矛盾性，常常无法全面顾及，也很难平衡。工程伦理冲突是工程和工程管理自身矛盾性的具体体现，困扰着大多数工程师。

（1）现代大型工程常常是社会矛盾的集中点，如拆迁、邻避事件、环境污染问题。这些问题会对工程的实施有很大影响，是工程师常常要面对的，但又是工程师很难解决的。

（2）工程师是工程管理领域的专家，要提出工程技术、组织计划和管理方案，但它有技术、经济、社会、环境的影响，存在工程方案的技术、经济、社会、环境价值的矛盾和冲突。例如，技术人员追求技术实现，追求技术的效应和效果，或是挑战技术极限，追求独特的（如轰动）效应；从商业价值方面追求经济效益（低成本和高收益），从社会价值方面追求公平、和谐、稳定。

（3）工程创新与风险的矛盾。按图施工、按规范执行、做保守的计划常常最为保险，责任风险小，但常常是浪费的，也缺乏创新和进步。而采用新技术、新材料、新结构，往往无法预测最终结果，一旦出现因不可抗力因素导致工程事故，人们常常会归咎于工程师。

（4）工程师多元角色的矛盾性带来的伦理困境。工程师工作的动力源于生存和社会生活的双重需要。他要通过工作获得良好的物质生存条件，实现个人追求，实现自我价值等。但他同时面临如下矛盾：

1）工程师常常受雇于公司，要服从和忠诚于公司。公司需要盈利，要追求工程活动的成本与效益以及投入与产出比。这与工程师应承担社会责任，保护社会公共利益，关注生态保护、可持续发展，向历史负责的职业责任之间可能存在冲突。

2）在工程中，工程师受业主委托管理承（分）包商，协调各方面关系，需以业主的利益为目标采取行动。

3）工程师是专业权威，具有专业人士的远见，对不利情况有预见性，应独立决策。但工程是属于业主的，在工程组织中工程师又处于从属地位，权力受到很大限制。因此，在工程中普遍存在"权力决定"大于"技术决定"的现象，业主或高层管理人员常常不能理解，甚至会压制和反对工程师理性和科学的专业意见，但他们常常不具备工程师所有的专业能力。这会使工程师产生很大的困惑，感到左右为难，容易放弃专业努力。

4）业主与承包商（分包商）的矛盾也常常困扰工程师。由于工程任务承担角色和责任不同，利益存在差异，工程参与者之间的利益和伦理冲突很难轻易处理和解决。

工程的成功需要人们有共识。共识可以分为目标共识、程序共识和道德共识三种。目标共识常常追求利益的一致性，是比较容易实现的；而伦理要求道德共识，这是很难的。

所以，工程师的行为时常受到来自业主的限制、职业的限制、社会的限制、家庭的限制等，需要同时兼顾自身利益、公司利益、业主利益、社会利益和环境利益。这会使工程师陷入伦理困境，产生伦理困惑，而且会面临一些无解的问题。

（5）伦理问题解决方式的选择困难。虽然工程师要解决具体伦理冲突可选择的方式很多，但不能逼迫工程师做"非黑即白"的抉择，如对工程贿赂的非伦理行为可采取以下解决方式：

1）拒绝非伦理行为。例如拒收礼物、拒绝泄露企业机密。

2）回避或放弃。例如放弃非法收益、放弃伦理决策权。

3）离职。例如辞去项目管理的职务、离开企业。

4）不参与其中。例如不参加对与自己有潜在关系的承包商的评估。

5）揭露。即向社会公众披露可能存在的危害，向有关政府部门举报工程腐败受贿事件，向上级领导报告工程中潜在的非法利益交换情形。

每一种选择都会带来很大的问题。如果选择错误会对个人职业发展甚至生存产生巨大影响。例如，不同流合污、特立独行、坚持原则，检举揭发不道德行为，会遭到其他工程利益群体的蔑视甚至报复，在特殊社会状态下会被视为行业中的"异类"，而影响整个职业生涯。

（6）社会不良思潮影响易引发道德塌方，形成社会风气。当今社会，人们的价值观多元，观念不断快速更新，容易使人迷失。如果恪守健康的伦理行为却很难得到利益，不能受到社会褒奖或带来好的发展前景，就会动摇工程师坚守伦理的决心。

### 9.6.4　工程伦理问题的解决

过去人们认为，工程伦理问题的特点是"软""高雅""高大上"和"空"。伦理准则常常不能提供解决伦理困境直截了当的答案，但有一些解决途径。

（1）工程师应有健康的价值追求，摒弃功利主义，必须坚定立场，忠于职业操守，追求做个好的有担当的工程师，不能将职业仅仅作为谋生手段，要追求自我价值的实现。

管理者需要建立自己的坐标系，这就是价值观、信念和承诺。必须有清醒的头脑，不断反省自己，检讨自己，追求人生的境界。把个人的价值观、长处、目的与组织对社会的承诺、对顾客的承诺、想要达成的目标统一起来，尽可能让它们一致。

同时，应该认识到，伦理选择的关键是人们考虑眼前利益还是长远利益，考虑经济收入还是考虑声誉、影响、尊严的问题。例如：

1）业主满意，承包商能够在将来获得更多的项目机会。

2）与他人合作，给竞争对手以公平的机会，自己才能有更好的职业声誉和发展机会。

3）只有利益相关者之间利益均衡，工程才会处于较高的和谐状态。

4）大量违背伦理的事件只能瞒人一时，因此，不能心存侥幸，不能自欺欺人。

5）诚实、公正、负责任的工程师的职业生命会比较长久，保持好的职业形象将会有更大的市场机会，获得更长久、更大的收益。

（2）应避免在重大的伦理问题面前，一定要工程师做出"非黑即白"的选择，不要把他逼到极端，也避免把他置于冲突的焦点。重点要放在预先重视、识别和解决好伦理问题上。

1）在各种工程报告中加强宣传工程伦理精神，以社会责任、历史责任、环境责任、良知和理性引领工程。

2）工程师要养成事先考虑工程中可能出现伦理问题的习惯，增强对伦理问题的敏感性、反思能力和应对技巧。对工程方案的伦理问题有一个合理的预测，检测所做决定是否合理，采用更负责及更令人满意的解决方法：

① 通过先收集相关资料，情境判断，分析利益相关者，考虑他们的基本权利、优先次序。

② 对各工程相关者的伦理责任，需要实事求是，站在他人的角度换位思考，审视工程决策。

③ 预测他人与工程的关系、动机与目标、可能采取的伦理选择，以及对工程的影响程度。

④ 对可能的结果进行预测，考虑会伤害谁。

⑤ 考虑每个方案的公平性和公正性，以及对社会正义的影响。

3）对工程目标进行伦理价值分析，将多目标和价值追求进行合理排序（优先级）。如：

① 确定工程项目目标的优先顺序。

② 评估所有关系人（及团体）的基本权利，以及其优先次序。

③ 兼顾公司利益、业主利益、自身利益、社会利益和环境利益，寻求一个各方面满意的方案。

4）对上级的决策、对业主准备采取的行为，预先要讲明可能带来的工程伦理问题，以及可能对他人、社会、环境、历史的损害。

（3）注重工程文化和企业组织文化建设，通过组织成员间的沟通和协调，达成一致，实现由"他律"到"自律"的转变。以明确的组织文化和自身做事的规范化，回避他人不合伦理的要求。工程中一些伦理冲突问题产生是因为价值观相异、行事方式不一。例如重利与重义的思想、重技术与重人文的思想等，不同思想的侧重点不同。

1）在企业和项目管理体系构建中纳入伦理规范因素。例如提出控制工程全寿命期成本，进行人性化设计，明确工程施工安全的注意事项以及文明施工等要求。

2）通过组织成员间的沟通和协调，对工程伦理准则和伦理规范达成一致。

3）通过协商和商谈等方式使利益相关者和谐相处。尊重每位个体或族群的道德信念，使工程相关者有一个共同的、客观的道德视点，追求伦理共识。

4）工程承包企业和相关行业要设置职业底线和高压线，工程师作为企业的雇员要遵守企业的行为规范，接受企业文化理念。

人们常常所说的"共识"不仅仅基于共同的利益，而且是基于共同的价值观和行为准则。

（4）工程管理工作不可避免地涉及钱、物，在利益面前工程师要坚守伦理需要认知，同时需要"修炼"，让自己内心平衡，需要稳定的心态，要经得起现实和历史的检验。如果完全从利益出发，有利则坚守，不利则放弃，或要他人（下属）恪守，而不是"从我做起"，就会导致迷茫和混乱，造成行为失范。

工程师要常常反省自己，对自己的行为进行经常性检讨，判断是否合乎工程伦理。同时，经常用工程的历史责任和社会责任提醒自己，并唤醒其他人（如合作者）的道德意识。

不能把管理当成操控的工具，不能利用人性中的贪婪和恐惧激发和操控被管理者，应激发人们对善的追求，激发和释放人本身固有的良知，创造价值，为他人和社会谋福祉。

（5）争取技术方面的优势和特殊的才能。在工程中，特别的专家（如领域知名专家、院士等）、具有特别影响的人，易于恪守伦理，能够且易于拒绝他人非伦理行为和要求。

（6）出现工程伦理冲突，不能采用遮盖、掩藏、强制等武断性的措施，工程伦理冲突的出现很大程度上源于双方权利权益的不同诉求，这是不可规避的问题。与大家共同讨论，互相尊重和认可，体现双方之间的公平和自主，追求和谐。这样更易于解决伦理冲突。

（7）工程伦理需要良性的社会氛围，需要共识，需要与工程的法律、合同、市场等原则形成体系，共同作用。健康的伦理需要好的社会环境（风气），而每个人的行为又汇聚形成社会风气。

## 9.7 工程组织的发展和需要进一步研究的问题

工程组织理论是工程管理的基石，但它目前还不成熟，有许多东西值得进一步研究，而且组织方面的研究是常新的，与工程管理的许多方面都有交叉性影响。

**1. 工程组织形式的新发展**

（1）大型工程（如大型交通枢纽、长距离输送管道、大型开发区建设）的组织结构的开放性增强，与社会环境系统的界面越来越复杂和模糊，组织结构趋向于"无边界化"，其特点是：

1）组织横向和纵向的边界难以划定，组织内上下级之间的界线模糊。同时，工程建设组织和运行组织并存，形成复杂的关系。

2）组织与外部环境的界限越来越模糊，呈社会网络式结构，如设计类组织的核心生产活动呈虚拟化趋势，使组织的灵活性和适应性增强。

3）组织生态系统无边界。形成以工程本体为核心的"组织生态系统"，由组织的共同体与其环境相互作用而形成，跨部门、跨行业的企业与个人构成群体。

4）组织结构复杂化，不仅仅是工程组织中分工更为细致、地理分布更为广泛、横向和纵向等级层次更多，在组织里人与人之间所表现出的社会网络式关系也更加复杂。

工程组织愈加开放，工程利益相关主体范围迅速扩大，使工程组织的变革与创新的要求越来越高。但无边界会影响组织的稳定和秩序，预先的组织设计常常是困难的，组织控制手段将被弱化，对组织适应性的要求越来越高。

（2）现代信息技术的快速发展，如网络技术、BIM技术适合工程跨时空和跨组织的信息沟通体系构建，催生了各种新的工程组织模式。

1）网络化组织结构。人们改变了传统层级组织结构和按照规定程序工作的状况，工程各参加者不断通过网络接收其他部门信息，调整自己的工作安排，同时也不断地向其他参加者发出信息，使得整个工程活动并行化。

2）虚拟化工程组织。虚拟组织可以视为一些相互独立的业务过程或企业等多个伙伴组成的临时性联盟，每一个伙伴各自在诸如设计、制造、销售等领域为联盟贡献出自己的核心能力，并相互联合起来实现技能共享和成本分担，以把握快速变化的市场机遇。通过计算机和网络信息技术的连接，将组织结构转变为不具有实体形态的无形化结构组织。在工程中，仅仅保留组织核心功能，将其他功能虚拟化，交由外部组织提供，使工程参加者更有效合作。虚拟建设组织能够最大限度地实现信息共享及数据交换，实现资源、利益共享，费用、风险共担，相互合作，相互信任，自由平等。

例如，工程承包商为了适应市场变化和业主需求，发现市场目标，通过互联网寻找合作伙伴，利用彼此的优势资源结成联盟，共同完成工程，以达到占领市场实现双赢或多赢的目的。

3）"柔性化"工程组织结构。柔性化组织结构的关键在于顺应市场发展需求，具备结构简洁性、反应灵敏性、机制灵活多变性的组织结构，能高度适应现代高柔型的工程过程。

在创新性要求较高的、衡量标准不易量化的工程（如设计、扩建、维修、大型系统软件开发、研发型工程）中，需要许多高智力型人员的通力协作，组织柔性化将变得更为重要。

4）模块化组织机构。模块化组织结构实现了跨越职能和部门的人际互动，使得生产、传播和积累的知识具备了渐进和持续的创新能力，适用于高智力型的工程。

**2. 工程组织基础性问题的研究**

1）工程组织作为临时性、跨企业、跨时空组织的特性、原则、演变的规律性、遗传问题。

2）工程组织实施方式的研究，包括新的融资模式、承发包模式、管理模式。

3）工程组织结构的构建和优化，组织类型的选择、职能分工与流程设计。

4）工程组织的创新和变革（演变）的规律性研究。

5）国际化和社会高度开放对工程组织的影响。

6）环境对工程组织结构和行为的影响。

7）信息化、网络化、BIM 应用对工程组织的影响。

8）不同文化在工程组织中的冲突等。

## 复 习 题

1. 对某工程，分析其工程组织、各项目部组织、企业-项目部组织的结构形态和关系。

2. 讨论：工程全寿命期各阶段工作内容和性质对组织的影响。对一个实际工程，分析其组织变迁过程和各阶段的组织形式。

3. 讨论：工程组织变迁的合理性及可能带来的问题。

4. 讨论：工程组织的自组织和他组织特性由哪些因素引起？对工程管理有什么影响？

5. 讨论：工程师（管理者）的职业特点对工程管理组织、工程咨询合同、工程伦理、工程管理绩效评价等方面的影响。

6. 你在实际工程中遇到哪些伦理困境？你是如何处理的？

7. 讨论：工程组织的基本原则与企业组织原则有什么差异？

第 **10** 章

# 工程相关法律和工程合同管理原理

【本章提要】

本章主要介绍工程所涉及的法律和合同管理理论和方法，包括：

(1) 工程法和工程合同基本原理。

(2) 工程合同体系，涉及工程合同体系结构、工程合同的基本内容、特殊性和基本要求等。

(3) 工程合同管理的基本工作内容。在现代工程管理中，合同管理已经成为一项重要的管理职能，有着重要的地位。

## 10.1 工程法律基础

工程活动涉及相关者各方面的利益关系，对自然环境、社会环境和市场有重大的影响，需要消耗大量的社会资源和自然资源，有大量的公共行为和民事行为，需要严格的法律规范。

工程实施活动涉及的法律范围非常广泛和复杂，包括工程所在国（地）的各种法律，如合同法、民法、外汇管制法、劳工法、环境保护法、税法、海关法、进出口管制法、出入境管理办法等。工程实施过程的各项活动均受到法律的调整。

### 10.1.1 工程涉及法律的属性

按照工程活动的影响和涉及主体属性的不同，适用于工程的法律既有公法也有私法。

**1. 公法**

公法是调整国家和个人关系的规范，是配置和调整公权力法律的总和。

(1) 公法是以保护国家或公共利益为目的的法律。它的主体一方是国家，与另一方主体存在不平等的隶属、从属关系，或服从关系。如果一个法律关系中，法律主体其中一方是以公权力姿态出现的国家主体，那么适用在这个法律关系中的法律，就是公法。

(2) 公法强令服从，注重权力运作，多以强制性规定为主。

（3）公法的范围包括，调整公权力之间关系的公法和调整公权力与私权利关系的公法。

（4）涉及公共主体、公共利益、公共权力、公共权利等一切公共范畴时都应由公权力调整，则要由公法来规范。

（5）随着现代社会的发展，人们的社会化程度越高，公权力也就越发展，公法的作用范围在扩展。

（6）公法是以公权力为核心，目的在于规范公权力。

在工程中，处理工程与自然环境的关系、工程与社会的关系，以及规制工程中市场行为等涉及公共事务的法律一般属于公法，如涉及环境保护、招标投标、城市规划，以及涉及安全、监控和质量等方面的法律。

**2. 私法**

私法是适用于平等主体之间的法律，是以规范私权关系、保护私人利益为目的的法律。

（1）私法是调整私人利益关系的法律规范。私法以自治为最高原则，关注意思自治，平等等价，自由决策，注重私权利的形式规制和保护。

（2）私法调整的是平等主体之间的民事关系，也包括国家以民事主体身份从事民事行为（如政府购买物品等）。

（3）私法以交易正义为原则，而公法以分配正义为原则。

私法通常包括：调整平等民事主体之间财产和人身法律关系的法律（如民法、物权法、合同法、侵权行为法、婚姻法、继承法、知识产权法等）和商法。

所以，在工程中，涉及合同、知识产权、侵权行为、民事赔偿等方面的法律属于私法。

## 10.1.2　工程合同适用的法律

在工程法律体系中，工程合同涉及的法律又是非常独特的。在工程中有许多活动是通过合同实施的，通过合同明确各方面责权利关系，需要签订大量的合同。工程合同的签订和履行受到法律的制约和保护。而工程合同所涉及的法律是由合同定义的。该法律对工程合同有如下作用：

（1）该合同的有效性和合同签订与实施带来的法律后果按这个法律判定。该法律保护当事人各方的合法权益。

（2）对一份有效的工程合同，合同作为双方的第一行为准则。如果出现合同规定以外的情况，或出现合同本身不能解决的争执，或合同无效，则需要明确解决这些问题所依据的法律和程序，以及这些法律条文在应用和执行中的优先次序。

**1. 国际上适用于工程合同的法律制度的分类**

工程合同是民事关系行为，由相关方自由约定，所以属于国际私法的范畴。国际私法对跨国关系没有定义适用的法律，即国际上没有统一适用的合同法。对此只有找合同双方的连接点。按照惯例，采用合同执行地、工程所在国、当事人的国籍地、合同签字地、诉讼地等的法律适用于合同关系。不同法律体系下合同问题的处理存在差异。

（1）案例法系。源于英国，以英美为主，又叫英美法系。FIDIC 合同以此法系为基础。

1）案例法系的法律规定不仅是写在法律条文和细则上，要了解法律的规定和规律（精神），不仅要看法律条文，而且要综合历史上法规的裁决案例。

2）对于民事关系行为，合同是第一位的，是最高法律，在裁决时更注重合同的文字表达。在此法系中合同条文的逻辑关系和法律责任的描述和推理十分严谨，故相对于成文法，合同条件更为严密，文字准确，合同附件更多，约定十分具体，条款之间的互相关联和互相制约多，合同自成体系。

3）由于案例对合同解释和争执的解决有特殊作用，国家有时会颁布或取消某些典型的值得仿效的案例。律师和法官对过去案例的熟悉十分重要。

由于这些特点，国际上最著名的比较完备和成熟的工程合同文本都出自英国或美国，国际工程中典型的案例通常也出自该法系的国家。

（2）成文法系。又叫法典法制度，法国、德国、中国、印度及南美洲部分国家以成文法系为主。

1）国家对合同的签订和执行有具体的法律、法规、条例和细则的明文规定，合同双方可以自由地约定合同内容，但若违反国家法律和行政法规强制性规定，则相关约定无效。

2）由于法律比较细致，所以合同的条款比较短小，如果合同中有漏洞、不完备，则以国家法律规定、交易习惯为准。

3）成文法的合同争执裁决以合同文字、国家成文的法律和细则作为依据，也注重实事求是、合同的目的和合情合理。

（3）由于国际工程越来越多，大量属于不同法系的承包商和业主在工程中合作，促使现代工程合同标准文本必须体现两个法系的结合。例如 FIDIC 合同虽然源于英美法系，但增加了许多适应不同国家法律制度的规定，如：以政府颁布的税收、规范、标准、劳动条件、劳动时间、工作条件、工资水平为依据；承包商应在当地取得执照、批准；承包商必须遵守当地法律、法规和细则，符合当地环境保护法的规定；合同如果与所在国法律不符，必须依据法律修改等。

**2. 国际工程合同适用的法律**

在国际工程中，合同双方来自不同的国度，各自有不同的法律背景，而对国际工程合同不存在统一适用的法律。这会导致对同一合同有不同的法律背景和解释，导致合同实施过程中的混乱和争执解决的困难。在合同中双方必须对适用于合同关系的法律达成一致。例如，在《FIDIC 施工合同条件》第二部分，即专用条款中必须指明使用哪国或州的法律解释合同，该法律即为本合同的法律基础。

对国际工程合同适用的法律选择通常有如下几种情况：

（1）合同双方都希望以自己本国法律作为合同的法律基础。因为熟悉本国法律，对法律后果很清楚，合同风险较小。如果发生争执，也不需花过多的时间和精力进行法律方面的检查，在合同实施过程中自己处于有利地位。

（2）如果采用本国法律的要求被否决，最好使用工业发达的第三国家（如瑞士、瑞典等国）的法律作为合同的法律基础。因为这些国家法律比较健全、严密，而且作为"第三者"，有公正性。这样，合同双方地位比较平等，争执的解决比较公正。

（3）在招标文件中，发包人（业主或总承包商）常常凭借主导地位规定，仅发包人国家的法律适用于合同关系，这样保证他们在合同实施中法律上的有利地位，而且这在合同谈判中往往难以修改，发包人不做让步。这已成为一个国际工程惯例。如果遇到重大争执，则对承包商的地位极为不利。所以，承包商从合同一开始就必须清楚这一点，并了解该国法律的一般原则和特点，使自己的思维和行动适应这种法律背景。

（4）如果合同中没有明确规定合同关系所适用的法律，按国际惯例，一般采用合同签字地或项目所在地（即合同执行地）的法律作为合同的法律基础。

对工程总承包合同，通常选择工程所在地国家的法律适用于合同关系，而工程分包合同选用的法律基础可以和总承包合同一致。但也有总承包商在分包工程招标文件中规定，以总承包商所属国的法律作为分包合同的法律基础。

例如，在伊朗实施的某国际工程项目，业主为伊朗政府的一个公司，总承包商为德国的一个公司。总承包合同规定，以伊朗法律适用于合同关系。按伊朗法律的特点，合同的法律基础的执行次序为总承包合同、伊朗民法、伊斯兰教法。而该总承包合同所属工程范围内的一个分包商是日本的一个公司，该分包合同规定以德国的法律作为法律基础。则该分包合同法律基础的组成及执行次序为分包合同、总承包合同的一般采购条件、德国建筑工程承包合同条例、德国民法。

**3. 我国工程合同适用的法律体系**

（1）我国法律体系的结构。当然，在我国境内实施的工程合同都必须以我国的法律作为基础。

对工程合同，我国有一整套法律制度，它有如下几个层次：

1）法律。法律是指由全国人民代表大会及其常务委员会审议通过并颁布的法律，如《宪法》《民法典》《民事诉讼法》《仲裁法》《土地管理法》《招标投标法》《建筑法》《环境保护法》等。其中，《民法典》《招标投标法》和《建筑法》是适用于建设工程合同最重要的法律。

2）行政法规。行政法规是指由国务院依据法律制定或颁布的法规。例如《建设工程安全生产管理条例》《建设工程质量管理条例》《建设工程勘察设计管理条例》等。

3）行业规章。行业规章是指由住房和城乡建设部或（和）国务院的其他主管部门依据法律和行政法规制定和颁布的各项规章。例如《建筑工程施工许可管理办法》《工程建设项目施工招标投标办法》《建筑工程设计招标投标管理办法》《建筑业企业资质管理规定》《建筑工程施工发包与承包计价管理办法》等。

4）地方法规和地方部门的规章。它是法律和行政法规的细化、具体化，如地方的《建筑市场管理办法》《建设工程招标投标管理办法》等。

下层次的（如地方、地方部门）法规和规章不能违反上层次法律和行政法规，而行政法规也不能违反法律，上下形成一个统一的法律体系。在不矛盾、不抵触的情况下，在上述体系中，对于一个具体的合同和具体的问题，通常，特殊的详细的具体的规定优先。

（2）适用于工程合同关系的主要法律。工程合同的种类繁多，有在《民法典》中列名的，也有未列名的。不同的工程合同，适用于它的法律和执行次序不一样。

1）工程承包合同。适用于它的法律内容及执行次序为工程承包合同、《民法典》。如果在合同的签订和实施过程中出现争执，先按合同文件解决；如果解决不了（如争执超过合同范围），则按《民法典》解决。

2）建设工程勘察设计合同。它与工程承包合同相似，适用于它的法律和执行次序为建设工程勘察设计合同、《合同法》《民法通则》。

3）工程承包联营体合同。它在性质上不同于一般的经济合同，它的目的是组成联营体，适应于它的法律内容及执行次序为工程承包联营体合同、《民法通则》。

4）工程中的其他合同，如材料和设备采购合同、加工合同、运输合同、借款合同等。适用于它们的法律内容及执行次序为合同、《合同法》《民法通则》。

除了上述法律外，由于建设工程是一个非常复杂的社会生产过程，在工程合同的签订和实施过程中还会涉及许多法律问题，则还适用其他相关的法律，主要包括：

①《建筑法》。《建筑法》是建筑工程活动的基本法。它规定了施工许可、施工企业资质等级的审查、工程承发包、建设工程监理制度等。

② 涉及合同主体资质管理的法规。例如国家对于签订工程合同各方的资质管理规定、资质等级标准规定。这会涉及工程合同主体资质的合法性。

③ 建筑市场管理法规，如《招标投标法》。

④ 建筑工程质量管理法规，如《建设工程质量管理条例》《标准化法》。

⑤ 建筑工程造价管理法规，如《建设工程价款结算办法》等。

⑥ 合同争执解决方面的法规，如《仲裁法》《民事诉讼法》。

⑦ 工程合同签订和实施过程中涉及的其他法律，如《城乡规划法》《劳动法》《环境保护法》《保险法》《担保法》《文物保护法》《土地管理法》《安全生产法》等。

## 10.2 工程合同基本原理

### 10.2.1 工程合同的概念

合同是指两个及以上的平等的民事主体（自然人、法人、其他组织）之间设立、变更、终止民事权利义务关系的协议。工程建设过程中所涉及的合同有：

（1）建设工程合同。建设工程合同是《民法典》中专门列名的合同，是指建设工程承包合同。它是建设工程中的主体合同，是工程合同和合同管理研究最重要的对象。《民法典》第七百八十八条规定："建设工程合同是承包人进行工程建设，发包人支付价款的合同。"

（2）《民法典》中其他列名合同，如买卖合同，供用电、水、气、热力合同，赠与合同，借款合同，租赁合同，融资租赁合同，承揽合同，运输合同，技术合同，保管合同，仓储合同，委托合同等。

所以，广义的工程合同涉及我国《民法典》中大多数列名合同。

（3）不属于《民法典》调整的特殊合同，如工程承包联营体合同、项目融资类（如PPP模式）合同等。

### 10.2.2 工程合同的作用

工程合同的作用是合同在工程中存在的依据，对工程合同原则、合同理论和合同管理方法有决定性影响（图10-1）。在现代工程中，合同具有独特的作用。

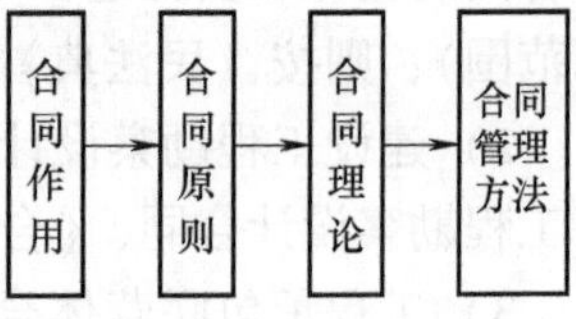

**1. 法律作用**

合同一经签订，只要合法，则成为一个法律文件，确定双方的民事法律关系。双方按合同内容承担相应的法律责任，

图 10-1　工程合同的作用

享有相应的法律权利。在工程中，合同具有法律上的最高优先地位，是双方的最高行为准则，相关方都必须用合同规范自己的行为。如果不能认真履行自己的责任和义务，甚至单方撕毁合同，应承担违约责任。

合同是工程过程中双方争执解决的依据。合同对争执的解决有两个决定性作用：

1）争执的判定以合同作为法律依据，即以合同条文判定争执的性质，如谁对争执负责、应负什么样的责任等。

2）争执的解决方法和解决程序由合同规定。

**2. 市场作用——确定双方的市场（交易）关系、供应和价格**

1）在工程承发包市场上，工程任务通过合同委托，业主、承包商、分包商之间通过合同链接，所以签订和执行合同又是工程的市场交易行为，合同是对市场交易的计划。

2）合同是调节工程组织成员之间的经济责任、利益和权力关系的主要手段。所以合同应该体现着双方经济责权利关系的平衡。

3）在市场经济中企业的形象和信誉是企业的生命，而能否圆满地履行合同是企业形象和信誉的主要方面。业主在资格预审和评标时会考察投标人过去合同的履行情况。

**3. 工程实施和管理的手段和工具**

工程的实施过程实质上又是一系列工程合同的签订和履行过程。

1）投资者、业主和承包商通过合同运作项目，如业主将一个完整的工程项目分解为许多专业实施和管理活动，通过合同将这些活动委托出去，并实施对工程的控制。同样承包商通过分包合同、采购合同和劳务合同委托工程分包和供应工作任务，形成施工项目的实施过程。

工程所采用的融资模式、承发包方式、管理模式和实施策略都是通过合同定义和运作的。所以，工程合同体系和合同关系又反映工程的治理方式。

2）通过合同定义交付成果，落实工程目标，明确监督程序，明确各方责权利关系和风险分担等。它是合同双方在工程中各种经济活动的依据。

以施工合同为例，施工合同确定施工项目的主要目标如下：

① 工程规模、范围、功能和质量标准等。它们由合同条件、设计施工图、规范、工程量表、供应单等定义。

② 工期。包括工程的总工期、工程交付后的保修期（缺陷责任期）、工程开始和竣工的具体日期等。它们由合同协议书、总工期计划、双方一致同意的详细的进度计划规定。

③ 价格。包括工程总价格、各分项工程的单价和总价等。

3）工程合同作为组织纽带和运作规则，将工程所涉及的生产、材料和设备供应、运输、各专业设计和施工的分工协作关系联系起来，协调并统一项目各参加者的行为。一个参加单位与工程的关系及它在工程中承担的角色、它的任务和责任，就是由与它相关的合同定义的。

由于社会化大生产和专业化分工的需要，一个工程必须有几个、十几个，甚至几十个参加单位。在工程中，由于合同一方违约，不能履行合同责任，不仅会造成自己的损失，而且会殃及合同伙伴和其他工程参加者，甚至会造成整个工程的中断。如果没有合同和合同的约束力，就不能保证各参加者在工程的各个方面、工程实施的各个环节上都按时、按质、按量地完成自己的义务，就不会有正常的工程施工秩序，就不可能顺利地实现工程总目标。

4）合同定义工程的实施活动和管理活动，详细规定各种管理流程，如质量管理、进度控制、工程价款结算、费用调整、工程变更、索赔、争执解决等流程。

由此可见，合同对工程交易市场、工程的实施方式、组织规则和运作过程等都有重大影响。

### 10.2.3 工程合同原则

合同原则是合同当事人在合同的策划、起草、商谈、签订、执行、解释和争执的解决过程中应当遵守的基本准则。合同法关于合同订立、效力、履行、违约责任等内容，都是根据合同原则规定的。工程合同不仅适用一般的合同原则，还有自身的特殊性。

**1. 合同自由原则**

合同自由原则是合同法重要的基本原则，是市场经济的基本原则之一，也是一般国家的法律准则。它体现了签订合同作为民事活动的基本特征，体现私法性质。

（1）合同当事人之间的平等关系。我国《合同法》规定："合同当事人的法律地位平等，一方不得将自己的意志强加给另一方。"平等是自愿的前提，当事人无论具有什么身份，在合同关系中相互之间的法律地位是平等的，都是独立的，没有高低从属之分。

（2）合同当事人与其他人之间的关系。在市场经济中，合同双方各自对自己的行为负责，享受着法律赋予的权利，根据自己的知识、认识和判断，以及所处的环境自愿地进行交易活动，自主地签订合同，不允许他人干预合法合同的签订和实施。这样保障合同当事人在交易活动中的主动性、积极性和创造性。合同自由原则贯穿于合同全过程，它具体表现在：

1）合同是在双方自愿的基础上签订的，是双方共同意向的表示。当事人依法享有自愿签订合同的权利。合同签订前，当事人通过充分协商，自由表达意见，自愿决定和调整相互权利义务关系，取得一致后达成协议。不容许任何一方违背对方意志，以大欺小，以强凌弱，将自己的意见强加于人，或通过胁迫、欺诈手段签订合同。

2）在订立合同时，当事人有权选择对方当事人。

3）合同自由构成。合同的形式、内容、范围由双方在不违反法律的情况下自愿商定。

4）在合同履行过程中，合同双方可以通过协商修改、变更、补充合同的内容，也可以通过协议解除合同。

5）双方可以约定违约责任。在发生争议时，当事人可以自愿选择解决争议的方式。

**2. 合同的法律原则**

签订和执行合同绝不仅仅是当事人之间的事情，它可能涉及社会公共利益和社会的经济秩序。因此，遵守法律、行政法规，不得损害社会公共利益是合同法的重要原则。

合同都是在一定的法律背景条件下签订和实施的，合同的法律原则具体体现在：

（1）合同所确定的经济活动必须是合法的，合同的订立过程和内容也必须是合法的，不能违反法律或与法律的强制性规定相抵触，否则合同无效。这是对合同有效性的控制。

我国《合同法》规定："当事人订立、履行合同，应当遵守法律、行政法规，尊重社会公德，不得扰乱社会经济秩序，损害社会公共利益。"

合同自由原则受合同法律原则的限制，合同的实施必须在法律所限定的范围内进行。超越这个范围，触犯法律，会导致合同无效，经济活动失败，并承担相应的法律责任。

（2）签订合同的当事人在法律上处于平等地位，平等享有权利和履行义务。

（3）法律保护合法合同的签订和实施。签订合同是一个法律行为，依法成立的合同，对当事人具有法律约束力，合同以及双方的权益受法律保护。签约人有责任正确履行合同，违约行为将要受到相应的处罚。

合同的法律原则要求合同的内容、签订和实施过程必须符合法律规定的严肃性和严密性。

### 3. 诚实信用原则

诚实信用原则是社会公德和基本的商业道德要求，是市场经济的基本准则。我国《合同法》规定，"当事人行使权利、履行义务应当遵循诚实信用原则"。

由于工程合同标的物、合同的签订和实施过程，以及工程中的合同关系都十分复杂，工程总目标的实现必须依靠工程参加者各方真诚的合作。合同双方诚实信用，以及社会诚实信用的氛围能够降低合同交易和履行成本，提高工程实施和管理的效率。如果双方都不诚实信用，或在合同签订和实施中出现"信任危机"，则合同不可能顺利实施。诚实信用原则具体体现在：

（1）在订立合同时，应当遵循公平原则确定双方的权利和义务，心怀善意，不得欺诈，不得假借订立合同进行恶意磋商或其他违背诚实信用的行为。

1）签约时双方应互相了解，任何一方应尽力让对方正确地了解自己的要求、意图、情况。合同各方应对自己的合作伙伴、对合作、对工程的总目标充满信心。这样可以从总体上减少双方心理上的互相提防和由此产生的不必要的互相制约措施和障碍。

2）真实地提供信息，对所提供信息的正确性承担责任。任何一方有权相信对方提供的信息。在招标过程中，业主应尽可能地提供详细的工程资料、工程地质条件的信息，并尽可能详细地解答投标人的问题，为投标人的报价提供条件；投标人应提供真实可靠的资格预审文件，各种报价文件、实施方案、技术组织措施文件应是真实和可靠的。

3）合同是双方真实意思的表达。双方为了合同的目的进行真诚的合作，心怀善意，不欺诈，不误导，正确地理解合同。承包商明白业主的意图和自己的合同义务，按照自己的实际能力和情况正确制订计划，做报价，不盲目压价。

（2）在履行合同义务时，当事人应当遵循诚实信用的原则，相互协作，不能有欺诈行为。根据合同的性质、目的和交易习惯，履行互相通知、协助、提供必要的条件、防止损失扩大、保护对方利益、保密等义务。

在工程中，承包商有责任正确全面地完成合同责任，积极施工，遇到干扰应尽力避免业主损失，防止损失的发生和扩大；工程师有责任正确地公正地解释和履行合同，不得滥用权力；业主应及时提供各种协助，及时支付工程款。

（3）合同终止后，当事人还应当遵循诚实信用的原则，根据交易习惯继续履行通知、协助、保密等义务。

（4）在合同没有约定或约定不明确时，可以根据公平和诚实信用原则进行解释。

### 4. 公平原则

合同调节双方的民事关系，签订合同是双方的民事法律行为，应遵循公平原则。合同各方地位平等，互相尊重，以合同互相约束。我国《合同法》规定："当事人应当遵循公平原则确定各方的权利和义务"。

工程合同应不偏不倚，维持合同当事人在工程中的公平合理关系，保护和平衡合同当事人的合法权益。这样能更好地履行合同义务，实现合同目的。公平原则体现在如下几个方面：

（1）在招标过程中，必须公平、公正地对待各个投标人，对各个投标人用统一的尺度评标，所有的信息发布对各投标人应是一致的。

（2）应该根据公平原则确定合同双方的责权利关系，应合理地分担合同风险，使合同当事人各方责权利关系平衡和对等。

合同当事人享有权利，同时就应承担相应的义务。如合同当事人所取得的财产、劳务或工作成果应与其履行的义务大体相当；一方当事人不得无偿占有另一方的财产，侵犯他人权益。

（3）应该根据公平原则确定合同当事人的违约责任。

（4）在合同执行中，公平地解释合同，统一地使用合同和法律尺度来约束合同双方。工程师在解释合同、决定价格、发布指令、解决争执时应公正行事，兼顾双方的利益。

（5）为了维护公平、保护弱者，对合同当事人一方提供的格式条款应从以下三个方面予以限制：

1）提供格式条款的一方有提示、说明的义务，应当采取合理的方式提醒对方注意免除或者限制其责任的条款，并按照对方的要求，对该条款予以说明。

2）提供格式条款一方免除自己的主要责任、排除对方主要权利的条款无效。

3）对合同条款有两种以上解释的（二义性），应当采用不利于提供格式条款一方的解释。在工程中，通常由业主提供招标文件和合同条件，则业主就应承担相应的责任。

**5. 效率原则**

签订和执行工程合同的根本目的是高效率地完成工程，实现工程总目标。所以合同应有助于提高工程实施和管理效率，促进管理方法和技术的革新与进步。

（1）工程合同必须符合现代工程管理的原则、理念、理论和方法，反映和体现现代工程实施方式和管理模式，反映现代工程管理的实践。

（2）在合同解释、责任分担、索赔处理和争执解决时应考虑不能违背工程总目标，促进合同双方能够在较短的时间内高效率地完成合同，要努力降低合同双方签订和履行的总成本，以及社会成本（如其他投标人的花费）。

（3）合同应符合工程管理的工作规则，采用完善的管理程序，做出有预见性的规定，减少未预料到的问题和额外费用，尽可能减少索赔，避免和减少争执，并使争执的解决简单、快捷，节约时间和费用。

（4）合同应使工程总目标的实现更有确定性，应能调动各方面参与工程管理的积极性和技术方面的创造性，使各方面对实现目标更有信心。鼓励各方互相信任、合作，促进各方面的协调和沟通，激励团队精神。合同应鼓励承包商积极管理，充分应用自己的技术降低成本，促进新技术的应用，增加利润；使工程师能够充分应用他的管理能力，进行更有效的管理。

（5）合同在定义工程组织、责任界面、风险分担透明化、管理程序和处理方法时应有更大的适用性和灵活性，使工程管理方便、高效。

（6）合同解释和争议的解决要不违背工程的目的，尽量保证合同的有效性，有利于合同高效执行，不悖常理和工程惯例，并考虑合同签订过程的情况。

### 10.2.4　工程合同的特殊性分析

工程合同，特别是工程承包合同，与其他领域的合同不同，有其特殊性，主要表现在：

（1）工程合同具有综合性，涉及企业管理和工程管理的各个方面，与工程的报价、进度计划、质量管理、范围管理、信息管理等都有关系，它既是法律问题，又是经营问题，同时又是工程技术和管理问题。

（2）合同的标的物——工程是个性化和非常复杂的系统，工程实施过程十分复杂，很难在工程实施前通过合同预先清楚描述和定义。所以，工程合同是不完备合同，常常会有错误、遗漏、矛盾、二义性、模糊性等问题。而现代工程又要求工程合同文件应是非常严密和准确的，常常一个词的不同解释能关系到一个重大索赔的解决结果。这是工程合同自身的矛盾性。

（3）工程合同的生命期长。工程承包合同不仅包括签约后的设计、施工等，而且包括签约前的招标投标和合同谈判以及工程竣工后的缺陷责任期，所以一般至少2年，长的可达5年或更长的时间。而PPP合同持续时间更长，常常达30年，甚至更长时间。

1）由于工程实施时间长，涉及面广，合同实施的影响因素多，不确定性大。这些因素常常难以预测，不能控制，但都会妨碍合同的正常履行，造成经济损失。

2）工程环境风险大，如经济条件、社会条件、法律和自然条件的变化，工程过程中内外的干扰事件多，导致合同变更频繁。

3）合同本身常常隐藏着许多难以预测的风险。由于建筑市场竞争激烈，不仅导致报价降低，而且业主常常提出一些苛刻的合同条款，如单方面约束性条款和责权利不平衡条款，甚至在合同中使用不正常手段坑害对方。这在国内外工程中并不少见。

（4）工程合同关系越来越复杂，形成一个复杂而严密的合同体系。由于现代工程有许多特殊的融资模式、承发包模式和管理模式，工程的参加单位和协作单位众多，即使一个简单的工程就涉及业主、总包、分包、材料供应商、设备供应商、设计单位、监理单位、运输单位、保险公司等十几家甚至几十家，工程就是依赖相关联的几十份甚至几百份合同共同协作完成的。合同各方面责任界限的划分、合同权利和义务的定义异常复杂，合同文件出错和矛盾的可能性加大。合同在时间上和空间上的衔接和协调极为重要，同时又极为复杂和困难。

现代工程合同条件越来越复杂，这不仅表现在合同条款多、所属的合同文件多，而且还表现在与主合同相关的其他合同多。例如，在工程承包合同范围内可能有许多分包、供应、劳务、租赁、保险合同。

（5）工程合同体系非常复杂，涉及不同类型、特点迥异的合同。

合同定义工程任务，所以，合同特征与相应的工程项目特征相似。不同类型的合同具有不同的特征，如不同的标的物的特性（如硬件或软件、可度量性、标的物范围、技术含量、新颖性等）、权责关系、持续时间、合同相关方、文本的复杂性、签约方的特性、环境因素（如市场环境、合同执行环境）等。这些会对合同内容、合同的实施、合同争执的解决等有决定性影响。

（6）由于工程实施对社会和历史的影响大，政府和社会各方面对工程合同的签订和实施予以特别的关注，有更为严格的要求，有更为细致和严密的法律规定。

（7）工程合同的履行过程不是一个简单的提供和接收工程（或服务）的过程，而是相关各方共同合作的过程。业主参与工程实施过程，做许多中间决策，提供各种实施条件，在各承包商之间协调，有权变更工程范围，改变工程实施方式，使合同双方之间有许多责任连环。

（8）由于人们的有限理性、机会主义行为、缺少信任等，在合同执行过程中相关各方会进行许多博弈，会导致合同行为复杂，产生许多合同争议。大量的合同问题无最优解，矛盾性大。

这些特点使得工程合同的分析、解释、索赔和争执的解决有其独特性。

# 10.3 工程合同体系

## 10.3.1 工程合同体系的影响因素

工程合同体系是指一个工程所涉及的合同的数量、种类及其相关性。由于工程涉及的活动形式丰富多彩，形成多种多样的合同。一个工程的合同数量、合同关系和合同体系结构主要由如下因素决定：

（1）工程规模、工程系统结构（EBS）和工作分解结构（WBS）。

（2）工程的实施策略和实施方式。

1）工程建设的资金组成结构和来源，即所采用的融资方式。

2）工程所采用的承发包方式，即勘察、设计、施工、供应和运行工作的委托方式。

3）工程所采用的管理方式，即投资者（业主）管理工程的深度和方式。

这些不仅决定了工程合同的结构，而且决定了组织的基本形态和性质，对工程的实施和运行过程有重大影响。许多年来，这些问题一直是工程管理界研究和应用的热点问题。

## 10.3.2 工程合同体系结构

一个工程的合同关系可能非常复杂，涉及的合同类型也很多，通常有如下主要合同关系：

（1）合资者之间签订的合同，如合资合同或 PPP 合同。这是投资者为工程而签订的合同，它决定了工程项目公司的存在和资本组成方式。

在合资合同下，投资者要委托业主进行工程管理，如需要签订代建合同、投资咨询合同、贷款合同等。

（2）业主的合同关系。业主需要将工程建设项目范围内的工作委托出去，按照不同的承发包方式，业主需要签订勘察合同、设计合同、施工合同、监理（项目管理）合同、招标代理合同、采购合同等，或签订 EPC 总承包合同。

（3）承包商的合同关系。承包商常常需要签订专业工程分包合同、劳务供应合同、材料和设备采购合同等。

有些分包商还要签订材料供应合同、劳务供应合同、设备租赁合同等。

（4）合同关系的特殊形式。例如，在有些工程中，几个承包企业签订联营承包合同，监理和设计同体等。

图 10-2 所示为某建设工程的合同体系，以供参考。

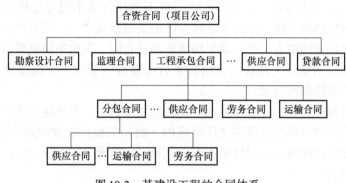

图 10-2　某建设工程的合同体系

### 10.3.3　工程合同的基本内容

合同的内容由合同当事人约定。不同种类的合同其内容不一，繁简程度差别很大。签订一个完备周全的合同，是实现合同目的、维护双方合法权益、减少合同争执的最基本的要求。按照我国《民法典合同编》的规定，合同的主要内容通常包括如下几方面：

（1）合同当事人。合同当事人是指签订合同的各方，是合同权利和义务的主体。当事人是平等的"具有相应的民事权利能力和民事行为能力"的自然人、法人和其他经济组织。

例如，建设工程承包合同的当事人是发包人与承包人，而作为承包人，不仅需要其具有相应的民事权利能力（营业执照、安全生产许可证），而且还应具有相应的民事行为能力（与该工程的专业类别、规模相对应的资质证书等）。

（2）合同的标的。标的是合同当事人的权利、义务共指的对象，是合同最本质的特征。无标的或标的不明确，合同是不能成立的，也无法履行。合同通常就是按照标的物分类的，合同的标的可能是实物（如生产资料、生活资料、动产、不动产等）、行为（如工程承包）、服务性工作（如劳务、加工）、智力成果（如专利、商标、专有技术）等。

例如，工程施工合同的标的是完成工程施工任务，勘察设计合同的标的是勘察设计成果，工程项目管理合同的标的是项目管理服务。

（3）标的的数量和质量。标的的数量和质量共同定义标的的具体特征。没有标的的数量和质量的定义，合同是无法生效和履行的，发生纠纷也不易分清责任。

标的的数量一般以度量衡作为计算单位，以数字作为衡量标的的尺度。例如，工程施工合同标的的数量由工程范围说明和工程量表定义。

标的的质量是指质量标准、功能、技术要求、服务条件等。对工程承包合同，标的的质量由规范定义。

（4）合同价款或酬金。这是取得标的（物品、劳务或服务）的一方向对方支付的代价，作为对方完成合同义务的补偿，如勘察设计合同中的勘察设计费、施工合同中的工程价款。合同中应写明价款数量、结算程序等。

（5）合同期限、履行的地点和方式。合同期限是指从合同生效到合同结束的时间。履行地点是指合同标的物所在地，如工程承包合同的履行地点是工程规划和设计文件所规定的工程所在地。履行的方式是指当事人完成合同规定义务的具体方法，包括标的的交付方式和价款的结算方式等。

（6）违约责任。这即合同一方或双方因过失不能履行或不能完全履行合同责任，侵犯了另一方权利时所应负的责任。违约责任是合同的关键条款之一，没有规定违约责任，则合同对双方难以形成法律约束力，难以确保圆满地履行合同，发生争执也难以解决。

（7）解决争执的方法。为使合同争议发生后能够有一个双方都能接受的解决办法，合同应就解决争执的方法做出规定。

由于工程合同标的物、合同履行过程的特殊性和复杂性，上述这些内容必须由许多文件描述，所以工程合同的内容是由许多文件组成的。例如工程承包合同通常包括合同协议书、通用合同条件和专用合同条件、设计施工图、规范、工程量表（供应表），以及中标函、投标书、附加协议等。

### 10.3.4　工程合同的基本要求

现代工程新的实施方式（融资方式、承发包方式和管理模式），新的工程理念、管理理论和方法以及现代信息技术的应用，对工程合同提出了许多新的要求，产生许多新的合同管理理念。

（1）工程合同文本的标准化。例如在国际上，2017 年 FIDIC 又重新颁布了工程承包合同系列文本，包括工程施工合同、EPC 总承包合同等。我国在 2017 年也颁布了修订后的系列建设工程合同示范文本。

随着工程和工程管理国际化，各国的工程合同条件趋向同化。合同文本能够适应不同文化和法律背景的工程，具有国际性。

（2）合同有较大的柔性。力求使合同文本有广泛的适应性，合同内容能够随情况的变化不断地动态调整，有助于采用更为灵活的合同策略。

1）从总体上，现代工程合同文本能够适应：

① 不同的融资方式、不同的承发包模式（如工程施工承包、EPC 承包、管理承包、"设计-管理"承包、CM<sup>⊖</sup>承包、DBO 承包等）和不同的管理模式。

② 不同的专业领域（例如土木工程施工、电气和机械及各种工业项目）。

③ 不同的计价方式（如总价合同、单价合同、目标合同或成本加酬金合同）。

④ 不同的项目规模。

⑤ 工程由一个承包商承包或多个承包商组成联营体承包。

⑥ 国内工程、国际工程，以及不同的国度和不同的法律基础等。

这样可以大幅度减少合同文本的数量和合同之间界面管理的困难。

2）注重合同文本的完备性和灵活性，应尽可能全面，有尽可能多的选择性条款，让人们可以自由选择，以减少专用条款的数量，减少人们的随意性，如更为灵活地分担双方责任、分摊风险，采用灵活的付款方式、保险方式等。合同条款选项多使人们能够思考这些问题，选择最佳的合同策略，能够促进管理水平的提高。但这样又会使条款之间引用太多，使合同结构复杂，增加阅读和理解的困难。

（3）符合业主（投资者）对工程的要求。业主（投资者）对工程的投资承担责任，决

---

⊖　CM 为 Construction Management 的简写。

定和选择合同条件，对工程合同的发展具有动力和导向作用。

1）由于市场竞争激烈和技术更新速度加快，业主常常要求在短期内完成工程建设，得到预定的生产能力，以迅速实现投资目的，对工程合同的工期和质量要求很高，要求对费用的追加进行有效的控制。

2）业主要求工程有完备的使用功能，要求承包商或供应商提高工程系统的可靠性。

3）业主希望更大限度地发挥承包商的积极性，希望承包商与他一起承担更大的风险和责任，而不仅仅是"按图预算"和"按图施工"的加工承揽单位。

4）业主希望自己的工作重点放在工程产品的市场、融资等战略问题上，而不希望自己再具体地管理工程建设。

5）环境的频繁变化使工程预期风险加大，业主要求对风险进行良好的管理，调动各方面，特别是承包商控制风险的积极性，保证工程的顺利实施。

（4）工程合同应符合工程管理原则和方法，体现现代工程管理理念，反映新的工程管理理论、方法和实践，促进良好的管理。

1）工程合同应符合工程总目标，而不是阶段性目标；通过合同明确项目目标，合同各方在对合同统一认识、正确理解的基础上，就工程的总目标达成共识。

2）合同应促使工程组织成员按照现代项目管理原理和方法管理好自己的工作，促进良好的管理；能够保证业主实现工程总目标；工程师可以有效地管理工程；承包商积极地完成合同义务。

3）强调伙伴关系，照顾各方面的利益，加强和鼓励业主和承包商之间的合作，互相支持，互相保护，互相信任，加强沟通，激励团队精神，而不是互相制衡。这样业主、工程师和承包商之间的关系更为密切，能有效地控制风险，争执较少，使各方面满意，实现多赢。

例如一些新合同中规定，合同双方有义务加强合作，不合作就是违反合同的行为。双方应加强沟通和协调，有互相通知的责任，有知情权。

在发达国家的一些工程中使用长期伙伴关系合同，取代通过竞争性投标签订的对抗性合同，获得了很大的成功。

4）鼓励承包商发挥管理和技术革新的积极性、创造性，通过自己的技术优势和创新，降低成本，增加盈利机会，使双方都获得利益。

5）各参与方对合同的策划、招标投标、合同的实施控制和索赔处理应更具理性：

① 更科学和理性地分摊合同中的风险，通过灵活分摊风险，使双方都有风险控制的积极性，而不是风险躲避，或首先考虑推卸风险责任。

② 强调公平合理，公平地分担工作和责任，工程（工作）和报酬之间应平衡。

③ 通过早期预警程序等措施对风险进行有效的控制。

④ 索赔事件的处理更合理、规范，减少不确定性。

6）随着工程管理的新发展，对合同还有许多新的要求：

① 应体现工程的社会和历史责任，强化对"健康-安全-环境"的管理和工程运行功能的要求。

② 应反映工程的全寿命期管理和集成化管理的要求。

③ 应体现现代信息技术在工程中的应用，促进工程参加者各方面共同工作平台的构建和无纸化管理的实现。

（5）现代工程合同更趋向工程，符合工程管理的需要，作为工程管理的一种手段和措施。

早期工程合同由律师起草，注重合同的法律问题，强调工程合同的法律特性，在合同中强调制衡措施，注意划清各方面的责任和权益，注重合同语言在法律上的严谨性和严密性，似乎合同的目的就只是更有利地解决合同争执。过强的法律色彩和语言风格使工程管理人员无法顺利阅读、深入理解和执行合同，使工程组织界面管理十分困难，沟通障碍多、争执大，合作气氛不好，最终导致工程实施的低效率和高成本。而现代工程合同更倾向工程化：

1）在宏观上，合同总体策划作为项目组织策划的一部分，先制定工程项目实施的组织策略、承发包模式、管理模式，再进行合同策划。

2）先设计良好的有适用性的运作过程、管理工作程序（如质量管理程序、账单审查程序、付款程序等），按照管理流程编制合同。这样，合同反映现行的管理实践和要求，有逻辑性和可操作性，便于执行，使合同各方面的工作能很好地协调。当工程出现问题时首先应考虑修改管理体系，再修改描述这个管理体系的合同。这样使工程问题处理简单，节约时间和费用。

3）采用更有效的控制措施。例如：加强工程师对承包商质量保证体系的控制，要求承包商提供质量管理详细计划和程序；加强承包商在计划和施工中协调的责任，业主有权相信承包商的计划，保证对承包商进度计划的执行情况进行严格的控制。

4）在保证法律严谨性和严密性的前提下，使用工程人员能够接受的表达方式和工程语言。合同文本清晰、简洁、易读、易懂、可用，无须特别的法律专业知识就能够理解。

# 10.4 工程合同管理

## 10.4.1 工程合同管理的概念

合同管理是对工程中相关合同的策划、签订、履行、变更、索赔和争议解决的管理。合同管理是为工程总目标服务的，保证工程总目标的实现。

合同管理在现代工程管理中有着特殊的地位和作用，已成为与进度管理、质量管理、成本（投资、造价）管理、信息管理等并列的一大管理职能，是难度最大和综合性最强的管理职能，是工程管理最富特色的地方。

## 10.4.2 工程合同管理的发展过程

在工程管理中，合同管理工作的历史比较久，但合同管理作为工程管理中一个独立的管理职能时间还不长。人们对合同和合同管理的认识、研究和实践有一个发展过程。

（1）早期的工程比较简单，合同关系不复杂，所以合同条款也很简单。合同的作用主要体现在法律方面，人们主要将它作为一个法律问题看待，较多地从法律方面研究合同，关注合同条件在法律方面的严谨性和严密性。合同管理主要属于律师的工作。

在我国，直到 20 世纪 80 年代中期，对合同的研究也主要在合同法律方面。

（2）将合同管理研究的重点放在合同的市场经营作用方面，注重合同的签订、招标投标工作程序和合同条款的解释。

在工程承包企业，将合同管理作为市场经营或报价方面的工作，由经营科或预算科负责。

由于工程合同关系复杂，合同文本复杂，以及合同文本的标准化，合同的相关事务性工作越来越复杂，人们注重合同的文本管理，并开发合同文本的检索软件和相关的事务性管理（Contract Administration）软件，如 EXP 合同管理软件。

20 世纪 80 年代中后期，我国工程界全面研究 FIDIC 合同条件，研究国际上先进的合同管理方法、程序，研究索赔管理的案例、方法、措施、手段和经验。

1990 年，我国《建设工程施工合同（示范文本）》颁布，这是我国建设工程合同管理具有里程碑意义的事件，它标志着我国工程合同的标准化工作进入一个新的阶段。

从 20 世纪 90 年代开始，我国建筑工程界着手对工程承包企业和各层次的工程管理人员加强合同、合同管理及索赔的宣传、培训和教育，促使其重视合同和合同管理工作，强化合同、合同管理和索赔意识。在工程管理专业教学体系中，合同管理课程教学也逐渐成熟和规范化。

（3）随着工程项目管理研究和实践的深入，人们加强工程项目管理过程中合同管理的职能，重构工程项目管理系统，建立更为科学的、包括合同管理职能的项目管理组织结构、工作流程和信息流程，具体定义合同管理的地位、职能、工作流程、规章制度，确定合同与成本、工期、质量等管理子系统的界面，将合同管理融于工程项目管理全过程中。

这时，人们将合同作为工程项目运作的工具，作为项目组织的纽带，作为项目实施策略、承发包模式及管理模式、方法和程序的载体，不仅注重对一份合同的签订和执行过程的管理，而且注重整个项目合同体系的策划和协调。

在许多工程项目管理组织和工程承包企业组织中，建立工程合同管理职能机构，使合同管理专业化。

在计算机应用方面，研究并开发合同管理的信息系统。在工程界所应用的工程项目管理系统和企业管理系统中都包含合同管理子系统。例如三峡工程项目管理信息系统中就有合同管理子系统。

我国《建设工程项目管理规范》（GB/T 50326—2017）中将合同管理作为重要组成部分。

我国国家注册监理工程师和注册建造师执业资格考试都将工程合同管理作为重要内容。

在我国工程管理本科课程体系中，工程合同管理也是重要的专业核心课程之一。

随着工程项目管理研究和应用的深入，近几十年来，工程合同和合同管理的理论研究也有很大发展，已成为工程管理一个重要的分支领域。合同管理学科的知识体系和理论体系逐渐形成，真正形成了一门学科，有它的基本理论，如基本原理、准则、特殊性、规律性。

## 10.4.3　工程相关方合同管理工作

合同管理作为现代工程管理的一项职能，工程的主要相关者都需要做合同管理工作。

（1）政府行政主管部门主要从市场管理的角度，依据法律和法规对工程合同的签订和实施过程进行管理，提供服务和做监督工作。例如，对合同双方进行资质管理，对合同签订的程序和规则进行监督，保证公平、公开、公正原则，使合同的签订和实施符合市场经济的要求和法律的要求，对在合同签订过程中违反法律和法规的行为进行处理等。

（2）投资者和业主通过合同具体实施项目，实现工程总目标。其合同管理工作主要包括：

1）对工程合同进行总体策划，决定项目的承发包模式和管理模式，选择合同类型等。

2）对合同的签订进行决策，选择工程管理（咨询）单位、承包商、供应商、设计单位，委托工程任务，并以工程所有者的身份与他们签订合同。

3）为合同实施提供必要的条件，做宏观控制。例如在项目实施过程中重大问题的决策、重大技术和实施方案的选择和批准、设计和计划重大修改的批准等。

4）按照合同规定及时向承包商支付工程款和接受已完工程等。

（3）项目管理者（业主的项目经理、监理公司或项目管理公司）受业主委托具体承担整个工程的合同管理工作，主要是合同管理的事务性工作和决策咨询工作，如起草合同文件和各种相关文件，做现场监督，具体行使合同管理的权利，协调业主、各承包商、各供应商之间的合同关系，解释合同等。

（4）承包商（包括业主委托的设计单位、施工承包商、材料和设备供应商）作为工程合同的实施者，他们在同一个组织层次上进行合同管理，具体来说，包括做合同评审和投标报价，与业主签订合同，完成合同所确定的工程设计、施工、供应、竣工和缺陷维修等任务。

其中，工程承包合同所定义的工程活动常常是整个建设工程项目实施的主导活动，所以，工程承包商的合同管理工作最细致、最复杂、最困难，也最重要，对整个工程项目影响最大。

现在许多工程承包企业都设有合同部（或法务合同部），大型工程项目部中都设有合同管理部。

参与工程的其他职能管理人员也要精通合同和熟悉合同管理工作，将职能管理与合同很好地结合起来。工程管理的主要管理职能都与合同管理有关。

（5）律师通常作为企业的法律顾问，帮助合同一方对合同进行合法性审查和控制，帮助合同一方解决合同争执。律师更注重合同的法律问题。

（6）在重大的合同争执解决过程中还可能涉及仲裁机构、法院等。

### 10.4.4　工程合同管理的总体过程

建设项目工程合同管理工作过程如图 10-3 所示，它构成工程项目的合同管理子系统。

（1）按照工程的总目标和总体计划进行合同策划，目的是构建工程的合同体系，选择合同类型，起草招标文件和合同等。要对如下几个重大问题进行选择：

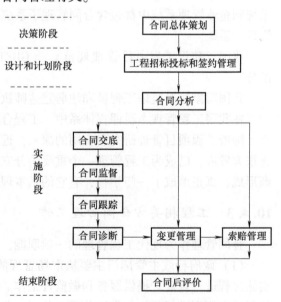

图 10-3　工程合同管理工作过程

1）在项目工作分解结构（WBS）、实施策略、承发包策划、项目管理模式和资源计划等基础上确定项目的分标方式，形成一个个具体的招标对象，进而形成工程的合同体系。

2）确定具体的合同类型，选择合同条件。

3）编制招标文件和合同文件，确定重要的合同内容。例如：

① 适用于合同关系的法律，以及合同争执仲裁的地点、程序等。

② 付款方式。

③ 合同价格的调整条件、范围、调整方法。

④ 合同双方风险的分担。

⑤ 对承包商的激励措施。

⑥ 设计工程的管理机制，通过合同保证对工程的控制权力等。

4）招标方式的选择，如采用公开招标、邀请招标或其他方式。

（2）在工程招标投标和签约中的管理。通过工程招标投标签订一个合理、公平、完备的合同。合同双方在互相了解，并对合同有一致解释的基础上签订合同。主要工作包括：

1）起草招标文件。

2）对可能的投标人进行资格预审。

3）通过资格预审的投标人获取招标文件、编制投标书、投标。

4）在开标后经过评审选择中标单位。

5）发出中标函，签订相应的工程合同。

对承包商来说，上述是一个投标过程。

（3）合同实施控制。每个合同都有一个独立的实施过程。工程建设过程就是由许多合同的实施过程构成的。合同实施控制包括如下工作：

1）进行合同分析和交底。

2）对工程开工、实施过程的控制。

3）监督承包商和供应商完成合同责任。

4）对各个合同的实施过程进行跟踪。

5）对合同实施状况和存在问题进行诊断。

6）工程的变更管理和索赔管理等。

（4）在项目结束阶段对合同管理工作进行总结和评价，以提高后续工程的合同管理水平。

## 10.5 | 现代工程合同要研究的问题

从总体上说，我国目前工程合同管理整体水平不高，很多业主、承包商，甚至监理工程师合同意识都很薄弱。其原因是多方面的，如：我国法律体系尚不很健全，有法不依现象较严重，合同的法律环境不太好；不用法律手段和合同措施解决问题，反而依赖权力的介入或其他不正当途径获得想要的利益；建筑市场竞争激烈，过于向买方倾斜，使得合同在签订和执行过程中，难以保证合同的公正和理性；建筑市场运行尚不规范，合同约束力不强。这些问题都亟待在合同管理研究中提出新的对策。

在工程领域，工程合同管理的研究是常新的，出现新的工程经济和管理理念、理论和方法，新的融资模式、承发包模式和管理模式，新的组织形式等，都会有新的工程合同和合同管理问题要解决。目前工程合同管理有许多新的热点问题。

（1）将合同作为工程项目治理的工具。现代社会认为合同是社会关系契约，工程项目的治理方式有合同治理与关系治理。它们之间相辅相成，关系治理包括行业惯例、社会规范、社会网络等。所以，社会治理越完备，合同可以越粗略。当出现合同无效，或问题超过合同范围，或合同没有明确规定的情况，则关系治理起到规范作用，但处理准则需要研究。

（2）合同形式、内容、合同管理方法如何更好地体现现代工程管理理念、理论和方法，如新的工程组织理论、新型工程组织形式（如动态联盟和虚拟组织）、新的融资模式、承发包模式和管理模式的合同问题等。

这是一个常新的问题。目前，伙伴关系合同、BOT 合同、PPP 项目合同、工程代建合同等还都不是很成熟，都有许多理论和应用问题值得进一步研究。

（3）合同管理的集成化。合同管理与承包企业管理和项目管理的其他职能，如报价和成本管理、风险管理、实施方案管理、进度控制、质量管理、范围管理、HSE 管理、经营管理等密切结合，共同构成一个完备的集成化的工程管理系统。

（4）合同和合同管理的经济学问题。例如合同签订和执行的交易成本和社会成本问题，以及法经济学、制度经济学、信息经济学、博弈论等在工程合同中的应用。

（5）合同争执解决的准则。例如合同解释的准则、合同隐含条款、特殊案例的合同解释，以及索赔的理论和方法（如索赔值的计算原则、索赔条件、索赔的计算方法等）。

（6）其他问题。如：

1）工程合同的特殊性和合同原则及其矛盾性，如何应用于合同的起草、策划、争执解决中。

2）合同设计的理论和方法、策略选择和评价。

3）在合同的策划、签订、执行、索赔和争执解决过程中合同各方的博弈问题。

4）工程合同如何体现现代信息技术的应用，如 BIM 应用中的相关合同问题。

5）工程合同不完备性、模糊性、人的有限理性、机会主义行为等带来的问题。

6）全过程工程咨询合同的性质、特殊性，以及相应的合同问题等。

## 复 习 题

1. 讨论：工程合同原则的矛盾性。
2. 讨论：工程的承发包模式、管理模式与合同的关系。
3. 阅读 FIDIC 咨询合同，分析工程咨询的特点对合同设计的影响。
4. 讨论：工程合同体系与工程组织结构之间存在什么关系？
5. 如何通过合同激励设计单位、施工承包商考虑全寿命期的费用、功能等问题？
6. 讨论：工程合同是不完备的，但同时又要严格按照合同办事，如何处理这两者间的矛盾？
7. 由于 PPP 项目不仅仅涉及政府和企业，还直接涉及公共利益，其目的有公共属性。而且 PPP 的运作模式很多，如政府特许权协议，可能有以下几种形式：

（1）企业投资建设，企业拥有，政府购买服务。

（2）政府赋予特许经营权，项目公司融资、建设和运行，特许期后政府接收工程。

（3）项目公司运行，政府购买（或部分购买）服务，特许期后政府接收工程。

（4）项目公司（政府公司参与）运行，项目公司一直拥有（可以抵押）。

（5）BT 模式，项目公司建设，政府接收（购买）工程。

讨论：这些合同的法律属性，适用私法还是公法？它们公法和私法的程度有什么不同，这些不同点对 PPP 项目问题的处理有什么影响？

不同的模式涉及公共利益的程度不同，实施方式不同，政府最终获得和支付也不同，它们的法律属性是否相同？

8. 调查我国工程合同管理研究和应用的发展历史和状况，讨论：存在哪些问题？原因是什么？

9. 讨论：在工程项目中，合同管理与成本管理、质量管理、进度管理等的关系。

# 第 **11** 章

# 工程信息管理理论和方法

【本章提要】

本章主要包括如下内容：

（1）对工程管理中的信息衰竭、信息孤岛、信息不对称、信息泛滥和污染等问题进行了分析，探讨了它们的原因、影响机理等。

（2）工程信息管理的基本要求。

（3）提出工程全寿命期信息管理体系构建的设想。

（4）工程信息的标准化工作，这是工程信息管理的基础。

（5）工程管理信息系统和现代信息技术在工程中的应用，特别是 BIM 技术的应用。

## 11.1 概述

自 20 世纪 70 年代以来，国内外对工程管理信息系统做了大量的研究，开发了不少信息系统软件（包），取得了令人瞩目的成就。现代计算机技术、信息技术和互联网技术的应用给工程管理带来了革命性的变化，它丰富了工程管理理论，为工程管理的现代化提供了得力的工具和手段，大大提高了工程管理的工作效率。现代信息技术的应用是工程管理研究、开发和应用最重要的内容之一。

信息管理对工程总目标的实现影响很大，国外在这方面有许多定量研究成果。例如美国国家标准与技术研究院以 2002 年在建和已建成的商业、工业及公共建筑项目为对象，统计分析了信息交互不畅导致的增加费用。研究结果表明：对于在建项目，信息交互不畅导致建设成本增加 6.12 美元/ft²⊖；对于已建成项目，运营维护成本增加 0.23 美元/ft²；所有项目，总共增加成本 158 亿美元。

---

⊖ 1ft = 0.3048m。

在我国工程界，信息技术的硬件与国外基本上同步，软件的开发和应用也取得了长足的进展。然而，我国研究领域和应用领域对信息理论，特别是对工程寿命期中信息的规律性研究较少，这导致现代信息技术并没有充分发挥其应有的效用，应用存在问题较多。另外，现代信息技术在工程设计和施工技术方面的应用效果又远远好于工程管理领域。

（1）与其他领域相比，工程领域信息数量庞大、类型复杂、来源广泛、存储分散、应用环境复杂、始终处于动态变化中，使信息管理的难度加大。

（2）工程，特别是建设工程领域生产方式和管理方法比较落后，基层实施和管理人员的知识、能力和素质不高，导致信息不能被及时和准确地收集，信息传输延迟，沟通手段和方式落后，对信息缺乏有效的处理和利用。

（3）在工程管理领域，人们关注信息技术的投入，使信息软硬件水平已经达到很高的程度，却忽视了现代信息技术应用的基础条件创造，如工程管理系统的建设、管理工作的规范化，以及信息沟通规则、流程和文件的标准化等基础管理工作。

（4）在我国工程中，利益相关者之间的信息沟通和信息共享存在严重的组织行为障碍。由于人们缺乏信息共享的理念，许多人有意识构建信息孤岛，人为地造成信息不对称。

在基础管理工作比较落后的情况下，如何有效地应用信息技术，依然是我国工程管理界要思考和解决的问题。

## 11.2 工程信息管理的基本问题

由于工程实施方式和实施过程的复杂性，工程中信息是多样化的，具有数量庞大、类型复杂、来源广泛、存储分散、高度动态性、应用环境复杂，以及时空上的不一致性等特征。

（1）在工程中，信息是按照工作流程、组织机构、管理流程、合同和管理规则进行流通的，所以信息流依附于管理系统。例如，在工程施工过程中通过检查、监督、验收形成工程质量信息，按照质量管理流程，提交给总监理工程师审核和批准。

进行有效的信息管理，必须以有效的管理系统设计和运行为依托。但目前，我国工程界很少进行全面且细致的工程管理系统设计。

（2）大量的信息在工程全寿命期阶段之间传递，由于不同阶段由不同的组织负责，其工作任务由不同的企业承担，容易造成阶段界面上的信息衰竭（图 11-1）。

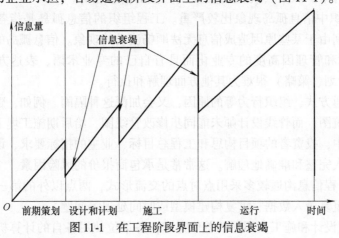

图 11-1　在工程阶段界面上的信息衰竭

1) 在前期决策阶段，投资者和咨询单位为工程决策做机会研究、目标设计、市场和环境调查、可行性研究等工作，最终提交可行性研究报告。进入设计和计划阶段后，由于责任主体的变化，设计单位主要依据可行性研究报告进行设计，而在前期策划阶段获得的大量有价值的调查资料和研究资料，以及一些软信息并不能被勘察设计单位、项目管理单位和施工单位共享。

2) 在设计结束后，施工单位主要依据所得到的招标文件、合同、规范、施工图等信息，进行投标、报价和制订施工计划；中标后按照施工合同、施工图、规范、水文地质资料等施工，而在前期策划阶段和设计阶段获得的许多环境、工程规划、勘察、设计信息（如许多基础资料），并不能为施工单位所用，而且施工单位还常常因为未能正确理解所得到的工程文件，造成报价和施工的失误。

3) 在竣工后，施工单位提交竣工图、运行维护手册等文件，运行维护单位只能按照竣工文件和运行维护手册了解工程，进行运行维护管理，而项目前期策划、设计和计划、施工和供应等大量的信息无法传递到运行过程中，并不能为运行维护单位使用，运行维护人员对工程常常了解不深入。随着建设工程项目的结束，项目组织解散，许多信息就会消亡了。

4) 在工程寿命期结束阶段，一般也不系统地收集、整理和分析工程信息，只有少量信息作为设计单位、施工单位、投资者等的经验和教训，被非正式地记取，在以后的新工程中被应用，而大量的信息会随工程的拆除而消失。

这种信息的衰竭导致不同阶段工程组织之间的"神经系统"断裂，对工程总目标的危害极大，导致大量的工程留有隐患。

这样一来，工程中大量的信息工作没有发挥应有的效用，信息成本没有好的回报。例如，许多调查资料没有被充分利用。这不仅引起费用增加，效率降低，而且不利于新工程的决策和良性信息反馈。

而这种信息衰竭程度与工程的承发包方式、组织责任体系的离散程度和管理体系有关。如采用EPC总承包方式，则"设计和计划-施工"阶段界面上的信息衰竭就会较小。

如果让工程承包商参与项目融资，且承担运行维护的责任，则"施工－运行"阶段界面上的信息衰竭就会很小。

另外，在工程过程中频繁更换管理人员（如业主代表、项目经理），或实施单位（如更换施工单位、运行维护队伍），也会造成更为严重的信息衰竭。

(3) 工程组织中信息孤岛现象比较严重。工程组织的信息孤岛是指各组织之间或一个组织的各部门之间由于某些原因造成信息无法顺畅流动的现象。信息孤岛的原因主要有：

1) 工程技术和管理因高度的专业化而具有自己的专业术语、表达方式，使专业设计（设想、方案、计划、策略）很难为其他方面理解和执行。

由于信息沟通方式、组织行为等的原因，又会加深这种隔阂。例如，建筑设计师按照业主要求修改了建筑图，而管线设计师未能同步修改管线图，给后期施工埋下隐患。

在招标过程中，投资者的项目构思和工程总目标、业主的招标要求、设计单位的设计意图，很难为投标人完整和准确地理解。这常常是承包商报价的风险因素。

2) 传统的工程信息沟通较多采用点对点的交流形式，两点以外的第三方想要获得该信息，往往会发生重复录入数据、重复构建模型或时间延迟等问题。

3) 由于工程设计和施工由不同的单位完成，各单位使用各自的计算机系统生成和处理信息，并且分别独立保存这些信息。这阻碍了信息之间的自动转换，降低了信息通畅性。例如，施工过程中，某工程材料采购计划发生变化导致材料未能如期进场，而施工单位未获得该信息，结果停工待料，延误工期。

同时，出于专业化管理的需要，在工程项目部中有许多职能管理部门和人员，他们常常管理与各自管理职能相关的信息。例如，合同信息主要在合同法务部门，成本信息主要在成本管理部门，质量信息主要在技术和质量管理部门等。由此导致工程中的信息中心太多，信息分散、重复存储和各自管理，会产生信息堵塞和信息孤岛现象。这给工程信息的收集、储存和维护带来了困难，不仅容易造成信息的不一致，而且信息冗余度高，维护工作量大，使用不方便，管理费用增加。工程信息资源分散，不能充分共享和利用。

如果工程管理组织程序设计不完备，就更容易造成信息孤岛。

现代信息技术，如 PIP 和 BIM 的应用能够给工程参加者（不同企业、不同专业、不同职能）提供超越时空的共同工作平台，能在很大程度上解决信息孤岛问题。

（4）工程中的信息不对称问题。

1）信息不对称也是一种自然现象。由于工程相关者（如承包商、业主、项目管理公司、设计单位）承担不同专业或性质的工作，而且他们是分阶段进入工程的，所掌握信息的量、质、面都不同，自然就形成信息的不对称。

例如，对招标投标，业主在此前进行了环境调查、可行性研究、设计和计划等，所掌握的工程和环境信息优于投标人，而对投标人状况和工程承发包市场的信息处于弱势；现场开工后，承包商所掌握的工程信息、供应商和分包商等信息优于业主。

2）这是法律和工程承包市场竞争要求引起的现象。

例如，在工程实施中，涉及企业经营管理（如报价、投标策略、工程实施策略）和专有技术方面的信息属于商业秘密，是不能公开的。

在开标后通过清标，业主掌握各投标人投标报价的详细信息，这是不能公开的。在与各投标人商谈过程中，业主处于信息的优势地位，而投标人只了解自己的投标报价信息。

3）人们的行为心理加剧了信息不对称。工程相关者来自不同的企业，为不同的利益主体，为了保持自己在信息上的优势，或得到更有利于自己的结果，不希望与其他单位进行信息沟通和信息共享，会隐藏一些信息，有意识地形成信息不对称。

从上述分析可见，信息不对称是不能被消除的，但现代信息技术可以最大限度地弱化信息不对称的影响。

（5）严重的信息泛滥和污染。

1）大量的信息是重复的。例如在工程招标投标阶段，合同规定承包商对环境调查负责，则各个投标人都要做许多重复性的调查工作，需要收集资料，编制投标文件，制定实施方案，提出组织和管理措施，做出报价，但最终仅一家中标。

在工程过程中，由于管理程序的要求，常常有重复性的质量检查、报告工作。例如，工程活动结束后，操作者自检，小组要做检查，分包商、承包商、监理工程师都要做检查，有些检查是相同的或相似的，就会产生大量的重复工作和信息。

所以一个工程结束，有用的和无用的资料严重堆积。

2）各单位和各职能部门信息重复储存。例如在项目部内，一份分包合同可能许多相关部门都要备份，一个计划要分发给许多部门。在实施过程中出现修改、变更，就可能导致不一致。

3）现代信息技术大大增加人们信息收集、储存、分析和处理的能力，但同时带来信息泛滥和信息污染问题。人们通过计算机、手机等每时每刻都能够轻易地获得大量的信息，人们之间能够非常方便地进行信息沟通。云计算和大数据等技术给工程管理的决策、计划和控制提供了很好的平台和工具。

① 人们花很多的时间和精力接收（看）大量的信息，而信息加工（分析、结构化、知识化）的时间较少，很少一部分信息能够被有效使用，最终导致人们很难进行正确的决策、计划和控制。

② 人们被大量无序的、无用的、不准确的信息（垃圾信息）包围。这些无用信息干扰人们的思维，误导人们的行为，造成人们的知识碎片化，使人们疏于思考，导致思维懒惰。

③ 形式上，人们有海量的信息可用，但真正用于决策的信息又觉得不够，遇到问题常常又手足无措，或者需要进行更为复杂的信息处理工作，以萃取有用的信息。

④ 一个工程结束，有大量的经验教训值得总结，可用于新工程的决策和管理。需要整理、储存一些重要信息，但由于人们面对海量的无序信息，最终无法进行正常的处理工作，无法获得和保存有价值的工程信息。

当然，这不仅仅是工程管理界的问题，而且是目前整个社会存在的现象。

从上述分析可见，工程中的这些信息问题源自于工程自身的规律、组织结构和行为、信息技术等方面。

## 11.3 工程信息管理的要求

工程的成功依赖于各利益相关者之间及时、有效的信息收集、传递、共享和分析。

（1）通过工程中信息资源的开发和利用，实现信息实时和准确的有效采集、快速处理和传输，促进工程实施和工程管理效率和水平的提高，最终提升工程的价值。

（2）促进工程实施和管理过程的透明化和协同，实现工程组织之间，特别是业主、设计单位、承包商和运行单位之间，以及工程相关者与社会环境各方面信息网状流通和共享，弥合组织之间的鸿沟，协调各方面关系，减少冲突、摩擦，提升整体工作效率。

现代信息技术不仅仅有表达信息的功能，而且作为各专业工程和工程管理的运作工具，在工程管理组织中不同职能管理部门之间促成信息无障碍沟通和协同工作，有利于工程中各种专业和管理职能间的联系，消除信息孤岛现象，形成一体化的全寿命期信息体系，以方便对工程进行动态跟踪、诊断和决策。

（3）以信息技术为基础，促进现代化管理手段和方法，如系统控制方法、预测决策方法、模拟技术、网络分析、资源和成本的优化、线性规划等在工程中有效使用。

利用信息技术将管理人员从重复性工作中解放出来，使他们有更多的时间从事更有价值、更重要的、计算机不能取代的工作，使工程管理高效率、高精确度、低费用，减少管理人员数量。同时，实现多项目和大型项目的计划、优化、控制和综合管理。

（4）实现集成化的信息管理，为工程管理系统集成化提供信息平台。

通过构建集成化的工程管理信息系统，将工程决策、工程建设项目管理、工程运行维护管理、工程健康管理中各种软件包（如设计信息系统、预算信息系统、计划信息系统、资源管理信息系统、合同管理信息系统、成本管理信息系统、健康诊断信息系统、办公室自动化系统、企业管理职能信息系统等）集成起来，形成一个统一的集成化系统。

更进一步，构建集成化的数字工程系统，有利于社会化的工程和城市管理。将工程管理信息系统与运行管理系统、企业管理系统、办公室自动化、远程数据采集技术、地理信息系统、全球定位系统等集成起来，可作为数字化城市的一部分，能够促进政府社会管理水平的提高。

（5）对工程的高效运行和健康诊断提供信息支持。信息在工程健康管理中极为重要。它为工程维修部门对工程进行健康诊断提供了重要的历史数据，避免了重复检查或延误维修，使工程发生的问题可以得到及时准确的解决。这就像对人体进行检查，或进行治疗，都应该参考病人的病历和之前发生的情况采取相应措施。

大部分工程的运行情况以及出现的问题都有一定的规律性。这样就可以根据一个工程发现的问题预防其他工程同类问题的发生。建立工程信息库不仅可以在本工程健康诊断时提供信息帮助，而且可以从中提取经验，对于类似的工程在进行诊断时作为参考使用。

（6）为新工程的决策提供依据。通过同类工程建设和运行健康诊断信息的记录、汇总和总结，可以帮助未来工程设计者、承包商、制造商以及工程管理人员提高能力，使同类工程得到可持续的、健康的发展。在一个工程策划前，就可以对类似工程的信息资料进行研究，注意此类工程容易发生问题的地方，加强设计强度，或者设计避免相同问题出现的措施，这样能够有效预防相似问题的出现，真正做到未雨绸缪。

这就需要对于某个工程领域制定统一的信息系统技术标准和数据库接口标准，制定信息共享的规定，进行统一的信息系统建设和资源开发，使整个工程领域信息管理一体化。

## 11.4 工程信息管理体系构建

工程信息管理系统是在传统工程项目信息管理系统和工程运行维护管理系统等基础上，通过集成而形成的系统。

（1）工程信息中心。面向工程全寿命期和各个参加者（业主、设计单位、承包商、设备供应商、运行单位等），建立包括规划、设计、采购、施工、运行、维护、拆除等所有信息的数据仓库。包括不同的信息表达形式，如文字、数字、图像、工程现场录像等。

这个中心可以是实体的（如针对大型和特大型工程），也可以是虚拟化的共享平台。

（2）基于互联网的工程组织成员在线协同工作平台的构建。采用 PIP、云平台、BIM 等新技术，实现工程参加者各方协同作业。可以在任意一点掌控全局，监控工程的建设和运行，使各种信息数据能共享使用，减少信息孤岛现象。

（3）工程全寿命期集成化信息平台构建。现代工程需要构建工程全寿命期集成化管理系统，将勘察设计管理、计划管理、招标投标、施工管理、竣工验收、运营维护管理、工程健康诊断管理系统集成一体化。这需要面向全寿命期构建工程信息平台，为工程各阶段的专业工作和管理工作提供信息支持。它超越企业的信息平台，存储从工程前期策划开始直到此工程作废为止各个阶段的相关信息，包括工程策划、设计、评价、制造、施工、运行、报废等过程产生和需要处理的各种信息（图 11-2），

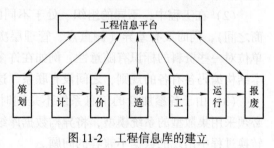

图 11-2 工程信息库的建立

并能够为工程参加者共享。

例如，对一条高速公路，通过工程全寿命期信息体系和现代信息技术可以实现许多功能。可以在计算机上呈现公路地图，通过点击鼠标可以出现任何一座桥梁或路段的全寿命期历史信息：

1）该桥未建时的地形状况、工程水文地质信息，及周边情况的信息。

2）工程的决策过程所产生的信息，原投资单位、可行性研究单位的信息及研究报告、各方面（如环境、社会、地质灾害等）评价报告。

3）设计单位信息、设计图（方案设计、施工图设计）。

4）工程招标和投标文件、合同文件、计划文件（如建设项目规划）。

5）主要供应商情况。

6）施工组织设计和施工过程信息（包括工程过程出现的问题和处理）。

7）电子化竣工文件，如竣工图、竣工决算文件、竣工验收文件、维修手册等。

8）工程运行状况和维修状况，如运行费用、维修（包括大修、中修）费用和过程信息。

9）工程运行过程中经受的灾害和处理情况。

10）工程健康状态，如历次健康诊断数据、目前的健康状态等。

这些信息可以通过现代信息技术实现可视化，可以通过 GIS 和 GPS、录像镜头等直接看到桥梁的状态及路面的状态。可以通过这个系统对工程健康情况进行诊断，还可以分配整个公路的维修费用，这样可实现基础信息的统一管理和统一维护，保证工程基础信息的正确性和一致性。

但现在我国尚没有工程领域构建这样统一的信息平台。

（4）相关工程管理系统软件的集成。工程全寿命期信息管理系统可以将工程全寿命期信息库和企业管理信息系统、办公室自动化（OA）系统、GPS、GIS 等集成起来。还可以通过虚拟现实技术、图形处理技术、点云技术等使工程信息可视化。

## 11.5 | 工程信息的标准化

### 11.5.1 概述

（1）工程各主体之间信息交换过程和交换标准是多样化的。各个企业和各个子系统（各工程技术子系统和工程管理中各个职能管理子系统）的数据库不是集中统一设计的，导致了数据模型异构。

（2）在工程中，不同的组织、处于不同的阶段所需要的信息既有联系（如业主和承包商之间），同时又有差异（侧重点、管理层次、角度等不同）。在过去的建设项目管理中各单位对一些资料的标识有随意性，例如在许多工程中，设计图、规范、合同文件的编码、成本结构编码各有各的规则，之间没有联系。这样会造成信息沟通的障碍。

（3）由于各参加者的信息系统不是同时开发的，以及不同单位的数据库结构不一样，必须采用集散型的系统模型，将异构数据库纳入一个统一的管理系统中，利用统一标准解决转换过程中出现的数据不兼容的问题。

（4）要能够有效地支持决策，在一个工程中，以及在一个工程领域，信息必须在一定程度上标准化。我国现在工程信息标准体系都由各专业领域分类构建，不适合工程全寿命期信息集成化管理要求。

## 11.5.2　工程信息标准化的基础

工程信息标准化是构造各方面统一的标准沟通"语言"。现在有些国家正在解决国内以及国际的建设工程信息集成化问题，建立建筑信息分类系统，作为工程全寿命期信息标准。

在工程中实现信息集成化必须设计建筑工程信息分类系统（CICS）作为参加各方在设计、施工及运行管理过程中必须遵守的共同法则，这是实现信息共享的基础。

CICS 是对建筑工程领域的各种信息进行系统化、标准化和规范化，可以为建设项目的各个参加方提供一个信息交流的语言，为建筑信息管理和历史数据的储存利用提供一个统一的框架，同时为建筑领域应用软件的集成化提供一个共同的基础。

从 20 世纪 90 年代开始，为满足信息技术在建筑业中的应用要求，推动建筑管理的集成化，ISO 和一些国家制定集成化的建筑信息体系，如 ISO 12006-2、英国的 UNICLASS、荷兰的 NBSA、美国的 OCCS 等。这些分类体系是从建筑业的高度对各种建筑信息进行统一、规范和标准化，将这些信息组织在一个科学的框架之下。现代建筑信息分类体系的发展趋势是以国际统一的分类框架为基础，各个国家或地区按照自己的实际情况制定分类表的具体内容，这将有利于国际各种建筑信息分类体系的对照和映射。

## 11.5.3　工程领域全寿命期信息的标准化

（1）我国一些工程领域，如电网、铁路、公路、地铁、核电等，有如下特征：

1）工程系统有相同的结构形式（EBS），专业工程技术相同，标准化程度高。

2）工程的投资、建设和运行管理的一体化程度较高，工程的实施方式和管理模式有一致性。例如，铁路总公司对铁路工程的全寿命期负责，对整个铁路工程进行决策、设计、施工、供应、运行维护、健康管理、改扩建等全面管理。

3）过去工程的建设、运行维护和健康监测信息对新工程的决策、设计、计划、控制和健康诊断等有更大的可参照性和可比性。

（2）在这些领域进行工程创新，如绿色工程、生态工程、低碳工程、人性化工程、数字化工程、智能化工程、全寿命期费用评价等，都需要构建工程全寿命期信息管理平台。

近年来，有些工程领域提出工程全寿命期管理的需求，如国家电网实行资产全寿命期管理，公路领域推行"建养一体化"。但目前在应用上仍存在很大问题。

例如，国家电网推行工程全寿命期管理，在设备采购时要求供应商在投标文件中提出设备的每年运行维护费用和能耗计算、分析和评价，供应商按照要求提出了信息，但由于本领域工程的信息管理标准化程度较低，各投标人的全寿命期费用范围、划分、核算方式、评价方法不统一，无法进行对比分析，也无法收集过去工程的历史数据进行统计分析和核实。

如果本工程领域有全寿命期信息库，有过去设备的全寿命期费用和能耗记录，对在役设备进行维护费用和能耗进行跟踪，就可以获得一整套数据，就可以对各个供应商提供的数据进行准确性分析，就可以对各个供应商设备做出反映实际情况的评价。

（3）这些工程领域需要构建统一的工程全寿命期管理体系，将工程的前期策划、建设

（设计、施工、制造、供应）、运行维护、健康管理、改扩建过程纳入一个统一的体系中，为工程设计、组织责任体系构建、全寿命期费用管理和优化、质量管理、数字化和智能工程等提供平台。

全寿命期管理的关键是信息的集成化管理。它是一个大系统工程，必须用集成化管理的方法统一系统设计，还需要经过长期的工程信息的收集过程。需要解决如下几个基本问题：

1）在一个工程立项后就应赋予唯一编号。在它的全寿命期中，这个编号是它身份的标识，应建立工程身份编码的规则体系。

2）工程系统结构分解及标准化工作。可以统一工程系统分解结构（EBS）和工作分解结构的编码体系及规则。这样就构建了本领域工程全寿命期信息管理统一的对象。

3）工程全寿命期费用分解标准化。包括对费用结构、内涵、核算体系、评价方法有统一的规定，形成全寿命期费用管理体系。

特别要解决工程各阶段费用核算口径不一致的问题。可以发布行业规则，对已完工程按照统一的费用结构和规则统计信息。

4）其他相关的信息标准化工作。例如统一的工程量结构分解和计算规则、统一的组织分解结构（OBS）规则和编码规则、统一的合同编码规则等。

这些分解结构和编码在工程过程中，作为管理规范对各个参加者、对不同的管理职能部门应有统一性。上述有些内容应作为国家规范，部分可作为部门规范，有些可作为工程规范。

在此基础上，构建行业的工程全寿命期管理系统运行规则，形成一些行业惯例。通过BIM等现代信息技术，构建数字化工程，以支持全寿命期设计，并汇集工程的技术、资源消耗、健康状况信息。

对于工程领域，全寿命期信息管理标准化具有战略意义，有利于整个行业工程管理整体水平的提升，使整个领域工程的信息形成一个整体，实现公用基础信息统一管理和维护，保证其正确性和一致性，避免信息平台的重复投资，有利于工程各种业务系统的集成。

# 11.6 工程管理信息系统

## 11.6.1 概述

管理信息系统（MIS）是工程组织的"神经系统"。通过这个"神经系统"工程组织可以迅速收集信息，对工程问题做出反应，做出决策，进行有效控制。它必须基于工程管理系统之上，是在工程实施流程、工程管理工作流程、工程管理组织、规范化的管理体系基础上设计的。工程管理信息系统的有效运行需要信息的标准化、工作程序化、管理规范化。

工程管理信息系统是面向工程全寿命期的管理信息系统。与第8.5节工程项目管理系统设计相对应，工程管理信息系统设计通常有以下两个角度：

（1）为一个工程服务的管理信息系统。它有两个最重要的部分：建设工程项目管理信息系统和工程运行维护管理信息系统。由于工程全寿命期中管理是分阶段的，而且各阶段的管理任务和性质差异较大，因此，建设工程项目管理信息系统与工程运行维护管理信息系统有比较大的差异性。

关于建设工程项目管理信息系统，有大量的研究和开发成果，它的系统软件现在也是比较成熟的，商品化程度很高。这些商品化的软件可以提供相关的工程项目管理工作中的信息处理功能，解决各种管理职能的专业计算，以及信息的统计、分析、传输等问题。

这些系统软件在一个工程建设项目或工程承包企业中使用，需要进行相应的管理系统设计。

要构建全寿命期的工程管理信息系统还有许多问题要解决。

（2）企业（或行业）级的工程管理信息系统。在一些工程领域，有些企业和行政主管部门承担许多同类工程的全寿命期管理的责任，需要利用工程管理信息系统，如城市地铁总公司、铁路总公司、国家电网，以及高速公路、水电等行政主管部门等。

例如，国家电网总公司推行工程（资产）全寿命期管理，则需要构建企业（行业）级的工程管理信息系统。

### 11.6.2　工程管理信息系统总体描述

工程管理信息系统可以从以下角度进行总体描述：

**1. 工程管理信息系统的总体结构**

工程管理信息系统的总体结构描述了工程管理信息的子系统构成。按照管理职能划分，可以建立各个工程管理信息子系统，如成本管理信息系统、合同管理信息系统、质量管理信息系统、材料管理信息系统等。它是为专门的职能工作服务的，用来解决专门信息的流通问题。它们共同构成工程管理信息系统。

例如，某建设项目管理信息系统由编码子系统、合同管理子系统、物资管理子系统、财会管理子系统、成本管理子系统、设计管理子系统、质量管理子系统、组织管理子系统、计划管理子系统、文档管理子系统等构成（图11-3）。

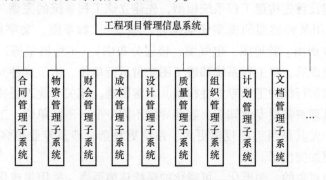

图 11-3　某建设工程项目管理信息系统总体结构

**2. 工程组织成员之间的信息流通**

工程的信息流就是信息在工程参加者之间的流通，通常与工程的组织形式相关。在信息系统中，每个参加者均为信息系统网络上的一个节点。他们都负责具体信息的收集（输入）、传递（输出）和信息处理工作。工程管理者要具体设计这些信息的内容、结构、传递时间和程序等。

**3. 工程管理职能之间的信息流通**

工程管理信息系统是一个非常复杂的系统。它由许多子系统构成，各子系统间又有复杂的信息联系。例如，在图 11-3 中，各个管理职能之间有复杂的工作流程关系，由此带来各子系统之间的信息关系。它们共同构成建设项目管理信息系统。

在此必须对各种信息的结构、内容、负责人、载体以及完成时间等做专门的设计和规定。

**4. 工程实施过程的信息流通**

工程过程中的管理工作程序既可表示工作流，又可以从一个侧面表示工程的信息流。例如，在本书图 10-3 所示的合同管理工作过程，可以认为它不仅是一个工作流程，而且反映了合同管理工作中的信息流程。

# 11.7 现代信息技术在工程管理中的应用

在工程和工程管理中，充分运用现代信息技术和其他高科技，如互联网、大数据、云计算、物联网、智能化技术等，促进工程和工程管理的信息化、智能化，这对于推动新型建筑工业化、支持数字城市和智慧城市的建设都有重大意义。

目前，以 BIM 为核心的现代信息技术应用最为广泛和最具代表性。它对建设工程项目管理、建筑业企业管理、工程施工、工程运行维护和健康管理、城市管理，以及相关的市场管理、社会管理等都会带来颠覆性的变化。

## 11.7.1 BIM 的概念

（1）BIM 即建筑信息模型（Building Information Modeling），它是以三维数字技术为基础，以建筑工程中的单一构件或物体作为基本元素，集成了建筑工程系统和全寿命期各种相关信息统一的信息模型。

传统的工程建设首先构建工程系统模型，先建立该工程系统的完整"概念"（想法、构思、构想），并采用某种类型的模型详细描述"概念"，如草图、文字描述、表格、图片、专业工程图示（立面图、管道图、电气图、楼层分布图）、实物模型等；将这些文件付诸工程施工和制造；建成后，将工程系统和竣工图交付运行单位。由于这种实施方式使工程的设计、制造、施工和运行维护工作专业性很强，非常困难。相关专业工程技术有专业性的术语和表示方式，对其理解需要专业知识，容易导致不同专业、不同单位、工程不同阶段的人们理解的不一致性。尤其是当工程规模更大、系统更复杂、涉及专业更多、参与的单位更多时，这个问题就更加突出了。

BIM 采用面向对象的、图形化、可视化的系统建模语言，采用集成化、具体化、可视化工程系统架构模型，对工程系统由底层元素逐层向上直到整体的全面的描述，增加了对系统描述的全面性、准确性和一致性。其模型可以从概念设计阶段开始，持续贯穿到设计、施工、运行维护全寿命期各阶段。BIM 包容的信息非常广泛，如：

1）工程系统的空间形态、各专业工程系统详细构成（直到构件）、功能和技术要求（如墙体类型、材料成分）、几何结构、物理特性（如光学、传热学、声学）等，而且能够描述各专业工程系统的相关性，以及与环境的相关性信息。

2）实施过程信息，如时间、工程实施过程的逻辑。

3）工程经济和管理方面的信息，如经济、组织（任务承担者）、资源消耗。

4）工程运行状况和健康状况等信息。

BIM 具有可扩展性，可以根据技术和管理的要求扩展信息维度。

（2）BIM 有很强的表现能力和很好的表现效果，可以对各专业工程系统进行独立的和综合的可视化展示，能够解决系统协调、模拟和优化问题。

BIM 能够集成尽可能多的工程信息、工程技术软件和管理系统软件。

（3）BIM 将工程的立项、建设、运行维护和健康管理的信息集成到统一平台上，能保证工程全寿命期中信息的准确性和一致性，实现工程各阶段信息共享和传递，能够很好地解决图 11-1 所示的信息衰竭问题，有利于工程设计 – 施工 – 运行维护的集成化。

（4）可以构建各参加者共同工作的平台。各参加者通过 BIM 平台进行跨时空共同工作，使得信息能流畅、有序、及时地进行沟通。

BIM 技术从根本上改变建筑工程信息的构建方式和过程，各工程专业和管理工作全面数字化、可视化与自动化。信息可以随业务流程无缝流转，在组织间进行可视化、智能化交互，为工程全寿命期集成化管理提供了技术支撑。

## 11.7.2　BIM 在工程全寿命期中的应用

BIM 涵盖了工程系统和全寿命期的 $n$ 维信息，它不仅仅是一个新的工程系统描述和建模语言，而且是一个集成的、可视化的分析工具，在工程全寿命期中有广泛的应用。

### 1. 规划阶段

在规划阶段采用 BIM 和 GIS 等技术，能使规划成果可视化，通过建立三维虚拟场景，确定空间位置、方位和走向，能够逼真地展现建成后的工程形态，更直观地显示各种规划方案。能够对工程与整个环境系统的协调性进行分析，从而使工程规划更具有合理性，对整个城市发挥最大的效用。这样也能够为数字化城市提供支持。

上层决策者能够更好地理解规划和设计的意图和效果，能够更科学地进行方案评审和决策。

### 2. 设计阶段

目前，BIM 技术在设计中利用最多，也是最成熟的。BIM 最初就是从工程设计软件开发的过程中进化出来的。

（1）在方案设计和各专业工程系统设计中，利用基于 BIM 的软件可以动态显示设计功能和效果，各专业（如建筑、结构、设备）设计人员和估算师可以利用统一的模型进行分析、评价和优化设计方案。例如建筑设计方案完成后，输入其所在的地点或经纬度坐标，软件就可以根据当地的自然条件任意地显示一年四季及一天之中任何一个选定时间的工程效果图，设计人员可以按照其特定的要求或设计意图对方案进行审视、分析和调整，能够促成从概念设计到结构设计、施工详图设计，再到施工计划一体化。

在 BIM 平台上，许多专业工程系统可以进行分析计算（如结构分析）、模拟实验（如节能模拟、紧急疏散模拟、日照模拟、热能传导模拟、能耗分析、火灾模拟）等，能够使设计优化更方便、成本更低、可比性强、分析容易。

（2）BIM 能够为各专业工程设计提供统一的非常有效的集成化平台。通过平台能够比较方便地解决专业工程系统的协调问题，特别是各专业之间的碰撞检查，如电梯井布置与其他设计布置及净空要求的协调，防火分区与其他设计布置的协调，地下排水布置与其他设计布置的协调，并检验建筑设计的可施工性等。

（3）业主、用户以及其他上层决策者通过可视化的动态展示能够更方便地了解设计意图，做出设计方案的选择决策，提高决策的效率和准确性。

（4）利用 BIM 模型可以进行施工模拟，能大大减少设计文件中的错误，以保证设计方案的可施工性，还可以模拟设计的任何改变对工程施工、运行和最终质量的影响。

**3. 施工阶段**

在工程系统的三维（3D）信息基础上，将工程信息扩展到多维（$nD$），能够详细描述工程活动的组织、经济、行为等方面的属性，如逻辑过程、时间、经济（如费用、价格、合同）、组织（责任主体，如制造商）、资源消耗等，给工程施工组织和管理带来许多新的技术和方法。例如：

（1）在 3D 基础上，加上工程活动的逻辑过程就可以对关键施工技术方案和施工全过程进行可视化模拟分析，以验证施工方案的可行性或优化施工方案，分析影响工程的安全因素，可以避免施工中大量质量和安全事故的发生。

（2）在 3D 基础上，加上时间维，能对工程实施进行可视化的工期计划和控制，可以分析施工工序的合理性，从而大大节约施工费用和时间。

同时，可以进行施工现场物流和空间可视化的、动态的布置和优化，可以提高现场空间利用效率。

（3）可以方便、快速、准确地进行工程估价（概预算）、造价分析、物料统计，生成采购计划"费用-时间"表等，提高工程成本和资源计划的精细化程度和准确性以及控制的有效性。

（4）为现场操作人员、设计人员、各职能管理人员提供统一的协同工作平台，可以进行可视化的技术交底，使现场信息能实时传输，直接对现场操作进行安排、组织、指导和实时控制，实现精细化管理，提高施工质量、进度、成本和安全管理水平。

如果施工现场发生变更，通过 BIM 可以同步修改设计、资源计划、进度安排、供应计划等数据，反之亦然。

（5）BIM 以及基于云端的 App、物联网（如 RFID$^{\ominus}$）等信息技术应用于现场的施工过程、人员、设备的监控，使现场管理更为智能化。可以准确收集实施过程、质量、工期、消耗和造价等方面信息，大大提高对施工过程的跟踪、诊断、决策和变更的效率和准确性，能够及早发现问题，进而提出更具针对性的改进措施，有效控制施工风险。

**4. 运行阶段**

（1）BIM 融入建筑综合管理信息系统中，作为数字建筑、智能建筑的一部分，将建筑物内各专业工程系统集成在计算机网络平台上，能有效节约能源，降低运行成本，延长设备使用寿命，保障建筑物与人身安全，给用户提供全面、安全、舒适、人性化的综合服务。

（2）在工程的运行管理和健康监测中，通过 BIM 模型可以收集、储存、处理工程运行和健康状况信息，全面掌握系统的运行状况，定期检测设备和系统的安全和健康状态，对运行风险进行预测，及时进行系统维护等。

（3）为运行维护、维修管理提供可视化的技术支持，实现对工程运行状态自动、实时、

---

$\ominus$　RFID 为 Radio Frequency Identification 的简写，即射频识别。

全面的感知。

（4）在役工程是城市的一部分，"数字城市"需要以"数字工程"为基础，"智慧城市"需要"智慧工程"提供支撑。以 BIM 为核心的数字工程，提供工程全寿命期信息，实现工程系统之间、工程系统与城市系统、社会系统之间高度的集成化、一体化。

### 11.7.3　现代信息技术应用需要研究和解决的工程管理问题

目前，BIM、GPS、GIS、虚拟现实技术、图形处理技术、数据采集技术、高清晰度测量和定位技术、物联网、云计算、大数据、交互传感、网络通信、系统仿真技术、3D 扫描技术、AR（增强现实）和无人机技术等现代信息技术在工程全寿命期中的应用已经达到出神入化的境地，对工程管理产生巨大的影响，带来工程管理理论、方法、工具的进步，许多变化是颠覆性的，工程管理学科应迎接信息技术（IT）革命。

（1）信息技术的有效使用必须有高水平的基础管理工作。实践证明，在一个实际管理水平很低的行业里或项目上推行现代信息技术，不可能收到很好的效果。所以对以 BIM 为代表的现代信息技术，人们不仅应关注信息技术层面的内容，更要注意解决在工程管理领域的有效应用的基础条件，即信息技术应用的前导工作。

在目前我国工程管理基础不足的情况下，如何更有效地应用现代信息技术是目前需要研究的课题。

信息技术的有效性依附于工程现场的基础管理工作、信息沟通方式和人们的组织行为。我国建筑施工生产方式还比较粗放，现场管理水平落后，主要操作人员为农民工，工程实施最基础的信息不能被及时准确地收集和汇集，使工程信息管理系统缺乏基础。

许多工程管理软件是业务导向型的，而不是信息导向型的，信息管理的功能较弱。但许多年来，我国工程管理领域的实践、教学和研究过于注重信息技术的开发、应用，如对 BIM，只关注如何建模，而不关注应用的前导工作和后续工作（图 11-4）。

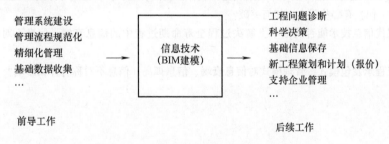

图 11-4　信息技术应用的前导与后续工作

1）前导工作，主要包括管理系统建设、管理流程规范化、精细化管理，以及保证基础信息及时、准确地收集，及时快捷地进行信息处理等。

2）后续工作，即利用信息技术的输出结果进行工程问题的诊断、科学决策、保存工程基础数据，以及新工程的策划和计划、支持企业经营管理等。

（2）目前，工程界关注信息技术的应用问题，而且主要是信息技术问题，而不太关注工程管理中的信息理论问题，如工程中信息衰竭、信息孤岛、信息不对称的规律性、原因、机理、影响因素，以及与信息技术、工程组织结构、组织责任、合同、承发包方式、行为心理等的相关性等。信息技术的应用应该促进基础管理水平的提高。

（3）在现代信息技术背景下的工程组织、合同、沟通、计划方法、控制方法等都需要变革。

（4）在大数据时代，工程管理专业的研究、开发和应用有许多挑战，人们甚至怀疑许多职能型的管理工作，如工程造价等是否还需要。但下述大量的工程管理工作还需要人完成，如：

1）工程管理的大量决策、选择、逻辑安排都是由人完成的，计算机不能代替。

2）由于工程的单件性、个性化，它的设计、计划、实施、变更处理有很大的创新性和独特性，还是要人完成的。

3）基础管理工作和基础数据还需要人提供。初始数据要求正确，而且是人做出来的，不可能都依靠大数据。

BIM 的研究要关注以 BIM 为平台的工程实施方式的变革，放到整个建设项目（业主、设计单位、施工单位、供应单位）和建筑市场（招标投标）平台上考虑。

## 复习题

1. 讨论：有些人认为，在大数据、云计算条件下，预测可以依靠大数据分析，则具体工程管理基础性工作就不重要，甚至不需要了。你觉得这样的观点对吗？为什么？

2. 讨论：如何更有效地利用现代信息技术解决我国目前工程界质量差、安全事故多发、信用缺失、粗放式管理、管理规范化等问题？

3. 现代信息技术使人们能够大范围地获得信息量，如何防范信息污染，进行科学决策？

4. BIM 会对工程实施方式、组织、进度、质量管理、合同带来哪些变革？会对组织行为、组织责任、组织沟通方式、管理流程有哪些影响？

5. 如何通过 BIM 进行工程的全寿命期集成化管理？在我国，BIM 在工程全寿命中应用需要什么应用条件和管理基础工作？有哪些阻力，如何突破？

6. 讨论：现代信息技术能否从根本上解决过程全寿命期过程中的信息衰竭、信息不对称和信息孤岛问题？

7. 讨论：工程承发包模式、管理模式对信息衰竭、信息孤岛、信息不对称有什么影响？

# 第3篇

# 工程管理实务

# 第12章

# 工程的前期决策

【本章提要】

本章重要介绍前期决策中的管理工作，内容包括：

(1) 工程前期决策工作的重要性和特点。

(2) 从目标、时间效果、成本和信息、决策者几个方面探讨工程前期决策所存在的问题和矛盾性。这些都体现出工程的基本矛盾。

(3) 工程决策过程和决策逻辑。

(4) 项目组合决策。

(5) 项目融资，重点论述 PPP 项目融资方式。

(6) 我国重大工程决策应该注意的问题。

## 12.1 概述

**1. 工程前期决策要解决的主要问题**

工程前期决策阶段从工程构思产生到批准立项为止，是工程的孕育过程。在这个阶段，上层管理者主要做工程的投资决策。这是工程最重要的战略决策。

工程投资决策即决定工程是否立项建设，通常要思考和解决如下重要问题：

1) 为什么要建设工程？

需要在众多的工程项目投资机会中进行项目组合管理，做出战略选择，能够获得最佳的效果，使资源得到最有效的使用，或能够对上层战略贡献最大。

2) 工程要提供什么样的产品和服务以满足市场需求，达到工程的目的？产品定位在什么档次上？或工程的产品或服务面向哪些主要群体？

这需要全面研究相关产品市场供需状况、行业发展趋势、行业特性和结构、消费者行为、竞争对手、将来可能的替代品等。

如果产品选择和定位出现错误，工程投产后，产品没有市场，就会造成工程项目的失败。

3）建设什么样的工程（规模、品质）？需要对工程总体实施方案做出选择，即选择什么样的工程总体方案实现工程目的，提供所需要的产品或服务？

工程决策是对拟建工程确立总体部署，并对不同工程建设方案进行比较、分析、判断和选择的过程。例如，南京市要解决长江两岸的交通问题，这是目的；工程总体方案可能有扩建旧大桥、建设新大桥、建设江底隧道三个方案（图 12-1）。

方案1　扩建旧大桥　　　　方案2　建设新大桥　　　　方案3　建设过江隧道

图 12-1　南京解决过江的三个方案

又如，要解决一个城市交通的拥挤问题，可以选择建地铁，还可以选择建轻轨，或者新建道路，或拓宽道路。如果要建设地铁，则就要确定地铁线路长度、走向、站点设置等。

对工业建设工程，要确定生产工艺方案、工艺流程方案、设备方案等。

对不同性质的工程，方案的选择有不同的要求。对一般的建设工程，通常选择有一定先进性，同时又比较成熟的方案，以降低工程实施风险。而对于有创新性要求的高科技工程项目，一般都选择先进的新型技术方案，以保证在工程领域的领先性。

4）工程的决策目标和决策原则是什么？

确定工程的决策目标（即工程总目标）和决策原则。

5）工程如何选址？

工程选址，即工程放在何处。这是工程的一个重大战略问题，它会影响工程的全寿命期各个方面，如工程的建设成本、运行环境和运行成本、产品的价格，甚至影响工程的整体价值。

工程选址必须符合城市（地区）总体规划的要求，符合城市的经济和社会发展、土地利用、空间布局以及各项建设的综合部署要求。我国有许多工程被拆除，其原因是不符合城市规划的要求或城市规划的调整，从根本上说是工程选址出错。

通常工程选址应考虑如下原则：

① 对要大量消耗原材料的工程，最好靠近原材料出产地。

② 对产品出厂后要尽快销售到用户手中的工程，最好靠近产品市场销售地。

③ 工程所在地应具有很方便的交通（水路、公路、铁路或航空）条件。

④ 对运行中用水量很大的工程，如火力发电厂或核电站，应靠近充足的水源地。

⑤ 工程应选择在具有稳定地质条件的地方，这样工程的地质处理费用少，地质灾害少，工程的使用寿命长。

⑥ 工程应少占用农田、森林。

⑦ 有水、大气或噪声污染的工程，应尽量安排离开城市，同时注意布置在城市的下游，

或下风处，防止对城市水源和大气产生污染。

⑧ 考虑工程建设和运行过程对社会影响较少，不会引起周边的抗争或社会动荡，尽可能减少拆迁，减少对文物和古迹的破坏。

以房地产为例，由于房地产价值（价格）主要由它的位置决定，相同结构的房屋，在市中心与在郊区价格能相差几倍。所以位置选择是房地产投资开发要考虑的最重要的因素。

6）采用什么样的实施方式？

在这一阶段主要进行工程的资本结构和来源的决策，即选择工程的资本结构和融资方式。

7）各个工程项目的优先级如何？

在企业同期众多项目机会中进行工程项目组合，确定各个工程项目的优先级。

工程前期的这些战略选择是在环境调查和问题分析的基础上，对上述问题进行多方案的研究和比较分析，进行技术、经济、财务评价和国民经济评价后做出的。

**2. 前期决策工作的重要性**

工程最大的失误是，建设了不该建的工程，如工程的定位、产品方案、地点选择等出错。这些都是战略性错误，可能会导致一切工作都徒劳无功，甚至会给上层组织带来灾难性的损失。

现代医学和遗传学有研究结果表明，一个人的寿命、健康状况在很大程度上是由他的遗传因素和孕育期状况决定的。而工程与人有生态方面的相似性。前期策划是工程的孕育阶段，决定了工程的"遗传因素"和"孕育状况"。它对工程的影响是整体性、全局性和决定性的。它不仅对工程建设过程、将来的运行状况和使用寿命起着决定性作用，而且对工程整个上层系统都有极其重要的影响。

工程寿命期的投资曲线和影响曲线如图 12-2 所示。这说明，虽然工程的投资是随着工程的进展逐渐增加的，前期决策阶段与设计和计划阶段投入很少，大量的投资使用在施工阶段，但对工程寿命期的影响曲线刚好相反：前期影响很大，即在前期决策阶段失误会对工程造成根本性影响；而施工阶段的影响就小多了。

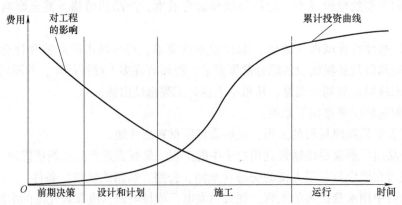

图 12-2　工程寿命期的投资曲线和影响曲线

**3. 工程前期决策的特点**

1）工程前期决策是以工程全寿命期为时间跨度，以整个工程环境为视角确定工程的总目标，并以此作为决策目标。

2）由于工程系统、工程全寿命期过程的特殊性，以及工程价值体系和环境的复杂性，工程决策目标多，限制条件多。

3）决策是人的主观能动行为，人为因素大，需要决策者有科学和理性的工程观。甚至人们的心态也会影响决策。例如对将来过度乐观的估计，或存在悲观主义情绪，都会影响决策。而研究发现，通常决策者在工程早期容易出现乐观主义偏向。

4）工程决策需要对工程建设和运行所影响的空间和时间范围内的市场、技术、经济、社会、自然环境等各方面指标进行精心细致的整理、归纳、分析和评价。因此指标具有多样性特征，如技术需求、安全需求、生态需求、社会需求、成本和收益指标、功能和质量指标等。所以，工程决策从不同角度出发会有不同的结果。

同时，工程前期决策涉及面广，影响因素太多，不确定性很大，需要在许多假设条件上，利用过去的统计数据和实际过程案例进行分析和优化。

5）工程前期决策主要是高层（如投资者、政府官员、权力部门、企业管理者）决策，属于战略决策，而业务决策、战术决策较少。

6）工程决策既是程序和方法问题，又是组织问题，需要有多阶段、多步骤的分析判断过程。

**4. 工程决策机制**

通常工程建设项目的决策采用如下机制：

1）高度集中决策，即将决策的最终决定权归于某个或某几个人。近几十年来，在我国重大工程的规划、设计、建造等决策中政府是决定性的。例如建筑设计方案的选择权并不在设计人员，而是决策者（政府领导）。

通常，重大国防工程采用集中决策机制。私有企业的工程建设一般也都采用集中决策方法，由企业所有者决策。

集中决策机制是高效的，在时间上赢得了主动权。

2）专家论证机制。在建设工程项目立项之前，先做可行性研究，根据工程项目涉及的环境、技术、经济、社会等相关问题，遴选相关领域的专家进行论证。通过专家认证会议讨论，评价工程项目的可行性，经由政府部门审核，最终选定有可行性的方案。

在我国许多大型工程项目中，专家论证机制发挥了非常重要的作用，促成决策的科学性和严谨性。但现在在许多建设项目中将专家论证机制形式化，不重视专家论证意见，或对专家论证预定调子或模式。另外，也存在许多论证专家不能履行自己的职责，不能实事求是地评价的现象，那样专家论证机制就失去了应有的效用。

3）公众参与机制。对有重大社会影响和环境影响的工程建设项目，采取报告会、论证会、听证会的方式，以及各级人大、政协和新闻传媒等不同渠道，让工程相关者共同参与重大工程决策。

这就要求政府决策科学化、民主化，尊重工程相关者的参与权、知情权、咨询权。现在社会公众对决策的影响越来越大，公众意志已经作为一股新生力量出现在很多工程的决策主体中，工程的决策者们不能再忽视公众的意志，必须将群众意志纳入决策分析中。

这样必然会导致相应的决策目标和制约条件增多、程序复杂、时间长、意见离散等，甚至会产生非理性的结果。

现代大型工程的决策必须综合采用上述机制，即政治家、专家学者、民众共同参与决策。

## 12.2 工程前期决策存在的矛盾性

工程决策应该是科学和理性行为过程，但因为工程决策自身的矛盾性和复杂性，导致大量的非理性因素。这是国内外工程管理的难题。

### 12.2.1 工程决策目标的矛盾性

工程前期决策首先是目标决策，就是要建立明确的目标系统，作为工程设计、计划和实施控制的依据，再分解到各个阶段各个组织成员，进而保证在工程中目标、组织、过程、责任体系的连续性和整体性。不允许在工程实施中仍存在目标的不确定性和对目标过多的修改。当然，在实际工程中，调整、修改甚至放弃目标也是有的，但那常常预示着失败。

（1）工程总目标的作用。

1）目标是期望的成果。通常在工程前期进行总体目标设计，建立工程目标系统的总体框架，作为可行性研究的尺度和工程立项决策的依据。工程立项后，再采用系统方法将总目标分解成子目标和可执行目标。

2）目标是落实组织责任的依据，是整个工程组织的努力方向。目标系统必须包括工程实施和运行的所有主要方面，并能够分解落实到各阶段和工程组织的各个层次，将目标管理同职能管理高度地结合起来，使目标与组织任务、组织结构相联系，建立由上而下、由整体到分部的目标控制体系，并加强对项目组织成员的目标完成情况进行考核和业绩评价，鼓励人们竭尽全力圆满地实现他们的目标，可以提高组织的管理效率和经济效益。所以，目标决策是组织成败的关键。

3）目标是工程实施计划和控制的依据。工程实施活动是从总目标延伸出来的，就是为了完成总目标。工程目标经过论证和批准后作为工程技术设计和计划、实施控制的依据，使计划和控制工作十分有效。

4）目标是评价工程实际绩效的标准。通常以实际完成情况与目标对比来衡量和评价工程实施和管理的绩效。通过评价，总结工程决策和实施过程中的经验、发现问题、奖优罚劣，为完善工程的后期工作提供基础，为以后新工程的决策、计划和控制提供依据。

（2）在工程前期策划中确定总目标存在许多问题，工程总目标有自身的矛盾性。

1）在工程前期就要求设计完整的、科学的总目标系统是十分困难的，这是因为：

① 工程过程是一次性的，其总目标设计没有直接可用的参照系。

② 工程前期人们所掌握的信息还不多，对问题的认识还不深入、不全面，对产品和服务的市场了解不多，工程总体方案的效果把握不准，工程决策是根据不全面的信息做出的。

③ 工程前期设计目标系统的指导原则、政策不够明确，很难做出正确的综合评价和预测。

④ 工程系统环境复杂，边界不清楚，不可预见的干扰多。

所以，工程前期目标系统的合理性和科学性受到限制。

2）工程目标要满足用户和其他相关者明确的和隐含的需要，涉及的主体复杂、多样，许多目标因素是工程相关者各方面提出的，所以许多目标争执实质上又是不同群体的利益争执。

① 许多用户、投资者、业主和其他相关者的目标或利益在项目初期常常是不明确的，或是隐含着的，或是随意定义、估计的。甚至在工程前期，业主或决策者可能对顾客和相关者的对象和范围都不清楚，这样的目标设计是很盲目的。应进行认真的调查研究，以界定和评价用户和其他相关者的要求，以确保目标体系能够满足他们的需要，而且应一直关注他们需求的变化。

② 工程相关者之间的利益可能会有矛盾，在目标系统设计中必须承认和照顾到与工程相关的不同群体和集团的利益，必须体现利益的平衡。没有这种平衡，工程是不可能顺利进行的。

③ 在实际工作中，有许多工程所属企业的部门人员参与前期策划工作，他们极可能将他们的部门利益和期望带入目标设计中，进而造成目标系统的科学性和理性不足，容易使子目标与总目标相背离，引起目标因素的冲突。

3）工程目标评价和价值判断有困难。工程价值体系，特别是总目标因素多，相互之间的关系复杂，属于多目标决策问题，容易引起混乱。

另外，工程价值存在难以预测的不确定性，这给前期策略和决策带来了极大挑战。

4）工程总目标系统应体现工程的社会价值、历史价值，应有综合性和系统性。但在工程中，人们常常注重近期的、局部的目标，因为这是他们的首要责任，是对他们考核、评价的依据。例如，在建设期人们常常过于注重建设期的成本目标、工期目标，而较少注重运行问题；承包商比较注重自己的经济效益，降低成本，加快施工速度，有时这会损害工程质量目标。

（3）工程目标是由人主观设置的，并经过上层批准。又以目标实现程度衡量工程成功，实质上可能导致既当裁判员、又当运动员的状态。例如大型建设项目中，人们在立项时会有意识地降低总投资目标，以使建设项目获得立项。这样，目标就不合理。最后，又以此总投资目标衡量建设项目的绩效，这种对比自然就会产生很大的漏洞。根据国内外的统计，大型公共工程的成本超支是普遍现象，很大一部分原因是成本目标设置不合理。

（4）工程总目标实施存在的问题。

1）工程管理是有目标的活动过程，有总体目标与要求，但由于工程的寿命期太长，实现时间跨度太大，只能按照阶段、按照组织分解目标。

工程的每个阶段有不同种类和性质的工作任务，由于工程领域专业化和社会化分工导致这些目标必须细分子目标，由不同企业和人员负责。例如，工程的前期策划由企业高层或经营管理人员负责，设计阶段的主要工作由设计单位承担，施工阶段的工作主要由承包商完成，工程投入运行后由运行维护人员负责。人们并不关注阶段性目标与工程总目标的匹配性，由此带来工程管理系统性弊病。

2）工程批准后，由于如下原因使得目标的刚性非常大，不能随便改动，也很难改动：

① 由于目标变更的影响很大，管理者对变更目标往往犹豫不决。

② 按照建设程序，涉及工程目标的修改和变更必须由高层批准，必须经过复杂的程序，由于行政机制的惯性，常常要拖较长的时间。

③ 工程决策者常常不愿意否定过去，不愿意否定自己，或不愿意否定前任，或不愿意

批评、否定或对抗上级等。

这种目标的刚性对工程项目常常是十分危险的。

3）工程价值体系中核心的东西是很难量化的，在实践中容易成为口号，而能量化的东西易于评价和考核，更容易左右工程决策和实施导向。所以，在工程实施中，人们可能过分使用和注重定量目标，使自己的业绩显著。

### 12.2.2 工程前期决策时间效果的矛盾性

对工程建设必须以全寿命期为时间跨度进行决策，由于工程全寿命期很长，要进行科学决策常常是非常困难的，存在一个基本矛盾：工程立项决策是基于解决社会（或企业）问题，或经济发展现实的和近期的需求，但工程建成后却要运行50年或100年，有深远的"历史性"影响。所以，工程建设是针对未来行动的，具有超前性。决策者必须用长远的战略眼光，把握未来发展，进行工程的规模、市场、技术标准定位；以工程的社会责任和历史责任为使命，确立各方面满意的工程目标；从全寿命期的角度合理确定工程功能与投资的关系，实现短期效益和长远利益的平衡。而不能过于考虑近期的需求，甚至炒作来获得经济的满足。

关于近期目标和长期目标的矛盾性，历史上郑国渠就是典型案例之一。公元前246年，韩桓惠王采取"疲秦"的策略，派著名的水利工程专家郑国作为间谍入秦，游说秦国在泾水和洛水间穿凿一条大型灌溉渠道。表面上说是为了发展秦国农业，真实目的是通过这个浩大的工程耗竭秦国实力，以削弱秦国的战争能力。而秦王政本也想发展水利，很快便采纳这一诱人的建议。并立即征集大量的人力和物力，任命郑国主持兴建这一工程。在施工过程中，韩国"疲秦"的阴谋败露，秦王大怒，要杀郑国。郑国说："始臣为间，然渠成亦秦之利也。臣为韩延数岁之命，而为秦建万世之功。"秦王政认为郑国说得很有道理，同时，秦国的水工技术还比较落后，在技术上也需要郑国，所以对他一如既往，仍然加以重用。经过十多年的努力，完成了这一工程。

郑国渠修成后，大大改变了关中的农业生产面貌，取得很大的经济、政治效益，"于是关中为沃野，无凶年，秦以富强，卒并诸侯"，成为我国历史上最为著名的水利工程之一。

在现代工程中，在确定工程功能目标时，经常会出现预测的市场需求与经济生产规模的矛盾。对一般的工业生产项目，工程只有达到一定的生产规模才会有较高的经济效益；但按照市场预测，可能在一定的时间内，产品的市场容量较小。

例如，20世纪90年代初，我国每年光导纤维电缆的铺设量约为2万km，按照经济分析，一般光导纤维电缆厂的经济生产规模为年产20万km以上，而我国当时共上马了25个光导纤维电缆制造厂。这种现象直到现在在我国许多工业领域都存在。

目前，我国处于高速城镇化阶段，发展常常是"超常规"的，使决策中对将来市场或经营状况预测的科学性和准确性不能保证。另外，在工程功能预测过程中人为因素干扰较严重，实际使用功能受外界需求变化的影响较大，与预计的使用功能往往存在较大差异。例如，有调查发现，铁路和公路领域64.7%项目的效益是低于预期的，35.3%项目的交通流量远远大于计划值。

对于一个有前景同时又是风险型的工程项目，特别对投资回收期很长的工程，最好分阶段实施。例如，一期先建设一个较小规模的工程，然后通过二期、三期追加投资扩大规模。对近期目标进行详细设计、研究，远景目标通过战略计划（长期计划）来安排，这样规划的好处有：

1）减少一次性资金投入，前期工程投产后可以为后期工程筹集资金，降低工程财务风险。

2）逐渐积累建设经验，培养工程管理和运行管理人员。

3）使工程建设进度与市场逐渐成熟的过程相协调，降低工程产品的市场风险。

当然，分阶段实施工程会带来管理上的困难和工程建设成本的增加。对分阶段建设的工程要考虑到扩建改建，以及自动化的可能性等，使长期目标与近期目标协调一致。

### 12.2.3　工程前期决策信息和成本的矛盾性

（1）要进行科学的工程前期决策，必须有大量广泛的信息，需要数据说话，反映真实情况，进行比较精细的研究。但现实是由于工程能否立项尚是未知的，可能研究的结果是本工程不可行，那么前期投入可能就浪费了，所以企业常常又不能大规模地投入，搞大规模的调查，也不可能聘请许多专家做很精细的研究和论证。

由于现代信息技术的作用，在决策过程中，人们通常会获取大量混乱、无规律的信息，但又缺少关键性的信息。

（2）工程前期人们需要做出重要决策，但常常又苦于没有精准的信息。人们在工程中能够获得的信息是随工程进展逐渐增加的，待工程结束时信息最为充分。从理论上讲，这时才能对本工程做最为科学的决策。但这时工程的寿命期已经结束，不需要再做重要决策。所以，人们做"事后诸葛亮"是很容易的。

这是工程发展的规律性和矛盾性。

（3）从工程寿命期角度看，前期决策非常重要，决定了工程能否健康"出生"，但前期相关的研究一般作为原企业的市场研究或投资机会研究，通常在原企业中设立专项费用，而这些费用投入一般都不大。采用的组织形式是寄生式的（见第9.5.3节），组织成员常常从其他部门临时抽调来，许多研究人员都是非专职的，同时承担项目研究工作和原部门工作，对决策结果不承担任何责任。

这些原因使得前期研究的科学性很难保证，责任也很难落实。

（4）工程决策是一个多种技术应用、多目标指导的综合型科学体系。重大工程的决策，涉及产品市场、工程选址、技术应用、施工安全、生态保护、社会稳定等多项复杂工程因素，必须经过长周期谨慎细致的取证、论证、验证工作，才能对决策目标做最后的判断和选择。

在决策中，人们常常收集许多同类工程的数据资料作为依据，或以过去工程的经验参考。但由于工程的"一次性"特点，难以复制和模仿，过去的信息对未来新工程的决策作用十分有限，特别是面临非常复杂的外部环境。必须寻找工程之间的内在规律性，挖掘不同工程之间的共同特征，建立相关性理论，才能科学地指导工程决策。

（5）由于工程前期决策本身的风险和不确定性、环境的变化、上层战略的变化等原因，人们即使在工程前期研究得再深入，收集信息再多，也很难再提升决策的科学性，做出百分之百正确的决策。所以，不可能期待研究得很深入和充分后，再进行工程建设决策。这是工程自身的矛盾性之一。

### 12.2.4 决策者的矛盾性

工程决策是人们经过各种研究、认知、考虑之后，对工程的总目标和总体方案做出科学和理性的选择，体现了决策者的意志，具有主观性。工程是由高层（企业、政府、军队、学校等）管理者决策的，则这些人员对决策的影响很大。他们一般不懂工程管理，也不是技术经济或财务专家，但要对工程做出决策，这是工程决策的一个基本矛盾。

（1）决策者的专业知识、工程和工作的经验和经历、所处职位和职业特征等影响决策。人们做工程决策常常缺少全面性，对工程的价值体系以及价值体系的矛盾性缺少认知，常常侧重某一方面，而忽视其他方面。例如：

1）营销专业人员做工程决策，更关注工程产品市场愿景，以及进入市场的时机，而忽视工程技术的可行性和工艺性。

2）工程技术专业人员做工程决策，往往重视工程的技术实现，关注技术创新和挑战。

3）政府人员进行工程决策，往往关注工程的形象，而不重视工程的经济性和产品的市场。

4）军人进行工程决策，不拘成法，讲求实效，务达必成。

国外许多工程调查发现，工程实际投资常常比前期决策时确定的投资额大幅度增加，甚至有许多倍。其中原因之一就是决策者常常为企业高层管理人员，是战略管理或经营管理的专家，但是他们不懂工程，不是工程成本或财务方面的专家。

所以，工程投资决策的依据必须建立在科学的基础上，必须有财务和工程经济、工程管理专家的支持。

（2）决策者的工程观，即他对工程的认识影响决策行为和最终选择。

许多工程的决策失误，并不是由于对决策问题认识的深度和广度不足，对影响决策结果的各个指标信息收集不全面，对信息的质量和真伪不辨，而是决策者的工程观、出发点所致。有些决策者对成绩过分追求，夸大、隐瞒或者篡改关键信息，影响了对决策问题的认识质量，直接导致决策结果的重大失误。在某些公共工程中，追求快决策、快启动的思想，忽略了对工程问题深入的研究，甚至直接决定投资施工，致使工程后期出现成本过高、资金无法到位等诸多问题。

（3）决策者与工程的相关性，如对工程承担的责任、与工程的利益关系等都会影响决策。通常采用建设项目投资业主全过程责任制，或用自己的钱建设工程时，投资决策就会非常慎重。

（4）决策者的性格、管理风格会影响对工程的决策。在全球范围内，交通基础设施、体育场馆、大坝等类型的大型复杂工程目标设置不合理是广泛存在的，其主要原因是决策者存在很大的乐观主义偏见和战略性歪曲。

（5）制度约束对人们的工程决策行为产生影响。例如工程所处的政治权力、制度和社会等背景，会影响决策者的价值选择。

如果决策机制不清晰、不健全，会导致对决策主体、程序、手段的认知模糊；决策结果取决于决策者的经验或者主观意识，而非科学的决策方法，最终会带来决策失误。在道德失守、缺乏历史责任和社会责任、不讲规则、追求利用制度漏洞的情况下，科学和公开的决策机制也难以发挥作用。

## 12.3 工程前期决策过程

### 1. 工程决策总体过程

工程决策与一般的决策相似，经过如下总体过程：

（1）提出和分析问题。工程决策是战略和问题导向的，分析决策所需要解决的问题，找出影响决策的关键性指标是非常重要的。工程前期决策必须经过谨慎细致的取证、论证、验证工作，并做出决策。科学分析和研究外部因素和内部条件、积极因素和消极因素，以及事物未来的运动趋势和发展状况来做出预测。才能对决策目标做最后的判断和选择。

（2）根据要解决的问题确定工程目标。

（3）对达到目标的主要实施手段、方法和路径进行决策。拟定各种可行备选方案，并采用科学的手段和方法对方案进行优选，与目标要求进行分析对比，权衡利弊，以做进一步评估和抉择。

决策必须具有两个以上可行的备选方案，需要收集大量技术、人员、组织、环境、生态等方面的信息数据。

（4）分析评价备选方案，并做出决策。需要运用科学的决策方法，以一定的评价标准或选择机制对决策方案进行合理评估和判断，保证最终选定的方案切实可行。

工程决策流程复杂、涉及技术种类繁多、历时漫长、参与人员众多，有自身的工作过程和逻辑性。

### 2. 企业投资项目决策过程

工程项目投资作为企业行为，其决策属于战略管理问题，是企业高层的工作。其决策过程涉及企业战略管理、投资项目前期策划工作（图2-4）、项目组合管理、项目群管理或多项目管理等问题，它们之间存在着内在逻辑性（图12-3）。

图 12-3　企业投资项目决策过程

（1）企业战略研究。对工程的投资决策常常是基于企业战略目标，特别是战略导向型的投资项目。所以要进行企业战略研究，战略出错就会导致投资失误，战略调整就会导致工程项目的调整，甚至中断。

（2）项目构思和机会搜寻。进行投资项目的构思和机会的搜寻，对工程构思进行初步评估，确定可能的投资机会。

（3）项目组合决策。一个企业常常会面临许多投资项目的构思和机会，需要按照战略目标和资源约束条件，对具体的项目进行分析选择、优化组合，最终进行企业项目组合决策。

（4）项目融资方案策划。对所选择的项目初步确定融资方案。项目的融资方式是项目的战略问题，对所产生的工程的性质、组织、实施和管理的各方面都会产生影响。

（5）项目可行性研究和立项决策。

（6）多项目管理或项目群管理。从企业的角度对已批准立项的项目进行多项目管理或项目群管理。

所以，在工程前期就应在组织、工作责任和工作流程上建立企业战略层和投资项目之间的关系，使整个前期工作有条不紊地进行。

**3. 工程投资决策要素有自身的逻辑性**

最能够体现这种逻辑性的是工程可行性研究内容存在的内在相关性。图 12-4 所示为工程建设项目立项决策的思路，从中可见决策的逻辑性。

（1）产品的市场研究，包括市场的定位和销售预测。主要预计工程建成后，什么样品种和规格的产品能够被市场接受，工程产品或服务有多大的市场容量，市场价格在什么样的水平上等。

市场研究是工程立项决策的关键，它对确定产品方案、生产规模，进而确定工程建设规模和规格有决定性影响。

（2）按照生产规模分析工程建成后的运行要求。包括工程产品的生产计划，资源、原材料、燃料及公用设施计划，企业组织、劳动定员和人员培训计划。

（3）按照生产规模和运行情况确定工程的建设规模和计划。包括：

1）建厂条件和厂址选择。

2）工程的生产工艺、主要设备选型、建设标准和相应的技术经济指标。

3）工程的建设计划，主要包括单项工程、公用辅助设施、配套工程构成，布置方案和土建工程量估算。

4）环境保护、城市规划、防震、防洪、防空、文物保护等要求和相应措施方案。

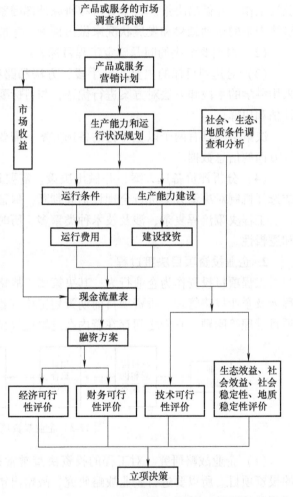

图 12-4　工程建设项目立项决策的思路

5）建设工期和实施进度安排。

（4）投资估算和资金筹措。将建设期投入、运行期生产费用、市场销售收入等汇总，确定工程寿命期过程中的资金支出和收入情况，绘制现金流曲线，得到工程全寿命期过程中的资金需要量，并安排资金来源，确定工程的融资方案。

（5）项目评价和决策。在可行性研究的基础上，对工程的经济效益、环境效益和社会效益做出分析，对工程进行全面评价。建设工程通常要进行财务评价、国民经济评价、生态环境影响、社会影响评价等。这些就是工程决策指标。

1）技术评价指标。它评价工程技术上的可实现性。对技术创新工程、高科技工程，该指标占据主导地位，要求能通过技术作用促进科学技术与工程的结合，常常会形成新的工程技术系统，甚至带来新的工程技术革命。

2）经济评价指标。它评价经济的盈利性和可行性，往往表现为工程收益的最大化。

3）财务评价指标。它评价资金来源的可靠性，具体指标有投资回收期、投资回报率等。

4）国民经济评价。评价内容为：工程对国民经济的作用和贡献；工程促进整个产业的进步，或实现相应产业的经济效果和盈利性，或推动区域产业结构的升级换代；促进资源的合理配置，促进产业集成；带动其他产业的发展。

5）社会评价指标。它评价对周边地区的居民收入、生活水平和质量、居民就业、不同群体（特别是弱势群体）利益、文化、教育、卫生、基础设施、社会服务容量、城市化进程，以及民族风俗习惯和宗教等方面的影响。这体现工程的社会价值，强调社会主体的利益。

工程的社会评价指标影响资源利用和分配，因此也直接影响工程相关者利益的分配和利益关系的变化。在决策中，要分析社会冲突和矛盾，避免普通公众猜疑排斥工程，使他们能够理解和支持工程，保证工程活动的顺利进行。

6）环境影响评价。它评价工程对环境、生态、土地、资源等的影响及保护状况。所建设的工程不能超过环境的承受能力，特别是不能超过生态环境的承受能力，使有限资源得到最优利用。促使运用适当的方式和技能解决工程中引起的生态环境问题。

做好一个工程决策，必须全面认识和深入探究这些指标的相互影响和它们的矛盾性。不同的工程在决策中指标的权重不同，所以需要进行主导性决策指标的选择。

工程提供的是面向市场的竞争性产品，则按照市场经济要求决策，以追求经济指标、利益的最大化为主要准则，但又要顾及工程的环境影响和社会价值。例如，对许多公共工程，特别是标志性工程，以技术以及艺术性、安全性、可靠性为主要指标，而经济指标常常不是决策的主导指标。对大型公共基础设施工程，则国民经济评价指标是首要的决策影响因素。但随着公共意识的增强，社会群体对工程项目的接受度和认可度也成为决定项目能否立项的依据。

## 12.4　项目组合决策

（1）项目组合。项目组合（Portfolio）是指为了实现企业战略目标，在企业资源有限而项目机会很多情况下，对一组项目、项目群和其他工作进行组合选择，以优化资金投向。"项目组合决策"最终确定投资方向、资源分配和优先级，属于企业的高层战略管理工作。

（2）项目组合管理。项目组合管理是指为了实现企业的战略目标，对一个或多个项目组合进行的集中管理，包括识别、排序、授权、管理和控制项目、项目群和其他有关工作。通过审核项目和项目群来确定资源分配的优先顺序，并确保项目组合和实施与组织战略协调一致。

项目组合管理作为项目和战略之间的桥梁，使项目决策和实施与企业战略结合起来，使项目之间科学地平衡和组合。

（3）项目组合决策。项目组合决策源于金融证券等领域的"投资组合"的概念，但它比"投资组合"考虑的因素和过程更为复杂。企业项目组合决策需要建立一套评价标准，对各种项目机会进行优化、选择和优先级排序，避免项目决策的主观性。项目组合主要考虑的因素有：

1）战略符合性。通过项目组合选择能够支持企业战略的实现，如促进企业长期竞争优势、提升市场竞争力和市场份额等。

2）充分利用企业资源。从企业本身的产品或服务的市场、人力资源、自有资金、融资能力、技术（专利、生产技术、工艺等）能力、原材料、生产设备、土地、厂房、工程建设力量等方面综合考虑，优化项目组合，提升资源利用率，以获得最佳的收益。

在项目组合中应考虑这些要素的获得渠道，以及它们的优化组合。随着国际经济的一体化，人们有越来越多的机会和可能性在整个国际范围内取得这些项目要素。应注重充分开发项目产品的市场，充分利用环境条件，选择有利地址，合理利用自然资源和当地的供应条件、基础设施，充分考虑与其他单位的合作机会和可能性。

3）经济可行性。例如项目组合方案对实施的成本和经济回报（利润）、投资回收期，以及投资潜在的收益、短期和长期收益、财务收益和非财务收益等指标的影响。

4）技术可行性。例如项目组合方案实施的技术优势、对组织学习与成长的促进、工程实施和管理水平的提升和绩效、管理系统的适应性和进步。

5）项目组合方案实施的总体风险程度。

6）其他，如企业的社会责任。

（4）项目分组。为便于有效管理，将实现不同战略目标、不同地域、不同领域、不同特性（如工艺、实施时间、所需资源、依赖关系等）的项目、项目群进行组合，分别形成重大项目、项目群、多项目组等。

（5）确定大型项目和项目组合中的各项目优先级。即对单个项目、项目群、成组项目等进行排序，以确定哪些项目先做，哪些后做，哪些作为重点项目（群）在资源方面予以特殊保证等。

# 12.5 工程项目的融资

## 12.5.1 概述

### 1. 工程项目融资的重要性

对一个工程，特别是大型工业工程、基础设施工程，谁负责融资，采用什么样的资金结构，以什么样的融资方式取得资金，是现代战略管理和项目管理的重要课题，是高层管理者需要做出的重要决策。它不仅对建设过程，而且对项目建成后的运行过程都极为重要。它有如下主要作用：

1）决定了投资者对工程资产权益的法律拥有形式，即工程以及由工程所产生企业的法律性质。

2）决定了工程项目法人的形式和结构。

3）决定了工程各投资者在工程组织中的法律地位。

4）在很大程度上决定了工程的组织形式和工程管理模式。

5）决定了工程建成后的经营管理权力和利益的分配，及投资者在工程中所承担的债务责任等。

**2. 工程的投资结构**

在我国，项目法人是工程项目投资责任人，对工程的融资、建设、运行、贷款归还和资产的保值增值全过程负责。例如南京地铁总公司是工程的责任主体，负责工程的融资、规划、设计、采购、施工管理、运行维护和贷款的归还。

同样，国家电网总公司负责或负责管理一定范围内电网工程的可行性研究、规划设计、施工、设备制造、运行维护、更新改造等工作。

项目法人是我国工程项目的投资主体，有以下两种形式：

（1）独资。如政府或私人独资，我国过去几乎所有的大型工程建设，特别是基础设施工程建设，都是政府独资。在工业领域，许多工厂是由外商独资建设的。通常企业内的工程项目，如企业更新改造项目、办公楼建设、生产设施的扩建等一般都采用企业独资方式进行。

（2）合资。合资即由国内外两个或两个以上的企业通过合资合同，共同出资，建设一个工程，按照出资比例和合资合同的规定，共同经营管理，双方共担风险和共享收益。该项目可以为非法人形式（如采用合伙方式），也可以专门成立一个独立于出资企业的、具有法人地位的公司来建设和经营。

我国近30多年来大量的新企业都是通过合资形式建立起来的。目前，在许多公共基础设施建设项目中采用的 PPP 项目融资模式也都属于这一类。

**3. 工程所需资本来源**

（1）资本金。资本金是投资者能够用于工程建设的款项，它构成工程的股东（产权）资本，反映了工程的投资（即股本）结构。资本金来源包括国家拨款、企业自筹（企业现金、资产变现、产权转让、增资扩股等）、在资本市场募集（包括私募和公开募集）和合资。

为了调整整个社会投资走向，抑制某些行业的过快发展，我国对各种经营性国内投资项目实行资本金制度，不同工程自有资金的比例不同。这是我国宏观经济调控的重要手段之一。

在国际上不同的工程资本金也不一样。例如英吉利海峡隧道工程的股本占20%，泰国曼谷高速公路的股本占20%，澳大利亚悉尼港工程的股本占5%。

如何以一定量的较少的自有资金运作（建设和运行）一个大的工程一直是投资领域和工程管理领域的一个重大问题。

（2）负债。负债即债务资金。投资者一般不会全部都用自有资金进行工程的实施。可以通过借贷或商业票据等方式获得部分资金。负债主要反映了工程融资结构。通常有如下形式：

1）贷款。包括国内贷款（包括商业银行贷款、政策性银行贷款和银团贷款）和国外贷款（包括国际金融组织贷款、外国政府贷款和国际商业贷款）。由工程投资者（所有者）通过工程建成后运行或其他途径还本付息。

2）发行债券。包括国内发行债券、国外发行债券和可转换债券。

3）预售融资模式。即在工程建设中，将工程的产品或服务预售给用户，以提前获得产品或服务的收益，并将它们用于工程建设。

4）资产证券化融资模式。它是指以工程所属资产为基础，以该工程将来运行可能获得的预期收益为保证，通过在资本市场上发行工程债券募集资金。在资产证券化过程中发行的以资产池为基础的证券就称为证券化产品，可以是债券、资产支持票据、资产支持（专项）计划等。

5）其他形式的资本，如基金，以及通过对工程承包商和供应商推迟支付工程款方式占用他们的资金等。在近十几年来，许多工程利用拖欠承包商和供应商的工程款，以弥补工程建设资金的不足。

### 12.5.2　PPP 项目融资

#### 1. PPP 项目基本概念

PPP 是"Public-Private Partnership"的英文缩写，直接翻译为"公私合作经营"。

联合国开发计划署（UNDP）指出，PPP 是指政府、营利性企业和非营利性企业基于某个项目而形成的相互合作关系，合作各方可以达到比预期单独行动更有利的结果。合作各方参与某个项目时，政府不是把项目的责任全部转移给私营部门，而是由参与合作的各方共同承担责任和融资风险。

世界银行在《特许经营项目合同指南》中定义，PPP 代表一种私营部门和政府部门之间的长期合同关系，用以提供公共设施或服务，其中私营部门承担较大风险和管理职责。

我国发改委在《国家发展改革委关于开展政府和社会资本合作的指导意见》中给出的定义为，政府和社会资本合作（PPP）模式是指政府为增强公共产品和服务供给能力、提高供给效率，通过特许经营、购买服务、股权合作等方式，与社会资本建立的利益共享、风险分担及长期合作关系。

#### 2. PPP 项目的特点

现在许多国家的政府注重利用私人或私有企业的资金、人员、设备、技术、管理等，与政府（公共）部门或资本合作，从事公共工程的开发、建设和经营，使这些项目的资本和组织由公共部门和私营企业的基因构建。它的特点有：

1）通过私有资本的参与，多渠道筹集资金，能够进行减轻政府资金的压力，更有效地利用政府财政资金，增加公共服务的供应。可以充分利用私人部门的管理经验和技术能力，从而提高公共项目建设和运营的效率。

2）利益共享。政府代表公众利益，通过 PPP 模式，提高公共产品和服务的供给数量、效率和效益。私人部门追求利益，要求合理回报，能够提升项目的经济效益。

3）通过公私合作，降低和共担投资风险。政策、法律风险由政府承担，商业、运营风险由私人部门承担，不可抗力风险由政府和私人共同承担。

4）PPP 项目融资在工程管理上有优势。合资或项目融资形成多元化的工程所有者的状态，不仅能够更科学地对项目进行选择决策，而且在工程经营管理中各方面存在着互相制衡，能够防止腐败行为，能够获得高效益的工程。

5）存在资金成本高和交易费用高等问题。这是因为，与免税的政务债务相比，私人资金税负较高；PPP 融资模式参与方多，谈判准备时间长，签署的法律文书多，相对而言交易成本高。这种额外成本劣势，有时候难以通过 PPP 项目运营维护效率的提高来完全覆盖。

6）PPP 项目融资模式下，公共项目的资金筹措由私人部门负责，从形式上体现为私人部门的负债，但是公共部门承担最终责任，所以 PPP 模式下的负债，实质上是公共部门负债的表外处理，降低了公共部门会计账户的透明度。

### 12.5.3　PPP 项目的主要类型

（1）特许经营。这是法国等国家通常采用的使用者付费型模式，具有利益共享、风险共担和公私合营等特征。我国基础设施和公用事业特许经营，是指政府采用竞争方式依法授权中华人民共和国境内外的法人或者其他组织，通过协议明确权利义务和风险分担，约定其在一定期限和范围内投资建设运营基础设施和公用事业并获得收益，提供公共产品或者公共服务。

（2）PFI（私人融资计划）。这是指私人部门与公共部门建立伙伴关系，由私人部门负责项目建设，政府根据私人部门提供公共产品和公共服务的绩效进行付费。主要适用于没有收益或收益较低、需要政府付费的项目，如医疗、教育等领域。我国政府付费是指政府直接付费购买公共产品和服务，也称可用性付费。

（3）此外，我国在政府付费机制与使用者付费机制之外，还有一种折中选择，即可行性缺口补助，是指使用者付费不足以满足项目公司成本回收和合理回报时，由政府给予项目公司一定的经济补助，以弥补使用者付费之外的缺口部分。

### 12.5.4　PPP 项目融资模式的选择流程

PPP 项目融资模式的选择流程见图 12-5。

（1）依据项目目的和目标，研究项目特点及其环境，收集类似项目的绩效数据，估计该成本和进度，分析法律和财务约束。

（2）初步判断该项目是否适合采用 PPP 融资模式。我国从以下几个方面分析是否适宜采用 PPP 融资模式：

1）PPP 项目主要为基础设施或公共服务类项目，提供公共产品或公共服务，筛选时需要考虑项目本身与公共产品或公共服务需求之间的关系，设定的产出目标需要符合国家产业发展方向，并且与地方社会与经济发展实际状况以及需求相适应。

2）适宜采用 PPP 模式的项目，通常具有价格调整机制相对灵活、市场化程度相对较高、投资规模相对较大、需求长期稳定等特点。一般城市基础设施及公共服务领域项目可以采用 PPP 模式。

3）考虑公共产品或公共服务产出质量和数量的可衡量性，分析该产出标准制定的合理性，分析达到产出标准可能需要增加的边际成本，合理衡量成本和效益的关系。

4）政府和社会资本在 PPP 项目中建立长期稳定的合作伙伴关系，双方各尽其责、利益共享、风险共担。PPP 项目的风险通常能够有效识别并能够在政府和社会资本之间合理分配。

5）适宜采用 PPP 模式的项目一般属于能源、交通运输、市政公用、水利、环境保护、农业、林业、科技、保障性安居工程、医疗、卫生、养老、教育、文化、体育等公共服务领域。

（3）政府主管部门判断是否缺乏项目建设资金？是否需要私人资本的介入？如果建设资金充足，则转入第四步，否则考虑采用传统交付模式。如果建设资金短缺，需要私人资本介入，则考虑采用PPP。

（4）编制项目初步实施方案和实施方案，应尽可能翔实地说明初步实施方案和实施方案中的项目产出说明、风险识别和分配、财务测算等内容。收集可行性研究报告或具有同等工作深度的报告、设计文件等。识别风险并估算风险影响程度。

（5）计算项目全寿命期内政府方净成本的现值（PPP值）。PPP值是政府方投入PPP项目的建设和运营维护净成本的现值、政府自留风险承担成本的现值和政府其他成本的现值之和。

（6）根据项目规模、技术经济属性、建设市场条件和业主偏好经验，以及不同交付方式的绩效比较等因素，选择适合的传统投资运营方式作为参考模式。

（7）针对上述所建议采用的传统投资运营方式，公共部门估算该项目的公共部门比较值（Public Sector Comparator，PSC），PSC值为模拟项目的建设和运营维护净成本的现值、竞争性中立调整值的现值和PPP项目全部风险承担成本的现值。

（8）做VfM比较，比较项目可能的PPP值与PSC值，如果PPP值＞PSC值，则考虑采用传统投资运营方式或考虑重新定义项目范围，或考虑取消项目；PPP值＜PSC值，则考虑采用PPP融资模式。

（9）计算PPP项目全寿命期过程的财政支出责任，主要包括股权投资、运营补贴、风险承担、配套投入等。财政部门识别和测算单个项目的财政支出责任后，汇总年度全部已实施和拟实施的PPP项目，进行财政承受能力评估。

（10）做财政承受能力评估。如果财政承受能力不通过，则考虑采用传统投资运营

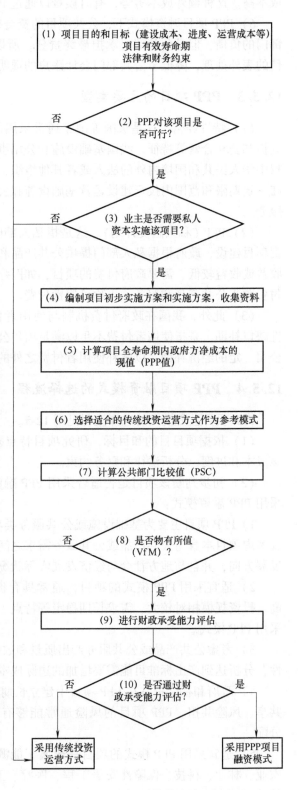

图12-5  PPP项目融资模式的选择流程

方式或考虑重新定义项目范围，或考虑取消项目；如果财政承受能力通过，则可采用 PPP 融资模式。

### 12.5.5 PPP 项目健康运行的基本条件

PPP 模式优势的发挥需要一些条件和运作要求。

（1）PPP 项目的生命力在于，在项目中政府与私有资本具有异质性，能优势互补，才能合作。政府的动机与私有企业的动机必须是差异化的，如果有相同的追求，则不能合作，不能有好的伙伴关系。

（2）PPP 要求政府与私有企业是平等的主体地位，形成制衡，才能发挥 PPP 的优势，在保证使利益相关者各方面满意中获得最大的效益和效率。

（3）与一般项目不同，PPP 项目并不是工程建成了，项目就成功了，需要做工程（项目）全寿命期评价。PPP 项目需要客观理性地进行物有所值评价和财政承受能力评价，通过了才可以正式开展。

（4）PPP 是长期的合作项目，有许多难以解决的矛盾性、困难和问题，要求合作各方既能长期"共患难"，又要能长期"共富贵"，各方不能有短期行为，形成长期合作的文化。

### 12.5.6 我国 PPP 项目基因缺陷

目前，在政府的推动下，我国各地都在通过 PPP 融资方式进行基础设施建设，对我国社会和经济发展产生历史性的影响。我国的 PPP 项目从根本上有其特殊性。

（1）我国 PPP 项目的参与方较多的是国有企业作为"社会资本"。由此带来的问题：它与政府具有同质性，不能有效优势互补。

（2）从总体上说，政府与国有企业合作难以进行均衡博弈，使各方面利益达到均衡，则很难发挥 PPP 的优势，使各方面满意。

（3）发达国家建筑业企业的发展经过施工，到"设计＋施工"，到 EPC，再发展到参与 PPP，在工程能力上能够胜任 PPP 项目全过程运作，顺理成章。例如，日本推行的 PPP 模式，主要是建筑企业中标，采用 EPC 总承包方式。而我国很多施工企业弱于工程的规划和设计，弱于工程运行（营）和全寿命期管理，实质上是不能胜任 PPP 项目全寿命期经营管理的。

（4）PPP 为长期合同，而部分地方政府人员和国有企业负责人短期行为严重。这种短期行为会影响我国工程建设，在国家推行 PPP 的大背景下更容易显现出来。

（5）PPP 项目的法律建设体系尚不完善。在这方面还存在许多问题。

（6）在我国缺少工程全寿命期基本的真实数据，很难保证 VfM 和财承力评价的科学性。

目前，我国各地政府大力推动 PPP 项目，但在 PPP 项目的立项、实施和运行等方面存在的问题也是很明显和紧迫。在资本、合同、法律、市场规则、项目管理等方面需要研究和探索新的理论和方法。

## 12.6 我国工程决策存在的问题分析

（1）在我国历代，大型和特大型、标志性工程，以及重大基础设施工程都是政府主导建设的。政府集中人力和物力资源进行工程建设，客观上促进了工程的发展，但往往会追求工程所蕴含的政治效果，更多考虑工程的形象和影响。工程的规模、实体文化设计、实施、评估等常常不从经济效益角度出发，甚至有些脱离了应用功能的需要。

我国古代从战国时代开始就追求通过工程的"壮丽"达到"重威"的效果，以加固皇权，威仪天下，将工程作为显示强大意志力的标志和名留史册的丰碑。建设规模宏大、使后人无法超越的工程，已经成为几千年来我国工程文化的特色。

例如，楚灵王六年（公元前535年）修建章华台，追求至高无上的效果，"举国营之，数年乃成"；萧何营建未央宫就说"非壮丽无以重威，且无令后世有以加也"；明永乐帝用约10万民工修建南京大报恩寺琉璃塔，历时12年，与永乐大典、永乐大钟一样，都为形象工程。

这样的工程文化特色或多或少对现在的建筑工程决策产生影响。

（2）在工程决策阶段，某些项目是决定上马之后，再做建设项目建议书、可行性研究及项目评价。

某些大型工程的决策失误，很大程度上是由于决策的主体、程序、手段的认知模糊，以及决策机制不清晰、不健全导致。决策的结果取决于决策者的经验或者主观意识，而非科学的决策方法。

工程目的是工程的灵魂，应该落实在工程的各个方面。但在实际工程中还存在许多"潜在"的或隐含的目的，如：

1）单纯为拉动经济而投资建设工程。

2）为城市或地区的形象而投资建设工程。

3）为某部门或人员的政绩而建设工程，如期望通过工程实现其目的，希望搞规模大、难度高的工程等。

（3）在我国现代社会，工程建设项目中政府投资占主导。因此，我国工程项目的组织体系和管理体系是政府投资管理体制的一部分，国家的投资管理制度、管理方式都会从根本上影响工程项目管理。

我国很多工程的价值取向、目标设置、组织实施方式（如融资模式、承发包模式和管理模式）的选择主要受政府行政主管部门的控制，强调政治动员、行政命令，某些工程轻视经济手段的应用，缺少基本科学和理性的分析决策。

如有些地方政府官员追求政绩，要搞超前工程，或建设一些外形怪异但实用功能较差、缺少文化价值的建筑工程。

（4）近几十年来，我国采用投资拉动经济的政策，地方政府将GDP和基础设施建设作为考核政绩的指标之一，也催生了很多大型和特大型工程项目。这些会产生对现代工程管理的迫切需求，给工程管理学科提供很好的研究和实践机会。但存在如下问题：

1）工程立项比较随意，常常是为了将预算用完。例如在以拉动经济为目的的投资热潮中，工程项目立项缺少科学的论证和严格的程序，使得一些不该立项的项目立项，不具备开工条件的项目开工，不符合城市规划的项目通过审批。这些工程由于起点上就出现偏差，会从根本上影响工程的各个方面。

2）用行政管理的方法进行工程管理，把建设工程作为"政绩工程"和"形象工程"。项目目标设置有时是非理性的，目标的变动带有随意性。最常见的是违反建设程序，缩短设计期限和施工工期，压缩投资但又要扩大工程规模，"计划没有变化快"等。例如，有些工程的建设期是定额工期的60%。

3) 工程管理是一个科学的体系，其目的是追求高的效率和效益。但由于很多政府投资或主导的工程常常"不差钱"或"不在乎钱"，造成追求科学和理性的工程管理动力不足。这对我国整个工程管理领域的学术研究产生了不好的导向。

4) 在工程建设项目的全过程中，涉及相关的政府部门很多，如工程的立项、规划、招标投标、施工、运行需要政府的投资管理、城市规划、建筑市场管理、建设管理、环境保护、消防、市政、质量和安全监督等部门审批、监督，或从这些部门获得有关许可，而且我国政府对工程建设项目的管理又非常细致入微。由此，政府管理中的一些弊病也就在工程项目管理中体现出来，甚至产生放大效应。

(5) 工程决策应该基于科学和理性的客观评价。由于文化、利益关系、政治态度、视野等的影响，工程决策者在工程决策时有时不能理性和客观地对待工程的代价，常常注重经济收益（效用），忽视工程的负面影响（代价）。因此，工程决策必须要全面了解工程可能的代价，这样才能真正认清工程的价值，才能实现科学决策，优化资源配置，避免工程失败。

1) 对工程的代价不做全面和深入的研究和客观评价。

2) 做虚假研究，做乐观评价。为了工程上马，提出十分诱人的、理想化的市场前景和财务数据，有意回避工程中潜在的甚至很现实的风险，这会导致工程决策的失误。

3) 重视对经济收益和经济投入的分析和评价，不重视对环境、社会文化和资源的影响评价。因为经济收益和投入是直接的，而工程对环境、社会文化和资源的影响是间接的。

例如大规模的拆迁，如果处理不好，会对政府形象、社会风气和诚信、城市文化都产生影响，甚至可能会造成整个一代建筑文化的断层等。

4) 对环境的影响评价，也是注重工程红线内环境或附近周边环境，因为这会提升工程的价值，而不注重整个大环境，放弃对整个环境的责任。例如为了建设生态城市、绿色城市，许多房地产小区搞"生态小区""绿色小区"，到山区里将大树挖出，移栽到市区、小区内。

5) 重眼前的、近期的代价，而不顾将来的长期的代价。很多工程的决策者只关注工程带来的直接经济效益、地方的政绩和形象，不关注工程的长远发展，忽视工程的社会和历史责任。

6) 只关注自身的利益，牺牲整个社会的公共利益和他人利益。例如，以前很多地方上马一些对环境有污染的工厂，但不建污染防治设施，或形式上建设但不运行，虽然工程运行给企业和当地政府带来了收益，却给当地的居民留下了严重的后遗症，有些污染严重的工程，给周边居民的健康造成严重影响。

这些缺陷导致我国工程理性思维缺失，是工程建设领域困境和乱象的主要原因之一。

(6) 不太重视项目前期策划工作安排，对这个阶段的工作没有引起足够的重视。项目管理专家、财务专家和工程经济专家没有介入，或介入太少，或介入太迟。在许多项目过程中存在如下现象：

1) 不按科学的程序办事，快速上马项目，直接构思项目方案，直接下达指令做可行性研究，甚至直接做工程设计。

2）在项目前期策划阶段不愿意花费时间、金钱和精力。某些快速上马的项目，不做详细、系统的调查和研究，不做细致的目标和方案的论证，常常仅做一些概念性的、定性的分析和研究。这个阶段的花费很少，持续时间也很短。

有调查研究发现，对于大型公共项目从构思到批准大概要 6~7 年时间，而且应该有更多的时间和资源用于前期策划阶段。

在现代工程项目中，项目管理专家介入项目的时间已经逐渐提前。在一些国际工程中，咨询工程师或承包商在项目目标设计，甚至在项目构思阶段就进入项目。这样不仅能够防止决策失误，而且能够保证项目管理的连续性，进而保证项目的成功，提高项目的整体效益。

（7）一般在工程前期策划阶段，上层管理者的任务应该是提出解决问题的期望，或将总的战略目标和计划分解，而不应过多地考虑目标的细节以及如何去实现目标，更不过早提出解决问题的方案。如果在工程早期就提出具体的实施方案，甚至提出技术方案，会带来如下问题：

1）在项目构思时急于确定一个明确的目标和研究实现目标的手段（工程方案），会冲淡或损害对问题和环境的充分研究、调查和对目标的充分优化，妨碍集思广益和正确的选择。

2）这个阶段的工作主要由高层战略管理者承担，由于行政组织和人们行为心理的影响，高层管理者提出的实施方案常常很难被否决，尽管它可能是一个不好的方案，或还存在更好的方案。这使得后面的可行性研究常常流于形式。

3）如果过早提出实施方案，缺少对情况和问题充分的调查，缺少目标系统设计和优化，这样的项目有可能是一个"早产儿"，会对工程全寿命期带来无法弥补的损害。

# 复习题

1. 近几十年我国不少地方政府领导积极进行工程建设，试分析其动因。

2. 讨论：工程决策有许多矛盾性，如何解决或平衡这些矛盾性？

3. 讨论：现在全国都在推行 PPP 融资模式，试从工程全寿命期和工程价值体系的角度分析它的利和弊。它会有什么样的走向和规律性？

4. 讨论：我国的大型建设工程决策存在什么问题？

5. 讨论：采用投资拉动经济的措施，投入大量资金上马工程建设项目，这些项目的决策有什么问题？会对工程经济带来什么影响？如何避免这些问题？

# 第 13 章

# 工 程 设 计

【本章提要】

本章从工程管理的角度讨论工程设计问题，内容包括：

(1) 工程设计的基本概念和特点。

(2) 工程设计体系和准则。分别从功能的可靠性和安全性、耐久性、系统寿命期匹配、环境友好、可维护性、可施工性、可扩展性、人性化、防灾减灾等方面探讨工程设计准则的实现问题。

(3) 工程设计管理存在的问题。

## 13.1 概述

### 13.1.1 工程设计的概念

这里所指的设计是指，对工程系统布局、定位，以及对各专业工程系统进行技术描述和说明的相关工作，通常包括工程系统规划和技术设计工作。

工程设计是工程的价值体现，特别是工程总目标在系统、物质和技术等方面的具体实现；是对工程系统构建、运行过程进行虚拟化的描述，又是运用各专业工程理论和方法进行整体优化的过程。

工程设计决定工程的"形象"，在整个工程活动中起龙头作用。设计方案决定着工程的功能、技术指标、质量、施工成本、进度、舒适度、美观等，也影响着工程运行的安全性和可靠性，运行能源消耗、效率，运行维护的难易程度、费用高低，与环境的协调程度，规模的可扩展性，以及拆除回收的难易程度等方面，对工程总目标起决定性作用。

### 13.1.2 工程设计的特点

工程设计与制造业的产品设计一样都是构想、研究和创新的过程，有很大程度的相似性。如：

（1）它们面向的对象有相似的系统结构，都可以进行结构分解，分专业系统进行设计。

（2）工程与产品都有完整的寿命期，其寿命期过程也比较接近，设计的理念也是相近的，都是将艺术、技术、材料、经济相结合的过程。

（3）产品和工程的设计要求（准则）是相似的，都要考虑全寿命期费用、质量，都要考虑方便制造（或施工）、使用和维护，都需要面向顾客或使用者的要求，都对环境产生影响。

（4）工业产品及工程都有很高的质量要求，不但要考虑产品或工程系统的质量，还要考虑使用或运行（服务）效果。

但与一般的制造业产品相比较，工程设计有特殊性。

（1）工程是一个大系统，其设计对象包含了许多工程子系统，每个子系统又包含了许多产品（设备、系统、组件）或材料，专业多，设计过程复杂，需要进行系统集成；而一般制造业产品相对体量小而单一，设计过程简单，专业配合较少。

工程设计需要构建各专业系统设计之间的有机联系，不仅要满足工程功能和质量、工期、成本三大目标的要求，而且要将工程的目标、流程、专业技术、工程子系统等进行综合集成，通过专项设计和整体优化实现工程总目标。既要考虑每个工程系统之间的协调性和适应性，又要考虑整个工程系统在寿命期中的协调性和适应性。

（2）工业产品设计是一个渐进的过程，经过许多次"设计-生产-使用-意见反馈"，逐渐定型，再进入批量的生产过程。而工程具有单件性，即使是同类工程，每个工程都具有不同的外部环境、实施限制和技术特征，都要进行独立设计，经过一次性不可逆的施工过程。这导致工程设计无法形成规范化、统一的技术标准和实施流程，必须针对具体对象进行专门设计。

（3）一般工业产品是车间生产，生产过程常常是连续的，比较平稳的，在生产过程中各方面的协调、生产过程的可预见性较强，控制比较容易，设计意图能够得到准确的落实。

而工程施工是现场作业（生产），生产过程是不连续和不平衡的，而且都是露天作业，质量不容易控制，许多现场问题在设计中不可预见，导致工程设计的科学性和实用性常常不足，所确定的技术意图很难完全和完美实现，在施工过程中经常需要修改、变更设计。

（4）工业产品是在工厂批量生产，面向众多用户，设计人员对产品设计有大的自主权，能够把握，其使用和维护相对简单，产品的目标容易得到保证。而工程是在业主指定的地点"定制"，施工过程复杂，投资大。在工程设计和施工过程中业主进行宏观控制，有很大干预权利，如有权批准中间设计成果、有权提出修改设计的要求等。业主（用户）对工程的认知直接决定了设计理念能否得到贯彻落实。

而且工程相关者众多，对工程的要求多、影响大，工程的目标争执、利益相关者的冲突都会体现在工程设计过程中，使设计的干扰因素多，不确定性大，变更频繁。

（5）对一些特殊类型的工程，如大型桥梁工程、地铁工程，施工风险大，对技术支持体系和施工机械能力要求高，其设计还要与施工工艺和设备选择，以及施工组织结合起来进行，需要工程设计、施工、运行维护一体化。

（6）工程的边界条件和限制条件多，与环境有非常复杂的关系。在工程设计过程中，环境因素对工程规划和各专业工程的设计有很大影响，需要考虑环境适应性。同时，要通过设计贯彻落实科学发展观、建设节约型和环境友好型社会、循环经济等科学理念。

例如，青藏铁路的设计需要对高原地基土冻融进行观测及试验的科学研究；对超大跨度跨海悬索桥设计时，一般需要对两岸的陆地基础进行勘测、对海底的地质条件进行采样分析、对多年的气象数据进行总结、对结构模型进行风洞实验等。这类工程设计的难点不但体现在对结构计算模型的分析处理上，而且还要具有相应自然数据的积累、分析，对设计方案进行模拟仿真研究。

（7）工程设计受城市规划的影响大。由于我国近几十年来城市化进程高速发展，城市基础设施建设投资巨大，对社会、历史影响大，与环境的协调和可持续发展的要求很高，限制条件多，所以城市规划对工程建设有更为重要的作用和特殊的要求。工程设计要严格按照国家或地区的城市规划法律、标准和规范进行。

1）城市规划涉及社会系统、生态系统、产业系统、工程系统，涉及历史、现代和将来发展，是一个复杂大系统问题。工程是整个城市大系统中的一个子系统，对整个城市的发展有影响，必须按照城市规划进行工程系统规划、设计和施工。工程目标必须符合城市可持续发展的要求，工程的经济效益、社会效益、环境效益常常与城市规划有直接的关系。

同时，许多基础设施工程又直接影响城市的基本布局和功能定位，对城市发展有极强的引导作用，对城市结构调整、产业布局、土地开发、交通运输系统都有重大影响。

2）工程必须与城市其他工程系统结合，使工程与整个城市社会环境、建筑环境和自然环境协调，如必须与城市规划布局，与城市其他交通、通信、市政、能源、防灾等工程系统相衔接，工程配套生活设施必须与城市生活居住及公共设施相协调，必须符合环境保护规划和风景名胜、文物古迹保护规划的要求。

3）城市规划对工程的影响不仅仅在于工程使用价值的发挥，还具体体现在工程的可扩展性、工程的防灾和抗灾能力、工程系统与环境系统的协调性，城市规划直接决定了工程的可持续性。

我国近几十年来，对工程使用寿命影响最大的是城市规划。大量的建筑工程被拆除有时并不是它们已达到了设计寿命，或由于功能的老化和衰退，而是由于城市规划的改变。

4）工程规划对城市发展要有高度的预见性。工程设计寿命70年或100年，则工程规划至少也必须具有70年或100年的眼光。这对工程规划有很高的要求，既要有超前性，又要符合实际，不奢华，不浪费。

（8）其他，如工程设计的成果不仅仅由设计图的数量、清晰程度和规范化程度决定，而且由设计方案所内含的科学性、实用性等因素决定，而这只有在工程运行过程中才能体现出来。

## 13.1.3　工程系统规划

工程系统规划是按照工程任务书和总目标的要求进行工程系统结构分析，确定工程系统构成和功能区的空间布置。它是工程总目标与工程技术系统设计的中间环节，其工作过程如下（图13-1）：

（1）按照工程的总目标、市场和用户要求界定工程产品用途，确定工程最终产品的范围或服务功能要求。最终产品和服务所需要的功能是工程建成后基本的运行功能。

工程产品必须满足工程相关者的需要和期望，如地铁工程最终功能是对乘客提供运载服务，汽车制造厂是每年提供一定数量和一定标准的小汽车，而高速公路是对一定量的汽车提供通行和各种服务。

应对这些产品或服务结构和要求进行详细描述，包括工程最终产品或服务的性质、质量、数量，它们对工程系统（如城市地铁、汽车制造厂、高速公路系统）具有规定性。

（2）有些工程的功能（子功能）并不是工程最终产品或服务所必需的，而是由产品使用、工程建设和运行等限制条件决定的，通常包括如下方面：

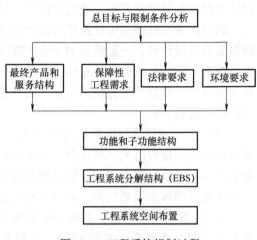

图 13-1　工程系统规划过程

1）保障性工程需求，即工程实施和运行所必需的保障性工程系统。它附着在产品生产基本功能上，常常与当地的交通、能源、水电供应、通信等方面的供应条件有关。如果周边保障性条件好，则工程自身所需要的保障性系统就少。

2）法律要求。例如，按照《环境保护法》，要配套建设污水、垃圾处理设施，采用防噪声装置。

3）环境要求。包括工程相关者的要求，如：工程中针对原居民的拆迁和安置工程；对周边建筑物的防护工程；特殊环境条件下对工程的保护设施等。

（3）在上述基础上，确定工程系统的功能和子功能结构，列出功能分析表，定义各子系统、各部分的功能，由此可以确定工程系统的要求（范围、规范、质量标准）。

（4）功能是通过工程系统的运行实现的，工程系统应保证功能的完备性，包括实现所有功能和子功能，并保证提供满足工程系统安全、稳定、高效率运行所必需的硬件（如结构工程、设备、各种设施）和软件（信息系统、控制系统、运行程序或服务）。

对工程系统的分解就可以得到工程系统分解结构（EBS）图或表。

（5）工程系统空间布置。即对整个工程系统范围、功能区结构和它们的空间布置进行描述，对各个单体建筑进行布局，并通过工程规划图、功能分析表，以及工程技术经济指标说明。

# 13.2　工程系统设计体系

## 13.2.1　概述

按照工程系统规划的要求，各工程专业需要进行相关的专业技术设计工作，全面研究实现工程总目标的技术手段及措施，制定出各个专业工程的技术和方法，最终通过不同的专业工程语言和符号表现出来，形成各个专业工程系统的技术设计文件，包括设计图、规范和标准、样机、实物模型、电子数据模型（如 BIM 模型）等。

（1）按照工程规划确定的功能区（单体建筑）的规模和空间布置，对各个专业工程系统进行详细的定义和说明，通过设计文件对拟建工程的各个专业工程系统进行详细描述。

工程技术设计具体的过程在 2.3.2 节有相关内容介绍。

（2）按照工程系统结构分解，通常各专业工程设计主要分为：

1）工艺设计（产品结构、工艺流程、设备选型等）。

2）建筑设计（包括平面功能布局、立面造型、不同人流和车流的合理组织等）。

3）结构设计（地基基础、主体结构形式等）。

4）配套专业设计（水、电、通风、装饰等）。

5）配套设施（如附属工程）设计。

6）专项设计，如节能、消防、人防、交通等。

这些设计文件必须经过专门部门的审批。

这些专业工程都是从系统的整体特性出发，解决用户对系统的某一方面要求，或者是工程功能在某一方面的技术实现。同时，设计文件（如施工图）也是按照上述专业工程系统分类的。

对工业工程（如化工厂、核电站、汽车制造厂等），核心是工艺设计、成套设备选择，建筑设计必须服务于工艺设计，结构设计也成为辅助，配合生产工艺和设备运行。

（3）进行设计方案的集成和优化。在设计中要进行多方案的比选和技术经济分析，以选择优化的工程方案。

例如，北京奥运会场馆建设工程，按照《北京奥运行动规划》的总体要求，在满足国际奥委会和国际单项体育组织确定的技术质量标准的条件下，基于"节俭办奥运"的方针，对几个奥运场馆设计方案进行了优化调整，减少新建奥运场馆，增加改扩建和临建场馆。特别针对国家体育馆、国家游泳中心等场馆的钢结构、膜结构、可开启屋顶、室内环境等进行设计优化，节约了大量的建设资金。

（4）随着设计的逐步深化和细化，按照总体实施规划（大纲），还要编制工程详细的实施计划。详细实施计划要对工程的实施过程、实施方案、技术、组织、费用、采购、工期、管理工作等分别做出具体详细的安排。

### 13.2.2 工程设计体系构建

工程设计体系如图 13-2 所示。

（1）工程通常是按照工程价值体系进行设计的，需要将价值体系（主要是工程总目标）通过技术实现的要求提炼出来，形成基本的技术要求（设计准则），再用一些指标描述这些技术要求达到的水准，以此指导各个专业工程设计技术创新，最终转化为明确而又实用的专业工程技术要求。

按照工程价值体系的要求，在工程系统功能规划的基础上，工程设计方案要能体现功能的可靠性和安全性、耐久性、系统寿命期匹配、环境友好、可维护性、可扩展性、人性化、防灾减灾、全寿命期费用优化等设计准则。

工程设计准则是随着社会和科学技术进步不断发展的。20 年前，人们尚没有低碳、低排放的概念，对生物多样性也不关注，那时的工程设计就没有这方面的要求。

（2）工程设计准则对工程所有专业系统（EBS）的设计都有规定性。但对一个具体工程，不同的专业工程系统对应于设计准则有不同的要求和侧重点（重要性），则它们之间有

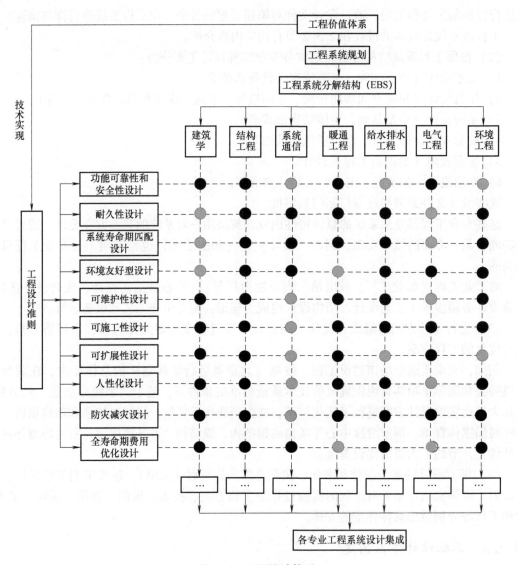

图 13-2　工程设计体系

不同的对应关系，在二维映射交叉点上有不同的表示。例如，在电网工程中，控制系统对寿命期匹配要求较弱，而土建工程系统对环境友好型设计要求较高；又如，对结构工程和设备工程，可回收性是很重要的，而对于软件系统，不需要回收，或没有回收价值，则不需要提出这样的要求。

同样，不同种类的工程，其总目标有不同的技术表现形式和重点，则工程设计准则有不同的内涵和侧重点。例如，矿山工程的设计与房屋建筑工程就有不同的侧重点。

对具体的工程，处于具体的环境中，工程就应有特殊的要求，如青藏铁路、南极考察站工程就与一般住宅工程有不同的设计要求。

（3）按照各设计准则，提出各专业工程系统的设计要求，进行相应的技术创新，形成各交叉点的设计成果。

（4）对于某一专业工程系统，不同设计准则的技术实现之间会有矛盾，则需要在本专业工程系统内进行平衡，最终提出本专业工程系统的设计成果。

（5）由于各专业工程系统设计之间会存在许多矛盾、冲突，还需要进行系统集成，形成最终设计成果。

## 13.3 工程设计准则

### 13.3.1 功能的可靠性和安全性设计

人类进行工程就是为了"用"，所以在工程设计中，最为重要的是最大限度地满足用户需求，保证其功能的可靠性和安全性。

（1）可靠性。可靠性是指工程系统在运行时性能稳定，不发生故障。"故障"是指工程可靠性状态被破坏，出现某些能力下降或消失，导致工程系统无法运行。可靠性下降，可能诱发工程运行事故。工程可靠性主要包括：

1）建筑结构的可靠性。

2）系统的可靠性，主要是指机械设备系统、电气或管道系统、控制系统（自动化系统、信号系统）等。

对一个具体的工程，可靠性有具体的指标，直接由建筑物、设备系统和软件系统的技术和质量标准决定。依照这些标准可以进行可靠性预测、可靠性试验、可靠性管理。

（2）安全性。安全性是指工程在运行时不发生事故。工程的安全性设计是建立工程系统的安全技术体系，一般包括了各种安全保障或事故预防的技术措施。具体包括：

1）结构的安全性设计。

2）设备系统的安全性设计。

3）控制系统安全性设计。

4）消防安全性设计，如工程符合防火和防爆要求、消防疏散区（避难区）的面积要求和疏散通道要求，火灾发生时的防烟、排烟和通风要求等。

5）安全警示设计，如设置安全警示通告、警报，提醒操作人员、用户或其他人员注意安全，避免事故发生。

6）灾害的监测和控制设计。

7）灾害发生后的处理设施设计，如隔离设施、无菌环境、喷淋清洗房间、危险材料的处理、对数据和通信的保护、应急和救援设备的入场通道等。

为了保障安全，各工程系统需要具备一定的容错能力，当系统中某些部件出现故障时，系统能依靠自身的冗余设计达到不影响系统运行的目的。

针对特大型桥梁、大型地铁车站、超高层建筑等特别复杂的工程，在功能、性能已满足要求的前提下，应当进行总体安全性专项设计审查，通过对各关键环节和技术难点的安全性设计进行专项评价。

不仅要保证在正常使用状态下的安全性，而且在安装、检修、大风、高温、低温、覆冰、沙尘、地震、水灾、泥石流、台风、恐怖袭击等特殊工况条件下系统也能够保持安全和稳定状态。

可靠性和安全性设计有很大的相关性，一般要在工程设计中通盘考虑。

### 13.3.2 耐久性设计

耐久性设计的目标是能达到或超过工程的设计寿命，延长使用寿命。虽然耐久性设计适用于所有专业工程系统，但由于工程设计寿命是由它的主体结构决定的，因此最重要的是主体结构的耐久性。

主体结构的耐久性设计主要从结构机理研究、材料选择和质量保证、结构设计方案、施工技术等方面解决。特别是，新型材料的研究是提高工程耐久性的主要措施。

结构的耐久性设计要考虑工程的运行环境条件，特别是引起结构损伤，或对结构材料有物理作用、化学侵蚀的环境因素，如长期的冻融循环、海水浸泡、化工设施、酸雨、超负荷受力等状态。

### 13.3.3 专业工程系统寿命期匹配设计

（1）工程的设计寿命通常只针对工程的主体结构，并不是所有专业工程系统都同步达到这个寿命。对一个工程，不同专业工程系统有不同的设计寿命，甚至一个专业工程系统中各个部分（组件）寿命期也不同。例如，对房屋工程，建筑物结构、屋顶结构、窗和外门、内部结构、水管系统、电梯、加热/通风/空调系统、电力系统和设备等寿命是不同的（表13-1）。

表 13-1 不同专业工程系统（组件）的使用寿命 （单位：年）

| 专业工程系统 | 使用寿命 | 专业工程系统 | 使用寿命 | 专业工程系统 | 使用寿命 |
|---|---|---|---|---|---|
| 建筑物结构 | | 内部结构 | | 通风/空调系统 | |
| 混凝土框架结构 | | 轻质隔墙 | 20~30 | 水冷装置 | 10~20 |
| 砖石结构 | 45~60 | 隔音天花板 | 20~30 | 屋顶外机 | 10~20 |
| 钢框架结构: | 40~50 | 室内油漆表面 | 10 | 冷却塔 | 10~20 |
| 屋顶结构 | | 粉饰灰泥 | 7 | 冷却器 | 15~25 |
| 人造橡胶 | 15~30 | 水系统 | | 屋顶吊扇 | 20~25 |
| 沥青屋顶板 | 20~25 | 钢管道 | 30~40 | 控制系统 | 15~20 |
| 瓦片/石膏板 | 50~70 | PVC管道 | 25~30 | 压缩机 | 15~20 |
| 窗子和门 | | 热水器 | 10~20 | 室外设施 | |
| 木质边框 | 30~40 | 电力系统 | | 混凝土路面 | 15~25 |
| 铝合金门窗 | 25~30 | 变压器 | 25~35 | 沥青路面 | 10~15 |
| 电梯 | | 开关 | 20~25 | 地下饮水管 | 20~40 |
| 所有类型电梯 | 25 | 火警报警器 | 15~25 | 地下污水管 | 30~60 |

（2）在工程系统中，各专业系统及其组成部件大多存在着"短板效应"——专业工程系统的使用期往往是由性能最弱的部件（子系统）决定的。有许多工程被拆除，是由于部分专业工程系统损坏或不能满足使用要求。

寿命期匹配设计就是根据各专业工程系统的寿命差异，通过合理选择材料和工艺，使各子系统间的寿命期相互匹配，减少系统整体的"短板效应"，从而延长工程寿命期，提高经济效益。

这要求工程质量设计应是均衡的，最好到工程拆除时各个功能区（建筑）和专业工系统都能够均衡地达到使用寿命。这有很大的工程经济意义。

例如，一个工程的设计寿命是100年，主要是指它的主体结构工程，则专业工程系统寿命期最好是能被100整除的数字，如20年或50年，则在经过几次专业系统更新后，在100年时整个系统（理论上说）一起达到设计寿命。而如果某专业工程系统设计寿命为40年，那么再经过2次更新，在达到整个工程寿命期（100年）时，该专业工程系统还有20年的寿命，显然造成了浪费。

（3）这不仅要关注专业工程系统的设计寿命，而且要进行它们的实际寿命跟踪，以对使用寿命进行认知和预警，还要进行建筑和设备的经济寿命研究。

（4）对工程结构、主体设备、其他专业系统等寿命研究，必须统筹考虑专业工程系统的全寿命期费用（LCC）、可靠性要求、结构特点、材料特性、设备配件更换等因素，提出主要设备、材料的物理寿命、技术寿命、经济寿命指标，以及主要寿命指标匹配原则和要求。

在有些工程领域，系统的设计寿命、使用寿命、经济寿命等方面的研究有很重要的意义。

### 13.3.4　环境友好型工程设计

环境友好型工程设计又可以被称为"绿色工程设计"，注重节约资源、保护环境，注重"人口、经济、社会、资源和环境"的协调发展。其宗旨是，通过新技术、新材料、新工艺提高资源的利用率，实现少排污、可循环的生产模式，使工程在建设和运行中能更有效地减少对自然、人类社会的不利影响，实现可持续发展，促进资源节约型、环境友好型社会的建设。

在现代社会，这方面的内容最丰富多彩，几乎包括了工程领域的所有热点问题。

（1）降低工程对环境的影响，因地制宜，使工程与环境相协调，提高可持续能力。

1）选址应充分考虑当地的气候、水文和地质条件等，按照环保法律的要求，进行环境影响评价，环评通过后方可进行下一步建设程序。

工程选址应避开存在危险地质灾害的地区，如地震、泥石流等。

2）应做好工程空间规划，充分地考虑和利用自然条件，如地形、地貌、植被、自然水系、资源条件，合理进行工程布局，保持绿色空间，使建筑与自然环境共生。

3）工程要符合所在地环境法律的要求，如强制的环境许可、空气质量敏感区的位置、最近的居住区的位置、地面水质监测点、下游用水和地下水的使用、噪声或振动的限制要求、对空气/水的排放要求或排放限制、侵蚀或沉积物的控制、污染区域的选择和影响。

4）建筑设计应注重地域性，应注重当地历史和文化特色，具有时代特点和地域特征。建筑造型与周边生态环境协调，与社区环境协调，应尊重民族习俗。加强对已建成建筑和历史文物的保护和再利用，保持历史文化与景观的连续性，使建筑工程融入历史和地域的人文环境中。

（2）资源节约型工程设计。这是指追求通过最少的资源和能源消耗完成工程目标。通过优良的设计，优化工艺和采用适宜技术、新材料、新产品，合理利用和优化配置资源，最大限度地提高资源、能源和原材料的利用率。

1）采用低能耗低碳排放的建筑方案。当今社会能源短缺，建筑节能是工程设计十分重要的方面，要求在建筑材料与设备制造、施工和建筑物使用的整个过程中，减少化石能源的使用，提高能效，降低二氧化碳排放量。通过改革能源供应方式，推广应用新型和可再生能源，选用节能结构、技术、材料和设备等措施。如：

① 尽可能减少钢材、水泥、玻璃等的用量。

② 注重对自然光的使用，控制建筑物的朝向、体型系数等，使建筑在冬季得热多，夏季得热少，日照遮挡少。

③ 控制窗墙比，采用节能门窗，减少门窗面积和降低传热系数。

④ 采取措施提高墙体、屋面等围护结构的保温性能，如设置保温层，或做保温处理，减小传热系数。

⑤ 选择可替代的能源系统，如尽可能使用太阳能、风能和地热等。

⑥ 选择节能设备，如对城市轨道交通工程，可以从线路、机电设备系统、供电系统、通风空调系统和其他细节等方面入手节能。

2）绿色建材与建筑节材技术。可以通过采用新型建筑体系、新结构形式，选用高性能、低耗材、可再生的建筑材料，增强建筑物功能的可转换性等措施。选择新型墙体材料，例如加气混凝土砌块、加气混凝土板、轻骨料混凝土墙、内保温复合墙体等，可节约生产能耗，达到节能、节土、循环利用废弃物的效果。

3）节地。我国土地资源缺乏，工程规划和设计中应注意采取以下措施：

① 合理布置建筑物各项功能，尽量减小建筑面积，少征土地；应不占或少占耕地，尽量利用荒地，尽量减少民宅的拆迁。

② 可以合理选址布局，例如公路工程规划要充分考虑和利用现有的线路资源，尽可能利用老路扩建和改造。

③ 深入开发利用城市地下空间。

④ 在满足生产运行基本要求的前提下，通过优化工艺流程布置，优化生产性用房，压缩非生产性用房的设置、数量及尺寸，减小建筑物的面积、体积，以减少占地和能耗等。

4）节水。可以通过合理布置供水管网，选用节水器具，采用废水处理再生利用、中水回用和雨水回灌等措施做到建筑节水。

（3）绿色设计。绿色设计又称生态设计。其基本思想是，将环境因素和预防污染的措施纳入工程设计之中，力求使工程和产品对环境的影响最小。

1）不污染环境。尽可能减少对自然环境的负面影响，如减少有害气体、废弃物的排放，减少对生物圈的破坏。例如，采用污水处理装置对污水进行净化处理，实行零排放或达标排放，减少对当地水系的影响，以保护当地水资源。

2）在建筑空间上保持生物多样性，采取措施保护濒临灭绝的物种。例如，应尽可能合理布置建筑，因地制宜，充分利用和保护原有的湿地、绿地、树木、河道、湖泊等；施工中采用生态工艺和工法；工程建成后尽快恢复土壤、植被、微气候等生态状况。

例如，在广州亚运工程中，采用立体式的绿化技术（图13-3）。这与我国苏州古典园林所采用的立体绿化是同样功效的。

3）工程所采用的材料、施工工艺和工程产品的

图13-3　广州亚运工程采用立体绿化技术

生产工艺方案是低碳和低排放的。

4）通过采购环保材料，采用室内绿化，以及自然通风和空调系统等措施保证室内空气质量，创造健康舒适的室内环境。

5）采用环保型的工程设施。

（4）可回收性设计。这是基于循环经济的设计方法，使所有物质能够被循环使用，成为物质链和能量链中的一环，使工程与自然环境共存。

基于循环经济的设计方法更注重工程和产品的可回收性、可拆除性，资源的减量化（Reduce）、再使用（Reuse）、再循环（Recycle）。具体有以下技术手段：

1）注重工程功能规划的灵活性，在空间上方便建筑物的功能转变，符合新的用途。

2）在工程设计中考虑建筑物、构筑物的可拆除性。采取一些具体的措施，降低拆除时的难度，使建筑物的拆除方便可行。例如，选用适宜的基础结构，使工程报废后对基础处理是简单的和低成本的，方便在原址重建新工程。

3）注重工程产品的可回收性，即尽量使用可回收材料，利于产品在报废后可以重复使用。

4）对临时性建筑应做可变更设计，且方便拆除。例如，上海世博会场馆工程很多都是临时性的，都有方便拆卸的技术措施。

在工程界，目前涉及环境方面的口号很多，如绿色、生态、低碳、低排放、节能、资源节约型、环境友好型、循环经济等。应该看到，这些口号有内在的统一性和综合性，不应把它们看成是不同的东西。

### 13.3.5　可维护性设计

可维护性设计主要考虑工程及其设备在运行中进行正常维护、维修的方便性、可靠性、精度、安全性和经济性等。工程的可维护性设计可以体现在：

（1）在工程设计中，必须考虑对到达使用寿命期的专业工程系统维修更换的便捷性。

（2）总平面布置要充分考虑运行维护的需求，设置维护检修和巡视道路，保证在运行检修时检修人员和设施可靠近设备，有些设备要设置维护人员的操作平台。

（3）进行标准化设计，使用标准的工程结构、部件和设备系统，这样在故障情况下可替换。

（4）设备与构支架皆采用螺栓连接，当需要更换、检修时方便拆卸和安装。

（5）关注对管道和线路工程的可维护性。例如对给水排水管道，涉及渗漏部位的可诊断性、渗漏部位的易修复性、排水系统的易疏导性、管道和部件更换方便等要求。

在我国房屋建筑工程中，管道工程的可维护问题比较大。例如，现在建筑物上下水管道大多使用 PVC 管材，其寿命一般在 20～30 年，之后则必须考虑更换，这就需要相应的空间。有些建筑为了获得更大的使用面积，将 PVC 管设置在承重墙中，需要更换时，则必须拆除相应的墙体，这样的工程可维护性是很差的。有些建筑将卫生设施所需软管也设置在墙中，由于很快老化、接头松动等，出现大面积渗漏，但要维修时也必须将墙体拆除。

（6）在维护检修过程中尽量不影响运行。

### 13.3.6　可施工性设计

一个好的设计方案还应具有可施工性。在工程规划和设计中就关注施工问题，充分利用施工的知识和经验来实现工程总体目标。

可施工性研究在国外推行多年并已获重大成效，被视为非常具有潜力的新兴建设管理技术之一，可以节约资源，提高施工效率，加快工期，降低工程成本（造价），保证工程质量，保证工程施工和运行的安全性。它涉及许多方面，如：

（1）建筑师/工程师应在保证达到业主需求的功能目标前提下，使工程设计方案便于施工，应尽可能采用简洁的建筑式样，减小施工难度，能够使施工工作重复进行；采用便于施工、高效率、高质量、节能环保、抗震性能好、易于回收利用的结构形式，同时可实现标准化设计、工厂化生产、机械化施工，减少现场湿作业和节约构件的运输费用等。

可施工性比较差的工程常常需要消耗更多的资源，施工工期长，工程的可维护性差。例如广州歌剧院，其外形如两块砾石——"大石头"是歌剧院主体大剧场，"小石头"是多功能剧场（图13-4）。由于外形是一个非几何形体，倾斜扭曲之处比比皆是。幕墙上的花岗岩、玻璃没有两块相同的，玻璃分了单曲、双曲、转角等好几种规格，全部要分片、分面单独定制，再拼接安装，施工难度很大。工程的总用钢达1万多吨，是国家大剧院的两倍。而且无法预先准备配件，如果幕墙损坏，必须定制配件，导致工程的可维护性差。

图13-4 可施工性比较差的工程

（2）设计时分析所需物资的可供性，应对当地的建筑材料、土源、水源、运距等进行调查，最好就地取材，使用当地可供应的材料和设备，不仅方便施工，经济效果好，而且提高工程对自然环境的适应性，对将来工程的运行维护、更新和扩建带来很大的方便。

（3）将施工知识和经验最佳地应用到工程设计中，使工程的设计方案便于施工，以避免施工过程中大量的设计变更，从而保证质量和工期，节约成本。

（4）可工业化性。推广应用标准化设计，尽可能多地采用工厂化生产的预制建筑部件，标准化施工，提高工程施工的质量，缩短建设周期，促进建筑工业化发展。

### 13.3.7 可扩展性设计

由于社会和经济的发展，工程产品或服务的需求会逐渐加大，这就需要工程具有可扩展性，即考虑未来城市规模的扩大、社会的发展等变化带来工程扩建的要求。

近十几年来，我国电力领域一直进行电厂的"小改大"、变电站的扩容、线网的延伸等工程。

现在大量的大型、特大型工程是分期、分阶段建设的，例如南京城市轨道交通工程要建17条线路，最终要形成线网，线路之间有十分复杂的系统联系，则前期线路设计的可扩展性更为重要，要为后期线路的建设预留空间、接口和系统余量等。

（1）工程设计要为城市发展留有余地，充分考虑未来城市发展规模及社会对工程的需求。特别是进行城市基础设施工程设计，要考虑百年大计，因为一经建成，再改建十分困难。

同时，规划及设计应从全局考虑，为其他工程系统的建设留有余地。

（2）规划工程总平面时，应考虑未来增长和阶段性发展需求，预留远景扩建的场地，不堵死扩建的可能性。预留的土地如果本期不征用，应通过签署远景用地保护协议等方式加以保护，应该考虑到未来会出现的限制或预期使用功能的改变。

考虑未来工程的使用者新的功能要求和使用过程的灵活性和适应性要求，工程系统布局应有灵活性，空间设计应考虑未来可能扩建，以及场地、建筑等变动或功能变更。

（3）建筑物预留远景扩容的空间，防止在扩建时要打破整个结构、更换整个专业工程系统。在将来扩建的界面处预留孔（预埋件），使将来扩建时处理方便，成本低，使新技术（或新的工程系统）与现有系统结合、与潜在新技术兼容。

（4）专业工程系统具有可扩展性，最好不要因为扩建而使原专业工程系统报废。有些设备的布置须留有备用间隔，以备将来扩大规模时增加设备。最好能够使将来的扩展不影响使用。

（5）可添加新的功能或新的专业工程系统。随着社会的发展与科学技术的进步，建筑工程常常要增加新的专业工程系统，建筑应能够随时代的发展不断"现代化"，这也是可持续发展的要求。例如，在一些老建筑中增加电梯、监控系统、报警系统、中水回收系统等。但不能因为需要增加某个专业工程系统就破坏结构，或投入过多的资金。

我国 20 世纪 70—80 年代建设的许多房屋工程可扩展性很差。例如，有建筑面积约 $60m^2$ 的三室一厅住宅，客厅、厨房和厕所不仅面积小，而且室内都设计为承重墙，几乎无法进行更新改造，没有可扩展性。

### 13.3.8 人性化设计

工程的人性化设计是"以人为本"准则的技术体现。工程设计应该以人为本，处处方便用户、运行操作和维护人员、工程施工人员和周边居民等。

（1）通过对工程功能人性化的设计，保证能为用户提供更加安全、健康、无害、舒适的产品和稳定、快捷、更为人性化的服务。

有些使用功能具有一定的主观性，如办公场所人们的舒适感、方便性等会存在一定的主观感受性，会对工作效率有直接影响。

（2）工程的人性化设计更注重细节。例如，一些专业工程系统的设计应符合人体的特征，满足人们生理和心理的需要，使人在使用产品或服务过程中感到安全、舒适。

1）不要忽略对残疾人专用的无障碍设计。

2）设计时考虑充足合理的光照度，保证适宜的光环境，提供优美的空间环境。装修材料的选用和色调的调配应给人们舒适的感觉。

3）保证空气质量满足要求，通过通风和空调控制温度和湿度。

4）采用吸声材料降低噪声、改善声环境等。

（3）其他方便用户的设施。例如地铁车站的设计就要注意以下方面：设置自动售票机、自动售货机、自动取款机；站内配备城市地图和公交换乘线路；站台设置卫生间；设置一定量的休息座椅；各出入口设置自动扶梯；出入口要有显示其附近建筑物和道路的名称、列车服务时间的标志牌；乘车指示牌的位置应在乘客正常的视线范围内；设置外文指示牌等国际化措施以满足外国乘客要求；台阶的高度要适宜，要注意防滑等。

工程的人性化设计注重细节，注重精细化，需要应用人体工程学的理论和方法。

### 13.3.9 防灾减灾设计

在工程寿命期中，各种灾害是难免的。在世界范围内，反常的恶劣气候条件、人为的破坏越来越多，也越来越严重。一个工程要有可持续性，必须要有防灾减灾的能力。

（1）灾害的种类。

1）自然灾害，如地震、冰灾、水灾、泥石流、海啸、台风、地下异常地质等。

2）人为的突发事件，如火灾、爆炸、毒气泄漏、冲突、拥挤、恐怖袭击等。

3）重要设备或工程系统故障及损坏带来的影响，如停电、系统故障、列车出轨等。

（2）对工程的要求。

1）在灾害发生的情况下，工程系统要能够保持安全状态，即完整和稳定的状态。

2）有完备、及时的报警和救护设施。

3）要有紧急情况下的监控措施。在灾害发生时，应能快捷地疏散用户和操作人员，使人们安全撤离灾害现场。

（3）在设计阶段就应该对突发事件的发生做出预计和防范，提出相应的措施，减少因突发事件造成人身伤亡和财产损失。

1）在选址和规划时，要考虑地形、地质、水文等自然条件，尽可能避开容易产生塌方、泥石流、地震、滑坡等的不良地质。

2）结构的选择应充分考虑承受各种自然灾害的能力，以确保在这些不可抗拒的自然灾害面前，工程可以最大限度地维持运行状态。

结构设计应考虑抗震要求，对建构物采取相应的加强措施，在灾害发生时能够保持完整和稳定的状态。设备系统要有在火灾、地震情况下的运行模式，以及不间断的电力供应系统（UPS），并具有受到灾害后的恢复能力。

增设工程与邻近建筑物的联络通道，并设置相应的隔断门。当工程出现突发事件后，人们可通过联络通道进入邻近建筑物，及时疏散。例如在隧道中，设置相邻隧道间的联络通道，在隧道中央发生突发事件后，乘客可以通过联络通道迅速撤离至相邻隧道内，增加生还概率。

（4）注重各个专业工程系统的防灾设计。要严格执行国家、地方、行业颁布的抗震、防火、防洪排涝、抗风、民防的设计施工规范和规程，做好工程的防灾设计。

防灾设计通常可以与安全性设计合并进行。如：

1）增设救援专用通道，以利于疏散；事故和疏散照明可以满足停电时人员的行动安全。

2）在出现突发事件时工程内通风系统能及时排出有害气体，符合特殊的通风或排气要求、环境条件对设备或空间的特殊要求（如空气质量、特殊温度、防火）。

3）设置安全屏蔽门，在发生爆炸时可以起到阻隔火焰、控制烟气流动的作用，可及时排除烟气，为乘客撤离和消防人员进入提供足够的通风量，为灾情的控制和人员逃生创造条件。

4）在发生突发事件时通信系统能及时与各方面，尤其与控制中心保持联系。

5）采用先进的消防技术、防排烟系统、抗震设防技术、防空袭技术、防水灾技术。

6）采用消防自动报警系统，对火灾预先报警，使着火的可能性降至最低。

7）对工程采取满足防火间距和防火墙隔离的措施，设置相应的火灾探测报警系统和自动灭火装置；建筑物内部设置消防疏散通道及标识，设置防火门、火灾探测、排烟及事故通风装置。

8）要充分利用高新技术对工程进行实时监控，防患于未然。在发生事故时，能及时通过通信系统通知各相关单位，采取应急措施，指挥救灾，从而减少事故造成的损失。

（5）要有对突发事件处理的系统设计。设备和系统工程要有故障处理模式，当出现系统故障时能保证系统运行的安全性。

### 13.3.10 工程全寿命期费用优化设计

全寿命期费用优化是指全面考虑整个工程系统的规划、设计、制造、购置、安装、运行、维修、改造、更新直至报废的全过程费用和长期经济效益，使全寿命期费用达到最优。

整个工程系统和各个专业工程系统的技术方案都有全寿命期费用优化问题，可以从上述多个可行性方案中，在确保各设计准则的前提下，实现工程寿命期费用最小，以及效能最大。工程设计方案的可行性和效果常常都要进行全寿命期费用评价。这是本书第7章所述工程经济分析理论和方法的具体应用。

## 13.4 各专业工程系统集成设计

按照上述设计准则提出的设计技术和措施之间会存在矛盾，同时不同的专业工程系统之间，以及专业工程系统与工程总系统之间也可能存在矛盾和冲突，如容易出现专业间的碰撞、设计的缺漏、功能上的错误等，必须解决这些矛盾和冲突。将各个专业工程系统设计方案，经过综合评价、系统集成，最终形成一个符合工程总目标要求，同时又是整体协调的工程技术系统。各专业工程系统集成如图 13-5 所示。

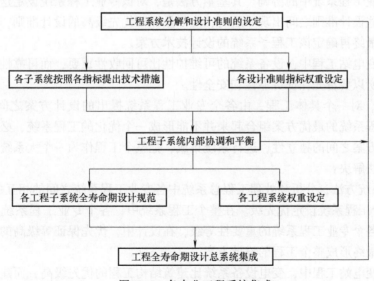

图 13-5　各专业工程系统集成

（1）各功能区和专业工程系统的匹配性。各功能区和专业工程系统的功能（如生产和服务能力）协调，没有冗余，空间布置合理，是一个均衡、简约，能够安全、稳定、经济、高效率运行的整体，达到预期的设计效果（运行功能）。

这就需要不同专业的设计人员之间及时沟通，以及时发现问题，防止设计返工，以免影响设计进度和质量。

（2）在工程总体目标框架下，按照前述的工程系统结构分解，各个专业工程系统针对各个设计准则提出具体的技术设计要求，进而设计出符合设计理念的技术方案或措施，这保证了设计理念的最初实现。

在现代工程界，各个工程专业的创新就应该围绕这些准则进行，即图13-2中的交叉点是由相关的工程专业技术创新实现的。

（3）在各个专业工程系统内进行优化和集成，使各个准则的技术措施以最佳的方式互相匹配，形成一个各准则得到最大限度发挥又有互补作用的专业工程系统。

1）由于某个专业工程系统针对不同的设计准则提出的技术手段和措施之间也会出现矛盾和冲突，如结构设计方案要满足可靠性与安全性要求，则可能不能满足全寿命期费用最低要求。

例如，在许多建筑中，节能体系越完善，就会要求建筑物密闭性越高，则室内环境问题突出，不少办公楼存在严重的建筑病综合征（Sick Building Syndrome，SBS），影响楼内工作人员的身心健康和工作效率，这是与人性化设计准则相矛盾的。

又如，在高速公路的建设中，考虑可扩展性可以一次性征用土地，将扩建空间预留在两条线路中间，能大大减少将来扩建工程量、难度和费用。但会造成土地的浪费，增加前期投入，占用大量建设资金，对项目现金流产生不利影响。同时，若扩建计划长期不能得到实施，也会造成大量资源的闲置，对社会发展产生不利影响。

2）这就需要考虑这些准则和实现手段之间的内在协调性和相容性，以最终达到各个设计准则在本专业工程系统中的协调。其基本方法是，对该专业工程系统设定这些设计准则的优先级，当这些设计准则之间出现矛盾时，应尽量保证优先级高的设计准则，以解决它们的相容性问题。最终再确定该工程子系统的设计技术方案。

例如，在变电站工程中，设备系统的可维护性比可回收性重要，而可靠性和安全性比可维护性重要。所以要首先保证可靠性和安全性。

（4）同样，对一个具体工程，由各个专业工程系统提出的设计方案之间会存在矛盾，将各个专业工程系统的最优方案组合起来并不能形成一个优化的工程系统，必须打破各专业工程系统设计方案之间的独立性，进行系统集成，把整个工程作为一个大系统进行优化。可以通过如下方法解决：

1）采用系统方法，分析和处理工程总系统中各专业工程系统之间的相互关系。

2）对各个工程系统设定优先级。在整个工程系统中，各个专业工程系统的角色和重要性不同。确定各个专业工程系统的重要性等级，在设计中，优先保证等级高的专业工程系统的技术方案。最终形成整个工程的设计方案。

例如，在变电站工程中，变电设备系统比建筑结构工程的优先级高，而建筑结构系统比绿化园林系统的优先级高。所以，如果工程设计存在矛盾，一般首先保证变电设备系统。

工程设计的进步，需要各工程专业的全寿命期设计措施、技术创新和集成创新。

## 13.5 | 我国工程设计管理存在的问题

（1）我国工程设计单位的任务承担方式比较传统，其工作范围是一直做到施工详图，因此大量的细部绘图工作由设计单位完成，这带来了许多问题，如：

1）设计单位时间和精力放在绘图和出图上，反而对工程规划、系统的集成和设计准则的重视程度不够，设计单位虽然名为"设计研究院"，但设计的研究性和创造性较弱。

2）由于设计人员对现场施工不很熟悉，施工图的可施工性不强。

3）束缚了施工单位技术革新的积极性和创造性。

4）设计单位常常以交图作为工作任务的结束，对现场工作不重视，对工程运行阶段没有尽到指导责任。

30多年前，我国一些学者就呼吁改变我国的设计方式，与国际工程接轨，让承包商承担施工图设计，但一直没有任何改变。

设计与施工的分离对我国整个工程和产业都产生重大影响。而精益建造、并行工程、建筑工业化等都要求设计和施工高度交融，要求在设计阶段就构建一个集成化项目团队。

1）工程最好由同一公司负责设计、施工，不仅能够加强各个专业的配合，保证各个专业之间的有效沟通，而且要能促使业主、承包商、供应商、运行人员介入设计，主要施工方案在设计阶段完成，作为设计任务的一部分。

2）设计人员应具备施工知识和经验，设计方案应满足施工现场安全、保证工程质量及进度的标准，并进行可施工性分析。同时专业设计人员也需要社会、人文素养，需要掌握跨专业的知识，如建筑师要熟悉结构工程专业、水电及空调设备专业。

3）设计单位应介入施工过程，与施工人员要有正常的交流渠道，参加施工方案制定。在设计过程中应该听取有施工经验的承包商的意见，在施工承包商招标时应鼓励其对设计方案提出合理化建议，以提高方案的可施工性。

4）设计单位应该参与运行阶段的维护和更新改造方面的技术咨询工作，在工程运行过程中负有提示、预警的责任，这应该作为设计领域的行业准则。

（2）工程设计理念存在问题，追求超常规、超高限、特殊的形体、复杂的结构体系，不注意现代工程理念的应用，如可施工性、简约性、经济合理性、人性化等。设计工作缺乏创新研究和精益求精的精神，对设计方案的选择缺少科学性，常常违背现代工程的设计准则。

工程设计应体现现代工程设计准则的要求，通过各个专业工程的创新和整个工程系统的集成创新，将工程设计准则落实到具体的工程技术上，最终形成工程设计技术规范。同时，设计合同中应包括对工程设计准则的要求。

例如，现在在一些发达国家，在设计阶段就要提出工程全寿命期费用评价，以及工程在投入运行后每年的能耗、维护费用、工程的维修周期以及费用等指标。特别对基础设施工程，应该将这方面的要求作为规范性要求，以此引导工程界关注工程的全寿命期问题。

（3）工程设计是实现工程价值体系的关键环节。其工作科技含量高，技术复杂，专业性和艺术性都很强，是研究型、创新性工作，对设计任务承担者的要求高，业主应该选择有能力的设计人员为工程服务，应该给设计人员充裕的设计（研究）时间和高额设计费用。

但我国部分工程的业主对设计工程的重要性缺乏足够的认识，缺少对设计工作的理性思维。例如：

1）不重视对设计单位的选择。在设计招标中，采用与施工招标相似的评标方式，过多考虑价格因素，使设计单位之间在价格上竞争。这是不对的。甚至在20世纪80年代，我国许多业主为了节约设计费用，请私人组织甚至没有资质的单位进行设计。

2）许多业主压缩设计工作时间、压低设计费用是极端的非理性行为。设计阶段的时间安排太短，价格太低，甚至还有不少开发商还拖欠设计费用。

长期以来设计取费太低，影响了设计单位的发展能力和创新能力，最终损害了工程。

3）业主（领导）不尊重设计人员的意见和建议，随意干预设计方案。

（4）工程设计是高智力型的创新性工作，需要设计人员具有稳定的心态，有向历史和社会负责的精神，不追求私利，从容地工作。但在近几十年来，我国的工程建设高速发展，设计工作量太大，设计工期短，设计工作价格偏低，使设计人员过于忙碌。一个很年轻的建筑师常常同时做几个项目，而且每个都是十万多平方米的规模，几个月就能出设计图。许多设计人员工作状况是"白+黑（晚上加班）""5+2（周六和周日加班）"，从表面上看效率很高，但实质上无法精雕细琢，常常不能做出符合要求的工程。

# 复 习 题

1. 城市规划对工程系统的规划设计有什么影响？
2. 讨论：从全寿命期角度对工程设计与产品设计进行比较。
3. 从全寿命期角度分析图13-4所示的大剧院和图13-5所示的教学楼在工程设计方面的利弊。
4. 调查一个工程的规划设计过程，绘制从工程目标到施工图的过程。
5. 阅读设计招标文件和合同，调查实际工程中设计单位的责任和主要工作。讨论：设计招标应当遵循什么样的准则？如何强化设计单位的工程全寿命期责任？
6. 结合您所熟悉的工程，分析其专业系统，提出其设计准则。
7. 讨论：工程的结构、材料、施工过程如何有助于工程拆除后的生态复原和场地的再利用？

# 第 **14** 章

# 工程建设管理

【本章提要】

本章主要介绍工程建设管理的几个重要问题：

(1) 工程建设阶段目标设置。

(2) 工程采购管理。

(3) 工程施工管理。

(4) 我国工程建设管理领域存在的主要问题。

## 14.1 概述

工程建设是工程实体的形成过程，其基本目标是按照设计完成工程建设任务，追求高质量的工程系统。这阶段的管理工作主要是建设工程项目管理。

(1) 在我国，现在仍处于大规模的建设时期，工程建设是工程界甚至整个社会工作的重心，对整个社会发展、经济腾飞、环境影响极大。工程建设是工程管理的核心。

(2) 工程的基本禀赋是在工程建设阶段形成的，提交高质量的工程是建设管理的任务，也是评价它的绩效最重要的指标。

(3) 在工程建设阶段需要关注以下重点问题：

1) 工程建设阶段目标设置。

2) 工程采购管理。

3) 工程施工管理。

4) 工程建设阶段涉及我国建筑业和建设工程管理的主要工作领域，因此在如工程承包市场、工程管理的基础性管理工作、建筑工程的产业化等各方面都会出现一些问题。

## 14.2 工程建设阶段目标设置

(1) 工程建设阶段目标的内容。工程建设阶段的目标是工程建设阶段要达到的基本状况，是工程总目标在建设阶段分解的结果，它通常包括建设总投资目标，建设期时间目标，工程所达到的质量标准，建设阶段的安全、健康和环境目标，工程相关者满意等。

工程建设阶段首先要对工程建设阶段目标进行综合决策。

（2）工程建设是为工程总目标服务的，要全面贯彻工程总目标。同时，工程建设计划、采购合同的签订等必须反映工程建设阶段目标，不能出现总目标与工程建设活动和管理活动之间的断层（图 14-1）。

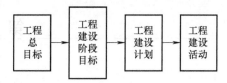

图 14-1　工程建设阶段目标的地位

（3）工程建设阶段目标的设立应该有一个科学和理性的思维。在工程总目标中存在大量的矛盾和冲突会延伸到建设过程中，首先出现在建设项目目标中。对一个具体的工程，难以做到都能满足建设阶段目标各方面的要求，以及各点达到最好的指标。例如：

1）工程的质量要求（安全性和可靠性）高，则建设总投资就会升高。

2）工期要求短，工程的质量可能会降低。

3）工程的环境保护要求高，工程建设总投资和全寿命期费用就会升高。

4）建筑造型新颖、不规则，不仅工程建设总投资升高，而且工程的可施工性就会变差，材料和能源的消耗就会增加。

这些矛盾在工程中普遍存在，不能过于强调某一方面，而忽视其他方面，一个成功的工程最终要达到各方面整体的和谐。

（4）对具体的工程，要尊重工程自身的客观规律性，应该遵循科学的建设程序，在设立建设项目目标的指标时应合理平衡。

1）应按照工程规模设立科学的建设期限，包括设计时间、施工准备时间和施工时间的指标，以保证能够精细地设计和计划、精细地施工，这是保证工程质量的基本前提。

在我国，许多工程的建设期很短，工期目标设定常常远小于定额工期，而在工程实施中，工期目标变动带有随意性，使得实际工期常常又小于目标工期。

在某些工程中，工期就是按照领导意图，不算成本，不惜代价，不计休息日和法定节假日。常常提出不切实际的工期目标，同时大力压缩设计和施工的期限，不做详细的调查、精细的计划和设计。有些"献礼"工程，甚至要求提前一年半载完工，而因此产生的工程缺陷却会在 50 年或 100 年内影响工程的健康使用。这是很不理性的。

过度追求工程建设高速度，片面地要求工程提前竣工是非理性的。例如，某高校新校区建设，红线范围 3700 亩$^{\ominus}$，一期工程总投资约 16 亿元，建筑面积 57.8 万 m²。学校领导确立工程总体目标是：该校区必须"在 20 年不落后，50 年耐看"。应该说，这个目标是从历史使命角度出发的，符合工程全寿命期的要求，是非常到位的。但在设立具体工程建设工期目标时，又提出"必须在 2 年 3 个月内建成，不允许推迟"，实质上，这前后目标是矛盾的，后面建设期阶段目标否定（或架空）了前面的工程总目标。在如此短的时间内，不可能对工程进行科学的规划及精细设计和施工，不可能建成优质的、经得住历史推敲的工程，上述"在 20 年不落后，50 年耐看"的目标就会落空。

再说，工程的设计寿命 100 年，既然总目标是"50 年耐看"，为什么不能给工程建设期

---

$\ominus$　1 亩 = 666.67m²。

多一些的时间。合理工期下工程的规划、设计、施工的质量是可想而知的。

2）工程投资目标对工程质量也有非常重要的影响。通常，全寿命期禀赋越高的工程，其建设投资就会越多。例如节能建筑，一次性投资一定高于一般建筑，但如果用全寿命期费用指标评价，可能是有利的。所以，对一个工程，全寿命期设计要求越高，建设投资就会越多。

很长时间以来，人们过度关注工程建设投资的节约，提出"少花钱多办事"，为了降低建设费用，忽视工程质量（功能、可靠性、技术标准），而带来运行维护费用的增加，甚至给将来留下烂摊子。一些地方不顾实际情况，热衷于搞不切实际的"政绩工程""形象工程"，缺乏完善的决策机制，不仅造成资源的浪费，而且容易导致各类风险的产生。

我国在 20 世纪最后 20 年，许多业主为了"节约"设计费用，将建筑设计交给一些私人设计者。为了降低工程建设费用，许多业主非理性地对待承包商、供应商，如在工程招标中以最低价中标，在合同中苛刻对待承包商，不让承包商赚得合理的利润，甚至对待项目管理公司、咨询公司都以最低价中标，还拖欠工程款。

实践证明，这是不可能建设符合总目标要求的工程的。在这些方面，业主（包括投资者、政府高层管理者）要有理性思维，应设置合理的价格和投资（费用）目标。一直到现在，我们一些政府工程还是在为不合理地节约投资而想方设法，但对工程建成后存在的大量问题、对大量的尚处于"青壮年"时期的工程就被拆除却熟视无睹。这是我国工程建设的病态现象，而且这种病态在这 30 年中"可持续发展"。

（5）在工程建设的目标设计中，必须采用全寿命期评价方法，不仅关注工程建设的成本（造价）、收益、对经济的拉动，而且要关注对工程运行和健康的影响，不能仅做乐观的打算。

# 14.3 工程采购管理

## 14.3.1 概述

### 1. 工程采购的概念
工程建设过程由勘察、设计、施工、采购（供应）、项目管理等工作组成。业主通过工程采购将这些实施工作委托出去。这是工程实施战略问题，涉及两个主要方面：

1）工程建设任务的分标方式，即工程的承发包方式。

2）对这些工程任务所采用的采购方式。

### 2. 工程采购的范围
由于社会化大生产和专业化分工，工程采购的范围十分广泛，通常包括：

1）物资采购，包括各种材料、生产设备和施工设备等的采购，这是传统采购的概念。

2）工程采购，即通过工程的招标委托工程的承包单位。

3）服务采购，如劳务、工程咨询（监理、项目管理、技术咨询）、技术鉴定等的采购。

4）其他，包括计算机软件、信息、信息系统、专利技术和场地等的采购。

有些采购是上述的综合体。

### 3. 工程采购的作用和影响
1）采购是建设项目计划和实施的限制条件，是工程顺利实施的保证。如果采购和供应不能保证，任何考虑得再周密的工期计划也不能实现。例如，工程发包不及时、供应不及时，会造成整个工程不能及时开工或停工，造成建设计划不能实现。

特殊工程和特殊的资源，如对大型工业建设项目，设备采购和供应方案常常是整个项目计划的主体。

2) 工程成本（投资）几乎全部都是通过采购支付出去的。在采购过程中要进行成本优化，加强成本控制。例如：在保证工程目标的前提下选择报价低的承包商和供应商；选择使用资源少的实施方案；均衡地使用资源；优化采购供应渠道，以降低采购费用；充分利用企业现有资源和现场可用的资源、已有建筑等。

3) 采购是工程质量的基本保证。资源（材料、设备、外包服务等）的质量、技术标准直接决定工程的质量。

**4. 工程采购及相关的几个基本概念的辨识**

从不同的角度和层面描述工程采购行为：

1) 工程采购。工程采购是为获得工程所需资源所进行的相关工作，是具体的工程实施和工程市场活动。对买方主体（如业主、总承包商等）而言，"采购"可以作为具体工程实施活动。

2) 工程承发包。工程承发包是从工程建设任务的委托和承接方式角度出发的，在工程管理中用得较多，对工程项目的分类、工程建设组织、项目管理模式、工程合同等影响很大。

3) 工程交易方式。工程交易方式是从工程市场角度出发的，反映工程资源的市场交易方式。对工程的交易费用、工程合同的相关研究常常从这个角度出发。

## 14.3.2 工程承发包方式

### 1. 工程承发包方式的演变

工程承发包方式与工程专业化分工发展同步，经历"合-分-合"的过程。

（1）在古代，工程系统构成和社会分工都比较简单，工程建设由业主自营，设计、施工、工程管理是不分割开来的。特别是建筑设计和施工并没有很明确的界限，施工计划和组织者往往也是建筑设计师。例如，传说中鲁班既是建筑师，又是结构工程师，也是施工工程师和施工管理员。

（2）随着工程规模的扩大，工程技术的发展，以及社会化生产的需要，工程领域开始了专业化分工。14—15世纪营造师首先在西欧出现，作为业主的代理人管理工匠，并负责设计。15—17世纪，建筑师出现，专门承担设计任务，由此产生了工程建设中的第一次分工——设计和施工的分工。建筑师在建设工程中承担一个独立的角色，在社会上也作为一个独立的单位，而营造师管理工匠。在我国，到清朝才出现了专业的建筑设计机构——样房，但其设计者仍然身兼施工管理、设计两职。

在西方，17—18世纪，工程承包企业出现，业主发包，与承包商签订工程承包合同。承包商负责施工，建筑师负责规划、设计、施工监督，并负责业主和承包商之间纠纷的调解。

19世纪和20世纪，社会分工越来越细，不仅设计领域专业化分工，而且施工、供应、工程管理领域都有比较细的专业化分工。到20世纪70年代，国际上分阶段分专业平行委托方式已经很成熟。工程采购主要采用设计、供应和施工分离的平行承发包方式。

1）业主将工程的勘察工作委托给勘察单位，设计工作委托给设计单位，设计完成后才能进行施工招标。专业工程施工分别委托给土建施工承包商、设备安装承包商、装饰承包商。各承包商分别与业主签订合同，他们之间没有合同关系。

业主提出施工合同条件、详细的规范、施工图和工程量表，承包商按照招标文件投标报价，通常以单价合同承包工程。对于规模稍大一些的工程，还要分标段招标。

2）设备供应，甚至主要材料的供应也由业主负责。

3）业主通常将建设工程项目管理工作分别委托给投资咨询、造价咨询、招标代理、监理等单位。

（3）从20世纪80年代开始，国际上对传统的工程承发包方式、招标方式和合同形式进行了全面反思，分析它们对工程成功的影响，得到了许多非常有价值的结论，进而推动了国际工程承发包方式和合同的全面改革。许多新的工程承发包方式、招标方式和合同形式出现。工程承发包又呈现综合的趋向，即将许多工程工作（或阶段）综合起来发包。大量的工程，甚至大型和特大型工程也开始采用工程总承包方式。

同时，在工程管理方面推行全过程项目管理、代建制等。

为了调动承包商工程建设和管理的积极性，国外许多工程的业主鼓励承包商参与项目融资。这样不仅使承包商承担更大的责任，对工程的运行效果负责，而且与工程的最终效益直接挂钩。

**2. 现代工程主要承发包方式**

对一个具体的工程，承发包方式就是工程任务的组合方式，有许多种选择，可以分解发包，也可以集成发包。工程的承发包方式主要有如下几种：

（1）分专业分阶段平行承发包方式。分散平行承包，即业主将设计、设备供应、土建施工、电气安装、机械安装、装饰工程等分别委托给不同的承包商。各承包商之间没有合同关系，他们分别与业主签订合同，向业主负责。

（2）工程总承包。这是指仅由一个承包商与业主签订工程承包合同，对工程的设计、采购、施工、试运行（竣工验收）等实行全过程或若干阶段的承包。典型的形式有：

1）设计-施工（D-B）总承包。这是指工程总承包商按照合同规定，承担工程设计和施工任务。

2）EPC及交钥匙总承包。这是指由工程总承包商承担工程的设计、采购、施工、试运行服务等工作，对工程的质量、工期、造价等承担全部责任，最终向业主提交一个具备使用功能的工程。

（3）施工总承包方式。业主在工程设计完成后，将整个工程施工任务发包给一个施工企业，由它全面负责工程施工工作。在施工过程中，由施工总承包商负责与设计单位和供应单位的协调工作。

（4）项目管理承包（PMC）方式。业主聘请PMC工程公司进行专业化管理，PMC承包商对工程承担风险责任。PMC代表业主对承包商的详细工程设计、采购和施工进行协调管理和监督；配合业主进行生产准备，组织试车，组织装置考核验收。

（5）其他形式的承包方式。

1）设计-采购（E-P）承包。承包商承包工程的设计和采购任务，还可能在施工阶段向业主提供咨询服务，或负责施工管理（即 EPCM 方式）。施工承包商直接与业主签订合同。

2) 采购-施工（P-C）承包。

3)"设计＋管理"承包。这是指由一个承包商承包设计和建设项目管理，供应和施工由业主直接委托。目前在我国推行全过程咨询服务，实质上就是这种方式的扩展。

4) 设计-施工-运行维护（DBO）承包方式。即由一个承包商承包工程的设计、施工和运行维护工作。

**3. 工程承发包方式选择应考虑的因素**

对一个工程，承发包方式选择很多。不同的承发包方式从根本上决定工程任务承担者各方面的工作责任和权利的划分，不仅对工程实施过程、工程管理、工程组织有重大的影响，而且对工程承包市场、建筑业生产方式、工程创新等都有重要意义。

承发包方式的发展和选择有它自身的动力和规律性，影响承发包方式的主要因素有：

（1）工程方面。从总体上说，工程的类型、总目标、范围、规模和结构的清晰程度，技术复杂程度和新颖性，技术设计精确程度，工程质量要求的确定性，招标时间和工期的限制，项目的盈利性，工程风险程度，工程资源（如资金，材料，设备等）供应及限制条件等都会影响承发包方式的选择。

例如，规模大，高科技含量大，系统界面（如工程的设计、施工、供应和运营的界面，各专业工程的界面，组织界面，合同界面等）复杂，研究、开发、建设、运行一体化程度高的工程采用总承包方式比较适宜。

（2）业主方面。在业主和承包商之间，对工程承包市场，业主是主导，是主要矛盾方面。业主的要求是工程承发包方式发展的动力，决定发展导向。

从总体上说，业主的资信、资金供应能力、管理风格、管理水平和具有的管理力量，业主的目标以及目标的确定性，业主的实施策略，业主的融资模式和管理模式，以及期望对工程管理的介入深度，业主对工程师和承包商的信任程度等，影响承发包方式的选择。

在国际工程中，业主对工程进行从决策到运营的全寿命期管理，希望由一个或较少的承包商承担工程建设的全部责任，提供全过程一体化的服务，希望承包商与工程的最终效益相关，消除责任"盲区"和短期行为；希望简化建筑产品购买的程序，要求建筑业企业像其他工业生产部门一样提供以最终使用功能为主体的服务，能提供长期的保修和运行维护服务。这推动着工程总承包的发展。同样，在我国，如果业主没有工程总承包的内在动力和理性思维，即使承包商有工程总承包能力，也是无用的，必然会衰退。

所以，研究业主的需求，并满足业主需求，同时提升业主对工程价值体系的认知，是承包商的责任。

（3）承包商方面。不同的承包方式对承包商有不同的要求，从总体上说，承包商的能力、资信、企业规模、管理风格和水平、目标与长期动机、过去同类工程的经验、企业经营战略、承受和抗御风险的能力等，都会影响承发包方式。例如，工程总承包对承包商有特殊的要求：

1) 从施工承包向工程总承包发展不仅仅是几种能力（如设计、施工、供应）的组合，而是承包企业质的飞跃。施工企业要向总承包发展，除了必须拥有先进的工艺技术和施工技术外，还要具有工程市场策划、工程整体功能规划、融资能力和工程运行维护能力，以及承担风险的能力，特别是报价风险等；企业应是技术密集型的，拥有大量高素质的专业人才。

2）总承包范围内的工作不是一个企业能完成的，需要多企业合作，优势互补。要求承包商有设计、国际采购、施工、物流等方面的集成能力，有有效和完备的供应链（分包、供应、设计等），能资源优化组合。现在常用设计单位、施工承包商、供应商联营承包方式。

3）承包商诚实信用，有工程使命感。工程总承包加大了业主承担的风险，业主会要求总承包商有更高的素质。业主倾向于选择资信好、实力强、适应全方位工作的承包商。

4）具有工程全寿命期集成化管理的能力。

长期以来，我国承包企业以专业工程施工承包为管理对象，适应单价合同、按图算价和按图施工方式。企业的项目管理偏向小生产方式，即采用比较完全的经济承包责任制形式。许多承包企业，甚至一些大型企业，直接由项目经理组织投标，承接工程，按照承包合同总额的一定比例向企业交纳费用。项目经理有很大的经营权和独立性，组织项目的实施，甚至直接向外界采购资源。虽然这种方式能够最大限度地调动项目经理的积极性，承包企业的项目管理也比较方便，但它是带有小生产特征的项目责任制形式，是很难胜任工程总承包任务的。

（4）环境方面。这主要体现在：工程的法律环境，建筑市场的竞争程度和市场的稳定性，流行的工程承发包方式和交易习惯，工程惯例（如标准合同文本），市场各主体的信任程度，地质、气候、自然、现场条件的确定性，资源供应的保证程度，获得额外资源的可能性等。

总承包作为一种市场方式，其发展有自身的市场动力，需要市场氛围，仅政府推动是很难奏效的。

**4. 不同承发包方式的优缺点**

不同的承发包方式有不同的优缺点和应用条件，下面就对两种方式进行分析。

（1）分专业分阶段平行承发包。它的优点是，比较符合工程建设过程的规律性，可以有步骤地进行设计、供应和施工。业主可以分阶段进行招标，通过协调加强对工程的干预，各专业设计、设备供应和施工单位之间存在着一定的制约关系，工程范围和义务界限比较清楚，工程造价的确定性较大，易于控制。

它符合社会化分工的要求，能够促进设计和施工的专业化，提高专业工程的效率和水平。我国的业主、承包商和设计单位都适应这种承包方式。但它存在的问题也是十分明显的。

1）由于各专业工程设计、采购、施工等环节是分割开来的，从总体上缺少一个对工程总目标负责的承包商，影响工程责任体系的完备性和统一性。业主必须负责各承包商和设计单位之间的协调，对他们之间互相干扰造成的问题承担责任，容易出现责任"盲区"。例如，由于设计存在问题导致设备安装和土建施工返工，安装承包商和土建承包商将责任推给设计单位，按照施工合同向业主索赔，而设计单位不承担或仅承担很小的经济责任。显然业主并没有失误，却承担了损失责任。

各专业设计、设备供应、专业工程施工单位之间存在着一定的制衡，会导致工程组织运行成本高，效率降低。

2）设计、施工和运行的分离，会影响各方面技术优势和管理优势的发挥，不利于设计方案和施工方案的综合优化，导致工程整体效率和效益的降低。例如，设计按照工程总造价取费，设计单位对工程全寿命期费用没有责任，也不关心，对施工成本和方案了解很少；施工承包商必须按设计图报价、按图施工，则造价的提高对他们都有好处，使他们缺乏工程优化的积极性、创造性和创新精神。从总体上，不利于工程领域的科技进步，不利于现代建筑业的发展。

这也是我国在工程领域创新不足、科技投入不足的原因之一。

3）施工承包商是工程实体的建造者，对工程的自然禀赋有决定性影响，但他不介入设计，只是被动地接受业主的合同条件、设计规范、施工图和工程师的指令，不仅对工程设计没有发言权，而且对设计理解需要时间，容易产生偏差。

承包商对整个工程的实施方法、进度和风险无法做统一安排，他要圆满完成施工任务，实现质量、工期和成本目标是十分困难的。工程中会有大量的等待、返工、拖延、争执、质量缺陷和浪费现象。如果承包商在建筑工程技术、施工过程等方面创新，提出合理化建议，会带来合同责任、估价和管理方面的困难，带来费用、工期方面的争执。

4）由于将工程生产要素和过程分割开来，各参与单位之间、专业之间、过程之间界面太多，无法形成一体化和集约化的工程建设和运行维护管理过程。这会损害工程总目标的实现。

5）与业主直接签订合同的承包商数量多，业主管理跨度太大，责任大，需要深入细致的工程管理。这是业主难以胜任的。而如果业主忙于细致的工程管理，会冲淡对战略和市场的关注。

同时，业主很难与承包商之间构建良好的合作关系，合同纠纷和索赔数量多，最终影响各方面的满意程度，容易造成项目协调的困难、混乱和失控，而且更容易产生腐败现象。

6）由于工程分标细、招标次数多、投标单位数量多，会损害工程承包市场的一体化，又会增加工程管理费用和社会成本。

（2）EPC总承包方式。总承包克服了分阶段分专业平行承发包的缺点，在现代工程中体现出更大的优越性和生命力。总承包的好处如下：

1）由一个或少数的承包商对工程最终功能负责，工程责任体系是比较完备的。设计、供应、施工、管理中出现问题都由总承包商负责，能够最大限度地调动承包商在报价、设计、采购和施工中优化和创新的积极性和创造性，能够节省投资，可以极大地提高项目的经济性，更容易实现工程总目标。

2）承包商能够将工程作为一个总体进行计划，能够有效地进行质量、工期、成本等的综合控制；有利于科学合理地组织，保证设计、供应、施工和运行的各环节合理地交叉搭接，有利于控制进度，缩短工期（招标投标和建设期）。

3）有利于设计、施工、供应（生产制造）、运行维护的一体化，施工专家可以介入设计工作，设计专家也可以介入施工工作，促进工程全寿命期管理体系的完善，促进各方面专家知识集成。

4）总承包方式简化了建筑市场和生产过程的组织方式，业主只需要签订很少数量的合同，面对承包商的数量少，事务性管理工作较少，责任较小。工程责任界限比较清楚，减少信息成本，降低管理费用，还能有效地减少合同纠纷和索赔。

所以工程总承包对业主、承包商和建筑市场都有利。

但工程由一个总承包商承包，工程的成功就依赖他的资信、能力和责任心，这对业主来说风险是很大的。同时，总承包一般都采用总价合同，而招标时业主不可能提供对工程范围和质量的详细说明，承包商报价依据不足，在工程中双方容易就工程范围和质量标准产生争执。

### 14.3.3　工程招标投标

招标投标是工程采购的主要方式，又是工程承包市场行为，有自身的科学性和规律性。近几十年来工程招标投标一直是工程管理研究和应用的热点问题。人们对招标投标方式选择、招标投标程序、评标方法（如多指标评标方法、最低价评标方法）等做了大量的研究。

**1. 招标投标的基本要求**

工程中大量的矛盾冲突起源于招标投标过程，起源于人们对招标投标认识的偏见。由于工程的社会影响大，因此，工程和社会各方面对招标投标提出了许多要求。

（1）建设工程自身的科学性要求。招标投标的目的就是完成工程任务的委托，通过合同保证工程建设安全、稳定、高效率地完成，顺利实现工程总目标。为此必须符合以下最基本的要求：

1）签订一份合法的合同。招标投标必须符合规定的程序，并保证各项工作、各文件内容、各主体资格的合法性、有效性。如果合同合法性不足，会导致整个合同或合同部分条款无效。这将导致合同中止、激烈的合同争执、工程不能顺利实施等问题，合同各方都会蒙受损失。

2）签订一份完备、周密、含义清晰同时又是责权利关系平衡的合同，以保证工程顺利实施，减少合同执行中的漏洞、争执和不确定性。

3）在双方互相了解、互相信任的基础上签订合同。例如，业主已了解承包商的资信、能力、经验，以及承包商的工程实施计划；相信其技术方案能保证工程顺利实施；相信承包商是合格的，能圆满完成合同责任；通过竞争选择，接受承包商低而合理的报价。同时承包商已了解业主的资信，相信业主的支付能力；全面了解业主对工程、对承包商的要求和自己的责任，理解招标文件、合同文件；了解自己所面临的合同风险、工程难度，并已做了周密的安排；承包商的报价是有利的，已包括了合理的利润。

在招标投标过程中，应促成业主和承包商互相深入了解。

4）双方对合同有一致解释。例如对合同所确定的工程范围、双方责任的划分、风险的分配、管理程序等有一致的理解。双方对合同解释不一致会导致报价和计划的失误、争执、索赔。

在国际上，人们曾总结许多成功工程项目的经验，将项目成功的原因归结为 13 个因素，其中最重要的因素之一，是通过合同明确项目目标，合同各方在对合同统一认识、正确理解的基础上，就工程项目的总目标达成共识。

5）在符合工程建设程序的前提下，提高工作效率。招标时间不能太长、程序不能太复杂，尽量降低招标投标过程中双方的费用和社会成本。

（2）工程承发包市场的要求。招标投标是工程的市场交易方式和行为，需要按照市场经济规则创造公平竞争的环境。这要求保证招标投标的公正性、公平性和公开性，以及评标指标和评标方法的统一性。这就需要有规范、公开、透明的信息公示、招标文件获取、答疑方式方法、招标投标的程序等。

（3）符合反腐败的要求。在我国，由于有大量的公共投资工程，在招标投标中容易出现腐败现象，所以政府对它要有严密的控制，要求有透明的规范化程序，要求有比较严密的制衡措施。例如，通过公开的办事制度和统一的操作程序，以提高招标投标活动的透明度，最大限度地避免"暗箱操作"。

近十几年来，人们注重从招标投标程序上解决我国工程腐败问题，赋予工程招标投标组织和过程过大的反腐败职能，对招标投标过程如何公开、公正和防止腐败做了大量的研究，采取了各式各样的措施，如采用突然性和保密性手段和行为，随机抽取评标专家，在开标后短时间内就评标、决标，限制或剥夺业主的权利等。

上述这些要求存在很大的矛盾性，如果仅从一个角度出发研究和思考问题，就会导致非理性思维，不利于工程的成功。例如，过于严密的制衡措施会导致低效率、社会成本增加和不科学的选择，削弱了工程招标投标和工程管理自身的科学性。如开标后，让随机抽取的不了解情况的专家评标，剥夺业主参与的权力，虽然能够在形式上防止腐败的产生，但同时带来了如下问题：

1）业主是工程的所有者，负责工程前期策划、设计和准备工作，对投标人进行了调查研究，熟悉工程目标和情况，对建设项目的责任也是最大的，他的选择应该是更为科学和理性的。而评标专家对工程和评标结果没有责任，打分可能是轻率的。这实质上造成工程决策责任的断裂。

2）让不了解情况的专家打分，可能导致错误的选择，不利于工程的成功。

如果让专家参与评标，应该给予他们充分的时间了解工程目标、各投标人和投标文件，不然他们只能阅读招标文件，仅仅停在评"文章"的层面。

**2. 招标投标的矛盾性**

（1）工程是个性化的，技术系统、实施技术和组织、环境等方面信息都是不完备的，实施过程难以事先描述，各投标人对招标文件的理解和实施方法也存在很大的差异性。但在招标中要采用统一的指标评审实施方案和报价，最终决定价格。

（2）工程承发包市场是买方市场，投标人竞争激烈，业主总是掌握主动权。

1）招标文件由业主起草，代表业主的意志，常常包括苛刻的招标条件和合同条件。

2）业主对投标人几乎拥有绝对的选择权，提出评标指标和要求，可以不受最低标限制地选择中标单位，甚至可以宣布投标无效，而不必补偿投标人的任何投标开支。

（3）业主和投标人之间信息不对称也会带来问题。例如，业主在工程前期决策阶段以及在勘察设计过程中对工程进行大量的研究，获得大量的工程系统和环境等信息，而投标人仅通过业主的招标文件了解业主的需求、业主资信和工程基本情况，常常是不完备的。而业主对工程承包市场行情了解不多，远不如投标人熟悉；仅通过投标文件了解投标人，这是很不充分的；对投标人提出的工程技术和组织方案常常是不熟悉的；业主还要防范投标人的报价策略，防止投标人围标等。

（4）投标人面临的困难。

1）由于参加投标的投标人很多，中标可能性相应缩小，在投标期间不可能花很多时间和精力去做详细的环境调查和详细计划，否则如不中标损失太大。但这必然影响投标报价的精度。

2）在现代工程中，由于招标投标制度逐渐完备，咨询工程师管理水平提高，在招标文件中有十分完备和严密的对投标人的制约条款和招标投标程序。合同条件都假设承包商富有经验，能胜任投标工作，几乎是全能的先知。

① 承包商对现场以及周围环境做了调查，对调查结果满意，达到能够正确估算费用和计划工期的程度，并已取得对影响投标报价的风险、意外事件和其他情况的所有资料。

② 按照合同原则和招标文件规定，承包商认真阅读和研究招标文件，并全面、正确地理解了合同精神，明确了自己的责任和义务，对招标文件的理解自行负责。

但事实上，招标文件可能存在错误，如缺陷、遗漏、不适当的要求。

③ 承包商对投标书以及报价的正确性、完备性满意。如果出现报价问题，如错报、漏报，由他自己负责。

④ 承包商对环境调查负责，只有出现有经验的承包商不能预测的情况，才能对他免责。

⑤ 有些合同中业主提出更为苛刻的条件，让承包商承担地质条件、环境变化等风险。如果出现合同争执，调解人、仲裁人、法庭解决争执时都采用合同字面意义解释合同，并认定双方都清楚理解并一致同意合同内容。

3）要求投标人承担如此大的责任，但招标文件又不清楚、不细致；有些工程做标期短，投标人无力、也无法进行详细的计划、研究；招标时设计深度不够，但却采用固定总价合同；这都会带来合同签订时的巨大隐患。

投标人可能对招标文件理解错误、环境调查错误、方案错误、报价错误等。而法律和合同都规定，投标人要完全响应招标文件，开标后，投标人不能修改投标内容。

4）在工程招标文件和合同中，要求投标人对要约完全承诺，不容许修改。许多招标文件规定投标人必须完全响应，不许提出保留意见，否则作为无效标处理。但投标人一经提出投标文件，从法律角度讲，业主招标文件的内容反过来就作为投标人承认并提出的要约文件，投标人必须承担全部法律责任。

5）尽管合同风险很大，但由于承包市场竞争激烈，投标人为了中标，不惜竞相提出优惠条件，压低报价，以提高投标竞争力。

从上述分析可见，要达到招标投标的基本要求具有一定的困难。在招标投标过程中，合同双方的角色存在许多矛盾性，他们之间有复杂的博弈。这反映了工程招标投标的基本矛盾。

**3. 工程招标方式**

我国《招标投标法》对招标方式有明确的规定。工程采购常用的招标方式有：

（1）公开招标。公开招标是指招标人通过公开媒体（如网络、报纸、电视等）公布招标公告，邀请不特定的法人或者其他组织投标。招标人不得以不合理的条件限制、排斥投标人或者潜在投标人，不得对潜在投标人或者投标人实行歧视待遇。

这种招标方式使业主选择范围大，投标人之间充分地平等竞争，有利于降低报价，提高工程质量，缩短工期。但招标所需时间较长，业主要进行大量的管理工作，如准备许多资格预审文件和招标文件，不仅会造成业主时间、精力和金钱的浪费，而且导致许多无效投标，造成大量社会资源的浪费。

大范围的公开招标可能会使业主选择失控，导致不理想的投标人中标。这对于构建业主和承包商之间长期的合作伙伴关系、促进创新和团队精神建设是不利的。

（2）选择性竞争招标，即邀请招标。在我国，选择性竞争招标是受到限制的，但在国外是经常采用的招标方式。采用这种方式，业主的事务性管理工作较少，招标所用的时间较短，费用低，同时业主可以获得一个比较合理的价格，选择的准确性较高。国际工程经验证明，如果技术设计比较完备，信息齐全，签订工程承包合同最可靠的方法是采用选择性竞争招标。

（3）议标。议标即业主直接与一个承包商进行合同谈判，签订合同。业主比较省事，仅一对一谈判，无须准备大量的招标文件，无须复杂的管理工作，时间又很短，能够大大地缩短项目周期，甚至可以一边议标，一边开工。

这种方式能够有助于构建业主与承包商之间的长期合作关系，促进技术和管理的创新，促进项目团队精神的建设，以及成功经验的总结和再应用、失败教训的吸取和规避。

由于没有竞争，承包商报价较高，合同价格自然会高。

在我国，议标不是法律提倡的招标方式。但实质上，议标在国内外工程中使用还是很多的。

1）业主对承包商十分信任，可能是老主顾关系，承包商能力和资信好，报价合理（或报价有比较明确的依据），双方愿意，通过议标直接签订合同也是一个很好的方法。

2）对特殊的工程，如军事工程、保密工程、特殊专业工程和仅由一家承包商控制的专利技术工程等，也适合采用议标方式。

3）承包商帮助业主进行工程前期策划，做可行性研究，甚至做工程初步设计。当业主决定上马这个项目后，一般都采用总承包的形式委托工程，采用议标形式签订合同。

4）一些特殊的项目中，如承包商参与项目融资时，也适合采用议标方式。

**4. 工程招标投标的程序问题**

我国工程招标投标的研究和应用非常强调招标投标过程的严密性，注重经过严格的法律程序。目前我国招标投标的管理制度比较完善、细致，形式上执行较好。但招标投标过程应是双方互相了解、真诚合作，形成伙伴关系的过程，而不应是互相防范、互相戒备、斗智斗勇的过程。

由于工程千差万别，外部环境均有不同，工程承发包方式很多，在遵循法定的招标投标程序的同时，应按照工程实际情况灵活策划各阶段的工作，促使双方互相了解。

（1）业主应该有较为充裕的时间进行环境调查、工程规划（设计）、编制招标文件。业主的招标文件有误或不完备，会导致投标人获取的信息不真实、不完备或理解错误，影响到投标文件的质量，不利于合同的签订以及工程目标的实现。

（2）招标信息发布的公开度和时效性。这是影响工程在承发包市场上的认知度，影响潜在投标人能否充分竞争的问题。

（3）投标人做标期的设定。从获得招标文件到投标截止期是投标人的做标期，应给投标人留有足够的时间理解招标文件，进行合同审查，做环境调查，制定实施方案，进行风险分析和报价。做标期过短会加大投标人报价风险。如果采用固定总价合同，这种风险会更大。

（4）清标环节和清标期时间安排。开标后，业主必须对有效的实质性响应招标文件要求的投标文件进行全面分析，包括实施方案的可靠性、可行性，报价的真实性，项目组织和潜在索赔的可能性等，以保证可靠地发出承诺（中标函）。这是业主在签订合同前最重要的工作之一，会直接影响业主的授标风险。在市场经济条件下特别对专业性比较强的大型工程，这个工作的重要性怎么强调也不过分。业主应在这项工作上舍得投入时间、精力和金钱。

（5）澄清会议。澄清会议是双方的一次重要接触。通过澄清会议可以了解投标人项目经理的能力、管理水平和工作思路，更多了解实施方案，澄清投标人意图。对于在投标文件分析中发现的问题，如报价问题、施工方案问题、项目组织问题等，业主可以要求投标人澄清，或修改实施方案、修改报价中的错误等。

（6）标后谈判。由于招标投标过程的矛盾性以及存在的问题，到中标函发出为止，双方的要约和承诺是不完备的和有缺陷的：对于招标人，由于准备时间短，招标文件可能存在错误，如缺陷、遗漏、不适当的要求；对于投标人，可能对招标文件理解错误、环境调查错误，导致实施方案和报价是不科学的、不完善的，甚至存在错误。

此外，法律和合同都规定，投标人要完全响应招标文件，不能修改；开标后，投标人不能修改投标内容；评标时不允许对报价有实质性的修改。

如果这些问题不解决，而直接签订合同，会导致双方的争执和纠纷增加，对合同双方，尤其是工程的顺利实施是不利的。

尽管在招标文件中申明不允许进行标后谈判，但是有很多实例表明，通过标后谈判，业主可以获得更合理的报价和更优惠的服务，承包商也可以借此机会完善合同条款，对双方和整个工程都有利。标后谈判应在投标人合同审查和业主投标文件分析的基础上进行，是对合同进一步优化和平衡的过程，有利于双方的合作和合同实施，有利于工程目标的实现。

### 14.3.4　我国工程采购存在的问题

从 1984 年我国恢复招标投标制度以来，人们在招标投标方面做了许多研究和改革，招标程序已经与国际竞争性招标方式极为相近。但工程承发包方式、招标方式和合同与国际上近几十年来流行的方式还有较大的差异，存在许多问题。

（1）一些工程项目为通过法定程序，招标投标程序的操作不规范，而流于形式。

例如我国有些地方，工程开标后仅在两三个小时内就完成投标文件分析、评标和定标工作。尽管也请来一些专家评标，也有一套评标办法、打分的标准和计算公式，但它缺少严格的清标过程，或者这个过程太短。业主、工程师、评标专家都不可能在这么短的时间内对 4~5 份甚至更多的标书进行全面的分析，找出其中的问题，甚至完整地浏览一遍都不可能。所以评价打分往往是不客观的，澄清会议上提出的问题也是肤浅的。这种授标有很大的盲目性。

（2）工程建设领域是腐败的重灾区。这其中相当大部分的腐败行为与工程采购招标相关。严格的法律程序并不能彻底解决腐败问题，潜规则依然存在。

（3）业主存在很多非理性行为。业主和承包商（供应商）都过于关注价格。例如，评标中，价格的分数太高，甚至采用最低价中标的方式，削弱了对企业能力和过去经验、实施方案、实施团队（特别是项目经理）等方面的关注。虽能最大限度地节约工程投资，但导致多个投标人之间在价格上过度竞争，恶性竞争，承包商得不到合理的利润，就不可能顾及工程的全寿命期责任，偷工减料，影响工程质量。

（4）招标投标交易成本太高，人们不重视交易成本问题。

在工程管理学术领域，关于工程的招标投标有大量的研究成果，但有些却违背了工程招标投标的基本准则和原理，违背了工程总目标。

## 14.4 工程施工管理

### 14.4.1 概述

（1）施工过程是工程实体的建造过程，是工程实体的形成过程。要实现工程总目标，落实工程设计的准则，工程实体的物质特征是基础，就像一个人，首先要有一个健康的身体，才能有贡献。施工对工程总目标有如下重要影响：

1）施工质量决定工程的健康状况，决定工程的功能、耐久性、可靠性、抗灾能力，决定工程运行阶段的能耗、维修费用等。

2）施工阶段工程费用量大，费用支出集中。

3）施工要消耗大量的自然资源，会产生污染，对生态环境和社会环境有较大的影响。

4）施工质量水平能够从总体上体现我国建筑业和制造业的状况。

（2）在施工阶段，施工企业承担着主要任务，应将工程的社会责任和历史责任作为施工企业管理和施工项目管理的基本方针。业主应该选择有能力和责任心的承包商。

（3）为了保证工程总目标、设计准则和要求在工程施工过程中的贯彻，设计人员应介入施工全过程，参加施工方案的制定，保持与承包商沟通渠道的畅通，以解答承包商对设计方案的疑问，从而保证承包商按图施工，实现设计意图。

（4）应避免追求过快的施工速度。现在许多工程为快速完工，或施工工期要求太紧的情况下，会采取一些非正常手段，如在混凝土中过多使用速凝剂、早期增强剂，违反了材料自身凝固和硬化的规律性，最终会损害工程的耐久性。曾经国内很有名的一座大桥，计划建设工期7年，时间已经很紧张。在建设过程中，按照主管部门要求又提前2年，结果仅用5年就完工了，而一般情况下建设这样规模的大桥常常要十多年，甚至20年。

不合理压缩工程工期，其质量很难保证。工人可以加班加点地施工，但混凝土需要凝固期，结构构件要达到强度才能吊装、才能加载。

以往按照高层建筑施工要求，如果施工速度快（当时十几天一层就是快的），必须准备4套模板进行周转，这样保证在下层混凝土没有达到规定的强度情况下，有比较强的支撑，能够承受上层施工荷载。而现在为了节约成本，只配3套模板，而施工速度很快（有时不到7天完工一层），使下层混凝土尚没有达到规定的强度就要承受上层施工荷载，这会使尚没有达到强度的结构受到内伤。这就像让一个小孩子挑重担，这种早期"劳伤"会影响结构的寿命和耐久性。所以对一些重大的、历史性工程应该摒弃这样的快速和"创新"。

（5）施工管理主要是现场生产管理，重点是工程施工的质量管理、环境和健康管理、资源管理和施工安全管理等工作。而它的许多方法和工具是从其他行业（特别是制造业）引入的，如基准方法、价值管理、团队工作、即时生产、并行工程、精益建造和全面质量管理等。

### 14.4.2 推行精益建造，追求精品工程

一个符合总目标要求的工程首先必须是"健康"的，即高质量的工程。

（1）工程总目标的实现需要严格的施工质量管理。而这个质量管理应该通过施工企业卓有成效的质量管理体系实现，而不能指望通过其他方的检查和监督（如监理工程师的"旁站"）实现。

在施工各个阶段严格遵守设计规范、质量控制程序，对工程的材料、设备、人员、工艺、环境进行全面控制，发现工程质量问题要认真处理，确保工程质量。

（2）重视并参加设计交底与图纸会审活动，加强对工程变更的管理，建立激励机制，鼓励承包商就设计文件提合理化建议等。

在施工阶段，业主、设计单位和施工单位之间应有计划地协调或沟通，以解决工程变更、环境条件的变化、图纸的不一致、错误和遗漏、潜在缺陷等问题。

（3）在施工过程中认真执行施工质量标准和检查要求，严格按规范要求做好每一道工序，不符合质量要求的工序要坚决纠正，不留隐患，保证每一道工序都符合质量要求，保证从施工准备到竣工验收每个环节都有严格的检查和监督。

例如，对混凝土结构质量（特别是耐久性）有重大影响的因素包括原材料质量、混凝土搅拌过程、保护层厚度、养护、加载时间等。

20 世纪 60 和 70 年代，当时的水泥强度等级不高，但施工规范要求搅拌混凝土的石子是干净的，必须经过水中淘洗，对砂子的含泥量是严格控制的。当时虽然没有搅拌设备，由人工在钢板上搅拌，"干三潮四"（即按照当时的规范要求，混凝土干料按照配合比先干拌 3 次，加水后翻拌 4 次），浇捣后严格经过 7 天养护才拆模，经 28 天养护才能加载。所以许多工程经过近 50 年混凝土质量依然是很好的。甚至南京的许多民国时期的建筑的混凝土质量直到现在依然也是很好的。

而现在虽然水泥的强度等级很高，但混凝土所用的原材料石子都没有经过严格的质量检查，到现场也没有严格的清洗，许多工程用粉砂搅拌混凝土，含泥量很高，混凝土浇筑好后又不认真养护，许多工程为了赶进度，多加外加剂使混凝土早强。这样很难有健康可持续的工程结构。

（4）尽量采用标准构件，降低工程施工的复杂性，同时合理安排施工顺序，使相似工作重复。这样能够获得高质量的工程。

例如，在某城市大剧院工程的施工中，"每一个构件都是不同的，都要独立设计、放样和施工"。我们以此作为该工程的"亮点"，这是不理性的。不仅难以保证工程质量，而且会加大建设成本，可能会降低建造效率，还给将来工程的运行维护、维修（如构建的更换）、扩建带来困难。

（5）在工程竣工时，及时提供完整的竣工技术文件和测试记录，做到竣工图、数字准确，字迹清楚，以便维护单位使用等。

（6）重视质量管理的基础性工作。

近几十年，我国工程建设领域，小到工程施工小组长，大到行业主管部门的领导，都非常重视工程的质量、安全、环境、健康问题，许多企业通过了 ISO 9000 和 ISO 14000 等管理体系。但企业的质量管理体系建设注重形式，而不注重效果，工程的安全事故依然频发，工程质量依然较差。

实质上，工程管理理论和方法的应用需要一个有序的发展过程。在工程管理的发展过程中，三大控制为基础，在此基础上有各方面满意和 HSE 管理，再发展到工程全寿命期管理和集成化管理。每一步都是提升（图14-2），需要扎扎实实地工作。

我国建设工程领域直到目前三大控制体系尚不完备。近30年来，我国的建筑工程管理已经放弃了一些基础性研究工作，如施工劳动组织方式研究、劳动效率研究、定额的研究与测算、现场成本核算和控制等。这样要达到各方面满意、HSE管理、工程全寿命期管理和集成化管理目标，是做不到的，也是没有效果的。

所以目前我国工程管理还是缺少扎扎实实的基础性管理工作。

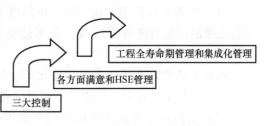

图14-2 工程管理几个层次的关系

### 14.4.3 绿色施工

施工中要实现工程价值体系中的环境指标，加强施工阶段的HSE管理工作，必须对传统的施工方法、工艺、技术、材料、管理组织等进行革新，涉及材料采购、现场管理、施工方案的编制、工法、施工垃圾的利用、施工后的现场恢复等各方面。

（1）在保证质量、安全等基本要求的前提下，通过科学管理和技术进步，最大限度地减少施工活动对环境的负面影响，减少环境污染，做到清洁施工和环保施工。

1）在施工过程中不使用有害原材料，减少由恶劣的室内空气引起的用户健康损害等。

2）减少扬尘、振动、光污染、噪声，减少废弃物的产出，对生活垃圾和施工污水进行无害化处理，对建筑垃圾进行再利用，或无害化处理。

在工程施工过程中会产生许多道路尘、土壤尘、建筑材料尘等，由此引起悬浮颗粒，可以被人直接吸入肺部，对健康有害。在我国许多城市，施工方法和管理落后，施工扬尘得不到控制，这已经是城市阴霾天气增加的重要原因之一。

3）采取措施保证施工期间施工人员和周边居民的安全、健康。对在施工中可能出现的爆炸、火灾等紧急情况，可能存在的危险有害因素，进行安全评价并制定应急预案。

（2）通过科学的现场组织，节约施工用地。

（3）通过科学和合理的施工组织，选择最适宜的且种类、数量和效率匹配的设备，达到高效率、低能耗施工。

（4）尽量保护该地域原生物（植物、动物）的多样性以及河流、湿地等。

过去，我国许多工程的施工组织方式不利于保持生物多样性，如工程开工后进行"三通一平"，先将现场原始树木、植被砍伐干净，河道填平以方便施工，待施工完成后再重新"做景观"，做假山、挖人工河道、植草皮，从其他地方移栽树木。虽然人工景观整齐划一，层次清晰、色彩绚丽，但人工痕迹太重，而且原物种已经灭亡，原生态已经被破坏。另外，从20世纪80年代以来，一些地方为了建设生态城市、绿化城市，将山里的大树移栽到城市，破坏了生态系统的平衡。

在施工中，进行科学的空间组织，尽可能保护原有的树木、河流、湿地。虽然这会给施工带来困难，会增加施工费用，但会带来很好的经济、环境和社会效益。

1）从环境效益角度，原生植物比后移栽的植物在空气的净化、水土保持、景观等生态功能方面更好，能够根深蒂固、枝繁叶茂、生机盎然，更容易使工程形成"人工自然"，而且没有对其他地方的生态环境产生损害。

2）从经济上分析，虽然要就地保护原物种，会给施工现场组织（如现场平面布置）带来困难，在施工中需要一些保护措施费，要增加一些施工难度，在经济上需要增加一定的花费，但可以节约购买植物的花费，以及运输、移栽、养护的花费。况且移栽的植物不能都存活，有些死亡率还很高。而原生态保护能够使工程环境有根本性改观，也能够提升工程的经济价值。

3）在施工中保护原生态，能够加强人们的环保意识，提升工程的社会责任感，使人们有节约的观念。

（5）节约资源和能源。

1）减少资源消耗，减少对环境的污染。如：

① 推广使用高强钢筋和高性能混凝土，以减少材料的消耗。

② 在施工中大量的维护结构（如挡土墙）不是最终工程系统所必需的，应该通过新的技术措施、新的工艺减少这一类维护结构的用量。

③ 在施工中节约用水，如：采用节水的工法；现场搅拌用水、养护用水应该采取有效的节水措施；对生活用水和工程生产用水确定用水定额指标，并且分别计量管理，避免现场"常流水现象"，尽可能对不同单项工程、不同标段、不同分包生活区、混凝土搅拌站点等进行用水定额管理，分别计量，专项考核；现场应建立雨水、中水或可再利用水的回收利用系统等。

2）尽量多次使用和重复利用材料。例如对施工中拆除的废料重新利用，采取技术和管理措施提高周转材料（如模板、脚手架等）的周转次数、使用率，降低材料损耗率指标。

3）尽可能回收利用建筑垃圾，使工程竣工时垃圾最少，要考虑到施工材料的可回收性。

4）尽量修复使用材料、构件和设备，减少浪费。

（6）在施工阶段应防止造成地质的不稳定。例如，在一些高速公路、水电站工程的施工过程中，毁坏植被，破坏山体的稳定性，结果造成在工程交付运行后许多年还是一经下雨就会发生塌方，或山体滑坡。

（7）应用生态工法。例如，采用特殊的施工工艺和材料，使室内和室外地面、路面、停车场具有透水性和透气性，也可以利用河流、湖泊水面进行废水生物净化等。通过对地基与基础施工工艺及技术的创新来减少施工中对基地环境、生态的干扰和破坏。例如，在我国一些城市的河流污水治理中，河床采用混凝土或者石块封死，河流没有生态功能，河水也不可能清澈。

## 14.4.4　推广装配式建筑

（1）我国现有的建筑施工技术主要是钢筋混凝土现浇体系，又称湿法作业。它的弊端是，粗放式生产方式，钢材、水泥浪费严重，用水量过大，工地脏、乱、差，污染严重，施工精度差，质量控制难，劳动力成本高，工期长等。

采用装配式建筑，能实现工厂化生产，使施工过程趋向于工厂的生产过程，减少工地消耗和污染，可以在很大程度上解决上述问题。

（2）在我国，装配式建筑不是新的概念，20世纪50年代就已提出，70年代和80年代一直持续地引进、研究、做示范工程，形成一些技术体系，如大型砌块装配式住宅、装配式大板住宅、装配式框架轻板结构、装配式工业厂房等。到80年代已经形成了一些比较成熟的体系，有许多技术、经济、管理方面的研究成果，建设量也达到一定的比例。

例如当时在南京，有许多构件厂提供各式各样的装配式构件，东南大学的一些家属宿舍楼也采用装配式建筑，直到现在，其质量还是很好的。

在20世纪80年代的一些建筑施工教科书中就有一定量的装配式建筑的工法介绍。

装配式建筑由于投资大，需要大的建筑量才能支持其发展。20世纪80年代中后期，我国进入大规模建设的高峰时代，但恰恰装配式建筑的发展却中断了，失去了发展最佳的机会。这是非常令人惋惜的。

近10年来，我国工厂化装配式建筑已取得突破性进展，有多种模式，如钢筋混凝土预制装配式建筑、全钢结构预制装配式建筑。我国政府鼓励建筑企业装配式施工，现场装配，力争在10年左右时间，使装配式建筑占新建建筑的比例达到30%。

总体上说，现在我国大规模的工程建设已近尾声，才努力推行装配式建筑，从市场和工程经济效益角度分析会有很多问题，它的发展也会有新的要求和规律性。

（3）装配式建筑使现场施工技术、组织和管理的难度减小，效果显著，质量和进度、成本易于控制，风险小，但有如下要求：

1）对设计、制造、施工一体化的要求增加。

2）工程设计需要标准化，特别是构件越标准，生产效率越高，相应的构件成本就会下降，整个装配式建筑的性价比会提高。

3）工程实施和管理需要信息化。将设计、采购、施工现场、构件工厂、物流、项目管理进行数字化整合。

## 14.5 我国工程建设管理问题剖析

要实现工程建设阶段目标，不仅需要建设项目参加者共同努力，而且需要健康的工程承发包市场、科学的建设管理体制、规范的承包企业管理和工程项目管理等。我国目前建设工程中的许多问题有深刻的历史的、时代的、社会的、文化的根源，是我国整个社会和工程管理领域的系统性问题，需要我们进行全面的反思。

（1）从20世纪70年代开始出现、人们经常批评的工程问题，如"献礼工程""形象工程""拉链马路"，建成后不久就被炸掉的工程，拆真文物建"假古董"，工程尚未交付使用或刚交付使用就出现质量问题，以及重大的安全事故、污染事故等，直到今天仍是屡见不鲜。而且不少城市规划朝令夕改，一任领导建一批形象工程，重复投资，为了献礼而要求工程提前竣工等。分析研究这些问题会发现，其原因不是技术问题和能力问题，而是理念问题、系统问题、体制问题及人们的心态问题。我们应有正确的认识消除惰性，从他人的错误中吸取教训（如一些发达国家工程先污染后治理的教训），也从自己的错误中走出来。

（2）建筑业改革存在误区。近30年来，我国建筑业从传统的建筑业走出来，打破了过去的企业制度、用人制度等，但并没有建立起真正的现代建筑产业和工程承包企业。

例如，在30多年前一些专家学者所设想的建筑业企业结构为金字塔式的结构（图14-3a）：

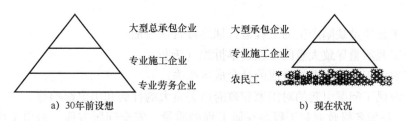

图 14-3　我国建筑业企业结构

1）顶端是少量大型的总承包企业，可以采用总承包方式承接大型、特大型工程，它一般是智力密集型和资金密集型的，向业主承担全部工程责任。

2）中间是数量比较多的专业承包企业，按照施工专业化要求，承接专业工程的施工任务。

3）下层是面广量大的专业劳务企业，按照专业工种的要求，或按照成建制劳务的要求设立。

应该说这种设想是科学的，符合国际上一般国家建筑业的企业结构状况。

但我国近 30 年来建筑业企业结构并没有形成最初预想的状态，我国的建筑业像是建立在散兵游勇式的沙堆上（图 14-3b），其基础显得混乱无序，支撑乏力。

1）我国有一些特大型的工程承包企业，但它们还没有发展成为真正的具有工程总承包能力的企业。

2）我国的大型承包企业和专业承包企业大多没有自己的劳务队伍，而我国建筑市场也并没有建立起面广量大的劳务承包企业，实际情况是由包工头承包工程劳务，再直接到劳务市场上招聘农民工，甚至大型和特大型工程也都是采用这样的模式。

我国建筑业从业人数有 4000 多万，但没有大规模专业的产业工人队伍，大部分都是松散无序，缺乏正规管理。

3）劳务人员对工程质量的影响是很大的，因为工程是他们亲手建筑起来的，工程品质最终在他们手中形成，但由于如下原因，他们无法承担工程的社会责任和历史责任：

① 劳务人员大范围流动，没有企业归宿，队伍是不稳定的，也是没有保障的，对组织缺乏忠诚感，不可能精心尽力地做好工程。

② 我国的工程投资中劳动力费用较低，再加上某些工程层层转包、层层克扣，最终到劳务人员手中的劳务费用就更低。

③ 传统的建筑手艺几乎失去传承，迫于生活压力，劳务人员也没有动力钻研技术。

④ 从 20 世纪 80 年代开始，可以说建筑业农民工是我国最辛劳的一族，为城市建设付出血汗，但是社会地位低，不被重视，无法在城市立足。

⑤ 由于高度的流动性，没有企业归宿，施工企业和包工头不可能对他们进行全面完善的职业、安全、健康方面的培训。虽然我国建筑业有许多岗位证书要求的规定，但许多重大的恶性安全事故的原因还是大量的操作人员无证上岗。

可见在现时这种社会环境和社会心态下，无法完全调动农民工的热情和工作积极性，不可能让他们满腔热忱地做好工程。

4）虽然因为人工费用低节约了一些工程投资（在 20 世纪 80 年代到 21 世纪前 10 年，我国工程投资中的人工费是非常低的），但从整个社会和工程全寿命期角度，我们并没有节约。如：

① 由于工程质量缺陷产生的工程运行期维修费用增加。

② 由于工程质量导致大量的工程过早拆除（夭折）。

③ 由于农民工的安全事故造成的社会成本损失。

④ 由于农民工问题引起的对国家和政府声誉重大的社会和历史影响等。

多年来，我国各级政府和工程界在抓工程的质量、安全问题方面，付出了极大的努力，也建立了各种法律法规，提出了各种措施，但还是不可避免地出现了工程质量问题、安全问题和各种事故，要改善这样的情况，需要社会各方共同努力。

（3）市场规则不完善，建筑市场运行不够规范。

1）虽然在30多年前，我国的一批学者和国外的工程管理人士（如德国布伦瑞克工业大学的 Klous Simons 教授等）在我国宣传推广过工程总承包，我国建设主管部门也一再下文推行工程总承包，但近几十年来，我国工程界在实际市场运作中依然不能完全地与国际惯例接轨，大量的工程仍然采用平行承发包方式，甚至许多小规模工程都分解得很细进行招标，业主面对多个承包商、设计单位、供应单位。这不仅使投资项目的效益和效率降低，影响了建筑业的发展，而且是工程界腐败的根源之一。

2）虽然国家的《招标投标法》已经颁布许多年，各地都有各种建筑市场管理和招标投标管理规定，但很多项目在招标投标过程中"轰轰烈烈""正正规规"走过场，完全是为了在形式上符合法律的规定，对各方面有"交代"就行了。

3）我国工程承包市场较混乱，遵章不守法的不规范行为较多。很多项目管理人员缺乏应有的职业道德、敬业精神、社会责任心和历史责任心。

许多地方挂靠企业投标、围标等现象依然很普遍；层层分包，尽管许多大企业投标获得工程，但在承包企业与实际施工人员之间常常有许多层次，工程价款经多层分包，最终用在工程上的可能很少，常常就不能保证基本的工程质量要求。更有甚者，在某些工程招标中由于上层领导要求照顾的条子太多，最后只有通过抓阄决定中标单位。在我国，建设工程领域是腐败的"重灾区"，而在这个"重灾区"中，建筑业首先是个受害者。

4）建筑企业生存环境不好，业主的非理性行为，尤其是业主恶意拖欠工程款等，以及承包商之间的恶性竞争，使有能力、负责任的建筑业企业得不到好的生存机会。

5）建筑业领域曾经努力建立建筑市场的信用机制，但到现在依然进展缓慢。

6）改革开放30多年来，我国工程界在工程法律体系建设和合同管理制度建设方面做了大量的工作，但相比于发达国家，法律体系和合同管理制度尚不完善，人们对法律的信任度和对合同的认知有待提高，合同对工程参与各方的约束度还比较低。

过去，我国缺少建设工程方面的法律，还能以"无法可依"为借口（当然，即使没有法律，也不能胡作非为），而现在是"有法不依"，例如：我国对建筑节能有国家强制性的标准，但很多房地产开发项目都没有执行；也有很严格的环境保护法，但许多工程也并没有严格执行。有的工程运行引起严重的环境污染，妨碍周边居民的正常生活。

（4）我国建筑企业管理状况。从20世纪80年代开始，我国进行施工企业管理体制改革，推行项目法施工，基本上采用小生产式的项目管理模式，由项目经理承包工程，组织资源，负责项目的实施。30年下来，虽然工程建设快速发展，但尚未建立起完善的现代工程项目管理体制。

项目经理的责任以及对项目经理的评价主要是经济方面。甚至一些企业在合同价的基础上扣除一定比例由项目经理承包，作为考核的依据，这就导致在工程中遇到问题时，各方面（包括项目经理和施工企业的部门）首先放弃工程的社会责任和历史责任。

项目经理责任制形式使企业的技术优势和竞争力在项目上无法充分体现。许多业主也深知，工程虽然由大型承包企业承揽，但实质上工程的建设状态就是依赖项目经理等几个人。

所以许多大型甚至特大型工程承包企业也会在工程中犯最低级的错误。

（5）我国现代工程管理制度建设存在问题。从20世纪80年代以来，我国推行了工程监理制度、合同管理制度、工程承包制度、招标投标制度等，但近十年来工程管理体制改革和立法，以及整个社会对工程质量、安全的管理，过分依托于通过加强经济承包责任制、现场质量和安全监督、各方面的管理责任制解决，而在建立完善并行之有效的工程质量保证体系、严格的社会信用制度、要求工程参与各方严格执行合同、对违法和违约行为进行处罚等方面有所欠缺。这不仅造成管理层次和管理费用的增加，而且工程质量和安全也无法得到有效控制。与目前国际上推行的先进的精益建造、并行工程、集成化管理的措施和效果也是有差距的。

## 复 习 题

1. 建设工程目标对建设工程项目管理有什么影响？

2. 讨论：工程承发包方式与工程项目的分类、合同的分类、工程建设组织形式的关系。

3. 讨论：调查我国采用总承包模式的工程案例，并阅读 FIDIC 的 EPC 合同条件。分析我国的工程总承包与国际工程总承包的差异。

4. 讨论：我国装配式建筑在 20 世纪 80 年代中断的原因是什么？对我国建筑业和基本建设发展有什么宏观和微观的影响？现在我国大规模的建设已近尾声，再大规模搞装配式建筑，它的工程经济效益怎么样？这对它的发展有什么影响？会有什么样的要求和规律性？

5. 讨论：长期以来我国工程多采用分专业分阶段平行承发包方式，而且多采用公开招标方式，这对我国工程经济有什么影响？

6. 以我国某重大工程质量和安全事故为对象，调查其产生的原因和存在的问题，讨论解决这些问题的措施。

# 第15章

# 工程运行维护和健康管理

**【本章提要】**

运行阶段是工程功能价值发挥的过程。本章主要介绍：

(1) 工程运行管理的基本概念、管理方式、运行准备工作和运行阶段的风险管理。

(2) 工程维护的分类和工程维护管理的主要工作。

(3) 工程健康管理的概念、健康监测体系构建、健康监测和诊断、健康管理的实施。

## 15.1 工程运行管理

### 15.1.1 工程运行管理概述

**1. 运行管理的概念**

运行管理是一种综合性管理，广义的工程运行管理涉及如下几方面：

1) 工程运行的准备、计划和组织等方面的工作。

2) 工程系统运行维护管理，包括工程系统的保养和维修等。

3) 工程系统健康管理，如健康监测、健康诊断等。

4) 工程运营管理。这涉及企业进行与工程的产品或服务相关的经营管理工作，例如产品的市场定位、价格机制和服务标准等。

5) 其他。例如以工程为依托进行资本运作方面的管理。

本书的工程运行管理是狭义的运行管理，主要是指与工程的各专业系统相关的管理工作，包括上述1) ~3) 项的管理工作。

**2. 运行管理的重要性**

1) 随着社会经济的发展、科学技术的进步以及生活水平的提高，人们对工程，特别是高速公路、铁路、地铁、电力等大型公共基础设施的需求和依赖性越来越大，对它们安全稳定运行的要求越来越高。但是，由于工程系统自身的复杂性、使用磨损和外部环境的干扰等原因，经常会由于一些子系统、某一设备、线路，甚至是一些小的元器件出现故障，而导致整个工程停止运行。这不但使工程经济效益受到影响，而且对用户甚至整个社会都会造成很大的损失，如供电系统故障会导致大面积停电、高速公路停运、工厂停产、地铁停运等。

工程（特别是大型基础设施工程）的运行安全已是一个社会问题，已经成为现代社会管理的一部分。政府要提高对整个社会工程运行中的领导能力和应对危机能力。

2）通过对建筑物或设施进行运行管理，不仅能保障其设计用途和使用功能的正常发挥，维持良好的健康状态，而且能延长工程使用年限，增强工程可持续性，有利于工程总目标的实现。

3）随着大规模建设阶段的结束，我国工程界的工作重点将由建设转变为运行管理。工程界应加强对工程维护技术和健康管理创新的研究和开发，增强基础设施的可持续能力，减轻自然灾害和人为因素破坏造成的影响。这对于延长工程使用寿命、保证国民经济健康发展有更为深远的意义。

以美国为例，大多数基础设施工程建于 50 多年前，随着时间的推移，工程系统的老化正在成为工程界面临的头号难题。许多基础设施陈旧，既不能保持原有的状态，也跟不上社会和经济的高速发展，缺乏及时维修和更新改造，暴露出越来越多的问题。近 30 年来，美国对基础设施进行了几次评估，结果显示，总体健康状态趋势正在不断下降。具体评估综合评分如图 15-1 所示，图中：A = 优秀，90% ~ 100%；B = 良好，80% ~ 89%；C = 一般，70% ~ 79%；D = 较差，51% ~ 69%；F = 不及格，50% 或更低。

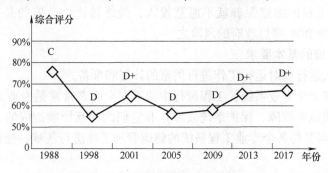

图 15-1 美国基础设施综合评分

### 3. 工程运行管理的特殊性

与一般产品相比，工程运行管理有其特殊性。

1）工程规模大，其运行管理是十分复杂的系统工程，专业性很强，需要周密的计划、准备、组织、控制工作。

而一般制造业产品的运行管理工作越来越趋向"傻瓜"型，标准化程度较高，不需要许多专业知识。

2）工程的运行时间比产品的使用时间要长很多。一般产品的使用寿命不超过 10 年。而工程，尤其是城市大型基础设施工程，其设计使用年限一般都是 50 年，有的甚至达到 100 年。

在工程的运行过程中，由于专业工程系统寿命不一致，需要分析和研究它们寿命期规律性，需要进行相应的更换（更新改造）。

3）一个成熟的产品，在使用阶段很快就能进入良好的运行状态。而工程在投入运行后会有一个比较长的"磨合期"，即特别容易出现运行障碍，产出效率低，产品或服务质量不稳定等。

4）从环境角度，产品的使用环境相对比较单一，基本能符合其设计时所规定的使用条件。而工程在运行阶段所处的环境则变化多端，而且有些变化在工程设计阶段是无法预料的。例如：所处自然环境的变化，在使用过程中可能遇到的极端恶劣气候条件，甚至恐怖袭击等，这些都会使工程结构破坏，工程健康受损。

5）工程的运行状态不仅与工程投入运行时间相关，而且与在运行过程中的负荷大小有关。例如，由于运输车辆超重，交通流量大，导致一些高速公路和桥梁过早毁坏。

6）工程运行过程中的维护程度不同，工程的寿命和性能也会不同。如果能够保持经常性及时维护保养，工程性能老化速度就会降低，能够延长寿命，否则随着时间的推移，改善或恢复工程系统健康所需费用会大幅度上升，其增长比例也在不断升高。

7）产品的维修保养关系相对比较简单，在保修期内，由厂家免费维修；过了保修期，一般则仍由厂家维修，由使用者承担相应费用。而工程在缺陷责任期内由承包商负责维修，此后通常由运行单位负责维修。

8）工程建设项目资金来源渠道多种多样，也决定着工程维修资金的不同来源，相应就有不同的制度保障。我国目前大量的工程维修资金来源没有保障，造成了许多工程年久失修、带病工作。例如，我国的许多由 BOT 项目建设起来的工程，在特许运营期结束前一段时间，项目公司对工程的维修保养就不愿意投入，最终转让给政府的是一个"疾病缠身"的工程。这已经成为 BOT 项目政府的风险之一。

**4. 工程运行管理的基本要求**

1）在工程投入运行前对运行工作进行周密的计划和准备。

2）工程包括若干个专业系统，工程运行中的不安全因素常常是专业工程系统内部因素（构件损伤、设备或线路故障、保护系统故障）和它们的相互影响造成的，因此工程的健康管理是系统问题，需要将各个专业工程系统的健康管理工作进行集成，应该建立工程运行管理和健康监测体系。

3）工程运行管理必须考虑工程外部因素影响，如自然灾害、气候失常等，必须进行风险管理、突发事件管理和危机管理。

4）工程运行管理必须有效利用前期策划、设计、施工及设备安装、检查验收、运行维护各个阶段的信息，这有助于对工程安全运行和健康状况的合理判断。

## 15.1.2 工程运行管理方式

工程运行阶段的管理（如维护管理、资产管理、更新改造管理等）方式也是丰富多样的。

（1）由使用单位或业主自行管理。一般工业厂房、企业的办公楼、学校校区等都是业主或使用单位自行负责日常的维护和常规维修。所以在我国许多单位都有维修管理处。

（2）由物业管理公司管理。现在我国大量新开发的房地产小区、综合性办公楼等都采用物业管理公司管理的模式。国际上一些大的港口、公路和机场，通过招标聘用运营管理公司。这些是工程运行管理社会化的表现。

（3）由工程承包商承担运行维护和管理工作。许多国际工程，以及我国目前的 PPP 项目中，业主要求工程承包商或供应商继续提供工程运行管理和维护服务，其优点有：

1）能够保持工程管理的连续性，促进建设质量和运行维护效率的提高。由于工程系统十分复杂，许多工程竣工后业主自己组织成立运行维护部门，只能通过看竣工资料了解系统概况和隐蔽工程布置，出现故障后，常常维修不及时，最终造成运行维护费用的增加。而承包商承担工程的建造任务，最熟悉工程系统（如地质情况、隐蔽工程、管道的走向、设备性能、总体布局等）。在工程出现故障后能很快找到原因，提出解决办法，"轻车熟路"。所以由承包商进行运行管理是经济合理和高效率的。

2）工程建设和运行维护责任的一体化，消除了承包商的短期行为，减少了工程中的责任盲区和风险。对承包商来说，有更多和更大的盈利机会。

3）承包商通过参与工程的运行维护，有助于提高自身识别和开发商业机会的积极性，提高服务创新意识。承包商通过运行维护更了解工程，发现工程设计、施工中的问题，能够在新工程建设中将其规避，将工程做得更好，从总体上提高整个社会的工程建设和管理水平。

### 15.1.3　工程运行准备工作

（1）工程的运行准备是工程由建设阶段向运行阶段的过渡。其目的是让工程尽快进入正常、平稳的运行状态，达到预期的设计使用功能。

工程故障磨合期的时间长短与运行准备计划的周密性和科学性有关。如果准备工作不足，会使工程在运行初期故障频发。

（2）工程运行准备工作应作为建设项目的一部分，在竣工前应安排充分的时间做好工程的运行计划和准备工作。通常包括：

1）运行维护手册的编制。

2）运行维护组织和运行管理系统建设。

3）运行人员和维修人员的培训。

4）工程运行所需的原材料、辅助材料的准备。

5）生产过程的流动资金准备等。

（3）尽可能保持建设过程和运行过程的一体化。例如编制运行维修手册、培训运行维修人员、准备生产的原材料和辅助材料等工作，都可以列入设备供应商或工程总承包商的承包范围。这样可以保持建设和运行过程责任的一致性，对于减少运行初期的障碍、使工程尽快达到设计运行功能非常重要。

（4）更多地收集同类在役工程建设、运行维护和健康管理的资料，以分析总结经验和教训。

### 15.1.4　工程运行阶段风险管理

在工程运行过程中风险事件是不可避免的。以城市轨道交通工程为例，据不完全统计，在过去的几十年里，世界各国城市轨道交通工程运行中发生了很多重大灾害，有火灾、水灾、停电、列车出轨、爆炸等。几乎每一起风险事件都导致了严重的后果，例如：1980—

1981 年，美国纽约地铁发生 8 次火灾，造成 53 人死亡，50 人重伤；2003 年 2 月，韩国大邱地铁人为纵火，导致 198 人死亡，147 人受伤。

针对工程运行阶段的风险，要建立城市突发性风险事件的应急措施体系。根据世界先进城市应急管理经验，对大型公共工程要建立：

（1）监测预警子系统。对可能诱发突变事件的各种因素和灾害本身的变化进程进行适时观察、测定，及时了解其活动、变化规律和趋势。分析监测信息，识别可能发生的事故类型、范围以及主要诱因。利用信息网络向公众及时发布灾情的相关信息。

（2）社会控制子系统。社会控制子系统主要通过法律法规、机构职责、应急预案、宣传教育等来实现风险控制目标。社会控制子系统发挥着动员社会力量和配置社会资源的作用，反映着社会和政府的工作效能，是实现工程应急管理目标的关键因素。

（3）公众反应子系统。要对大众进行防灾救灾宣传，每年进行必要的培训演习。

（4）紧急救援子系统。在灾害发生的情况下，保障城市的通信系统、供排系统、抢灾救灾系统的有效运行。

（5）资源保障子系统。对可能的灾害要有相应的救灾物资储备。

### 15.1.5 我国工程运行管理存在的问题

我国工程领域一直有"重建设、轻维护"的错误取向，在工程运行维护和健康管理方面与发达国家还有差距。

（1）工程在投入运行后"故障磨合期"较长，许多工程长期达不到设计运行功能，有些工程在投入运行后就要进行维修。例如一些桥梁建成不久就重新进行桥面铺装等大修。

（2）对工程在运行中的风险没有有效控制，存在许多隐患。工程质量问题的暴露具有滞后性，往往进入使用阶段才慢慢被发现，甚至在重大安全事故发生后才被人们所发现。例如，从 20 世纪 90 年代以来，我国大量的高层建筑工程采用玻璃幕墙，但这些玻璃幕墙是挂在外墙上的，连接部分和玻璃幕墙的结构都有一定的设计年限，如遇大风或地震，都会出现安全隐患。

（3）工程在使用阶段管理职能条块分割，无法进行集成化的运行管理。例如，房屋建筑及附属设施在使用期内的主要行政管理，就涉及房屋安全鉴定机构、城市房产局下属白蚁防治研究所及房屋安全和设备管理处、消防局、质量技术监督局、特种设备安全监察部门等多家单位。

（4）工程运行监管方式上存在问题。

1）采用被动式、对突发事件应急性的监管方式。尽管我国相关政府部门行政职能中包含了在役建筑工程安全性管理，但并没有形成长效监管机制，没有建筑工程全寿命期检测制度、定期结构检测制度、住宅检验评估制度。往往是在出现建筑物安全性事故或者出现自然灾害（如地震、泥石流、水灾）后，突击组织检查。这种权宜的、被动式的、非常态化的管理手段导致许多安全隐患因得不到及时的维护和检修，逐渐蜕变成危险建筑物，或者在遇到自然灾害时，会发生安全性事故，造成重大的财产损失和人身伤亡。

2）部分工程系统监管缺位。有些新的安全性问题没有列入任何一个部门行政职能中，也没有任何一个部门主动去承担这个职能。例如，建筑物外立面装饰物（如墙砖、玻璃幕墙）的脱落等造成的安全事故，尚没有具体政府部门承担监管职能。

3）监管困难。目前我国建筑物权属性多样化，十分复杂，有些建筑物的产权不清晰甚至灭失，难以确定建筑物安全管理责任人。而且，绝大多数安全责任人既没有能力也没有主动性进行安全检查，也不可能做到自愿检查。

4）维护管理资金得不到保障。我国政府和企事业单位总是不惜投入大量资金建设新工程，但投入的在役建筑工程维护资金却相对较少，国家也没有相关制度规定政府或企业年度预算中关于建筑工程维修资金的标准。

住宅工程虽然有公共维修基金，但它只占房价的 2%～3%（约占房屋土建安装成本的 15%～20% 左右），仅够用于公共部位和共用设施、设备的日常维修、养护和更新事项，根本无法满足房屋结构性大修的需要；所有权属于政府的公共建筑，也同样缺乏维护基金。

（5）缺乏完善的建筑物信息管理机制和综合性的信息管理系统。我国工程领域尚未构建工程全寿命期信息体系，有些年代久远的建筑物很难找到原始的工程档案，历次维修改造档案也没有得到很好的保存。尽管从 20 世纪 90 年代末县级以上城市设立了城市建设档案馆，但一些新建建筑物的建设单位经常拖延、少交或者不交工程建设档案。在工程运行过程中，当工程出现故障需要立即采取措施，却找不到最初设计、施工以及运行中更新改造等相关信息，使诊断、设计、维修缺乏依据，往往贻误时机，或者诊断、维修不到位，留下隐患。

## 15.2 工程维护管理

### 15.2.1 概述

**1. 工程维护的概念**

工程维护是指对工程进行经常性检查、维护和必要的维修，其目的是保持工程良好的工作状态，使其正常地发挥功能作用，或为了提高工程的运行效率，实现或增加工程的价值。

**2. 工程维护管理范围**

工程维护管理范围涵盖整个工程系统、子系统和组件。不仅包括建筑物和工程设备等硬件设施，而且包括通信、控制和其他软件系统，以及工程周边环境维护等。

**3. 工程维护的作用**

1）提供工程运行安全的保障。通过保养、检查和维修，保证工程系统能够满足运行的需求，将设备维持在正常工作状态，在故障发生时能够以最短时间将其修复，减少对用户的影响。

2）预防事故，降低风险。通过操作、维护、检查和应急处置等措施，在事故发生后迅速控制事故的发展并尽可能排除故障，保护用户和员工的人身安全，将事故对人员、设施和环境造成的损失降低至最低程度。

3）提高运行效率。提高维护保养的效率，降低运行维护费用，发挥或提升工程价值，延长工程使用寿命。

4）提升工程服务水平。提升系统的管理和服务水平，改善运行条件，为用户提供更方便快捷、安全舒适的服务，改善或减少对周边环境和居民生活的影响。

5）节约工程全寿命期成本。推迟工程再次修缮和翻新的时间，减少专业工程系统更换的周期，并最终减少工程总维修费用，能够使工程发挥更为积极的作用。

**4. 维护管理人员要求**

为了保证工程管理的连续性和有效的运行管理系统，工程运行维护人员应参与工程施工和工程更新改造过程。

1）维护人员应确保全程参与工程试运行，以熟悉工程系统结构、管道走向，弄清所有设备和仪器正常运行的机理。

2）维护人员应熟悉所有工程历史档案，如设计图（包括施工图、说明书、规范）、竣工资料运营手册、维修过程资料等。这些资料应放置到工程维护部门进行统一保管，以方便后续查阅。

3）加强对维修管理人员的培训和职业发展。由设备供应商或施工承包商提供运行维护手册，对维护人员进行培训。由于维护人员不断交替，应建立维修工作管理机制，明确维护任务分工。

## 15.2.2 工程维护的分类

**1. 工程的维护策略**

工程的运行维护方式有以下三种策略选择：

（1）反应性维护。反应性维护是指工程运行到破坏，或不能再继续运行为止，再进行维护（如专业工程系统的维修和更换）。现在我们在大多数情况下采用这种维护方式。

这种运行维护方式初始费用低，运行维护人员需求少。但是由于缺少对维护工作和工程用户需求有计划的安排，在许多情况下设备处于带病运行状态，工程可能毫无征兆地停止运行，进而造成设备停机和修复时间长，费用增加。

（2）预防性维护。预防性维护通过常规例行的检查，以发现、预防或减少系统的损害，从而达到维持或延长其使用寿命的效果。

采用这种方式，维护活动有合理的节奏，节省能源，设施的使用寿命增加，降低设备和系统的破坏，从总体上节约维护成本。但是它需要一定量常规的维护人员，不能完全消除最终破坏，有些设备运行状态较好，可能会产生过度维修。

（3）预测性维护。通过调查、收集和分析信息，找出系统故障发生的原因，控制产生故障的影响因素，从而达到推迟或降低破坏的目的。

这种方式能增加设备的使用寿命，采用前馈校正行动，减少设备的停工时间，有更好的产品和服务质量，增强工人和环境的安全性，能从总体上更多地节约维护费用。但是它需要工程维护系统，增加诊断设备的投资，需要有经验的维护人员。

**2. 维护方案决策**

工程的维护方案可分为以下三类情况：

（1）日常保养或者经常性维护。例如，粉刷或更换地毯、电梯检查、机械设备保养、重涂屋顶材料、检查/校正门窗等设施。

（2）中等升级或改造。例如，修理屋顶或走廊、更换电梯系统的发动机、替换整栋建筑物照明设施等。

（3）大型的升级换代。例如，替换整个屋顶、重新安装空调系统、替换热水器、重新更换电梯，或重新装修建筑等。

对相应的维护方案还必须对维护内容、时间间隔、维护工作流程、维护费用预算、所需资源（人员、工时、工器具、备件等）、应配合的部门等做出相应的计划。

### 15.2.3　工程维护管理的主要工作

（1）建立完备的工程维护方面的法律法规和制度。国家应对建筑物的使用、健康检测、维修加固和拆除做出强制性的规定。

（2）构建工程运行维护和健康管理系统，加强工程系统的健康检测、评价，以便更好地了解和监督工程维护质量。

为保证工程的正常运行，必须对重点设备、公共设施和公共管网等进行重点管理，如重要工程设施、载货电梯、工业供水供电系统、变电站等。

（3）工程的环境管理，包括公用市政设施的维护管理、环境卫生和维护管理、绿化管理、设施设备（电梯、通信、空调、监控、消防）的维护工作。

对有些工程的维护管理还要包括对工程周边地质和生态环境的管理（监控）。例如，2010 年我国甘肃舟曲发生特大泥石流灾害，毁坏了整个舟曲县城，造成大量人员伤亡和财产损失。如果在周边山上设置监控点，利用 GPS 检测山体位移，则可以有效预防泥石流对人的伤害。

（4）工程检修工作。检修工作包括日常维修、故障临修、设备大修与状态检修工作，以维持工程系统的安全性、可靠度和使用率，确保达到各项健康指标水平。

1）日常维修。日常维修是指经常进行检查和维修，及时排除故障，消灭事故隐患。对于与工程的运行和用户的安全直接相关的工程系统，以及频繁使用的设备须采用这种模式。包括：

① 定期现场维修。按规定的维修周期，定期派员到现场，对设备进行检查、保洁和维修。

② 定期车间检修。对于不适宜在现场作业的部件、设备，进行定期的更换、修理。

我国古代就有重大工程的维护保养制度。例如，都江堰从宋代开始，每年都要进行"岁修"，冬季断流、春季淘淤，这是保持都江堰"青春永驻"的重要措施。

2）故障临修。故障临修是指发生事故后进行的紧急抢修，对故障设备或部件施行现场维修或置换修理。

3）设备大修。设备大修是指对设备进行全面修理，使设备完全恢复精度和额定功能，需要对设备所有零部件进行清洗检查，更换或加固主要零部件，调整机械和操作系统，配齐安全装置和必要附件，按设备出厂时的性能进行验收。

4）状态维修。状态维修是指根据设备的实际运行状态，有目的、分轻重缓急地把有限的人力、物力、时间用到急需检修的设备上来，实现针对性检修。

## 15.3 | 工程健康管理

### 15.3.1　健康管理的概念

如果把工程看作一个生命体，从医学的视角分析，工程运行状态问题就可以称为工程的健康问题。则人类医学的评价和管理方法可以被借鉴到工程的健康、功能和运行质量等方面的管理上。从医学健康诊断方法中汲取一些新的思想和方法，将能有效解决工程运行管理中的问题，使隐患消灭在萌芽状态，减少故障发生。

一个人在成长过程中，为了确保其生命体处于健康状态，需要进行定期的检查，以便及时发现病变和预防病变，采取相应措施。同样，工程的健康状态随着寿命期进展、系统故障和老化而变化。在工程的运行中，也要定期进行健康检测和运行状况分析。

（1）工程健康问题十分复杂。从总体上说，工程健康状态可以理解为工程系统及其专业子系统在发挥其设计功能时所表现出的能力和整体状态的描述，能够保持各专业系统间功能协调、整体功能平稳、对社会经济发展有持续贡献的能力状态。

（2）工程需要定期的健康监测。工程在设计和施工过程中的缺陷、建筑材料自然老化、结构的疲劳、建筑布局的改造、使用不当、气候和环境的恶化以及不可抗力等因素构成了运行中的安全隐患。这些安全隐患有些是先天性的，有些则经过了几年，甚至几十年潜在变化的。它们多发生在建筑体的内部，很难被目测观察到，需要进行定期的健康监测。

（3）健康管理以监测、诊断、预测为主要手段，是健康监测、健康诊断和维修决策的高度交融。

1）通过对工程及其系统组成部分进行监测，获得健康状态信息。

2）通过分析和判断，对工程的健康状况进行诊断。

3）对工程的维修、更新改造进行决策。

4）执行过程。通过对工程运行工作的干预，以保证工程的正常状态，将安全风险降到最小。要将健康管理系统和维护保障系统统一考虑，使信息在健康管理系统与维护保障系统之间流通更顺畅，使健康管理和运行维护更有效。

工程健康管理系统过程如图15-2所示。

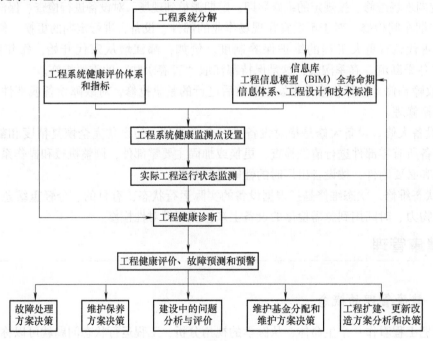

图15-2　工程健康管理系统过程

### 15.3.2 工程健康监测体系构建

按照图 2-1 工程系统总体概念模型，工程健康状况能够由许多方面反映出来，最重要的有：

1）工程系统。

2）工程运行过程状况。

3）工程的产出，即其产品和服务状况。这能从总体上判断工程的健康状态。

4）环境状况。需要结合环境系统状况对工程系统健康进行监测、诊断和决策。

这里重点论述工程系统的健康状况监测。其相应的方法能够扩展到运行过程、产出和环境监测中。

（1）工程健康管理针对工程系统，在工程系统分解结构（EBS）的基础上进行，以保证工程健康监测体系的整体性。

（2）对各个专业工程系统，设立健康评价指标体系，包括健康因子和健康指标，作为健康诊断的衡量标准。评价指标设置需要针对工程的使用寿命和功能要求等特点，从多个方面考虑。除了可靠性和安全性外，可以同时考虑能源消耗和环境保护等其他方面。

（3）设立工程子系统健康监测点。

1）设立工程实体健康监测点。通常以工程系统分解结构的结果为对象设置检测点。

例如，对房屋建筑工程，按照系统分解结构的结果，设置基础、结构、屋顶、暖通和电气设备等监测点，具体设计评估记录表格。

同时，根据专业工程子系统的特性，设置反映健康因子状态的指标。

2）在工程运行过程中持续地进行健康监测。充分利用现代信息技术，对整个工程系统设置控制智能化系统、传感网，将工程检测技术与 GPS、GIS、信息的远程传输等结合起来，实现在线实时监测和智能诊断及预防性维修，以提升整个工程的运行维护和健康管理水平。对工程建设和运行过程中的异常状态进行实时、连续的监测和预警。

（4）建立工程全寿命期信息库。健康管理应当"以信息为依据"，从测试结果中抽取信息，通过连续的健康监测信息分析工程健康的规律，并对工程进行健康诊断，与可能的故障结论建立关联。参照医学科学中的人的病史和医疗记录建立工程信息库，以便指导工程的健康诊断活动，降低工程健康诊断的费用。

工程全寿命期数据库对整个诊断过程的各个工作都起着指导作用，在运行中，要连续或间断地监测系统状态，获取连续而完整的工程运行信息，而且整个诊断过程的信息都要记录到信息库里面，形成循环的过程。

### 15.3.3 工程健康监测

工程健康监测是通过对工程系统状态的信息收集、分析、判断，对工程系统的健康状态进行评估，为健康诊断、系统维护、维修与管理决策提供依据和指导。

工程健康监测工作流程如图 15-3 所示。

（1）工程运行状态监测。通过测量系统各种响应的传感装置获取反映系统行为的各种记录。

1）对工程系统总体运行状况进行记录和监测，如产出效率、产品或服务的质量、工程系统运行的协调性等。

2）对各个工程健康监测点，利用各种传感器连续或间断地采集工程各系统的相关参数信息，监测系统运行状态，提供健康管理系统而完整的数据。

3）对工程系统能源消耗持续跟踪。

4）对工程周边生态系统进行健康监测，如对风、雨、雪、地质变化情况等的监测和记录。

5）进行数据处理。将接收到的各种信号和数据进行处理，可以得到反映工程总体运行情况的特征数据和各个专业工程系统健康情况的特征值。

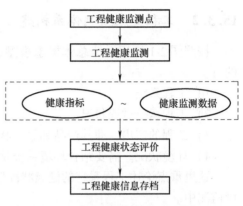

图 15-3　工程健康监测工作流程

（2）将反映工程实际运行情况的信息与预设的各监测点健康因子的指标值相比较，以得出工程健康状态的基本评价，并且可根据预定的各种参数指标极限值/阈值来提供故障报警。

（3）工程健康状态评价。通过各种健康状态历史数据、工作状态以及维修历史数据等，评价被监测系统（也可以是分系统、部件等）的健康状态（如是否有参数退化现象等），以发现工程的哪一部分工作不正常，以及不正常的程度，并确定故障发生的可能性。衡量设施现有状况是否影响公共安全，评估其可能发生的事故后果。

1）工程现状评价。根据收集的数据和调查资料，分析工程系统当前的物理性能和可能的发展趋势，评定专业工程系统或部位的健康状态级别，确定急需维护内容，以便更好地了解和监督工程维护质量。

2）工程功能容量评价。针对目前的工程用途和新要求（例如医院的病床数等、中小学校容纳学生数量等）对它的产出功能和服务质量进行客观评价，并判断该类设施未来可以满足的容量。

3）运营和维护情况评价。评价运行维护单位的管理水平和能力、需要改进的地方，看是否符合国家及当地政府的法律、法规和相关条例，以及对工程运营和维护的要求。

4）工程运行需求情况评价。调查并了解现有需求，在此基础上对未来需求做出总体判断。

5）运行维护资金状况评价。统计并分析工程维护资金的来源、所需出资数量和比例，以及对正常运行维护的保证程度、与正常需求的差额等。

6）可恢复性评价。分析若发生破坏时各类建筑物所带来的后果，各类建筑物功能的（不）可替代性。注意可恢复性和可靠性不同。

评价基础设施系统预防和抵抗多种灾害袭击时的影响，并衡量其是否能够快速恢复并提供紧急服务，同时最大限度地降低危机对公众的生命、健康、国民经济、国家安全危害的能力。还包括对风险和后果的管理、全寿命期维护、系统的独立性、及时恢复的时间/难易/成本等一系列分析。

（4）工程健康信息存档。将健康监测的数据和评价结果、所采取的维修措施，以及采取措施后工程设施的健康状态等信息存入健康档案，作为反映工程运行状况的基本信息。

### 15.3.4　工程健康诊断

定期进行工程健康诊断，判断工程的运行过程是否处于正常状态，避免各类严重工程事故的发生具有重要意义。

（1）工程健康诊断是指工程运行中通过对工程健康诊断指标进行分析，可以掌握工程系统的健康状态，以提前识别、发现和确定问题，防患于未然，消除系统的潜伏性故障，防止突发性事故发生，以确保工程正常的运行。

（2）工程健康诊断的内容。工程健康诊断包括故障诊断、故障预测。工程的故障就是工程各系统不能完成规定的功能或性能退化不满足规定要求的状态。

1）故障诊断是基于工程实际工作状态（数据）、预设的健康因子和相关指标、各种健康状态历史数据和维修历史数据等，通过归纳、统计分析，评估被监测工程系统的健康状态，判断将要发生的故障种类，确定故障发生的可能性。

2）故障预测是综合利用前述各部分数据信息，可评估和预测被监测系统未来的健康状态，包括剩余寿命等，分析如果不采取措施，继续运行工程，工程的健康发展状况以及会出现什么故障。

故障诊断与故障预测都是对客观事物状态的一种判断，其最基本的出发点是判断者采信的信息源。考虑如果采取措施，以及采取不同的措施，工程的健康会有什么情况，会出现什么问题。

（3）工程健康诊断包括工程结构健康诊断和设备系统健康诊断。

1）工程结构健康诊断。结构在受到自然因素（如地震、强风等）及人为破坏，或者经过长期使用后，通过测定其关键指标，检查其是否受到损伤。如果受到损伤，根据损伤位置、损伤程度、可否继续使用及剩余寿命等，判断结构的健康状态。

① 通过结构健康诊断技术来获取有关结构状态的信息，可以为工程结构的设计验证、施工控制、安全运行和维修决策提供有力的技术保障，对评价整个工程的安全性、完整性、耐久性和适用性具有极其重要的意义。

② 结构健康诊断可以采用现场的无损传感技术和结构特性分析手段（包括结构响应）来探测和揭示结构状态退化或损伤发生的一个过程。结构健康诊断是一种在线技术，能够利用监测数据对结构状态做出实时评估，也能够在地震、飓风等突发性灾害事件发生后对结构的整体性做出近似实时的诊断。

③ 结构健康诊断的方法主要有：统计系统识别方法；统计模式识别方法；神经网络方法等。

2）设备系统健康诊断。设备系统健康诊断是指通过对设备、网络和控制系统等的状态实时进行扫描，建立其健康档案，实施动态跟踪，根据其特征量的变化，诊断其健康程度，及时发现病灶并报警，必要时加以消除。

### 15.3.5　工程健康维护决策

工程健康管理的目的在于实现维修趋势分析、预测部件维护问题、评估性能变化、实施与评估修复措施。最终目标是识别并修复（或更换）故障部件，或在危及安全之前解决运行问题，帮助工程的维修进行相关决策，提高工程维护效率，避免资源浪费。

通过状态监测、健康评估和故障预测，对如下问题做出决策：

（1）故障处理方案决策。工程健康诊断可以提前发现工程运行中的故障预兆，及时采取预防措施，防止故障发展，减少修复费用，避免重大事故的发生。

对故障处理，应构建设备故障维修管理系统，包含：各系统设备故障报修、维修流程，零部件的领用、审批；坏件的回收流程；维修派工及工时计算；维修费用预算及与实际发生费用的比较；设备故障记录、查询，处理方式、结果等。通常有以下活动：

1）对故障进行处理，最大限度地保证工程的有效性，使工程系统不受到损害。

2）修复。通过维修，或系统（或部件）更换，消除故障，将工程恢复到正常状态。

3）检验。确认修理解决了故障问题，并且没有遗留潜在的副作用，并检验系统性能恢复程度。

（2）工程维修资金分配决策。应根据工程诊断情况，在制定科学维修方案的基础上分配维修资金。

（3）新工程建设中的问题分析和评价。工程健康诊断资料是相似工程进行设计、运行的最好的参考，能够使工程的相关方在设计阶段就可以针对此类工程的薄弱环节进行加强设计，能在运行期对工程可能发生的问题采取预防措施。

（4）工程扩建、更新改造方案分析和决策。

### 15.3.6 工程健康管理的实施

（1）工程健康管理表。上述健康管理的结果可以用工程健康管理表（报告）描述，其内容可以按照需要设置。通常可以包括如下基本内容：

1）根据工程系统分解结构（EBS），从系统、子系统以及组件等不同层次级别，确定健康管理的对象和检查位置。

2）对技术状况进行描述和评价。可以采用分级评价方法，按照该专业工程系统的实际情况与应达到的技术标准进行对比确定等级，并评价该专业工程系统是否满足使用要求。

3）对整个工程提出诊断意见，包括对工程功能的评估、安全状况。

4）工程健康等级评估。按照该工程的总评分确定其健康等级。健康评价等级可以分为：

① 健康。可正常使用（建设），无证据表明建筑物存在安全性风险隐患。

② 基本健康。可正常使用（建设），但存在次要风险隐患，限期进行维修或加固（整改）。

③ 局部不安全。存在重要风险隐患，须暂停使用，待维修或加固后，方可继续使用。

④ 严重不安全。存在重大风险隐患，建议停止使用，启动强制性建筑物安全鉴定程序。

5）工程问题处理建议或计划，即做出具体可行的工程维修、更新、改进方案等。

6）对公共建筑提出宏观的政策建议和战略，以及行政方面和经济方面的措施。

7）其他，如健康诊断工作责任人、对问题的处理情况等。

8）附件。在健康调查、分析、诊断过程中的各种支撑资料、数据，包括调查报告、检测和试验结果的各种记录。

（2）根据不同的建筑类型，建立各评价指标，形成本类工程的评价体系标准。

（3）构建在役工程健康管理制度。对于重要的工程，健康检查应有强制性的规定，构建完整的体系。例如，可分为：运行单位每年自查；主管单位（或部门）每隔数年常规检查；每隔 10 年或 15 年，可以组织专门人员（专家）进行深入的检查；特殊的检查，如改变使用功能或出现明显的健康问题或遭受地震等后的健康检查。

# 复 习 题

1. 查阅文献资料，分析我国工程运营管理的现状以及存在问题。

2. 以某类工程为对象，调查其运行管理模式、在役工程的健康状况，分析运行管理方式对工程运营维护的影响。

3. 调查我国工程维修资金来源有哪些？使用的时候有什么要求？

4. 如何做到工程建设与运行维护管理的一体化衔接？

5. 如何从健康监测的信息中，分析工程健康的规律性？

6. 如何使工程运行和健康检测的信息能够反馈到新工程的设计和施工？

# 第16章

# 工程的更新循环

【本章提要】

本章包括如下内容：

（1）工程改造的原因、方式和基本要求，工程改造项目的特殊性。

（2）分析工程最终拆除的原因、处理方式和影响，以及拆除后的再循环过程。

（3）以沪宁高速公路工程为例，介绍扩建工程项目的特殊性、主要问题和管理效果等。

## 16.1 概述

（1）工程更新循环的概念。当一个工程在使用过程中原有功能已经不符合要求，或功能消失，或工程已经完成原来的使命，它将面临三种不同的命运：

1）被改造。通过适当的再利用改造，工程被赋予新的使用功能，发挥新的价值。

2）被拆除。工程实体彻底消失，提供新的土地资源，等待再次开发，有再利用价值的建筑材料会被回收处理后再利用。

3）被废弃。由于我国人口众多，土地紧张，除了一些特殊工程（如核电站遗址、核试验装置遗址、矿山遗址等）外，一般这种情况比较少。

其中，前两者是工程更新循环的主要途径。

（2）工程的更新循环将成为我国工程界的重要课题。其原因是：

1）我国大规模工程建设已经了持续近40年，工程界的主要任务正逐渐转向以工程运行维护为主的状况，要加强对已建成工程的更新改造、扩建、加固方面的工作。在不远的将来，随着大量工程设计寿命期的结束，必然要进入以工程遗址的处理和土地的生态复原为主的阶段。

2）近几十年来，有些建筑在规划、设计、施工方面存在重大缺陷，都将要被拆除再建，或者更新改造。

3）我国人多地少，土地资源匮乏，必须对土地重复使用。大量的工程报废后要拆除进行下一个工程的实施。许多城市进行大面积老城区开发，都有工程的更新循环问题。

4）我国经济发展速度加快，许多单位（如开发区）要经常性改变产品，重新开发新产品、新工艺，则要对工程进行更新改造，或拆除后再新建。

（3）我国长期以来对工程都是重视建设，轻视更新改造，在部分工程系统衰退、老化后，大多轻率地将工程拆除重建。这不符合现代工程的理念，也不符合现代社会节约资源和可持续发展的要求。

## 16.2　工程的改造

目前工程管理的研究中，多数都是针对新工程的建设管理，很少提及既有工程和老旧工程的更新改造问题。然而，随着社会和经济的快速发展，社会需求不断变化，技术日新月异，很多工程都在不断更新改造，以适应发展的需要。因此，在工程全寿命期管理中，工程更新改造管理的作用日益凸显，有必要进行系统研究，以全面提升工程全寿命期的管理水平。

**1. 工程改造的概念**

这里的"工程改造"是指在运行过程中，由于有某种新的要求对工程进行更新、改建、扩建的行为，使工程功能扩展，或转变为新的使用功能、新的工程系统结构形式，即在保留工程主体结构的基础上，对工程进行改造更新、功能升级，以满足新的需要。通常有如下几种方式：

（1）更新。在工程原总体功能不变情况下，对工程的部分进行改造，以满足新的使用要求。主要包括：

1）专业工程系统达到设计寿命后进行更新。例如建筑的重新装饰、陈旧电梯的更换、智能化系统和控制系统的功能升级。

2）增加新的专业工程系统。例如增加监控系统，增加中水回收系统，以及建筑节能化改造。

（2）改建。改建是指在结构主体框架基本不变的情况下，通过局部翻新使原有建筑物具有新的使用功能。例如，工厂为产品转型，改建新的流水线；将厂房改为办公楼或宾馆等。

（3）扩建。扩建是指为了提升生产产品和提供服务的能力，在原有基础上扩大工程系统规模。例如，我国在近几十年进行的电厂"小改大"、高速公路的扩建，以及工厂增加新的生产流水线。

**2. 工程改造的原因**

（1）推动产业升级和技术进步。通常工业厂房主体结构的设计寿命为 30 ~ 50 年。而产品市场周期仅为 5 ~ 10 年。因此，在工程建成投产后一段时间，必须进行更新改造，以满足企业开发和生产新产品的需要。

（2）专业工程子系统寿命期不一致。通常房屋建筑主体结构设计寿命为 70 年，而装饰工程寿命期一般为 10 年，电梯使用寿命大约为 30 年，则许多专业工程子系统必须不断更新。

（3）社会需求的变化，要求工程功能增加或变化、扩大规模、系统更新和增加。例如，现在为了达到节能减排的指标，我国许多工程需要进行节能化改造和产品升级。

（4）其他情况。例如，因为灾害造成损害，需要对工程进行恢复性改造，或者是城市原规划存在问题，需要改造。有些工程老化，结构衰退，但不能拆除，如古建筑，一般都通过改造得以保护和传承，如故宫和布达拉宫的改造。

### 3. 工程改造的要求

工程的改造是使工程得到再循环，一方面可以使建筑工程免于毁弃，体现了对历史文化的保护，另一方面是使旧建筑拥有新的生命力，焕发青春，体现了对物质、能源的最大利用，体现建设资源节约型社会的理念。

工程改造又是一种特殊类型的更为复杂的建设过程，比新建工程更为艰难，约束条件更多。工程改造不仅要符合前述工程设计的基本准则、程序，满足现代生活和现代经济社会发展需求，以实现工程的可持续发展，还有以下特殊要求：

（1）最大限度地保护原建筑物的价值。在保留旧建筑历史特色的前提下使其适应新用途，因为原建筑承载着有形的物质资源和无形的文化资源，承载着社会、文化、经济、技术等方面的需求，只有保护利用才能满足这种需求。

（2）注重对原有工程系统的再利用。进行工程改造应本着节约土地、节约资金、节约资源、节能减排的原则。应充分合理地利用原有设施和材料，尽可能地避免资源的浪费，提高工程结构的使用效率和寿命。对原有建筑和设施的充分利用有三种方式：

1）整体保留。保留工程的原状，包括工程设施建筑物、设备设施以及道路系统和功能分区。

2）部分保留。留下建筑物健康的部分，或有较大价值的部分，或有标志性作用的部分，如可以是具有典型意义的、代表工程性格特征的工程景观，也可以是有历史价值的建筑或质量好的老建筑。

3）构件保留。保留建筑物、构筑物的一部分，如墙、基础、框架等构件。

（3）保证结构的安全可靠性。建筑改造应有严格的结构检验措施，对建筑是否可以承受改建、扩建方案添加的结构负载做出审慎的计算，并且做出合理的结构补偿措施。改扩建工程既要保证工程质量和安全，同时也要维护公共安全和公众利益，要遵守有关法律、法规和各种管理办法等。

1）原建筑物在较长使用过程中结构可能产生变化，地基可能会出现不均匀沉降等。因此对原有建筑物要进行一些技术鉴定（如地基承载力、构件承载力），并采取相应的措施保证改造后结构的安全。

2）由于使用功能的转变，可能导致防灾（如抗震、消防等）等级的提高，因此改造后的建筑物应符合相应的防灾设计规范要求。

3）通常改建、扩建后工程内部功能要求较原建筑物有显著提升，对水、电、通风、空调、消防、智能、装饰等方面的施工要提出更高的要求。

（4）新的设计方案与环境和原工程系统设备应有良好的兼容性。工程改造常常是一个新的规划和设计过程。在改造中，对原有建筑物进行功能的置换和重组时，不能只考虑局部功能的合理完整和单体建筑的效果，应当正确把握个体和群体关系、局部和整体的关系，从整体构架、功能关系、空间组织和文脉等方面统筹兼顾，从整个工程系统，甚至区域的整体进行优化，尽可能保持原有的文化和建筑风格，注意形式与功能匹配。改造设计在满足新功能要求的前提下，做到结构上合理，经济上可行，维护上方便，从而使新的使用功能与建筑旧有空间形式相互匹配。

在建筑材料的选择、空间形式的变更以及建筑的细部设计等方面体现可持续发展的思想，体现建筑绿色和生态设计的理念。例如，改造设计中需要进行材料变更，建筑结构加固时应采用生态、无毒、可循环再生的材料来代替原有的建筑材料，或者在现有建筑结构上喷射无毒的环保型涂料，在建筑结构的选择上采用寿命较长的钢结构等。

（5）按计划、分阶段有序地实施，管理方法和手段要有高度的动态性（柔性）：

1）设计不能做得太细，需要边施工边深化设计。

2）编制弹性的计划，可以采用风险型或不确定性网络计划方法。

3）采用灵活的合同形式，如将单价合同、成本补偿合同及总价合同综合在一起。

4）应在费用预算时对不确定的情况预留不可预见费，在材料采购方面保留一定的余量。

5）工程在更新改造期间更容易发生质量和安全事故，所以，更要关注质量和安全方面的管理工作。

（6）在工程健康诊断基础上进行。工程改扩建之前，要收集、查找原有建筑物相关的详细资料，进行全面的状态评估，确定其是否满足新功能的要求。收集、查找原建筑物的地质勘察报告、设计文件、建筑年代、竣工图、变更资料、变形观测记录、健康检测等资料，搞清楚原有建筑物的地下水文和地质情况、地基情况、基础做法、结构形式、墙体厚度、抗震措施、梁板柱等一些具体数据和尺寸，以及原有的结构计算书、荷载计算的依据和取值范围等。同时请原设计单位或具有相应资质等级的设计单位进行复核和有关结构验算，提出有关措施和方法，确定改扩建方案，出具报告，然后再进行改造图的设计。

**4. 工程改造项目的特殊性**

工程改造既是原工程寿命期的一部分，同时又是工程新生。它在原有建筑物基础上进行，有特殊的制约条件，这些都会影响到改造项目的设计、招标投标和施工。

（1）受当初建造工艺、材料等因素限制。原工程经过多年的运行，会出现不同程度的病害与损伤，需要进行技术状况评价，针对一些缺陷、病症需要研究特殊的处理技术。这些对改造工程质量、进度、投资、资源消耗有重大影响。

改造工程将不能按照建设项目的程序有条不紊地进行，没有合理的设计和计划的时间，需要边拆除、边进行技术鉴定和研究、边设计、边施工。常常要开展施工图现场设计，根据现场工地的变化进行动态设计。

（2）缺乏原有建筑的历史资料。有些改造工程有可能改变现有的结构设计，而原建筑物已建成数年、数十年，缺乏当时的技术资料，不能全面地反映原建筑的真实结构情况。

有些工程在其寿命期内进行了多次改造，可能使建筑物本身的结构变得复杂。

因此，改造工程最好由原设计和施工单位承担，以熟悉工程，充分使用原来的信息。

（3）受已有工程制约，协调难度大。新工程系统与原工程系统的衔接困难，拼接技术难题多。例如，原工程经过多年的运行，沉降已经稳定，而新工程基础沉降刚刚开始发生，之间存在沉降差异，则要合理控制好新老工程基础沉降差异。还有对于新旧工程结构界面上引起应力的集中并导致的结构破坏，应选择合适的拼接缝粘结材料，采取恰当的施工工艺，制定合理的拼接技术方案。

（4）施工管理复杂。改造工程施工的流动性大、施工协作性高、施工环节多、工序复杂，现场作业面狭窄，每个子系统都要进行个别设计，而且要个别组织施工，是高度集成化的项目管理。

（5）有文化保护的要求。有些建筑需要保护原貌，修旧如旧，需要传统的工艺和材料。例如，北京故宫和西藏布达拉宫的改造都必须采用传统的工艺和材料。

（6）方案变动概率大。与新建工程项目相比较，工程改造项目很多时候不能像正常新建项目有一套正常的施工顺序，可能受场地限制较大，实施中不可预见的问题多，方案变动的概率要远大于新建项目，材料设备管理更复杂，尤其是新旧材料和设备的交叉管理，新旧技术标准的相容性，需要工程相关各方密切配合，相互协调。

有时要在不中断运行的情况下进行勘察设计和施工，需要特殊的技术手段、组织和管理方法进行建设与运行组织一体化管理，才能保证运行、工程建设、人员、施工设备及施工车辆的安全以及现有设施的安全性。

工程范围的不确定性也会带来工程计价的困难，容易遗漏项目，在招标文件、合同、工程量清单方面都与新建工程有很大差异。而且工程变更多，使得投资的控制难度大。

在工程中，要做好变更管理，加强对变更的跟踪，做好同期记录旁证工作，严格审查承包商的索赔要求、索赔项目、索赔费用、索赔工程量。

**5. 旧建筑改造**

建筑物是工程的主体，在工程改造中，旧建筑改造是最重要的，是工程界研究和应用的重点。

（1）旧建筑承载着有形的物质资源和无形的文化资源，其再利用具有极大的价值和重要的意义。

1）经济价值。旧建筑通过改造可以提高产品或服务的标准，完善功能，增加收入。与完全拆除再重建新工程相比，能够减少直接人工、材料、机械使用费等的投入，减少拆迁费用和建设费用。国外的统计数据表明，再利用的建筑比新建同样规模、标准的建筑可节省20%～50%的费用。旧建筑作为潜在的资源、储存着的能源，盲目加以拆除会带来大量物质资源的浪费，一幢建筑结构造价约占其总造价的1/3，改建比新建可省主体结构所花的大部分资金。同时，旧建筑的改建、扩建可减少初期投资（包括拆迁、土建费用等），场地内原有的基础设施可继续利用。

2）社会和文化价值。旧建筑是城市文明进程的见证，是该地区历史和文化的物质载体，具有极高的历史文化价值。在当前急剧变革的城市中，保护旧建筑，就是保护和保存文化资源、城市的记忆，传承建筑文化，防止建筑文化的断层和衰败。其再利用不仅可以体现对历史的尊重，增加城市的韵味，而且会带来旅游收入。例如在西欧，许多老建筑，在外部仍然保持旧的风格、式样，但内部却是经过改造的，呈现高度现代化。我国许多地方因为旧建筑保护得好，提升了城市的形象，使城市的底蕴更为浓郁，有更大的吸引力，使旅游产业兴旺发达。

3) 环境保护价值。旧建筑的周边生态已经进入稳定状态，如果新建，则又要人为破坏一次，环境就会进一步恶化。

旧建筑物在拆除和新建过程中都会产生大量的建筑垃圾，对生态环境产生破坏，废物处理的费用也大大增加。如果能保全旧建筑主体结构，就能减少垃圾，减少基建工程量，减少施工阶段的能量消耗，减少温室气体排放量，同时还会大大降低噪声污染、粉尘污染等，对场地周边环境影响最小。

对旧建筑进行改造，是对已有资源的合理使用，是以尽可能小的资源消耗获得最大的经济效益和社会效益。

（2）发达国家和地区旧建筑改造状况。在世界较发达国家和地区，对于历史建筑的适应性改造已开展了相当长时间，取得了很大的成功，积累了丰富的经验，相关的设计和管理规范和导则也在不断完善，目前已经发展到对普通民用非历史性建筑再利用，这大大节约了资源又保护了生态环境。

例如，美国于 1977 年拟订了指导历史建筑修复和适应性改造的修复标准，在 1990 年和1995 年进行了修订。该标准对建筑可能的新功能做出了一定的约束，以使改造对原有建筑历史特色的影响减至最小；规定加建、外部改造应与原有建筑兼容而又有所区别，且如果未来拆除新建部分，原有历史建筑应能保持其原有风貌；另外，对改建涉及的材料、结构、施工工艺以及技术等方面都做出了严格规定。

英国在 1980 年通过了《鼓励建筑的遗产再利用的促进城市复兴的法案》，并在伦敦新垦考迪亚码头、布勒特码头、利物浦阿尔伯特码头等的大批旧工业建筑中开始推行，这些工程都极大地节约了资源，并且保留了原来建筑的风貌，保护了历史文化遗产。同时立法完善补助制度又促进了非历史性民用建筑的再利用，使英国境内的古代建筑在不拆除再建的条件下达到居住标准，既保护了传统建筑文化，又提高了人民的生活水平。

（3）我国旧建筑改造状况。旧建筑改造的相关研究和政策规范在一些大城市开展得较早。香港为解决市区老化的问题，改善旧区居民的居住环境，制定了一系列的法规条例，并在 2001 年成立了市区重建局（Urban Renewal Authority），负责推行市区重建和改造计划，按照 4R 工作原则，即重建（Redevelopment）、复原（Rehabilitation）、复兴（Revitalization）、保存（Reservation），通过保存历史建筑，修复尚可使用的旧建筑，改善基础设施和商业娱乐休闲设施，以及室外环境，以恢复或提升城市活力。北京的旧建筑被分为三类进行改造研究：明清遗留的传统建筑；中华人民共和国成立前的近代建筑；中华人民共和国成立后新建的工业及民用建筑。上海于 2003 年实施了《上海市历史文化风貌区和优秀历史建筑保护条例》，其中确定了 12 个历史风貌保护区、四批优秀历史建筑；并且把历史建筑划分为四类保护要求。世博会宝钢大舞台原为上钢三厂的特钢车间（图 16-1），总体设计遵循世博园区的总体规划理念，利用保留厂房的结构体系加以改建，并使建筑充分融入环境，设计时尽可能地保留原有厂房的结构体系，以延续历史记忆。

图 16-1　世博会宝钢大舞台

## 16.3 | 工程的拆除

工程经过寿命期过程，完成了它的使命，最终要被拆除。人类有史以来，任何工程都会结束，最终还回到一块平地，进行下一个工程的实施，进入一个新的循环。

对于工程来说，寿命期结束后遗址的拆除和处理是由下一个工程的投资者（或业主）负责的，不作为前一个工程寿命期的工作任务。但从对社会和历史承担责任的角度来说，在工程的建设和运行过程中必须考虑工程拆除后土地复原的问题，要能够方便、低成本地处理本工程的遗留问题，进行新的工程建设，或者还原成具有生态活力的土地。

**1. 工程被拆除的原因**

工程的拆除是因为不满足人类社会和自然界的要求，不具备利用的价值，在内力和外力作用下将建筑实体销毁。工程被拆除意味着工程"生存权"的灭失、工程寿命的终结。

工程被拆除的原因是多种多样的，主要有以下几种情况：

（1）工程达到设计使用年限。工程系统在使用中达到了设计使用年限，或工程完成了预定使命，或者无法创造新的价值，或工程系统老化到一定程度，其运行消耗大于创造的价值，无法继续发挥使用功能，不存在继续利用的价值，通过自然或人工的方式（如拆除、炸毁）使工程消亡。

（2）工程非正常拆除。这是指工程系统并未老化，在达到设计寿命或完成预定任务前，因人为因素或不可抗力等外界原因作用，其实体被非正常破坏，不能继续使用的情况。

曹秀兰、韩豫等搜集了 120 个短命建筑实例，包括商业建筑、交通基础设施、公共建筑、民用建筑、工业建筑等，调查了这些建筑寿命和拆除的主要原因。结果显示，近半数的建筑实际使用寿命集中分布于 20 年内（表 16-1）。

**表 16-1 短命建筑实际使用寿命比例**

| 使用寿命/年 | 0~3 | 4~5 | 6~10 | 11~15 | 16~20 | 21~25 | 26~30 | 31~35 |
|---|---|---|---|---|---|---|---|---|
| 比例（%） | 23 | 5 | 8 | 18 | 28 | 9 | 8 | 2 |

这些工程被拆除的原因有：

1）工程系统完全健康，但因城市规划、投资失误等原因，被人为地提前终止了生命。

因为城市规划的短视、滞后、混乱，出现建筑与城市发展步伐不协调等问题。我国许多城市规划对城市发展欠缺长远考虑，缺少法律保障，变更随意，建筑因为城市规划的变动被拆除。例如，某市一座 2010 年建成的天桥，因与当地地铁工程存在矛盾，被整体拆卸。

我国经济高速增长，使城市规划常常滞后于社会和经济的发展，因此无计划、无规则、重复建设现象频繁发生，很多建筑在使用不久后就因需要而被拆除。

另外，还有因投资失败、工程产品或服务没有市场、工程没有实现其价值即被拆除。

2）不可抗力原因造成的工程死亡。例如自然灾害（地震、海啸等）、战争、恐怖分子袭击。

3）政治原因造成的工程死亡。例如，某些地方政府官员因片面的政绩观和短视行为，只关注经济增长，一任领导上台后会提出新的开发区域，做一些新的标志性工程，而摒弃前任领导已经批准立项的工程，使许多工程投入运行后不久，甚至有些工程尚未投入使用就被炸毁，这些都属于工程的突然死亡。

4）工程建设质量问题。例如工程的功能设计不能满足用户正常使用需求，或建筑设计不合理，片面、过分地追求美观而不考虑功能的适用性，且难以进行改造，或必须投入很多的资金才能进行改造，而拆除倒是经济的；施工阶段质量管理存在缺陷，存在偷工减料、以次充好等现象，造成材料、主体结构和设备严重质量问题，而不得不拆除。

5）虽然工程系统的功能仍然存在，仍可继续使用，由于技术进步、社会发展和城市变迁等因素的影响，其原有使用功能或空间功能已经不能适应时代的需要，对这类建筑物进行拆除。

6）商业盈利型拆除。这是指对某些建筑物的拆除，政府和开发商的出发点和动机完全是为了追求原工程具有的土地价值。在动迁、拆除、房地产开发和销售整个链条中，只要扣除各种成本，开发商还有足够水平的盈利，能从土地使用权的出让中获得丰厚收益，就会成为推倒"短命建筑"的重要推手。

很多建筑都是为了获取利益而建，建筑自身的运营状况也会影响到建筑的寿命，或者当建筑的维修费用大于其收益时，建筑就会有被拆的风险。

据报道，"十二五"期间，我国每年拆除的建筑面积约为 4.6 亿 $m^2$，按成本 1000 元/$m^2$ 计算，每年因过早拆除导致的浪费就达 4600 亿元。中国建筑科学研究院对 2001—2010 年公开报道的 54 处过早拆除建筑进行调查，结果显示不合理拆除的竟高达 90%。

**2. 工程死亡的处理方式**

工程死亡的处理方式通常有：

（1）爆破拆除。爆破拆除用于较坚固的建筑物和构筑物以及高层建筑物的拆除。

（2）非爆破拆除。非爆破拆除相对于爆破拆除，主要是运用机械和人力对建筑物进行拆除。

不同的处理方法有不同的效率，对周围环境的破坏和建筑材料循环利用效率也不同。

**3. 工程死亡的影响**

（1）工程的拆除会产生堆积如山的建筑垃圾。建筑材料的循环使用和建筑垃圾的无害处理是工程界世界级的难题，许多建筑材料都是一次性使用且无法自然分解的，只能依靠填埋处理。并且大量建筑垃圾的处理也需要昂贵的费用，同时会出现环境污染风险。

随着我国城市化进程的推进，旧城改造一浪高过一浪，建筑物的平均使用寿命越来越短，随意拆迁的现象屡见不鲜，每年拆毁的老建筑约占建筑总量的 40%。我国建筑垃圾的数量已占到城市垃圾总量的 30%~40%。据对砖混结构、现浇结构和框架结构等建筑的施工材料损耗的粗略统计，在每万平方米建筑的施工过程中，仅建筑垃圾就会产生 500~600t；而每万平方米旧建筑的拆除，将产生 7000~12000t 建筑垃圾。

（2）工程死亡对土地再利用有重大影响。对工程所在土地上，原工程的死亡就意味着更新，有利于土地资源的循环再利用，有利于创造新的更多价值。

土地是工程存在的前提，土地是有限的。由于土地紧缺，唯有让无价值的工程死亡才能为新工程发展提供必要的空间资源。所以，一个旧工程的拆除，必然又是一个新工程的开始。当土地存在更好的利用方式时，就应该让现有工程死亡，让一个更先进有更大价值的工程诞生。

在工程"诞生-死亡-更新"的永续循环中，人类的需要不断得到满足，社会不断进步。

（3）工程死亡对生态有重大影响。工程与土地紧密相关，死亡工程遗留的土地是无法复原的，对耕地、草原、湿地等的影响尤其严重。

（4）工程突然死亡伴随着大量的财富、环境、社会的代价，造成相应的社会问题。

### 4. 拆除的原则

（1）在工程设计时，就应考虑到未来拆除的问题，为了方便拆除工作，应采用能够循环再造的材料，有助于资源的循环再用。

（2）在拆除之前，应进行技术性评审，并做好拆除方案。将商业价值比较大且具备再利用和循环再造的材料（构建、设备）识别出来，进行保护性拆除。在工程的拆除过程中，用于建造工程的材料可被重新再用。为了便于提取出能够再利用和循环再造的材料，必须计划好建筑物的拆除，并充分考虑到其使用寿命结束后的用途。

（3）采用适当合理的拆除技术。目前，国内建筑物拆除与解体的技术方法有：机械拆除法、动力爆破拆除法、静膨胀压力破碎拆除法、热熔切割拆除法、人力结合器械拆除法。

### 5. 工程遗址的生态还原

（1）生态还原的定义。随着工业化的发展以及人类对自然生态环境日益严重的破坏，生态恢复工程与技术的研究成为当前国内外生态学研究的热点和国际前沿学科之一。目前，生态还原已引起我国工程界的重视。

按照生态还原对象划分，生态还原可以分为：

1）自然生态还原。自然生态还原包括湿地、森林、沙漠等的生态还原。例如我国提出了"要把黄河长江上中游地区、风沙区和草原区作为全国生态环境建设的重点"，实施了一系列的国家生态建设工程，如"天然林保护工程"和"退耕还林（还牧）工程"。

2）工程生态还原。工程生态还原包括遗留下来的一些军事工程遗址、矿区、大坝拆除等的生态还原或者城市建筑拆除后的生态还原。本书中的生态还原特指工程生态还原。

（2）工程生态还原的原则。

1）生态效益最大化原则。即工程生态系统的各项功能与服务最优化。

2）生境可容性原则。即因地制宜，必须在土壤、气候等环境条件可容性的限制范围内进行生态系统功能与服务最优化的设计；同时应在经济条件允许的范围尽可能地改善工程当地的生态条件，扩大生境可容性范围。

3）工程可实施性原则。即通常所说的经济实用原则。例如，所选植物种子易于采集、施工便捷、易于成活和养护、材料费用低。

（3）生态还原的系统层次。生态还原是一门集生态工程、风景园林的综合学科，其规划设计的目标，按照还原程度分为以下五种层次：

1）完全还原。完全还原是指使生态系统的结构和功能完全恢复到干扰前的状态。例如，对大坝，这就意味着拆除大坝和人工设施，完全恢复原有的河流蜿蜒性形态，在物理系统恢复的基础上促进生物系统的恢复。

2）修复。修复是指部分地返回到生态系统受到干扰前的结构和功能。

3）增强。增强是指环境质量有一定程度的改善。

4）创造。创造是指开发一个原来不存在的新的生态系统，形成新的河流地貌和河流生物群落。

5）自然化。例如，对已经建成的大坝，在保证其健康运行的同时，强调保护自然环境。通过河流地貌及生态多样性的恢复，建设一个具有河流地貌多样性和生物群落多样性的新的稳定的、可以自我调节的河流系统。我国的都江堰工程就是一个典型，水利工程已经与大自然融为一体。

（4）生态还原的主要应用。例如，在道路的建设中，人们提出了一些新的公路生态恢复的理念，如具有道路生态系统恢复的结构和功能的"Greenway"的概念、"道路生态学"（Road Ecology）概念和系统。而植物防护技术在公路生态恢复和边坡防护中已广泛应用，还可以采用液压喷播技术、植被混凝土、三维网植草护坡、纤维土化工法等恢复方法。

我国在20世纪90年代开始引进各类生态还原和恢复技术，并应用于公路、铁路、水利、城建等行业的工程生态还原中。

例如，我国工业废弃地向城市绿色游憩空间转化有许多成功的应用。基本措施有：

1）运用全过程生态化的理念进行游憩空间的改造。强调生态修复与开发建设全过程的生态化，在生态设计的基础理念下，通过对场地内植被群落、地表径流、土壤条件和社会经济条件等要素进行综合调查分析，筛选最适宜的场地生态修复技术、最经济环保的工程建设材料，设计最适宜的生态修复技术设计方案。

2）针对场地的不利生态条件，提出综合性的生态修复技术方案。分别结合多专业技术措施，对地形地貌、植被、水体、污染土壤分别提出专项改造调整建议。在各单项整治基础上，提出生态环境修复综合治理模式。

从总体上说，目前我国对工程拆除后的生态还原，以及工程遗迹的处理过程、技术和方法的研究较少。

**6. 拆除后的建筑废料循环利用**

在我国，城市建设和拆迁中产生的各类建筑垃圾越来越多。这些建筑垃圾绝大部分未经任何处理即被运到郊外或农村，不仅占用了大量土地，而且由于大多数建筑垃圾由无机物构成，重新进入自然的生态循环需要相当长的时间，而某些成分会污染地表环境，也污染地下水，对生态环境构成直接危害。

旧建筑的拆除所产生的许多物料也是资源，若被循环利用于新建筑中，能够减少天然资源的耗用，有利于社会的持续发展。它能带来新的商机，帮助增加就业机会。我国的建筑垃圾利用率较低，为5%左右，而发达国家（如日本、美国、韩国、德国、奥地利、荷兰等）建筑垃圾资源化的利用率已达60%以上，甚至接近100%。

（1）金属材料。由于其价值较高，通常都会在拆卸后被回收循环利用。

对于建筑固体废物中的各种废有色金属材料（铜、铝合金型材）、废钢配件及零配件材料、钢材（废型钢、废钢筋）、线材（废铁丝、废电线）等，如果完好则可以直接利用到其他建筑物中；对于已经锈蚀、扭曲、变形的金属材料可进行除锈、整修、矫直加工处理后，降低使用级别，根据材料的物理力学性能情况，再利用到建筑物中；对于不能直接利用和加工利用的金属材料将其集中、重新回炉后，可以再锻造加工制造成各种规格、各种形式的有色金属型材和钢材。

（2）拆除后的瓦砾。可当作路基、墙基、垫层、场地的填充材料等。

利用旧建筑的拆除物料（如用拆下来的旧砖头）做新建筑基础的垫层的做法，在我国已经持续很长时间。例如，2007年3月，在地处奥运场馆周边的首钢老山小区环境改造方案中，为实现小区环境改善和节约工程资金的目标，施工中，将小区路面换下来的九格砖收集起来再利用作为该小区内隔墙的砌筑材料，从而降低了工程施工购买红砖的费用。除此之外，施工人员还将这些九格砖再利用于老山南路等地的隔墙及花池改造砌筑，共计 519.1m³，节约资金 8 万余元。

（3）破碎混凝土、岩石。磨碎后当作建筑碎石或混凝土骨料，可用于：

1）再生混凝土。即将废弃混凝土经过破碎、分级并按一定比例相互配合后得到的以再生骨料作为全部或部分骨料的混凝土。

2）低强度等级的混凝土铺路砖块或类似的砌体工程。通常用于道路工程及机场跑道等。

3）大体积混凝土的填充料和填筑工程。例如海堤、水利工程填方，防御工事石笼的填料、路基和建筑的垫层，以及过滤器、疏水层等的粒料等。

（4）建筑废料循环利用实例。德国作为世界上最早从事建筑材料循环利用研究的国家之一，目前已开展一种叫作"元素回收（Elemental Recycling）"革新技术的研究应用。

1）德国下萨克森州（Lower Saxony）的一条双层混凝土公路就采用了建筑垃圾混凝土，该路面总厚度为 26cm，底层混凝土为 19cm，采用建筑垃圾混凝土，面层 7cm 为天然骨料混凝土。

2）"Plattenbau"是欧洲及苏联 20 世纪 60 年代大量建造的一种大型预制混凝土住宅，随着城市结构调整及住宅标准的不断提高，德国政府在 2000—2010 年，拆除约 35 万座"Plattenbau"公寓。建筑师首先选定了附近一座即将摧毁的"Plattenbau"建筑，将其中一些建筑板材取出，切割成一定规格后运往基地，随后仅用 7 天时间将新建筑主体装配完成。

3）沥青废料可以用作再生沥青混凝土。例如某高速公路扩建工程，将旧公路沥青混凝土面层粉碎后作为再生骨料（图 16-2）。

图 16-2　某高速公路扩建工程的废料利用

# 16.4 | 工程更新案例——沪宁高速公路扩建工程

## 16.4.1　项目背景

沪宁高速公路江苏段路线全长 249.452km，1992 年 6 月开工建设，1996 年 9 月 15 日全线建成并投入运行，全线采用双向四车道标准建设，设计行车速度为 120km/h。

随着沿线社会经济的快速发展，沪宁高速公路江苏段担负着繁重的运输任务，交通流量迅速增长，全线年均交通量增长率达到 18.3%，其中无锡至上海段年均增长率为 24.4%，部分路段高峰时段交通量已经处于通行能力的上限。全线交通服务水平逐渐降低，制约着苏南地区经济的进一步发展，必须扩建。

## 16.4.2　扩建工程总体指导思想

沪宁高速公路工程作为对我国的国民经济有重大影响的公共工程，是我国重要的基础设施，其扩建必须以国家发展战略作为总体指导思想，并落实在具体的工作中。

（1）扩建工程的目标设置、设计、计划、施工过程，必须符合科学发展观的要求：

1）通过扩建促进国家和地区社会和经济的发展，保证对国家和地区的发展有持续的贡献，进一步促进地区经济的繁荣与发展，增加地方财力、改善地方形象。

2）通过高质量的扩建工程，使沪宁高速公路能够长期健康、稳定、高效率地运行，使高速公路本身能够可持续发展。

（2）贯彻绿色经济理念。在扩建工程中着重体现在：

1）注重工程与生态环境的协调，保护环境，减少环境污染，工程的设计、施工和运行必须符合国家的环境保护法律和各项环保指标。

2）尽可能节约使用自然资源，特别是不可再生资源，特别要节约使用土地，少占用耕地。

3）尽可能采用生态工法，使扩建工程的周边边坡和场地、取（弃）土场地保持生态功能，减少对当地生态环境的损害。

（3）循环经济的应用。作为一个扩建工程，必须体现：

1）充分有效使用原来的公路基础设施。在达到扩建工程的功能目标和保证工程质量的前提下，减少扩建的影响，减少扩建的工程量。

2）充分利用扩建工程中产生的废弃物，达到工程材料的循环使用。例如，尽可能充分利用原路面铣刨废料、原桥梁拆下的废旧结构件。

3）充分使用其他废土、河道和湖泊清淤土方，减少取土对耕地和山林的损害。

（4）以人为本。在扩建工程中必须体现：

1）充分考虑到在扩建期间高速公路通行者的便利，保证他们的安全、方便和尽可能的快捷。通过有效的交通组织，减少对他们的干扰。

2）通过对扩建工程完备的功能设计和人性化设计，保证公路建成后为用户提供更加安全、稳定、快捷、更为人性化的服务。

3）保证施工期间施工人员的安全、健康，保护他们的切身利益。

4）不仅考虑到业主、政府、投资者的需求、目标和利益，而且充分考虑到沿途城市和周边居民的利益和交通要求，达到使各方面满意的结果。

（5）沪宁高速公路沿线包含大量外资企业的物资进出通道，同时由于区域内人民对出行时舒适性、时效性的要求，不仅要尽可能缩短工期，以降低扩建工程对区域经济发展的不利影响，而且必须保证在扩建过程中保持道路在一定程度上的畅通。

要求通过合理的组织，优化施工期限，使工程的社会成本最低。

## 16.4.3　扩建工程项目主要实施方案

扩建是工程全寿命期中一个重要的转折点，要投入大量的社会资源和自然资源。高速公路扩建项目大大难于高速公路的新建项目，该扩建工程的实施方案有：

（1）采用"运行-扩建"的并行和一体化的总方案，在公路段上半边扩建。与全路封闭扩建方案相比，带来的项目管理问题有：

1）要保证扩建期间服务区能提供正常服务功能，交通枢纽保证全方位进出功能，同时又要扩建，就需要要制订合理的总体建设计划，做好计划的动态管理。这是确保总体建设目标实现必须解决的难题。

2）交通组织难度大。沪宁高速公路日交通量巨大，如何充分利用现有交通设施，保障在通车条件下进行正常扩建施工，需要在整个与公路相关的邻近地区进行路网的交通管制，以使车辆能够合理分流。扩建期间，必须在整个长三角地区进行交通疏导和调度。

3）施工安全管理和现场的交通管制难度大。在 200 多公里施工现场一边扩建施工，一边车辆通行，扩建工程施工不仅存在安全风险，也存在质量风险。扩建期间交通流量仍然保持在日均 3 万辆以上，同时全线参建人员近 2 万人，数千台套施工机械在公路两侧扩建现场，施工工序复杂，特别是在夜间施工、扬尘等情况下交通流组织的不安全因素多，施工的安全管理和质量管理难度大。

4）协调难度大。沪宁高速公路江苏段所经五市均为经济发达市，沿线杆线、管道密布，地方水系发达，扩建工程需进行大量的管线迁移，取土及施工临时用地、交通、土地、电力、环境等的组织协调工作量很大，协调不好不仅影响施工，对沿线百姓的工作、生活也会带来很大影响。

"边扩建，边通行"方案与全封闭扩建各有优缺点（表 16-2）。

表 16-2　扩建方案的比较

| | 全封闭扩建 | 边扩建，边通行 |
|---|---|---|
| 优点 | 扩建项目管理难度小<br>施工方便，安全性好<br>工期短<br>扩建工作有明显的阶段性，能够保证质量 | 对社会影响小<br>可对通行的车辆收费，增加收益<br>减少扩建的社会成本等 |
| 缺点 | 全封闭对当地的社会和经济产生影响大<br>由于所有通过该地区的车辆都要绕路，增加扩建的社会成本<br>损失了施工阶段的运行收益 | 施工组织难度较大，计划管理难度增加<br>需要"施工-运行-交通调度"一体化，各项工作交错，工程质量难以保证<br>现场安全管理难度大<br>工期长<br>需要增加施工措施、交通管制方面的费用投入等 |

最终采用"边扩建，边通行"的方案，项目部采取了一些有效措施，如增加临时标志、人员、通信设施，采取交通疏通方案，有效解决了施工组织难度很大和安全隐患多等问题。最终，扩建项目投资增加 8000 多万元，但在此期间，收取的车辆通行费达 28 亿多元，而且有效减少了车辆绕行时间，节约了大量的社会成本和环境成本。

（2）全面总结原沪宁高速公路建设经验和教训，为扩建工程提供借鉴。

1）对原沪宁高速公路工程的设计单位、施工单位和供应单位进行调查了解。在扩建工程项目中，尽可能让曾经承担过原工程设计和施工任务的单位参与。他们对工程情况、环境条件、技术要求熟悉，业主与他们沟通方便，工程风险较小，项目容易获得成功。

2）全面对沪宁高速管理的运行状况和工程系统健康情况进行调查，特别是全面了解可能存在的对扩建工程投资、质量产生负面影响的问题，如老路面的病害，并制定解决方案。

（3）采用柔性管理方法。由于扩建工程的特殊性，原路运行使用多年，道路桥梁等系统的技术状态，以及原路面保留利用的可行性等存在许多不确定性，扩建工程面临众多不可预见的问题，影响扩建工程的质量。而且高速公路扩建项目在许多方面缺乏技术支撑，国家和行业都没有规范和成熟的经验，不可能像新建工程一样先出设计图再编制工程量清单，进行施工招标，而必须采用柔性计划、合同和控制方法。

1）在原路表面揭开后进行技术鉴定，检查、研究和分析病害，再进行设计和施工，形成一体化的过程。

2）设计和施工合同不能预先确定工程和工作范围，工程量、施工工艺是依现场情况、病害情况而定的。合同价格和完工时间也不能事先确定。

3）研究新技术和工艺，探索解决病害的方法。根据扩建工程的特殊性，重点研究老路路况评价技术、新老地基差异沉降控制技术、软基路段的拼接技术、新老路基路面拼接技术和新旧桥梁拼接技术等。对关键工艺和工序通过试验和技术鉴定后，形成操作手册，开展现场培训，在全路中推广。

4）多方评判会签制度。由于现场的技术方案、工程量、工程价格等有许多不确定性，容易带来争议，采用在现场多方（业主、承包商、设计院、监理单位）评判会签方法，既保证能得到认可，按照实际情况进行合理调整，避免各方的利益冲突和激化；同时也提高了工程参加者沟通协调的时效性和参与积极性，便于工程质量管理工作的开展。

5）加强工程变更管理。设置科学的工程变更管理程序，勘察设计单位的人员要深入现场，针对技术变更和方案变更进行方案认定和补充修订，及时修改现存的缺陷和不足。

（4）全寿命期费用的优化。对一些重大技术方案进行决策分析时，将建造费用与运行费用进行综合优化，取得了很好的效果。例如扩建工程的路面设计和拼接，采用高于行业规范的标准，将路面厚度增加到20cm，并提高沥青的质量标准。虽然路面工的建造费用增加了约10%（原预算25亿多元，最后实际花费为28亿元），但是扩建工程的质量达到了新路同等服务水平，路面的服务寿命提高了50%，可以做到扩建后十年不修。

（5）绿色工程技术。

1）在对老路病害调查研究的基础上，应用再生技术，提高原路面利用率。

① 根据原路面的现状，对于路况较好的路面，仅对局部有病害的表面按照规范采取了一些技术处理措施，即可直接进行沥青面层的罩面加铺。

② 对于路面状态差、有较多明显病害的，可以对沥青面层、基层进行铣刨处理后，利用再生技术，将老路面沥青面层和二灰碎石基层铣刨料100%地再生利用，重新铺筑基层、沥青面层，提高原路面利用率，避免产生大量的沥青固体垃圾，同时也减少了土地占用面积。

最终不仅保证全部达到新建高速的质量标准，实现扩建工程的功能要求，而且在这方面节约投资1.2亿元。

2）许多桥梁设施要先拆除，对原路面沥青混凝土和混凝土废料都进行综合利用。

3）对扩建过程中的大量废土进行利用：

① 作为工程填方用，减少了取土占地。

② 当地用于填筑宅基地和厂房用地。

③ 用于填筑取土坑。

④ 填筑天然山沟，在平整后绿化或复耕。

⑤ 废弃矿山回填。共利用弃方 8.50 万 m³，占总弃方的 37.5%。

4）工程取土地点选择了贫瘠地段、京杭大运河河床、阳澄湖湖底。取土时注意保护了当地的植被及水土资源，将取土坑与地方水产养殖、农田排灌结合起来，综合利用；此外还采取挖方段弃土再利用，粉煤灰路基填筑、原老路面沥青面层铣刨料代替二灰土填筑底基层，或设置挡土墙、护坡和高架桥等措施减少占地数量，减少取土征地约 6000 亩，有效节约了土地资源。

5）对大量的原植被进行移栽保护、再利用。

（6）运营管理部门全过程介入，对新建工程的规划和设计提出意见，保证工程设计更符合人性化、可施工性、可维护性、可靠性等要求。

## 16.4.4　该扩建工程主要成果

通过全寿命期管理在沪宁高速公路扩建工程中的应用，获得了以下一些主要的研究成果：

（1）沪宁高速公路江苏段扩建工程 2004 年 2 月全线开工后，项目管理工作始终围绕项目总目标进行，通过科学、高效的组织管理，在不中断交通的条件下，只用了 2 年左右的时间，在 2006 年 1 月 1 日全线向社会开放双向八车道交通，圆满地实现了沪宁高速公路江苏段扩建工程"质量一流、管理先进、环境优美、安全畅通"的建设目标。

在沪宁高速公路扩建过程中，保证施工期间交通畅通，保证行车安全，没有发生重大施工安全事故、重大交通阻塞事故和重大交通安全事故。

（2）对工程扩建管理新的经验。高速公路的扩建工程管理有许多特殊性，通过本工程的实践，获得了一整套扩建工程的管理、组织、合同、采购等方面的经验，极大地丰富了道路工程项目管理内涵。

（3）对新沪宁高速公路运行维护的经验。例如，路政管理、交通管理、养护管理、收费管理、监控和通信等机电设备系统管理等都取得了成功的经验。

（4）对新建高速公路工程的全寿命期设计，特别是可扩展性、可维修性的经验总结。新建高速公路工程应考虑未来区域社会经济发展的规模、可持续发展、环境协调以及社会需求等变化带来工程扩建的要求，使工程有适度的前瞻性。

在高速公路的规划和设计中，应在路基范围、服务区、桥梁和立交等方面给将来可能的扩建留下接口和留有余地。现在许多高速公路的扩建都要将原桥梁拆除，而通过可扩展性设计，可以避免或减少这种情况的发生。例如，在规划时可以一次性将扩建所需要的土地征用下来，在两边先建路，将未来扩建的空间放在路中间。这样可以大大降低扩建的难度，减少扩建资金的投入和资源的消耗。

（5）综合经济效益。如：

1）路面旧料再生利用产生的经济效益达 1.24 亿元。

2）土地节约产生的经济效益达 2.04 亿元。

3）在扩建中不中断交通组织收益达 28.90 亿元等。

4）本研究项目最后获得我国公路学会 2008 年科技进步特等奖。

# 复习题

1. 工程改造项目有什么特殊性？
2. 如何进行旧建筑工程循环使用的价值评价？
3. 调查我国矿山工程遗址的生态复原的案例，总结成功的经验和存在的问题。
4. 查找我国最近几年建筑工程爆破的案例，分析其原因和带来的影响。
5. 讨论：在工程拆除过程中应注意哪些问题？
6. 如何构建改造工程的价值体系？

# 第17章

工程管理领域的科学研究和创新

【本章提要】

本章介绍工程管理学科的发展状况、科学研究的特殊性、选题、研究成果、创新点评价等，分析了我国工程管理领域科研存在的问题。

工程管理领域的科研和创新是本学科的根本。

## 17.1 概述

### 1. 工程管理专业的概念

工程管理专业是根据工程管理知识体系和工程管理社会化的要求，培养工程管理专业人才的高等教育专业。我国从 1998 年开始设立"工程管理"本科专业。

我国工程管理专业已有明确的培养目标和培养计划，以及比较完备的培养体系。

### 2. 工程管理学科的概念

工程管理学科是以工程管理作为研究对象的科学领域。工程管理学科通过研究发现工程管理的规律性，创造工程管理领域的知识、技术和工具，以用于专业教学和工程实践。

### 3. 我国工程管理学科的发展状况

在我国的学科目录中没有独立的工程管理学科，它属于交叉性学科，范围涉及工学、管理学、社会学等学科门类的大多数一级学科。

经过几十年的发展，我国工程管理学科体系已逐渐成熟：

（1）已初步形成自己的科学研究领域，有广为认可的研究对象、研究方法和范式，已初步形成一套理论和方法体系。

（2）已经建立起比较成熟的专业教育体系。

工程管理相关专业的设立可以追溯到 20 世纪 50 年代。直到 1998 年，在我国的高等教育体系中，将原来建筑工程管理、房地产、国际工程、工程造价、物业管理等专业合并，成立独立的工程管理本科专业。到 2016 年已有 430 多所高校设置工程管理本科专业，招生量和在校人数在管理科学与工程类本科专业中位居第一，在土建类本科专业中位居第二。

　　20 世纪 80 年代初，许多高校就设置了建筑经济与管理、系统工程、管理工程等学科，并进行硕士生和博士生培养。1997 年，管理学科进行了大整合，设立了管理学科门类，下设立管理科学与工程等 5 个一级学科。管理科学与工程学科由原来的建筑经济及管理、系统工程、管理工程、管理信息系统、工业工程、物质流通工程、航空宇航系统工程、兵器系统工程、农业系统工程与管理工程整合而来。它们最主要的研究对象就是工程管理。

　　大量的工程学科（如土木工程、系统工程、工业工程、交通工程、环境工程等）、管理学科、经济学科的研究生也在工程管理领域选题进行学科交叉研究。

　　在我国的工程硕士培养体系中，项目管理领域、建筑与土木工程领域，以及其他工程领域研究生大量的选题属于工程管理方面的研究，或交叉研究。

　　2010 年，国务院学位委员会批准设立工程管理硕士（MEM）专业学位研究生教育体系。MEM 培养点主要设置在高等院校的经济管理、商学、机械工程、冶金工程、光学工程、动力工程、电气工程、信息与通信工程、控制工程、土木工程、化学工程、矿业工程、石油与天然气工程、纺织工程、交通运输工程、农业工程、林业工程、环境工程、能源工程、食品工程等学院。到 2017 年 5 月底，设置 MEM 培养点的高校已有 90 多所，当年录取 5000 多人。大量工程技术专业、经济管理专业，甚至文科专业的本科毕业生在工作一段时间后也攻读 MEM 学位。

　　大规模的本科和研究生教育，扩大了本学科在高校、政府、行业和企业的影响力，为本学科的发展提供了基础性的保障。

　　（3）近十几年，设立了大量的工程管理科学研究项目，为学科研究提供了强有力的经济支撑。

　　1）早期的课题主要来源于建筑业企业、政府建设主管部门和建设领域的行业需求，如工程项目中的专题研究和咨询、企业管理创新、管理体系建设、管理标准的起草、行业发展研究等。通过提供咨询、专业服务和行业性问题的研究，不仅获得资金，解决行业问题，通过研究成果对企业和社会产生影响，同时发表高层次的研究成果，创造和传播新的工程管理理论和方法，提高学术声誉。

　　这对工程管理科学研究的发展起决定性作用，促使其逐渐形成有特色的知识体系。

　　2）国家自然科学基金资助工程管理方面的研究课题立项越来越多，涉及管理学部、工程与材料学部以及其他学部，并有重大项目的支持，如 2013 年的国家自然科学基金重大项目《我国重大基础设施施工管理的理论、方法与应用创新研究》。2017 年，工程管理研究课题同时获得多项国家自然科学基金重点项目支持。这与我们国家工程管理问题日益凸显、学科交叉趋势和国家良好的经济发展形势紧密相关。

　　3）国家社会科学基金资助的研究项目中也有许多工程管理课题，如保障房、养老、工程的社会影响等。有一些重点项目和重大项目，如 2017 年国家社会科学基金重大项目《大数据背景下我国大型城市资源环境承载力评价与政策研究》。

　　（4）形成规模较大的工程管理学术界，包括高校的教学和科研机构、政府的研究机构，以及各种学会、行业协会、企业的研究和创新团队等。

　　中国工程院于 2000 年正式成立了工程管理学部。从 2007 年起，每年都举行"中国工程管理论坛"，旨在探讨我国工程管理现状及发展关键问题，推动我国工程管理理论建设与实践水平的提高，到 2017 年已成功举办了 11 届。

在中国建筑学会、中国土木工程学会下面都设有工程管理、建筑经济相关的分会，并形成了固定的年会交流。

（5）本学科的学术刊物逐渐被学科界认可，论文被广泛引用，如《建筑经济》《工程管理学报》《施工技术》《土木工程与管理学报》等。另外，在管理学、经济学、社会学、工程技术等学科著名的学术刊物上也大量刊登工程管理方面的研究成果。

工程管理学科在国际期刊上发表论文的数量也逐渐增加，如在《国际项目管理杂志》（IJPM）、《项目管理杂志》（PMJ）、美国土木工程师协会的《建筑工程与管理杂志》（JCEM）、英国的《建设管理与经济》（CME）上有许多我国学者的文章，为国外同行们认可，影响越来越大。这些刊物的影响因子也逐年上升，如《国际项目管理杂志》影响因子已超过4，在管理学期刊排名靠前。

在学科之林的竞争中，工程管理学术界具有凝聚力，逐渐形成区别于其他学科的特色。

## 17.2 工程管理科学研究特性分析

### 1. 工程管理科学研究的动力机制

进行工程管理科学研究的主体是高校、研究机构、企业、政府部门、学会、行业协会等，而提供支持的主要有政府（如各主管部门、科学基金会）、行业、投资者、企业和其他需要工程管理研究成果的机构。它们主要通过提供资金设立各种研究项目，建构各种创新平台、激励机制、合作制度等手段促进工程管理的创新。

工程管理科学研究是以工程中的问题、社会发展需求、行业需求为导向的。工程管理科学研究的内在动力最主要有（图17-1）：

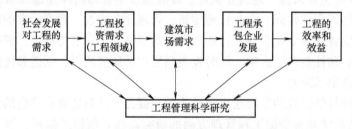

图 17-1　工程管理科学研究的动力机制

1）社会发展产生对工程的需求，这会产生对工程投资的需求。则需要研究社会发展状况与工程需求的关系，如一些工程领域（行业）的发展预测、发展战略、工程布局，以及重大工程计划的研究等。

2）工程投资形成工程建设领域（各建设单位），需要进行可行性研究、咨询和项目管理服务，需要构建建设项目管理系统。

3）工程建设产生建筑市场的需求，则需要建筑市场的研究。例如研究建筑市场的供求关系、发展预测、变化的规律性、市场规则等。这是工程管理科学研究的重要领域。

4）建筑市场的供应方是建筑业企业。这就涉及建筑业企业的管理，例如企业的发展战略研究，以及企业经营管理、企业管理体制、管理模式等方面的研究。

5）工程承包企业的发展引导工程项目管理水平的提高，需要进行工程项目管理的研究。工程管理研究旨在通过探索工程管理的规律为科学决策、方案设计、预测、资源调配、进展跟踪等提供基本理论依据，而最终目的就是提高工程管理水平，提高工程的效率和效益，实现工程总目标。

我国处于大规模的工程建设期，为工程管理的研究提供了很好的平台，有大量的问题和丰富的研究对象，而且现在处于改革时期，实践是多样性的，有各种式样的样本。

但由于如下原因，造成工程管理领域科学研究动力尚显不足，其研究力投入度、成果水平、对学术界和业界的影响、对实践的促进并没有与这种大规模的建设时代相匹配。

1）我国法治尚不健全，很多东西处于不断变化的过程中。法律约束不足，人们行为准则不一，甚至连反映真实情况的信息都很难获得，为进行正常的科学研究带来了困难。并且我们对当前工程界的变革诸多规律性认识不足，总是被动地接受，工程管理学科没有能够通过科学研究充分助力于法律法规、政策的制定和推行。

2）工程管理科学研究的动力不足，政治和体制影响大，追求科学和理性、追求高效率和高效益的动力不足。虽然我国工程界提出许多口号，如全寿命期管理、绿色经济、生态工程等，但离真正将它们落实在工程管理理论研究和实践行动上，还有很大的差距。我国的工程管理实践基础不牢靠，很难像发达国家那样几十年循序渐进、持续改进，国际上一些好的实践模式在我国没有得到好的推广。

3）长期以来，我国工程管理的研究和应用都以工程建设为重点，仅以工程建设的效率和效益为评价指标，容易产生"为建设而建设"的思想，由此带来工程管理理论和实践的缺陷。不注重工程的运行状态和可持续发展的要求，设立目标有时是非理性的，对工程问题的认识是近视的，工程行为是浮躁的。

4）实务界和研究界"两张皮"，实务界抱怨理论研究未能为其指导实践，不认可工程管理的研究成果，而学术界对实践的影响较弱，甚至有时不关心研究的实践性价值。

5）工程管理研究人员目前仍以土木工程为专业背景，很少有管理学、社会学研究背景的研究人员加入，在组织和管理的研究方法训练方面仍存在一定的局限，这是研究质量提升的瓶颈之一。

6）工程是一次性的，工程实施方式通常采用成熟的同时又是有一定新颖性的技术，而不鼓励创新，不可能大规模采用新理念和新技术。因为过于新颖的技术常常是有风险的。所以，建设工程领域在应用技术创新上一直比较迟缓。设计单位和承包商没有创新的动力，研发费用投入大大低于其他行业。而工程管理比工程技术创新动力更小。

**2. 工程管理科学研究的多元化和多角度**

由于工程多目标、多阶段、多参与主体、实施环境复杂、影响面广等特点，工程管理问题研究是多元化和多角度的，影响因素多且复杂多变，带来工程管理研究的丰富性，但同时又带来成果评价的困难，难以得到有普遍适用性的研究结果，成果也常常难以直接复制。

例如，对工程招标投标、合同、造价、争议解决、PPP、诉讼等可以从如下各方向进行研究：

1）从工程的角度，追求高效率、高效益、技术创新。

2）从市场角度，追求效益、公平、公正。

3）从法律角度，追求公正和严谨。

4）从社会角度，要求和谐，关注各方面利益，以人为本等。

并且针对某一个角度，又存在多种解读的理论视角，进而又增加了工程管理研究的丰富性和多样性。

不同的角度有不同的逻辑、准则和评价指标。所以工程管理科学研究成果的评价和判断困难，其问题的解常常没有标准答案，研究成果的应用需要许多特殊的条件。

由于涉及人、组织等社会性因素，工程管理的研究结论的预测能力有限，成果难以简单直接地复制推广。

而工程技术方面的研究可以经过科学实验、仿真模拟、理论推导得到科学的成果，这些成果具有普适性。例如，土木工程面向具体的结构对象做实验，再总结形成成果，如一些工程结构形式、施工工艺、模型、算法是可以直接复制并推广应用的，且推广的效果是可以验证的。

**3. 工程管理科学研究的层次**

工程管理科学研究的层次如图 17-2 所示。

1）现实性问题研究。在我国每年都有很多热点问题引起政府、行业和学术界广泛的讨论，形成具有时效性的研究课题。20 世纪 80 年代以来就有项目法施工、监理制度、招标投标、加入 WTO 对我国建筑业的影响、总承包、代建制等课题，目前有 PPP 融资模式、保障房、全过程工程咨询等课题，还有大量的对企业或行业现实性问题的研

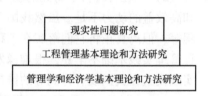

图 17-2　工程管理科学研究的层次

究。其研究成果常常作为政策和行业活动的先导，实践应用价值较大，政府和企业关注，易于获得经费支持。

但这些课题大多倾向于短期效应，长期影响较小。而且过于响应行业和政府需求，研究成果难免制度化和行政化，缺乏理论创新，成果缺少普适性，会影响本学科的学术发展。

有些现实性问题研究（如部门工作报告、政策报告之类）缺少理论贡献，与传统意义上严格意义的科学研究有一定的差距。但也有很大的科学价值，大量这方面的研究就能引导出（产生）工程管理基本理论和方法。此外，它们对工程管理基本理论和方法有验证作用等。

2）工程管理基本理论和方法研究。它以探索工程管理原理为目标，具有理论前瞻性和探索性，对本学科的发展和完善有重大价值，其研究的问题常常从实践中来，但高于实践。

通常，工程组织理论、合同管理理论、工程全寿命期管理、建筑领域的劳动效率研究、工程生产组织方式研究、建设工程项目治理等属于这一类。

3）管理学和经济学基本理论和方法研究。在现代工程管理领域，有些问题对管理学和经济学有重大影响，如临时性、多企业合作的研究，工程中的组织行为研究，资源的优化配置，项目的治理研究，项目中的知识管理等问题。

许多工程管理研究者呼吁，研究要对大管理形成知识贡献，但目前仍面临着巨大挑战，本学科仍处在依赖管理理论，进而验证在工程情境中的理论边界问题阶段，如《国际项目管理杂志》对自身的定位也在此。此外工程管理研究学者大多都未经历严格的理论基础的学习，相对于管理学、经济学研究学者对理论发展的脉络把握仍存在不足，甚至在研究中出现误解、曲解的情况。

不同层次的研究成果时效和价值不同。通常，现实性问题具有即时效应，热得快，冷得也快。越是基础理论研究越有价值，影响越大，越久远，但出成果的难度越大。

当然，不同层次研究也存在相关性。从学科角度看，管理学和经济学基本理论和方法研究是学科基础性研究，在这个基础上才有或指导工程管理基本理论和方法的研究，在它们的基础上才有现实性问题研究。

工程管理理论体系是本学科的基础，它与现实性问题研究是不冲突的，这两者是不可分的。即使进行现实性问题研究也必须从基础理论和方法出发，否则会出现方向性和原则性问题。而目前，本学科基础理论研究不足，就导致许多研究和实践存在问题。例如对代建制、全过程工程咨询等方面的研究，如果不弄清工程组织、组织行为和项目管理社会化的基本矛盾等基础理论问题，则不可能有科学的、实用性的研究成果，工程实践也不可能获得成功。因此未来工程管理研究中，应当加强对基础理论作用的认识。

**4. 我国与西方在工程管理领域学术研究的差异**

（1）西方的工程管理研究关注具体科学方法论，注重精确科学化的研究工具，如实验方法、问卷调查、案例分析，通过归纳逻辑、数学方法与演绎逻辑，以及系统论方法等，成果更具操作性。这就像西医，关注个体解剖和细节，通过分解分析解决问题。这是基于西方所采用的研究范式，即解决一个问题大多从抽象思考出发，进行逻辑推演，最后是通过实验得出具体的理论、方法和工具。

所以，国外的许多研究与具体的技术结合比较紧密，比较微观。越是研究基础和方法层面上的问题，越注重数据分析。大量的研究课题属于图13-2中所示的二维映射的交叉点上，以及工程管理与工程技术交叉的问题。这更符合提升实际工程管理工作水平的需求，因为工程管理要解决的问题主要在中微观层面上。

（2）我国的工程管理注重战略研究，不太关注数据，实践在前、理论在后，较少抽象思维。工程管理的许多研究采用中医的思路，注重整体，注重系统构建和体系研究。有时提出一个大的概念，采用系统方法和辩证的观点，多角度地对工程管理过程、模式、规律等进行总体分析和体系构建，得到指导工程管理研究的普遍原则、思维模式。

这符合工程管理问题的特殊性，但同时存在的问题是：题目范围过大，概念较空，与工程实施之间存在脱节，导致工程管理的研究成果没有科学性和可实证性，学术严谨性不足，没有科学方法和科学问题的总结。

**5. 我国工程管理科学研究的基本要求**

（1）与大管理领域接轨。我国早期的工程管理从施工组织发展到工程建设管理，以工程应用为主导，有行业的特色，同时又有缺陷：与主流管理和组织研究的要求有较大的差异，学术的严谨性和研究成果的广泛适用性不足。

而现在的学术研究追求在高度评价的学术期刊发表论文，并有高引用量，这对于工程管理学科是很不利的。工程管理研究成果较少被大管理领域期刊高度引用，在学术界声音较弱，这会削弱工程管理的专业和学科地位，影响到学科的持续发展。

近十几年来，工程管理学科研究与管理、经济、社会科学等紧密结合，越来越多地参与这些方面的学术讨论，并做出了学术贡献，展示了所必需的学术和影响声誉。在一些学术组织中和学术期刊上也有良好的展示。

工程管理的学术研究也要尽可能与大管理领域交融，采用通用的管理理论和方法，研究方式和成果表现形式尽可能保持一致，要能够产出超越行业相关性和普遍性的科学成果。

（2）与工程界接轨，符合行业的期望和工程实践要求，在工程领域中处于优势地位，保持竞争力。这需要研究与工程过程、工程技术相关联的问题，加强研究的技术含量，以保持自身的研究特色和与行业互动能力。工程管理要关注工程界整体共同的问题，同时引领工程界。这不仅能保证研究经费的来源，而且如果脱离行业和实践背景，就会偏离工程管理学术研究的本义，即成果有实用价值。

所以，在工程管理的研究中要关注工程领域新的发展和挑战、新的工程技术问题、经济性、效率和效益、工程方案的环境影响、资源和能源消耗等问题，为行业提供咨询和专业知识，以在行业内产生更大影响。

（3）与国际接轨。工程要素的国际化需要工程管理与国际接轨。这不仅需要研究国际工程市场和国际工程惯例，促进我国工程管理的革新，而且要促进国内外的学术交流，使工程管理专业和学科国际化。

20世纪80年代以来，工程管理的许多新东西都是从国外引进的，我们学习国外先进的管理经验，翻译著作、合同文本，引进管理模式，采用请专家进来、送学者出国的方法进行学术交流，构建了工程管理学科研究的国际网络，现在国际学术交流越来越多，有很大的成效。

我国是建设工程大国，工程管理实践很丰富，学科研究有比较优势，能从我国的实践中提出问题、研究问题，就能出成果，就能在国际工程管理学术界有更大的影响。国际工程管理学术界也很关注中国问题，许多刊物上都有"中国声音"。但中外工程管理界的研究主题、热点、范式存在很大的差异。我国工程管理在研究、开发、应用方面与发达国家还是有差距的。

国内外工程管理发展路径不同。国际上工程管理学科研究水平较先进的国家，其实践基础是比较扎实的，以工程活动的效率研究、三大控制为基础，逐渐发展到工程相关者各方面满意、HSE管理、工程全寿命期管理和集成化管理、BIM的应用等，逐步提升，在研究和实务之间形成了良性循环，实务当中不断地吸纳新的研究成果，而研究人员不断挖掘实践中存在的问题，提出改进办法。而目前国内工程管理领域的研究比较多的是通过翻译引进一些概念，另外要落实主管部门提出的研究目标，因此研究对象会随着政策变化调整，而政策的设计往往存在临时性和多变性。

（4）需要研究适合我国的国情（传统的工程管理、社会心理和投资体制）的工程管理理论和方法体系。在工程管理的学术研究和教学中，基本理论、发展历史、方法比较多的是从西方引进的，传承我国的传统、适合我国情况的理论和方法较少。

1）工程管理活动不是机械的，是由人完成的，因此具有鲜明的社会文化属性，传统文化在影响人们的行为。所以工程管理理论研究需要有中国文化的根基，同样需要文化自信。

我们引入了许多国外的工程管理模式，如监理制度、项目管理制度、招标投标制度等都遇到很大问题，许多管理理论（特别是组织理论）不能解释我国的工程管理问题和现象。

所以，我国的工程管理理论需要我国传统文化的基因和特色。

2）我国古代有许多成功的大型和特大型工程，有自己的工程管理方式和方法，有自己的传统，而且这些依然在影响着人们的行为。例如，我国许多大型和特大型建设工程项目的管理模式就有继承性。

同时，要构建一个比较厚重的学科体系，必须有自己的学术历史、积累和传承。

研究我国工程管理历史和特殊性，不是为了争话语权，也不为各种不正常的状况和落后的现象做出适合"中国国情"的"合理"解释，而是取其精华、弃其糟粕，使人们自省，以推动我国工程管理实践的进步。

3）我们要在国际学术问题上发出"中国声音"，必须是基于对中国实际问题的研究的结果。接轨是对等的，需要有自己的特色和有分量的研究成果，否则就不可能形成真正意义上的交流。那就不是接轨，而是挂靠。这是一个需要认真研究、科学总结、准确表述的问题。

4）由于在工程领域，我国政府投资占主导地位，则我国的社会制度、投资管理体制以及人们的社会心理对工程管理有极大的影响。这是与西方工程管理环境和基础不同的。有许多西方提出的理论很难解释中国现象，许多管理方法和模式很难有效应用。这些都需要有新的研究和实践成果。这些都是基础理论问题，有助于我国工程管理学科的发展。

# 17.3 | 工程管理学科研究的选题

工程管理研究选题是要确定研究对象层次、研究对象领域、具体的研究问题和研究方法等问题。与工程的前期策划工作相似，要在选题阶段多投入时间，选题阶段时间越多，思考得越充分，后面就越少走弯路，越快做出成果。通常，确定选题，提出开题报告（或研究计划书），其研究工作就应该完成一半了。

## 17.3.1　工程管理领域科学研究的对象

通常本领域的研究以实际工程管理问题为导向，一般不做纯管理方法方面的研究。

**1. 研究对象的层次**

工程管理学科的内容已从过去的微观层次（项目）逐步发展到中观（企业）、宏观（行业）的多层次学科。

（1）国民经济宏观管理。如：

1）国民经济和社会发展研究，如对工程有影响的国民经济产业布局、发展战略。

2）社会固定资产投资研究。

3）对整个国家或整个国民经济有影响的重大工程的研究。

国家的中长期发展计划都有许多工程管理的内容。

（2）中观层面。主要是国民经济部门管理以及行业管理的研究。例如建筑业的宏观管理研究、建筑业发展战略研究、建筑业的科技进步研究、建筑市场研究（如国际工程承包市场研究、我国建筑市场的供求关系、专业或地方建筑市场研究）、房地产市场和房地产业研究等。

（3）微观层面。

1）建筑业企业经济和企业管理研究。例如建筑企业的发展战略和竞争力研究，建筑企业结构研究（企业资本经营、并购、股份制、联合、企业集团、企业重组），建筑企业的管理模式研究，国内外建筑企业比较研究，业主和承包商的市场行为方式研究，以及建筑企业ERP，企业流程再造、物流管理，新的管理理论和方法、理念在建筑企业管理中的应用（如创新管理、危机管理、学习型组织、物流管理、变革管理），建筑企业成本、质量、安全、环境、健康管理体系，建筑企业生产力（资源、要素、效率），建筑企业管理体制改革，企业建模等方面的研究。

与此相对应的有，建设单位（建设工程项目）、咨询（监理、设计）单位等管理研究。

2）生产管理/项目管理研究。例如建筑生产过程研究（并行工程、敏捷制造、精益建造）、建筑劳动生产率研究、工程承包项目管理研究、新的项目管理模式和合同形式研究、项目管理信息化研究。

3）企业和工程项目中职能管理方面的研究。例如范围管理、集成化管理、质量管理、投资（成本、财务）管理、进度管理、合同管理、风险管理、HSE 管理、采购管理、资源管理等方面的研究。

**2. 研究对象的领域**

这涉及对不同种类工程的研究，最主要的有：

1）土木工程。

2）房地产业。涉及不同的层面，可能有房地产市场研究、土地研究（供应、价格、土地管理）、房地产项目管理等。

3）城市管理和公共工程（基础设施建设），如公共工程投资模式（PPP 和 PFI）、公共工程管理等。

4）信息工程（IT 领域）。

5）军事工程。这是最重要的工程管理领域之一。

6）其他工程领域，如农业、制造业、水利、环境、交通、化工、能源等领域的工程。

**3. 其他研究领域**

（1）工程管理学科研究。

1）中国工程管理历史研究，如中国工程管理历史发展研究、中国工程管理方法研究、中国传统文化与工程管理研究。

2）工程管理学科特点和学科体系研究。

3）工程管理教育研究。

（2）综合性专题研究。涉及工程领域共同的主题。

1）土木工程全寿命期管理，如大型土木工程的全寿命期的评价理论和方法、土木工程的可持续发展研究。

2）工程管理方法论和工程哲学研究。

## 17.3.2 工程管理科研选题的来源

科学研究的选题首先是提出问题。提不出问题，则无题可选。问题的来源有两个：

**1. 通过直接参与工程实践和调研发现问题**

由于工程管理科研特点是问题为导向，主要选题便来自实践。这需要研究者有触及实际问题的机会，有实践经验，从实际工程中遇到的困惑出发，将问题提炼出来，形成自己的思考，再上升到科学问题。近几十年，工程管理通过实际工程的"咨询研究"和业界的委托获得大量课题。

这对于 MEM 研究生的选题更为重要。要实现 MEM 培养目标，在研究选题前，需要利用一段时间在企业或工程中实践，认真调查研究，发现实践中的问题，提出调查报告（实践报告），以此作为研究选题的依据。实践调查报告应该作为论文开题报告的一部分。

**2. 来自课堂、文献和导师**

要找到真正有意义且值得研究的选题，需要通过大量的文献阅读、分析和研究，扩展自己的视野和理论积累，就可能发现有研究价值的问题，同时为进行深入的研究奠定基础。所以，查资料、阅读、做文献检索是选题的必修课。

选题要对被广泛接受的结论提出疑问和挑战，寻找新的、更好的答案。不能觉得导师讲的、文献上的理论和观点都是对的、是真理。需要研究型学习和批判性思维，需要对被认同的观点和知识采取主动的、持续的、仔细的思考、探索和质疑。

通常工程管理领域选题需要实践和文献的结合，既需要实践经验，还要边读文献边思考。

选题是研究的过程，是思维逐渐收敛的过程。通常开始时，应该考虑选题的多种可能性，不要做唯一性选择。在阅读、调研过程中，选题范围经历由多到少、由大到小的过程逐渐收敛。在平时阅读和实践中，发现问题就记录下来，点点滴滴，逐渐积累。

通常，实践越深入，阅读得越多，了解得越多，选题就会越细致、越具体。这就需要对现实性问题进行观察，将其归纳总结为科学问题，得到有价值和创新性的成果。

### 17.3.3 工程管理科研选题的基本要求

（1）研究题目要聚焦，选题要足够小，不要大而泛。该问题切入点要小，但文章可"小题大做"，从小问题讲出大道理，得出一般结论，具有一定的典型意义和实用性。

对一个具体的研究领域（或主题），初期易于写大题目，因为人们还没有太多研究，相应的研究资料也少。研究比较成熟后再写大题目就很难出成果了。现在许多选题的通病是题目太大。

（2）对题目要想清楚，能够把握，不要选择自己完全不懂或者很难弄懂的题目，以保证研究项目的可行性。如果在开题时，还没有基本了解研究对象，或不熟悉研究领域，只介绍原则性问题，则很难做好研究。

工程管理领域的许多研究并不是盲目的，而是事先有设想，甚至有比较深入的了解，再提出假设，用适当的模型或用数学语言表达，通过研究进行验证。

（3）选题的新颖性。研究生学位论文的选题可以分为如下几种主要的类型：

1）新问题。选题以前未被研究过，能够获得独有的、新的结论，或推翻别人的成果，证明或纠正别人研究的错误。这就需要阅读全部相关文献后做出判断。要找到前人没有研究过的问题并非易事。

2）以前的研究成果或理论和方法可能仅适用于特殊的空间，在我国可能不成立，需要研究新的规律。这需要有足够的文献阅读和实践调研资料（数据），才可能形成对照，产生新的有价值的研究成果。

3）以前被研究过的问题或对象，随着时间的延伸，在新的时间断面上，出现了新的特征或状态，出现了新的变量之间的关系和演变规律。

4）选题以前被研究过，但研究结论有错误或局限性，有必要重新研究。

5）以前研究过的选题，现在有新材料（新的案例、新数据）、新方法、新视角。通过研究能够提出新观点，得到新的答案。

在工程管理领域，有许多课题需要与时俱进。

（4）工程管理研究选题论证过程。工程管理的科学研究属于科研项目，其选题、目标设计论证有其特殊性。

1）选题类型判断。工程管理科研具体选题一般是问题导向型、战略导向型、科研（完善学科的理论和方法）导向型等。

2）成果的价值评价。即研究的意义，包括对工程管理的理论贡献，对行业、企业、工程项目管理水平的提升。

一般来说，研究是由实践问题提炼出科学问题。通过归纳和演绎，再归纳、再演绎，以形成相对稳定的工程管理理论的原则、范畴、方法等。由抽象上升到具体（具体分为感性具体和理性具体）的过程是一个分析和综合的过程，是一个由感性认识上升到理性认识的过程。

3）可行性和可能性分析。例如从资料的来源、自己有研究基础、成果可获得性等进行分析。

## 17.4 | 工程管理学科的研究成果

### 17.4.1 工程管理研究成果的基本要求

工程管理的研究还存在管理实践和管理理论的平衡问题：许多理论和模型研究成果被认为学术水平很高，但应用存在问题。而许多应用研究常常被认为学术水平不高，导致长期以来其研究成果在工程学术界和管理学术界都不被认可。

工程管理学术研究有以下基本要求：

（1）理论贡献。这即理论上有创新，如对已有的理论体系是有修改、调整。研究的某个具体问题要具有一定普遍性，研究结论具备可扩展性（延伸到其他同类型的问题解决中）。

通常，工程管理领域课题要理论创新（如构想新的理论）是很难的。

（2）实践相关性。这即能指导实践操作，能够有助于解决实践问题或具有实践启示。这需要对工程非常熟悉，有丰富的工程经验，要求在理论框架范围内对实践情况有非常透彻的认识。研究者通过理论框架看实践，从中找出不能被理论框架解释的现象进行研究，进而修改理论，或对理论应用的特殊性或规律性做出说明。因此要求研究者有非常强的解读理论和实践的能力。

（3）方法严谨性。论文陈述过程没有缺陷，研究问题、文献综述、方法设计、数据分析、结论陈述之间存在逻辑关系。

这三个方面是紧密相连的，研究时需做通盘考虑。

### 17.4.2 工程管理领域研究的基本路径

目前我国工程管理领域研究的基本路径如图 17-3 所示。其最终研究成果的属性可以分为两类，即解释性研究成果和设计性研究成果。

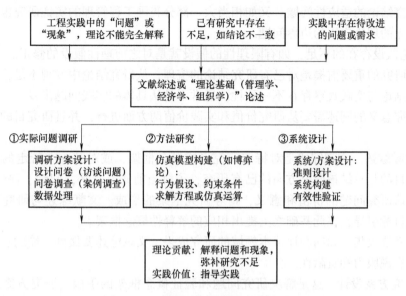

图 17-3　工程管理领域研究的基本路径

### 17.4.3　解释性研究成果

**1. 解释性研究成果的概念**

解释性研究成果与自然科学和大多数社会科学研究相似，通过对实际工程现象、发展和变化状况进行总结、概括或归纳，以更为准确地揭示其规律性，成果有比较大的理论价值。属于这类研究成果的有如下几种：

（1）描述型研究。旨在通过描述、归纳等手段和方式揭示前人未发现的现象，或现有理论的不足或缺陷，探索与现有理论预测不同的事实。例如：

1）探讨工程管理的基本原理，发现现实中没有被揭示的现象，解释一个意外现象，描述、解释某些机理，反映和验证实际工程中的规律性、变量之间的关系，及变量的演变规律。

2）验证他人过去研究成果（理论和方法）的错误或局限性，进行修正，并验证修正的正确性。

3）用新的数据、新的计量方法、新的案例解释检验现有的理论等。

（2）预测型研究。依据当前或之前某一时段的工程状态或基本信息，通过数据分析，预测将来未来某一时间点或时段可能的现象（规律性），尽可能地减少失误。其研究成果的科学性只有在后续工程活动中进行验证或判断。

**2. 解释性课题的研究思路**

（1）研究问题和研究目的。本研究的起点是提出问题的背景、研究的问题，以及解决这个问题的意义（价值）。解释性课题研究问题的范畴包括：

1）以往研究不足，如被忽视的研究领域、较少的研究领域或缺少实证性研究。

2）在已有研究成果中，研究结论不一致，存在矛盾。

3）扩展或补充已有研究领域。目前大部分项目管理的研究都集中在工程情境中扩展或补充已有研究结论的适应性问题。又如相当大一部分我国工程管理的实证研究也是在扩展西方情境下建立的理论应用的边界问题。

4）理论假设存在的不足，如有限理性的假设就是对之前理性假设的修正。

解释性研究的重要前提是对已有研究结论的梳理，从研究结论中发现不足，如结论本身存在矛盾或结论与实践观察存在不一致性。通常不是从具体的实践问题出发。

同时研究意义的阐述需要从研究价值和实践价值两方面进行，并且研究目的要具有一定的可行性。

（2）文献综述。文献综述是对特定研究形成概念框架，或对某一个特定的研究成果进行探索。其目的是总结该研究方向的已有研究，了解当前研究水平，归纳、评价研究缺陷，以衬托和确认研究问题的价值和意义，指导研究框架的形成。文献综述与研究目标紧密相关，受研究目标引导，在此基础之上提出相应的解释性概念框架。

这需要系统收集、归纳和评价本领域的研究成果。文献综述要做到：简约、清楚、具有批判性、具有说服力和贡献性。

（3）研究方案设计。这是解决研究问题和验证概念框架的手段，研究方案必须适合研究问题，并且研究者对实施方案十分清楚，并有能力实施这个方案。

常见的研究方案设计可能有：抽样调查、案例分析、仿真、档案资料分析和实验等。做这些研究需要确定数据收集的领域或对象、数据的类型、数据收集的工具和程序、数据分析的工具等。

（4）数据收集和分析。按照研究设计进行相应的数据收集和分析，获得解释性的研究结论。

（5）研究结论。研究结论部分需讨论本研究对研究目的的实现情况，并讨论与以往研究结论存在的相同与不同，进而阐述本研究的理论贡献和实践启发。

解释性研究是基于事后分析逻辑，调查的是已经发生和存在的问题，研究问题的特征、规律、因果关系，对问题做出解释。

## 17.4.4 设计性研究成果

### 1. 设计性研究成果的概念

设计性研究成果主要面向未来行为和新的工程活动，产生改变对象系统的有实用性的对策或干预措施，或进行工程管理系统设计，旨在通过寻找和发现那些阻碍或促进现象存在或发展变化的影响因素，最终提出具体改进性的建议或方案。

设计性研究成果主要与工程科学逻辑紧密相关，它的基本逻辑是，如果采用该设计方案，在某条件下就能实现某种效果。其成果的可靠性通常在于验证设计成果能否实现既定的目标。

在工程管理领域，设计思维是非常重要的。设计关注解决方案，研究设计准则，最终提出可行的解决方案。大量的应用型研究，特别是 MEM 研究生的论文研究主要属于这一类。工程管理系统设计本身又是研究性工作，需要创新思维。

### 2. 工程管理设计的分类

（1）对象设计，如：

1）策划、设计新的工程管理系统。

2）设计一个符合工程总目标和实现策略的管理系统，或构建、改进管理系统。

3）为了实现某一目标，进行管理体系建设，如质量管理体系、合同管理体系建设。

4）企业的项目管理系统设计，包括相应的软件系统设计。

5）建设工程项目系统设计以及相应的软件系统设计，如南京地铁建设项目管理系统设计和三峡工程建设管理软件系统设计。

（2）对象实现过程的设计，如：

1）一个具体工程的建设项目实施计划，如建设项目管理规划。

2）一个工程的施工组织设计。

3）房地产开发项目全过程策划等。

（3）其他设计，即对工程师或管理人员如何设计对象或对象实现过程进行设计。

1）为改进工程管理绩效，解决某些问题，提出新的措施。

2）专项设计，如某城市地铁的合同体系策划、评标指标设计。

**3. 工程管理系统设计准则**

与土木工程技术设计不同，工程管理系统设计有如下准则：

（1）艺术性和灵活性，需要创造性的思维和想象力。

（2）工艺性，注重实践经验的应用，需要动态学习和不断修正。

（3）科学性，需要按照客观规律及机理，采用分析方法、系统集成方法，需关注全局性、系统层面问题。通常，先对复杂的工程进行科学的分解，对各子系统进行深入研究，找出各个部分、方面、要素的特点和规律，再采用集成化方法对各个部分、方面、要素加以综合，提出整个工程系统的特点和规律，形成解决工程管理问题的具体策略、方法和措施。

（4）实用性，追求实用性效果，能够修正工程管理行为，提高管理效率和效益，而不仅仅追求理论和方法的科学性。

**4. 设计性课题的研究步骤**

（1）界定设计的背景：环境调查、制度层面等影响行为变化因素分析。

（2）调查与界定需解决问题或对象，说明进行该设计的动机与实现该设计的价值。

（3）明确需要实现的目标、设计的范围、准则和特殊性。

（4）分析干预机制。分析干预机制的作用机理、作用形式，这些机制发挥作用的背景和条件，应用准则等。

（5）设计干预方案。给出制度安排和具体的设计方案。

（6）评估设计方案的效用。进行评估比较，可采用案例检验或第三方验证等形式。

（7）为系统的实施提出具体的建议。

**5. 对工程管理系统设计性研究的思考**

（1）对实践问题要有准确的诊断。大部分情况下都会遇到一些不能充分定义的实践问题，这时需要研究者对实践问题本身进行充分的研究。实践问题诊断准确是设计方案成功的重要前提，但是目前许多研究侧重于对现象进行描述，而对问题诊断的准确性不足，不能从理论高度认识实践中存在的问题，而理论往往是促进对实践问题清晰诊断的重要前提。这需要研究者具备非常好的理论知识，并且能熟练地运用理论知识来思考实践问题。

（2）要注重梳理和研究解决问题的基本准则。准则的作用是指导系统设计工作，检验设计成果。设计准则都是抽象的，具有理论意义。

（3）设计方案要进行严格的验证。方案的验证需要研究者具备较好的研究方法的使用技能，体现出研究成果的严谨性、可重复性等。

研究者需要系统性的理论知识和对研究（设计）方法的掌握。

### 17.4.5　不同研究类型成果的比较

解释性研究成果要求理论的创新，要反映实践。设计性研究成果更关注实践的应用问题。而对设计性研究结果，在问题分析、基本准则设计的时候通常依赖于解释性的研究结论和一般性的规律。同时，设计性研究成果有助于提高解释性研究成果的价值和效用。

两种成果在研究思维和方式上有共同点和差异性（表17-1），两者不能截然分开，有些研究成果介于两者之间。例如针对特定的管理问题，建立具有新边界条件的模型以及处理这个模型的改进（优化）方法，依托这个模型讨论这类管理问题的新特征。

表17-1　解释类研究成果与设计类研究的比较

| 比 较 指 标 | 解释类研究成果 | 设计类研究成果 |
| --- | --- | --- |
| 逻辑 | 事后分析 | 干预→结果 |
| 关注点 | 存在的问题 | 解决方案 |
| 代表性研究结论 | 特征、规律、因果关系 | 范围、准则、解决方案等 |
| 代表性研究问题 | 解释 | 对某一类问题的可能的解决方案 |

## 17.5 | 工程管理创新

### 17.5.1　工程创新概述

（1）工程创新的概念。

1）工程创新是将新的知识、技术用于工程过程中，形成新的工程系统或工程技术，以提升工程的价值。工程创新又是连通科学研究、技术发明和产业发展之间的桥梁，是将科学知识转变为现实生产力的催化剂，是促进产业革命、经济发展和社会进步的杠杆。

2）工程创新包括工程发现、技术（方法、原理、集成）创新、技术发明创新、技术应用创新。具体地说，包括工程理念创新、材料创新、装备创新、工艺创新、管理创新等。

3）技术创新是工程创新的基础和基本构件，直接影响着工程创新的程度与水平。

技术创新的目标是将新的技术知识转化为能够被市场接受的产品，注重将这些已经成熟的技术知识进行新的组合，满足人们更广阔的生存与发展的需要。工程创新的目标不是实现知识形态的转化，而是将科技创新成果进一步工程化、产业化，实现它们在更大范围内的应用。

工程创新是技术创新成果的集成体现，需要将各领域、各专业的技术创新集成起来。

4）在工程过程中需要引入生产要素的"新组合"，包括：引入新产品、新工艺，开辟新市场和原材料的新供应来源，建立新企业（或工程）组织，以推动整个社会科技进步和经济的发展。

5）工程创新是集成性创新。工程创新是关于技术、经济、政治、管理、社会、伦理等多种要素的集成活动，要在工程全过程中对相关的各种要素，如资源、合同、风险、技术、信息、文化等进行集成。因此工程活动不但包括了"要素创新"，而且包括了"要素集成创新"。

所以，工程创新需要解决跨学科、跨领域的综合性问题，要在工程理念、发展战略、工程决策、工程设计、施工技术和组织、生产运行优化等过程中，对多个学科、多种技术、各类资源要素进行选择、组织和集成优化。

6）工程创新主体是多元化的，不仅包括投资者、设计者、施工单位、管理者及其他参加者，还包括政府、企业、高校科研院所。创新的实现必须是在各参与主体的协同合作基础上，建立科学合理的组织构架与运行机制，需要不同创新主体之间和谐的利益分配机制。

(2) 工程创新的重要性。工程是通过设计、施工建造新的事物，具有唯一性、不可逆性、个性化。每项工程都是在特殊的环境中进行的，具有独特的目标与价值，所以每个工程都是新的，要专门"设计"，所以工程必然是一个创新过程。

创新是工程进步的驱动力，是工程的灵魂，决定着工程的成败。在建设创新型国家中，工程创新是核心内容。没有工程创新就没有产业进步，就没有整个国民经济的提升。

(3) 工程创新应该符合工程总体的价值体系，特别是工程的准则。工程创新不仅仅要追求新技术的实现（如世界第一高度、大跨度结构），而且要追求高的经济效益和高效率，必须体现社会责任和历史责任。我国政府提出的循环经济、科学发展观、以人为本、可持续发展、建设生态文明、建设资源节约型社会、转变经济增长方式等都需要通过工程创新实现。

(4) 工程创新包括技术创新与管理创新，它们相辅相成。这是由工程系统的特性决定的。

工程创新是技术要素与非技术要素的集成，是二元创新。一方面必须与工程技术创新紧密结合，必须有技术含量，有新的技术内涵；另一方面需要与管理创新结合。

工程创新中的集成包括两个层面：一是指技术水平上的集成；二是指技术、经济、管理、制度等各种要素在"更高水平上"和"整体意义"的集成。工程创新不仅仅要求技术创新上取得成功，而且要求经济、社会、市场的成功。

(5) 工程创新具有系统性与集成性，是协同创新。它是技术要素、人力要素、经济要素、管理要素、社会要素等多种要素的选择、综合和集成过程，是一个持续展开的、开放的、动态的过程。协同创新需要各创新主体的合作，需要知识分享、资源优化配置、行动配合，需要组织与制度安排，科学管理的手段和激励措施。

(6) 由于工程是不可逆过程，工程创新与一般技术创新不同，它只容许成功，不容许失败。绝大多数情况下，工程是选择适宜的、成熟的技术，而不是风险大的最先进技术。

## 17.5.2　工程管理创新的概念

在工程创新中，工程管理创新起引领和保障作用。

(1) 工程管理创新包括工程管理理念、组织、制度、技术、方法等诸多方面的创新。

(2) 工程管理创新的重要目标是推动工程创新。

1）工程管理担负引领工程界的责任，对工程创新有引导、评价作用，是工程创新与工程应用的纽带。所以，只有工程管理的创新，才能促进工程领域的创新。

2）各工程技术集成创新是通过管理创新形成的。

（3）工程管理创新的特点。

1）工程管理创新涉及科学、技术、经济、文化、政治、制度、心理、伦理、生态等复杂的要素，需要企业、政府、高校、研究机构、中介机构和用户等进行协同创新。

2）工程管理创新成果很难评价，很难像工程技术一样有普遍的适宜性，要充分考虑经济、生态、环境保护、政治、技术等多种制约因素。

3）工程管理创新受组织文化的影响较大，需要好的环境，包括教育环境、文化环境、社会环境、制度环境等。

### 17.5.3 工程管理学科研究成果对创新点论述存在的问题

创新点是科学研究的重点，工程管理研究生论文和一些研究项目的选题、研究成果报告都是围绕创新点论述的。但目前许多工程管理的研究成果对创新点的描述存在缺陷。

（1）认为提出一个新的观点就是创新。例如，将制造业的新方法应用于建筑工程，但没有探讨工程的特殊性、新方法应用的影响的定量分析、应用可能出现的问题、解决方法等。

（2）仅提出了新的方法、新的模型、新的研究对象，或对他人的公式、模型提出修改意见，认为只要过去人们没有在工程中应用过，现在提出来了就是创新。没有与工程领域实际结合，没有验证新成果的可用性。

（3）混淆创新和研究内容的区别。有些论文将研究内容作为创新，创新点论述仅重复研究内容和研究的意义。

（4）建立了一个新的体系（评价体系、新的系统结构），提出一个新的观点（如与过去已经有的研究结论不同的性质、特性和特征），但没有对其做出论证，也没有证明几个因素（变量）之间的关系，或显示对这些问题规律性的探索结果。

（5）认为提出几条对策措施（如新的改革建议）就是创新。而这些措施都是为人熟知的，缺少这些措施应用可能的效果验证、应用可能的问题、应用需要的配套改革措施等的探讨。

## 17.6 我国工程管理科研问题分析

（1）工程管理学科不够成熟，理论体系不完善，人们忽视理论研究，带来本领域科研的系统性问题。

1）工程管理学科基础性的研究工作不足。学科边界尚不明确，界定比较混乱，研究对象边界不清，范围大，知识点很分散，与其他学科的界限不清。缺少一致认可的基础理论体系，甚至许多概念、名词都不统一。

现在许多领域的研究都用工程管理的牌子，工程管理与许多学科都有交叉研究，如我国高校 MEM 的设置涉及许多工程领域，甚至非工程领域。

2）我国工程管理的研究和应用过于注重管理方法和工具，有过于技术化的倾向，如质量管理方法、成本核算和控制方法、网络技术软件、概预算软件、数据统计分析等研究和应用。

这些方法和工具并不是该领域独有的，也不是在工程管理领域产生的，如网络计划方法、工程估价和成本核算方法、质量管理方法等都是从其他领域（如制造业、IT 领域等），或从运筹学、企业管理学等学科引入的。

我国近几十年的工程管理实践已经证明，单纯工程管理方法和工具的引入和应用并不能解决我国的工程管理实践问题。

3）工程管理目前尚没有形成完全独立且成熟的学科范式。例如，理论描述方式、研究方法、成果形式、创新成果描述、科学性验证等尚不完善。

图 17-3 所显示的研究逻辑就存在着很明显的问题：

① 工程管理领域的许多硕士论文甚至博士论文中，常常缺少对工程管理体系性的认知，在文献综述或管理学、经济学理论基础后就进行系统构建，或提出假设、设计问卷，再对问卷进行处理，带来研究成果逻辑上的缺陷，使人感到工程管理学科理论性的不足。

研究成果不是基于对研究对象——工程管理问题深层次、全面的认知，研究框架的理论性论述不够，缺少对研究对象的基本原理（如定义、内涵、本质、特殊性），以及它们对研究（如对建模、因素分析、假设等）影响的论述。

例如，进行工程招标投标制度的研究，就涉及它的特殊性、目的、准则、目标；进行PPP 的研究，就要弄清楚它的原理、准则、目标、条件、影响和限制因素。对这些缺乏准确论述，或论述不到位，就是对研究对象认知不到位，导致研究成果没有实质性的价值。

认知不到位就会导致模型的应用错误或考虑不完备，如博弈论的应用没有体现工程和工程管理的特殊性。

② 这样的研究成果难以真正反映实践和指导实践，通过这样的研究，也很难使研究生成为研究和解决工程管理问题的"专家"。

成熟的学科都有一些独特的范式。例如：数学从公理开始推导，形成定理等；物理学由试验产生定律，或提出假设，再做验证；土木工程通过做实验进行总结、分析得到科学结论；系统工程利用模型模拟。以结构工程为例，丁大钧教授研究混凝土梁的刚度、裂缝，用12 年时间进行长期观察，收集数据，再进行数据分析，探索其规律性，得出有普遍适用性的结论。

我国工程管理作为一个新兴交叉学科，又具有软科学特性，其科研成果的科学性验证很难，常常不能得出有普遍意义的结论。

4）学科内涵不明确，没有设置一级学科，也没有构建明确的分支学科。成熟的学科发展会越来越专业化，有界限分明的分支学科，或一系列具体研究重点。

受某些管理体制和行业的影响，工程管理的许多研究（核心议题和问题）长期徘徊、重复，没有形成厚实的学术积累，也很难就一些核心知识达成共识，取得一致性。例如，对工程管理理论发展历史的认知不统一，相关名词、定义（如项目治理、合作伙伴、集成交付等）不统一。这样使本学科的研究缺乏可比较性，后人也难以继承。

5）有人认为工程管理就是"工程 + 管理学"。似乎工程管理仅仅是学科的嫁接，没有形成工程管理独特的、"自圆其说"的理论体系。许多使用的理论和方法都是"借用"或修改其他学科的，如系统工程、组织理论、治理理论等。

总体来说，目前我国工程管理专业特征较强，而学科特征较弱，更多地被认为是一个交叉性的研究领域。

（2）工程管理基础薄弱。我国工程管理理论和实践的差异大，三大控制尚不完备。长期以来，放弃了工程组织、进度、质量、成本、劳动生产效率、现场布置等相关研究，这使许多新的研究（如利益相关者管理、HSE 管理、工程全寿命期集成化管理和 BIM 等）很难进行，甚至资料的收集都很困难，则不能取得好的效果。

（3）本学科理论和方法体系不完备。对工程和工程管理的规律性研究较少，程序性、操作性、规定性的东西多，原理性知识少。而科研和工程实践中人们又是完全实用型的，不探讨工作原理和准则。

人们过于注重管理方法和工具层面的研究，而工程管理理论的缺失带来工程管理创新评价问题，导致实践混乱，以及无目的和价值地追求"创新"。

需要加强对工程和工程管理规律性的研究，形成理论，以促进理论和实践的进步。但人们更注重现实性问题和领域性课题研究，而政府、行业和学校对基础性研究方面的鼓励和支持不足，这是需要我们正视并改进的。

（4）科研方向和选题与产业的实际需求脱节，科研评价机制不利于高校科研人员参与产学研合作，企业创新动力不足。

目前工程管理的研究文章过于关注实践性内容，如 PPP、总承包、装配式建筑等，不太注重理论贡献。但研究成果所体现的实践性不足，又不能解释现实中的问题，阐述现实的规律性。

我国许多研究目标定位在 SCI 期刊发表论文，注重技巧，而不注重理论性。而大多数论文，除了学术界和要做论文的博士生和硕士生阅读外，工程企业界并不关注。

（5）我国工程管理的学科建设与实践需求存在差距，现有理论不能满足工程实践需求，而且现有学科建设与发展水平与工程管理教育的需求有很大差距。

长期以来，许多研究以建造过程为对象，过于注重建设管理，忽视运行阶段管理，缺少工程全寿命期视野。所以，工程建设项目管理是最热门的，甚至将工程建设项目管理作为工程管理的全部内容。

对工程运行期的管理研究和应用缺失，忽视运行阶段功能变化、价值变化、费用的规律性研究，不关注工程的健康和可持续发展问题，由此带来人们对工程在运行阶段风险的管理、工程维修和更新改造的决策、维修基金的科学分配研究、工程拆除的决策研究是缺失的。这是造成我国大量工程"短命"的原因之一。

（6）工程管理的许多研究和应用缺乏理性和有效的价值指标体系，而且创新动力不足。

某些主管部门在不了解市场和实际工程规律性的情况下确定科研与创新方向，主要考虑对经济、社会、科技发展有利，而不注重学科基础理论问题，导致研究方向出现偏差。如果基本研究方向存在问题，则很难产生有价值的成果。现在的问题是原创性的研究较少，跟班式研究多，时髦课题多。

工程管理研究最终是为了提高工程的效益和效率。而我国某些地方政府通过工程投资拉动经济，缺少工程管理理论和方法研究的原动力，工程管理的重要性还没有充分凸显出来。

工程管理有自身发展的规律性和基本原理，而这个规律性和基本原理是学术界要研究和把握的。这就是工程管理的基本理论问题。

对一个新的管理模式、改革措施、管理方法，不仅要关注它带来的好处，更要关注它可能的问题、应用条件、发展和演化的规律性。学术研究就是关注后者，关注对出现问题的反思。

（7）现在许多研究选题和成果存在如下问题：

1）选题对象价值大，但与方法的集合不好，于是出现"两张皮"。

2）研究粗略，不够深入，论文不够细致。

3）与技术联系较少，而本领域许多优秀的研究是从技术开始的。

4）"模型"研究多，数据分析少，虽然在工程管理模式方面研究很多，但恰恰这方面的应用和改进是最困难的。

5）工程经济和管理真实的数据无法收集，宏观和基础数据都有问题：或没有数据，或数据有水分，或数据断裂，或前后口径不一，造成工程经济研究的困难。

6）评价体系和评价模型多，但指标科学性和依据不足。

7）问卷调查多，问卷的设计和调查对象、过程不规范，结论经不住推敲，如许多问卷并不是向本方向实际工作人员或专家调查，而是让学生或没有实践经验的专业老师填表，结果没有说服力。

8）能够真正解释我国工程和工程管理规律性的成果少。

9）工程项目管理层面研究多，而工程"经济"研究很少，忽视建筑业经济和管理、建筑企业管理、建筑市场、建筑业的科技发展、建筑业的生产效率等基础性研究工作。

10）许多研究成果不严谨，自说自画，无法验证。

（8）其他。

1）在工程管理学术研究和实践中要贯彻工程的价值体系，不能满足于提出一些口号。

我国工程管理的很多研究项目价值体系迷失，违背管理学的一些基本原则，如效率原则，而比较多地考虑其他问题，如反腐败、行政制约、体制约束等，降低了研究的科学性。

许多研究都是围绕部分主管部门或工程决策者关注的问题（所谓产业关注的热点问题，结论常常是设定的），导致科学性不足；有价值的研究甚至思考都很少。例如，我国所进行的招标投标、评标方法、代建制、PPP 的相关研究大多是类似情况。

2）对我国工程问题深层次的研究很少。许多研究成果违背了问题导向型准则，对研究对象分析不够，而过于关注所采用的方法（如数学模型、系统模型），对应用考虑不够，系统性存在缺陷。在实践中混乱、无目的和价值地追求"创新"。常常事前不思考清楚，事中不研究，事后不总结提升，无法形成理论，或促进理论和实践的进步。

例如，我国监理制度从试点到现在已经 30 年，存在许多问题，业主、承包商、监理单位各方都有很多批评，但很少对这些问题和原因做深层次研究。现在要推行全过程咨询，不能手一挥就扬弃，应该做深入的研究和总结，以作为推行全过程咨询的借鉴。

3）我国高校的人才培养方式存在问题，对工程管理科学研究的支持不足。现在一些高校工程管理专业培养的是活动家，而不是究型人才，如：研究生录取考察学生参加过什么社会活动、获得什么奖；博士生要出去挂职。积极参加社会活动，确实使研究者能够了解"国情"，更容易"接地气"，但学生都成为活动家，恐怕很难再潜心研究了。他们能够很快"适应"现在的工程界，在工程实践活动中游刃有余，但很难钻研新的理念、思维、理论和方法，很难担负引领工程界的责任。

4）人们缺乏批判性思维，不能保持开放性思考。科学研究人员需要遵循逻辑规则，在接受前人知识的基础上，不断质疑和反省，勇于挑战和否定权威，合理质疑现有学术范式和成果。

5）采用施工项目管理的方式管理科研项目。在科研项目申报时就要提出完整的目标、实施计划、组织、成果、预算，而且要检查。这会使科研过程趋于保守，束缚了人们的创新思维。

## 复 习 题

1. 讨论：工程建设高速发展应与工程管理理论建设紧密相连，但在我国大规模工程建设已经持续 40 年，为何工程管理理论建设仍非常薄弱？

2. 讨论：我国工程业主和工程界追求经济效益的动力较小。这对于工程管理领域的学术研究，如工程经济学的研究，工程中制度经济学、法经济学的应用，项目治理等方面的研究有什么影响？

3. 讨论：目前，我国工程管理的研究过于关注体系、宏观问题，而忽视微观和基础这与我国工程管理基础薄弱有什么关系？

4. 讨论：工程管理研究工作与实践工作的边界在哪里？

5. 讨论：做企业和行业的应用型研究项目应注意什么问题？

# 第18章

# 我国工程管理组织行为问题分析

【本章提要】

　　本章论述了我国现代工程存在的基本矛盾现象，将现代工程对组织文化需求及我国现代社会人们价值追求和社会心理进行对比分析，试图探究我国现代工程管理问题的根源。这可能是我国工程管理最难解决的问题。

## 18.1 我国现代工程的困境

　　从华罗庚教授将网络技术介绍到我国开始，我国进行现代工程管理的研究和应用已经有50多年，工程建设也是我国最早应用现代工程管理理论和方法的领域。从20世纪80年代开始，我国工程建设领域就参照国际工程管理惯例，推行监理制度、招标投标制度、工程合同管理制度、建设项目业主责任制等。

　　自20世纪80年代以来，我国一直处于工程建设的高峰期。许多世界一流的大型和特大型工程都在我国。工程建设对我国社会和经济的发展做出了巨大的贡献。同时，也为现代工程管理理论和方法的应用和研究提供了一个非常好的实践平台。

　　纵观我国近几十年来的工程，特别是建设工程，从工程管理的角度可将其概况总结如下：

　　（1）我们具备做好工程的一切条件。如：

　　1）有先进的工程技术、方法和设备。我国的许多专业工程的设计技术并不落后，许多施工技术很先进，甚至是国际领先的；工程设备、现代信息技术、计算机技术、互联网、应用软件基本上与发达国家同步。所以，我们有能力建设世界上最高的建筑、最大跨的或最长的桥梁、最大的水利工程、最大体积的混凝土工程、最大吨位的吊装工程。

　　我们完成了许多大型和特大型的工程，工程建设对我国社会和经济的发展做出了巨大的贡献。如三峡工程、西气东输工程、南水北调工程、港珠澳大桥、FAST工程等。在高铁、核电、航天等领域，我国的整体工程技术水平处于世界前列。

　　2）有最先进的建设和发展理念指导。近几十年，党和政府提出了许多先进、科学的治国理念、发展方针，如美丽中国、科学发展观、绿色经济、循环经济、和谐理念、建设资源节约型和环境友好型社会、以人为本等。这些都为工程的建设和运行提出科学的指导思想。这些也是现代国际上最先进的工程理念。

3）我国的工程技术人员、建筑业产业工人是当今世界上最富有聪明才智和吃苦耐劳精神的群体。近几十年，在国际上，我国工程界（工程承包企业、管理人员、工程师、劳务人员）是最忙碌的，也是最辛劳的。

4）工程投资较大。这些年为了拉动经济，我国进行了大规模的工程建设投资，特别是政府工程。许多地方城市基础设施的规格超过某些发达国家的城市。

（2）但从总体来说，我国目前的工程和工程建设还存在很多问题及负面影响，如工程缺少精神、价值，很多工程失控、不可持续或不成功，表现在：

1）建筑的"破旧立新"在不少城市时有发生。不仅大量前人的建筑所剩无几，还有的已经拆到20世纪80年代，甚至90年代的建筑了，而且有许多城市的标志性建筑也被拆除（表18-1）。

表 18-1　我国最近几年被爆破的建筑

| 被爆破建筑 | 使用寿命/年 | 爆 破 时 间 | 爆 破 原 因 |
| --- | --- | --- | --- |
| 湖南株洲红旗路高架桥 | 15 | 2009 年 | 城市规划 |
| 南昌五湖大酒店 | 13 | 2010 年 | 地产开发 |
| 北京凯莱酒店 | 20 | 2010 年 | 地产开发 |
| 兰州中立桥 | 13 | 2010 年 | 烂尾建筑 |
| 宁波滨江大厦和金融大楼 | 20 | 2011 年 | 地铁工程 |
| 辽宁丹东铁路货运综合楼 | 1 | 2011 年 | 高铁建设 |
| 沈阳绿岛体育中心 | 9 | 2012 年 | 地产开发 |
| 西安环球西安中心 | 19 | 2015 年 | 地产开发 |

建筑工程需要大量的资金投入，短命工程造成了社会财富和自然资源的极大浪费，使许多固定资产的投资不能形成有效的社会财富积累，而且没有形成建筑文化的沉淀。

2）新建工程疾病缠身，"未老先衰"和"豆腐渣工程"屡见不鲜。许多工程建好就要修，不久就要拆。例如，我国道路和桥梁建设规模位居世界第一，但根据交通运输部的数据，到2015年年底，在已建成的近80万座公路桥梁中，有7.96万座危桥。即平均10座公路桥梁中，就有1座处于"危桥"状态。2007—2012年，国内有37座桥梁垮塌，180多人在事故中丧生。这些垮塌桥梁中，近六成为1994年之后建成，桥龄都还不到20年。

这几年，"楼裂裂""楼歪歪""楼碰碰"等成为社会关注的热点问题。

有的工程，甚至是一些标志性大型工程，远看很壮观，但细看的话，会发现工程的设计、工艺、材料粗糙不堪。而且工程（如门窗、墙体、屋面、卫生洁具等）质量问题导致了我国建筑高能耗的现象。

目前我国工程项目在资金、质量、进度、安全和环境管理等方面失控现象比较严重。例如大量的工程抢赶工期，不可避免地影响到工程质量，使许多工程项目完成后无法正式投产使用，或投入使用后无法达到设计的生产能力，或投产后无法提高产品和服务的水平。

3）有些标志性建筑看起来规模宏大，但缺乏文化艺术、美学方面的价值，追求怪异、奢华，品位低下。还有的标志性建筑工程采用外国的建筑风格，由外国的设计师设计，取"洋"名字，以建筑风格的"洋"化为标志、为卖点，与民族传统文化越来越远。

4）工程建设领域是我国社会安全生产伤亡事故的重点高发领域，近年来出现许多重大的工程安全生产事故，产生了重大的经济损失和社会影响（表18-2）。

**表 18-2  国内近年重大的建设工程安全生产事故**

| 工程名称 | 时　　间 | 现　　象 | 伤亡数量 | 经济损失 | 主要原因 |
|---|---|---|---|---|---|
| 上海莲花河畔景苑 | 2009 年 6 月 | 倒塌 | 1 人死亡 | 1900 万元 | 大楼北面堆土超高，南面基坑挖土，造成太大压力差 |
| 武夷山公馆大桥 | 2011 年 7 月 | 垮塌 | 1 人死亡，22 人受伤 | | 钢绳不够结实，超载 |
| 西安未央路凯玄大厦 | 2011 年 9 月 | 脚手架整体突然坍塌 | 10 人死亡，1 人重伤 | 890 万元 | 违规拆除定位承力构件，违规进行脚手架降架作业 |
| 汕尾市工商银行楼房 | 2011 年 11 月 | 坍塌 | 6 人死亡，7 人受伤 | 1000 万元 | 高支模支撑体系构造存在严重缺陷 |
| 武汉东湖生态旅游风景区 | 2012 年 9 月 | 施工升降机坠落 | 19 人死亡 | 1800 万元 | 管理混乱、安全生产检查和隐患排查流于形式 |
| 襄阳金南漳国际大酒店 | 2013 年 11 月 | 高支模板撑坍塌 | 7 人死亡，5 人受伤 | 550 万元 | 高支模的实际承载力无法达到施工总荷载的要求 |
| 清华附中体育馆及宿舍楼 | 2014 年 12 月 | 筏板基础钢筋体系坍塌 | 10 人死亡，4 人受伤 | | 堆放物料的马凳布置失误，与钢筋未形成完整体系 |
| 江西丰城发电厂 | 2016 年 11 月 | 施工平台坍塌 | 73 人死亡，2 人受伤 | | 压缩工期、突击生产、施工组织不到位、管理混乱 |

汶川地震是应该记载在我国历史上的一个十分惨痛的事件。地震造成大量的中小学教学楼倒塌，多名学生伤亡，而其中一个原因就是工程质量不合格。图 18-1 所示为汶川地震中被震坏的学校教学楼，有的楼板没有钢筋，用的是钢丝；有的混凝土几乎没有什么强度，用手就可以扳下来。虽然对这些工程事故责任没有进行进一步分析和追究，但这是我们工程界无法推卸责任的事实。

图 18-1  汶川地震中被震坏的学校教学楼

5）工程建设领域是腐败的重灾区。近几十年来，与工程建设相关的土地批租、工程立项、工程招标、设备采购等环节都易发生腐败问题。另外，工程承发包市场管理混乱也是滋生腐败的重要原因。

6）工程建设和运行引起大量的社会问题。例如从 20 世纪 90 年代至今先后出现的三角债问题、拖欠工程款问题、农民工工资问题、拆迁问题、环境污染问题、重大伤亡事故、房地产价格问题、农村土地问题、诚信问题等。

7）工程建设和运行的过程，需要占用大量的社会资源和自然资源，大量的土地被工程建设占用，大量的资金投入工程中。同时，工程建设和运行造成了环境污染和碳排放量上升。

我国的建筑能耗问题十分严峻。我国现有（存量）房屋建筑约有 400 亿 $m^2$，其中 99% 是高耗能建筑，能耗远远不能达到国家相关节能强制性标准。至今城镇建成的能效高的节能建筑仅占建筑总面积的 2.1%。

在建筑能耗中，采暖空调通风的能耗约占 2/3，据专家估计，我国的外墙、屋顶的传热系数是发达国家的 3～5 倍，窗户的传热系数是发达国家的 2～3 倍。虽然我国的供暖期较发达国家短，供暖基准温度较发达国家低，但我国单位建筑面积采暖能耗是目前发达国家标准的 3 倍以上。

这几百亿平方米的高耗能建筑，每年就多消耗若干亿吨煤炭。我国能源供给将难以应付如此巨大的需求，对能源的进口依赖程度进一步加深，会直接威胁我国的能源安全。

8）我国环境形势严峻。例如，"垃圾包围城市"的现象；不少城市空气质量下降，灰霾天气严重。南京是全国著名的绿化城市，而根据气象部门统计显示，2017 年 1—9 月（除 2 月、8 月），全市灰霾天数 95 天，占 44.4%，虽较 2012 年全市环境空气质量得到有效改善，灰霾天数明显下降，但仍对人们的身体健康产生较大的损害。

在水污染方面，监测全国 956 条河流的 1655 个断面发现：Ⅳ类占 14.1%，Ⅴ类占 4.8%，劣Ⅴ类占 6.0%；监测营养状态的 104 个湖泊中，26 个湖泊呈富营养状态。

这些问题在一定程度上是由我国近几十年来工程的建设和运行造成的污染引起的。

9）几十年来，虽然我国工程承包企业承接的国际工程项目越来越多，项目规模也越来越大，但这些企业主要在量上发展，而在工程管理"质"上的进化却非常缓慢。最近几年我国大型承包商在国际承包市场上也出现了失误，如：中国铁建承接的沙特阿拉伯王国麦加轻轨项目发生 41.53 亿元人民币的亏损；2011 年中国海外工程有限责任公司牵头承包的波兰高速公路项目亏损严重，最终不得不放弃合同的实施。

究其原因，是由于在我国建筑市场上发展起来的工程承包企业和国内高校培养出来并在国内工程环境中逐渐成长起来的管理人员，在国际承包工程中还不能立即适应国际承包市场的运作方式和管理方式，这些失误实质上就体现了国内外工程项目管理的差异和冲突。

## 18.2 我国现代工程管理需要研究的几个问题

近十几年来，人们对我国工程管理方面的问题有许多研究和反思，也采取了各种措施，但许多问题是"顽症"，很难解决。这些问题的原因是多方面的，有深刻的历史、时代和社会根源，但最基本和最主要还是人的问题，而人的问题根源在于文化的问题。现代工程管理理论和方法的应用需要一些基本条件，其中最重要的是需要相应的组织文化。它对工程管理的顺利实施和成功有决定性的影响。

在现代工程管理领域，人们越来越重视组织文化对工程管理的重要作用，将它作为研究的热点问题和最重要的主题之一。

（1）组织文化影响人们的价值观、对事物的评价标准、行为准则和行为方式，直接影响现代工程管理理论和方法应用的有效性。在任何工程的实施过程中，如果人的行为出现问题，无论管理理论多么完备，法律、管理体制、规章和程序多么健全，合同多么严密，方法和技术多么先进，都是无效的。

我国近 50 年来工程管理的实践经历和效果证明，现代工程管理理论和方法的应用效果不仅仅在于科学性和成熟度，也不仅仅在于对该理论和方法的需求和实践平台，还在于使用这些理论和方法的人们的组织文化和观念。

（2）我们从发达国家引进许多现代工程管理理论、方法和工具，在方法和工具方面我国与发达国家的差异不大。但工程管理理论、方法和工具的有效应用，不仅需要完善的运作环境和机制，而且需要相应的组织文化，参与工程组织的人员（包括管理者和被管理者）需要有相应的人生观、价值观和社会普遍认可的行为准则。而现代工程管理理论，特别是组织行为理论，以及相应的评价指标主要基于西方的人生观、价值观、社会普遍认可的行为准则和道德准则，都是从西方文化、制度、历史环境中总结出来的。例如，人们对工程管理的社会化、EPC 承包模式、矩阵式项目组织等的优点和缺点的评价，就是基于一定的组织文化背景的，有一定的应用条件。

由于我国的文化传统、制度和社会环境与西方不同，人们也必然有不同的行为方式，我国目前常见的一些工程组织行为问题有其文化根源，有它们出现的动机和必然性。这就造成了我国的工程管理与西方的工程管理有很大的区别，许多理论（如评价标准和规律性论述）在我国就可能不适用，也很难得出有效的解决方案。

（3）由于我国现在处于一个特殊的社会发展阶段，要研究和解决现代工程管理理论和方法在我国工程中的应用问题，必须要分析我国近几十年来工程管理的经验和存在的问题，必须将现代工程组织理论与我国的工程管理体制、国人的行为心理相结合，探讨我国工程组织行为问题及其根源，研究在我国社会政治和经济背景下的工程组织和人们的组织行为问题，及其对工程管理的影响，才能从根本上认识我国工程中许多问题的特殊性和必然性，才能真正把握我国工程管理的规律性，才可能形成我国的工程管理理论和方法体系，才能真正解决我国具体的工程问题：

1）现代工程组织的组织文化需求。现代工程组织有很大的优势，同时存在着天生的缺陷。要发挥现代工程组织的效率和优势，克服可能带来的问题，不仅需要完善的工程管理理论、方法和手段，而且需要相应的组织文化，参与工程组织的人员（包括管理者和被管理者）需要有相应的人生观、价值观和社会普遍认可的行为准则。如果没有相应的人文条件，则现代工程组织的优点就不能发挥，而工程组织的缺点却会放大。我国近 30 年来推行现代工程管理的状况就说明了这个问题。

2）我国传统文化特性及其对现代工程管理的影响。由于受不同文化的影响，中国人在工程中的组织行为和需求与西方人是不同的。因此，有些在西方容易获得成功的工程组织形式和管理模式，在我国就不一定适用。在研究工程组织时，必须结合我国的实际情况，研究我国传统文化与现代工程管理不一致的方面。

3）我国目前人们的价值追求和社会心态对工程的影响。不同的社会历史阶段，人们有不同的价值追求，则有不同的行为。这种价值追求具有现实性，对工程的影响更具有直接性。

## 18.3 现代工程组织的组织文化需求

由于现代工程组织的特殊性，要发挥工程组织的优势，克服其缺点需要有相应的组织文化。

### 18.3.1 人本管理

现代工程管理体现并需要人本管理的理念。

**1. 人本管理的概念**

人本管理是把人看作一个追求自我实现、能够自我管理的社会人，是指以组织共同目标为引导，以人的才能全面自由发展为核心，创造相应的环境、条件和工作任务，激励组织成员创造性地完成组织目标。

人本管理的核心是充分考虑人作为个体的需求（包括精神的、物质的需求），确立人的主体地位，对组织成员做到，真正尊重，充分授权，发掘潜能，充分调动积极性、主动性和创造性，鼓励创新。这不同于过去的将人当作一种经济资源，通过激发人对物质的追求调动积极性，达到管理目的的人力资源管理。

**2. 实现人本管理需要一定的前提条件**

1）组织成员有共同的目标和价值观。组织成员需要高的道德素质、文化素质和技术素质，追求自我实现，需要事业心、责任心，能够自律，有争取自我价值实现的精神。

2）人本管理是以自我管理为基础的管理，通过自我管理实现组织的目标。这是人本管理的本质特征。

3）人本管理的实现是建立在充分授权基础上的。只有充分授权，才能实现组织成员的自我管理，才能充分发挥组织成员的才智，挖掘组织成员的潜能，充分调动积极性和创造性。

4）人本管理的实现是建立在对组织成员充分信任和尊重基础上的。只有充分信任，才能实现真正意义上的授权，才能达到人本管理的目的。同时，组织成员感受到应有的尊重，应对组织报以忠诚和责任心。

在工程活动中，也要通过激发组织成员的积极性、主动性、创造性去获取成功。

5）需要指导型的管理风格。管理者应该改变过去扮演的监督、命令和控制者的角色，而做组织成员的教练，给予明确的任务和权限，对组织成员的工作加以指导，以提高其责任感和生产效率，调动其积极性和创造力，使每个组织成员的知识和特长都得到发挥。

### 18.3.2 授权和分权管理

**1. 授权和分权的概念**

按照工程组织原则，企业对工程项目经理是授权管理，部门经理和项目经理之间是分权管理。同样，在工程项目部内，项目经理也应对职能部门或人员授权管理，使组织成员能够充分发挥自己的主动性。没有充分和有效的授权和分权，则不可能实现有效的现代工程管理。

在工程管理中授权和分权不仅是指给组织成员分配任务，还应明确他们完成工作的目标、工作的具体内容以及相关任务的期望结果（包括工作范围、所要交付的产品、质量标准、预算及进度计划），给予他们在工作范围内相应的决策权，并确保他们能及时获得完成自己工作需要的各种资源，包括劳动力、资金、设备等。

**2. 授权和分权管理的必要性**

1）现代工程组织是扁平化和大跨度的，则只有授权和分权管理，工程组织才能有效运作。

2）现代工程工作是常新的、创新型和知识型的，成员必须拥有自主工作的环境。这就要求有充分授权，使他们能够充分发挥自己的能力和创造性。

3）由于工程工作所涉及的专业领域十分宽广，具体工作由部门人员（专家）完成，而工程的资源使用又是不均衡的，企业资源必须在许多工程上调度，则只有分权管理，才能最灵活和最有效地利用资源。

**3. 充分授权和分权的基本前提**

1）为了确保授权和分权的成功，组织成员必须具有共同的目标和价值观，要明确了解预期的结果、实施准则、所需资源，并愿意为之努力。

2）工程组织成员具备良好的自我管理素质和技能，能自律，自我监督，自我管理，有主观能动性和积极性，有责任心，自觉、努力地完成工作任务。

3）要求管理者有相当程度的自信和对下属的充分信任，不再事必躬亲。管理者不能一方面放权，一方面又坐立不安地担心事情干不好。

4）需要有效的管理系统。需要设置规范化的工作流程、相应的组织结构与行为准则，建立一套工程管理信息与控制系统。

## 18.3.3　程序化、规范化

（1）由于工程是由许多单位合作进行的，为了确保工程的顺利和有效实施，需要建立一套工程管理系统，使工程管理的流程、组织责任、工作内容和标准、考核、奖励都有章可循，这样才能使工程组织的所有成员能够协调一致。

（2）在企业和工程中，管理者和被管理者都要有按程序、规则工作的习惯，不要有随意性，或对程序和规则频繁地变更。

（3）在程序化和规范化工作方面，工程管理既区别于企业战略管理和经营管理，又区别于一般的生产管理。由于工程是一次性的、常新的，就需要组织成员既有严谨的工作作风、严格的态度和务实的精神，又要有灵活性和创新性。

## 18.3.4　平等、合作的理念

在现代工程组织中，人们强调双赢、多赢、伙伴关系、合作。

（1）工程组织的运作是靠合同来维系的，工程参加各方之间通过合同联系起来，他们之间没有行政隶属关系。虽然在工程组织内部依然有领导和被领导的关系，但一个组织成员在工程组织中的地位是由他承担的工作任务决定的，而不是由其行政级别、规模、社会地位决定的。工程组织内部各参加方的法律地位是平等的。这就使得工程组织的权威被极大地削弱，工程管理者不能依靠权力、行政命令工作，而必须依靠法律、合同协调解决工程中的问题。

平等意识对于工程的顺利实施和成功是十分重要的。在工程的过程中，人们只有平等地对话，才有良好的氛围，各方才能更好地沟通，更好地互相理解，更好地合作。

（2）由于工程组织成员不仅在工程中的职位不同，而且在市场（或产业）中所处的地位也不同，所掌握的信息和话语权不一样，容易产生不平等的心态和行为，如拥有信息多的优越于信息少的，产业上游（如设计单位）优越于产业下游（如承包商），市场买方（如业主）优越于卖方（如承包商）。如果产生优越心态且付诸行动，凌驾于人，而且成为一种普遍现象，就会严重影响工程组织成员的积极性和创造力，给工程合作带来不良影响，甚至造成两败俱伤的局面，不仅会危害工程总目标，而且会影响整个工程承包市场和工程界的良性和健康发展。

（3）工程组织是暂时的、一次性的，是许多单位的组合体，这就造成了组织凝聚力的缺乏。而工程的成功需要集中不同部门、组织，甚至不同国家的优势资源，这就要求各方面精诚合作，要有团队精神，需要有多赢的理念，有公平心和公正心。

1）理解和尊重合作者的需求、利益和文化，在工程中风险共担。

2）培养良好的团队精神，形成良好的合作氛围，鼓励成员分享资源和信息。让工程参加单位有归属感，有成就感，每个成员都感到自己对工程总目标的实现是至关重要的，是有贡献的。

### 18.3.5　透明

透明化运作是发挥现代工程组织优越性的关键因素之一。

（1）由于工程实施过程是连续的，工程参加各方的任务和交付成果互为条件和前提，同时在工程组织内部，工程参加各方通过合同明确各方的权利、责任和义务关系，他们的权利和义务又是相互制衡的。这就要求工程运作过程是透明的。

（2）工程管理采用的是多层次的目标管理方式。在工程组织中需要事先提出目标，确定管理过程、管理程序和管理规则，预先确定绩效评价方法、指标和奖励体系。

（3）工程组织作为开放型组织，要求崇尚开放、诚实、协作的办事原则。只有透明，才能产生激励，才能鼓励员工积极地参与管理，参与工程目标、实施方案和计划的制订等，并为之做出贡献。如果工程组织运作的透明度降低，则会伤害和束缚工程组织成员的积极性和创造力。

（4）现代工程组织内部信息流通是双向的或网状的，这样能够使得参与各方平等地对话和沟通，才能产生信息和知识的共享，将信息不对称降到最低。这就要求运作过程是透明的，现代计算机技术和信息技术也为工程的透明运作提供了条件。

（5）如果工程组织运作存在暗箱操作，则会导致严重的信息不对称，为腐败的滋生创造条件，最终会导致工程的失败。

（6）大型工程承担很大的社会责任和历史责任，这就要求工程必须在"阳光下操作"。

### 18.3.6　诚实信用

现代工程组织的运作需要诚实信用的社会环境和运作规范。

（1）诚实信用是工程成功的基础。工程组织成员来自不同的部门、单位，甚至不同的国家，有自己的目标和利益，要想取得工程的成功，他们必须互相信任，都要以工程的总目标和整体利益为重。只有在信任的基础上，各方才能真诚地合作，实现共赢的目标。

（2）工程组织是通过合同将工程参与各方结合起来的，工程能否取得成功取决于合同实施状况。"诚实信用"作为合同最基本的原则之一，不仅要求遵循诚实信用的原则签订合同，而且要求在合同执行过程中和合同执行完毕后都要遵循诚实信用的原则。

（3）由于工程是一次性的，工程组织比其他组织更容易产生不信任心理。只有诚实信用的环境才能提高工程的组织效率和效益，才能充分合作，减少制衡措施（如担保、履约保证、过多的监督检查），降低交易成本，缩短工期，提高反应能力和抵御风险的能力，使用户满意，实现多赢。

（4）诚实信用应作为最基本的工程组织文化，应在工程组织内形成相互信任、开放、诚实、协作的氛围。

一些新型的工程组织（如弱矩阵、虚拟组织、网络式组织）对成员诚实信用的要求更高，否则不能发挥这些组织的优势。

（5）在工程组织中诚实信用的前提是人们的互相信任。

1）信任是人们在相互交往的过程中建立的，并且随着成功合作的次数增多，交往时间延长，人们之间了解逐渐加深，信息不对称性下降，就会增加信任，减少防范措施，所以，长期的合作伙伴之间更容易互相信任，形成诚实信用的氛围。

2）人们初次合作或交往时，影响信任度最重要的因素是企业信誉。企业信誉是企业在以往经营中积累的社会信任，如果一个企业信誉好，则该企业信守合同的可能性大，与该企业合作的风险小。

3）完善的法律制度和法律的执行情况影响信任度。如果法律规定完善，对违约和失信的惩罚严格且明确，以及法律能有效执行，则人们就能够诚实信用。

4）在工程中，政府管理部门、投资者、业主等的诚实信用行为有更大的影响和示范作用。

## 18.4　我国工程管理应考虑的问题

从上面的分析可见，现代工程管理的组织文化需求与我国部分人群的价值追求和社会心理还是有较大差距的，这对我国工程管理的发展有根本性的影响，一般企业和工程很难超越和摆脱。只有探索适应我国社会文化管理的理论和方法，才能解决我国的工程管理问题，才会有成效。在我国推行现代工程管理应注意如下问题：

（1）不同的工程组织对组织规则和组织文化的依赖性不同。通常，如果采用独立的项目组织或强矩阵项目组织（如采用比较典型的项目承包制），则对组织规则的依赖性不大。而如果采用弱矩阵式组织、虚拟组织，则对组织规则和组织文化的依赖性就很大。在我国目前的人文条件下，在选用工程组织形式时要考虑到尽可能采用偏向独立的项目组织或强矩阵组织形式，这样更能保证工程的成功。

（2）授权（分权）和控制要并重。在工程中，不仅需要强化监督，而且要关注如何使监督更为有效。

（3）重视经济的奖励和处罚措施的使用。对工程组织成员进行考核和奖励是提高他们积极性的重要举措，这对于保证工程的成功有重要的作用。但如何使奖励和处罚措施有效还要好好研究。

（4）要推行现代工程组织，必须考虑它的人文需求。要充分认识到现代工程组织的优点、缺点和文化需求，以及我们在组织文化方面的缺陷。在分析或引入一种组织模式时，不能只关注它的优点，不关注它的缺点和需要的条件。

（5）企业要引入现代工程组织方式需要关注相应的组织文化建设，它比程序和规则建设更为重要，要注意人们对组织变革的抵抗力。

现在有许多项目型企业要引入现代工程管理方法，采用一次性、高度动态的项目组织形式，这对于增强企业的竞争力和活力有很大作用。但这种组织变革可能会遇到很大的组织抵抗，因为人们习惯传统的管理方法和流程，适宜在稳定的组织中工作，希望有组织地位和预期，同时希望自我控制，而不希望被监督和信息透明。

（6）在工程领域的创新和改革中重视制度设计。我国工程领域许多改革都存在基本问题，通过试点"摸着石头过河"，而在试点时，一般都有一定的成果，主要是因为试点一般都会被特别重视和关注，运作相对透明，为保证其成功所提供的条件也比较充分。但一经推广，许多问题就会暴露出来。

所以，在前期进行制度设计是非常重要的工作。

（7）在以后相当长的时间里，工程组织文化建设是我们社会、整个工程界、各个企业、各个项目的重大课题。但组织文化的建设不是一蹴而就的。

1）加强职业道德教育，创造诚信的社会环境，建立社会信用机制，为工程管理创造良好的条件。

2）工程界的文化建设，每个人要从自己做起，在工程中创造一种平等、诚信、合作、相互信任、讲求信用的氛围，使得彼此能够良好沟通。

3）在文化建设上，上层领导（如政府部门、企业）、产业上游单位（如投资者）、市场买方（如业主）有更大的责任。只有他们以身作则，身体力行，才能形成良好的氛围。

# 复 习 题

1. 讨论：结合前面建设工程项目管理、工程组织、工程伦理等内容，分析现代工程管理对人们的组织文化的要求。

2. 讨论：严格的监督和制衡能否解决我国工程管理中的问题（如质量、安全问题、腐败问题）？如何才能使监督有效？

# 参 考 文 献

[1] 梁思成. 中国建筑史 [M]. 天津：百花文艺出版社，2005.

[2] 李德华. 城市规划原理 [M]. 北京：中国建筑工业出版社，2001.

[3] 张映莹. 中国古代的营建职官 [J]. 古建园林技术，1998 (3)：43-44.

[4] 曹焕旭. 中国古代的工匠 [M]. 北京：商务印书馆国际有限公司，1996.

[5] 吕舟.《工程做法则例》研究 [G] ∥清华大学建筑系. 建筑史论文集　第十辑. 北京：清华大学出版社，1988.

[6] 钟晓青.《营造法式》篇目探讨 [G] ∥张复合. 建筑史 2003 年第 2 辑：建筑史论文集第 19 辑. 北京：机械工业出版社，2003.

[7] 喻维国. 建筑史话 [M]. 上海：上海科学技术出版社，1987.

[8] 中华人民共和国国家统计局. 中国统计年鉴 2008 [M]. 北京：中国统计出版社，2009.

[9] 中华人民共和国国家统计局. 中国统计年鉴 2014 [M]. 北京：中国统计出版社，2015.

[10] 李霞. 英国皇家特许建造师制度 [J]. 建筑经济，2003 (9)：56-57.

[11] 廖奇云. 基于业绩评判的国际项目经理职业资格标准体系的研究 [D]. 重庆：重庆大学，2005.

[12] 刘照球，李云贵，吕西林，等. 基于 BIM 建筑结构设计模型集成框架应用开发 [J]. 同济大学学报（自然科学版），2010，38 (7)：948-953.

[13] 何继善，陈晓红，洪开荣. 论工程管理 [J]. 中国工程科学，2005，7 (10)：5-10.

[14] 中国工程院. 构建工程管理理论体系 [M]. 北京：高等教育出版社，2015.

[15] 何继善. 论工程管理理论核心 [J]. 中国工程科学，2013，15 (11)：4-11.

[16] 王青娥，王孟钧. 关于中国工程管理理论体系框架的思考 [J]. 科技进步与对策，2012 (9)：6-8.

[17] 何继善，王孟钧. 工程与工程管理的哲学思考 [J]. 中国工程科学，2008，10 (3)：9-12.

[18] 何继善. 美国工程管理教育管窥 [J]. 现代大学教育，2016 (3)：40-44.

[19] 范西成，陆保珍. 中国近代工业发展史（1840—1927 年）[M]. 西安：陕西人民出版社，1991.

[20] 王振强. 英国工程造价管理 [M]. 天津：南开大学出版社，2002.

[21] 钱学森. 论系统工程 [M]. 长沙：湖南科学技术出版社，1982.

[22] 戚安邦. 论组织使命、战略、项目和运营的全面集成管理 [J]. 科学学与科学技术管理，2004 (3)：110-113.

[23] 董锡明. 近代铁路可靠性与安全性的几个问题 [J]. 中国铁路科学，2000，21 (1)：94-100.

[24] 王继石，等. 美国海军武器装备维修理论和策略的发展 [J]. 情报指挥控制系统与仿真技术，1998 (6)：1-7.

[25] 王守清. 项目融资的一种方式——BOT [J]. 项目管理技术，2004 (1)：58-61.

[26] 白寿彝. 中国通史第十一卷——近代前编：下册 [M]. 上海：上海人民出版社，1999.

[27] 张建坤，周虞康. 房地产开发与管理 [M]. 南京：东南大学出版社，2006.

[28] 曹秀兰，韩豫，李传勋. 短命建筑成因要素的实证研究 [J]. 工程管理学报，2016 (1)：7-11.

[29] 张波. 工程文化 [M]. 北京：机械工业出版社，2010.

[30] 任绳风，吕建，李岩. 建筑设备工程 [M]. 天津：天津大学出版社，2008.

[31] 齐俊峰，江萍. 建筑设备概论 [M]. 武汉：武汉理工大学出版社，2008.

[32] 卢梅，侯学良，张文琪，等. 建筑工程项目实施状态健康诊断研究初探 [J]. 项目管理技术，2008

（7）：17-21.

[33] 吴尧. 建筑概论 [M]. 北京：高等教育出版社，2008.

[34] 庄俊倩. 建筑概论：步入建筑的殿堂 [M]. 北京：中国建筑工业出版社，2009.

[35] 谭显东，韩新阳，冯义，等. 2014 年中国电力供需回顾及 2015 年预测 [J]. 中国电力，2015，48（4）：1-5.

[36] 宋德萱，何满泉. 既有工业建筑环境改造技术 [J]. 工业建筑，2010，40（6）：46-49.

[37] 陈国权. 组织行为学 [M]. 北京：清华大学出版社，2006.

[38] 石伟. 组织文化 [M]. 上海：复旦大学出版社，2004.

[39] 李喜先，等. 工程系统论 [M]. 北京：科学出版社，2007.

[40] 胡孟春，马荣华. 工程生态学 [M]. 北京：中国环境科学出版社，2008.

[41] 张建平，刘强，张弥，等. 建设方主导的上海国际金融中心项目 BIM 应用研究 [J]. 施工技术，2015，44（6）：29-34.

[42] 李百战. 绿色建筑概论 [M]. 北京：化学工业出版社，2007.

[43] 卢新海，张军. 现代城市规划与管理 [M]. 上海：复旦大学出版社，2006.

[44] 陈双，贺文. 城市规划概论 [M]. 北京：科学出版社，2006.

[45] 范宏. 建筑施工技术 [M]. 北京：化学工业出版社，2005.

[46] 黄有亮，等. 工程经济学 [M]. 2 版. 南京：东南大学出版社，2006.

[47] 周先雁，王解军. 桥梁工程 [M]. 北京：北京大学出版社，2008.

[48] 刘家豪. 水运工程施工技术 [M]. 北京：人民交通出版社，2004.

[49] 关宝树，杨其新. 地下工程概论 [M]. 成都：西南交通大学出版社，2006.

[50] 刘光忱. 土木建筑工程概论 [M]. 大连：大连理工大学出版社，2008.

[51] 丁大均，蒋永生. 土木工程概论 [M]. 北京：中国建筑工业出版社，2003.

[52] 闵小莹. 建筑工程施工的可持续发展 [J]. 中外建筑，2006（4）：99-100.

[53] British Standards Institution. Guide to Durability of Building and Building Elements，Products and Components：BS7543：2015 [S]. London：British Standards Institution，1992：34-37.

[54] ANDERSON，FISHER，RAHMAN. Integrating Constructability into Project Development：A Process Approach [J]. Journal of Construction Engineering and Management，2000，126（2）：81-88.

[55] HUDSON W R，HAAS R C G，UDDIN W. Infrastructure：Integration Design，Construction，Maintenance and Renovation [M]. New York：McGraw-Hill，1997.

[56] GUETARI. Formal Techniques for Design of An Information and Lifecycle Management System [J]. Integrated Computer-aided Engineering，1997，4（2）：137-156.

[57] ESSELMAN T C，EISSA M A，MCBRINE W J. Structural Condition Monitoring in A Life Cycle Management Program [J]. Nuclear Engineering and Design，1998，39（1）：135-140.

[58] NUSIER. Reliability Based Analytical/Numerical Methodology for Stability Analysis of Dams [D]. Akron：The University of Akron，1996.

[59] 张尚. 现代工程项目与项目管理的发展对工程管理人才培养的影响 [J]. 项目管理技术，2011（11）：63-67.

[60] 祝连波，任宏. 21 世纪我国工程管理人才培养模式探索 [J]. 高等建筑教育，2006，15（4）：59-62.

[61] 陈建国，许凤. 工程管理专业实践教学体系构建研究 [J]. 高等建筑教育，2010，19（1）：89-94.

[62] 钟昌宝. 工程管理专业课程体系改革思考 [J]. 高等建筑教育，2007，16（3）：89-94.

[63] 黄鲁成，苗红，罗亚非. 我国工程管理本科教育现状调查与分析 [J]. 中国大学教学，2007（3）：48-51.

[64] 李伯聪. 哲学引论 [M]. 郑州：大象出版社，2002.